Der Embryo
und die Menschenwürde

Wertewandel im 20. Jahrhundert

Band 4

Herausgegeben von Andreas Rödder

Theresia Theuke

Der Embryo und die Menschenwürde

Der Wandel des Menschenwürdebegriffes im Kontext bioethischer Debatten

DE GRUYTER
OLDENBOURG

ISBN 978-3-11-062759-6
e-ISBN (PDF) 978-3-11-063163-0
e-ISBN (EPUB) 978-3-11-062774-9
ISSN 2366-9446

Library of Congress Control Number: 2019939840

Bibliografische Information der Deutschen Nationalbibliothek
Die Deutsche Nationalbibliothek verzeichnet diese Publikation in der Deutschen Nationalbibliografie; detaillierte bibliografische Daten sind im Internet über http://dnb.dnb.de abrufbar.

Satz: le-tex publishing services GmbH, Leipzig
Druck und Bindung: CPI books GmbH, Leck

www.degruyter.com

Vorwort

Die vorliegende Arbeit wurde vom Fachbereich Geschichts- und Kulturwissenschaften der Johannes Gutenberg-Universität Mainz im September 2017 als Dissertation mit dem Titel „Der Embryo und die Menschenwürde. Der Wandel des Menschenwürdebegriffes im Kontext bioethischer Debatten“ angenommen. Für die Drucklegung wurde die Arbeit geringfügig überarbeitet.

An dieser Stelle möchte all jenen danken, die zur Entstehung dieser Dissertation beigetragen haben.

Meinem Doktorvater Andreas Rödder (Mainz) danke ich, dass er mich im Herbst 2014 in den Kreis seiner Doktoranden aufgenommen hat und mich in meiner Themenwahl stets ermutigt hat. Seine Forschungen zum Wandel von Werten und Wertvorstellungen in Moderne und Postmoderne und seine konzeptionellen Ideen haben mich inspiriert, die bundesrepublikanischen Embryo-Debatten unter dem Leitwert der Menschenwürde zu analysieren.

Michael Kißener (Mainz) und Henning Türk (Mainz) danke ich für die Bereitschaft, die nötigen Gutachten für die vorliegende Arbeit zu erstellen.

Mein Dank gilt auch Bernhard Dietz (Mainz), der mir in der Konzeptionsphase der Arbeit entscheidende Hinweise zur Optimierung meines Forschungsvorhabens gegeben hat. Auch den Teilnehmern des Oberseminars meines Doktorvaters Andreas Rödder möchte ich herzlich für ihre kritischen Anregungen zu meinem Forschungsprojekt danken.

Isabel Heinemann (Münster), Nikolaus Knoepffler (Jena) und Elmar Nass (Fürth) danke ich für fruchtbare Gespräche, Literaturhinweise und moralische Unterstützung. Für die finanzielle Unterstützung meines Forschungsprojektes danke ich der Konrad-Adenauer-Stiftung.

Bastian Knautz (Mainz) danke ich für fachlichen Gedankenaustausch und ermutigende Worte zur richtigen Zeit. Christian Lutsch (Frankfurt) bin ich zu großem Dank verpflichtet, da er mich geduldig durch den Dschungel rechtswissenschaftlicher Besonderheiten geführt hat. Meinem Bruder Josef Schützeichel danke ich für die Bereitstellung seiner Wohnung während meines Archivaufenthalts in Berlin und meiner Schwester Maria Schützeichel für Hilfestellungen in Bezug auf bio-medizinisches Fachwissen. Ronja Kieffer sei herzlich für die Beschaffung von Untersuchungsmaterial gedankt, als ich meine Arbeit weitab von deutschen Bibliotheken und Archiven in den Vereinigten Staaten fertiggestellt habe.

Ich danke Mechthild Löhr, die mir die entscheidenden Anregungen für diese Arbeit gegeben hat.

Meinem Ehemann Fabian Theuke danke ich von ganzem Herzen. Er hat mich in Liebe und großer Geduld durch dieses Forschungsvorhaben getragen,

https://doi.org/10.1515/9783110631630-201

mir den Rücken freigehalten und mich trotz vielfältiger Verpflichtungen dabei unterstützt, den Blick auf das Wesentliche zu bewahren. In diesem Sinne danke ich unseren Kindern, dass sie meine Arbeitszeiten respektiert haben und mir so den Freiraum gegeben haben, diese Arbeit zu einem Abschluss zu bringen.

Für Fabian und Mechthild

Inhaltsverzeichnis

Einleitung

1 Thematische Hinführung

Als die Gründungsväter und -mütter das Grundgesetz der Bundesrepublik Deutschland mit dem Satz „Die Würde des Menschen ist unantastbar“[1] einleiteten, entlehnten sie der Philosophie einen Begriff, der seine Karriere als Rechtsbegriff in der UN-Deklaration der Menschenrechte aus dem Jahr 1948 gerade erst begonnen hatte. Fortan sollte, so der Anspruch, die Menschenwürde leitend für alles staatliche und zwischenmenschliche Handeln sein. Zu diesem Zeitpunkt hatte die Menschenwürde bereits 2500 Jahre Philosophiegeschichte durchlaufen, die sie mit ihrem Einstieg in das Recht nicht einfach abstreifen konnte.[2] Zahlreiche Denker[3] prägten den Menschenwürdebegriff seit der Antike durch ihre Interpretationsansätze, so dass von Beginn an von einem Pluralismus der Würdekonzeptionen gesprochen werden muss. Die ideengeschichtliche Genese des Menschenwürdebegriffes und seine Transformation in einen Rechtsbegriff sind zwei wichtige Facetten eines inhaltlich sehr umstrittenen Prinzips, wie diese Arbeit zeigen wird. Die herausgehobene Stellung der Menschenwürde innerhalb des Grundgesetzes an erster Stelle (Art. 1 Abs. 1 GG) und ihr verfassungsimmanenter Schutz durch die Ewigkeitsklausel (Art. 79 Abs. 3 GG)[4] auf der einen Seite sowie die Rechtsprechung des Bundesverfassungsgerichts, die die Menschenwürde als „oberste[n] Wert“[5] und „tragendes Konstitutionsprinzip“[6] bezeichnete, auf der anderen Seite verdeutlichen die der Menschenwürde zugedachte rechtliche Bedeutsamkeit. Dieser Konsens erweist sich jedoch dann als brüchig, wenn die Menschenwürde in Bezug auf konkrete Anwendungsfälle diskutiert wird.

Die disziplinübergreifende Auseinandersetzung um den Begriff der Menschenwürde und die ihm innewohnende Interpretationsflexibilität verhindern

[1] Art. 1 Abs. 1 Grundgesetz – GG.

[2] Vgl. Riedel, Gentechnologie und Embryonenschutz (1986), S. 473.

[3] Um die Lesbarkeit der vorliegenden Arbeit zu verbessern, wurde auf die gleichzeitige Verwendung der weiblichen und männlichen Sprachform verzichtet. Nichtsdestoweniger beziehen sich die Personenangaben in der Regel auf beide Geschlechter.

[4] „Die Änderung dieses Grundgesetzes, durch welche die Gliederung des Bundes in Ländern, die grundsätzliche Mitwirkung der Länder bei der Gesetzgebung oder die in den Artikeln 1 und 20 niedergelegten Grundsätze berührt werden, ist unzulässig.“ Art. 79 Abs. 3 Grundgesetz – GG.

[5] Vgl. beispielhaft in den folgenden Urteilen BVerfGE 5, 85 (204); BVerfGE 6, 32 (40f.); BVerfGE 27, 1 (6); BVerfGE 30, 173 (193) und BVerfGE 32, 98 (106, 108).

[6] Siehe beispielsweise hier BVerfGE 50, 166 (175); BVerfGE 72, 105 (115) und BVerfGE 87, 209 (228).

https://doi.org/10.1515/9783110631630-001

eine unkomplizierte Handhabung der Menschenwürde. Die verschiedenen Zugriffsmöglichkeiten der einzelnen Fachrichtungen und der interdisziplinäre Diskurs um die Menschenwürde zeigen, dass trotz der Verwendung des Begriffs „Menschenwürde" nicht unbedingt dasselbe gemeint sein muss. Menschenwürde ist, und das wird diese Arbeit deutlich zeigen, auf inhaltliche Varianz, Dynamik und Wandel angelegt.

Moderne und postmoderne Versuche, den Begriff „Menschenwürde" inhaltlich zu erfassen und in ein Prinzip von praktischem Nutzen zu überführen, sind bis zum heutigen Datum zu vielfältig, um sie an dieser Stelle aufzuzählen.[7] Die Menschenwürde reizt ihre Betrachter, Interpreten und diejenigen, die ihr wissenschaftliches, politisches und gesellschaftliches Engagement durch sie legitimieren und sich von ihr leiten lassen. In unserem Kulturkreis ist die Menschenwürde, obwohl sie schwer greifbar ist, omnipräsent. Sie wirkt hinein in alle Bereiche (zwischen-)menschlicher Beziehungen und durchdringt in besonderem Maße die Geschichte der Bundesrepublik Deutschland. Sie ist Teil der europäischen Kultur. Ohne sie sind, betrachtet vom heutigen Standpunkt, Deutschland und Europa, so wie wir sie kennen, nicht vorstellbar. Doch nähert man sich behutsam diesem mächtigen, Kultur schaffenden und identitätsstiftenden Konzept, wird schnell deutlich, dass die Gewissheiten verblassen, sobald man versucht, die Menschenwürde inhaltlich zu greifen. Die „eine" Menschenwürde zerfällt in vielfältige Menschenwürdekonzepte, zahlreiche Theorien und unzählige Interpretationsvarianten. Sie wird zum beliebigen Argumentationsmittel, ihr Gebrauch erfolgt inflationär und ihre Wirkkraft verliert an Potenz. Insbesondere an konkreten Konfliktsituationen zeichnet sich die Uneindeutigkeit der Menschenwürde ab. Zudem tritt bei der Untersuchung ihres Einsatzes in einem längeren Zeitraum deutlich die Wandlungsfähigkeit des Begriffs zu Tage.

Die in der vorliegenden Dissertation untersuchten bundesrepublikanischen Embryo-Debatten zeigen exemplarisch die möglichen Formen des Einsatzes und Gebrauchs der Menschenwürde als Norm, Begriff, Wert, Idee, Vision, Prinzip oder Konzept sowie einen sich verändernden Menschenwürdediskurs.

Die Beobachtung von der Menschenwürde als wandelbarem Konzept ist jedoch nicht erst eine Erscheinung des modernen und postmodernen Würdediskurses. Die „eine" Menschenwürde existierte in ihrer langen Ideengeschichte noch nie. Vielmehr ist die begriffliche Interpretationsvielfalt in ihr gewissermaßen generisch angelegt. Ihre weit in die Vergangenheit zurückgehenden ideengeschichtlichen Wurzeln zeugen davon. Da die Analyse und Interpreta-

[7] Für einen umfangreichen Einblick in Begriffsgeschichte, Theorien und Anwendungsfelder der Menschenwürde vgl. beispielsweise Gröschner u. a. (Hg.), Wörterbuch der Würde (2013); Knoepffler u. a. (Hg.), Facetten der Menschenwürde (2011); Baranzke, Menschenwürde (2010); Kondylis/Pöschl, Würde (2004), S. 637–677 und Spieker, Konkrete Menschenwürde (2012).

tion des Verständnisses der Menschenwürde innerhalb der Embryo-Debatten nicht losgelöst von ihrer historischen Genese durchgeführt werden kann, wird der eigentlichen Analyse eine kompakte Relektüre des Menschenwürdebegriffes vorangestellt. Seit der erstmaligen Erwähnung der Menschenwürde in der Antike bis zu ihrer Erhebung in das bundesrepublikanische Grundgesetz im Jahr 1949 wurde der Begriff diskutiert und sein Bedeutungsgehalt wandelte sich kontinuierlich.[8] Sowohl die Ideengeschichte der Menschenwürde als auch ihr Einzug in das Grundgesetz der Bundesrepublik Deutschland markieren tragende Säulen des Einsatzes und des Argumentierens mit der Menschenwürde, auch innerhalb der hier zu untersuchenden Embryo-Debatten. Es ist nicht Ansinnen dieser Arbeit, im Folgenden eine vollständige Darstellung der geschichtlich-semantischen Entwicklung des Menschenwürdebegriffes zu liefern, vielmehr geht es darum, ein Vorverständnis für ein komplexes philosophisches Konzept und eine rechtliche Norm zu gewinnen. Zwei Aspekte waren dabei maßgeblich für die Zusammenstellung der Texte: So wurden insbesondere diejenigen Texte erfasst, die erstens Teil der abendländischen Geschichte und zweitens Teil der zu untersuchenden Embryo-Debatten sind.[9]

Der erste Nachweis des Begriffs der Menschenwürde in der abendländischen Tradition findet sich bei Cicero (106–43 v. Chr.). In seinem Werk „De officiis“ galten Vernunft und Verstand als konstituierende Merkmale der „dignitas“, der menschlichen Würde.[10] Dieser Definition folgend konnte jeder Mensch an der Würde teilhaben, solange er sich wie ein vernunftbegabtes Wesen verhalte, das sich, von Trieben und Begierden distanzierend, von der Vernunft leiten ließe.[11] Damit war Cicero der erste antike Autor, der die besondere Stellung des

[8] Vgl. Hartlieb, Menschenwürde und ihre Verletzung durch extreme Armut (2013), S. 188.

[9] Die Relektüre des Menschenwürdebegriffes unter diesem Blickwinkel erhebt nicht den Anspruch, weitere Entwicklungsströmungen zu negieren. Die Verengung der Darstellung erweist sich in diesem Untersuchungskontext jedoch als sinnvoll, da sich die Akteure der zu untersuchenden Embryo-Debatten ausschließlich auf die Ideengeschichte des abendländischen Kulturkreises bezogen. Zur Entwicklung von Menschenwürde-Konzeptionen aus dem asiatischen Raum und weiteren Literaturhinweisen siehe z. B. Paul, Stellungnahme (2010), S. 129–140.

[10] Vgl. Spaemann, Über den Begriff der Menschenwürde (1987), S. 300 und Schaber, Menschenwürde (2012), S. 22. In der Passage aus „De officiis“ (44 v. Chr.) erscheint das naturrechtliche Würdeverständnis Ciceros besonders deutlich: „Aber es kommt bei der ganzen Untersuchung über die Pflicht (officium) darauf an, immer vor Augen zu haben, wie sehr die Natur des Menschen dem Vieh und den übrigen Tieren überlegen ist. [...] Und wenn wir uns vor Augen halten wollen, welche Überlegenheit und Würde in unserer Natur liegen, werden wir auch verstehen, wie schändlich (turpe) es ist, sich Ausschweifungen zu ergeben und üppig und verweichlicht zu leben, und wie moralisch (honestum) es ist, ein sparsames, enthaltsames, ernsthaftes und nüchternes Leben zu führen.“ Cicero, Ausgewählte Werke (2008), S. 57f.

[11] Vgl. zur durch Cicero vollzogenen Universalisierung des Würdebegriffs Tiedemann, Was ist Menschenwürde (2006), S. 52 und Wetz, Texte zur Menschenwürde (2011), S. 33. Für

Menschen innerhalb der Natur und seinen Rang in der Weltordnung mit der ihm innewohnenden Menschenwürde in Verbindung brachte.[12] Die übrigen zeitgenössischen republikanischen Autoren und auch Cicero selbst in anderen Schriften verstanden „dignitas" hingegen nicht als inhärente Eigenschaft, sondern verknüpften diese mit dem sozialen Status, dem politischen Amt oder dem gesellschaftlichen Ansehen des Einzelnen. Im Sinne einer Leistungswürde hing die Intensität des Würdezuspruchs vom Ansehen und Status des Einzelnen in der Gesellschaft ab.[13]

Die Kirchenväter knüpften an den universalistischen Gedanken der „dignitas" an, füllten den Würdebegriff jedoch mit einem aus der christlichen Theologie entwickelten Deutungsgehalt.[14] Sie verstanden Menschenwürde als Geschenk Gottes und begründeten sie mit der in der jüdisch-christlichen Tradition verankerten Rede von der Gottebenbildlichkeit des Menschen.[15] War Menschenwürde in der Antike noch durch Leistung und Vernunftfähigkeit begründet, so bildete im Mittelalter die Beziehung zwischen Gott und dem Menschen ihren Begründungskontext. In dieser Weise ignorierte das christliche Würdeverständnis äußerliche Merkmale und soziale Stellung; ausschließlich das Menschsein und Geschaffensein durch Gott bildeten die Voraussetzung für die Menschenwürde.[16]

Die Renaissance brachte die Abkehr vom Theozentrismus der mittelalterlichen Welt. Die Autoren des Humanismus entwickelten ein anthropozentrisches Weltbild, das großen Einfluss auf die Rede von der Menschenwürde ausübte. Die Stellung des Menschen innerhalb der Schöpfungsordnung, sein Körperbau und die Fähigkeit, sich gegen Geiz, Arroganz, Geltungssucht und Gier zu ent-

den damit verbundenen Auftrag, sich seiner Vernunft gemäß zu verhalten, vgl. Schaber, Menschenwürde (2012), S. 22 und Tiedemann, Was ist Menschenwürde (2006), S. 53.

12 Vgl. Kondylis/Pöschl, Würde (2004), S. 644.

13 Vgl. Hartlieb, Menschenwürde und ihre Verletzung durch extreme Armut (2013), S. 207. Den Zusammenhang von „Dignitas" als Amtswürde und den den daraus resultierenden Pflichten beschrieb Dürig, Dignitas (1957), Sp. 1025f.: „Je höher die Stellung und Geltung in der Öffentlichkeit, desto größer die Verpflichtung gegenüber der res publica."

14 Zum Begriff der Menschenwürde in der Patristik und den Verschränkungen der unterschiedlichen Lebenswelten und philosophischen Strömungen und deren Einfluss auf das Verständnis von Menschenwürde, vgl. Volp, Würde des Menschen (2006).

15 Das Bild der Gottebenbildlichkeit, das zunehmend zum Ausgangspunkt christlicher Menschenwürdeinterpretation wurde, findet seinen Ursprung in der alttestamentlichen jüdisch-christlichen Tradition. Siehe Altes Testament (Gen 1,26–27): „Dann sprach Gott: Lasst uns Menschen machen als unser Abbild, uns ähnlich. [...] Gott schuf also den Menschen als sein Abbild; als Abbild Gottes schuf er ihn."

16 Vgl. Härle, Ethik (2011), S. 234. Ähnlich zusammengefasst auch bei Dürig, Dignitas (1957), Sp. 1030f.: „Der für den nichtchristl. Römer geltende Stufenordnung: virtus, res gestae (merita), honores, dignitas, officium steht also in der Theologie des christl. Römers folgende Ordnung entgegen: gratia, conditiones et renovationis, dignitas, officium, res gestae (virtus)."

scheiden, bildeten nunmehr die Grundlagen menschlicher Würde.[17] Die Würde wurde an den freien Willen des Menschen gekoppelt und auf diesem Wege zum unverlierbaren Gut erklärt. Sie sollte den Menschen aufrichten und ihm neues Selbstbewusstsein verleihen.[18]

Diese humanistischen Erkenntnisse über die Menschenwürde wurden in der neuzeitlichen Philosophie teilweise stark revidiert. Körper, Eigenschaften und Stellung des Menschen in der Natur wurden nicht mehr als ausschlaggebend zur Konstitution von Würde erachtet. Gleichzeitig verlor auch die religiöse Begründung der Gottebenbildlichkeit an Bedeutung. Die Würde des Menschen wurde gemäß einer rationalistischen Naturrechtslehre mit der menschlichen Denkfähigkeit begründet.[19] Die Überführung der Menschenwürde in die Rechtsphilosophie durch Samuel Pufendorf (1623–1694) führte dazu, dass diese immer weniger metaphysisch interpretiert wurde.[20] Die Rationalität des Menschen und damit seine Fähigkeit, Gut und Böse voneinander zu unterscheiden, wurden fortan zu zentralen Bestandteilen des Menschenwürdebegriffes.[21] Samuel Pufendorf griff auch den Gedanken einer universalistisch verstandenen Menschenwürde wieder auf, indem er aus ihr das Prinzip der Gleichheit ableitete.[22] Daraus wurde die Forderung zu sittlichem Handeln entwickelt, denn Würde zu besitzen bedeutete nach Samuel Pufendorf, sich ihr entsprechend zu verhalten und das moralische Gesetz zu achten.[23]

Immanuel Kant (1724–1804) fügte dem neuzeitlichen Würdediskurs noch einen weiteren Aspekt hinzu, die Autonomie.[24] Musste man vor Immanuel Kant

[17] Ein bekannter Vertreter ist Pico della Mirandola (1463–1594), der die hervorgehobene Stellung des Menschen in der Schöpfungsordnung mit der Menschenwürde in Verbindung brachte, jedoch keine vollkommene Abkehr von theologischen Erklärungsmustern vornahm. Vgl. KONDYLIS/PÖSCHL, Würde (2004), S. 661f. und SCHABER, Menschenwürde (2012), S. 25.

[18] Vgl. dazu SCHABER, Menschenwürde (2012), S. 25f.

[19] In diesem Sinne schrieb auch der französische Philosoph PASCAL, Gedanken (2012), S. 50f.: „Doch wenn das Weltall ihn zermalmte, so wäre der Mensch nur noch viel edler als das, was ihn tötet, denn er weiß ja, daß er stirbt und welche Überlegenheit er gegenüber das Weltall hat. Das Weltall weiß davon nichts. Unsere Würde besteht also im Denken. [...] Der Mensch ist sichtlich geschaffen, um zu denken. Dies ist seine ganze Würde und sein ganzes Verdienst; und seine ganze Pflicht ist es, richtig zu denken. Nun verlangt aber die Ordnung der Gedanken, daß man mit sich selbst, seinem Schöpfer und seinem Endzweck beginnt."

[20] Vgl. KONDYLIS/PÖSCHL, Würde (2004), S. 663f. und WETZ, Texte zur Menschenwürde (2011), S. 95. Für eine ausführliche Auseinandersetzung mit der Moralphilosophie und dem Naturrecht Pufendorfs vgl. DENZER, Moralphilosophie und Naturrecht (1972).

[21] Vgl. KONDYLIS/PÖSCHL, Würde (2004), S. 663.

[22] Vgl. WETZ, Texte zur Menschenwürde (2011), S. 102.

[23] Vgl. KONDYLIS/PÖSCHL, Würde (2004), S. 663f. und WETZ, Texte zur Menschenwürde (2011), S. 102.

[24] „Autonomie ist also der Grund der Würde der menschlichen und jeder vernünftigen Natur." KANT, Grundlegung zur Metaphysik der Sitten (2007), S. 71. Ausführlich zur Philosophie Kants bei MOHR, Philosophiegeschichtliche Grundlagen (2007), S. 13–39.

seiner Würde durch sittliches Verhalten gerecht werden, sie verliehen bekommen oder sogar erwerben, so wurde Würde nun als ein moralischer Anspruch gedacht, den man Dritten gegenüber geltend machen konnte.[25] In der Philosophie Kants musste Würde nicht mehr erworben werden noch konnte sie verliehen werden, sie kam dem Menschen aufgrund seines Menschseins und seiner Moralfähigkeit zu. In dieser Weise führte die Interpretation der Menschenwürde über Vernunft, Moralität und Autonomie zur fast vollständigen Säkularisierung des Begriffs.[26] Kant selber schrieb: „Im Reich der Zwecke hat alles entweder einen Preis oder eine Würde. Was einen Preis hat, an dessen Stelle kann auch etwas anderes, als Äquivalent, gesetzt werden; was dagegen über allen Preis erhaben, mithin kein Äquivalent verstattet, das hat eine Würde."[27] Für Kant stellte die Würde das normative Grundgerüst des Rechts und der Ethik dar.[28] Der Mensch sei Rechtsperson und müsse sich seiner Würde und der seiner Mitmenschen entsprechend verhalten. Wortwörtlich lautete der Auftrag: „Handle so, daß du die Menschheit, sowohl in deiner Person, als in der Person eines jeden anderen, jederzeit zugleich als Zweck, niemals bloß als Mittel brauchest."[29] Immanuel Kant konstituierte mit seiner Würdeinterpretation die Würde zum normativen Grundgerüst der Ethik und des Rechts, denn Würde begründet das Recht auf eine würdige Behandlung und fordert gleichzeitig zu Mitmenschlichkeit und zur Achtung der Würde des Nächsten heraus.[30]

In den folgenden Jahrzehnten wurde der Begriff der Menschenwürde zunehmend auch in politischen und rechtlichen Kontexten aufgegriffen.[31] So forderte beispielsweise der Sozialist Ferdinand Lasalle (1825–1864) Mitte des 19. Jahrhunderts menschenwürdige Arbeitsbedingungen für die arbeitende Klasse. Damit artikulierte er zentrale Forderungen der Arbeiterbewegung und brachte sie mit dem Begriff der Menschenwürde in Verbindung.[32] Durch diese Entwicklung wurde die Menschenwürde immer häufiger Bestandteil des politischen und rechtlichen Vokabulars.[33]

Zur vollständigen Institutionalisierung der Menschenwürde kam es jedoch erst nach dem Zweiten Weltkrieg. Die menschenverachtende Herrschaft der

[25] Vgl. Kress, Menschenwürde vor der Geburt (2000), S. 13; Schaber, Menschenwürde (2012), S. 19 und Tiedemann, Begriff der Menschenwürde (2006), S. 21.

[26] Vgl. Baumgartner u. a., Menschenwürde (2009), S. 352f.; Härle, Ethik (2011), S. 235; Kondylis/Pöschl, Würde (2004), S. 667; Llompart, Menschenwürde (2007), S. 102 und Reiter, Ethik der Menschenwürde (2001), S. 16.

[27] Kant, Grundlegung zur Metaphysik der Sitten (2007), S. 69.

[28] Vgl. Hartlieb, Menschenwürde und ihre Verletzung durch extreme Armut (2013), S. 331.

[29] Kant, Grundlegung zur Metaphysik der Sitten (2007), S. 62.

[30] Vgl. Kondylis/Pöschl, Würde (2004), S. 668f. und Schaber, Menschenwürde (2012), S. 26.

[31] Vgl. Baumgartner u. a., Menschenwürde (2009), S. 354.

[32] Vgl. Reiter, Probe aufs Humanum (2001), S. 69.

[33] Vgl. Horstmann, Menschenwürde (1980), Sp. 1126.

Nationalsozialisten hatte deutlich gezeigt, dass zukünftige nationale und internationale Rechtsordnungen den Menschen zu seinem eigenen Schutz in den Mittelpunkt rücken mussten.[34] Mit dem Einzug der Menschenwürde in die Charta der Vereinten Nationen im Jahr 1948 wurde diese erstmals Teil eines internationalen Gesetzestextes.[35] Auch in einigen Landesverfassungen der deutschen Bundesländer tauchte die Menschenwürde in den 1940er Jahren auf.[36] Diese Schritte stellten den bedeutenden Wendepunkt in der Ideengeschichte der Menschenwürde dar.[37] Die internationalen und nationalen rechtspolitischen Verflechtungen nach 1948 fanden ihren Ausdruck im Begriff der Menschenwürde und der eng damit verknüpften Festschreibung universeller Menschenrechte.[38] Deutlich wird diese Verknüpfung in der Formulierung des Art. 1 der Allgemeinen Erklärung der Menschenrechte: „Alle Menschen sind frei und gleich an Würde und Recht."[39] Menschenwürde konnte in dieser Verknüpfung sowohl als der Ursprung und das Fundament der Menschenrechte gesehen werden als auch als ihr Ziel.[40] Das genaue Verhältnis der Menschenwürde zu den Menschenrechten wurde seitdem vielfach diskutiert.[41]

[34] Vgl. LOHMANN, Leerformel oder Neuentwurf (2010), S. 109. Die bewusste Abkehr vom Unrechtsregime der Nationalsozialisten unter Verwendung der Menschenwürde kam auch in den Verhandlungen des Ausschusses für Grundsatzfragen zum Ausdruck. Vgl. beispielsweise die Aussage Mangoldts während der vierten Sitzung des Ausschusses für Grundsatzfragen am 23.09.1948: „Die Verletzung der Menschenwürde hat unter dem Nazi-Regime eine große Rolle gespielt. Worin hat sie bestanden? Sie hat gelegen in der Verletzung der Rechtspersönlichkeit des Menschen, in der Verletzung des Mindeststandards an Rechten, die die Rechtspersönlichkeit ausmachen." SCHICK (Hg.), Der Parlamentarische Rat (1993), S. 71. Ebenso auch bei MANGOLDT, Grundrechte (1949), S. 263; MANGOLDT (Hg.), Das Bonner Grundgesetz 1953 (1953), S. 43; POLLMANN, Menschenwürde nach der Barabarei (2010), S. 29 und RENSMANN, Menschenwürde als universaler Begriff (2009), S. 77.

[35] Vgl. KRESS, Menschenwürde im modernen Pluralismus (1999), S. 33. Ähnlich auch RENSMANN, Menschenwürde als universaler Begriff (2009), S. 76.

[36] Ausführlicher dazu bei BALDUS, Kämpfe um die Menschenwürde (2016), S. 29–33.

[37] Vgl. BARANZKE, Menschenwürde (2010), S. 12–15; RENSMANN, Menschenwürde als universaler Begriff (2009), S. 75.

[38] Zur Geschichte der Menschenrechte insbesonere nach 1945 vergleiche die richtungsweisenden Forschungsergebnisse von ECKEL, Ambivalenz des Guten (2014); HOFFMANN (Hg.), Moralpolitik (2010) und MOYN, The Last Utopia (2012).

[39] Allgemeine Erklärung der Menschenrechte (1948).

[40] Vgl. HASSMANN, Embryonenschutz im Spannungsfeld internationaler Menschenrechte (2003), S. 45. HABERMAS, Konzept der Menschenwürde (2010) hat den Zusammenhang zwischen Menschenwürde und Menschenrechten herausgearbeitet und die These vertreten, dass die Menschenwürde die „'moralische ‚Quelle' [sei,] aus der sich die Gehalte aller Grundrechte" speisten. Für die Frage, wie die Menschenwürde Teil des Rechts wurde, vgl. die Beiträge zur Menschenrechtsforschung von MOYN, Christian Human Rights (2015) und TIEDEMANN, Was ist Menschenwürde (2006), S. 13–32.

[41] Vgl. mit weiteren Literaturverweisen BIELEFELDT, Menschenwürde (2008); DETJEN, Werteordnung des Grundgesetzes (2009), S. 71–75; DÜWELL, Menschenwürde als Grundlage

Die Erhebung der Menschenwürde zum universalen Rechtsbegriff beeinflusste auch die Gründungsväter und -mütter der deutschen Verfassung, als sie im Jahr 1949 die Menschenwürde in Art. 1 des neuen Grundgesetzes verankerten.[42] Hierbei handelte es sich, wie die vorangegangenen Absätze deutlich gemacht haben, keinesfalls um eine genuin „deutsche" Erfindung oder stellte eine deutsche Besonderheit dar, sondern reihte sich vielmehr in eine – wenn auch kurze –Tradition ein.[43] Bedeutsam neben der rechtlichen Institutionalisierung und Internationalisierung des Menschenwürdebegriffes war die hiermit erfolgte Verknüpfung von Menschenwürde und Menschenrechten. Der Rechtswissenschaftler und Politiker Hermann von Mangoldt (CDU) schrieb wenige Wochen nach dem Inkrafttreten des Grundgesetzes: „Nach einer Zeit fortgesetzter Bedrückungen und schwerster Mißachtung der Menschenwürde bestand vor allem anderen das Bedürfnis, die Achtung der Menschenwürde und – als unerläßliche Voraussetzung dafür – die alten Freiheitsrechte zu sichern."[44] Außerdem betonte er: „Daß ohne Anerkennung von Menschen- und Freiheitsrechten echte Achtung vor der Menschenwürde undenkbar ist, dessen war man sich in Bonn zugleich wohl bewußt. Daher in Art. 1 der Hinweis auf die Menschenrechte, die also ganz aus ihrer Bedeutung für das Grundprinzip der Menschenwürde verstanden sein wollen."[45] Der Philosoph Kurt Bayertz bezeichnete die Menschenwürde gar als den „philosophischen Grund der Menschenrechte."[46]

Wie genau die Menschenwürde jedoch Teil des Grundgesetzes werden sollte, war Diskussionsgegenstand zahlreicher Sitzungen im Parlamentarischen Rat.[47] Im Hauptausschuss für Grundsatzfragen wurde eine Vielzahl an Interpretationsvarianten der Menschenwürde diskutiert. Diese zeigten, dass die Abgeordneten mit der rechtlichen Festlegung der Menschenwürde nicht nur eine Zäsur zum Naziregime ziehen wollten, sondern sich ebenso auf abendländische, deutsche oder christliche Werte besinnen wollten.[48] Mit dieser allgemeinen Zielvorstellung endete jedoch die Übereinkunft: „Die Gemeinsamkeit erschöpfte sich vielmehr in dem Wunsch, auf die vorstaatliche Grundlage des Staates hinzuweisen und

(2010); LOHMANN, Menschenwürde (2011), S. 54–74 und LOHMANN, Sakralisierte Person oder säkulare Menschenwürde (2014), S. 13–27.

42 Vgl. RENSMANN, Menschenwürde als universaler Begriff (2009), S. 76.

43 Mit Verweis auf die Interkulturalität der Menschenwürde ebd., S. 85. Zur Entwicklung der Menschenwürde als Rechtsbegriff vgl. BALDUS, Kämpfe um die Menschenwürde (2016), S. 16–59.

44 MANGOLDT, Grundrechte (1949), S. 261.

45 Ebd., S. 263.

46 BAYERTZ, Idee der Menschenwürde (1995), S. 470.

47 Ausführlich zur Entstehungsgeschichte des Art. 1 GG und mit weiteren Literaturhinweisen GOOS, Innere Freiheit (2009), S. 74–80.

48 Vgl. dazu die Protokolle des Ausschusses für Grundsatzfragen abgedruckt in FELDKAMP (Hg.), Parlamentarische Rat II (2009) und PIKART/WERNER (Hg.), Der Parlamentarische Rat (1994).

darauf, dass das Recht nach einem Maßstab beurteilt werden kann, den es nicht selbst geschaffen hat. Wie diese vorstaatliche Grundlage aber genau zu denken sei, darüber herrschte Dissens."[49] Die Frage nach der inhaltlichen Bedeutung der Menschenwürde spaltete die Abgeordneten in drei Lager. Die erste Gruppe verband den Menschenwürdebegriff mit metaphysischen Konzepten, der zweite Teil mit der menschlichen Freiheit und Gleichheit.[50] Eine letzte Fraktion lehnte jegliche Interpretationsversuche ab. Ihr wohl bekanntester Vertreter ist Theodor Heuss, der die Menschenwürde als „nicht interpretierte These"[51] bezeichnete. Die Auseinandersetzungen um die Aufnahme der Menschenwürde in den Gesetzestext verdeutlichen, dass die in Artikel 1 GG genannte Menschenwürde als Rechtsbegriff eine Vielzahl von Begründungsmöglichkeiten und Interpretationsvarianten zulässt.[52]

Die Darstellung des Menschenwürdediskurses bis in die Nachkriegszeit verdeutlicht, dass die Menschenwürde zunächst ein genuin philosophischer, später auch ein theologischer und schließlich ein Begriff des positiven Rechts wurde. Ferner zeigt die Ideengeschichte, dass eine exakte und allgemeingültige Interpretation der Menschenwürde nicht möglich ist und dass sie in ihrer Genealogie und Semantik einem starken Wandel unterlag. Die einzigartige Stellung des Menschen innerhalb der Welt, sein besonderer Wert und der damit verbundene Auftrag zum achtungsvollen Umgang miteinander wurden in den vergangenen Jahrhunderten immer deutlicher mit dem Begriff der Menschenwürde in Verbindung gebracht. Unabhängig davon, wie die Menschenwürde interpretiert und eingesetzt wurde und wird, lässt sich feststellen, dass die Menschenwürde ein „Prinzip in Entwicklung"[53] ist. Die verschiedenen Disziplinen und Einzelpersonen, die seit der Antike den Begriff prägten, trugen ebenso wie rechtliche Entscheidungen jüngster Zeit gleichermaßen zur Konkretisierung und zu mehr Unschärfe des Begriffs bei. Diese Beobachtung ist Ausgangssituation der vorliegenden Untersuchung. Die Vielschichtigkeit des Menschenwürdebegriffes wird

[49] Tiedemann, Was ist Menschenwürde (2006), S. 27. Vgl. auch Starck, Kommentar zum Grundgesetz (2010), S. 35f.

[50] Vgl. dazu Goos, Innere Freiheit (2009), S. 80–85 und Tiedemann, Was ist Menschenwürde (2006), S. 28.

[51] Schick (Hg.), Der Parlamentarische Rat (1993), S. 72. Dieses Zitat Heuss' aus der vierten Sitzung des Ausschusses für Grundsatzfragen vom 23.09.1948 wurde unter anderen auch von Böckenförde, Normatives Prinzip (2003), S. 811 kritisiert, der darin die Ablehnung einer Begründung der Menschenwürde durch das Naturrecht erkannte. Stern, Menschenwürde als Wurzel (1983), S. 631 schrieb: „Mit dieser Formulierung sollte überdeckt werden, daß die geistigen Grundlagen des Menschenbildes des Verfassungsgebers mehrere Wurzeln besitzen." Vgl. auch die Untersuchungen von Goos, Innere Freiheit (2009), S. 73f.

[52] Vgl. Hartlieb, Menschenwürde und ihre Verletzung durch extreme Armut (2013), S. 355; Rensmann, Menschenwürde als universaler Begriff (2009), S. 79 und Stern, Menschenwürde als Wurzel (1983), S. 631.

[53] Sandkühler, Transformation (2007), S. 64.

in den kommenden Kapiteln noch deutlicher hervortreten, wenn die Verwendung der Menschenwürde in den Embryo-Debatten untersucht wird.[54]

2 Von der Dynamik der Menschenwürde

Ohne auf die Verwendung der Menschenwürde in konkreten Konfliktsituationen einzugehen, zeigt die Ideengeschichte, dass Auslegung und Deutung der Menschenwürde stark an den kulturellen und gesellschaftlichen Kontext gebunden ist.[55] Daraus ließe sich im Umkehrschluss folgern, dass es eine allgemeingültige und dauerhaft verbindliche Interpretation der Menschenwürde mit universalem Geltungsanspruch nicht geben könne.[56] Dennoch haben verschiedene Disziplinen, die sich in der Bundesrepublik Deutschland mit der Menschenwürde auseinandersetzen, im Laufe der letzten Jahrzehnte zahlreiche Vorgehensweisen entwickelt, um die Menschenwürde inhaltlich zu bestimmen, ihre Relevanz für die Gesellschaft zu ermitteln und ihren rechtlichen Garantiegehalt zu bemessen. Vor diesem Hintergrund soll die Analyse der Embryo-Debatten zeigen, ob die unterschiedlichen Interpretationsmöglichkeiten einen Minimalkonsens zulassen, ob also ein für alle Diskussionsteilnehmer identischer „Begriffskern" ausgemacht werden kann.[57] Die im Menschenwürdediskurs auftauchenden In-

[54] In dieser Arbeit wird bewusst auf die Vorgabe einer Definition der Menschenwürde verzichtet. Die definitorische Annäherung wurde hier aber über die Nachzeichnung der Ideengeschichte geleistet. Eine genaue Analyse des Wortes „Menschenwürde" lieferte TIEDEMANN, Was ist Menschenwürde (2006), S. 68–73. Dieser kommt in seiner sprachanalytischen Untersuchung zu dem Schluss, dass Menschenwürde kein Begriff sei, sondern vielmehr eine Chiffre für das Werturteil, dass dem Menschen Würde zukomme, vgl. ebd., S. 101. In dieser Beurteilung wird wiederum deutlich, welcher Interpretationsspielraum der Menschenwürde innewohnt und dass es eine richtige oder falsche Interpretation aufgrund der Wort- und Bedeutungskonstruktion nicht geben kann. BALDUS, Kämpfe um die Menschenwürde (2016), S. 251 sprach deshalb auch von der Menschenwürde als einer „Rezeptionsnorm".

[55] Diesen Aspekt betonte auch MASTRONARDI, Menschenwürde und kulturelle Bedingtheit des Rechts (2003), S. 55–81.

[56] Vgl. ILIADOU, Forschungsfreiheit und Embryonenschutz (1999), S. 117f.

[57] Einige Autoren sprachen von diesem Begriffskern. Graduelle Unterschiede erkannten sie insbesondere in Grenzbereichen und speziellen Konfliktbereichen, so auch BÖCKENFÖRDE, Menschenwürde unantastbar (2004), S. 1225; GEDDERT-STEINACHER, Menschenwürde als Verfassungsbegriff (1990), S. 29; HERDEGEN, Art. 1 (2003), S. 25f.; LERCHE, Verfassungsrechtliche Aspekte (1986), S. 100 und MAUNZ/ZIPPELIUS, Deutsches Staatsrecht (1991), S. 179. Für den Rechtsphilosophen LUF, Menschenwürde in der Biomedizin (2005), S. 248 beispielsweise gehören zum Kerngehalt der Menschenwürde „Verbote wie das der Folter, Sklaverei, von Kriegsverbrechen oder grausamen Strafen." Dem Gedanken von einem „Menschenwürdekern" widersprechend schrieb DREIER, Stellung der Menschenwürde (2003), S. 39: „Wir sehen mit dem Menschenwürdekern-Argument schon erste Tendenzen einer gewissen raumgreifenden Ausdehnung der Menschenwürde. Sie bleibt nicht begrenzt auf

terpretationsansätze werden im weiteren Verlauf dieser Arbeit als Bestandteil der zu untersuchenden Embryo-Debatten eingeführt und erklärt.

Die Komplexität und Vielschichtigkeit des Menschenwürdekonzepts spiegelt sich auch in der Fülle der dazu existierenden Forschungsliteratur wider. Die Menschenwürde ist nicht nur ein Rechtsbegriff, sondern viel länger schon ein zentraler Begriff der Philosophie und Theologie und Ethik.[58] Die ideengeschichtlichen Ursprünge verweisen auf eine starke Tradition innerhalb der Philosophie, jedoch dominieren seit Einzug der Menschenwürde in nationale und internationale Rechtstexte rechtswissenschaftliche Auseinandersetzungen zur Menschenwürde, die sich mit ihr als Rechtsnorm auseinandersetzen. Im Kontext konkreter rechtlicher Probleme wurde die Menschenwürde spätestens seit der Überführung der Menschenwürde ins positive Recht diskutiert und ihre Funktion innerhalb des Rechts austariert.[59]

Der anschwellende Publikationsstrom der genannten Disziplinen verdeutlicht, dass die Menschenwürde zunehmend herausgefordert wurde, optimale Lösungen für gesellschaftlich hoch komplexe Probleme zu liefern. Mit Annäherung an die Gegenwart tauchte die Menschenwürde immer häufiger als erhofftes finales Argument in Auseinandersetzungen auf.[60] Die Menschenwürde als „höchste Moralidee“[61], „höchste[r] Wert“[62] und „Wurzel aller Grundrechte“[63] sollte – einmal eingesetzt – Konflikte unkompliziert lösen und letztbegründend wirken.

einen engen, festen, klaren Kernbereich, der außerhalb jedweden Streits steht. Vielmehr dehnt sich der Menschenwürdebezug aus, erfaßt tendenziell auch andere Konstellationen, bei denen die Evidenz fraglich und der Konsens brüchig ist.“

58 Vgl. beispielsweise Bielefeldt, Auslaufmodell Menschenwürde (2011); Eibach, Menschenwürde an den Grenzen (2000); Honnefelder, Menschenwürde und Transzendenzbezug (2009); Knoepffler, Menschenwürde in der Bioethik (2004); Reiter, Menschenwürde als Maßstab (2004); Rothhaar, Menschenwürde als Prinzip des Rechts (2015); Sandkühler, Transformation (2007), S. 57–86; Schweidler, Das Unantastbare (2001); Spieker, Konkrete Menschenwürde (2012) und Wetz, Illusion Menschenwürde (2005).

59 Einen guten Gesamtüberblick lieferten Baldus, Kämpfe um die Menschenwürde (2016); Benda, Menschenwürde (1984), S. 107–128; Dreier, Grundgesetz Kommentar 2013 (2013); Dürig, Grundrechtssatz von der Menschenwürde (1956); Enders, Menschenwürde in der Verfassungsordnung (1997); Goos, Innere Freiheit (2009); Gröschner u. a. (Hg.), Wörterbuch der Würde (2013); Häberle, Menschenwürde als Grundlage (2004), S. 317–367; Höfling, Art. 1 (2014), S. 76–111; Hoerster, Zur Bedeutung des Prinzips der Menschenwürde (1983); Hofmann, Die versprochene Menschenwürde (1993); Hufen, Die Menschenwürde, Art. 1 I GG (2010); Isensee, Würde des Menschen (2011), S. 3–136; Pieroth u. a. (Hg.), Grundrechte (2014); Stern, Menschenwürde als Wurzel (1983), S. 627–642; Teifke, Prinzip Menschenwürde (2011); Vitzthum, Menschenwürde als Verfassungsbegriff (1985) und von der Pfordten, Menschenwürde (2016).

60 Diese Beobachtung ist umfassend dokumentiert bei Baldus, Kämpfe um die Menschenwürde (2016).

61 Kettner (Hg.), Biomedizin und Menschenwürde (2004), S. 9.

62 Nipperdey, Würde des Menschen (1954), S. 9.

63 BVerfGE 93, 266 (293).

Dass dies höchst selten der Fall war, wird diese Arbeit exemplarisch an den bundesrepublikanischen Embryo-Debatten zeigen, und gleichzeitig ermitteln, weshalb sich die Menschenwürde trotzdem so großer Beliebtheit erfreute und weiterhin in den Debatten präsent war.

Der Ausgangspunkt der vorliegenden Untersuchung ist der bis heute gleichbleibende Wortlaut von Art. 1 Abs. 1 GG: „Die Würde des Menschen ist unantastbar." Doch auch wenn die Formulierung innerhalb der Verfassung unverändert blieb, so unterlagen das Verständnis der Menschenwürde und ihre inhaltliche Ausgestaltung seit ihrer Implementierung im Recht einem stetigen Wandel, der insbesondere in konkreten Konfliktsituationen deutlich zutage trat. Dabei ging es nicht nur darum, zu hinterfragen, was die Menschenwürde überhaupt bedeute oder welche konkreten Rechte man aus ihr ableiten könne, sondern auch, wer in ihren Schutzbereich einbezogen werden solle. Blickt man in die Urteile des Bundesverfassungsgerichts, jenes Organs, das in der Bundesrepublik die Hoheit und Kompetenz über Grundrechtsfragen besitzt, so entfaltet sich dem Leser der Facettenreichtum der Menschenwürde. Vielfältige Konfliktfälle und Problemkonstellationen forderten die Teilnehmer des Menschenwürdediskurses heraus. Die Diskussionen hinterließen ihre Spuren in der Rechtsprechung, dem wissenschaftlichen und öffentlichen Diskurs. Dabei wurde insbesondere die Vagheit des Menschenwürdebegriffes immer wieder kritisiert und als bedenklich erachtet. So formulierte auch der Philosoph Dieter Birnbacher: „Die Unbestimmtheit und Interpretierbarkeit des Menschenwürdebegriffs wäre vielleicht nicht weiter bedenklich, wäre der Begriff nur für moralische und politische und nicht auch für rechtliche Bewertungen relevant. Infolge seiner zentralen Stellung in der deutschen Verfassung führt seine Offenheit jedoch zwangsläufig zu Rechtsunsicherheit."[64] Dieses Zitat verdeutlicht, dass diese Arbeit den Menschenwürdebegriff als Rechtsbegriff, im Kontext angewandter Ethik, als philosophisches und theologisches Konzept und als Schlüsselbegriff gesellschaftlicher und politischer Diskurse betrachten muss.

Die in dieser Arbeit vorgenommene Quellenauswahl spiegelt die Vielfalt möglicher Zugänge zum Begriff der Menschenwürde wider. Der Facettenreichtum des Menschenwürdebegriffes, der schon ohne konkreten Anwendungsfall lediglich aus der Relektüre der Ideengeschichte deutlich wurde, erfordert eine möglichst breit angelegte Analyse der Embryo-Debatten. Untersucht werden die Diskussionen deshalb auf politischer, öffentlicher und wissenschaftlicher Ebene. Innerhalb dieser Subdiskurse wurde die Menschenwürde in Wechselwirkung mit der jeweiligen Thematik der Embryo-Debatten immer wieder neu diskutiert. Die Untersuchung und Zusammenschau mehrerer Diskurse ermöglicht es, in den dadurch entstehenden Schnittstellen, Konkurrenzsituationen und deutlich werdenden Eigenheiten einzelner Subdiskurse individuelle Positionierungsmög-

[64] Birnbacher, Instrumentalisierung und Menschenwürde (2001), S. 244.

lichkeiten zu erkennen und zu entlarven. Dieses Zusammenspiel erscheint nicht nur für den Fortgang der einzelnen Embryo-Debatten entscheidend, sondern ebenso für die Entwicklungen des Menschenwürdediskurses.

Die Menschenwürde, so konnte bereits durch die Skizzierung der Ideengeschichte deutlich gemacht werden, zeichnet sich in erster Linie nicht durch ihre Unveränderbarkeit aus. Die hohe Bedeutung der Menschenwürde für die gesamte Gesellschaft, die Beteiligung einer Vielzahl von Expertengruppen am Menschenwürdediskurs und die Anwendung der Menschenwürde im praktischen Recht provozierten vielmehr einen Wandel, der hier in Bezug auf die Embryo-Debatten nachgezeichnet werden soll. Ob dabei von einem Verständniswandel der inhaltlichen Auslegung der Menschenwürde gesprochen werden muss und welchen Einfluss dieser auf die hier zu untersuchenden Konfliktsituationen rund um den Embryo[65] hatten, versucht diese Arbeit zu ergründen. Dabei erhebt die Arbeit nicht den Anspruch, ein allgemeingültiges Erklärungsmuster für den Wandel des Menschenwürdekonzeptes zu finden. Sie will vielmehr ausschnitthaft anhand ausgewählter Debatten einen Beitrag zur Erforschung der Menschenwürde leisten. Exemplarisch können der Wandel der Menschenwürde dargestellt, die einflussreichen Akteure auf den Menschenwürdediskurs ermittelt und dominante Theorien eruiert werden. In einer chronologischen Untersuchung der Verwendung der Menschenwürde innerhalb der Embryo-Debatten können Bedeutungsveränderungen und Diskurshoheiten in einem Zeitraum von 60 Jahren ermittelt und ihre Auswirkungen auf Folgedebatten dargestellt werden.

3 Fragestellung, Untersuchungsgegenstand, Methodik

Aus diesen Überlegungen heraus entwickelte sich das Forschungsinteresse, das sich zugespitzt auf die folgende Fragestellung reduzieren lässt: Weshalb, wodurch und wie wandelte sich das Verständnis von Menschenwürde in den politischen und gesellschaftlichen Auseinandersetzungen um den Status des Embryos in utero und in vitro seit Gründung der BRD?

Die Fragestellung verdeutlicht eine Fokussierung auf bundesrepublikanische Embryo-Debatten, was mehrere Gründe hat. So zeichnen sich die Embryo-Debatten dadurch aus, dass ihr Diskussionsgegenstand – der „Embryo“ – aufgrund seiner Sprachlosigkeit, Passivität und Schwachheit den geborenen

[65] Als Embryo bezeichnet die medizinische und biologische Fachsprache das frühe Entwicklungsstadium des menschlichen Lebens von der zweiten bis zur siebten Woche der Embryonalentwicklung, davor spricht sie von Zygote, danach von Fetus. Vgl. Graw, Genetik (2010), S. 819.

Menschen zwangsläufig ausgeliefert ist.[66] Dieses einseitige Abhängigkeitsverhältnis und die immer wieder aufkommende Diskussion um den Status des Embryos führten zu einem starken Ungleichgewicht, denn die Embryo-Debatten erzwangen Entscheidungen, die sowohl elementare Grundrechte Dritter betrafen als auch über Leben und Tod des Embryos bestimmten. Dieses alle Embryo-Debatten kennzeichnende Element barg großes Konfliktpotential und provozierte, nicht zuletzt aufgrund der hohen, oft auch persönlichen Betroffenheit der Diskussionsteilnehmer, emotional geführte Auseinandersetzungen.[67] Darüber hinaus erklärten die in den Embryo-Debatten diskutierten medizinischen und technischen Errungenschaften nicht nur den Embryo, sondern zeitgleich den Menschen an sich zum Objekt. Ängstliches Mitgefühl, Sorge um die eigene Existenz, in die Technik gesetzte Hoffnung und Visionen von einem besseren Leben waren typische Elemente der bioethischen Debatten. In diesem emotionalen Feld musste die Frage diskutiert werden, wie der Rechtsstaat zu reagieren hatte. An welchen Grundrechten sollte der jeweils diskutierte medizinische und technische Fortschritt gemessen werden? Politiker, Theologen und Ethiker diskutierten ebenso über diese Frage wie Mediziner, Juristen oder Journalisten. Dabei kristallisierte sich die Menschenwürde zunehmend als wichtiger Bestandteil der Argumentationsstrukturen heraus.

Die hier gewählten Debatten stellen eine Diskussion um den Embryo in einander ähnelnden Konfliktsituationen dar, die dennoch grundlegende Unterschiede aufweisen. Die Zunahme medizinisch-technischer Möglichkeiten generierte neuartige Probleme, erhöhte die Handlungsmöglichkeiten und die Anzahl der am Konflikt beteiligten Akteure. In den 1980er Jahren ging es beispielsweise nicht mehr um den Embryo im Bauch seiner Mutter und damit auch um ihre Rechte, wie es noch in der Abtreibungsdebatte der Fall gewesen war, sondern um den Embryo, der losgelöst vom weiblichen Körper, in der Petrischale gezeugt worden war. Diese Verlagerung des Zeugungsaktes vom zwischenmenschlichen

[66] Ahrens, Frühembryonale Menschen (2008), S. 97 schrieb: „Allerdings sind frühembryonale Lebensformen nicht in der Lage, handelnd in Erscheinung zu treten; die Repräsentationsform der sie unterliegen, bedeutet eine Anwesenheit in Absenz." Ähnlich betonte auch Bischof Huber während einer Anhörung des Gesundheitsausschusses: „In dieser Phase ist die Verantwortung unverzichtbar, weil sie sich auf einen Menschen bezieht, der nicht für sich selbst sprechen und nicht einmal für sich selbst schreien kann." Zitiert nach: Deutscher Bundestag – Ausschuss für Gesundheit, Protokoll Nr. 17/42 (25.05.2011), S. 50.

[67] Zwischen 1996 und 2016 wurden laut offiziellen Statistiken knapp 2,5 Millionen Schwangerschaften abgebrochen. Vgl. DESTATIS Statistisches Bundesamt, Statistik Schwangerschaftsabbrüche. Zwischen 1997–2004 wurden im Zuge von 380.000 IVF-Zyklen ca. 62.000 Kinder lebend geboren. Vgl. Felberbaum u. a. (Hg.), IVF-Register (2007), S. 206. Diese Zahlen veranschaulichen exemplarisch die große Anzahl der potentiell in Abtreibung und In-vitro-Fertilisation involvierten Akteure, wenn man neben den betroffenen Müttern und Eltern auch die Ärzte, Forscher und Angehörigen berücksichtigt. Ähnliches gilt auch für die embryonale Stammzellforschung und Präimplantationsdiagnostik.

Geschlechtsakt in die Labore von Medizinern brachte vielfältige Fragestellungen mit sich, die in der Diskussion um die richtige Balance zwischen Forschungsfreiheit und Menschenwürde der 2000er Jahre ihren Höhepunkt fand.

Die Gemeinsamkeit der in dieser Untersuchung exemplarisch gewählten Embryo-Debatten liegt in der lebhaften Diskussion um und die endlose Suche nach der Bestimmung des Status des Embryos. Die Diskussionsteilnehmer rangen um die philosophische, biologische, rechtliche und ethische Fixierung des menschlichen Lebensbeginns und verbanden damit die Frage, wie der Schutz von Embryonen gewährleistet werden könne, ohne dabei die Rechte und das moralische Empfinden Dritter zu beeinträchtigen.

Aus den bundesdeutschen Debatten, die den Embryo in utero und in vitro betrafen, wurden für diese Untersuchung vier ausgewählt:

1. Abtreibungsdebatte (1968–1976)
2. Embryonenschutzdebatte (1978–1990)
3. Stammzelldebatte (1999–2002)
4. Präimplantationsdiagnostikdebatte (1999–2011)

Diese Auswahl erfolgte aufgrund ihrer Relevanz und Repräsentativität innerhalb der Gesamtheit der bundesdeutschen Embryo-Debatten. Ein vorangestellter Exkurs in den frühen bundesrepublikanischen Menschenwürdediskurs sowie die zeitliche Verteilung der Debatten seit Bestehen der Bunderepublik Deutschland ermöglichen es, den Untersuchungszeitraum auf gut 60 Jahre auszudehnen, um so in einem längeren Zeitfenster einen Wandel des Verständnisses der Menschenwürde darstellen zu können. Als Gegenentwurf zum Zivilisationsbruch der Ära der nationalsozialistischen Herrschaft wurde die Menschenwürde an den Beginn der bundesrepublikanischen Verfassung gesetzt und zugleich für „unantastbar" erklärt.[68] Inwieweit auch der Embryo in den Schutzbereich der Menschenwürde einbezogen werden sollte, diskutierten die Verfassungsväter und -mütter nicht. Diese Frage wurde erstmals in den 1950er und 1960er Jahren im Zuge der Einführung von mechanischen und chemischen Empfängnisverhütungsmitteln und der zunehmend praktizierten Möglichkeit der künstlichen Insemination aufgeworfen.

In allen vier gewählten Debatten verdichteten sich die Diskurse um den Status des Embryos und die Menschenwürde in besonderer Weise. Ganz offensichtlich wären auch andere Deutungs- und Interpretationsmöglichkeiten der Debatten

[68] Di Fabio, Grundrechte als Werteordnung (2004), S. 5 bezeichnete die Fixierung der Menschenwürde an so prominenter Stelle im Grundgesetz durch die Gründungsväter und -mütter als „die verbindlich gemachte Erinnerung an grundlegende Verletzungshandlungen, die den Menschen erniedrigen und seinen Eigenwert als Individuum leugnen." Zu einem solchen Schluss gelangte auch Baldus, Kämpfe um die Menschenwürde (2016), S. 60.

möglich gewesen, in dieser Arbeit stellt jedoch die Menschenwürde das zentrale und untersuchungsleitende Merkmal dar.

Abtreibung, künstliche Befruchtung oder embryonale Stammzellforschung entfachten weltweit zu unterschiedlichen Zeiten Diskussionen, schufen transnationale Probleme und Streitgespräche, jedoch höchst selten transnationale Problemlösungen. Diese Beobachtung erleichtert die in dieser Arbeit vollzogene Trennung der bundesrepublikanischen Embryo-Debatten von thematisch ähnlich gelagerten Auseinandersetzungen in anderen Staaten.[69] Mit den vier ausgewählten Debatten wurde der Fokus auf die bundesdeutsche Sicht gelegt. Begründen lässt sich diese Entscheidung damit, dass die Menschenwürde in den deutschen Embryo-Debatten ein Spezifikum darstellt. Die Bezugnahme auf die Menschenwürde ist singulär im europäischen und internationalen Vergleich.[70] Dies rührt nicht zuletzt daher, dass der Menschenwürde im Gegensatz zu anderen Verfassungen im deutschen Grundgesetz eine außerordentliche Stellung zukommt.[71] Lange Zeit war die Bundesrepublik Deutschland eines der wenigen Länder, die in ihrer Verfassung auf die Menschenwürde Bezug nahm. Erst in den 1970er Jahren nahmen die postfaschistischen und nach dem Fall der Mauer auch die postkommunistischen Staaten die Menschenwürde in ihre Verfassungen auf. Auf europäischer Ebene wurde die Menschenwürde sogar erst im Jahr 2009 in den Vertrag über die Europäische Union aufgenommen.[72] Unter anderem aus diesem Grund soll diese Arbeit den Wandel des Verständnisses von Menschenwürde in Deutschland nachzeichnen und nicht einen kontrastiven Vergleich zum Menschenwürdeverständnis in unterschiedlichen Staaten und Rechtssystemen liefern.[73] Infolgedessen wurden auch die Embryo-Debatten der

[69] Internationale Debatten und Fragestellungen rund um den Embryo und den Menschenwürdebegriff wurden in dieser Arbeit insoweit einbezogen, wie sie den bundesrepublikanischen Menschenwürdediskurs sichtbar beeinflussten.

[70] Menschenwürde als spezifisch deutsche Erscheinung im Zuge von Embryo-Debatten beobachtete auch Hofmann, Pflicht des Staates (1990), S. 119, der in den Erfahrungen mit dem Nationalsozialismus die Ursache für die Popularität der Menschenwürde in den bundesrepublikanischen bioethischen Debatten erkannte. Ebenso Rothhaar, Menschenwürde als Prinzip des Rechts (2015), S. 15f. Ähnlich auch Barth, Menschenwürde (2007), S. 5; Kunzmann, Sprachspiele der Menschenwürde (2011), S. 31f.; Schöne-Seifert, Abtreibung ja – Forschung nein (2002), S. 96 und Tiedemann, Menschenwürde als Rechtsbegriff (2007), S. 67. Vgl. auch O'Malley, Definition of Human Dignity (2011), S. 75–101, der den Einsatz des Menschenwürdeprinzips in bundesrepublikanischen und US-amerikanischen Bioethikdebatten vergleicht und dabei die offensichtlich geringe Rolle der Menschenwürde für die amerikanischen Debatten herausarbeitet.

[71] Zum Menschenwürdediskurs in anderen Ländern vgl. beispielsweise Tiedemann, Was ist Menschenwürde (2006), S. 29–33.

[72] Tiedemann, Rechtsdokumente (2013), S. 338f.

[73] Einen kontrastiven Vergleich des Einsatzes der Menschenwürdenorm in der Grundrechtscharta der EU und dem Grundgesetz der Bundesrepublik Deutschland oder anderen Mitgliedstaaten der Europäischen Union lieferten beispielsweise Ekardt/Kornack, Eu-

Deutschen Demokratischen Republik nicht weiter analysiert. Die Auswirkungen der ostdeutschen Embryo-Debatten spielten für diese Untersuchung erst mit der Wiedervereinigung eine Rolle, als sich die Diskurse vermengten und gegenseitig beeinflussten.

Dieser Dissertation liegt das zentrale Erkenntnisinteresse zugrunde, den Wandel der Menschenwürde im Anwendungskontext der bundesrepublikanischen Embryo-Debatten zu analysieren. Wissenschaftliche Untersuchungen dieser Debatten gibt es insbesondere in der juristischen Fachliteratur.[74] Daneben finden sich vereinzelte Untersuchungen anderer Disziplinen.[75] Historiographische Abhandlungen oder rechtshistorische Untersuchungen sind eher selten und behandeln darüber hinaus in der Regel nur Teildebatten, so dass sich in den Geschichtswissenschaften große Lücken bei der Erforschung der bundesrepublikanischen Embryo-Debatten erkennen lassen.[76] Auch die Menschenwürde wurde bisher nicht zum zentralen Untersuchungsgegenstand geschichtswissenschaftlicher Arbeiten, wobei es erste Ansätze gibt, zentrale Werte und Wertvorstellungen in der Geschichte der Bundesrepublik Deutschland in diachroner Perspektive zu untersuchen.[77]

Die rechtlich fixierte Menschenwürdenorm in Art. 1 Abs. 1 GG leitet seit beinahe 70 Jahren unverändert die deutsche Verfassung ein. Ihre herausgehobene

ropäische und deutsche Menschenwürde (2010); Häberle/Kotzur (Hg.), Europäische Verfassungslehre (2016), S. 534–547; Schwarz, Menschenwürde (2011) und Schwarzburg, Menschenwürde im Recht der Europäischen Union (2012).

74 Zur Abtreibungsdebatte vgl. beispielsweise Eser/Koch (Hg.), Schwangerschaftsabbruch im internationalen Vergleich (1988). Zur Embryonenschutzdebatte vgl. Günther u. a. (Hg.), Embryonenschutzgesetz (2008). Zur Stammzelldebatte vgl. Kersten/Heinemann (Hg.), Stammzellforschung (2007). Zur Präimplantationsdiagnostikdebatte vgl. Weschka, Präimplantationsdiagnostik (2010) und Landwehr, Präimplantationsdiagnostik (2017).

75 Mit kulturwissenschaftlichem Schwerpunkt Bernard, Kinder machen (2014). Eine medizinethische und medizinhistorische Untersuchung der Stammzell- und Präimplantationsdiagnostikdebatte bei Bauer, Normative Entgrenzung (2017). Mit sozialwissenschaftlichem Schwerpunkt Spieker, Kirche und Abtreibung (2008); Spieker (Hg.), Biopolitik (2009). Eine soziologische Betrachtung der Stammzelldebatte bei Stark, Kontingenz und Ambivalenz (2014). Unter medizinethischer und medizinhistorischer Perspektive Weiske, Präimplantationsdiagnostik (2013).

76 Mit Ausnahme von beispielsweise Behren, Geschichte des § 218 (2004); Gante, § 218 in der Diskussion (1991); Gembries, Von der Fortpflanzungspflicht zum Recht auf Abtreibung (2014), S. 307–333; Jütte (Hg.), Geschichte der Abtreibung (1993); Tallen, Auseinandersetzung (1975); Thomaschke, „Eigenverantwortliche Reproduktion“ (2014), S. 363–388 und Zordo u. a. (Hg.), Fragmented Landscape (2016).

77 Vgl. die Aufsätze in Rödder/Elz (Hg.), Alte Werte – neue Werte (2008). Eine Ausnahme für die Analyse der historischen Entwicklung des Menschenwürdediskurses besonders vor ihrer Verrechtlichung lieferte Moyn, der die Popularisierung der Menschenwürde in den 1930er und 1940er Jahren mit dem Engagement katholischer Akteure und einer Hinwendung vom Individuum zur Person erklärt. Vgl. Moyn, Personalismus (2010), S. 63–91 und Moyn, Human Rights (2017), S. 19–33.

Stellung im Grundgesetz unterstreicht die Relevanz der Menschenwürdenorm für das gesamte rechtliche, politische und gesellschaftliche System der Bundesrepublik. Sie erhebt den Anspruch, Fundament und Leitwert des Staates und der Gesellschaft zu sein. Die Kodifizierung im Recht als „oberste Norm"[78] verleiht der Menschenwürde dem Wortlaut nach vordergründig Konstanz. Allerdings lässt sich mit Blick auf den rechtswissenschaftlichen Diskurs und einschlägige Grundgesetzkommentare schnell erkennen, dass es im gesamten Zeitraum seit Bestehen der Bundesrepublik Deutschland niemals ein allseits verbindliches und anerkanntes Verständnis von dem gegeben hat, was das Grundgesetz als Menschenwürde bezeichnet.[79] Trotz ihrer vollständigen formaljuristischen Institutionalisierung wurde die Menschenwürde als Norm vielfältig interpretiert und ausgelegt und unterlag mithin einem Wandel. Ein Grund dafür ist sicherlich, dass die Gründungsväter und -mütter es vermieden hatten, dem Gesetzestext eine verbindliche Definition der Menschenwürde beizufügen.[80]

Die Menschenwürde gilt als allgemein akzeptierte Ordnungsvorstellung für das gesellschaftliche Miteinander. Die Verrechtlichung der Menschenwürde im Grundgesetz der Bundesrepublik Deutschland, die sich ihr anschließenden Grundrechte und die auf ihr aufbauende Rechtsprechung legen außerdem den Schluss nahe, dass der Menschenwürde große Bedeutung als Orientierungsstandard zur Bewältigung zentraler Konflikte beigemessen wird. Betrachtet man sie als „grundlegende normative Ordnungsvorstellung", welche das „Denken, Reden und Handeln auf individueller und kollektiver Ebene" beeinflusst, so wird deutlich, dass sie damit – per Definition des Mainzer Historikers Andreas Rödder – auch als Wert verstanden und untersucht werden kann.[81] In der Tat betitelten schon die frühen Grundrechtskommentare der 1950er Jahre die Menschenwürde als „zentralsten Wert"[82] oder setzten sie als „höchste[n] Wert"[83] an die Spitze der Rechtsordnung. Diese zwei herausgegriffenen Bezeichnungen verdeutlichen, dass die Menschenwürde trotz ihres Einzuges in das Recht ein Wert bleibt. Auch heute erfreuen sich Verknüpfungen von Menschenwürde als

[78] Siehe Fn. 5 in der Einleitung.

[79] Hier sei exemplarisch verwiesen auf die Kommentare zu Artikel 1 des Grundgesetzes von Dreier, Grundgesetz Kommentar 2013 (2013); Kunig, Art. 1 (2012), S. 56–120; Maunz/Dürig (Hg.), Grundgesetz Kommentar (2003) und Starck, Kommentar zum Grundgesetz (2010).

[80] Das Ringen um die Aufnahme der Menschenwürde in die bundesrepublikanische Verfassung und die Diskussionen um ihre inhaltliche Bestimmung wurden aufgearbeitet von Goos, Innere Freiheit (2009), S. 75–95.

[81] Rödder, Forschungsprojekt (2014), S. 29. Diese Definition ist angelehnt an diejenige des US-amerikanischen Soziologen Kluckhohn, Values and Value-Orientation (1967), S. 388–433.

[82] Wintrich, Zur Problematik der Grundrechte (1957), S. 14.

[83] Nipperdey, Würde des Menschen (1954), S. 9.

Norm und Wert großer Beliebtheit. Der Rechtswissenschaftler Udo di Fabio bezeichnete die Menschenwürde gar als „Höchstwert des Weltrechts“[84].

Die Menschenwürde muss also, geht man vom bundesrepublikanischen Menschenwürdediskurs aus, als verrechtlichter Wert oder als Wert und Norm verstanden werden, die – so die Annahme dieser Arbeit – einem starken Wandel unterliegen. Insbesondere die der verrechtlichten Menschenwürde innewohnende Widersprüchlichkeit und die Aushandlungsprozesse im Zuge der Embryo-Debatten lassen heftige Diskussionen und Wertkonflikte vermuten, die einen Wandel provozierten.

Diese Beobachtung legt die Anknüpfung dieser Untersuchung an das Forschungsfeld der historischen Wertewandelsforschung nahe. Das Projekt „Historische Wertewandelsforschung in Moderne und Postmoderne“, das unter Leitung von Andreas Rödder seit einigen Jahren weiterentwickelt wird, konnte bereits erste Ergebnisse zum Wandel zentraler Wertvorstellungen vorlegen.[85] Es geht von der Annahme aus, dass die Aushandlungsprozesse um Werte innerhalb einer Gesellschaft historisch zugänglich sind. Wertewandel findet, so die Annahme der Wertewandelsforschung, in einem wechselseitigen Gefüge von sozialer Praxis, institutionellen Rahmenbedingungen und dem diskursiv verhandelten Wert statt.[86] Indem die historische Wertewandelsforschung den Wertewandel als Resultat von Aushandlungsprozessen zwischen diesen drei Polen betrachtet, unterscheidet sie sich von der sozialwissenschaftlichen Wertewandelsforschung, die seit den 1970er Jahren Facetten und Erscheinungsbilder von Wertewandel untersucht.[87] Einen ersten bedeutungsvollen Erklärungsansatz hatte der US-amerikanische Soziologe Ronald Inglehart im Jahr 1977 mit seinem Werk „The Silent Revolution“ gelegt, in dem er feststellte: „The values of Western publics have been shifting from an overwhelming emphasis on material well-being and physical security toward greater emphasis on the quality of life.“[88] Seine These von der Verschiebung der Wertsetzungen von materiellen zu postmateriellen Werten dominierte zunächst die sozialwissenschaftliche Kontroverse über die Beschreibung vom Wertewandel in postmodernen Gesellschaften, wurde jedoch auch

[84] Di Fabio, Grundrechte als Werteordnung (2004), S. 5.

[85] Vgl. die Aufsätze in Dietz u. a. (Hg.), Gab es den Wertewandel (2014); Dietz/Neuheiser (Hg.), Wertewandel in Wirtschaft und Arbeitswelt (2017) und Gembries u. a. (Hg.), Children by Choice? (2018).

[86] Grundlegend zur Methodik und Zielsetzung der historischen Wertewandelforschung sind Dietz, Wertewandel (2015), S. 25–47; Dietz/Neuheiser, Diesseits und jenseits (2017), S. 7–27; Dietz/Neumaier, Werte und Wertewandel (2012); Rödder, Werte und Wertewandel (2005) und Rödder, Forschungsprojekt (2014), S. 17–39.

[87] Zur sozialwissenschaftlichen Wertewandelsforschung vgl. die Aufsätze von Hillmann, Zur Wertewandelsforschung (2001), S. 15–39 und Thome, Wertewandelsforschung aus Sicht der empirischen Sozialforschung (2005), S. 386–443.

[88] Inglehart, The Silent Revolution (1977), S. 3.

aufgrund ihrer Verengung auf die Kategorien „Materialismus“ und „Postmaterialismus“ sowie methodische Engführungen spätestens seit Mitte der 1980er Jahre unter anderem vom deutschen Soziologen Helmut Klages einer kritischen Revision unterzogen.[89] Dieser beschrieb in seiner Abhandlung „Wertorientierung im Wandel“ die Veränderungen von Wertvorstellungen als einen Übergang von „Pflicht- und Akzeptanzwerten“ hin zu „Selbstentfaltungswerten“.[90] Er stellte den Wandel nicht linear dar, wie es Ronald Inglehart gemacht hatte, oder als einen „Werteverfall“, wie ihn Elisabeth Noelle-Neumann, die Leiterin des Allensbacher Instituts, beschrieben hatte, sondern vielmehr als Pluralisierung von Wertvorstellungen.[91]

Die Beschränkung sozialwissenschaftlicher Wertewandelsforschungen auf den Zeitraum nach 1960 und die Konzentration auf die Auswertung von punktuell erhobenen demoskopischen Daten ermöglicht es nicht, Wertewandel über längere Zeiträume zu analysieren und zu beschreiben.[92] Dieses Defizit möchte die historische Wertewandelsforschung beheben, indem sie die Ergebnisse der sozialwissenschaftlichen Wertewandelsforschung in der Analyse von Diskursen, Konflikten, sich daraus ergebenden Debatten sowie sozialhistorischen Phänomenen auf eine breitere Quellenbasis stellt. Dies ermöglicht es, Aussagen über Ursachen, Mechanismen, Verlaufsmuster und Tendenzen von Wertewandel zu treffen. Dabei geht sie von der Grundannahme aus, dass es immer dann zu einem Wertewandel kommt, wenn die verhandelten Werte, institutionellen Rahmenbedingungen und die soziale Praxis in Widerspruch zueinander geraten. Aus einem solchen Wertekonflikt um die Auslegung, Deutung und Relevanz des diskursiv verhandelten Wertes resultiert der Wandel des Wertes.[93] Für die Untersuchung der sozialen Praxis, die im Widerspruch mit dem untersuchten Wert oder den gesetzlichen Rahmenbedingungen stehen kann, muss der Blick auf die Akteure und ihre Interessen beim Einsatz des zu untersuchenden Wertes gelenkt werden, insbesondere dann, wenn Werte als „handlungsrelevante Faktoren sozialer Ordnung“[94] betrachtet werden. In Bezug auf diese Untersuchung ließe sich demnach

[89] Ein weiterer bekannter Kritiker des Inglehart'schen Erklärungsansatzes war der deutsche Soziologe Helmut Thome, vgl. hierzu: Thome, Wertewandel in der Politik (1985) und Thome, Wertewandelsforschung aus Sicht der empirischen Sozialforschung (2005), S. 386–443.

[90] Klages, Wertorientierung im Wandel (1984), S. 17f.

[91] Vgl. zur These vom „Werteverfall“ Noelle-Neumann/Koecher (Hg.), Die verletzte Nation (1988) und Noelle-Neumann, Werden wir alle Proletarier (1979). Für eine kritische Reflexion der Methodik und Erklärungsansätze von Inglehart und Klages vgl. Bürkelin u. a., Dimensionen des Wertewandels (1994).

[92] Kritisch zur Frage der Tauglichkeit sozialwissenschaftlicher Methodik zur Beschreibung von Wertewandelsprozessen sind beispielsweise Dietz/Neumaier, Werte und Wertewandel (2012), S. 293–304; Graf/Priemel, Zeitgeschichte (2011) und Thome, Wandel gesellschaftlicher Wertvorstellungen (2014), S. 41–69.

[93] Vgl. Dietz, Wertewandel (2015), S. 42f.

[94] Rödder, Forschungsprojekt (2014), S. 30.

fragen, wie sich das Handeln und Reden der an den Embryo-Debatten Beteiligten zur in Art. 1 Abs. 1 GG festgelegten Menschenwürde verhielten und wie sich institutionelle Rahmenbedingungen und soziale Praktiken auf die inhaltliche Ausgestaltung der Menschenwürde auswirkten.

Methodisch bedient sich die historische Wertewandelsforschung den Verfahren der Hermeneutik und der Diskursanalyse, „also [der] quellenkritische[n] Interpretation von Kommunikationsinhalten und [der] historisch-kritische[n] beziehungsweise historisch-semantische[n] Kontextualisierung von Sprachaussagen."[95] Die hier gewählten Embryo-Debatten dienen dabei als Fallbeispiele, an denen der Einsatz der Menschenwürde und begriffliche Verschiebungen innerhalb des Menschenwürdediskurses über einen längeren Zeitraum untersucht werden können. Dabei werden die Analyseergebnisse des jeweiligen Untersuchungszeitraumes miteinander verglichen, in Relation zueinander gesetzt und auf inhaltliche Differenzen sowie graduelle Verschiebungen hin betrachtet. Da die historische Wertewandelsforschung nicht punktuell, sondern innerhalb eines längeren Zeitrahmens Werte untersucht, kann unter ihrer Zuhilfenahme herausgestellt werden, ob der Menschenwürde zu jeder Zeit gleich viel Bedeutung beigemessen wurde oder ob anderen Werten der Vorzug gegeben wurde.

Menschenwürde ist jedoch nicht nur Ordnungsvorstellung und Leitwert, sondern ebenso ein sprachliches Konstrukt, das einem semantischen Wandel unterliegt. Der Untersuchung des sprachlichen Wandels zentraler Grundbegriffe wenden sich die historische Semantik und die in ihr verankerte Begriffsgeschichte zu.[96] Mit dem methodischen Handwerkszeug der historischen Semantik kann entscheidenden Wendepunkten und Brüchen innerhalb einer Begriffsgeschichte, wie etwa der Überlagerung einstmals dominanter Erklärungsmuster durch neue inhaltliche Akzentuierungen, nachgespürt werden.[97] Dafür werden in einer semantischen Analyse sprachliche Figuren, Topoi und Beziehungen innerhalb des Wortfeldes des hier zu untersuchenden Grundbegriffes „Menschenwürde" ermittelt. Willibald Steinmetz, bedeutender Vertreter der historischen Semantik, verweist darauf, dass die zu untersuchenden Begriffe auch in „Umschreibungen, Metaphern, Visualisierungen und symbolische[m] Handeln" erscheinen.[98] Dies bedeutet, dass in Bezug auf die hier vorliegende Untersuchung auch diejenigen Äußerungen und Taten beteiligter Akteure analysiert werden, die nicht auf den ersten Blick auf die Menschenwürde hindeuten, diese jedoch möglicherweise

95 Ebd., S. 32.

96 Ausführlich zur Idee und Methodik der Begriffs- und Ideengeschichte GEULEN, Geschichte der Grundbegriffe (2010) und MÜLLER/SCHMIEDER, Begriffsgeschichte und historische Semantik (2016).

97 Zur historischen Semantik vgl. die einschlägigen Artikel von STEINMETZ, Neue Wege (2007), S. 9–40 und STEINMETZ, Vierzig Jahre Begriffsgeschichte (2008), S. 174–197.

98 STEINMETZ, Neue Wege (2007), S. 15.

implizit meinen.[99] In diesem Ansinnen muss die hermeneutisch reflektierende Untersuchung der Menschenwürde sowohl den expliziten wissenschaftlichen Diskurs über die Menschenwürde beinhalten als auch die Äußerungen, in denen Menschenwürde nicht explizit thematisiert, wohl aber als Argument oder rhetorisches Mittel in sprachlichen Äußerungen eingesetzt wurde. Auch die einleitende Ideengeschichte der Menschenwürde konnte verdeutlichen, dass die Menschenwürde nicht nur einen Diskussionsgegenstand von Experten darstellte, sondern in vielfältigen Subdiskursen zu unterschiedlichen Zwecken angewendet wurde.

Die hier vorliegende Untersuchung befindet sich methodisch an der Schnittstelle zwischen historischer Wertewandelsforschung und historischer Semantik. Dieser zweifache methodische Zugriff auf das Thema ermöglicht es, die Menschenwürde unter verschiedenen Blickwinkeln auszuleuchten, ihre Verwendung in den Embryo-Debatten zu erfassen und schlussendlich Kontinuitäten und Diskontinuitäten darstellen zu können. Das Zusammenspiel von gesetzlichen Rahmenbedingungen, ethischen, theologischen und philosophischen Interpretationen des Menschenwürdebegriffes und der Fortentwicklung medizinischer und naturwissenschaftlicher den Embryo betreffenden Techniken ermöglicht die Darstellung der sich wandelnden Sicht auf die Menschenwürde. Darüber hinaus brachten die Embryo-Debatten eine Vielzahl unterschiedlichster Akteure hervor, die in Kombination mit den wechselnden Diskussionskontexten die Menschenwürde als rechtliches, philosophisches, sprachliches und gesellschaftskonstituierendes Konstrukt in ihre Argumentationen einbrachten. Beeinflusst durch Akteure und diskutierte Anwendungsfälle befand sich die Menschenwürde, so die Annahme dieser Arbeit, in einem Widerspruch zwischen Fixierung und Wandel ihrer Bedeutungsinhalte.

Der Gang dieser Untersuchung wird durch die der Arbeit zugrunde liegende Fragestellung vorgegeben. So verlangt die Analyse des Wandels des Verständnisses der Menschenwürde einen chronologischen Blick auf den Untersuchungsgegenstand. Die Aufarbeitung der Debatten in chronologischer Reihenfolge ermöglicht es, die ihnen zugrunde liegende Thematik, die Handlungsabläufe und zentrale Handlungsakteure herauszuarbeiten. Darüber hinaus dient sie dazu, Funktion, Stellung und Einsatz der Menschenwürde nachzeichnen zu können. Die Untersuchung muss jedoch über diese rein deskriptive Ebene des Debattenverlaufes hinausgehen. In einem weiteren Schritt soll deswegen die Frage beantwortet werden, weshalb die Menschenwürde Teil der Embryo-Debatte wurde. Dazu ist die Analyse der zentralen Argumente eine wichtige Voraussetzung. So kann eine Antwort auf die Frage gefunden werden, welche Rolle, Funktion und Stellung die Menschenwürde innerhalb der Diskussion einnahm.

[99] In seiner Untersuchung sprach Steinmetz in ebd., S. 24 über die Komplexität des Begriffs „Politik" und arbeitete heraus, dass der Begriff durchaus in Äußerungen vorhanden sein könne, auch wenn dieser nicht explizit ausgesprochen werde.

In dieser Weise kann der Einsatz der Menschenwürde durch den Diskussionsgegenstand, einzelne Akteure, institutionelle Rahmenbedingungen oder aber durch der Menschenwürde inhärente Eigenschaften begründet werden.

Die Wechselwirkungen von Statusdebatte und Menschenwürdediskurs im Blick soll in einem weiteren Schritt eine Antwort auf die Frage gefunden werden, wie die Menschenwürde in den Embryo-Debatten Verwendung fand. Dazu soll ihr Einsatz in der jeweiligen Embryo-Debatte sowohl quantitativ gemessen als auch qualitativ untersucht werden. Wurde sie unkommentiert benutzt oder selbst zum Diskussionsgegenstand? Verdrängte das Reden von der Menschenwürde andere Argumente? Welche für Menschenwürdekonzepte wurden vor welchem Hintergrund von welchen Akteuren in die Debatte eingespeist? Weiter wird die wechselseitige Beeinflussung von Statusdebatte und Menschenwürdediskurs zu untersuchen sein.

Der letzte Untersuchungsschritt dient der Beantwortung der Frage, wie sich das Konzept der Menschenwürde in den Embryo-Debatten insgesamt wandelte. Dabei muss über die Untersuchung der vorhandenen Menschenwürde-Konzepte hinausgegangen werden und ein Blick auf die Frage geworfen werden, wie sich der Menschenwürdediskurs als Gesamtes wandelte. Was ist als Ursache eines sich wandelnden Menschenwürdediskurses zu kennzeichnen? Lagen die Ursachen in der Konzeption der Menschenwürde selbst begründet? Veränderten medizinisch-technische Erfolge das Reden von der Würde des Menschen? Wirkte sich der Einsatz der Menschenwürde auf diese aus? Wurde die Verwendung bestimmter Technlogien kritisch bis ängstlich oder als angemessen betrachtet? Hatte ihre zunehmende Verwendung Einfluss auf den Umgang mit der Menschewürde? Oder lässt sich eine Zunahme oder Veränderung von Interpretationsmöglichkeiten erkennen? Wie kam es zur Entwicklung neuer beziehungsweise zur Modifizierung bestehender Menschenwürdeverständnisse?

Die zu untersuchenden Auseinandersetzungen, die sich im Spannungsfeld zwischen Moral, Recht und Ethik bewegten, produzierten einen interdisziplinären Zugriff nicht nur auf den Sachinhalt der jeweiligen Debatte, sondern auch auf den dort gebrauchten Begriff der Menschenwürde. Bedingt durch das Zusammenwirken verschiedener Subdiskurse entwickelte sich ein heterogener und zeitweise undurchsichtiger Diskurs über die Menschenwürde. Grundsätzlich wurden drei Diskursebenen untersucht: die Ebene der Politik, der Wissenschaften und der Öffentlichkeit.

Für die Untersuchung des Politikdiskurses konzentriert sich die Arbeit auf zentrale bundespolitische Embryo-Debatten und legislative Entscheidungen. Dabei verkürzt die Beschränkung auf die Embryo-Debatten des Bundestages im Sinne der Fragestellung keineswegs die Komplexität der Thematik, denn die Untersuchung des Einsatzes der Menschenwürde in für die jeweilige Debatte repräsentativen bundespolitischen Reden und Begründungen zu gesetzgeberischen Initiativen liefert vielfältige Analyseergebnisse.

Unter dem Expertendiskurs werden hier die fachwissenschaftlichen Auseinandersetzungen innerhalb der Embryo-Debatten subsumiert. Juristen beispielsweise betrachten die Menschenwürde vornehmlich als Grundrechtsartikel, Theologen als metaphysisch hergeleitetes Konzept, Ethiker als handlungsleitendes Prinzip. Die Möglichkeit, die Menschenwürde aus ganz unterschiedlichen Blickwinkeln betrachten zu können, erweitert das Untersuchungsspektrum der Arbeit. Analysiert werden rechtswissenschaftliche, philosophische, theologische, ethische und medizinisch-naturwissenschaftliche Beiträge in Fachzeitschriften und gedruckten Publikationen.

Im Gegensatz zu den an ein Fachpublikum gerichteten Beiträgen des Expertendiskurses wird unter dem Begriff des Breitendiskurses anhand der reichweitenstarken Berichterstattung überregionaler Printmedien die veröffentlichte Meinung und ihr Beitrag betrachtet.[100] In diesem Ansinnen wurden Argumentationsstandards, Fokussierungen, politische Intentionen, Art und Weise der Darstellung und die thematische Schwerpunktsetzung der Artikel untersucht. Herauszufinden, ob und in welcher Weise es den Medien gelang, Einfluss auf den Menschenwürdediskurs zu nehmen, ist ebenfalls Teil dieser Arbeit.

Die Ebenen stehen dabei in Wechselwirkung zueinander und werden, auch aufgrund der chronologischen Darstellung, nicht getrennt voneinander bearbeitet. Die Rekonstruktion der Debatten über die Analyse verschiedener Diskursebenen und einer Vielzahl unterschiedlicher Akteure birgt die Chance, im Hinblick auf die Fragestellung diejenigen Wirkmechanismen ausfindig zu machen, die zu einem Wandel des Menschenwürdeverständnisses beitrugen.

Durch die Untersuchung der in den einzelnen Subdiskursen vollzogenen Kontextualisierung der Menschenwürde wird es möglich, das Ringen um die richtige Auslegung der Menschenwürde im Anwendungskontext darzustellen und eventuelle Machtkämpfe um die Deutungshoheit über den Menschenwürdebegriff zu interpretieren.[101] Durch die enge Verknüpfung von Statusdebatte und Menschenwürdediskurs wird in diesem Ansinnen auch die semantische Untersuchung umstrittener Begriffe erforderlich, denn Sprache, wissenschaftliche Erkenntnis zur Entstehung menschlichen Lebens und Menschenwürdediskurs können nicht unabhängig voneinander betrachtet werden. So gilt es, zentrale Begriffe im jeweiligen Anwendungskontext zu analysieren, Bedeutungsinhalte und die vom Sprecher intendierten Zielsetzungen zu ermitteln.

Eine bedeutende und zu berücksichtigende Facette der hier zu untersuchenden Embryo-Debatten ist die in vielen Beiträgen mitschwingende Emotionalität, die sich auch in der Sprache widerspiegelt. Beispielsweise sind die Bezeichnungen für den ungeborenen Menschen ebenso zahlreich wie umstritten. Schon

[100] Diese Bezeichnung ist angelehnt an Keller, Diskursforschung (2011), S. 68.

[101] Rödder, Forschungsprojekt (2014), S. 30 sprach hierbei von einem „Machtkonflikt um Diskurshoheit".

die Bezeichnung „ungeborener Mensch“ war nicht für jeden akzeptabel, denn dass es sich um einen Menschen handeln könne, war Streitpunkt. Medizinische Fachbegriffe wie „Embryo“ oder „Fötus“ tauchen in der Debatte mindestens ebenso häufig auf, manchmal sogar in ein und demselben Aufsatz neben den Begriffen „Leibesfrucht“, „ungeborenes Kind“ und „vorgeburtliches Leben“.[102] Der gezielte Einsatz von Alternativen zum Begriff „Embryo“[103] stand dabei häufig in unmittelbarem Zusammenhang mit der Zuschreibung der Menschenwürde.

[102] So schrieb beispielsweise Koerber, Ausschaben oder absaugen (1974): „Das geringste Risiko [bei einer Abtreibung] besteht im ersten Monat. In diesem Stadium hat die Leibesfrucht wenig mit einem Menschen gemein. Der Embryo ist nur ein Zentimeter lang, hat noch einen Schwanz und Kiemenbögen.“

[103] In dieser Disseratation wird für den gesamten pränatalen Zeitraum der Begriff des Embryos verwendet, unabhängig davon, ob sich der Embryo in utero oder in vitro befindet. Diese Vorgehensweise ermöglicht es, trotz der emotionalen und wertaufgeladenen Thematik wissenschaftliche Neutralität zu wahren und in einer sachlichen Dokumentation den Benutzerkreis, die Einflussnehmer und den Wandel des Menschenwürdebegriffes darstellen zu können. Vgl. auch Fn. 65 in der Einleitung und den Eintrag im Glossar.

I. Teil: Abtreibungsdebatte (1968–1976)

1 Vorgeschichte: Die Menschenwürde und der Embryo (1949–1968)

Die Untersuchung des Menschenwürdediskurses innerhalb der Debatten um die umstrittene Reform des § 218 StGB kann nicht losgelöst von den vorausgegangenen Diskussionen um die Stellung der Menschenwürde im Rechtssystem der noch jungen Bundesrepublik erfolgen. Als die Auseinandersetzung um die Abtreibung Ende der 1960er Jahre einsetzte, konnten die Debattenteilnehmer auf eine zwanzigjährige Erfahrung mit der Menschenwürde als Verfassungsgut zurückblicken. In diesem Zeitraum etablierte sich – zunächst jedoch nur mühsam – der rechtswissenschaftliche Menschenwürdediskurs.[1] Eines der zentralen Probleme lag von Beginn an darin, dass der konkrete Bedeutungsinhalt der Menschenwürde in der Verfassung stets vage blieb. Welcher philosophischen, theologischen und rechtlichen Strömungen hatten sich die Verfassungsväter und -mütter bedient? Der Rechtsgelehrte Fritz Münch konstatierte diesbezüglich Anfang der 1950er Jahre: „Was die Väter des Grundgesetzes gewollt haben, ist nicht recht zu ermitteln."[2]

So wurde bereits in den frühen Jahren der Bundesrepublik über die richtige Lesart des Menschenwürdebegriffs diskutiert. Zur inhaltlichen Erfassung des Begriffs versuchten einige Autoren die Annäherung über die Auflistung von Merkmalen. Eng damit verbunden war die Bestimmung der Menschenwürde über den Verletzungstatbestand.[3] Das Bundesverfassungsgericht nannte als beispielhafte Verletzungsvorgänge Erniedrigung, Brandmarkung, Verfolgung, Ächtung.[4] Fritz Münch formulierte: „Die Würde ist verletzt und aufgehoben, wo der Mensch zur Sache wird, wo er nach einem von Kant entliehenen Wort

[1] Münch, Menschenwürde als Grundforderung (1951), S. 3 brachte in seiner akademischen Antrittsvorlesung im Jahr 1951 diese Problematik auf den Punkt: „Die Würde des Menschen ist, bevor sie in neuen Verfassungen auftauchte, dem juristischen Sprachgebrauch nicht geläufig gewesen, und sie scheint jetzt eine gewisse Verlegenheit bei den Erläuterern dieser Texte hervorzurufen."

[2] Ebd., S. 12.

[3] Die konkurrierenden Weltbilder ermöglichten es nicht, so der Jurist Badura, den Begriff der Menschenwürde positiv zu bestimmen. Eine Annäherung an den Begriff über klare Verletzungstatbestände sah er als den einzigen sinnvollen Weg an. Die Entstehung des Art. 1 GG als Reaktion auf die nationalsozialistischen Greueltaten überzeugte Badura, Generalprävention und Würde des Menschen (1964), S. 341 von der Richtigkeit seines Ansatzes. Vgl. auch Maunz/Dürig (Hg.), Grundgesetz Sonderdruck (2003), S. 14f.

[4] Vgl. BVerfGE 1, 97 (104).

https://doi.org/10.1515/9783110631630-002

nicht mehr Selbstzweck, sondern Mittel zum Zweck eines anderen ist."[5] Immanuel Kants Lehre von der menschlichen Autonomie und der Fähigkeit des Menschen zu sittlichem Handeln hatte in der frühen Auseinandersetzung um die inhaltliche Bestimmung der Menschenwürde einen gewichtigen Einfluss. Die wohl bekannteste Ableitung ist die sogenannte Objekt-Formel des Staatsrechtlers Günter Dürig, die ihre Nähe zur Selbst-Zweck-Formel Kants nicht leugnen kann: „Die Menschenwürde als solche ist getroffen, wenn der konkrete Mensch zum Objekt, zu einem bloßen Mittel, zur vertretbaren Größe herabgewürdigt wird."[6] Diese Objekt-Formel wurde früh und häufig rezipiert, aber auch kritisiert.[7] Der Staatsrechtler Josef Isensee bezeichnete sie in der Rückschau als „das Urmeter, an dem die späteren Deutungsversuche sich messen lassen müssen"[8].

Eine andere Gruppe verwies auf die Undefinierbarkeit der Menschenwürde.[9] Menschenwürde stellte nach der Auffassung dieser Gruppe den gesamten Inhalt menschlicher Natur und Persönlichkeit dar.[10] Die Interpretation des Juristen Heinrich Hubmanns fasste diesen Gedanken zusammen: „Das Wort von der Menschenwürde will die überragende Stellung bezeichnen, die der Mensch in der Welt einnimmt, es will seinen Standort im Universum angeben und insbesondere eine Grenzscheide nach unten, gegenüber dem Tier, aufrichten."[11] Darüber hinaus verwiesen einige Autoren explizit auf die christlichen Wurzeln der Begriffsbestimmung und ergänzten dadurch die kantische Tradition um einen weiteren Bedeutungsansatz.[12] Auch eine Annäherung über und eine Gleichsetzung mit anderen Grundrechten wurde als problematisch angesehen.[13] Wurde die Persönlichkeit als Urgrund der Menschenwürde anerkannt, dann erklärt sich auch die zunehmende Rede vom vorstaatlichen und überpositiven

[5] Münch, Menschenwürde als Grundforderung (1951), S. 9.

[6] Dürig, Grundrechtssatz von der Menschenwürde (1956), S. 127.

[7] Vgl. ebd., S. 117; Nipperdey, Würde des Menschen (1954), S. 1 und Wernicke, Artikel 1 (1956), S. 1–6. Zur Kritik an der Selbst-Zweck-Formel vgl. zum Beispiel Badura, Generalprävention und Würde des Menschen (1964), S. 342.

[8] Isensee, Säkulare Gesellschaft (2006), S. 186f.

[9] Vgl. beispielhaft Maunz, Deutsches Staatsrecht (1951), S. 84 und Nipperdey, Würde des Menschen (1954), S. 1.

[10] Seine Ursprünge fände diese Überzeugung in der christlichen Naturrechtslehre, so Maunz, Deutsches Staatsrecht (1951), S. 84 und Nipperdey, Würde des Menschen (1954), S. 1.

[11] Hubmann, Persönlichkeitsrecht (1953), S. 40.

[12] Vgl. Maunz, Deutsches Staatsrecht (1951), S. 84. Ähnlich auch Münch, Menschenwürde als Grundforderung (1951), S. 6, der die Würde aus der antiken Philosophie und dem alttestamentarischen Gottesglauben von der Gottebenbildlichkeit ableitete. In diesem Sinne identifizierten auch Dürig, Menschenauffassung des Grundgesetzes (1952), S. 260 und Wertenbruch, Grundgesetz und Menschenwürde (1958), S. 181–183 zentrale Begriffe des Grundgesetzes als säkularisiertes Vokabular der Theologie.

[13] So beispielsweise Münch, Menschenwürde als Grundforderung (1951), S. 6.

Charakter der Menschenwürde, der anerkennt, dass der Staat Menschenwürde nicht schafft, sondern vorfindet.[14]

Ein weiterer Streitpunkt des frühen Menschenwürdediskurses war die Frage, ob die Menschenwürde Teil des praktischen Rechts oder nur eine Art Vorwort zu den eigentlichen Grundrechten darstelle. Ob Art. 1 Abs. 1 GG der „ideelle Ausgangspunkt anderer Grundrechte"[15] sei oder ein selbstständiges Recht darstelle, war in der Fachliteratur der frühen 1950er Jahre umstritten. Einige Rechtsexperten lasen den Grundrechtscharakter aus den Formulierungen des Art. 1 GG und insbesondere aus der nachfolgenden Forderung an die staatliche Gewalt, „sie zu achten und zu schützen".[16] Ebenfalls aus der Wortwahl des Gesetzestextes schlussfolgerten andere wiederum genau das Gegenteil. So stellte für sie das Wort „darum" in Art. 1 Abs. 2 GG in Kombination mit der Formulierung von den „nachfolgenden" Grundrechten in Art. 1 Abs. 3 GG die zentralen Indizien dar, Art. 1 Abs. 1 GG den Grundrechtscharakter abzusprechen.[17] Der Jurist Peter Badura ging so weit zu sagen: „Art. 1 I GG entfaltet dabei keine eigene (rechts-)normative Kraft, wie es die Eigenschaft eines Rechtssatzes ist, sondern ist als bloßes Blankett, als ‚Leerformel' (Topitsch), rein äußerlicher Anknüpfungspunkt für eine tatsächlich nicht ihm, sondern anderen Quellen entnommene Ableitung."[18]

Hinsichtlich Art. 1 GG etablierte sich der Grundrechtscharakter der Menschenwürde trotz weiter existierender Gegenstimmen relativ schnell als herrschende Meinung.[19] Gleichzeitig begannen die Rechtsgelehrten unter Zuhilfenahme der überlieferten philosophischen und theologischen Erklärungs-

14 Vgl. Nipperdey, Würde des Menschen (1954), S. 2 und Wintrich, Zur Problematik der Grundrechte (1957), S. 5. In diesem Sinne formulierte auch das Godesberger Programm der SPD: „Das Leben des Menschen, seine Würde und sein Gewissen sind dem Staate vorgegeben." Sozialdemokratische Partei Deutschlands (Hg.), Grundsatzprogramm (1959), S. 10.

15 Maunz, Deutsches Staatsrecht (1951), S. 84. Ähnlich in Maunz, Deutsches Staatsrecht (1962), S. 97.

16 Vgl. Münch, Menschenwürde als Grundforderung (1951), S. 3. Ebenso erkannte Nipperdey, Würde des Menschen (1954), S. 12 in der Menschenwürde die „Wurzel und Quelle aller später formulierten Grundrechte und damit selbst das materielle Hauptgrundrecht". Darüber hinaus verweise, so Nipperdey, Art. 79 Abs. 3 GG auf die „niedergelegten Grundsätze"; dies wiederum unterstreiche den Grundrechtscharakter von Art. 1 Abs. 1 GG. Vgl. Nipperdey, Würde des Menschen (1954), S. 12f. Ähnlich Löw, Menschenwürde Anspruchsgrundlage (1958), S. 517f.

17 Dürig lehnte den Grundrechtscharakter ab, da er in den nachfolgenden Rechten den Gehalt der Menschenwürde aufgefangen sah. Vgl. Maunz, Deutsches Staatsrecht (1951), S. 84. Die Rechtserheblichkeit des Art. 1 Abs. 1 GG bejahend verneinten Mangoldt/Klein (Hg.), Das Bonner Grundgesetz 1957 (1957), S. 146–148 die Grundrechtsqualität des Artikels. Ebenso bei Mangoldt (Hg.), Das Bonner Grundgesetz 1953 (1953), S. 44.

18 Badura, Generalprävention und Würde des Menschen (1964), S. 543.

19 Vgl. Nipperdey, Würde des Menschen (1954), S. 13, der vom „materielle[n] Hauptgrund-

modelle, die Grundnorm aus Art. 1 Abs. 1 GG zu präzisieren und sie für das praktische Recht nutzbar zu machen. Den frühen Grundgesetzkommentatoren standen, ebenso wie den Verfassungsvätern und -müttern, die Untaten des Dritten Reiches unmittelbar vor Augen. Die Nähe zum Zivilisationsbruch prägte das Denken und Reden über die Würde des Menschen und kann die grundsätzliche Einigkeit im Menschenwürdediskurs erklären.[20] Außerdem, so der Jurist Martin Nettesheim, habe stets die Sorge im diskursiven Raum gestanden, dass eine Präzisierung des dem Grundgesetz zugrunde liegenden Menschenbildes und der Menschenwürde zur Ausgrenzung von Menschen führen könne.[21]

Ein weiterer Erklärungsansatz für den Erfolg der Menschenwürdeinterpretation und die große Einigkeit unter den Grundgesetzkommentatoren der 1950er Jahre ist für Martin Nettesheim im Mangel an ernsten Herausforderungen im Hinblick auf konkrete Anwendungsfälle für Art. 1 GG begründet.[22] Im daraus resultierenden Risiko einer Banalisierung antizipierte Günter Dürig bereits Anfang der 1950er Jahre eine Gefahr für die Menschenwürde, und so warnte er: „Art. 1 ist keine ‚kleine Münze', – etwa im Sinne eines erweiterten Ehrenschutzes oder einer Abwehr von Geschmacklosigkeiten. Genauso schlimm wie seine Nichtbeachtung wäre seine ‚Abnutzung'."[23]

Im Menschenwürdediskurs der 1950er Jahre wurde darüber hinaus nach Antworten auf die Frage nach der Extension der Menschenwürde gesucht. Zunächst wurde diskutiert, ob Art. 1 GG sich auf den einzelnen Menschen oder die gesamte Menschheit zu beziehen habe.[24] Recht früh stellten diejenigen Grundgesetzkommentare die Mehrheit dar, die in Art. 1 GG ein persönliches subjektives Grundrecht anerkannten, das sich auf den Einzelnen bezöge.[25]

Diese Grundannahme führte zu der weiterführenden Frage, wer dieser Einzelne sein sollte. So sollte nach dem Juristen Kurt Wernicke beispielsweise alles,

recht der Verfassung" sprach. Ebenso auch Hamann, Grundgesetz-Kommentar (1956), S. 72 und Wintrich, Zur Problematik der Grundrechte (1957), S. 10.

20 So schrieb beispielsweise Mangoldt (Hg.), Das Bonner Grundgesetz 1953 (1953), S. 43: „Art. 1 ist ein beredtes Zeugnis für die Stärke des Gegensatzes zwischen dem Geist, in dem die neue Staatsordnung wächst, und dem im Mai 1945 vernichteten Regierungssystem."

21 Vgl. Nettesheim, Garantie der Menschenwürde (2005), S. 77.

22 Vgl. ebd., S. 77.

23 Dürig, Grundrechtssatz von der Menschenwürde (1956), S. 124. Mit diesen Worten griff er unmittelbar Hans Carl Nipperdey an, der versucht hatte, über Art. 1 privatrechtliche Fragen zu klären. Vgl. Maunz/Dürig (Hg.), Grundgesetz Sonderdruck (2003), S. 11.

24 Diese Frage behandelte beispielsweise Münch, Menschenwürde als Grundforderung (1951), S. 8: „Allerdings müssen wir, wenn wir vom Grundgesetz ausgehen, die Würde nicht als Rechtsgut des einzelnen, sondern als allgemeinen Wert auffassen."

25 Vgl. Dürig, Menschenauffassung des Grundgesetzes (1952), S. 261 und Nipperdey, Würde des Menschen (1954), S. 3 & 9.

„was Menschenantlitz trägt“[26], Träger der Menschenwürde sein. In des Menschen Fähigkeit zur Vernunft, seinem Geist und seiner Sonderstellung in der Natur sahen andere die Menschenwürde begründet.[27] „Nach nahezu einhelliger Auffassung hat Art. 1 I GG die Anthropologie der idealistischen, ‚personalen‘ Ethik verfassungsrechtlich verankert, wonach der Mensch ‚Persönlichkeit‘ sei, dadurch, daß er anders als das Tier zu verantwortlichem ethischen Handeln befähigt sei“[28], resümierte Peter Badura im Jahr 1964. Hans Carl Nipperdeys Kurzformel dafür lautete: „Würde = Wesenheit des Menschen“[29]. Die Tatsache, dass jedem Menschen gleichermaßen Würde zukäme, begründete für einige Autoren die Gleichheit aller Menschen vor dem Gesetz.[30]

Über menschliches Leben, das diese Fähigkeiten jedoch nur potentiell besitze, wie Embryonen, sie zeitweilig oder für immer verloren hätten, wie Komatöse, oder nie besitzen würde, weil beispielsweise mit geistigem Defekt geboren, urteilten die Kommentatoren verschieden. Auf der einen Seite standen diejenigen, die den Embryo nicht als Träger der Menschenwürde sahen, weil Träger von Grundrechten nur eine lebende Person sein könnte und dieses Leben als integraler Bestandteil menschlicher Individualität aufgefasst wurde.[31] So sprach der Rechtswissenschaftler Friedrich Klein dem „Monstrum“ die Menschenwürde ab, weil diesem die „Fähigkeit zum geistig-seelischen Werterlebnis“ fehle.[32] In dieser Weise beschritt er den bereits früh kritisierten Weg der Klassifizierung in „lebenswert“ und „lebensunwert“.[33]

Eine große Anzahl an Autoren vertrat jedoch die gegenteilige Ansicht. Sie betonten die Grundrechtsträgerschaft des Embryos mit seiner Potentialität und seiner Zugehörigkeit zum Menschengeschlecht.[34] Günter Dürig verteidigte die-

26 Wernicke, Artikel 1 (1956), S. 2. Ähnlich auch Nipperdey, Würde des Menschen (1954), S. 3: „Die Würde hat jeder, der Menschenantlitz trägt. Daher handelt es sich um ein allgemeines Menschenrecht.“

27 In diesem Sinn äußerten sich unter anderen Dürig, Grundrechtssatz von der Menschenwürde (1956), S. 125; Hubmann, Persönlichkeitsrecht (1953), S. 46 und Wintrich, Zur Problematik der Grundrechte (1957), S. 6.

28 Badura, Generalprävention und Würde des Menschen (1964), S. 339.

29 Nipperdey, Würde des Menschen (1954), S. 2.

30 Vgl. Münch, Menschenwürde als Grundforderung (1951), S. 8.

31 Vgl. Wernicke, Artikel 1 (1956), S. 2. Hamann, Grundgesetz-Kommentar (1956), S. 85 sah im Embryo kein Rechtssubjekt.

32 Vgl. Mangoldt/Klein (Hg.), Das Bonner Grundgesetz 1957 (1957), S. 150.

33 Ablehung fand diese Unterscheidung u. a. bei Dürig, Grundrechtssatz von der Menschenwürde (1956), S. 126.

34 Vgl. ebd., S. 125f.; Giese/Schunck, Grundgesetz (1960), Anm. I zu Art. 2; Hubmann, Persönlichkeitsrecht (1953), S. 165; Nipperdey, Würde des Menschen (1954), S. 4; Wertenbruch, Grundgesetz und Menschenwürde (1958), S. 199f. und Wintrich, Zur Problematik der Grundrechte (1957), S. 15. Wolf/Naujoks (Hg.), Anfang und Ende (1955), S. 144f. konstatierten: „Weil aber die Personalität nicht aus der sichtbaren Individualität oder aus der Handlungsfähigkeit zu folgern ist, sondern weil sie beides begründet, ist nicht erst der gebo-

se Positionen mit klaren Worten: „Wer von Menschen gezeugt wurde und wer Mensch war, nimmt an der Würde ‚des Menschen' teil. [...] Auch dem nasciturus und dem monstrum kommt – schon der Mutter wegen – Menschenwürde zu. Das vom Staat geduldete oder gar legalisierte Töten des Kindes im Mutterleib ist ebenso Verfassungsunrecht wie die Vernichtung von Monstren als ‚lebensunwert'."[35] Aus der hier zitierten Aussage geht hervor, dass der Staatsrechtler Günter Dürig den biologischen Lebensbeginn unmissverständlich mit dem Zeitpunkt der Zuschreibung der Menschenwürde gleichsetzte. Diese Annahme wurde jedoch spätestens in den Auseinandersetzungen um die rechtliche Regelung der Abtreibung zunehmend in Frage gestellt.

2 Die Auseinandersetzung um den § 218 StGB

Die parlamentarische Auseinandersetzung um den § 218 StGB reichte bis in die 1960er Jahre zurück, als die Große Strafrechtsreform bedingt durch den Regierungswechsel zur sozial-liberalen Koalition stärker vorangetrieben wurde.[36] Teil dieser gesetzgeberischen Umgestaltung des Strafgesetzbuches war unter anderem die Neubestimmung des stark in Kritik geratenen § 218 StGB, der den Schwangerschaftsabbruch in Deutschland strafrechtlich regelte.[37] Denn trotz absinkender Geburtenziffer, möglicher gesundheitlicher Schäden für Frauen und trotz einer

rene Mensch Würdenträger, sondern schon der Embryo (nasciturus). Der Keim ist nämlich in seinen Anlagen vollkommen, wenn er auch noch nicht biologisch selbstständig und erst recht noch nicht handlungsfähig ist. [...] Im übrigen sind alle Entwicklungsstadien, sei es die Embryonal-, die Säuglings- oder Pubeszenszeit, nicht nur theologisch, philosophisch oder juristisch, sondern auch z. B. biologisch Reifestufen des und nicht zum Menschen."

35 Dürig, Grundrechtssatz von der Menschenwürde (1956), S. 126.

36 Einen guten Einblick in die Geschichte der deutschen Strafrechtsreformen bei Busch, Deutsche Strafrechtsreform (2005).

37 Im Jahr 1969 waren im ersten und zweiten Strafrechtsreformgesetz Homosexualität und Ehebruch straffrei gestellt worden. Im Anschluss sollten nun die Frage der Pornographie, künstlichen Befruchtung, Sterilisation und des Schwangerschaftsabbruchs geklärt werden. Vgl. Busch, Deutsche Strafrechtsreform (2005), S. 51–68. Der § 218 StGB geht auf eine Strafrechtsbestimmung aus dem Jahr 1871 zurück, die Abtreibung unter Androhung von Zuchthaus unter Strafe stellte. Allein für den Fall, dass das Leben der Mutter in Gefahr sei, sah das Reichsstrafgesetzbuch seit dem Jahr 1927 die medizinische Indikation vor, bei deren Feststellung die Abtreibung straffrei bleiben sollte. Vgl. Aktenzeichen I 105/26 (256). Während des Dritten Reiches wurde dem „Gesetz zur Verhinderung erbkranken Nachwuchses" die eugenische Indikation hinzugefügt, die eine straffreie Abtreibung bei einer zu erwartenden kindlichen Schädigung erlaubte. Vgl. Gesetz zur Verhütung erbkranken Nachwuchses (1935), S. 773. Ausführlich bei Behren, Geschichte des § 218 (2004); Eser/Koch (Hg.), Schwangerschaftsabbruch im internationalen Vergleich (1988); Gante, § 218 in der Diskussion (1991), S. 13–17; Jerouschek, Lebensschutz und Lebensbeginn (2002) und Jütte (Hg.), Geschichte der Abtreibung (1993).

strengeren Strafverfolgung war europaweit ein Anstieg der Abtreibungsziffer zu beobachten.[38] In der Bundesrepublik Deutschland stand Abtreibung weiterhin unter Strafe, so musste man laut § 218 StGB mit einer mehrjährigen Freiheitsstrafe rechnen, sollte die Abtreibung bekannt werden und keine medizinische Indikation zugrunde liegen.[39]

Alle Versuche, den Indikationenkatalog Anfang der 1960er Jahre zu erweitern, scheiterten. So sah der Regierungsentwurf zur Änderung des Strafgesetzes aus dem Jahr 1962 lediglich die medizinische Indikation als Rechtfertigungsgrund für einen Schwangerschaftsabbruch vor.[40] Weder die soziale noch die eugenische Indikation wurden Diskussionselement der Debatte.[41] Der Entwurf eines Strafgesetzbuches von 1962 lehnte ebenso die ethische Indikation mit der Begründung ab: „Niemand kann vorhersehen, wie das Kind sich entwickeln wird und ob die Frau nicht doch ein innerlich mütterliches Verhältnis zu ihm gewinnen wird."[42] In der zweiten Hälfte der 1960er Jahre wurde die ethische Indikation jedoch zunehmend unter Rechtswissenschaftlern diskutiert. An die Anfang der 1960er Jahre geführten Auseinandersetzungen um die Aufnahme verschiedener Indikationen in ein geändertes Strafrecht knüpfte jedoch erst die Anfang der 1970er Jahre beginnende Abtreibungsdebatte an.[43]

Neben den immer wieder aufkommenden Diskussionen um einzelne Bestimmungen des Strafrechts kumulierten in den 1960er Jahren eine Reihe von gesellschaftlichen und gesellschaftspolitischen Umbrüchen, die das Fundament für die Abtreibungsdebatte bildeten. Die Lockerung des Abtreibungsverbots, eine noch Anfang der 1960er Jahre unvorstellbare Forderung, konnte knappe zehn Jahre später zum öffentlichen Politikum werden. Beispielhaft sei hier auf den Ausspruch des sozialdemokratischen Bundestagsabgeordneten Adolf Arndt verwiesen, der noch im Jahr 1962 die gesetzliche Freigabe des Schwangerschaftsabbruchs und die Einführung einer sozialen Indikation mit der Kapitulation des Sozialstaats gleichgesetzt hatte.[44] Knapp zehn Jahre später sprach sich sei-

[38] Vgl. Heiss, Abortsituation in Europa (1967), S. 35 und Martin, Von der Reform zur Deform (1974), S. 211. Eine umfangreiche rechtsvergleichende internationale Studie lieferten Eser/Koch (Hg.), Schwangerschaftsabbruch im internationalen Vergleich (1988).

[39] Vgl. § 218 StGB a. F.

[40] Vgl. Auszüge des Gesetzentwurfs aus dem Jahr 1962, abgedruckt in Münch (Hg.), Abtreibung – Reform des § 218 (1972), S. 43–45.

[41] Vgl. Baumann, Schutz – Wege (1971), S. 143f.

[42] Abgedruckt in Münch (Hg.), Abtreibung – Reform des § 218 (1972), S. 43.

[43] In diesem Sinne sahen Behren, Geschichte des § 218 (2004), S. 408 und Gante, § 218 in der Diskussion (1991), S. 73 die Debatten der frühen 1960er Jahre als zentrale Weichenstellungen für die Wiederaufnahme der Debatte knapp zehn Jahre später.

[44] Wörtlich in Arndt, k. A. (1962): „Ein Staat wie der unsere, der rechtlicher Sozialstaat sein will, würde sich daselbst verleugnen, wenn er bei sozialer Indikation den Schutz des keimenden Lebens verweigerte und ihm als ‚soziale' Hilfe nur einfiele, einfach die Tötung schildlosen Lebens untätig geschehen zu lassen."

ne Fraktion geschlossen für eine Fristenregelung aus, in der soziale Gründe als Rechtfertigungsgrund für einen Abbruch der Schwangerschaft akzeptiert wurden.[45]

Allem Anschein nach war es in der bundesrepublikanischen Gesellschaft zu Veränderungen in der Einstellung zur Abtreibung gekommen, denn die Akzeptanz der Legalisierung des Schwangerschaftsabbruchs stieg in den 1960er Jahren stetig an.[46] Die nun zunehmend formulierte Forderung der Legalisierung des Schwangerschaftsabbruchs war jedoch kein deutsches Spezifikum, europaweit war ein Anstieg der Abtreibungsziffern zu beobachten.[47] Die Freigabe des Schwangerschaftsabbruchs in anderen europäischen Ländern unterstützte die zunächst kleine Minderheit derjenigen, die eine Änderung des § 218 StGB anstrebten, nicht nur argumentativ, sondern auch moralisch.[48] Allerdings dienten die Erfahrungen aus dem Ausland zunächst häufiger dazu, die Position der Gegner einer völligen Freigabe der Abtreibung zu stärken, denn das statistische Material aus dem Ausland bekräftigte ihre Befürchtungen, dass es trotz Abtreibungslegalisierung in anderen Ländern weder zu der erhofften Abnahme der Gesamtzahl von Abbrüchen noch zu einer Abnahme illegaler Aborte gekommen war.[49] Dieses Ergebnis war insbesondere für die osteuropäischen Länder zu konstatieren. Trotz des dortigen liberaleren Umgangs mit Abtreibungen gehörten kriminelle Aborte weiterhin zum Alltag. Diese Nachweise aus anderen Ländern dienten Abtreibungsgegnern als Argument für die Unwirksamkeit der Abtreibungslegalisierung, da der Embryo oder die Frauen dadurch nicht wirkungsvoller zu schützen seien.

[45] Die Fristenregelung bezeichnete eine rechtliche Regelung, die die Straffreiheit der Schwangerschaft innerhalb eines vordefinierten Zeitraumes (zwischen 4 Wochen und 3 Monaten) vorsah. Vgl. zur Begriffsklärung beispielsweise Arndt, Reform § 218 StGB (1971), S. 109.

[46] Die früheste im Spiegel veröffentlichte Umfrage stammt aus dem Jahr 1967. In dieser bejahten 79 % der Frauen und 81 % der Männer einen Schwangerschaftsabbruch nach einer Vergewaltigung. Vgl. o. A., Diesseits und Jenseits (1967), S. 57 und Harenberg (Hg.), Was glauben die Deutschen (1968), S. 25.

[47] Martin, Von der Reform zur Deform (1974), S. 210 konstatierte, „dass das Phänomen der ‚Abtreibung' – zwar in verschiedener Schwere, ethischer Gewichtung und in charakteristischer Ausprägung – ein universales Phänomen in allen Kulturen gleich welcher Art war."

[48] Für einen tabellarischen Überblick zur internationalen Entwicklung der Freigabe des Schwangerschaftsabbruchs vgl. Budde/Heichel, Fristenmodell (2015), S. 73f. Budde u. a. bezeichneten die Rolle Deutschlands im internationalen Vergleich gebremst durch das Urteil des Bundesverfassungsgerichts aus dem Jahr 1975 als „Mitläufer" der Legalisierungsbewegung.

[49] So schrieb auch Vogel, MdB (CDU), der eine enge Indikationsregelung bevorzugte: „Berichte aus anderen Ländern mit liberaler Abtreibungspraxis erlauben keine optimistischeren Prognosen." Vogel, Wirksamer Schutz (1972), S. 92. Auswertung des statistischen Materials u. a. in Hepp, Ärztliche Überlegungen zur Reform des § 218 (1972), S. 381f. und Hepp, Standpunkt des Arztes (1973), S. 233.

Dies bekräftigten sie mit Verweis auf das statistische Material, das zeigte, dass sich eine Vielzahl von Frauen weiterhin in die Hände von Nichtmedizinern begaben.[50]

Nicht unbeeinflusst blieb die Abtreibungsdebatte auch vom Einstellungswandel zu Sexualität, Schwangerschaft, Ehe und Elternschaft. Die medizinisch-technischen Errungenschaften des 20. Jahrhunderts wie beispielsweise die Einführung des Latexkondoms in den 1930er Jahren und die Zulassung der Pille als hormonelles Kontrazeptivum in den 1960er Jahren ermöglichten die Vermeidung und gleichzeitig auch Planung von Nachwuchs.[51] Die Trennung von Sexualität und Reproduktion und die damit verbundene Entkopplung von Eltern- und Partnerschaft, die spätestens seit den 1960er Jahren durch die Pille in der Breite möglich wurde, eröffneten mehr Freiheiten in der Familienplanung und Lebensgestaltung.[52] Abtreibungen wurden in diesem Zusammenhang nicht selten als nachsteuernde Geburtenregelung durchgeführt.[53] In unmittelbarem Zusammenhang dazu standen die zunehmend auch in die Öffentlichkeit getragenen Emanzipationsbestrebungen der Frauen, die ihre Reproduktionsautonomie einforderten, was den Zugang zu Verhütungsmitteln, Sterilisation und legaler Abtreibung nach medizinischen Standards ebenso einschloss wie die Verbreitung von Sexualerziehung und Aufklärungsarbeit.[54] Bereits existierende Frauenbewegungen, aber auch neue Initiativen schlossen sich zusammen, um die Liberalisierung oder weiter noch die Abschaffung des Abtreibungsverbotes durchzusetzen.

Diese Bewegung wurde zeitgenössisch als Bruch in der Wertordnung der Gesellschaft gesehen und der aufflammende Konflikt als Stellvertreterkonflikt

50 Bemmann, Strafwürdigkeit (1971), S. 82–84 lieferte einen umfangreichen Überblick zu der Rechtslage in den anderen europäischen Ländern. Auch die Bundesregierung setzte sich mit der Situation im Ausland in einer Antwort auf eine Kleine Anfrage (Deutscher Bundestag, Drucksache 6/1866 (24.02.1971)) auseinander. Vgl. Deutscher Bundestag, Drucksache 6/2025 (25.03.1971), S. 5–12.

51 Mehr zur Geschichte der Antibabypille mit weiteren Literaturhinweisen in Asbell, The Pill (1995); Niethammer/Satjukow (Hg.), „Wenn die Chemie stimmt" (2016); Silies, Liebe, Lust und Last (2010); Silies, Ärzteschaft (2012), S. 217–226 und Tyler May, America and the Pill (2010).

52 Ausführlich zu den Veränderungsprozessen in Bezug auf die genannten Themenfelder vgl. Behren, Geschichte des § 218 (2004), S. 400–405; die Beiträge in Bänziger u. a. (Hg.), Sexuelle Revolution? (2015); Hahn/Busch (Hg.), Abtreibung (2014); Gembries u. a. (Hg.), Children by Choice? (2018); Staube (Hg.), Unter anderen Umständen (1993) und Zordo u. a. (Hg.), Fragmented Landscape (2016).

53 Vgl. Behren, Geschichte des § 218 (2004), S. 414 und Eser/Koch (Hg.), Schwangerschaftsabbruch im internationalen Vergleich (1988), S. 48f.

54 Die Geschichte der Frauenbewegungen, die schon weit vor der Abtreibungsdebatte einsetzte, wurde vielfach aufgearbeitet, vgl. die Beiträge in der Reihe „Geschichte und Geschlechter" erschienen im Campus-Verlag Frankfurt a. M.

im Einsatz der Frauen gegen patriarchalische Gesellschaftsstrukturen und Geschlechterverhältnisse.[55]

Zunehmend auch öffentlich wurde in der Beurteilung von Schwangerschaftskonflikten der Blick vom Embryo weg auf die individuell betroffene Frau sowie ihre körperliche und seelische Lage gelenkt.[56] Nicht frei gewählte Beschränkungen durch Schwangerschaft und Mutterschaft wollten viele Frauen nicht mehr hinnehmen, und sie forderten, über ihren Körper und ihre Reproduktion frei entscheiden zu können.

Die Selbstbezichtigungskampagne des Sommers 1971 bildete hierbei einen vorläufigen Höhepunkt der Frauenbewegung. Ihr vorausgegangen waren jedoch konkrete rechtliche Regelungsvorschläge zu einer Reform des § 218 StGB, die in Einklang mit der Frauenbewegung eine Liberalisierung des Schwangerschaftsabbruches vorschlugen.

Im Jahr 1970 veröffentlichten 16 Strafrechtsgelehrte in Reaktion auf und als Kritik am § 218 StGB einen „Alternativ-Entwurf eines Strafgesetzbuches", der die Straffreiheit für einen Abbruch der Schwangerschaft in den ersten drei Monaten vorsah, wenn dieser von einem Arzt und nach vorhergehendem Beratungsgespräch erfolgte.[57] In einem Minderheitsvorschlag sollte der Schwangerschaftsabbruch über einen Indikationenkatalog geregelt werden.[58]

Wenige Monate nach dem Alternativ-Entwurf veröffentlichte die Humanistische Union einen Regelungsentwurf, der eine Fristenregelung ohne Beratungspflicht vorsah.[59] Die Reformbedürftigkeit des § 218 StGB war dabei handlungsleitend für die Veröffentlichung des Entwurfs. Zentrale Kritikpunkte waren, dass der § 218 StGB in seiner damals aktuellen Ausgestaltung erstens das Leben nicht schütze, zweitens die Frauen in die Isolation, zu „Kurpfuschern" und „Engelmacherinnen"[60] treibe und drittens den verweigernden Arzt zu ei-

[55] Vgl. Lang-Hinrichsen, Ethische Indikation (1963), S. 722 und Gutmann, Rechtliche und rechtsphilosophische Fragen (2010), S. 61.

[56] Vgl. Lang-Hinrichsen, Ethische Indikation (1963), S. 722. Barczay, Revolution der Moral? (1967), S. 247 schrieb: „Den wichtigsten Grund aber sehen wir in der veränderten Bedeutung des Kindes für die Familie und in der veränderten Stellung der Frau in der Gesellschaft. Diese beiden Faktoren haben, wenn auch nicht immer direkt, so doch indirekt ganz gewiss die Wandlung im Verhalten und Denken der Menschen gegenüber den Problemen der Schwangerschaftsunterbrechung beeinflusst und auch weitgehend bestimmt."

[57] Vgl. Baumann (Hg.), Alternativ-Entwurf (1970). Eine begründende Zusammenfassung dieses Entwurfs bei Baumann, Schutz – Wege (1971), S. 145–149.

[58] Vgl. Gesetzesvorschlag der Minderheitslösung, abgedruckt in Baumann (Hg.), Abtreibungsverbot (1971), S. 374–376.

[59] Der „Vorschlag zur Reform des § 218" ist abgedruckt in Münch (Hg.), Abtreibung – Reform des § 218 (1972), S. 69–74.

[60] „Engelmacherinnen" und „Kurpfuscher" nahmen illegal mit teilweise lebensgefährlichen Methoden Schwangerschaftsabbrüche vor.

nem Mittäter am Leid der Frauen mache.[61] Der Alternativentwurf setzte auf die zwanglose Möglichkeit für die verantwortungsvolle und tugendhafte Frau, zu einer Beratung zu gehen. In dieser Weise sollte, so die Hoffnung der Autoren, der Alternativentwurf einen besseren Lebensschutz ermöglichen.[62] Dementsprechend lautete der erste Satz der Gesetzesbegründung: „Die Achtung vor der Würde jedes Menschen gebietet, jeder Frau die Entscheidung darüber zu überlassen, ob sie ein Kind zur Welt bringen will oder nicht."[63]

Diese Reformvorschläge wurden kritisiert und diskutiert und nahmen so Einfluss auf das bald einsetzende Gesetzgebungsverfahren.[64] Insbesondere die kirchennahen Verlautbarungen und Fachzeitschriften setzten sich kritisch und ablehnend mit den Entwürfen auseinander.[65] Die frühe Diskussion um die Abtreibungsregelung war geprägt durch die Sachlichkeit ihrer Auseinandersetzung. Theologen und Juristen beteiligten sich intensiv an der Suche nach Lösungen für das Abtreibungsproblem.[66] Der Umbruch kam jedoch erst mit der radikalen Expansion der Abtreibungsdebatten in die breite Öffentlichkeit, die durch die Frauenproteste im Sommer des Jahres 1971 eingeleitet wurde.[67]

61 Vgl. Baumann (Hg.), Abtreibungsverbot (1971), S. 33. Bemmann, Strafwürdigkeit (1971), S. 86 verglich die gesundheitlichen Gefahren einer Geburt mit der durch Nichtmediziner vorgenommenen Abtreibung mit dem Ergebnis: „Also: Dem Schutz von Leben und Gesundheit der Schwangeren dient das Abtreibungsverbot nicht."

62 Vgl. Baumann (Hg.), Abtreibungsverbot (1971), S. 34.

63 Zitiert aus der Begründung des Alternativentwurfs. Abgedruckt z. B. in Münch (Hg.), Abtreibung – Reform des § 218 (1972), S. 71.

64 Auch in der Zeitung wurden die vorgelegten Gesetzentwürfe rezipiert, um die Abtreibungsdebatte in der Breite zu beleben, vgl. Kühnert, Strafbestimmungen (1970). Gante, § 218 in der Diskussion (1991), S. 121–125 hat den Einfluss des Alternativ-Entwurfs und besonders des Regelungsentwurfs der Humanistischen Union auf die Massenmedien und auf die bald einsetzende rechtspolitische Diskussion herausgearbeitet.

65 Zu diesem Ergebnis vgl. Lisske, Abtreibungsregelungen (1989), S. 124. Siehe auch in der Stellungnahme der Deutschen Bischofskonferenz zur Strafrechtsreform vom 25.09.1970, abgedruckt in Katholischer Arbeitskreis für Strafrecht beim Kommissariat der Deutschen Bischöfe in Bonn (Hg.), Schwangerschaftsabbruch § 218 StGB (1972), S. 18–21 und die an Öffentlichkeit und Gesetzgeber gerichtete Denkschrift der Katholischen und Evangelischen Kirche: „Das Gesetz des Staates und die sittliche Ordnung", vgl. Döpfner/Dietzfelbinger (Hg.), Gesetz des Staates (1970), S. 125 und die Erklärung des Zentralkomitees der deutschen Katholiken vom 30.10.1970, abgedruckt in Katholischer Arbeitskreis für Strafrecht beim Kommissariat der Deutschen Bischöfe in Bonn (Hg.), Schwangerschaftsabbruch § 218 StGB (1972), S. 180f. Siehe beispielsweise auch Becker, Kampf (1971), S. 133–136.

66 Untersuchungen zur Willensbildung innerhalb der katholischen Kirchen und ihrer Einflussnahme auf politische Prozesse sind zu finden bei Demel, Abtreibung (1996); Spieker, Kirche und Abtreibung (2008); Spieker, Der Schein (1999), S. 87–124 und Tallen, Auseinandersetzung (1975).

67 Einen besonders großen Einfluss der Selbstbezichtigungskampagne auf die rechtspolitische, mediale und rechtsethische Diskussion sahen beispielsweise Gante, § 218 in der Diskussion (1991), S. 125–129 und Mantei, Nein und Ja zur Abtreibung (2004), S. 102f. aus.

Nach französischem Vorbild[68] kam es am 03.06.1971 zu einer breit angelegten Selbstbezichtigungskampagne im STERN, in der sich 374 Frauen namentlich dazu bekannten, abgetrieben zu haben.[69] In den Monaten und Wochen zuvor war es zu vereinzelten, über die gesamte Bundesrepublik verstreuten Aktionen und Stellungnahmen gekommen,[70] allerdings erzielte erst die Selbstbezichtigung im STERN den gewünschten Effekt, nämlich die Initiierung einer gesamtdeutschen Protestaktion. Als Folge der Kampagne kam es bundesweit zu Protestaktionen, die in vielfältiger Form die Abtreibungsfrage auf die Straßen brachten. So sammelten Frauen Unterschriften[71] und demonstrierten öffentlich für die Abschaffung des § 218 StGB.[72] In vielen Städten taten sich Frauen zu Frauengruppen zusammen. Diese fungierten als Zellen neuer Aktionen. Alice Schwarzer, die Hauptinitiatorin der Selbstbezichtigungskampagne und Kopf der Frauenbewegung, wurde nicht müde, die Ungerechtigkeiten, die der § 218 StGB mit sich brachte, anzuprangern. Dafür lobte sie die Situation in den Ländern, in denen die Abtreibung legalisiert worden war und kritisierte die christlichen Kirchen als Verantwortliche des § 218 StGB.[73] Sie sammelte Erfahrungsberichte von Frauen, die unter § 218 StGB litten, und kommentierte in der Presse die Entwicklungen zu einer Legalisierung des § 218 StGB.[74] Das Presseecho insbesondere auch der überregionalen Zeitungen auf die Aktionen der Frauenbewegungen war enorm.[75]

Umfragen spiegelten die nun auch öffentlich artikulierte wachsende Unzufriedenheit mit dem geltenden Abtreibungsverbot wider. Im Juni veröffentlichte das Institut für Demoskopie Allensbach eine im Auftrag der Bundesregierung

[68] Die französische Kampagne erschien, initiiert von SIMONE DE BEAUVOIR, am 05.04.1971 im NOUVEL OBSERVATEUR, vgl. o. A., „Manifeste des 343 salopes“ (1971).

[69] Vgl. o. A., 374 Frauen bekennen (1971). Zu Hintergründen und Verlauf der Aktion und des Artikels vgl. PROSS, Abtreibung (1971), S. 7–10.

[70] So war es zum Beispiel auf einer Expertentagung zum § 218 StGB der Evangelischen Akademie im Februar 1971 zu Störungen durch Abtreibungsbefürworter gekommen. Vgl. MANTEI, Nein und Ja zur Abtreibung (2004), S. 103–108. Weitere der Selbstbezichtigungskampagne vorausgehende Aktionen wurden chronologisch zusammengetragen von JOCHIMSEN (Hg.), § 218 (1971), S. 84–89.

[71] Die „Aktion 218“ übergab im Sommer 1971 dem Bundesjustizminister eine Petition mit 86.000 Unterschriften. Die Forderung der Unterzeichnenden lautete: „Wir fordern daher alle fortschrittlichen Kräfte auf, sich unserem Kampf um die ersatzlose Streichung des § 218 anzuschließen und damit den Bedürfnissen der Mehrheit der Frauen Rechnung zu tragen.“ MÜNCH (Hg.), Abtreibung – Reform des § 218 (1972), S. 177.

[72] Der Entschluss der 3. Bundeskonferenz der „Aktion 218“ etwa legte fest: „Als weitere Kampfmaßnahme beschlossen die Delegierten am 6. November in allen größeren Städten der BRD und in Westberlin Demonstrationen für die ersatzlose Streichung des § 218 durchzuführen.“ Abgedruckt in ebd., S. 178.

[73] Vgl. beispielsweise SCHWARZER (Hg.), Frauen gegen den § 218 (1971), S. 140.

[74] Siehe im Sammelband SCHWARZER (Hg.), Frauen gegen den § 218 (1971).

[75] Vgl. dazu das Kapitel „Die Pressekampagne gegen den § 218“ in LISSKE, Abtreibungsregelungen (1989), S. 131–139.

durchgeführte Umfrage, in der sich bereits die Mehrheit der Bevölkerung für die Abschaffung des § 218 StGB aussprach.[76] Einen Monat später kam eine Umfrage des Münchener Infratest-Instituts zu ähnlichen Umfrageergebnissen.[77] Auch das Infas-Institut ermittelte: „Unter Bezugnahme darauf, daß der gegenwärtige Zustand in sozialer Hinsicht ungerecht sei, weil derjenige, der über genügend Geldmittel verfüge, auch einen Fachmann im In- oder Ausland trotz des Abtreibungsverbotes finden würde, wünschen 65 % der Bevölkerung eine Aufhebung des Paragraphen 218. 30 Prozent stimmen dieser Ansicht nicht zu."[78]

Der ersten Selbstbezichtigungskampagne im STERN vom 04.06.1971 folgten weitere Selbstbezichtigungen und öffentliche Unterstützung der Ziele der Frauenbewegung. So veröffentlichten 18 Redakteure der HAMBURGER MORGENPOST einen Aufruf: „ Ich habe gegen den § 218 verstoßen". Der Artikel rief die Menschen auf, sich ebenfalls öffentlich der Abtreibung zu bezichtigen.[79] Am 16.06.1971 erklärten 48 Ärzte im STERN: „Für uns Ärzte ist der § 218 lebensfremd. Wir fordern die Freigabe der Schwangerschaftsunterbrechung bis zum dritten Monat."[80] Ende Juni 1971 solidarisierten sich sieben Schriftsteller mit der „Aktion 218".[81] Im STERN bekannten sich einige Tage später weitere 355 Frauen dazu, abgetrieben zu haben.[82] Die hier aufgelisteten Selbstbezichtigungen in unterschiedlichen Zeitungen und Zeitschriften zeigen exemplarisch die enorme Relevanz der Medien in der Frühphase der Abtreibungsbewegung.[83]

Das entscheidend Neue an den Forderungen der Frauenbewegung im Gegensatz zum Alternativentwurf war, dass nun auch gefordert wurde, dass aus-

[76] 39 % der Befragten sprachen sich gegen eine Abschaffung des § 218 StGB, 46 % für eine Abschaffung des § 218 StGB aus, 15 % enthielten sich ihrer Meinung. Die Ergebnisse wurden in allen überregionalen Tageszeitungen abgedruckt, so auch bei: o. A., Mehrheit gegen Abtreibungsverbot (1971).

[77] 54 % der Befragten sprachen sich für die Aufhebung des Abtreibungsverbots aus, 35 % gegen eine Abschaffung des § 218 StGB. Die Mehrheit sprach sich mit 58 % zu 31 % für die Fristenregelung, aus. Vgl. beispielsweise o. A., Votum für Dreimonatsfrist (1971).

[78] DEUTSCHES PRESSEARCHIV, HG 2303 (05.05.1973), S. 3.

[79] Vgl. o. A., Ich habe gegen den § 218 verstoßen (1971).

[80] o. A., ÄRZTE, HELFER DER FRAUEN (1971).

[81] Diese waren: Ernst Bloch, Bernt Engelmann, Max von der Grün, Paul Schallück, Günter Wallraff, Dieter Wellershoff, Gerhard Zwerzen. „Veranlaßt durch das empörende Vorgehen gehen die Aktion 218 und als Ausdruck unserer Solidarität mit allen, die verfolgt werden, weil sie sich für die Abschaffung des barbarischen und menschenunwürdigen Paragraphen einsetzen, bezichtigen wir uns hiermit selbst öffentlich der Beihilfe zu Straftaten gegen § 218 StGB. Wir fordern alle verantwortungsbewußten Kollegen auf, unserem Beispiel zu folgen und mitzuhelfen, eine Regelung zu erzwingen, die unseren Vorstellungen von Menschlichkeit, Recht und Freiheit der Persönlichkeit entspricht." JOCHIMSEN (Hg.), § 218 (1971), S. 99.

[82] Vgl. o. A., Weitere 355 Frauen bekennen (1971).

[83] LISSKE, Abtreibungsregelungen (1989), S. 131–139 hat die Relevanz der Medien für den Auftakt der politischen Auseinandersetzung besonders hervorgearbeitet.

schließlich die Frau über einen Schwangerschaftsabbruch entscheiden sollte, ohne diesen rechtfertigen und begründen zu müssen.

Die Reaktionen aus dem kirchlichen Umfeld wurden immer zahlreicher. In Ermangelung einer offiziellen Lehrmeinung lassen die Stellungnahmen der evangelischen Kirchen ein breiteres und heterogeneres Meinungsspektrum erkennen als die der katholischen Kirche.[84] Einigkeit herrschte zwischen den beiden großen Kirchen im Regelfall in der Datierung des Lebensbeginns und der damit verbundenen Erinnerung an die Pflicht des Staates, das ungeborene Leben ebenso zu schützen wie das geborene. Übereinstimmung herrschte ebenfalls in der Auffassung, dass eine Änderung des § 218 StGB das Problem nicht zu lösen vermochte, sondern die begleitenden sozialen Maßnahmen zum Schutz der Mütter und Kinder eingesetzt werden müssten.[85] Während die katholische Kirche bis auf einen Abbruch nach einer medizinischen Indikation jeden Schwangerschaftsabbruch als sittenwidrig verurteilte und verbot,[86] folgte die evangelische Kirche einem nicht so strengen Kurs, indem sie den Abbruch in einzelnen Ausnahmefällen, beispielsweise bei einem zu erwartenden körperlichen Defekt des Kindes, erlaubte.[87]

Die Oberhäupter beider Kirchen standen trotz einiger Abweichungen in der Diskussion auf einer Seite. Der mit der Schrift „Das Gesetz des Staates und die sittliche Ordnung" gemeinsam beschrittene Weg sollte, trotz kleinerer Differenzen, weiter begangen werden.[88] Christen aller Konfessionen positionierten sich gegen eine Lockerung des Lebensschutzes und gingen in zahlreichen Protestmärschen auf die Straße.[89] Je deutlicher sich abzeichnete, dass die offizielle Politik eine Fristenregelung favorisierte, desto intensiver wurde der Widerstand der

[84] Zur zeitgenössischen Kritik an der evangelischen Lehrmeinung bzw. deren Zustandekommen, vgl. Koschorke, Legalisierung der Abtreibung (1971), S. 158. Eine ausführliche Untersuchung zu Stellung und Funktion der Evangelischen Kirche in Deutschland bei Mantei, Nein und Ja zur Abtreibung (2004).

[85] Vgl. beispielsweise die „Erklärung des Rates der Evangelischen Kirche Deutschlands zu den Rechtsfragen des Schwangerschaftsabbruchs" vom 17.03.1972 abgedruckt in Wilkens, § 218 (1973), S. 143f.

[86] Das kirchliche Recht war nicht immer dieser Linie gefolgt. Erst im Jahr 1869 hatte Papst Pius IX. das kanonische Recht dahingehend geändert, dass in der Folge der Abbruch einer Schwangerschaft vom Zeitpunkt der Empfängnis an ein strafrechtliches Delikt darstellte. Vgl. Böckle, Beginn (1968), S. 65f. und Ehmke, Fristenregelung und Grundgesetz (1975), S. 40–42.

[87] Vgl. Kirchenkanzlei der Evangelischen Kirche Deutschland (Hg.), Denkschrift zu Fragen der Sexualethik (1971), S. 31–33. „Es gibt Fälle, in denen eine Frau durch eine Schwangerschaft in eine solche Bedrängnis gerät, daß das Strafrecht ein Austragen der Leibesfrucht nicht erzwingen sollte." Zitiert aus der „Erklärung des Rates der Evangelischen Kirche Deutschlands zu den Rechtsfragen des Schwangerschaftsabbruchs" vom 17.03.1972, abgedruckt in: Wilkens, § 218 (1973), S. 141.

[88] Vgl. Döpfner/Dietzfelbinger (Hg.), Gesetz des Staates (1970).

[89] Vgl. o. A., „Das Abendland stirbt" (1973).

Kirchen.[90] Umfragen zum Ende des Jahres 1971 zeigten jedoch, dass sich die Abtreibungsgegner zumindest den Umfragen nach in der Minderheit befanden und die Mehrheit der Bevölkerung politischen Handlungsbedarf zur Änderung des Abtreibungsparagraphen sah.[91]

Die öffentlichen Proteste der Frauen und die zunehmenden Diskrepanzen zwischen Recht und Praxis hatten in aller Deutlichkeit gezeigt, dass eine Reform des § 218 StGB zwingend notwendig geworden war. Der Gesetzgeber konnte und wollte den § 218 StGB nicht mehr in seiner ursprünglichen Fassung bestehen lassen.[92]

Die SPD zeigte, abgesehen von einigen Ausnahmen, zunächst kein Interesse an einer Änderung des § 218 StGB.[93] Erst auf dem Außerordentlichen Parteitag vom 18.–20. November 1971 wurde das Fristenmodell mit großer Mehrheit angenommen.[94] Die FDP hatte in der Frage, welcher Regelung die SPD ihre Stimme geben wollte, einen entscheidenden Einfluss, denn sie trieb schon vor der Selbstbezichtigungskampagne die Fristenregelung im Sinne des Alternativentwurfs

[90] Vgl. Deutsches Pressearchiv, HG 2303 (05.05.1973), S. 2.

[91] Anfang November ermittelte das Institut für Demoskopie Allensbach im Auftrag des Sterns: 47 % pro Freigabe des Schwangerschaftsabbruchs in den ersten drei Monaten, 26 % lehnten jede Abtreibung ab, 11 % pro Abtreibung in den ersten Tagen der Befruchtung. 56 % befürworten eine Abschaffung des § 218 StGB. Vgl. o. A., Stern Umfrage (1971). Ende November ermittelte das Wickert-Institut: 73 % der Frauen wünschten Straflosigkeit der Abtreibung bis zum 3. Monat (unter den 18–29-jährigen Frauen 89 % pro Fristenregelung, 30–49 Jahre: 80 % pro Fristenregelung, 50–69 Jahre: 52 % pro Fristenregelung). Auch die weiblichen Bundestagsabgeordneten traten laut Umfrage mehrheitlich für die Straffreiheit der Abtreibung in den ersten drei Monaten ein. Vgl. Deutsches Pressearchiv, HG 2303 (05.05.1973), S. 4.

[92] Zwar hatte es zuvor schon Anläufe aus der Politik gegeben, die Reform des § 218 StGB anzugehen, diese hatten jedoch nur geringfügige oder gar keine Auswirkung auf die Gesetzgebung. So zum Beispiel die Herabstufung des Schwangerschaftsabbruchs vom Verbrechen zum Vergehen im Ersten Strafrechtsreformgesetz vom 25.06.1969. Vgl. Erstes Strafrechtsreformgesetz – 1. StrRG (1969), S. 654. Auch Bundesjustizminister Jahn (SPD) hatte bereits im November 1969 angekündigt, den § 218 StGB reformieren zu wollen. Mehr dazu bei Gante, § 218 in der Diskussion (1991), S. 121.

[93] Vgl. Gante, § 218 in der Diskussion (1991), S. 131–135 und Mantei, Nein und Ja zur Abtreibung (2004), S. 117.

[94] Vgl. Vorstand der Sozialdemokratischen Partei Deutschlands Abteilung Öffentlichkeitsarbeit (Hg.), § 218 (1971), S. 198. Für die SPD stellte scheinbar eine Aussage wie die folgende, keinen Widerspruch zu einer Fristenregelung dar: „Jeder Schwangerschaftsabbruch wirft ernste Probleme auf. Er ist ein Eingriff in werdendes menschliches Leben und in die seelische und körperliche Integrität der Frau; er belastet den Arzt mit einer ernsten sittlichen Entscheidung." Vorstand der SPD (Hg.), Argumente zur Reform (1974), S. 8. Ein prominenter Gegner der Fristenregelung innerhalb der SPD war der Parteivorsitzende Willy Brandt. Er kündigte an, seine Unterstützung dem Indikations-Entwurf von Bundesjustizminister Jahn zu geben. Vgl. Vorstand der Sozialdemokratischen Partei Deutschlands Abteilung Öffentlichkeitsarbeit (Hg.), § 218 (1971), S. 130.

als einzige mögliche Option voran und das auch unter der Androhung an ihren Koalitionspartner, bei Abweichungen ihrerseits einen eigenen Weg einzuschlagen.[95] Der im November 1971 vollzogene Kurswechsel der SPD ermöglichte es, dass sich FDP und SPD bereits Mitte Dezember 1971 auf einen Gesetzentwurf einigen konnten, der eine Fristenregelung vorsah.[96] Gleichzeitig wurde mit der Meinungsverschiebung innerhalb der SPD der Plan der Fraktion der CDU/CSU zunichtegemacht, einen gemeinsamen interfraktionellen Gesetzentwurf einzubringen, der einen Schwangerschaftsabbruch lediglich bei medizinischer und kriminologischer Indikation straffrei gestellt hätte.[97]

Die ersten beiden der insgesamt acht Gesetzentwürfe zur Reform des § 218 StGB wurden am 09.02.1972 eingebracht. Der Gesetzentwurf der Bundesregierung sah eine Indikationsregelung vor.[98] Die Vertreter einer Fristenregelung legten als Gruppenantrag einen Gesetzentwurf vor, der von 50 Abgeordneten von SPD und FDP unterzeichnet worden war.[99] Die beiden Gesetzentwürfe wurden vom Bundestag zur Beratung an den Sonderausschuss für die Strafrechtsreform weitergeleitet. Der Sonderausschuss führte im Rahmen seiner Prüfung vom 10. bis zum 12.04.1972 eine öffentliche Anhörung zur gesetzlichen Regelung des Schwangerschaftsabbruchs durch.[100] Vor Ende der Legislaturperiode konnten die beiden Entwürfe im Plenum nicht besprochen werden, denn nach der verlorenen Vertrauensfrage von Bundeskanzler Willy Brandt kam es im November 1972 zu Neuwahlen. Die Bestätigung der sozial-liberalen Koalition brachte die Chance, die Reform des § 218 StGB weiter zu forcieren. So wurde die Abtreibungsfrage bewusst auf die politische Agenda gerückt. In der 7. Wahlperiode wurde der Regierungsentwurf am 04.03.1973 als Gruppenantrag eingebracht,[101] der Gruppenantrag, der die Fristenregelung vorsah, wurde am 21.03.1973 als Fraktionsantrag durch die SPD/FDP vorgestellt.[102] Die Meinungsbildung innerhalb der SPD und die zunehmenden Differenzen zwischen SPD und CDU/CSU

[95] Vgl. Bundesfachausschuss für Rechts- und Innenpolitik der FDP, Empfehlung (1971), S. 17f.

[96] Vgl. Gante, § 218 in der Diskussion (1991), S. 130f. Viele der Strafrechtler des Alternativentwurfs waren FDP-nah oder FDP-Politiker. Daran lässt sich u. a. der politische Wille der FDP ablesen, die Abtreibungsfrage voranzutreiben.

[97] Vgl. ebd., S. 138–140. Für umfangreiche rechts- und politikgeschichtliche Untersuchungen, vgl. Beispielsweise Gante, Haltung der Ärzte (1993), S. 53–73; Gante, Rechtspolitik und Rechtswirklichkeit (1993), S. 169–207; Gante, § 218 in der Diskussion (1991) und Jütte (Hg.), Geschichte der Abtreibung (1993).

[98] Vgl. Deutscher Bundestag, Drucksache 6/3434 (09.02.1972).

[99] Vgl. Deutscher Bundestag, Drucksache 6/3137 (09.02.1972).

[100] Die Beiträge der dreitätigen Sitzung des Sonderausschusses und die Wortbeiträge der 30 geladenen Experten sind abgedruckt in Deutscher Bundestag/Presse- und Informationszentrum (Hg.), Reform des § 218 (1972).

[101] Vgl. Deutscher Bundestag, Drucksache 7/443 (04.03.1973).

[102] Vgl. Deutscher Bundestag, Drucksache 7/375 (21.03.1973).

zeigten deutlich, dass die CDU/CSU einen eigenen Gesetzentwurf in das Gesetzgebungsverfahren einbringen musste. Dies erfolgte schließlich am 11.05.1973,[103] nur vier Tage vor dem sogenannten Heck-Entwurf, einem Gruppenantrag, der von 28 Abgeordneten der CDU unterzeichnet worden war.[104] Bei diesen beiden im Mai eingebrachten Gesetzentwürfen handelte es sich um Indikationsmodelle. Der Fraktionsentwurf enthielt die kriminologische und die medizinische Indikation. Der Gruppenantrag akzeptierte ausschließlich die medizinische Indikation. Zusätzlich zum Gesetzentwurf brachte die Bundestagsfraktion der CDU/CSU weitere ergänzende Anträge zum wirksameren Schutz des Embryos ein.[105]

Bereits zwei Tage nach Einbringen des Heck-Entwurfes, am 17.05.1973, wurden die vier Gesetzentwürfe in einer ersten Lesung im Bundestag diskutiert. Erst ein knappes Jahr später, am 25. und 26.04.1974 wurden die weiteren Lesungen durchgeführt und der Bundestag verabschiedete unter Zurückweisung des Einspruchs des Bundesrates den Entwurf der SPD und FDP, der eine Fristenregelung vorsah.[106] Am 21.06.1974 trat das Fünfte Gesetz zur Reform des Strafrechts in Kraft.[107] Allerdings hatte die baden-württembergische Landesregierung einen Tag zuvor einen Antrag auf Erlass einer einstweiligen Anordnung beim Bundesverfassungsgericht eingereicht, in dem die Landesregierung forderte, das Inkrafttreten des Gesetzes bis zur Überprüfung der Verfassungsmäßigkeit auszusetzen.[108] Am Tag des Inkrafttretens folgte der 1. Senat des Bundesverfassungsgerichts dem Antrag und setzte das Gesetz zur Fünften Strafrechtsreform vorläufig außer Kraft.[109] Am gleichen Tag beantragten 192 Abgeordnete der CDU/CSU-geführten Bundesländer ein Normkontrollverfahren beim Bundesverfassungsgericht.[110] Unmittelbar darauf folgten die Anträge von fünf Landesregierungen, die im Bundesrat gegen die Fristenregelung gestimmt hatten und nun ebenfalls das Bundesverfassungsgericht anriefen, um das 5. StRG (Strafrechtsgesetz) auf seine Verfassungsmäßigkeit hin zu überprüfen.[111] Das Urteil des Bundesverfassungsgerichts wurde am 25.02.1975

[103] Vgl. Deutscher Bundestag, Drucksache 7/554 (11.05.1973).

[104] Vgl. Deutscher Bundestag, Drucksache 7/561 (15.05.1973).

[105] Vgl. Deutscher Bundestag, Drucksache 7/548 (11.05.1973); Deutscher Bundestag, Drucksache 7/552 (11.05.1973); Deutscher Bundestag, Drucksache 7/549 (11.05.1973); Deutscher Bundestag, Drucksache 7/554 (11.05.1973).

[106] Vgl. Deutscher Bundestag, Plenarprotokoll 07/95 (25.04.1974) und Deutscher Bundestag, Plenarprotokoll 7/96 (26.04.1974).

[107] „Der mit Einwilligung der Schwangeren von einem Arzt vorgenommene Schwangerschaftsabbruch ist nicht nach § 218 strafbar, wenn seit der Empfängnis nicht mehr als zwölf Wochen verstrichen sind.“ Fünftes Strafrechtsreformgesetz – 5. StrRG (1974), S. 1297.

[108] Abgedruckt in Arndt u. a. (Hg.), Dokumentation zum Normenkontrollverfahren (1979), S. 1–5.

[109] Abgedruckt in ebd., S. 9–11.

[110] Abgedruckt in ebd., S. 15.

[111] Bayern (27.07.1974), Baden-Württemberg (03.07.1974), Schleswig-Holstein (27.08.1974), Rheinland-Pfalz (27.09.1974) und Saarland (25.07.1974).

verkündet und machte, da es die Fristenregelung als verfassungswidrig ansah, eine Neuaufnahme des parlamentarischen Verfahrens notwendig.[112] Wenige Wochen nach dem Urteil am 08.10.1975 brachten die Fraktionen der SPD und FDP einen Gesetzentwurf ein, der ein weitgefasstes Indikationsmodell vorsah.[113] Auch der durch die Opposition am 23.10.1975 eingebrachte Gesetzentwurf sah eine Indikationsregelung vor.[114] Die Erste Lesung der Entwürfe erfolgte am 07.11.1975.[115] Am 12.02.1976 verabschiedete der Bundestag nach Zweiter und Dritter Lesung mit großer Mehrheit endgültig den Gesetzentwurf der SPD und FDP. Die Anrufung des Vermittlungsausschusses[116] durch den Bundesrat blieb erfolglos, auch den Einspruch vom 09.04.1976[117] wies der Bundestag am 06.05.1976 zurück.[118] So konnte am 18.06.1976 das Gesetz in Kraft treten.[119]

3 Zwischen Lebensrecht und Selbstbestimmung

Wie die Forschung herausgearbeitet hat, war der Streit um die Abtreibung nicht zum ersten Mal in der Menschheitsgeschichte entbrannt, jedoch zum ersten Mal in der Geschichte der Bundesrepublik Deutschland.[120] Das Maß und die Intensität, mit der die Abtreibungsdebatte in der Gesellschaft, den Medien und der Politik geführt wurde, waren neu und sorgten dafür, dass sie schnell zu einem Politikum avancierte. Sie war von Beginn an durch ein hohes Maß an Emotionalität, Leidenschaft und Polarisierung geprägt. Das Repertoire an Argumenten, das die Debatte hervorbrachte, soll im Folgenden vorgestellt werden. Die einzelnen Argumente werden hier in zwei Kategorien gegliedert. Auf der einen Seite befinden sich die „praktischen Argumente", die sich auf konkrete Missstände und Tatsachenbeschreibungen bezogen. Die Argumente „abstrakter" Natur verwiesen hingegen auf die der Debatte zugrunde liegenden religiösen und ethischen Weltanschauungen.

Alle Schätzungen zu illegalen Aborten in der Bundesrepublik Deutschland zeigten eine sehr hohe Dunkelziffer.[121] Die Zahl illegaler Schwangerschaftsabbrü-

[112] Vgl. BVerfGE 39, 1.
[113] Vgl. Deutscher Bundestag, Drucksache 7/4128 (08.10.1975).
[114] Vgl. Deutscher Bundestag, Drucksache 7/4211 (23.10.1975).
[115] Vgl. Deutscher Bundestag, Plenarprotokoll 7/201 (07.11.1975).
[116] Vgl. Deutscher Bundestag, Drucksache 7/4932 (26.03.1975).
[117] Vgl. Deutscher Bundestag, Drucksache 7/5022 (09.04.1976).
[118] Vgl. Deutscher Bundestag, Plenarprotokoll 7/238 (06.05.1976).
[119] Ausführlich zu den Bestimmungen des 5. StrRG (Strafrechtsgesetz) in Laufhütte/Wilkitzki, Reform der Strafvorschriften (1976).
[120] Vgl. die Ausführungen des Historikers Jütte (Hg.), Geschichte der Abtreibung (1993).
[121] Die Zahl der jährlichen Abtreibungen wurde je nach Argumentation meist zwischen 100.000 und einer halben Millionen geschätzt. Becker, Kampf (1971), S. 131 sprach gar von 500.000

che schwankte dabei zwischen 100.000 und vier Millionen jährlich.[122] Erst während einer Experten-Anhörung des Strafrechts-Sonderausschusses im April 1973 korrigierte der Gynäkologe Professor Hans Joachim Prill nun offiziell und von den Medien wahrgenommen die Abtreibungszahlen auf 100.000 bis maximal 160.000 jährlich.[123] Nicht nur die hohe Dunkelziffer verlangte Handlungsbedarf, sondern ebenso die kriminalpolitische Ineffektivität des § 218 StGB. Seine Durchsetzung wurde schon bald als „Zufallsstrafrecht"[124] angeprangert oder mit einem „Lotteriespiel"[125] verglichen. So waren in den Jahren 1953–1969 lediglich 62.470 Abtreibungsfälle bei der Polizei bekannt geworden, zu einer Bestrafung kam es in den seltensten Fällen.[126] Diese Diskrepanz zwischen Recht und Wirklichkeit trat spätestens seit Ende der 1960er Jahre immer deutlicher zutage. Damit verknüpft war die Feststellung, dass der Schutz des Embryos durch § 218 StGB nicht mehr ausreichend gewährleistet sei. Aus der Zusammenschau des statistischen Zahlenmaterials folgerte der Rechtswissenschaftler Ernst-Wolfgang Böckenförde: „Sie lassen die Frage mehr als berechtigt erscheinen, ob und in welchem Umfang der gegenwärtige Rechtszustand wirklich noch einen Schutz für das werdende menschliche Leben darstellt, oder ob, überspitzt formuliert, der § 218 StGB dadurch gilt, daß er im Grunde nicht angewandt wird."[127]

Die in der Debatte kursierenden Zahlen bestätigten zunehmend die Vermutung, dass sich eine ganze Profession am Geschäft mit der Abtreibung bereicherte. Die Frauen würden illegal handelnd in die Hände von „Kurpfuschern" und „Engelmacherinnen" getrieben, die sich in einem illegalen Millionengeschäft an den Frauen bereichern würden.[128] Damit verbunden war die Kritik, dass illegale Abtreibungen gesundheitsgefährdende bis lebensbedrohende Nebenwirkungen für die betroffenen Frauen haben könnten.[129] Die Forderung lautete deshalb:

bis drei Millionen Abbrüchen pro Jahr. Er schätzte das Verhältnis von Geburten und Abtreibung auf 1:1. Die Humanistische Union kam in ihrem Vorschlag zur Regelung des Schwangerschaftsabbruchs in einer Hochrechnung auf über eine Millionen Schwangerschaftsabbrüche pro Jahr und begründete mit diesen Zahlen die Unfähigkeit des § 218 StGB, Leben zu schützen. Sie plädierte für eine Fristenregelung. Vgl. Vorschlag der Humanistischen Union abgedruckt in Münch (Hg.), Abtreibung – Reform des § 218 (1972), S. 69–74.

122 Vgl. Schueler, Frauen gegen einen Paragraphen (1971).

123 Vgl. o. A., Ärzte kritisch (1972) und Westphalen, Abtreibung im Spiegel der Statistik (1973).

124 Böckenförde, Abschaffung des § 218 StGB (1971), S. 154.

125 Winters, Abtreibungselend (1971).

126 Vgl. Deutscher Bundestag, Drucksache 6/2025 (25.03.1971), S. 4. Von den zwischen den Jahren 1963 und 1965 polizeilich erfassten 7337 Abtreibungen waren lediglich 3621 bestraft worden. Vgl. Winters, Abtreibungselend (1971).

127 Böckenförde, Abschaffung des § 218 StGB (1971), S. 153.

128 Vgl. stellvertretend Arndt, Reform § 218 StGB (1971), S. 107 und o. A., Geschäft der Nicht-Mediziner (1973).

129 Helga Timm, MdB (SPD) zur Diskussion des § 218 StGB: „Der § 218 hat also nicht nur seinen Zweck, nämlich werdendes Leben zu schützen nicht erfüllt, sondern er hat ge-

„Da die Abtreibung nicht ‚abgeschafft' werden kann, sollte sie wenigstens medizinisch kompetent geschehen, um die physischen und psychischen Schäden auf ein Minimum zu reduzieren."[130] Andererseits, so betonten es die Abtreibungsgegner, stellten die Abtreibungen trotz Professionalisierung einen risikobehafteten Eingriff für die Frauen dar. Dabei wurden Abtreibungsfolgen physischer und psychischer Natur als Gegenargument angeführt.[131]

Die sozialkritischen Argumente wendeten sich gegen den Abtreibungstourismus in benachbarte Länder, in denen Abtreibung rechtlich erlaubt war.[132] In der späteren Debatte wurde zudem die Finanzierung legaler Abtreibungen durch die gesetzlichen Krankenversicherungen diskutiert.[133] Nur reiche Frauen hätten die Mittel, eine fachmännisch durchgeführte Abtreibung sowie die dazu notwendige Reise zu finanzieren. Die anderen seien gezwungen, zu „Engelmachern" zu gehen oder das Kind auszutragen, lautete der Vorwurf.[134] Die Frauenbewegung machte sich das Argument der sozialen Ungerechtigkeit zu

sellschaftlich unerträgliche ‚Nebenwirkungen' ausgelöst, die allein die Frauen treffen." Sozialdemokratischer Pressedienst, P/XXVI/115 (22.06.1971), S. 9. Bemmann, Strafwürdigkeit (1971), S. 97–99 beschrieb mit medizinischem Fachvokabular die körperlichen und seelischen Belastungen einer Schwangeren. Er kehrte die Argumentation bei der Frage nach der Zulässigkeit des Schwangerschaftsabbruchs im Hinblick auf das Lebensrecht des Embryos so weit um, dass er zu dem Fazit gelangte: „Denn die schwangere Frau befindet sich der Leibesfrucht gegenüber in einem defensiven Notstand, gemäß dem ihr in der ersten Zeit der Schwangerschaft, meiner Meinung nach bis zum Ende des 6. Monats, an sich das Recht zugestanden werden müßte, ihre Schwangerschaft künstlich zu beenden. [...] Der frühzeitige Abbruch der Schwangerschaft, der mit dem Willen der Schwangeren geschieht, verletzt ein etwaiges Lebensrecht der Leibesfrucht nicht."

130 Pross, Abtreibung (1971), S. 76.

131 Kirchhoff, Geburtenrückgang in Deutschland (1975), S. 30 und Lukschanderl, Ärzte warnen vor Abtreibung (1973) unter Rückgriff auf ausländische Studien vor Sterilität, der Verdopplung von Eileiterschwangerschaften, einer vierzigprozentigen Zunahme von Frühgeburten, der Zunahme von Fehlgeburten und Zervix-Verschluss-Insuffizienz.

132 Häufig angesteuerte Länder waren die Niederlande und Großbritannien. Zu den Abtreibungszahlen im europäischen Ausland vgl. Deutscher Bundestag, Drucksache 6/2025 (25.03.1971).

133 Für eine umfassende sozialwissenschaftliche Untersuchung der Abtreibungsdebatte vgl. beispielsweise Pross, Abtreibung (1971) und Siebel u. a. (Hg.), Soziologie der Abtreibung (1971).

134 „Wirtschaftlich schwache, unaufgeklärte, kinderreiche Frauen aber sind die eigentlichen Opfer eines Abtreibungsverbots. Sie müssen ‚auf die Küchentische' der Quacksalber oder der ‚weisen Frauen' und alle damit verbundenen Risiken in Kauf nehmen, wenn sie nicht durch ein weiteres Kind ihre physische oder psychische Gesundheit schädigen, das gesicherte Heranwachsen ihrer Kinder gefährden, ihre Familie zerrütten wollen." Winters, Abtreibungselend (1971). Ebenso oft auch als Argument im politischen Diskurs zu finden, vgl. Deutscher Bundestag, Plenarprotokoll 07/33 (17.05.1973); Deutscher Bundestag, Plenarprotokoll 07/95 (25.04.1974), S. 6343. Ähnlich kritisierte Bardens, MdB (SPD): „Wenn Sie die Leistungspflicht der sozialen Krankenversicherung auf die Fälle engster medizinischer Indikation beschränken, schaffen Sie ein Zweiklassenrecht, das diese unsere Gesellschaft nicht aushält." Zitiert nach: Deutscher Bundestag, Plenarprotokoll 07/95 (25.04.1974), S. 6350.

eigen und forderte die krankenkassenfinanzierte Abtreibung für alle Frauen und, um die Abtreibungszahlen dauerhaft senken zu können, den kostenlosen und einfacheren Zugang zu Verhütungsmitteln.[135]

In den Diskussionen zeigt sich, dies wird bei der Analyse der Quellen deutlich, dass für fast alle Abtreibungsbefürworter und -gegner die Abtreibung eine Tötung darstellte, jedoch nicht immer als solche bezeichnet wurde.[136] Auch in der nicht einheitlich für oder gegen Abtreibung eingestellten Ärzteschaft herrschte diese Auffassung vor, wie eine am 13.05.1971 erschienene und vielfach rezipierte Umfrage der deutschen Gynäkologen verdeutlicht. In dieser stimmten fast 95 % der befragten Frauenärzte der Aussage zu, dass die Tötung eines Embryos die Vernichtung eines Rechtsgutes darstelle.[137] Allerdings war in der zeitgenössischen Auseinandersetzung um den § 218 StGB das Argument von der Abtreibung als Tötungshandlung insbesondere auf der Seite der Abtreibungsgegner präsent.[138] Dies gipfelte in Formulierungen wie „Mord an Ungeborenen"[139] oder „intrauterine Euthanasie"[140].

[135] „Deshalb lautet die Forderung der ‚Frauenaktion 70': Nicht nur Straffreiheit für den Schwangerschaftsabbruch, sondern auch Kostenfreiheit, das heißt: Übernahme der Kosten durch die gesetzliche Krankenversicherung. Und weil der Abbruch einer Schwangerschaft nur letzter Ausweg bleiben soll, müssen wir außerdem fordern: Kostenfreie Abgabe von empfängnisverhütenden Mitteln an alle Frauen, soweit es medizinisch vertretbar ist. Kostenfreie Abgabe der Pille ‚danach'." SCHEUNEMANN, Plädoyer (1971), S. 155.

[136] Mikat, MdB (CDU) betonte in seinem Beitrag während der dritten Lesung zur Änderung des § 218 StGB: „In diesem Ziele sind wir uns einig, genauso wie wir uns in diesem Hause darüber einig sind, daß es sich bei der Abtreibung um Tötung menschlichen Lebens handelt." Zitiert nach: DEUTSCHER BUNDESTAG, Plenarprotokoll 7/96 (26.04.1974), S. 6484. Vgl. auch GANTE, § 218 in der Diskussion (1991), S. 305–307.

[137] „Die Tötung eines Embryos ist die Vernichtung eines Rechtsguts: sie ist daher nur aus schwerwiegenden Gründen zu verantworten." KIRCHHOFF, Stellungnahme Frauenärzte (1971).

[138] Die Schrift der KIRCHENKANZLEI DER EVANGELISCHEN KIRCHE DEUTSCHLAND (Hg.), Denkschrift zu Fragen der Sexualethik (1971), S. 31 definierte den Lebensbeginn am Zeitpunkt der Konjugation. Schwangerschaftsabbruch bezeichnete sie als „Tötung werdenden Lebens". Vgl. ebenso auch o. A., „Das Abendland stirbt" (1973) und die Wortbeiträge der CDU/CSU-Abgeordneten in DEUTSCHER BUNDESTAG, Plenarprotokoll 07/33 (17.05.1973); DEUTSCHER BUNDESTAG, Plenarprotokoll 7/96 (26.04.1974). „Und wer soziale Gerechtigkeit durch Töten von Menschen schaffen will, ist ein Hitler oder Stalin!", so die Europäische Ärzteaktion in ihrem Aufklärungspapier. EUROPÄISCHE ÄRZTEAKTION, Von A bis Z unwahr (1975). „Der Schwangerschaftsabbruch ist eine Tötungshandlung; [...] die jetzt übliche Bezeichnung als ‚Schwangerschaftsabbruch' kann diesen Sachverhalt nicht verschleiern." LISSEK, Kein Recht auf Abtreibung (1977), S. 3.

[139] Diese Frage stellte u. a. der ZEIT-Artikel von PETER-HABERMANN, Ist Abtreibung Mord? (1971) nachdem Kirchenvertreter Abtreibung mit Mord verglichen hatten. Vgl. auch o. A., Bundesjustizminister will den Mord freigeben (1970) und VERBAND DER NIEDERGELASSENEN ÄRZTE DEUTSCHLANDS (NAV), Vernichtung von Leben (1971), S. 25. Weitere Verweise bei GANTE, § 218 in der Diskussion (1991), S. 306, Fn. 443.

[140] So der Mediziner Prill im Anhörungsverfahren vor dem Strafrechtsausschuss des Deutschen Bundestages vom 10.–12.4.1972 in DEUTSCHER BUNDESTAG/PRESSE- UND INFORMATIONSZENTRUM (Hg.), Reform des § 218 (1972), S. 40.

Auch wenn viele Abtreibungsgegner sich diese Wortwahl nicht zu eigen machten, so war es ihnen ein Anliegen, die Abtreibung als Verstoß gegen Art. 2 GG zu werten. Sie kritisierten die Tendenz, den Schwangerschaftsabbruch aus dem semantischen Wortfeld der Tötung herauszulösen. Den Einsatz synonym verwendeter Ausdrücke wie „Schwangerschaftsunterbrechung"[141] oder „Fruchttötung"[142] für die Abtreibung verglichen sie mit der „babylonischen Sprachverwirrung"[143]. „Eine zerstörte Schwangerschaft kann nicht fortgesetzt werden wie eine unterbrochene Rede"[144], schrieb Wilfried Hertz-Eichenrode in der WELT. In einer Leserzuschrift an die FAZ las man: „Auch mit Hilfe sprachlicher Kunstgriffe und Veränderung der Begriffsinhalte wird man den Tatbestand des Tötens bei der Abtreibung nicht verwischen können und keine Rechtfertigung und keine Entschuldigung dafür finden. Solang wir das Töten von Menschen verabscheuen, ablehnen und bestrafen, werden wir keine befriedigende Begründung für die Tötung des Ungeborenen (Abtreibung) finden."[145] Die Gegner einer Liberalisierung der Abtreibung verzichteten weitgehend auf medizinische oder juristische Fachsprache und verbildlichten die Abtreibungshandlungen. Beispielhaft sei hier eine Zuschrift an den SPIEGEL erwähnt: „Wenn man wie ich erlebt hat, daß der intakte, etwa vier bis fünf Zentimeter lange Foet mit einem Teil der Decidua ans Tageslicht befördert wird und plötzlich in der Nierenschale vor einem liegt, der weiß, daß es sich bei diesem Tun um die Tötung eines Menschen handelt. Der Embryo [...] schlägt für einige Sekunden voller Verzweiflung über das ihm widerfahrene Schicksal mit seinen Gliedern um sich, macht mit der Mundspalte vergebliche Atmungsversuche, ehe sein eben noch rosiger Körper leichenblaß wird, ein Zittern über ihn geht, sein Herz aufhört zu schlagen und er seine Ärmchen und Beinchen zum letzten Mal ausstreckt."[146]

Für die Befürworter einer Reform des § 218 StGB war es hingegen das Ziel, die Abtreibung von anderen Tötungshandlungen abzugrenzen. So fragte ein

[141] Dieser Begriff erscheint etwa im Gesundheitsbericht aus dem Jahr 1970, vgl. DEUTSCHER BUNDESTAG, Drucksache 6/1667 (18.12.1970), S. 77 oder im Mehrheitsvorschlag des Alternativ-Entwurfs eines Strafgesetzbuches, vgl. BAUMANN (Hg.), Alternativ-Entwurf (1970), S. 8.

[142] RUDOLPHI, Straftaten gegen das werdende Leben (1971), S. 138.

[143] Dieser Ausdruck findet sich beispielsweise bei MOERSCH, Zweite babylonische Sprachverwirrung (1972) und ähnlich in SEKRETARIAT DER DEUTSCHEN BISCHOFSKONFERENZ (Hg.), Gesellschaftliche Grundwerte (1976), S. 4.

[144] HERTZ-EICHENRODE, Leben und Tod (1971).

[145] OLLECH, Abtreibung ist Tötung (1970). Ebenso DEUTSCHER BUNDESTAG, Drucksache 6/3434 (09.02.1972), S. 12: „Die tatbestandsmäßige Handlung wird im Entwurf als ‚Abbruch der Schwangerschaft' bestimmt. Dieser Ausdruck ist der Bezeichnung Schwangerschaftsunterbrechung" vorzuziehen, weil er sprachlich genauer ist: Eine abgebrochene Schwangerschaft kann nicht mehr fortgesetzt werden."

[146] o. A., Massenmord oder Privatsache? (1973).

anderer Leser im SPIEGEL: „Hat man sich eigentlich schon einmal überlegt, wie negativ der Ausdruck ‚Abtreibung' als solcher ist?", und forderte: „Man sollte einen besseren finden!"[147]. Auch der Gesetzentwurf der Bundesregierung wollte den Begriff Abtreibung durch den des Schwangerschaftsabbruchs ersetzt wissen. Dabei definierte der Entwurf: „Als Abbruch der Schwangerschaft ist jede Einwirkung auf die Schwangere oder auf die Leibesfrucht zu verstehen, die das Absterben der Leibesfrucht im Mutterleib bewirken oder dazu führen soll, daß die Leibesfrucht in nicht lebensfähigem Zustand abgeht."[148]

Der Gesetzentwurf der Bundesregierung verdeutlicht zugleich, dass auch für den Begriff Embryo vielfältige Synonyme verwendet wurden, in diesem Fall das Wort „Leibesfrucht". Die Rechtswissenschaftler Karl Lackner und Hermann Maassen kennzeichneten in ihrer Erläuterung des Strafgesetzbuches die Abtreibung ganz ähnlich als „Tötung der Frucht"[149]. Mit dem Begriff der Leibesfrucht wurde, zumindest in sprachlicher Sicht, der Embryo nicht mehr als Mensch bezeichnet. Begriffliche Abgrenzungen wie „Leibesfrucht" oder „pränatale[s] Wesen"[150] wurden vor allem von Befürwortern der Abtreibung vollzogen und bewusst verwendet.[151] In diesem Sinne erläuterte Sebastian Haffner im SPIEGEL: „Der Fötus ist kein Mensch. [...] Der Drei-Monats-Fötus ist Leben – aber Leben etwa auf der Stufe der Qualle oder der Kaulquappe." Und wenn man das Töten einer Kaulquappe nicht unter Strafe stelle, warum dann die Tötung eines Embryos, fragte er weiter. Daraus schlussfolgerte er: „Der Paragraph 218

[147] ISLAR, Leserbrief (1973).

[148] Zitiert nach: DEUTSCHER BUNDESTAG, Drucksache 6/3434 (09.02.1972), S. 12f.

[149] LACKNER/MAASSEN, Strafgesetzbuch mit Erläuterungen 1974 (1974), S. 536.

[150] SCHWALM, Beginn des menschlichen Lebens (1968), S. 278.

[151] Stellvertretend für viele GEILEN, Neue juristisch-medizinische Grenzprobleme (1968), S. 146f.: „Damit ist festzuhalten, daß der Ausdruck ‚Leibesfrucht' eine ganz spezifische, der Tathandlung des ‚Ab-treibens' entsprechende Bedeutung hat. Es ist mehr erforderlich als die bloße Zellverschmelzung; die Nidation muß eingetreten sein. Infolgedessen sind geburtenregelnde Methoden, die zwar nicht die Befruchtung, aber die Nidation verhindern, strafrechtlich Präventiv- und keine Abortivmittel." SCHWALM, Beginn des menschlichen Lebens (1968), S. 278 arbeitete heraus, dass der Begriff der Leibesfrucht die Bezogenheit des Embryos auf den mütterlichen Organismus widerspiegle. Darin erkannte er die Rechtfertigung, dem Embryo erst von Nidation an den vollen strafrechtlichen Schutz zuzuerkennen. Aus dieser Herleitung schlussfolgerte er, dass Nidationshemmer nicht als Abortiv-, sondern als Präventivmittel anzusehen seien. In LACKNER/MAASSEN (Hg.), Strafgesetzbuch mit Erläuterungen 1970 (1970), S. 475 findet sich folgende Passage: „Leibesfrucht: Nach der in der strafrechtlichen Literatur vordringenden Meinung noch nicht das befruchtete Ei, sondern erst die eingenistete Eianlage, so daß die Verhütung der Nidation durch die morning-after-Pille oder intrauterine Pessare den Tatbestand nicht erfüllt." LAY, Begriff der Leibesfrucht (1970), S. 465f. fasste zusammen, dass bis 1966 die Mehrheit der Autoren unter Leibesfrucht die bereits verschmolzene Ei- und Samenzelle verstanden hätte. 1970 verstände die herrschende Meinung unter Leibesfrucht allerdings „die bereits eingenistete Frucht".

stellt mit seinem Schutz eines Lebens, das noch nicht Menschenleben ist, einen völligen Fremdkörper in unserem Rechtssystem dar."[152] So argumentierte auch Barbara Nirumand, Sprecherin der „Aktion 218": „Wenn es sich, wie in jener Argumentation vorgegeben, beim Fetus um menschliches Leben handelte, würde der § 218 Mord, Tötung oder Totschlag beinhalten und nicht Abtreibung."[153]

Diese Zitate zeigen beispielhaft, wie der Embryo mit Hilfe sprachlicher und wissenschaftlicher Mittel aus der Schutzsphäre des Grundrechts auf Leben ausgeklammert wurde. In ähnlicher Weise wurde um den Begriff des „werdenden Lebens" gerungen. Sowohl Abtreibungsbefürworter, als auch -gegner wollten den Begriff seiner Unschärfe wegen immer weniger zum Einsatz bringen.[154] Ebenso wurde der Begriff des „ungeborenen Kindes" zunehmend vermieden. Der katholische Theologe Franz Böckle kritisierte diese Tendenz und lieferte gleichzeitig eine Erklärung dafür: „Demgegenüber fällt man aber heute ins extreme Gegenteil und spricht überhaupt nicht mehr vom Kind. Man vergißt, daß es sich bei der postulierten Entscheidung der Frau eben nicht um eine Entscheidung über sie selbst handelt, sondern eine Entscheidung über das Lebensrecht eines anderen."[155] Ganz ähnlich las man in dem bereits oben zitierten Leserbrief in der FAZ: „Spricht man von Embryo und Fötus, so entsteht der Eindruck, als handle es sich nicht um einen Menschen, sondern einfach um irgendeinen Gegenstand, bestenfalls um irgendeinen Teil oder ein Organ des menschlichen, speziell des weiblichen Körpers."[156]

Unmittelbar mit der Diskussion darüber, wie der Embryo zu bezeichnen sei, war die Frage nach dem Beginn menschlichen Lebens verbunden. So titelte auch die FAZ am 16.02.1971: „Wann ist der Embryo ein Mensch?"[157].

[152] Haffner, Fötus ist kein Mensch (1971).

[153] Zitiert nach: Deutscher Bundestag/Presse- und Informationszentrum (Hg.), Reform des § 218 (1972), S. 173.

[154] Moersch, Zweite babylonische Sprachverwirrung (1972) schrieb: „Aber die Umschreibung ‚werdendes Leben' für den Tatbestand des Wachsens des Kindes im Mutterschoß ist falsch. Es ist eine satanische Verharmlosung und Vereinfachung, eine Verfälschung. Mit diesem Terminus soll das Verbrechen minuiert werden." Auch in den Bundestagsdebatten wurde immer wieder über den Begriff des „werdenden Lebens" diskutiert. Vgl. dazu Deutscher Bundestag, Plenarprotokoll 07/33 (17.05.1973), S. 1773 und die Forderung Hecks, MdB (CDU) nach mehr Präzision der Begrifflichkeit: „Weil der Begriff ‚werdendes Leben' in diesem Zusammenhang zu Mißverständnissen führen könnte, möchte ich doch zunächst feststellen, daß darunter nichts anderes verstanden werden kann und sicher auch nichts anderes verstanden werden soll als das ungeborene menschliche Leben." Zitiert nach: Deutscher Bundestag, Plenarprotokoll 07/95 (25.04.1974), S. 6351.

[155] Böckle, Anmerkungen (1972), S. 71f.

[156] Ollech, Abtreibung ist Tötung (1970). So widersprach auch Blechschmidt, Mißverständnis (1973), S. 115 der in Diskussionen häufig vorgebrachten Annahme, dass der Keim nur ein Zellklumpen oder etwas „Menschenähnliches" sei: „Die Ansicht beruht auf Unkenntnis der heute anatomisch und embryologisch bekannten Tatsachen."

[157] Cyran, Embryo Mensch (1971).

Während die medizinische Beurteilung über den biologischen Lebensbeginn im Laufe der 1960er Jahre durch naturwissenschaftliche Pionierleistungen an Präzision gewonnen hatte, wurde das Interpretationsspektrum zum soziologisch, philosophisch oder rechtlich bestimmten Beginn der Grundrechtsträgerschaft immer größer.[158] Unter anderem die Forschungsarbeiten des Arztes und Spezialisten für Embryogenese und Morphologie Erich Blechschmidt und die fotographischen Arbeiten von Lennart Nilsson hatten die Erkenntnis geliefert, dass menschliche Zellen von Beginn an nur menschliche Chromosomen enthielten und widerlegten so das noch bis in die 1960er Jahre gelehrte Biogenetische Grundgesetz von Ernst Haeckel.[159] In diesem Sinne betonte auch die Mehrheit der Ärzteschaft, dass der Abbruch einer Schwangerschaft ab dem Zeitpunkt der Verschmelzung von Ei- und Samenzelle Vernichtung menschlichen Lebens bedeute, denn bereits dann sei die Vollständigkeit des genetischen Programms gegeben.[160] Die medizinischen Erkenntnisse über die Entstehung und Entwicklung menschlichen Lebens, die zunehmenden Möglichkeiten, mechanisch und chemisch in den Empfängnis- und Entwicklungsprozess einzugreifen, sowie die Ultraschalldiagnostik verursachten eine neue und tiefergehende Auseinandersetzung mit den Lebensprozessen, die bis dato im Verborgenen abgelaufen waren.[161]

Unabhängig von einer biologischen Festlegung verschob sich die Diskussion im Laufe der 1970er Jahre in Richtung der Frage, ab wann dieses menschliche

[158] Zum biologischen Lebensbeginn mit einer klaren Absage an philosophische Lebensbeginnkonzepte sei hier auf eine Kommentierung des Mediziners Büchner, Leserbrief: Wann entsteht der Mensch? (1973) verwiesen: „Das Anliegen meines Aufsatzes war es dagegen, durch die Tatsachen und die Sprache der modernen Biologie und Medizin die Erkenntnis zu vermitteln, daß mit der Zeugung nicht einfach – wie es so unverbindlich heißt – eine ‚Leibesfrucht', ‚werdendes Leben', ‚eine Anlage zum Menschen' ins Dasein tritt, sondern ein neuer Mensch in der Lebensform des embryonalen Menschen. Es sollte, vor allem Philosophen und Theologen, anregen, das spekulative Entwerfen von Vorstellungsmodellen über vormenschliche, vorgeistige Stufen in der Entwicklung aufzugeben".

[159] Das Biogenetische Grundgesetz besagt, dass die Ontogenese (Individualentwicklung) die Phylogenese (die Stammesentwicklung aller Lebewesen) durchlaufe. Vgl. Blechschmidt, Genetisches Grundgesetz (1964); Blechschmidt, Mißverständnis (1973), S. 114f.; Nilsson, Ein Kind entsteht (1967); Blechschmidt, Vom Ei zum Embryo (1968); Ruff, Embryonales Werden (1968), S. 113 und Starck, Embryologie (1975).

[160] So auch die Deklaration des Weltärztebundes, abgedruckt in Münch (Hg.), Abtreibung – Reform des § 218 (1972), S. 112. Allerdings interpretierte die Deklaration die medizinische Indikation in einem weit gefassten Sinn, was einen weiteren Abwägungsspielraum zwischen mütterlichem und embryonalem Interesse gab.

[161] Eine sehr gute und für den Laie verständliche Zusammenfassung der biologischen Abläufe in den ersten Stunden und Tagen der menschlichen Entwicklung findet sich bei Büchner, Wann entsteht der Mensch? (1973); Kirchhoff, Beginn des menschlichen Lebens (1970); Koester, Beginn der Schwangerschaft (1968), S. 14–25; Lay, Begriff der Leibesfrucht (1970), S. 466f. und Zimmer, Beginn des Lebens (1968).

Leben Träger von Grundrechten sei.[162] Da sich diese Frage empirisch nicht eindeutig beantworten ließ, eröffnete sie ein breites Meinungsspektrum nebeneinander existierender Erklärungsansätze. Aus medizinischer Sicht konstatierte der Gynäkologe Hermann Hepp: „Es steht außer Zweifel, daß die befruchtete Eizelle, biologisch gesehen, neues menschliches Leben darstellt, indem sie genetisch ihre Individualität erlangt hat. Die Wertung dieser biologischen Tatsache zielt juristisch auf die Frage, ob dem Menschen in der Frühphase seiner Entwicklung der Rechtsschutz einer menschlichen Person zukommt."[163] Andere zeitliche Ausgangspunkte für die Entfaltung von Grundrechten wurden von den Vertretern dieser Auffassung als willkürlich zurückgewiesen.[164] Aufgrund medizinischer und biologischer Forschungserkenntnisse bestand ein weitgehender Konsens darüber, dass der Embryo mit der Konjugation von Ei- und Samenzelle dem Menschengeschlecht angehöre und sich kontinuierlich entwickle.[165]

162 Rüpke, Persönlichkeitsrecht und Schwangerschaftsunterbrechung (1974), S. 74 vertrat die Ansicht, dass sich Art. 2 Abs. 2 GG nicht auf den Menschen im naturwissenschaftlichen Sinne beziehe, sondern auf seine gesellschaftliche Relevanz und Wertschätzungen innerhalb der Gesellschaft. Über der naturwissenschaftlichen Lebensfeststellung stehe, so Rüpke, Interaktion und Kommunikation. Diese Ansicht kritisierte Lang-Hinrichsen, Verfassungsmäßigkeit (1974), S. 500 in einer Replik: „Die Auffassung Rüpkes läuft darauf hinaus, daß die Anerkennung des nasc. als schützenswertes Wesen von der Anerkennung der Gesellschaft abhängt, daß es originäre Rechte des Individuums anscheinend nicht gibt."

163 Hepp, Ärztliche Überlegungen zur Reform des § 218 (1972), S. 380.

164 In dieser Weise wurde insbesondere die Fristenregelung angegriffen, die den Schutz des Embryos durch Strafvorschriften erst auf das Ende der 12. Schwangerschaftswoche legte, so beispielsweise von Kepp im Anhörungsverfahren vor dem Strafrechtsausschusses des Bundestages. Vgl. Deutscher Bundestag/Presse- und Informationszentrum (Hg.), Reform des § 218 (1972), S. 28, Lang-Hinrichsen in ebd., S. 24 und Spranger, MdB (CSU) am 17.05.1973 während der ersten Lesung der Gesetzentwürfe vor dem Bundestag: „Die Dreimonatsfrist ist willkürlich. Sie kann mit einer biologisch bedeutsamen Phase des Kindes, einer Zäsur in seiner Entwicklung oder mit der Zunahme der Beziehung zwischen Mutter und Kind nicht begründet werden." Zitiert nach: Deutscher Bundestag, Plenarprotokoll 07/33 (17.05.1973), S. 1809. In gleicher Sitzung betonte auch Eyrich, MdB (CDU): „Durch Ihre Regelung wird doch der Eindruck erweckt, daß das Leben zu einer bestimmten Zeit weniger schutzwürdig sei als in der Zeit danach. Wir müssen Sie fragen, ob Sie nicht die Inkonsequenz sehen, ich möchte fast sagen, ob Sie nicht spüren, daß wir hier an der Grenze der willkürlichen Auslegung einer Bestimmung stehen, die in der Bestimmung einer Frist liegt." Zitiert nach: Deutscher Bundestag, Plenarprotokoll 07/33 (17.05.1973), S. 1768.

165 Büchner, Frühentwicklung (1973), S. 116 folgerte aus seinen Forschungen zur embryonalen Entwicklung, dass der Embryo von Beginn an ganz Mensch sei. Seine weitere Entwicklung sei eine kontinuierliche Fortentwicklung der bereits in den Anlagen vorhandenen Informationen. Von einer kontinuierlichen Entwicklung sprachen insbesondere Abtreibungsgegner, wie Blechschmidt, Mißverständnis (1973), S. 115 und Lang-Hinrichsen vor Anhörung des Strafsonderausschusses des Deutschen Bundestages, vgl. Deutscher Bundestag/Presse- und Informationszentrum (Hg.), Reform des § 218

Dementsprechend sollte der Embryo geschützt werden, so die mehrheitliche Auffassung, da er von der Schutzvorschrift des Art. 2 GG erfasst würde.[166] Die Frage nach dem Zeitpunkt der einsetzenden Schutzfunktion, der Intensität und dem Vorrang, den dieser Schutz vor anderen Rechtsgütern haben sollte, und wie dieser Schutz am besten erreicht werden könnte, führten jedoch zu einem Riss, der sich quer durch Politik, Wissenschaft und die öffentliche Debatte zog.

Während die einen die Zeitpunkte von Lebensanfang und Beginn der Grundrechtsträgerschaft synchron setzten,[167] widersprachen andere dieser Auffassung und plädierten für eine Trennung. Insbesondere die Kopplung des Rechts an biologische Tatsachen, im Falle des Lebensbeginns ab Konjugation der Ei- und Samenzelle, wurde beanstandet: „‚Jeder hat das Recht auf Leben' ist ein Rechtssatz und damit eine gesellschaftliche Schöpfung. Was er in und für die Gesellschaft bedeutet (bedeuten soll), entscheidet sich im gesellschaftlichen Raum, nicht nach Naturgesetzen"[168], kritisierte der Jurist Giselher Rüpke im Jahr 1974. Ähnlich hatte die Soziologin Helge Pross schon einige Jahre zuvor formuliert: „Keine Wissenschaft vermag exakt zu sagen, wann die Menschlichkeit werdenden Lebens beginnt. Menschliches Leben ist niemals bloß biologisches Sein. Falsch ist daher, seinen Beginn rein biologisch zu definieren."[169]

Die Nidation als Fixpunkt der Individuation des menschlichen Lebens wurde zunehmend als weitere Option diskutiert, da es im natürlichen Entstehungsprozess bei circa 30–50 Prozent aller befruchteten Eizellen nicht zur Einnistung kommt.[170] Daraus wurde gefolgert, dass es erst sinnvoll sei, im Anschluss an die

(1972), S. 24. So konnte auch Spaemann, Kein Recht auf Leben (1974), S. 4 als positiven Effekt der Abtreibungsdebatte erkennen: „Vor allem aber: niemand kann nach der Debatte noch ernsthaft in Zweifel ziehen, daß ungeborene Kinder Menschen sind."

166 Vgl. Becker, Kampf (1971), S. 137. Einen Überblick über die damals herrschende Meinung gibt: Lang-Hinrichsen, Verfassungsmäßigkeit (1974), S. 498, Fn. 2.

167 Im Sinne einer biologisch hergeleiteten Grundrechtsträgerschaft ab Konjugation beispielsweise Blechschmidt, Mißverständnis (1973), S. 114–116; Büchner, Frühentwicklung (1973), S. 116–118; Bruno Heck, MdB (CDU) während einer Plenarsitzung: Deutscher Bundestag, Plenarprotokoll 07/95 (25.04.1974), S. 6352; Deutsche Bischofskonferenz, Zum Schutz des werdenden Lebens (1971); Döpfner/Dietzfelbinger (Hg.), Gesetz des Staates (1970), S. 34; Häring, Heilender Dienst (1972); Herzog, Verfassungsauftrag zum Schutz des ungeborenen Lebens (1969), S. 442; Kirchhoff, Frauenarzt und Fristenlösung (1973); Lang-Hinrichsen, Strafrechtlicher Rechtsschutz (1970), S. 366f.; Papst Paul VI., Humanae Vitae (1968); Spaemann, Am Ende der Debatte (1974), S. 50 und Spaemann, Kein Recht auf Leben (1974), S. 4.

168 Rüpke, Persönlichkeitsrecht und Schwangerschaftsunterbrechung (1974), S. 74.

169 Pross, Abtreibung (1971), S. 66.

170 „Indem der Keim jetzt die durch die Verbindung mit dem mütterlichen Organismus gewonnene Umwelt in sein Werden einzubeziehen und sich gleichzeitig von dieser Umwelt abzuheben beginnt, erweist er sich als unteilbar, als Individuum." Ruff, Embryonales Werden (1968), S. 119. Bemmann, Strafwürdigkeit (1971), S. 88 brachte zwei Argumente vor, dass man erst mit Nidation den Schutz des Lebens rechtlich durchsetzen könne. So das

Nidation den Strafschutz einsetzen zu lassen, da schon die Natur von Zwischenstufen in der Entwicklung ausginge.[171] Mit Abschluss der Nidation könne man außerdem davon ausgehen, so eine häufig geäußerte Begründung, dass die Mehrlingsbildung abgeschlossen sei. Im Sinne des Personseins als Voraussetzung der Grundrechtsträgerschaft konnte man demzufolge von individuellem menschlichen Leben sprechen.[172] Auch unter Theologen existierte mit dem „dialogischen Personverständnis“[173] ein Konzept, das die Nidation als den Ausgangspunkt der Personwerdung ansetzte.[174]

Argument der noch nicht vollzogenen Individuation und das Argument des natürlichen Verlusts der befruchteten Eier vor Nidation. Vgl. auch Bockelmann, Strafrecht des Arztes (1968), S. 32; Döring, Empfängnisverhütung (1969), S. 41. Lay, Begriff der Leibesfrucht (1970), S. 467 schrieb: „Die Entwicklung menschlichen Lebens stellt sich hiernach zwar als ein stetiger kontinuierlicher Vorgang dar. Doch können innerhalb des vorgeburtlichen Stadiums zwei deutlich von einander abgegrenzte Stufen unterschieden werden: die eine von der Befruchtung bis zur Nidation, die andere – für die Gesamtentwicklung bedeutsamere – von der Implantation bis zur Geburt.“ Zimmer, Beginn des Lebens (1968), S. 449–453. Aber auch pragmatische Gründe sprachen für den Zeitpunkt der Nidation, wie im Regierungsentwurf vom 09.02.1971 deutlich wurde: „Der Entwurf läßt den strafrechtlichen Schutz des werdenden Lebens vor allem aus pragmatischen Gründen erst mit dem Abschluß der Einnistung beginnen. Vorher kann im Einzelfall nicht festgestellt werden, ob eine Befruchtung stattgefunden hat.“ Zitiert nach: Deutscher Bundestag, Drucksache 6/3434 (09.02.1972), S. 15. Vgl. auch im „Beschluß zum Schutz des werdenden Lebens“ abgedruckt in Wolff, Schwangerschaftsabbruch (1973), S. 184–186.

171 Vgl. Geilen, Neue juristisch-medizinische Grenzprobleme (1968), S. 147.

172 In diesem Sinne schrieb Böckle, Antikonzeption (1968), S. 32: „Wichtiger scheint mit die Tatsache, daß der biologische und numerische Organismus bis etwa zum 13. Tag noch orthisch teilbar bleibt (Zwillingsbildung). Das mag im biologischen Bereich nichts Besonderes sein. Dem philosophischen oder dem theologischen Personverständnis widerspricht es aber, von einer Teilbarkeit der Person zu sprechen. Der terminus a quo personaler menschlicher Existenz kann darum meiner Überzeugung nach frühestens mit den Ende der orthischen Teilbarkeit im biologischen Sinn gegeben sein.“ Und an anderer Stelle wiederholte Böckle, Beginn (1968), S. 69–72: „Es läßt sich auch heute nicht leugnen, daß im Genmuster des Chromosomensatzes und in dem allerdings noch labilen Muster von Stoffwechselaktivitäten eine Determinierung und ein Programm gegeben sind, in denen bereits die höchste Wesensform aufleuchtet, ob man aber schon von einem Individuum sprechen könne ist höchst fragwürdig. [...] Man wird also mit Recht in der Embryonalentwicklung eine doppelte Zäsur annehmen dürfen: zunächst den Beginn eines neuen Lebensprozesses durch die Gametenverschmelzung und dann die Festlegung des Anlagemusters auf eine Individualität.“ Die Herausgeber des Artikels interpretierten in einem Geleitwort die Position Böckles als Rechtfertigung der Einführung mechanischer Nidationshemmer. Vgl. Böckle, Beginn (1968), S. 65.

173 Böckle, Beginn (1968), S. 70.

174 „Durch die Annahme des strömenden Keimmaterials wird die Frau zur Mutter. Im vermittelnden Leibmilieu, in dem das menschlich-mütterliche Wesen realsymbolhafte sich gegenwärtig ist, wird das Keimmaterial [...] auf den Weg gebracht, eigene entelechialisierte Realität zu werden“. Vodopivec/Sauser, Mediko (1964), S. 861. Zum Sachstand Böckle, Beginn (1968), S. 70f.

Als weitere Alternative wurde eine Zunahme der Schutzintensität nach Entwicklungsmonaten vorgeschlagen. „Allerdings haben wir immer darauf hingewiesen, daß in keinem modernen Kulturstaat die Abtreibung ebenso bestraft wird wie Mord und Tötung eines geborenen Menschen. Das hat nichts mit der Theorie der Sukzessivbeseelung zu tun, sondern damit, daß für die soziale Anschauung das werdende Leben ein sich erst allmählich voll entwickelndes Rechtsgut ist. Sein Sozialwert – Rechtswert – steigt mit jedem Monat, wenn man so will, mit jeder Minute der Schwangerschaft."[175] Wie Jürgen Baumann sprach sich auch Franz Böckle für eine abgestufte Güterabwägung je nach Entwicklungsstadium aus. Dafür teilte er die embryonale Entwicklung in drei Phasen: „In der ersten Phase steht ein noch nicht personales Leben im Konflikt. [...] Im zweiten Fall steht zweifelhaft personales Leben im Konflikt. [...] Im dritten Fall steht personales Leben in Konkurrenz."[176] Je nach Entwicklungsphase stufte Franz Böckle die Rechte des Embryos ab. Je näher er der Geburt käme, desto eher müssten die Rechte der Mutter hinter dem Lebensrecht des Embryos zurückstehen.[177]

Obwohl mit dem abgestuften Entwicklungskonzept der Vorwurf der willkürlichen Festlegung eines bestimmten Zeitpunktes vermieden werden sollte, stieß auch dieses Konzept auf Kritik: Der Mensch entwickle sich als Mensch und nicht zum Menschen.[178] In jeder Entwicklungsphase sei der Mensch mit sich identisch und daher auch von Anfang an zu schützen.[179] Die Fraktion der CDU/CSU folgte von Anfang an dieser Argumentationslinie: „Für uns ist menschliches Leben auch als werdendes Leben unantastbar und steht nicht zur Disposition irgendwelcher Dritter"[180], konstatierte der Abgeordnete Friedrich Vogel, MdB (CDU)

[175] Baumann, Schluss der Debatte (1974), S. 284 in Reaktion auf die Forderung von Spaemann, Am Ende der Debatte (1974), S. 50 dem Embryo von Konjugation an das unbedingte Recht auf Leben zuzugestehen.

[176] Böckle, Anmerkungen (1972), S. 72f.

[177] Vgl. ebd., S. 77. Innerhalb der katholischen Kirche, die Böckle für ihre Haltung zu Sexualerziehung und Empfängnisverhütung stark kritisierte, galt er mit seiner Vorstellung von einem abgestuften Lebensschutz als Außenseiter. Aufgrund seiner liberalen Ansichten wurden seine Aufsätze in Presse und Öffentlichkeit häufig rezipiert und seine Meinung gefragt. Die Fristenregelung entschieden ablehnend plädierte er für eine Indikationsregelung.

[178] Vgl. Blechschmidt, Mißverständnis (1973), S. 116 und Büchner, Frühentwicklung (1973), S. 117.

[179] So resümierte Blechschmidt, Mißverständnis (1973), S. 115 im Anschluss einer Zusammenfassung seiner Untersuchungsergebnisse über die Embryonalentwicklung: „Was sich in der Entwicklung des menschlichen Eis zum Embryo und dann zum Fetus ändert, ist immer nur sein Erscheinungsbild. Aber dieser Prozeß von Änderungen betrifft nicht das Wesentliche, denn das Wesentliche ist schon mit der Befruchtung gegeben und bleibt im Verlauf der Individualentwicklung bestehen: der Mensch. Eben dieses Bestehenbleiben ist die Voraussetzung der menschlichen Entwicklung. Ohne Erhaltung der Individualität gibt es keine Entwicklung." Ähnlich auch Eibach, Beginn menschlichen Lebens (1972), S. 160f.

[180] Zitiert nach: Deutscher Bundestag, Plenarprotokoll 6/98 (05.02.1971), S. 5508.

während einer Plenarsitzung vom Februar 1971, unterstützt durch den Zuruf seines Kollegen Franz-Lorenz Thaddens, MdB (CDU): „Von Anfang an!“[181].

Dabei war der Vergleich zu den Gräultaten des nationalsozialistischen Regimes ein häufig eingesetztes rhetorisches Mittel. So fragte Paul Mikat, MdB (CDU) während einer Plenarsitzung: „Hat nicht dieses unser Volk wie kaum ein anderes, ja wie kein anderes Volk gegen das Leben gesündigt, und sind wir darum nicht – unabhängig von rechtsvergleichenden Blicken in die östliche oder die westliche Welt – verpflichtet, wie kein anderes Volk das Bekenntnis zur grundsätzlichen Unverfügbarkeit menschlichen Lebens abzugeben?“[182]. Auch die Urteilsbegründung des Bundesverfassungsgerichts zur Entscheidung, die Fristenregelung zu verbieten, enthielt unter anderem einen Verweis auf die systematische Missachtung des Wertes menschlichen Lebens während des Nationalsozialismus.[183] Zahlreiche kirchliche Verlautbarungen warnten immer wieder vor einer entgrenzten Entwicklung und verglichen die Abtreibung mit Gräultaten der Nationalsozialisten.[184] Die Kritik kirchlicher Repräsentanten richtete sich zunehmend gegen die Bestrebungen der Bundesregierung, den § 218 StGB durch eine Fristenregelung zu reformieren. Ihrer Auffassung nach stellte der Embryo

[181] Zitiert nach: Ebd., S. 5508.

[182] Zitiert nach: Deutscher Bundestag, Plenarprotokoll 7/96 (26.04.1974), S. 6487.

[183] Vgl. BVerfGE 39, 1 (67). Der Münchener Merkur veröffentlichte nach dem Urteilsspruch des Bundesverfassungsgerichts folgenden Kommentar aus den Salzburger Nachrichten: „Einmal gingen die Richter davon aus, daß Hitler-Deutschland den Wert des Lebens auf barbarische Weise relativiert hat. Eine solche historische Hypothek reicht aus, um den ethischen und politischen Sinn für den Wert des Lebens geradezu skrupulös zu schärfen. Daraus leitete das deutsche Verfassungsgericht seine Pflicht ab, den Höchstwert des Lebens gegen den Gesetzgeber und selbst gegen den Wandel in der öffentlichen Meinung kompromißlos zu verteidigen.“ o. A., CDU für 218-Entwurf aller Fraktionen (1975).

[184] „Die Erfahrung zeigt, daß eine Relativierung an diesem Punkte die Wirkung eines Dammbruchs hat und die Tötung oder Erhaltung menschlichen Lebens von zweitrangigen Nützlichkeitserwägungen abhängig macht.“ Döpfner/Dietzfelbinger (Hg.), Gesetz des Staates (1970), S. 29. Vgl. ebenfalls Katholischer Arbeitskreis für Strafrecht beim Kommissariat der Deutschen Bischöfe in Bonn (Hg.), Schwangerschaftsabbruch § 218 StGB (1972), S. 21 und Sekretariat der Deutschen Bischofskonferenz (Hg.), Hirtenschreiben 1973 (1973), S. 7: „Auch die Bundesrepublik hat sich nach den bitteren Erfahrungen des Dritten Reiches mit seinen Verbrechen am menschlichen Leben ohne Vorbehalt zu den ‚unverletzlichen und unveräußerlichen Menschenrechten als Grundlage jeder menschlichen Gemeinschaft des Friedens und der Gerechtigkeit in der Welt‘ bekannt (Art. 1 Abs. 2 des Grundgesetzes), und sie zählt dazu ausdrücklich das Recht auf das Leben: ‚Jeder hat das Recht auf Leben und körperliche Unversehrtheit‘ (Art. 2 Abs. 2). Auch in Leserbriefen findet sich dieser Rekurs: „Das werdende Leben ist, wie die Entstehungsgeschichte des Artikels 2 des Grundgesetzes zeigt, verfassungsrechtlich geschützt. Dem Staat ist es nach den Artikeln 1 und 2 des Grundgesetzes geboten, keine Relativierung des Rechts auf Leben zuzulassen, die in der jüngeren Geschichte schon einmal dazu führte, daß der Wert eines Menschenlebens an biologischen Kriterien gemessen wurde.“ Ziehlke, Abtreibung straflos (1970).

ab Konjugation menschliches, schützenswertes und selbstständiges Leben dar, über das nicht einmal die Mutter Verfügungsgewalt besitzen dürfe.[185] Bis zum Abschluss der Abtreibungsdebatte wurde die Kirche nicht müde, den Staat an seine in Art. 2 GG festgeschriebene Pflicht zu erinnern, menschliches Leben zu schützen.[186]

Eng damit verbunden war die Sorge, dass die Aufweichung des Lebensschutzes in dieser Frage Anlass für die Infragestellung des Lebensrechts in anderen Situationen und Lebensabschnitten geben könnte. So warnten Kardinal Julius Döpfner und Landesbischof Hermann Dietzfelbinger in der ökumenischen Gemeinschaftsschrift „Das Gesetz des Staates und die sittliche Ordnung": „Die Erfahrung zeigt, daß eine Relativierung an diesem Punkte die Wirkung eines Dammbruchs hat und die Tötung oder Erhaltung menschlichen Lebens von zweitrangigen Nützlichkeitserwägungen abhängig macht."[187] Die Sorge vor einem Dammbruch bei Relativierung des Lebensschutzes für den Mensch in allen Phasen seines Lebens lässt sich ebenfalls in zahlreichen Leserzuschriften, Zeitungsartikeln und Wortmeldungen im Bundestag finden.[188] Andere Stimmen erkannten keinen solchen Dammbruch.[189] Um den Ängsten vor einem Dammbruch vorzubeugen, so der Vorschlag Giselher Rüpkes, sei es sinnvoll, die Abtreibung in die Hände einer qualifizierten Ärzteschaft zu legen, denn sie sei „durch verantwortliche Haltung besonders geeignet, einen Beitrag zur

185 Vgl. Deutsche Bischofskonferenz, Zum Schutz des werdenden Lebens (1971); Döpfner/Dietzfelbinger (Hg.), Diskussion (1970); Katholischer Arbeitskreis für Strafrecht beim Kommissariat der Deutschen Bischöfe in Bonn (Hg.), Schwangerschaftsabbruch § 218 StGB (1972), S. 24f. und Sekretariat der Deutschen Bischofskonferenz (Hg.), Hirtenschreiben 1973 (1973), S. 5f.

186 So beispielsweise in der Stellungnahme der Deutschen Bischofskonferenz vom 25.09.1970. „Sollten solche Bestrebungen Gesetz werden, würde der Staat eine seiner Pflichten, die Pflicht zum Schutze des Lebens, in unverantwortlicher Weise verletzen. Das werdende Leben bedarf vom Augenblick der Empfängnis an des Schutzes. Es ist unantastbar wie das Leben des schon geborenen Kindes. An diesem Grundsatz, der der beständigen Lehre unserer Kirche entspricht, müssen wir unverbrüchlich festhalten." Abgedruckt in Katholischer Arbeitskreis für Strafrecht beim Kommissariat der Deutschen Bischöfe in Bonn (Hg.), Schwangerschaftsabbruch § 218 StGB (1972), S. 18f.

187 Döpfner/Dietzfelbinger (Hg.), Gesetz des Staates (1970), S. 29.

188 Vgl. stellvertretend für viele Deutscher Bundestag, Plenarprotokoll 07/95 (25.04.1974), S. 6425; Haenle, Menschliches Leben – von „Anfang" an heilig (1971): „Das menschliche Leben ist unantastbar und muß unantastbar bleiben, wenn nicht alle Dämme brechen sollen." und Ziehlke, Abtreibung straflos (1970): „Das werdende Leben ist, wie die Entstehungsgeschichte des Artikels 2 des Grundgesetzes zeigt, verfassungsrechtlich geschützt. Dem Staat ist es nach den Artikeln 1 und 2 des Grundgesetzes geboten, keine Relativierung des Rechts auf Leben zuzulassen, die in der jüngeren Geschichte schon einmal dazu führte, daß der Wert eines Menschenlebens an biologischen Kriterien gemessen wurde."

189 Rüpke, Schwangerschaftsabbruch und Grundgesetz (1975), S. 86 bezog die Dammbruch-Metapher auf menschliche Aggressivität in Bezug auf Tötungshandlungen. Für die Abtreibung konstatierte er das Fehlen eines solchen Dammbruchs.

Abwendung unbegründeter Verunsicherung in der Menschenwürde implizierter Achtungsgebote zu leisten."[190]

Die stärkere Einbeziehung der Ärzte sollte aus Sicht der Befürworter einer Reform des § 218 StGB noch ein weiteres Problem lösen. Nicht nur das Lebensrecht des Embryos war Diskussionspunkt der Debatte, sondern auch die Gesundheit und das Leben der Frau. Als bedroht wurde dieses Leben angesehen, wenn Frauen sich genötigt sahen, nicht fachmännisch durchgeführte Abtreibungen vornehmen zu lassen. Im Spiegel las man: „Noch immer werden Stacheldraht und Stricknadel, Bleistifte, Gänsefedern und Tierknochen in die Gebärmutterhöhle eingeführt. Mit Fahrradpumpen oder Ohrenspritzen injizieren sich die Frauen Seifenlösungen, Essig oder Öl. Sie schlucken Chinin bis zur Ertaubung, Strychnin bis zum Krampf und Tabaksud in tödlicher Menge."[191] Die schlechte medizinische Versorgung der Frauen vor und während der Abtreibungen führe, so argumentierte eine Großzahl der Abtreibungsbefürworter, zu vielen Toten jährlich. Die Zahlen schwankten je nach Quelle zwischen Hunderten und Tausenden, wobei die große Spanne kritisch betrachtet wurde.[192] So sprach Hanno Kühnert in der FAZ von 15.000–40.000 Frauen, die pro Jahr an den Folgen der Abtreibung stürben.[193] Diese Zahlen und die Folgen der Abtreibung bezeichnete er mit dem in der Debatte häufig genannten Begriff „Abtreibungssumpf".[194] Friedrich Graf von Westphalen tat gegen diese Zahlen die Rechnung auf, dass in den 1950er und 1960er Jahren jährlich lediglich 13.600 Frauen im gebärfähigen Altern gestorben seien.[195] Die Anzahl der Frauen, die gesundheitliche Schäden von nicht fachkundig durchgeführten Abbrüchen davontrug, lag nach Schätzungen zwischen 10.000 und 20.000 pro Jahr.[196] Das Argument der Gesundheits- und Lebensgefahren wurde im Laufe der Abtreibungsdebatte entschärft, da spätestens seit dem Jahr 1973 allgemein bekannt wurde, dass 90 % der Abtreibungen zwar illegal, jedoch von Ärzten durchgeführt wurden.[197]

190 Ebd., S. 87.

191 o. A., Massenmord oder Privatsache? (1973), S. 50.

192 Mit den in der Diskussion kursierenden Zahlen setzte sich der Bundesminister der Justiz in einer Stellungnahme kritisch auseinander, die auf die Kleine Anfrage (vgl. Deutscher Bundestag, Drucksache 6/1866 (24.02.1971)) des Abgeordneten Vogel und der CDU/CSU vom 24.02.1971 antwortete. Vgl. Deutscher Bundestag, Drucksache 6/2025 (25.03.1971).

193 Gleiche Zahlen nannte auch Westphalen, Gutachten (1970).

194 Kühnert, Strafbestimmungen (1970). Ähnlich auch Westphalen, Gutachten (1970) und o. A., Massenmord oder Privatsache? (1973), S. 50.

195 Vgl. Westphalen, Abtreibung im Spiegel der Statistik (1973).

196 Vgl. Baumann, Schutz – Wege (1971), S. 140.

197 Vgl. o. A., Statt Dunkelziffern (1973). Damit in Einklang stand die Selbstbezichtigungskampagne von 329 Medizinern, die sich des Verstoßes gegen § 218 StGB für schuldig bekannten, vgl. o. A., 329 Mediziner (1974) und die Ansprache des Gynäkologen Kepp zur Eröffnung der 39. Tagung der Deutschen Gesellschaft für Gynäkologie, abgedruckt in Wilkens, § 218 (1973), S. 109.

Das wohl bekannteste Argument der Abtreibungsdebatte lässt sich anschaulich in dem häufig verwendeten und vielfach kritisierten Slogan: „Mein Bauch gehört mir!“ zusammenfassen. Das Selbstbestimmungsrecht der Frau sollte auch in einer freien Entscheidung für oder gegen eine Schwangerschaft verwirklicht werden. Mit dem im bisherigen § 218 StGB festgehaltenen Verbot der Abtreibung sowie der Beratungspflicht, wie sie das Indikationsmodell vorsah, waren aus Sicht der Verfechter einer liberalen Abtreibungsregelung zu viele unzumutbare Restriktionen der Selbstbestimmung verbunden. Sie sahen das in Art. 2 Abs. 1 GG verankerte Recht auf Persönlichkeitsentfaltung eingeschränkt, wenn der Staat mittels des Strafrechts bis in die Intimsphäre der Frauen hineinregierte.[198] Die Bestimmungen des § 218 StGB wurden nicht selten als Diskriminierung von Frauen, als Ungerechtigkeit und Ungleichheit gegenüber dem Mann und Unterdrückung durch die Kirchen gewertet.[199] Der Staat sollte, so würde es auch das Grundgesetz fordern, nicht „das sogenannte ‚werdende‘ Leben, sondern das menschliche Leben an sich [schützen]. Unter menschlichem Leben wird juristisch erst das Leben außerhalb des Mutterleibes verstanden.“[200] Diese Haltung fand vereinzelt Zustimmung, erfuhr allerdings auch heftige Kritik.[201] In diesem Sinne plädierte eine Vielzahl Autoren für die Fristenregelung, die den Frauen die Entscheidungsfreiheit geben sollte, im Falle einer Schwangerschaft über das Austragen oder Abtreiben des Embryos eigenverantwortlich zu entscheiden.[202]

198 Beispielhaft die Aussage von Stöcker, § 218 ist verfassungswidrig (1972), S. 169: „Würde die Frau zum Austragen des Embryos gezwungen werden, so würde sie zum ‚Objekt im Dienst der Fortpflanzung‘.“

199 So von Schoeler, MdB (FDP): „Meine Damen und Herren, seit Jahrzehnten und Jahrhunderten wird von der Männerwelt in Staat und Kirche über die Frauen hinweg bestimmt, was sie in ihrem elementarsten Lebensbereich zu tun und zu lassen haben. Es ist überfällig, die Frauen selbst mit in die Verantwortung einzubeziehen.“ Zitiert nach: Deutscher Bundestag, Plenarprotokoll 07/33 (17.05.1973), S. 1778.

200 Münch (Hg.), Abtreibung – Reform des § 218 (1972), S. 176.

201 So stellvertretend für viele Spaemann, Kein Recht auf Leben (1974), S. 3f., der den Verlust der Achtung vor dem Leben einem übersteigerten Wunsch nach Individualität und Emanzipationsbestrebungen zuschrieb. Ebenso Benda, Notbremse (1970): „Auch das Argument des Selbstbestimmungsrechts der Frau geht fehl. Der Ausdruck ist schon begrifflich falsch, denn die Frau bestimmt in diesem Fall nicht über sich selbst, daß heißt ihren Körper, sondern über das ungeborene Kind, also einen Teil in ihrem Körper“, und Böckle, Frau (1971): „Ich halte diesen Vorschlag für unannehmbar, weil der Mutter ein solche Verfügungsrecht über das eigenständige menschliche Leben nicht zusteht.“

202 Vgl. de With, MdB (SPD), der vor dem Bundestag für eine Fristenregelung plädierte: „Abschließend muß zu diesem Punkt bemerkt werden, daß in unserer Zeit ein Gesetz wohl eher die Chance hat angenommen zu werden, das der Betroffenen, wenn auch eingeschränkt, einen Spielraum in eigener freier Entscheidung gewährt, als ein Gesetz, das die Betroffene mehr oder weniger zum Objekt einer fremden Entscheidung macht. Die Fristenregelung freilich bürdet der Frau mehr Verantwortung auf als jedes andere hier eingebrachte Modell.“ Zitiert nach: Deutscher Bundestag, Plenarprotokoll 07/33 (17.05.1973), S. 1764. Ebenso Genscher, Grundgesetz und Abtreibungsparagraph (1971):

Liselotte Funcke, MdB (FDP), bedeutende politische Kämpferin für die Fristenregelung, vereinte im August 1971 in einer Pressemitteilung alle der Debatte geläufigen Beispiele, die Unterdrückung der Frau durch den § 218 StGB zu visualisieren: „Da ist die Frau, die das Kind eines Verbrechers zur Welt bringen soll, weil sie gewaltsam überfallen wurde; da ist die Ehefrau, die sich gegen den betrunkenen Ehemann nicht wehren kann; da ist die Frau, die das fünfte, sechste und achte Kind austragen muß, weil der Ehemann verantwortungslos handelt; da ist die fünfzehnjährige Schülerin; da ist die berufstätige Frau, die mit dem zweiten oder dritten Kind ihren Beruf aufgeben müßte, obwohl dieser Beruf für die Gesellschaft dringend notwendig ist."[203]

Weniger häufig als mit dem Selbstbestimmungsrecht der Frau argumentierten die Befürworter einer Liberalisierung der Abtreibung mit dem Wohl der zukünftigen Kinder. Dazu beschrieben die Abtreibungsbefürworter das Bild einer derart kinderfeindlichen Gesellschaft, dass betroffene Frauen mitunter gezwungen seien, dem Kind durch Abtreibung die gefahrvolle Realität vorzuenthalten.[204] Ebenso wichtig wurde die Situation innerhalb der Familien gewertet, in die das Kind hineingeboren werden sollte. Vom trinkenden Vater, über eine nicht mehr verantwortbare Kinderzahl bis hin zur überforderten Mutter wurden Bilder von zerrütteten familiären Situationen gezeichnet, die gleichzeitig für Verständnis warben, den Paaren beziehungsweise den betroffenen Frauen in dieser Situation den Zugang zu legaler Abtreibung zu erleichtern.[205] So wurden für den Embryo Probleme materieller, sozialer und gesellschaftlicher Natur antizipiert, denen er durch eine Abtreibung entgehen könne. Der Ruf nach mehr Wunschkindern wurde in der Abtreibungsdebatte zunehmend wichtiger, insbe-

„Die liberale Drei-Monats-Lösung bringt das Persönlichkeitsrecht der Frau – nicht nur verstanden als Entscheidungsfreiheit, sondern auch als Schutz ihrer körperlichen Integrität – und den Schutz des werdenden Lebens in ein ausgewogenes Verhältnis, das die Durchsetzbarkeit der Strafrechtsnormen zum Schutze des werdenden Lebens auch tatsächlich garantiert", und Stöcker, § 218 ist verfassungswidrig (1972), S. 169: „Das Wesen sittlicher Autonomie besteht darin, unabhängig von äußeren Vorgegebenheiten nur sich selbst, niemandem sonst verantwortlich eine existentielle Entscheidung treffen zu können."

203 Pressedienst der Bundestagsfraktion der F. D. P., Relegung des Paragraphen 218 (1971), S. 2.

204 Vgl. beispielsweise im Plädoyer Funckes, MdB: „Heute dagegen trägt die isolierte Frau nahezu allein die Verantwortung in einer kinderfeindlichen Umwelt, in gefahrvoller Wohngegend ohne Spielraum, in der Sorge um Verbrechen, in der Frage, ob man den heranwachsenden Kindern mit ihren so anderen Auffassungen noch hinreichend Erzieherin und Ratgeberin sein kann." Funcke, Plädoyer für die Fristenlösung (1972), S. 81f.

205 „Es ist schlechthin nicht wahr, daß ein Mensch lebt, weil eine Zelle befruchtet wurde. Wir wissen, daß ein Mensch nur dann menschlich leben wird, wenn er Menschen findet, die ihn bejahen. Kommt er nicht in eine psychisch warme Erziehung, wird er nicht leben. Seine Entwicklung hängt also keineswegs von der Befruchtung, von Nidation, von Milch oder Penatencreme ab, sondern vom psychischen Haushalt der Beziehungen, in dem es aufwächst." Goldstein, Wann ‚beginnt' menschliches Leben (1971), S. 52.

sondere in der Argumentation der SPD.[206] Eine Kampagne der Bundesregierung im Jahr 1972 mit dem Titel „Unsere Kinder sollen Wunschkinder sein. – Was können wir tun?“ und die Aufwendung von 1 Millionen DM standen ganz in dem Impetus, Familien bei der Familienplanung zu helfen, um optimale Eltern-Kind-Beziehungen zu erreichen.[207] Auch Eva Hobbing vom Bundesverband „Pro Familia“[208] plädierte in der öffentlichen Anhörung zur gesetzlichen Regelung des Schwangerschaftsabbruchs im Sonderausschuss im April 1972 für die Fristenregelung und argumentierte mit den Menschenrechten des Kindes: „In der Charta der Vereinten Nation wurde bereits 1959 [...] festgelegt: ‚Jedes Kind soll das Recht haben, in eine Umgebung hineingeboren zu werden, in der es angemessene Liebe, Nahrung und notwendige Fürsorge findet.‘“[209] Die Prognosen unerwünschter, nicht geplanter Kinder wurden als negativ gewertet.[210] Abtreibung sollte dieses Dilemma beseitigen. „Dem Begehren, daß nur noch gewünschte Kinder, ‚Wunschkinder‘, geboren werden, ist aus sozio-kultureller wie individual-psychologischer Sicht nachzugeben.“[211]

206 Vgl. o. A., Frauen über den Paragraphen 218 (1969). Auch die Selbstbezichtigungskampagne im Spiegel aus dem Sommer 1971 verknüpfte das Recht auf Abtreibung mit der Forderung nach Wunschkindern: „Ich habe abgetrieben. Ich bin gegen den Paragraphen 218 und für Wunschkinder.“ o. A., 374 Frauen bekennen (1971). Schlei, MdB (SPD) betonte in Deutscher Bundestag, Plenarprotokoll 07/95 (25.04.1974), S. 6333: „Nach unserer Auffassung sollten möglichst alle Kinder auch Wunschkinder sein.“ Gante, § 218 in der Diskussion (1991), S. 326f. lieferte eine gründliche Untersuchung des „Wunschkind-Arguments“ und wies nach, dass dieses schon Ende der 1960er Jahre als Argument für eine Abtreibungslegitimation vorgebracht wurde. Ebenso zeichnete er diese Argumentationslinie innerhalb der politischen Abtreibungsdebatte nach.

207 Vgl. Deutscher Bundestag, Drucksache 6/3689 (01.08.1972), S. 11 und Deutscher Bundestag, Drucksache 7/374 (21.03.1973).

208 Die Organisation „Pro Familia“ hat ihren Ursprung in der US-amerikanischen Organisation „Planned-Parenthood“ und wurde im Jahr 1952 in Deutschland mit dem Ziel gegründet, Aufklärungsarbeit in Familienplanung, Sexualität und Reproduktion zu leisten.

209 Deutscher Bundestag/Presse- und Informationszentrum (Hg.), Reform des § 218 (1972), S. 120.

210 Rüpke, Persönlichkeitsrecht und Schwangerschaftsunterbrechung (1974), S. 76, Fn. 13 & 15 schrieb und belegte Folgendes: „Die empirischen Befunde deuten in der Tat darauf hin, daß das Schicksal solcher – unerwünschter, aber spätestens nach der Geburt akzeptierter – Kinder ungünstig ist.“

211 Wilkens, § 218 (1973), S. 166. Ähnlich auch Pfeiffer, „Ach wäre ich nie geboren“ (1970) in einer Leserzuschrift an die FAZ: „Es ist nicht nur eine sozialhygienische Aufgabe, sondern ein Politikum ersten Ranges, zu fordern, daß keine unerwünschten Kinder geboren werden dürfen. [...] Zeugung und Geburt unerwünschter Kinder müssen verhindert werden.“ Ebenso bei Beyersdorff, Heuchelparagraph – Leserbrief (1971): „Ein werdendes Leben zu töten, scheint mir humaner, als es ein Leben lang hungern und leiden zu lassen. [...] Denn für die Art ‚Mensch‘ ist der Zeitpunkt gekommen, da jedes Kind zuviel die Arterhaltung gefährdet. Unsittlich und möglicherweise verbrecherisch, handelt der, der gegen dieses oberste Lebensgesetz verstößt.“ Altemöller, Leserbrief (1973): „Frauen in seelischer oder materieller Not können keine glücklichen, unbelasteten Kinder heranzie-

Auch die Abtreibungsgegner bedienten sich der hier genannten Argumente, allerdings um damit den Sozialstaat an seine Verpflichtung zu erinnern, eine kinderfreundliche und familiengerechte Sozialstruktur zu schaffen, in der es möglich sei, jedes Kind, ob geplant oder nicht, willkommen zu heißen. Sie plädierten für mehr Sozial- und Beratungsstellen, Unterkünfte für Mädchen und Frauen, niederschwellige Hilfsangebote und die bessere Unterstützung von Eltern mit behinderten Kindern.[212] So resümierte der Gynäkologe Hermann Hepp über die diskutierte soziale Indikation, die eine Abtreibung bei widrigen sozialen Umständen erlauben sollte: „Um es noch einmal zu betonen, reine soziale Notlagen sind das Feld der Sozialpolitik und der sozialen Fürsorge. Für den Arzt ist eine schwere soziale Notlage das wichtigste Indikationsgebiet für eine Präventiv-Medizin durch Antikonzeption und Sterilisation und nicht für eine ‚Therapie' durch Schwangerschaftsabbruch."[213]

Der politische Wunsch, die sozialen Bedingungen für werdende Mütter und Kinder in der Gesellschaft zu verbessern, fand insbesondere Ausdruck in der parlamentarischen Auseinandersetzung um das Strafrechtsreform-Ergänzungsgesetz (StREG), das festlegte, dass die Kosten für Empfängnisverhütungsmittel, Sterilisation, ärztliche Beratung und den legalen Schwangerschaftsabbruch in den Leistungskatalog der Krankenversicherungen aufgenommen wurden. Erstmals diskutiert in der Plenarsitzung vom 17.05.1973[214] und nach Überprüfung und Empfehlung durch den Sonderausschuss für Arbeit und Sozialordnung wurde das Gesetz am 21.03.1974 auch gegen heftige Proteste der Fraktion der CDU/CSU verabschiedet.[215] Erst

hen. Tausende gequälter und mißhandelter Kinder sprechen Jahr für Jahr für ihre und unsere Situation."

212 Vgl. beispielsweise Döpfner/Dietzfelbinger (Hg.), Gesetz des Staates (1970), S. 31; Kirchenkanzlei der Evangelischen Kirche Deutschland (Hg.), Denkschrift zu Fragen der Sexualethik (1971), S. 31f. und Eibach, Beginn menschlichen Lebens (1972), S. 179f. Die Debatte schärfte das politische und öffentliche Bewusstsein für soziale Probleme von Mütter und Familien. Spaemann folgerte daraus: „Die Bereitschaft [zur Hilfe] wird wieder verschwinden, wenn die Hilfestellung zur ‚flankierenden Maßnahme' für die Fristenlösung degradiert wird. Erfahrungsgemäß wird am Ende der bequemere, billigere und brutalere Weg gewählt, wenn er einmal offen steht." Spaemann, Kein Recht auf Leben (1974), S. 9.

213 Hepp, Ärztliche Überlegungen zur Reform des § 218 (1972), S. 389. Ganz ähnlich in einem Interview für die Herder-Korrespondenz: Hepp, Standpunkt des Arztes (1973), S. 234.

214 Vgl. Deutscher Bundestag, Plenarprotokoll 07/33 (17.05.1973), S. 1760–1783.

215 Insbesondere protestierten die CDU/CSU-Abgeordneten gegen die geplante Kostenübernahme der Abtreibungen durch das soziale Leistungssystem. So fragte beispielsweise Verhülsdonk, MdB (CDU) vor dem Bundestag. „Schwangerschaftsabbrüche bei Frauen, die weder krank seien, noch aus einem objektiv zwingenden Grund handelten und sich auf ihre uneingeschränkte Verfügungsberechtigung über sich selbst beriefen, müßten konsequenterweise als höchst persönliche Entscheidung auch privat finanziert werden. [...] Ich möchte die Bundesregierung und die Koalition fragen, wie sie es mit der Ge-

ein gutes Jahr später, am 28.08.1975, wurde es veröffentlicht und trat Ende des Jahres 1975 in Kraft, da die Opposition Änderungen erzwang und die Verkündigung so hinauszögerte.[216]

4 Menschenwürde in der Abtreibungsdebatte

Der rechtswissenschaftliche Menschenwürdediskurs der frühen Bundesrepublik bis Anfang der 1960er Jahre entwickelte sich trotz kleinerer Differenzen in Detailfragen in eine einheitliche Richtung. In Bezug auf die in dieser Untersuchung relevante Diskussion um die Grundrechtsträgerschaft des Embryos teilte eine Mehrheit die Auffassung, dass dem Embryo Grundrechtsschutz zukäme, gänzlich unumstritten war dies jedoch nicht. Bewusst hatten die Diskursteilnehmer versucht, keine Definitionsvorschläge zu liefern, wollte man doch, so wie es auch die Verfassungsväter und -mütter vorgesehen hatten, die Menschenwürde möglichst für sich selber sprechen lassen. Lediglich einige wenige Annäherungsversuche, wie die von Günter Dürig entwickelte Objekt-Formel oder die Auflistung von Verletzungstatbeständen, hatten zur inhaltlichen Konkretisierung der Menschenwürde beigetragen. Das Fehlen einer konkreten Definition wurde bemängelt, aber hingenommen. Insgesamt ließen sowohl der Verfassungstext als auch die frühen Diskussionen um den Menschenwürdebegriff keine näheren Definitionsversuche zu, so dass sich dieser Mangel an eindeutiger Definition angesichts von Konfliktfragen, die einen Einbezug der Menschenwürde nahelegten, als heikel erwies.

Ernst Benda, Präsident des Bundesverfassungsgerichts, verwies im Jahr 1975 auf diesen Zusammenhang: „Da das Grundgesetz selbst die Würde des Menschen ohne weitere Erläuterung voraussetzt und diese keiner weiteren juristischen Definition zu bedürfen scheint, besteht die Gefahr einer aus der jeweiligen subjektiven weltanschaulichen oder ideologischen Position entwickelten Inhaltsbestimmung des Art. 1 Abs. 1."[217] Diese diagnostizierte Interpretationsflexibilität des Begriffs Menschenwürde erwies sich in der Abtreibungsdebatte als problematisch. Die Menschenwürde ließ sich damit als Bestandteil der Argumentation sogar für diametral entgegengesetzte Positionen heranziehen. Dabei war es zunächst unerheblich, welcher rechtsethischen Tradition sich die Diskutanten anschlossen. Sie konnten in der Tradition der Verfassungsväter und -mütter bleiben,

wissenslage jener hält, die nicht bereit sind, für Vernichtung von menschlichem Leben ohne triftigen Grund finanzielle Beihilfe zu leisten." Zitiert nach: Deutscher Bundestag, Plenarprotokoll 07/88 (21.03.1974), S. 5735.

216 Vgl. Strafrechtsreform-Ergänzungsgesetz – StREG (1975).

217 Benda, Gefährdung der Menschenwürde (1975), S. 14f.

losgelöst davon mit der Menschenwürde argumentieren oder selbst eine neue Begriffsinterpretation in den Menschenwürdediskurs einbringen.[218]

Die auf den vorangegangenen Seiten dargestellten prägenden praktischen und ethischen Argumente in der Abtreibungsdebatte zeigen auf der einen Seite eine starke Fokussierung auf die Betonung des Lebensrechts des Embryos und auf der anderen Seite die Forderung nach der Stärkung des Selbstbestimmungsrechts der Frau. Inwieweit die Diskussionsteilnehmer die Menschenwürde in ihre Argumentationen einbauten, wird das vorliegende Kapitel zeigen.

4.1 Die Würde der Frau

Wurde die Menschenwürde Bestandteil der Abtreibungsdebatte, so geschah dies in erster Linie in Bezug auf die Rechte der Frau.[219] Bereits einer der ersten Gesetzentwürfe bezog sich in seiner Begründung auf die Achtung der Würde und die Rechte der Frauen. So hieß es im Reformvorschlag der Humanistischen Union vom 03.08.1970 zur Änderung des § 218 StGB: „Die Achtung vor der Würde jedes Menschen gebietet, jeder Frau die Entscheidung darüber zu überlassen, ob sie ein Kind zur Welt bringen will oder nicht. Bei dieser für sie und ihr weiteres Leben ungeheuer wichtigen Frage würde die Einmischung oder gar Bestimmung einer fremden Autorität das grundsätzliche Recht auf Selbstbestimmung beeinträchtigen."[220]

Inwiefern das Verbot des Schwangerschaftsabbruchs in der damals gültigen Fassung des § 218 StGB die Frau zum Objekt degradierte und gegen ihre Menschenwürde verstieße, entwickelte sich zu einem wichtigen Streitpunkt der Debatten.[221] So lautete eine zentrale Frage der Debatte, ob der Staat die Frau mit Hilfe des Strafrechts zum Austragen eines Kindes zwingen dürfe, oder ob er damit gegen ihre Würde verstoße.[222]

Die Befürworter einer Freigabe der Abtreibung positionierten sich in dieser Frage eindeutig. Der Jurist Hans Heinz Heldmann nannte in seinem Artikel

[218] Vgl. ebd., S. 15.

[219] Vgl. beispielsweise LANG-HINRICHSEN, Ethische Indikation (1963), S. 730.

[220] Vorschlag der Humanistischen Union, abgedruckt in MÜNCH (Hg.), Abtreibung – Reform des § 218 (1972), S. 71.

[221] So forderte HAFFNER, Fötus ist kein Mensch (1971) am 08.08.1971 im STERN: „Auch hier muß endlich der individuelle Mensch oder das individuelle Menschenpaar nach eigener sittlicher Vernunft entscheiden dürfen, ob, wann und in welchem Maße es sich fortpflanzen will: nur das entspricht der Menschenwürde." Vgl. auch STÖCKER, § 218 ist verfassungswidrig (1972), S. 169.

[222] „Ist es mit der Würde der Frau und ihrem Recht auf freie Entfaltung vereinbar, das Kind eines nicht mehr geliebten Mannes austragen zu müssen?" BLUMENTHAL, Zur Reform (1974), S. 104. Vgl. auch WILKENS, § 218 (1973), S. 186 und EHMKE, Fristenregelung und Grundgesetz (1975), S. 64.

„Plädoyer für die Abschaffung des § 218" als Grund, weshalb § 218 StGB die Menschenwürde verletze, dass dieser der Frau vorschreibe, den Embryo auszutragen. „Damit verweigert [...] der Gesetzgeber die Anerkennung des Menschen als willensfreie, selbstverantwortliche Rechtspersönlichkeit, objektiviert ihn zum bloßen Substrat des Keimling, verfügt über seinen Körper, greift in seine Existenz [...] und in seine Persönlichkeit bis zur Konsequenz der Persönlichkeitsvernichtung ein."[223] Für ihn sei die Würde der Frau höherrangig gegenüber dem Lebensrecht des Embryos. „Daraus folgt, daß unsere Verfassung dem Gesetzgeber verbietet, die Frau zum Gebären zu zwingen. Deswegen verletzt § 218 StGB die grundgesetzliche Wertordnung."[224] Einen Verstoß des § 218 StGB gegen die Grundrechte der Frau identifizierte auch Giselher Rüpke. So schrieb er im Jahr 1974 in der Zeitschrift für Rechtspolitik: „Die Argumentation führt zu dem Ergebnis, daß nicht etwa der Staat die Pflicht hat, das Leben der Leibesfrucht auch gegen den Willen der Mutter zu schützen, sondern umgekehrt § 218 StGB wegen Verletzung der Menschenwürde verfassungswidrig ist."[225] Diese Auffassung wurde von vielen Bundestagsabgeordneten der SPD und FDP geteilt. So sah es der Abgeordnete Claus Arndt, MdB (SPD) nicht als gerechtfertigt an, dass der Staat die Frau mit strafrechtlichen Mitteln zum Austragen des Kindes zwänge: „Bei richtiger Auslegung der Grundgesetzartikel 1 und 2 ist eine Strafgesetzgebung, die die Abtreibung bei einer auf Vergewaltigung beruhenden Schwangerschaft nicht pönalisiert, daher verfassungsrechtlich nicht nur zulässig, sondern sogar geboten."[226]

Das Selbstbestimmungsrecht der Frau, ihr Leben, ihre körperliche Unversehrtheit (Art. 2 Abs. 2 GG) und ihr Recht auf freie Entfaltung der Persönlichkeit (Art. 2 Abs. 1 GG) waren, wie auch die Zitate weiter oben verdeutlichen, zentrale Argumente, um die Reformbestrebungen des § 218 StGB voranzutreiben.[227] Die Verfechter einer liberalen Abtreibungsregelung forderten mit diesen Argumenten, bei der Novellierung des neuen Strafgesetzes die Würde der Frau stärker zu berücksichtigen, indem diese allein über Abbruch oder Fortführung der Schwangerschaft entscheiden sollte.[228]

223 Heldmann, Plädoyer für die Abschaffung des § 218 (1971), S. 208.

224 Ebd., S. 208.

225 Rüpke, Persönlichkeitsrecht und Schwangerschaftsunterbrechung (1974), S. 75. Ähnlich auch: Heldmann, Plädoyer für die Abschaffung des § 218 (1971), S. 208; Stöcker, § 218 ist verfassungswidrig (1972), S. 168 und Stöcker, Nochmals (1972), S. 392.

226 Arndt, Reform § 218 StGB (1971), S. 111.

227 Vgl. Roellecke, Grundrechte und Abtreibungsverbot (1971), S. 42.

228 So beispielsweise Nirumand von der „Aktion 218" bei der öffentlichen Anhörung des Strafsonderausschusses zur Reform des § 218 vom 10.–12.04.1972: „um ihnen zu sagen, daß sie ein Recht auf freie Entfaltung ihrer Persönlichkeit und auf die Unverletzbarkeit ihrer menschlichen Würde haben und daß sie sich mit diesen Ansprüche in Übereinstimmung mit dem Grundgesetz der Gesellschaft befinden, gegen das der § 218 in seiner jetzigen Form in krasser Weise verstößt." Deutscher Bundestag/Presse- und Informations-

Einen Ausgleich zwischen dem Lebensrecht des Embryos und der Menschenwürde der Frau versuchte der Gesetzentwurf der Bundesregierung vom 09.02.1972 herzustellen, in dem ein Indikationsmodell vorgesehen wurde: „Zu diesem Zwecke muß die Neuregelung dem Grundsatz der Unantastbarkeit des werdenden Lebens, das bei aller Anerkennung seiner engen Verbindung zum Leben der Mutter einen eigenständigen, der freien Verfügung entzogenen Rechtswert darstellt, gerecht werden, gleichzeitig aber einen Ausgleich zwischen dem Recht des ungeborenen Kindes und der Menschenwürde der Schwangeren sowie ihrem Recht auf freie Persönlichkeitsentfaltung herstellen."[229]

Die Befürworter der Fristenregelung sahen ihre grundsätzlichen Bedenken gegen den § 218 StGB auch mit der Indikationsregelung nicht ausgeräumt. So sprach sich Annemarie Renger, MdB (SPD) während des außerordentlichen Parteitags der SPD vom 18.–20.11.1971 gegen das Indikationsmodell aus, denn dieses bewirke „dass der Frau die Entscheidungsbefugnis genommen und daß sie einer Fremdbestimmung ausgesetzt wird. Damit entspricht diese Lösung nicht der Würde der Frau und auch nicht den Grundrechten, die ihr zustehen."[230]

Die weitergehenden Forderungen waren konsequenterweise entweder die vollkommene Abschaffung des § 218 StGB oder die Modifikation des § 218 StGB durch eine Fristenregelung. Die Fristenregelung, so verkündete der Ministerpräsident des Landes Nordrhein-Westfalen Heinz Kühn (SPD), sei die einzige Lösung, die dem Menschenbild des Grundgesetzes entspräche, denn sie ermögliche es, dass die Frau mündig über den Abbruch oder den Fortbestand der

ZENTRUM (Hg.), Reform des § 218 (1972), S. 173. Ebenso las man in der „Resolution zum Problem der Reform der §§ 218–220" des Montag-Clubs für politische und gesellschaftliche Kontakte: „Bei seinen Überlegungen muß der Gesetzgeber davon ausgehen, daß es entscheidend zur Würde der Frau gehört, selbst darüber zu bestimmen, ob sie eine Schwangerschaft austragen will oder nicht. Er sollte den Mut haben, den Schutz des werdenden Lebens nicht in fragwürdigen Verboten zu suchen, sondern durch die freie Gewissensentscheidung der Frau zu erreichen." Abgedruckt in JOCHIMSEN (Hg.), § 218 (1971), S. 150.

229 Zitiert nach: DEUTSCHER BUNDESTAG, Drucksache 6/3434 (09.02.1972), S. 8. Ähnlich argumentierte dann auch Jahn, MdB (SPD) in der ersten Debatte zur Reform des § 218 StGB am 17.05.1973: „Meine Damen und Herren, die Indikationsregelung wird die Vorstellung von der Schutzwürdigkeit des ungeborenen Lebens besser erhalten. Sie läßt den Schutz des werdenden Lebens und den Schutz des Lebens, der Würde und der Eigenverantwortlichkeit der Frau als gleichgewichtig erscheinen." Zitiert nach: DEUTSCHER BUNDESTAG, Plenarprotokoll 07/33 (17.05.1973), S. 1801.

230 VORSTAND DER SOZIALDEMOKRATISCHEN PARTEI DEUTSCHLANDS ABTEILUNG ÖFFENTLICHKEITSARBEIT (Hg.), § 218 (1971), S. 182. Ebenso auch HANSEN, Objekt der Ärztejustiz (1971): „Unverzichtbarer Bestandteil der Würde des Menschen aber ist sein Recht auf Selbstbestimmung. Für die Selbstbestimmung der Frau ist in der Jahn-Konzeption allerdings kein Raum, da der Indikationskatalog die Frau mit einer ungewollten Schwangerschaft zum Objekt einer Ärztejustiz macht."

Schwangerschaft entscheiden könne.[231] Die Idee hinter der Fristenregelung war demnach weniger, einen rechtlichen Ausgleich zwischen den Rechten der Mutter und denen des Embryos zu schaffen, als vielmehr die Entscheidung über den Embryo ganz in die Hände der Mutter zu legen. Durch die Übergabe von Verantwortung an die Frau, so die dahinter liegende Idee, sollte diese wie auch Staat und Gesetz ihre Würde zurückerhalten.[232]

Der Gesetzentwurf einiger FDP- und SPD-Abgeordneten vom 09.02.1972, der eine Fristenregelung vorschlug, nannte eine ähnliche Begründung, wenn auch nicht mit explizitem Bezug auf die Menschenwürde: „Letztlich geht dieser Entwurf davon aus, daß in unserer Zeit ein Gesetz eher die Chance hat, akzeptiert zu werden, das [...] die Möglichkeit der freien Entscheidung für Frau und Arzt bietet als ein Gesetz, das die Schwangere zum Objekt einer fremden Entscheidung macht."[233] Der hier anklingende Rückgriff auf die Objekt-Formel Günter Dürigs ist offensichtlich. In Bezugnahme auf die Idee, dass die Menschenwürde dann verletzt sei, wenn die Frau durch einen staatlich verordneten „Gebärzwang"[234] oder als „Gebärautomat"[235] zum Objekt herabdegradiert würde, lehnten insbesondere die FDP und die Frauenbewegungen die strafrechtliche Verfolgung des Schwangerschaftsabbruchs vehement ab.[236] Ihnen ging es um die Einforderung von Selbstbestimmung und Autonomie, die nach dem kantischen Menschenwürdeverständnis Basis der menschlichen Würde darstellte.[237] Marie Schlei, MdB (SPD) resümierte stellvertretend während der Beratung zur Reform des § 218 StGB: „Zum Schluß meines Begründungsteils zur Gesamtreform möchte ich darauf verweisen, daß meine politischen Freunde und ich als Grundwert anerkennen, daß die Würde des Menschen im Anspruch auf Selbstverantwortung liegt."[238] Damit bezog sie sich auf den Grundwerteteil des Godesberger Programms zum Menschenbild der SPD. Nur mit Hilfe der Frauen könne Lebensschutz erzielt werden. Diese Mithilfe schließe jedoch Strafandrohung aus.[239]

[231] Vgl. Vorstand der Sozialdemokratischen Partei Deutschlands Abteilung Öffentlichkeitsarbeit (Hg.), § 218 (1971), S. 192.

[232] „Der wiedergewonnen Würde des Staates entspräche die in neuer Selbstbestimmung wiedergewonnene Würde des Individuums." Schueler, Frauen gegen einen Paragraphen (1971). Vgl. auch Ehmke, Fristenregelung und Grundgesetz (1975), S. 15.

[233] Zitiert nach: Deutscher Bundestag, Drucksache 6/3137 (09.02.1972), S. 4f.

[234] So fragte Stöcker, § 218 ist verfassungswidrig (1972), S. 168: „Nach Art. 1 Abs. 1 Satz 1 GG ist die Würde des Menschen unantastbar. Verträgt sich damit ein der Frau oktroyierter Gebärzwang?".

[235] Barczay, Revolution der Moral? (1967), S. 223.

[236] Vgl. Deutscher Bundestag, Drucksache 6/3137 (09.02.1972).

[237] Vgl. Unterkapitel 1 der Einleitung.

[238] Zitiert nach: Deutscher Bundestag, Plenarprotokoll 07/33 (17.05.1973), S. 1825.

[239] Vgl. Deutscher Bundestag, Plenarprotokoll 07/95 (25.04.1974), S. 6332.

Die Frau sei es ja auch, die die Bürden der Schwangerschaft, der Geburt und der späteren Erziehung und Betreuung des Kindes auf sich nehmen müsse.[240] „Die Fristenlösung – und nur sie – respektiert damit die Menschenwürde der Frau ebenso, wie sie einer missbräuchlichen, weil willkürlichen Ausübung ihrer Entscheidungsfreiheit Schranken setzt. Diese Schranke leitet sich jedoch [...] aus der Autonomie der Frau ab; sie beruht auf nichts anderem als eben auf der Kundgabe ihres Willens."[241] Hans Stöcker bekräftigte, dass die Unantastbarkeit der Würde der Frau die Möglichkeit einer Abwägung mit dem Lebensrechts des Embryos schlichtweg verbiete: „Auf die umstrittene Frage, ob auch der Nasciturus ein verfassungsmäßig verbürgtes Recht auf Leben hat, kommt es nicht an."[242]

Die Berufung auf die Menschenwürde bei der Rechtfertigung einer liberaleren Abtreibungsregelung war umstritten. Dies stellte auch der Rechtswissenschaftler Gerd Roellecke in Frage und resümierte: „Identifiziert man Menschenwürde in diesem Sinne mit individueller Autonomie, gerät man freilich in Schwierigkeiten, die juristisch noch nicht bewältigt sind."[243]

In einer direkten Replik auf Hans Stöcker in der Deutschen Richterzeitung ging Friedrich Preiser noch weiter als Gerd Roellecke. Er betonte, dass das Würdeverständnis des Grundgesetzes den Einzelnen im Zusammenhang zu seinen Mitmenschen sehe und berief sich auf das Urteil des Bundesverfassungsgerichts: „Das Menschenbild des GG ist nicht das eines isolierten souveränen Individuums; das GG hat vielmehr die Spannung, Individuum-Gemeinschaft im Sinne der Gemeinschaftsbezogenheit und Gemeinschaftsverbundenheit der Person entschieden, ohne dabei deren Eigenwert anzutasten."[244] Die herrschende Meinung, so Friedrich Preiser, sähe in § 218 StGB keinen Verstoß gegen Art. 1 GG. In einigen wenigen Fällen sähe er die Würde der Frau jedoch verletzt. Um dieser Würdeverletzung vorzubeugen, plädierte er für Indikationen in folgenden Fällen: Erstens ethische Indikation: „Zum Selbstbestimmungsrecht einer Frau i. S. von Art. 1 gehört, daß sie den Erzeuger ihrer Kinder frei wählen und frei entscheiden kann, ob und evtl. mit welchen Risiken sie einen Geschlechtsakt erkunden will."[245] Zweitens könne die Würde der Mutter bei schweren Fällen

[240] Vgl. Ehmke, Fristenregelung und Grundgesetz (1975), S. 64f.

[241] Stöcker, § 218 ist verfassungswidrig (1972), S. 169. Die Fristensetzung der Straffreiheit des Abbruchs in den ersten drei Monaten kritisierte Preiser, § 218 ist nicht verfassungswidrig (1972), S. 171 und verwies darauf, dass der Gesetzgeber um der Würde der Frauen willen die Zulässigkeit der Abtreibung auf den gesamten Zeitraum der Schwangerschaft ausdehnen müsse. Oder aber man sehe § 218 StGB gar nicht als Verstoß gegen Art. 1 GG an, dann wäre aber auch kein Verstoß in den ersten drei Schwangerschaftsmonaten anzunehmen.

[242] Stöcker, § 218 ist verfassungswidrig (1972), S. 169.

[243] Roellecke, Grundrechte und Abtreibungsverbot (1971), S. 44.

[244] BVerfGE 4, 7 (15f.).

[245] Preiser, § 218 ist nicht verfassungswidrig (1972), S. 171.

der eugenischen Indikation angetastet werden.[246] Würde besitzen bedeute nicht, so auch Ernst Benda, grenzenlose Freiheit zu besitzen. Diese müsse immer im Interesse der Gemeinschaft einschränkbar sein.[247]

Auch von weiteren Debattenteilnehmern wurde die von Friedrich Preiser kritisierte enge Verquickung von Menschenwürde und individueller Freiheit angegriffen. „Es geht in Wahrheit nicht um ‚Selbstbestimmung', sondern um die Freiheit, willkürlich in ein anderes Rechtsgut einzugreifen, nämlich das werdende Leben zu vernichten", widersprach der katholische Bischof Franz Hengsbach der vielfach geteilten Meinung, dass die Frau aufgrund ihrer durch Würde bedingten Freiheit ein Verfügungsrecht über den Embryo besäße.[248] Ganz ähnlich schätzte der Philosoph Robert Spaemann den Sachverhalt ein: „Diejenigen Handlungen und Unterlassungen, die einem Menschen abverlangt werden, weil sie zum Leben eines anderen notwendig und durch kein Äquivalent ersetzbar sind, können nicht seine Würde als Menschen beeinträchtigen. Das Umgekehrte ist der Fall. Die Fähigkeit, Zumutungen dieser Art als Verpflichtung anzuerkennen, gibt vielmehr dem Wort ‚Menschenwürde' überhaupt erst einen nachvollziehbaren Sinn."[249] In diesem Sinne wurde die Aufopferungsbereitschaft der Frau für das neue Leben als Teil ihrer Würde betrachtet.[250]

[246] Vgl. ebd., S. 171.

[247] Vgl. Benda, Gefährdung der Menschenwürde (1975), S. 16f. Auch Häring, Heilender Dienst (1972), S. 63 legte dem Menschenwürdebegriff ein nicht individualistisches Personenverständnis zugrunde. Der Mensch müsse Verantwortung für seine Umwelt, Mitwelt und Nachwelt übernehmen. Utilitaristische Weltansichten seien der Würde und Freiheit des Menschen zuwider. In diesem Sinne argumentierte auch Kohl vor der katholischen Akademie in Hamburg am 13.06.1976. Freiheit habe ihren Urgrund in der menschlichen Würde, sei aber also solche zu verstehen, die die Freiheit des anderen mit einschließe. In der so verstandenen Gleichheit aller könnte man die menschliche Würde erkennen. Vgl. Gorschenek (Hg.), Grundwerte in Staat und Gesellschaft (1978), S. 61.

[248] Katholischer Arbeitskreis für Strafrecht beim Kommissariat der Deutschen Bischöfe in Bonn (Hg.), Schwangerschaftsabbruch § 218 StGB (1972), S. 140f. „Um nicht mißverstanden zu werden: Daß die Lebensumstände, in die die Frau durch die Schwangerschaft gerät, und gegebenenfalls die Begleitumstände staatlicher Maßnahmen im Gefolge der Regelung des Schwangerschaftsabbruchs unter dem Gesichtspunkt des Art. 1 GG mit abzuwägen sind, ist selbstverständlich. Das aber bezieht sich auf die konkrete Lebenssituation und hat nicht die ‚Selbstbestimmung' der Frau zum Gegenstand." Zitiert aus der Begründung des Antrags der bayrischen Staatsregierung zur verfassungsrechtlichen Prüfung des § 218 StGB, abgedruckt in Arndt u. a. (Hg.), Dokumentation zum Normenkontrollverfahren (1979), S. 114. Im Antrag des Landes Baden-Württemberg hieß es hierzu: „Die Frage, ob um der Menschenwürde der Frau willen auch ein Verfügungsrecht über das ungeborene Leben anerkannt werden muß, ist nach unserem bisherigen Verständnis der Grundrechte eindeutig zu verneinen." Arndt u. a. (Hg.), Dokumentation zum Normenkontrollverfahren (1979), S. 80.

[249] Spaemann, Kein Recht auf Leben (1974), S. 16.

[250] Vgl. Spaemann, Recht auf Leben (1974), S. 118. Ganz ähnlich argumentierte Heck, MdB (CDU) in der Plenarsitzung vom 25.04.1974: „Für die Frau, die Mutter geworden ist,

4.2 Die Würde des Embryos

Während sich der Rückgriff auf die Würde der Frau sehr bald zu einem zentralen Argument der Debatte entwickelte, wurde von der Würde des Embryos nur in wenigen Fällen gesprochen. Schon von Zeitgenossen wurde kritisch beobachtet, dass das Menschenwürdeargument innerhalb der Debatte relativ einseitig zugunsten des Selbstbestimmungsrechts der Frau eingesetzt wurde: „Gibt es nicht sehr zu denken, daß gewöhnlich in den Darlegungen, die sich für eine Abschaffung oder wesentliche Lockerung des Paragraphen 218 einsetzen, von dem Menschensein und damit dem Wert und der Würde des Kindes im Mutterleib oder gar von der Freude über ein geborenes Kind kaum die Rede ist?", fragte Prälat Wilhelm Wöste in einem Artikel der KANN vom 14.03.1972.[251]

Die Rechte des Embryos wurden in der Regel über den Art. 2 Abs. 2 GG in die Debatte eingebracht und es wurde darüber diskutiert, ob der Embryo das Recht auf Leben besitzen könne oder nicht.[252] Die Rede vom Lebensrecht eröffnete jedoch die Möglichkeit, auch die Menschenwürde zum Bestandteil der Argumentation werden zu lassen. So lässt sich im Gesetzentwurf der Bundesregierung

macht in erster Linie dieser soziale Dienst am ungeborenen Leben, das Ja zur Last der neun Monate, das Ja zur Geburt und das Ja zu den tausend Diensten und Entbehrungen danach die Würde der Frau aus." Zitiert nach: Deutscher Bundestag, Plenarprotokoll 07/95 (25.04.1974), S. 6353. Carstens, MdB (CDU) konstatierte: „Auch Selbstbestimmungsrecht und Würde gibt es nicht ohne Solidarität. Jedem wird nur soviel Würde und Selbstbestimmungsrecht zugestanden, wie er selbst anderen einräumt. [...] An diesen Wertmaßstäben hat sich der Gesetzgeber zu orientieren. Mit der Fristenregelung wird er ihnen nicht gerecht." Zitiert nach: Deutscher Bundestag, Plenarprotokoll 7/104 (05.06.1974), S. 6930.

251 Das Interview ist abgedruckt in Katholischer Arbeitskreis für Strafrecht beim Kommissariat der Deutschen Bischöfe in Bonn (Hg.), Schwangerschaftsabbruch § 218 StGB (1972), S. 391. Ehmke, Fristenregelung und Grundgesetz (1975), S. 64 behandelte in seiner Schrift den Art. 1 Abs. 1 GG im Kapitel „Die Rechte der Mutter". Und das Sekretariat der Deutschen Bischofskonferenz (Hg.), Erklärung 1972 (1972), S. 5 erklärte: „Der Sinn für die unantastbare Würde des menschlichen Lebens scheint in unserer Gesellschaft zu schwinden. In manchen Kreisen wird der Satz des Grundgesetzes nicht mehr ernst genommen, daß die freie Entfaltung des einzelnen ihre Grenzen hat in den Rechten anderer und in dem Sittengesetz. Das zeigt unter anderem die Diskussion um die Reform des § 218, in der einem Verfügungsrecht der Frau über das ungeborene Leben das Wort geredet wird." Ähnlich auch in Sekretariat der Deutschen Bischofskonferenz (Hg.), Hirtenschreiben 1973 (1973), S. 4.

252 So untersuchte beispielsweise Rudolphi, Straftaten gegen das werdende Leben (1971), S. 138 die Grundgesetzkommentare auf die Frage hin, ob der Embryo Grundrechtsschutz aus Art. 2 Abs. 2 GG genieße und kam zu der Schlussfolgerung: „Das werdende Leben ist nach den Wertvorstellungen unserer Verfassung ein schutzwürdiges Rechtsgut, die Fruchttötung mithin grundsätzlich verbotswürdiges Unrecht." Vgl. auch Ziehlke, Abtreibung straflos (1970). Siehe auch die Ausführungen über Lebensbeginn und Grundrechtsträgerschaft im 3. Unterkapitel des I. Teils.

vom 09.02.1972 diese doppelte Argumentationsführung finden: „Menschliches Leben ist auch vor der Geburt ein schutzwürdiges und schutzbedürftiges Rechtsgut. Es steht unter dem Schutz der Verfassung. Das Grundgesetz hat in den Artikeln 1 und 2 Abs. 2 eine Wertentscheidung für das Leben getroffen."[253] Eine tiefergehende Diskussion darüber, ob der Embryo Träger der Menschenwürde sein könne und damit unter dem Schutz des Staates stünde, wurde im Verlauf der Abtreibungsdebatte nur in Ausnahmefällen juristisch geführt.[254] Auch im medialen Diskurs wurde die Menschenwürde des Embryos zur Unterstützung der Argumentation nur selten herangezogen. So titelte beispielsweise der RHEINISCHE MERKUR: „Wehrlose Minderheit – die Ungeborenen. Die Legalisierung des Schwangerschaftsabbruchs verletzt die Menschenwürde".[255] Auch in Leserbriefen wurde dieser Zusammenhang gelegentlich erörtert. „Alles von Mann und Frau hervorgebrachte Leben besitzt Menschenwürde und hat Recht auf Leben"[256], las man in Zuschriften an die FAZ-Redaktion.

Wesentlich häufiger brachten die Kirchen und kirchlichen Organisationen Art. 1 GG als Argument in die Debatte ein und sprachen dabei explizit auch von der Würde des Embryos.[257] Dabei folgten sie in der Regel einer theologischen Ausdeutung des Begriffs. Die Menschenwürde sahen sie dann als gefährdet, wenn der Staat das menschliche Leben nicht unabdingbar schütze. Diese Sichtweise erlaubte einen erweiterten Blick auf die Grundlagen des Rechtsstaates und der Gesellschaft. Die Rede von der Menschenwürde bezog sich, so wird in vielen Beiträgen aus dem christlichen Umfeld deutlich, nicht ausschließlich auf den einzelnen Embryo, sondern auf ein zu schützendes gesamtgesellschaftliches Gut, das durch Eingriffe in das Recht auf Leben verloren ginge. So verband beispielsweise das Zentralkomitee Deutscher Katholiken in einer Erklärung

253 Zitiert nach: DEUTSCHER BUNDESTAG, Drucksache 6/3434 (09.02.1972), S. 8.

254 Vgl. FORSTER, Geburtenregelung und Abtreibung (1968), S. 97f. Dieser Auffassung vom Embryo als Träger der Menschenwürde wurde jedoch auch widersprochen, denn wo kein Grundrechtsträger vorhanden sei, müsse man auch keinen schützen. „Die Überzeugung von der Würde und dem Wert eines jeden Menschen unabhängig von seiner Geburt oder seiner Leistung in der Gesellschaft bildet eine fundamentale Säule unserer freiheitlichen Ordnung. Soweit dürfen wir wohl in unseren ethischen Überlegungen von einem gemeinsamen Werturteil als Basis ausgehen. Schwieriger ist schon die Frage zu beantworten, wann die konkrete geschichtliche Existenz des einzelnen Menschen beginne." BÖCKLE, Schutzpflicht (1974), S. 181.

255 SIEBEL, Wehrlose Minderheit (1972).

256 ECHTERHÖFER, Keimendes Leben (1969). Vgl. ebenfalls BAUER, Recht auf Schutz (1973).

257 So beispielsweise in einer Stellungnahme des Katholischen Zentralinstituts für Ehe- und Familienfragen in Köln vom 27.12.1971 zum Referentenentwurf eines 5. Gesetzes zur Reform des Strafrechts (5. StrRG), abgedruckt in KATHOLISCHER ARBEITSKREIS FÜR STRAFRECHT BEIM KOMMISSARIAT DER DEUTSCHEN BISCHÖFE IN BONN (Hg.), Schwangerschaftsabbruch § 218 StGB (1972), S. 184. Mit der Begründung einer Grundrechtsträgerschaft des Embryos plädierte auch Kardinal DÖPFNER, Recht auf Leben (1974) für den Schutz des Embryos mit Hilfe des Strafrechts.

vom 30.10.1970 den Begriff der Menschenwürde mit der Forderung nach dem Schutz des ungeborenen Lebens: „Ohne den Schutz des werdenden Lebens, auch mit den Mitteln des Strafrechts, sind unabdingbare Grundlagen einer auf die Menschenwürde gegründeten Gemeinschaft auf Dauer nicht gewährleistet.“[258] Auch in der gut einen Monat später erschienenen Gemeinschaftsschrift „Das Gesetz des Staates und die sittliche Ordnung“ stellten der Kardinal Julius Döpfner und der Landesbischof Hermann Dietzfelbinger die Beziehung zwischen Wertordnung, Menschenbild, Menschenwürde und der Rolle des Staates heraus: „Jede Rechtsordnung stellt eine geschichtlich geprägte Ordnung dar. Für unsere Ordnung ist anzuerkennen, daß sie von christlichen Überzeugungen geprägt wurde und geprägt wird, auch wenn dies vielen nicht mehr bewußt zu sein scheint. [...] Es ist ein Irrtum zu meinen, der Staat könne sich auf eine wertfreie Ordnungsfunktion beschränken und nur auf diese Weise sei eine der Würde des Menschen entsprechende Freiheit zu verwirklichen.“[259] Eng damit verbunden war die Aufforderung der Kirchen an den Staat, das Leben und die Würde des menschlichen Lebens zu schützen und, wenn nötig, diesen Schutz insbesondere in Bezug auf die Abtreibungsproblematik auch mit den Mitteln des Strafrechts zu erzwingen.[260] So kritisierte die Deutsche Bischofskonferenz in einer Verlautbarung vom 23.09.1971: „Wo er [der Staat] diesen Lebensschutz vernachlässigt, stellt er seine Ordnungsaufgabe in Frage.“[261] Die Bischöfe zögerten nicht, mit diesen Aussagen vor die Öffentlichkeit zu treten. So warnte auch der Bischof Heinrich Tenhumberg in einem Interview mit der BILD vor einer zunehmenden Missachtung menschlicher Würde.[262]

Die Verlautbarungen der Evangelischen Kirche enthielten im Kern ähnliche Aussagen, allerdings waren ihre Urteile weniger entschieden als die der katholischen Kirche, wie die folgende Entschließung erkennen lässt: „Die Diskussion über den § 218 darf nicht eingeengt werden auf Straflosigkeit oder Strafbarkeit eines Schwangerschaftsabbruchs. Erforderlich sind vielmehr gewissenhafte Neubesinnung auf ethische Normen in unserer Gesellschaft und entsprechende pädagogische Bemühungen. Bei allen Überlegungen muß der Schutz des unge-

[258] Katholischer Arbeitskreis für Strafrecht beim Kommissariat der Deutschen Bischöfe in Bonn (Hg.), Schwangerschaftsabbruch § 218 StGB (1972), S. 180f.

[259] Döpfner/Dietzfelbinger (Hg.), Gesetz des Staates (1970), S. 13.

[260] Vgl. ebd., S. 29. In einer Stellungnahme sprach sich die Deutsche Bischofskonferenz für den Schutz des werdenden Lebens aus und gegen die Verbreitung pornografischer Erzeugnisse mit der Begründung: „Hier handelt es sich um zwei entscheidende Fragen des Schutzes menschlichen Lebens und menschlicher Würde in unserem Volk.“ Stellungnahme der Deutschen Bischofskonferenz zur Strafrechtsreform vom 25.09.1970, abgedruckt in Katholischer Arbeitskreis für Strafrecht beim Kommissariat der Deutschen Bischöfe in Bonn (Hg.), Schwangerschaftsabbruch § 218 StGB (1972), S. 18.

[261] Ebd., S. 23.

[262] o. A., Interview mit Tenhumberg (1972).

borenen, schutzlosen Kindes im Vordergrund stehen."[263] Die hier exemplarisch zitierten Beiträge der Kirchen, in denen die Menschenwürde Teil der Argumentation wurde, bezogen sich, wenn die Menschenwürde näher erklärt wurde, auf einen theologisch begründeten Interpretationsansatz, der den Glauben an einen Gott voraussetzte. Insbesondere christliche und kirchennahe Autoren folgten im Verlaufe der 1970er Jahre diesem Interpretationsansatz und verwiesen auf die Gefahren eines Menschenbildes, das ohne Bezug auf Gott auskäme. So stellte für den evangelischen Theologen Ulrich Eibach Würde eine Gabe Gottes dar, die naturwissenschaftlich nicht erforschbar sei. Er schrieb: „Die Würde des Menschen wird ihm ‚von außen' als Gnade zugeeignet, sie ist eine ihm von Gott geschenkte ‚dignitas aliena', die nur geglaubt und im Glauben behauptet werden kann."[264] Das christliche Menschenwürdeverständnis beruhe, so auch die Kongregation für die Glaubenslehre, in der Verwiesenheit des Menschen auf Gott.[265] Resümierend schrieb diese: „Man wird daher nie einen Menschen als bloßes Mittel behandeln dürfen, dessen man sich bedient, um ein höheres Ziel zu erreichen."[266] Ihre Begründung und Rechtfertigung fand dieser Interpretationsansatz in der christlichen Rede von der Gottebenbildlichkeit des Menschen.[267] Das „Hirtenschreiben der deutschen Bischöfe zum Schutz des ungeborenen Lebens" vom 25.04.1973 fasste diese theologische Würdekonzeption zusammen: „Es handelt sich vielmehr um eine weltweite, in Jahrtausenden errungene Überzeugung von Menschen verschiedenster Religionen und Weltanschauungen. Diese Überzeugung der Menschheit wird durch die Offenbarung Gottes bestätigt und bestärkt. Jeder Mensch ist nach dem Wort der Schrift Ebenbild Gottes (vgl. Gen 1, 27). Von ihm kommen wir her (1 Tim 6, 13). Jeder Mensch ist von Gott geliebt und angeredet. ‚Ich habe dich bei deinem Namen gerufen, du bist mein' (Jes 43, 1). Für jeden Menschen ist Jesus Christus am Kreuz gestorben, damit er ewig lebe und selig werde. Das alles macht die besondere Würde jedes Menschen aus."[268]

263 Entschließung der Landessynode der Evangelischen Kirche von Westfalen vom 15.11.1971, abgedruckt in Philipps (Hg.), Dokumentation (1973), S. 47.

264 Eibach, Beginn menschlichen Lebens (1972), S. 174.

265 Vgl. Kongregation für die Glaubenslehre (Hg.), Erklärung über den Schwangerschaftsabbruch (1975), S. 12.

266 Ebd., S. 39.

267 In diesem Sinne ist auch der Appell von Bischof Tenhumberg zu verstehen, in dem dieser implizit das Lebensrecht über die Menschenwürde einforderte: „Treten wir alle ein für den von Gott her begründeten Wert und die in ihm begründete Würde eines jeden menschlichen Lebens vom ersten Augenblick seiner Empfängnis an." Aus einer Ansprache des Bischofs Heinrich Tenhumberg in Kevelaer vom 12.09.1971, zitiert nach: Katholischer Arbeitskreis für Strafrecht beim Kommissariat der Deutschen Bischöfe in Bonn (Hg.), Schwangerschaftsabbruch § 218 StGB (1972), S. 159.

268 Sekretariat der Deutschen Bischofskonferenz (Hg.), Hirtenschreiben 1973 (1973), S. 5.

Ob man einen solchen transzendenten Argumentationsansatz in einer weltanschaulich pluralen Gesellschaft noch vertreten dürfte, wurde von Zeitgenossen bezweifelt.[269]

Abseits des theologischen Diskurses sprachen einige wenige Autoren explizit von einem Recht des Embryos auf Schutz seiner Würde. Spräche man sogar dem Leichnam Würde zu, so sei der Embryo noch eindeutiger als Träger der Würde zu kennzeichnen, so der Jurist Konrad Löw.[270] Auch Ernst Benda machte sich für eine Menschenwürdeinterpretation stark, die auch den Embryo umfasste: „Die menschliche Würde ist schon begrifflich auch den Personen am Rande der Gesellschaft eigen. Die Vorstellung vom Menschen muß sich daher mit der bescheideneren Formel von der potentiellen, abstrakten menschlichen Fähigkeit, seinen Eigenwert zu verwirklichen, begnügen. Es läßt sich somit sagen, daß Art. 1 Abs. 1 für jeden Menschen ohne Rücksicht auf seinen sittlichen Entwicklungsstand gilt, weil er wenigstens der Idealvorstellung nach zu sittlicher Selbstverwirklichung fähig ist."[271] Während Ernst Benda dem Embryo aufgrund seiner potentiellen Fähigkeit zu Autonomie und Sittlichkeit Menschenwürde zusprach, stellte der Strafrechtswissenschaftler Albin Eser die entscheidende, bereits vieldiskutierte Frage nach dem Lebensbeginn wieder neu, dieses Mal jedoch in Bezug auf die Menschenwürde: „Doch diese Frage stellt sich hier keinesfalls als eine Antithese von Recht (des Embryos) und Gegenrecht (der Mutter), geschweige denn als ein Gleichheits- oder gar Vorrangproblem. Entscheidend ist vielmehr allein, ob das werdende Leben bereits soviel menschliche Qualität besitzt, daß es vom Schutz jener Verfassungsartikel mitumfaßt ist."[272] Eine tutioristische Argumentation[273] brachte beispielsweise Angelika Herdemerten in die Debatte ein, die in ihrem Grundgesetz-Kommentar zu Art. 1 GG für eine Rechtsträgerschaft des Embryos plädierte, solange die Frage nach dem exakten Beginn des menschlichen Lebens nicht geklärt sei.[274] Der Soziologe Norbert Martin begründete naturalistisch, warum auch dem Embryo Würde zukäme. Er

[269] Vgl. beispielsweise Ebbinghaus, Lebensrecht des Nasciturus (1959), S. 94; Lang-Hinrichsen, Ethische Indikation (1963), S. 730 und Messner, Idee der Menschenwürde (1974), S. 228. Dusik, Grenzprobleme der Menschenwürde (1977), S. 50 fügte allerdings bei: „Die Grundaussage des christlichen Würde-Begriffes, daß der Mensch einen besonderen Wert habe, der ihn über die restliche Natur qualitativ erhebe, kann aber auch ohne ihre begründende theonome Basis helfen, diejenigen Bedingungen aufzuzeigen, die dem Wesen des Menschen gerecht zu werden geeignet sind."

[270] Vgl. Löw, Menschenwürde, Freiheit, Gleichheit (1970), S. 26.

[271] Benda, Gefährdung der Menschenwürde (1975), S. 16.

[272] Eser, Aspekte eines Strafrechtlers (1974), S. 148.

[273] Die Bezeichnung tutioristisches Argument wurde in Anlehnung an Knoepffler gewählt, der von einem Vorsichtsargument spricht. Für weitere Erklärungen vgl. Knoepffler, Forschung an menschlichen Embryonen (1999), S. 119–123 und Knoepffler, Menschenwürde in der Bioethik (2004), S. 74–76.

[274] Vgl. Herdemerten, Art. 1 (1974), S. 38.

resümierte in der Rhein-Zeitung: „Der Embryonalzustand stellt die Menschenwürde als solche besonders klar vor Augen. Denn beim Erwachsenen könnte man seine Rollen und seine Funktionen in der Öffentlichkeit als schutzbedürftig ansehen. Erst wenn man von ihm alle seine sozialen Rollen abzieht, bleibt das bloße Menschsein, die Menschenwürde an sich übrig. Diese besitzt auch der Embryo, der ja keine Rollen und Funktionen im soziologischen Sinn erfüllt. Deshalb ist das einzige, was er besitzt, das bloße Menschsein, in besonderem Maße zu schützen."[275]

Die Debatte um die Abtreibungsreform weist, wie oben gezeigt wurde, einen zurückhaltenden Einsatz der Menschenwürde auf. Die prominente Forderung nach mehr Selbstbestimmung der Mutter, hergeleitet aus Art. 2 GG, wurde argumentativ mit Art. 1 Abs. 1 GG verbunden. Daraus resultierte der an den Staat adressierte Appell, den § 218 StGB insoweit zu reformieren, dass die Frau möglichst volle Entscheidungsfreiheit über die Fortsetzung oder den Abbruch der Schwangerschaft besitzt. Dabei sollte dieses Selbstbestimmungsrecht wenn nötig auch gegen das Lebensrecht des Embryos durchgesetzt werden. Die im Bundestag gegen das Veto des Bundesrates durchgesetzte Fristenregelung entsprach ganz diesem Ansinnen. Bundespräsident Gustav Heinemann unterschrieb das Gesetz am 18.06.1974 mit der Begründung: „Angesichts der Gründe, die für und gegen die Vereinbarkeit des Fünften Gesetzes zur Reform des Strafrechts betreffend § 218 vorgetragen und von mir geprüft worden sind, habe ich nicht die Überzeugung gewonnen, daß das Gesetz gegen das Grundgesetz verstößt. Ich habe es deshalb pflichtgemäß unterschrieben. Die Entscheidung zu dem Streit, ob das Gesetz mit dem Grundgesetz im Einklang ist, steht dem Bundesverfassungsgericht zu."[276] Damit konnte das Gesetz am 21.06.1974 im Bundesgesetzblatt verkündet werden.[277]

4.3 Das Urteil des Bundesverfassungsgerichts

Im Laufe der Abtreibungsdebatte hatten sich die Stimmen gemehrt, die in der Fristenregelung einen Verstoß gegen die Verfassung sahen.[278] Die Kritik in-

275 Martin, Soziologie der Abtreibung (1971).

276 Bulletin Presse- und Informationsamt der Bundesregierung vom 20.06.1974.

277 Vgl. Fünftes Strafrechtsreformgesetz – 5. StrRG (1974).

278 Auch Bundeskanzler Brandt hatte, obwohl er schlussendlich für die Fristenregelung stimmte, schon am 15.05.1972 im Regierungsentwurf die Verfassungswidrigkeit einer Fristenregelung kritisiert: „Die Fristenlösung würde dazu führen, daß das allgemeine Bewußtsein von der Schutzwürdigkeit des ungeborenen Lebens während der ersten drei Schwangerschaftsmonate schwindet. Sie würde der Ansicht Vorschub leisten, daß der Schwangerschaftsabbruch, jedenfalls im Frühstadium der Schwangerschaft, ebenso dem freien Verfügungsrecht der Schwangeren unterliegt wie die Verhütung der Schwanger-

tensivierte sich nach der parlamentarischen Beschlussfassung des reformierten § 218 StGB vom 26.04.1974.[279] Für die Landesregierung Baden-Württemberg stellte die genannte Verfassungswidrigkeit den Hauptgrund dar, am 20.06.1974 an das Bundesverfassungsgericht einen Antrag auf Erlass einer einstweiligen Anordnung zu stellen. Das neue Gesetz verstoße nach Auffassung der Landesregierung gegen Art. 2 Abs. 2 GG und sei ohne die erforderliche Zustimmung des Bundesrats und damit nicht entsprechend den Vorschriften des Grundgesetzes zustande gekommen.[280] Mit diesem Eilantrag verhinderte die Landesregierung Baden-Württembergs das Inkrafttreten der Fristenregelung bis zum Abschluss eines abstrakten Normenkontrollverfahrens durch das Bundesverfassungsgericht. Fortan beschäftigte sich der Erste Senat des Bundesverfassungsgerichtes mit der Angelegenheit und überprüfte das neue Gesetz auf seine Vereinbarkeit mit dem Grundgesetz.

In der Begründung der Verfassungsklage der CDU/CSU-Bundestagsfraktion gegen das 5. Strafrechtsreformgesetz vom Juli 1974 zogen die Autoren eine enge Verbindung zwischen Art. 2 und Art. 1 GG. Den Klägern ging es in erster Linie darum, die Grundgesetzwidrigkeit des reformierten § 218 StGB in Bezug auf Art. 2 GG zu beweisen. Gleichzeitig bekräftigten sie ihre Argumentation, indem sie das Bundesverfassungsgericht an die Wertentscheidung des Grundgesetzes erinnerten, die in der Menschenwürde und den Menschenrechten ihren Aus-

schaft. Eine solche Auffassung ist mit der Wertordnung der Verfassung unvereinbar […]. Der Gesetzgeber muß vielmehr den Rahmen abstecken und von sich aus Richtlinien aufstellen, die sich an den verschiedenen grundrechtlich geschützten Werten und der Grundentscheidung der Verfassung für die Menschenwürde und den Schutz des Lebens orientieren." Zitiert nach: Deutscher Bundestag, Drucksache 6/3434 (09.02.1972), S. 9f.

279 So veröffentlichte der Rheinische Merkur am 24.05.1974 den Brief des Staatsanwalts Briessmann, Fristenregelung verfassungswidrig (1974) an den Bundespräsidenten, in dem dieser schrieb: „Das Gesetz verstößt gegen a) Art. 1 Abs. 1 (Würde des Menschen) […] Der durch Art. 1 Abs. 1 GG gewährte Anspruch auf Achtung der Menschenwürde ist so grundsätzlicher Natur, daß er jedermann gegen den Staat als Anspruch auf positives Tätigwerden des Staats in allen Fällen der Verletzung der Menschenwürde zusteht. Der Staat ist aus dieser Grundsatznorm verpflichtet, alle ihm zu Gebote stehenden Mittel einzusetzen, wenn die Menschenwürde angetastet wird. Ein Gesetz, das Willkür, über Leben oder Tod eines sich entwickelnden, noch nicht geborenen Menschen zu entscheiden, zum Recht erhebt, das zudem eine für das ungeborene Leben negative Entscheidung mit finanziellen Mitteln unterstützt, tastet unmittelbar die Würde des Menschen an. Die Würde des Menschen schließt es aus, daß der Staat sich seiner absoluten Schutzpflicht begibt und die Frage menschlichen individuellen Fortlebens oder der Lebensbeendigung von einer nicht kontrollierbaren, unter Umständen nach ernster Gewissensprüfung, aber gleichwohl möglicherweise nach freier Willkür oder ausschließlich aus verwerflichen Gründen getroffene Entscheidung einer anderen Person übertragen wird." o. A., Ärzte, Helfer der Frauen (1971).

280 Vgl. Arndt u. a. (Hg.), Dokumentation zum Normenkontrollverfahren (1979), S. 65.

druck fände. Diese Wertentscheidung gelte, so die Verfasser der Klage, auch für den Embryo.[281]

Ebenso begründete die Landesregierung von Schleswig-Holstein am 27.08.1974 in ihrem Antrag auf Verfahren wegen verfassungsrechtlicher Prüfung des § 218 StGB: „Das 5. StRG verletzt Art. 1 Abs. 1 und Art. 2 Abs. 2 GG. Diese Verfassungsbestimmungen gewährleisten auch für das werdende Leben die Menschenwürde und das Grundrecht auf Leben und körperliche Unversehrtheit. [...] Für den Staat wird gegenüber dem werdenden Leben nicht nur eine Achtungspflicht, staatliche Eingriffe in diesen Rechtskreis zu unterlassen, sondern auch eine Schutzpflicht begründet, Eingriffe Dritter abzuwehren. Soweit es um die Menschenwürde geht, ergibt sich die Schutzpflicht unmittelbar aus Art. 1 Abs. 1 Satz 2 GG."[282]

In der Begründung des Antrags der Landesregierung Baden-Württembergs vom 25.07.1974 hieß es: „[N]ach herrschender Auffassung kommt auch dem ‚nasciturus' selbst Menschenwürde im Sinne des Art. 1 Abs. 1 GG zu. [...] Wenn man also überhaupt die Menschenwürde ins Spiel bringen will, steht bei der Abtreibung Menschenwürde gegen Menschenwürde. Eine Abwägung ist also unvermeidbar, will man nicht Menschenwürde der willkürlichen Verletzung aussetzen, was klar im Widerspruch zum obersten Satz der Verfassung stünde."[283]

Der § 218 StGB verstoße, so die Auffassung der Antragsteller, gegen höherrangige Rechte. Diese höherrangigen Rechte waren das in Art. 2 GG verbriefte Recht auf Leben und der in Art. 1 GG formulierte Schutz der Menschenwürde. Lebensrecht und Menschenwürdeschutz wurden gegen das die Fristenregelung maßgeblich leitende Selbstbestimmungsrecht der Frau gesetzt. Umso wichtiger ist es festzuhalten, dass die Antragsteller zur Intensivierung ihrer Klage auch Art. 1 GG anführten.

Die Stellungnahme der Bundesregierung zu den Anträgen hingegen hielt die Kontrolle des § 218 StGB in Übereinstimmung mit Art. 2 für ausreichend, einen

281 In der Begründung der Verfassungsklage hieß es wörtlich: „Es wäre gewiß unerträglich, einer Verfassungsinterpretation beipflichten zu müssen, die der Leibesfrucht etwa im Zeitpunkt unmittelbar vor dem Beginn des Geburtsvorgangs verfassungsrechtlichen Schutz versagen wollte. Das aber wäre die zwangsläufige Folge der Gegenmeinung; denn das Grundgesetz bietet keinerlei Anhalt dafür, daß erst etwa ab einer bestimmen Frist der Schutzbereich des Art. 2 Abs. 2 Satz 1 GG tatbestandlich erfüllt sein könnte. [...] Eine solche Differenzierung würde nicht nur zu außerordentlichen Unsicherheiten in der Abgrenzung dieses tatbestandlichen Bereichs führen, sie entbehrte nicht nur jeglichen Fundaments in der positiven Gestalt des Grundgesetzes und seiner Entstehungsgeschichte, insbesondere in der Formulierung des maßgeblichen Grundrechts, sie mißachtet nicht zuletzt den ersichtlich engen Zusammenhang, der gerade in dieser Hinsicht zwischen der Interpretation des Art. 2 Abs. 2 GG und jener des zentralen Art. 1 Abs. 1 GG besteht." Abgedruckt in ebd., S. 17.

282 Ebd., S. 128f.

283 Ebd., S. 80 & 83f.

zusätzlichen Einbezug von Art. 1 GG lehnte sie ab: „Der Rückgriff [auf Art. 1 Abs. 1 GG] kann keine zusätzlichen Erkenntnisse bringen. Denn bei der Auslegung des Begriffs ‚Mensch' stellen sich die gleichen, noch nicht beantworteten Auslegungsfragen."[284]

Am 25.02.1975 schließlich kam es zur Urteilsverkündung des Bundesverfassungsgerichts im Normenkontrollverfahren um das 5. Strafrechtsänderungsgesetz. Das Gericht urteilte, dass die Fristenregelung mit dem Grundgesetz unvereinbar sei und forderte den Gesetzgeber auf, den § 218a StGB so zu ändern, dass der Staat seiner Pflicht, das Leben zu schützen, nachkomme.[285] Wie schon die Antragsteller in ihrer Normenkontrollklage griff ebenso das Urteil des Bundesverfassungsgerichts neben Art. 2 GG auch auf Art. 1 GG als zentrale Begründungsnorm zurück. Da der Embryo spätestens mit dem 14. Tag seiner Entwicklung individuelles menschliches Leben darstelle, sei der Staat nicht befugt, einer Fristenregelung zuzustimmen. Doch nicht nur aus Art. 2 Abs. 2 Satz 1 GG leitete das Gericht die Verpflichtung zum Schutz ab, sondern ebenfalls aus Art. 1 Abs. 1 Satz 2 GG. Die Karlsruher Richter schrieben: „Wo menschliches Leben existiert, kommt ihm Menschenwürde zu; es ist nicht entscheidend, ob der Träger sich dieser Würde bewußt ist und sie selbst zu wahren weiß. Die von Anfang an im menschlichen Sein angelegten potentiellen Fähigkeiten genügen, um die Menschenwürde zu begründen."[286] Und weiter: „Das menschliche Leben stellt, wie nicht näher begründet werden muß, innerhalb der grundgesetzlichen Ordnung einen Höchstwert dar; es ist die vitale Basis der Menschenwürde und die Voraussetzung aller anderen Grundrechte."[287]

Auch wenn die Intimsphäre der Frau, begründet in Art. 2 Abs. 1 GG in Verbindung mit Art. 1 Abs. 1 GG, geschützt werden müsse, so der Urteilstext, könne man das Selbstbestimmungsrecht der Schwangeren nicht über das Lebensrecht des Embryos stellen.[288] Gleichzeitig räumte das Urteil jedoch ein, dass der Staat Frauen in seelischen und körperlichen Notlagen nicht zum Austragen der Schwangerschaft zwingen dürfe. Für die Beurteilung der spezifischen Situationen empfahlen die Richter die Regulierung der Abtreibung in einer Indikationenregelung.[289]

Das Urteil sowie das mitgelieferte Minderheitenvotum zweier Richter verdeutlichen die ebenso in Öffentlichkeit und Politik vorherrschenden Meinungsverschiedenheiten. „Der unbefangene Zuhörer mußte eigentlich zu dem Schluß kommen, daß da die Repräsentation verschiedener Rechts-, Wert-, und

[284] Ebd., S. 184.
[285] Für die nachfolgenden Ausführungen vgl. BVerfGE 39, 1.
[286] BVerfGE 39, 1 (41).
[287] BVerfGE 39, 1 (42).
[288] Vgl. BVerfGE 39, 1 (43f.).
[289] Vgl. BVerfGE 39, 1 (48–51).

Gesellschaftsordnungen gesprochen hatten", resümierte Werner Hill in der VORWÄRTS über die Urteilsverkündung.[290] Folglich reichten die Reaktionen auf das Urteil des Bundesverfassungsgerichtes von maßloser Enttäuschung bis hin zu großer Erleichterung. Insbesondere die Frauenbewegung, die über Jahre für die Fristenregelung gekämpft hatte, kritisierte das Urteil und verkündete öffentlich im STERN: „Wir beugen uns dem Urteil nicht!"[291]. Als Rückschlag wurde von den Abtreibungsbefürwortern vor allem empfunden, dass das Bundesverfassungsgericht keinen Vorrang des in der Diskussion häufig mit Art. 1 GG bekräftigten Selbstbestimmungsrechts der Frau gegenüber dem Lebensrecht des Embryos erkennen wollte.[292] Laut einer repräsentativen Umfrage des Allensbacher Instituts für Demoskopie war die Hälfte der Bundesbürger enttäuscht über das Urteil. Nur 32 Prozent der Befragten begrüßten die Entscheidung des Bundesverfassungsgerichtes.[293]

Die katholische Kirche hingegen begrüßte das Urteil als „[e]ine Lektion weiser Klugheit und des Mutes".[294] Sie lobte die Entscheidung des Gerichtes, sich auch gegen den Strom für das Leben entschieden zu haben. Mit Bezug auf den Richterspruch mahnten die katholischen Bischöfe in mehreren Stellungnahmen, im neuen Gesetzgebungsverfahren, Leben und Würde des Embryos zu schützen.[295] In der Erklärung „Zur Neuregelung des § 218" vom 26.01.1976 betonte die Deutsche Bischofskonferenz: „Das menschliche Leben stellt – wie das Bundesverfassungsgericht ausführt – auch innerhalb der grundgesetzliehen [sic!] Ordnung unseres Staates einen Höchstwert dar; es ist die vitale Basis der Menschenwürde und die Voraussetzung aller anderen Grund- und Menschenrechte."[296]

Die Anträge, mit denen das Normenkontrollverfahren in Gang gesetzt worden war, hatten bereits mögliche Urteilsbegründungen des Bundesverfassungsgerichtes vorgezeichnet. Dennoch lässt die Rezeption des Urteils in der Presse erkennen, dass die Bezugnahme der Urteilsbegründung auf die Menschenwürde unerwartet kam. So schrieb Paul Wilhelm Wenger einige Tage nach der Urteilsverkündigung

290 Hill, Weisheit letzter Beschluß (1975).

291 o. A., Wir beugen uns dem Urteil nicht (1975).

292 So las man im Stern am 06.03.1975: „Wir Frauen in der Bundesrepublik, die seit 1968 für die ersatzlose Streichung des Paragraphen 218 gekämpft haben, akzeptieren keinen Spruch des Bundesverfassungsgerichts, der nicht die freie Entscheidung der Frau überläßt. [...] Diese Entscheidung des Bundesverfassungsgerichts spiegelt die Machtverhältnisse in unserer Gesellschaft wider, die die Unterdrückung der Frau braucht. [...] Wir wollen eine Lösung, die der Würde der Frau und ihren Rechten als Mensch entspricht." o. A., Wir beugen uns dem Urteil nicht (1975).

293 Vgl. o. A., Meinungsumfrage (1976).

294 o. A., Vatikan (1975).

295 Vgl. beispielsweise in Sekretariat der Deutschen Bischofskonferenz (Hg.), Zur Novellierung des § 218 (1976), S. 4.

296 Sekretariat der Deutschen Bischofskonferenz (Hg.), Zur Neuregelung des § 218 (1976), S. 4.

im RHEINISCHEN MERKUR: „Überraschenderweise hat das Gericht auch den Artikel 1 des Grundgesetzes herangezogen. Im Gegensatz zu Bundesinnenminister Prof. Maihofer, der aus dem Artikel 1 den Vorrang der ‚Selbstbestimmung' der Mutter ableiten wollte, spricht das Urteil auch dem ungeborenen Kind die unantastbare Menschenwürde zu und leitet aus dem Artikel 1 die besondere Aufgabe aller staatlichen Instanzen ab, helfende Maßnahmen zum Schutz des werdenden Lebens zu entwickeln. [...] Der in den letzten Jahren gewachsenen Lust am Umdeuten der Verfassung hat das Urteil ein unmißverständliches Halt geboten, indem es vor allem auf die Wertordnung des Grundgesetzes verwiesen hat."[297]

Das Urteil des Bundesverfassungsgerichtes veränderte die allgemeine Perspektive auf den Menschenwürdediskurs. Nachdem die Menschenwürde zuvor meistens zur Begründung und Stärkung mütterlicher Rechte herangezogen worden war, hatte die Verfassungsrechtler in ihrem Urteil einen Einbezug des Embryos in den Grundrechtsschutz von Art. 1 GG hervorgehoben. Erkenne man ebenso wie das Gericht die Menschenwürde als den Mittel- und Ausgangspunkt der Verfassung und des Wertesystems an, so müsse man den Lebensschutz des Embryos vor das Selbstbestimmungsrecht der Mutter stellen, konstatierte die FRANKFURTER RUNDSCHAU.[298] Diese nun vollzogene Umkehrung der Argumentationsweise blieb jedoch nicht kritiklos. Das Urteil sei unscharf und zu weit hergeholt. Insbesondere die argumentative Bezugnahme auf die Verbrechen der Nationalsozialisten wurde dabei als unpassend und falsch empfunden. Im Großen und Ganzen habe das Gericht seine Kompetenzen weitaus überschritten.[299]

Die Veränderung des verfassungsrechtlichen Blickwinkels fand in der Öffentlichkeit zwar eine gewisse Resonanz, war für das neu aufgelegte Gesetzgebungsverfahren, das das Urteil erzwungen hatte, jedoch nur von geringer Bedeutung. Das primäre Ziel des Gesetzentwurfes der Regierungskoalition lag darin, die geplante liberale Abtreibungsregelung verfassungskonform nach Maßgabe des Bundesverfassungsgerichts zu gestalten, so dass sie sogar als „verkappte Fristenregelung"[300] bezeichnet wurde. Sowohl der Gesetzentwurf der Regierungsparteien, als auch der der Opposition beschritten den Weg eines fristgebundenen Indikationsmodells, jedoch mit unterschiedlicher Reichweite.

297 WENGER, Fristenlösung (1975).
298 Vgl. stellvertretend für viele HANSEN, Votum für das Leben (1975); o. A., Fristenregelung verfassungswidrig (1975); o. A., Fristenregelung vom Verfassungsgericht verworfen (1975) und REIFENRATH, Sondervotum (1975).
299 Vgl. ABENDROTH, Abtreibungsurteil (1975), S. 123–128.
300 FROMME, Verkappte Fristenregelung (1975).

5 Zwischenfazit

Mit der Menschenwürde wurde eine Art Auffangnetz in die Verfassung eingebaut, das den Rückfall in ein menschenverachtendes System verhindern sollte. Vor dem Hintergrund der nationalsozialistischen Diktatur war dieses Ansinnen unter dem Diktum der Menschenwürde plausibel und anerkannt. Allerdings erforderte die Verrechtlichung der Menschenwürde juristische Präzisierungsarbeit, um die zunächst abstrakte Formulierung für das praktische Recht nutzbar zu machen. Eine der diskutierten Fragen in den frühen Jahren der Bundesrepublik behandelte die Extension der Menschenwürde. Sollte der Embryo Träger der Menschenwürde sein oder nicht? Zwar war die herrschende Meinung der Auffassung, dass dem Embryo Grundrechte zuständen, allerdings ließ die offene Formulierung des Gesetzestextes in Bezug auf den Embryo auch abweichende Meinungen zu.

Um den Embryo mit Gewissheit als Träger des Menschenrechts auf Leben zu identifizieren, wurde die Frage nach der Terminierung seines Lebensbeginns diskutiert. Dabei ging es zunächst darum, die biologische Entwicklung des Embryos zu erforschen, ihn von Konjugation an als Mensch zu identifizieren und darüber hinaus diese Erkenntnisse mit dem Zeitpunkt des einsetzenden Grundrechtsschutzes abzuwägen. Der Streit um die Terminierung des einsetzenden Grundrechtsschutzes dominierte schon früh die Debatte, obwohl seit Ende der 1960er Jahre Mediziner und Biologen die Zugehörigkeit des Embryos zum Menschengeschlecht vom Zeitpunkt der Konjugation an wissenschaftlich bewiesen hatten. Während die einen von einer Parallelisierung des biologischen Lebensbeginns und der einsetzenden Grundrechtsträgerschaft ausgingen, vollzogen die anderen eine Trennung der Zeitpunkte. In der Ende der 1960er Jahre aufkommenden Abtreibungsdebatte kristallisierte sich dieser Mangel an absoluter Gewissheit über den moralischen und rechtlichen Status des Embryos besonders heraus. So entwickelte sich der Konflikt, der um die Beantwortung der Frage nach dem Anfangszeitpunkt der Grundrechtsträgerschaft entbrannt war, zur Schlüsselfrage der Auseinandersetzungen um die Reform des § 218 StGB. Je nach Beantwortung der Frage konnten Abtreibungen als illegitim oder legitim betrachtet werden. Die seit Anfang der 1970er Jahre öffentlich formulierte Forderung nach mehr Selbstbestimmung für Frauen in Schwangerschaftskonflikten konnte unter anderem auch deshalb von einem Großteil der Bevölkerung akzeptiert und unterstützt werden, weil der moralische und rechtliche Status des Embryos in Gesellschaft und Recht nicht endgültig definiert war. Mit der Forderung nach mehr Selbstbestimmung wurde das Lebensrecht des Embryos eingeschränkt oder vollkommen negiert, indem dessen Leben in einem Abtreibungskonflikt zur Disposition gestellt wurde. Dabei trug die Frauenbewegung diese Forderung seit Ende der 1960er Jahre durch eine Vielzahl von Aktionen effektiv in den öffentlichen Diskursraum. Hatte es Anfang der 1960er Jahre noch Diskussionen über die Rechtmäßigkeit eines Schwangerschaftsabbruchs nach Vergewaltigung gegeben, so wurde in den frühen 1970er Jahren zunehmend die Strafbarkeit des Schwangerschaftsabbruchs generell in Frage gestellt. Die politisch und gesellschaftlich diskutierte Fristenregelung zeugt von dieser Tendenz, sollte diese doch eine unbegründete Abtreibung in den ersten zwölf Schwangerschaftswochen ermöglichen.

Die im öffentlichen Diskurs dominierende Forderung nach mehr Selbstbestimmung der Frau und vor allem der damit verbundenen Liberalisierung der Abtreibungsregelung erfreute sich im Verlaufe der frühen 1970er Jahre zunehmender Beliebtheit, was wiederum Widerstand insbesondere aus den Reihen der christlichen Kirchen und der CDU/CSU provozierte. Sie lehnten diese Forderungen mit dem Verweis auf das Lebensrecht des Embryos ab. Diese Frontenstellung zeigt deutlich die in der Debatte dominierenden Begründungs- und Argumentationsmuster, nämlich die Gegenüberstellung von Lebensrecht des Embryos und Selbstbestimmungsrecht der Frau. Trotz dieser Gegensätzlichkeit ähnelten sich die Begründungsmuster, die sich auf Grundrechte beriefen, um eine fremden Einflüssen ausgesetzte Position zu verlassen. Die Frau sollte mit der Stärkung ihres Selbstbestimmungsrechts die Möglichkeit erhalten, sich aus der Unterdrückung durch den Mann und von aus ihrer Biologie resultierenden Zwängen zu befreien. Der Embryo hingegen sollte vor unrechtmäßigen Eingriffen in sein Lebensrecht bewahrt werden.

Die Menschenwürde wurde erst im Verlauf der Debatte zu einem Bestandteil des Argumentationsrepertoires, spielte jedoch eine eher untergeordnete Rolle. Wurde die Menschenwürde eingesetzt, so geschah dies vorwiegend dazu, die bereits bestehenden Argumente zu verstärken, so dass die Menschenwürde in dieser Debatte keine eigene Kraft entfalten konnte. Denjenigen, die eine liberalere Abtreibungsgesetzgebung forderten, diente die Menschenwürde vor allem dazu, den Primat des Selbstbestimmungsrechts der Frau über das Lebensrecht des Embryos zu begründen. Seltener wurde umgekehrt von Abtreibungsgegnern darauf hingewiesen, dass Menschenwürde und Lebensrecht untrennbar verbunden seien. Lediglich die Kirchen argumentierten schon früh mit der Würde des Menschen und prägten so eine theologische Ausdeutung des Begriffs, die nicht ohne metaphysischen Bezug auskam.

Als das Bundesverfassungsgericht die von der Regierungskoalition beschlossene Liberalisierung des Abtreibungsparagraphen für verfassungswidrig erklärte und seine Entscheidung mit einem Verstoß gegen Art. 2 in Kombination mit Art. 1 GG begründete, war die Kopplung des Lebensrechts an die Menschenwürde für alle Beteiligten zunächst überraschend, insbesondere vor dem Hintergrund, dass vor dem Urteil mehrheitlich die Abtreibungsbefürworter mit der Menschenwürde argumentiert hatten. Das Urteil zeigte in aller Deutlichkeit, dass die Abtreibungsdebatte die zentrale Grundlage der deutschen Verfassung betraf, nämlich die Frage nach den fundamentalen Grundwerten der Gesellschaft, dem Recht auf Leben und der Würde des Menschen. Zudem sorgte das umstrittene Urteil dafür, dass die Menschenwürde nun zunehmend rechtswissenschaftlich diskutiert wurde. Mit aller Deutlichkeit hatte das Urteil des Bundesverfassungsgerichts noch einmal den eigentlichen Diskussionsgegenstand der gesamten Debatte unterstrichen. So schloss Ernst Benda einen im Jahr 1975 gehaltenen Vortrag mit den Worten: „Achtung und Schutz der Menschenwürde bleiben nach der Entscheidung des Grundgesetzes eine Aufgabe, die je nach den besonderen Gefährdungen der Zeit zu erfüllen ist; diese Aufgabe ist aktuell, und sie ist heute wie morgen einzulösen."[301]

[301] Benda, Gefährdung der Menschenwürde (1975), S. 29.

II. Teil: Embryonenschutzdebatte (1978–1990)

Die Embryo-Debatte, die durch die weltweit erste Geburt eines im Reagenzglas gezeugten Kindes ausgelöst wurde, schloss sich unmittelbar an die gerade erst abgeschlossene Abtreibungsdebatte an. Das Mädchen Louise Brown, das am 25.07.1978 in Großbritannien das Licht der Welt erblickte, war eine medizinische Sensation und stellte gleichzeitig einen gewaltigen Schock für die Zeitgenossen dar.[1] Mit der seit Ende der 1970er Jahre erfolgreichen Etablierung des Verfahrens der In-vitro-Fertilisation stand nun nicht mehr, wie noch in der Abtreibungsdebatte, die Kritik an der Vernichtung im Vordergrund, sondern die an der Erschaffung menschlichen Lebens durch Menschenhand und an der prinzipiellen Zugänglichkeit des Embryos für Forschung und Manipulation. Ein solcher Perspektivwechsel gab der Embryonenschutzdebatte von Beginn an eine eigene, mit der Abtreibungsdebatte nicht vergleichbare Stoßrichtung. Hans-Martin Sass brachte in einem Aufsatz aus dem Jahr 1985 die zentralen Gesichtspunkte der sich nun anbahnenden Debatte auf den Punkt: „Insofern stellen die technischen Innovationen der in vitro-Fertilisation die Gesellschaft und den einzelnen jetzt zum zweiten Mal vertieft vor die Wertfrage von Akzeptanz oder Duldung von lebensstil- und selbstbestimmungsrelevanten seltenen Formen von Wertordnungen und Lebensvollzügen."[2] Dieses Zitat verdeutlicht, dass die Suche nach einem Kompromiss zwischen den sich durch die In-vitro-Fertilisation eröffnenden Chancen und Hoffnungen und den möglichen Gefahren durch ein expandierendes Wissenschaftsfeld nötig geworden war. Dabei galt es nicht nur, Vor- und Nachteile der Techniken zu reflektieren, sondern ebenso mögliche Folgewirkungen. Wie weit solle und dürfe der Mensch überhaupt gehen, ohne dabei gleichzeitig die Wertvorstellungen und rechtlichen Grenzen des gesellschaftlichen Zusammenlebens ad acta zu legen? Dieser grundlegenden Frage sahen sich die Zeitgenossen in ihrer Diskussion um die neuen Reproduktionstechniken und ihrer Folgeprobleme ausgesetzt. Dabei wurden sie förmlich von der Geschwindigkeit und Neuartigkeit überrannt, mit der die Pläne der Wissenschaft in die Realität umgesetzt wurden. Der Philosoph Hans Jonas mahnte schon im Jahr 1980 mit dem später vielfach zitierten Satz: „Auch Ehrfurcht und Schaudern sind wieder zu lernen, daß sie uns vor Irrwegen unserer Macht schützen (zum Beispiel vor Experimenten mit der menschlichen Konstitution)."[3]

[1] Ausführlich zum Fall Louise Brown Bernard, Kinder machen (2014), S. 373–381.
[2] Sass, Extrakorporale Fertilisation und Embryotransfer (1985), S. 35.
[3] Jonas, Das Prinzip Verantwortung (1980), S. 392f.

https://doi.org/10.1515/9783110631630-003

1 Darf alles Machbare gemacht werden?

Die Fortschritte der Wissenschaft im Bereich der Humangenetik und Reproduktionsmedizin fanden in der Geburt des ersten außerhalb des Mutterleibes gezeugten Kindes einen medienwirksamen Erfolg.[4] Mit der gelungenen Durchführung der In-vitro-Fertilisation war es britischen Reproduktionsmedizinern gelungen, Eizelle und Spermium zu isolieren, in einer Petrischale zueinanderzuführen und den dadurch entstandenen Embryo in die mütterliche Gebärmutter zu transferieren. Nach vielen Jahren des Experimentierens, zahlreichen misslungenen Versuchen und Fehlgeburten, sorgte die Nachricht von der Geburt eines extrakorporal gezeugten Kindes für Aufregung.[5] Die Geburt Louise Browns wurde als wissenschaftlicher Durchbruch gefeiert, da sie sterilen Paaren Hoffnung auf Nachwuchs schenkte. Sie wurde kommerzialisiert, so berichtete die FAZ: „Alle Rechte der Veröffentlichung einschließlich des Bildmaterials an dem außergewöhnlichen Ereignis sind in einer stürmischen ‚Auktion' im Wettbewerb gegen andere Interessen von einer Londoner Zeitungsgruppe erworben worden – für wahrscheinlich mehr als 1,2 Millionen Mark."[6] Zur gleichen Zeit wurde die Geburt ängstlich und kritisch beobachtet: „Mit der Geburt des ersten Retortenbabys ist die betrachtete Menschenzüchtung weiter vorangetrieben worden"[7], kommentierte Rainer Flöhl in der FAZ, denn mit den Erfolgen der Reproduktionsmediziner waren gentechnologische Anwendungen beim Menschen in den Bereich des Machbaren gerückt.

Reproduktionstechnologie und Gentechnologie wurden unmittelbar seit der ersten erfolgreichen Geburt eines durch In-vitro-Fertilisation entstandenen Kindes als untrennbare Einheit betrachtet.[8] Eine Diskussion, die einen der Teilbereiche ausklammerte, setzte sich dem Verdacht der Unvollständigkeit aus.[9] In

[4] Die gesamte Medienlandschaft berichtete so umfangreich über die Geburt Louise Browns, dass der Spiegel resümierte: „Einig aber waren sich Gelehrte wie Zeitungsleute auch in der Erkenntnis, daß wohl nie zuvor ein Wissenschaftler seinen Forschungserfolg konsequenter vermarktet hat als Steptoe die Geschichte seines Retorten-Babys." o. A., Richtung Homunkulus (1978).

[5] Steptoe und Edwards waren nicht die ersten Ärzte, die ein Ei außerhalb des Mutterleibes befruchtet hatten. Mehr zur Geschichte der In-vitro-Fertilisation bei Diedrich u. a., Reproduktionsmedizin (2013), S. 9–18 und Bernard, Kinder machen (2014), S. 381–388.

[6] o. A., Retorten-Baby (1978).

[7] Flöhl, Gefahren für den Embryo (1978).

[8] Vgl. Flöhl, Genforschung – Fluch oder Segen (1985), S. 367.

[9] Von der Humangentechnologie zu unterscheiden ist die zur gleichen Zeit in den Fokus der Öffentlichkeit tretende Biotechnologie. Die in diesem Bereich aufkommenden Forschungsfragen und Anwendungen wurden getrennt von Humangentechnologie und Reproduktionsmedizin betrachtet, da die Biotechnologie nicht den Mensch, sondern Pflanzen und Tiere zum Untersuchungsgegenstand hatte. Mehr zur Biotechnologie und Gentechnologie bei Schmid, Taschenatlas (2016).

der mehr als zehn Jahre andauernden Diskussion um den Schutz von Embryonen wurde demnach die Gentechnologie als Folgeproblem der Reproduktionstechnologie, die den Embryo für Forschungen zugänglich gemacht hatte, betrachtet und demnach auch miterörtert. Die diskutierten Verfahren wie die der In-vitro-Fertilisation, künstlichen Insemination, Leihmutterschaft oder heterologen und homologen Insemination galten bereits als praktizierter Bestandteil in der Forschung, während Chimärenbildung, Klonen und Keimbahnmanipulationen als mögliche Folge wissenschaftlichen Fortschritts mitdiskutiert wurden. Die verschiedenartigen Verfahren brachten komplexe Folgeprobleme mit sich und ließen für die Zukunft noch weitaus schwieriger zu bewältigende Probleme antizipieren. Vom Embryonenverbrauch im Zuge der In-vitro-Fertilisation[10] bis zur möglichen Forschung an „überzähligen" Embryonen entfaltete sich eine ganze Bandbreite an neuen Diskussionsgegenständen.[11]

Die Verbindung der beiden wissenschaftlichen Forschungsfelder führte zu einer Mischung von realitätsnaher Berichterstattung und Analyse der gegenwärtigen Situation auf der einen und einem fantasievollen und utopisch anmutenden Entwurf der Zukunft auf der anderen Seite. Die Presse trug ihren Teil zu dieser Verbindung bei, indem sie seit dem Jahr 1978 unermüdlich von realen, aber auch kuriosen Fortschritten aus der Forschung berichtete.[12] Dabei verschwammen die Grenzen zwischen Fantasie und Realität zunehmend. So las man beispielsweise in der FAZ: „Aus den Körperzellkernen, die das genetische Material enthalten, lassen sich durch geschickte Manipulation – was bei Fröschen geglückt ist – wiederum intakte Lebewesen züchten. Dies als ‚Cloning' bekannt gewordene Verfahren ist wahrscheinlich gleichfalls beim Menschen realisierbar. Auch die Jungfernzeugung […] ist bei Mäusen schon gelungen, und schon ist man dabei, im Labor durch Kreuzung tierischer und menschlicher Zellen eigenartige Chi-

[10] „Zunächst wurde von dem Pionier der Retortentechnik, Robert Edwards, die Beobachtung ‚überzähliger' Embryonen im Reagenzglas gemeldet. Die nicht eingepflanzten Keime leben noch mehrere Tage weiter. Die Beobachtung erstreckte sich auf bis zu neun Tage." Ostendorf, Experimente (1984), S. 595.

[11] In der Bundesrepublik wurde die Möglichkeit an extrakorporal gezeugten und dadurch für die Wissenschaft verfügbaren Embryonen zu forschen, offen diskutiert. So schlug Jüdes (Hg.), In-Vitro-Fertilisation und Embryotransfer (1983), S. 18 vor: „Für experimentelle Untersuchungen könnte eine Kryobank mit menschlichen Embryonen ebenfalls ein nützliches Reservoir bieten."

[12] In der Zeitung las man beispielsweise von „tiefgefrorene[n] Embryos, in Klarsichthülle verpackt" (Flöhl, Schutzlose Retortenbabys (1978)), der „manipulierten Menschheit" (Grundmann, Leserbrief (1978)), ersten „deutschen" In-vitro-Babys (o. A., Erlanger Mediziner (1982)), über „Uterus-Leasing von Leihmüttern" (o. A., Kind um jeden Preis (1984)), Leihmüttern als „Prostituierte" (o. A., „Leih-Mutter" (1985)), vom „gezüchteten Menschen" (Benda, Irrweg zum gezüchteten Menschen (1985)) oder Eingriffen in die Erbsubstanz (Fromme, Kinder aus dem Reagenzglas (1986)).

mären zu produzieren. Solche Monster – Mischlinge mit menschlichem Erbgut – dürfte es bald bei Mäusen geben."[13]

Die regelmäßige Berichterstattung sowie zahlreiche Kommentare in den Zeitungen sorgten für ein großes öffentliches Interesse an der Thematik über Expertengremien hinaus. Der stetige Strom an medialer Berichterstattung über gelungene, geplante und misslungene Experimente im Bereich der Fortpflanzungsmedizin und Humangenetik hatte die Gesellschaft soweit vorbereitet, dass sie die komplexe Thematik nicht nur verstand, sondern auch mitreden konnte.[14] Diese Tatsache ist bei dem der Debatte zugrundeliegenden Diskussionsgegenstand erstaunlich, da nicht nur die biologischen Grundlagen komplex sind, sondern da wie auch in den Medien in der Gesellschaft eine relative Ungewissheit darüber herrschte, was Fiktion und was tatsächlich Realität darstellte, was im Bereich der Gentechnik und was im Bereich der Reproduktionstechnologien verortet werden musste.[15] Das Skandalöse, Beängstigende und nach Möglichkeit Aufzuhaltende, das Unkontrollierbare, Ungewisse und die Angst vor der Selbstauflösung des Menschen beherrschten die Diskussionsbeiträge. Auch vor wissenschaftlichen Fachzeitschriften machten bedrohliche Zukunftsphantasien keinen Halt. So war beispielsweise in einem Aufsatz in der Europäischen Grundrechte-Zeitschrift aus dem Jahr 1986 zu lesen: „Vor diesem Hintergrund eröffnen sich alptraumähnliche Visionen: Embryonentransfer, möglicherweise mittels Kryokonservierung bei −196 °C (‚Gefrierschrankbabies') unter Überspringung der Generationenfolge, Gentransfers, Menschen nach Maß als geklonte Roboter zur geflissentlichen, willenlosen Verfügung von Diktatoren, die sich eigene Sklavenheere von ‚Untermenschen' mit identischen Gattungsmerkmalen halten, und die dadurch entstehen, daß Zellteilung im frühesten Stadium aufgrund dann noch vorhandener Omnipotenz identische Lebewesen hervor-

[13] Flöhl, Gefahren für den Embryo (1978). Auch in politischen Reden lässt sich die Furcht vor der Selbstauflösung des Menschen erkennen, wie beispielsweise im Beitrag von Däubler-Gmelin, MdB (SPD) vom 26.02.1988: „Was noch alles möglich sein könnte infolge dieser Grundlagenforschung auf dem Gebiet der Entwicklungs- und Molekularbiologie, was alles auch auf Menschen zukommen könnte, wenn wir die Weichen nicht schnell, gemeinsam und wirksam in eine ganz andere Richtung stellen, das zeigt ein Blick über den Zaun auf heute längst gängige Methoden der Tierzucht." Zitiert nach: Deutscher Bundestag, Plenarprotokoll 11/62 (26.02.1988), S. 4289. Als im Mai 1984 die Nachricht von der Geburt eines Babys durch die Presse ging, das nach extrakorporaler Zeugung mehrere Monate vor Implantation eingefroren war, reagierte die Öffentlichkeit schockiert. Vgl. Diedrich u. a., Reproduktionsmedizin (2013), S. 15.

[14] Vgl. Benda, Humangenetik und Recht (1985), S. 1730 und Kluxen, Fortpflanzungstechnologien und Menschenwürde (1986), S. 2.

[15] Vgl. Benda, Erprobung der Menschenwürde (1985), S. 18f.: „Manches, was in der Presse, in der Populärliteratur oder in politischen Diskussionen als Anwendungsmöglichkeit der Humangenetik beschrieben wird, verweist die Fachwissenschaft in den Bereich der ‚science fiction'."

bringen, bis hin zur Chimärenbildung, bei der verschiedene Individuen oder Arten mit unterschiedlichen Erbanlagen genetisch verknüpft werden."[16] Ernst Benda verstand die abstrakten Probleme als konkreten Handlungsauftrag an die Politik. Er schrieb: „Und selbst ganz irreale Ängste, die nach dem Stand der technischen und rechtlichen Sicherungen unbegründet sind, beeinflussen das Bewußtsein der Menschen und führen Bewußtseinsänderungen herbei, die ganz reale politische Wirkungen haben und daher vom Staat nicht einfach ignoriert werden sollten."[17]

Um Antworten auf die komplexer werdenden Fragestellungen zu finden, gewann die Disziplin der Ethik zunehmend an Bedeutung. Es wurde sogar über die Einführung einer neuen „Gen-Ethik" diskutiert, die die Folgeprobleme des technischen Fortschritts zu bewältigen helfen sollte.[18] Unabhängig von der Frage einer besonderen Spezialethik für die auftretenden Fragestellungen wuchs der Bedarf einer ethischen Reflexion des Themenkomplexes. Auf der Suche nach Orientierung und Halt rangen Theologen, Philosophen und Ethiker disziplinübergreifend nach befriedigenden Lösungen.[19] So forderte beispielsweise Johannes Reiter eine Ethik, die sich an Universalisierbarkeit, Fairness, Verantwortung und am „Prinzip der Menschenwürde" orientiere.[20] Das Prinzip der Menschenwürde konkretisierte er so: „Näherhin ist unter Menschenwürde der innere und zugleich der soziale Wert- und Achtungsanspruch zu verstehen, der dem Menschen als Träger höchster geistiger und sittlicher Werte zukommt."[21]

Neben diesen Disziplinen beschäftigten sich die Juristen mit dem für sie fremden Bereich der Humangenetik und Reproduktionsmedizin und konstatierten sehr bald, dass für diesen Themenkomplex das geltende Recht an seine Grenzen gestoßen sei. Angesichts der neuen Entwicklungen in Medizin und Forschung könne ein umfassender Embryonenschutz nicht gewährleistet werden.[22]

16 Riedel, Gentechnologie und Embryonenschutz (1986), S. 470.
17 Benda, Gentechnologie und Recht (1986), S. 19.
18 Diese forderte beispielsweise Lapide, Mose (1987). Reiter, Ethische Aspekte (1985), S. 148f. sprach sich gegen eine solche Partialethik aus.
19 Vgl. Auer, Darf der Mensch was er kann? (1982), S. 17.
20 Reiter, Ethische Aspekte (1985), S. 150f.
21 Ebd., S. 151.
22 Vgl. Benda, Objekt (1985), S. 45; Coester-Waltjen, Befruchtungs- und Gentechnologie (1984), S. 236; Deutsch, Artifizielle Wege (1985), S. 178; Eser, Recht und Humangenetik (1983), S. 51; Hirsch, Zeugung im Reagenzglas (1986), S. 239f.; Köbl, Niedergang oder Steigerung der Menschenwürde (1985), S. 161f.; „Bei seinen bisherigen Novellen konnte der Strafgesetzgeber die Gefahren der artifiziellen Reproduktion noch nicht absehen, die den Mediziner zum Miterzeuger menschlichen Lebens macht und ihm Embryonen ins Glas gibt. Ein Embryonenschutzgesetz soll die entstandene Lücke schließen." Laufs, Künstliche Befruchtung (1986), S. 774; Lauff/Arnold, Rechtspolitische Probleme (1984), S. 280–283; Ostendorf, Juristische Aspekte (1983), S. 177 und Pap, Würde des werdenden Lebens (1986), S. 230.

So kannte das bundesrepublikanische Recht bis dato nur die §§ 218ff. StGB als Regelungswerk zum Schutz des Embryos. Extrakorporale Embryonen konnten aber per definitionem nicht in den Schutzbereich von § 218 StGB fallen, da dieser den Embryo erst ab Nidation im Mutterleib schützte.[23]

In der Unsicherheit, die die neuen Techniken mit sich brachten, kristallisierte sich die Forderung nach einer Grenze, die nicht überschritten werden sollte, immer deutlicher heraus. Dabei erschien die Menschenwürde als kleinster gemeinsamer Nenner des genuin Menschlichen, wie das folgende Zitat des Verfassungsrechtlers Christian Starck aus dem Jahr 1986 verdeutlicht: „So bedeuten neues biologisches und medizinisches Wissen und neue technische Möglichkeiten einen Machtzuwachs der Lebenden über die nächsten Generationen, der durch den verfassungsrechtlichen Menschenwürdeschutz in Grenzen gehalten werden muß."[24]

Um diesem Missstand abzuhelfen, unternahm jedoch nicht der Gesetzgeber, sondern zunächst die Ärzteschaft, die das Verfahren der In-vitro-Fertilisation maßgeblich ermöglichte und damit auch die Option eröffnet hatte, mit oder an Embryonen zu forschen, als erste Institution Anläufe, den Embryonenschutz zumindest standesrechtlich zu gewährleisten. In diesem Ansinnen beschloss der 88. Deutsche Ärztetag am 15.05.1985 die „Richtlinien zur Durchführung von In-vitro-Fertilisation (IVF) und Embryotransfer (ET) als Behandlungsmethode der menschlichen Sterilität".[25] Die Landesärztekammern wurden durch den Ärztetag aufgefordert, ihre berufsrechtlichen Regelungen an die Richtlinie anzupassen.[26] Diese Hinwendung zu einem aktiven Schutz des Embryos über berufsrechtliche Regelungen war eine erste Weichenstellung für den Embryonenschutz. Der Forderung nach konkreten Richtlinien zur Forschung an frühen menschlichen Embryonen kam der Vorstand der Bundesärztekammer wenig später durch eine erste Richtlinie nach, die ebenfalls Ausdruck der Möglichkeit standesrechtlicher Selbstkontrolle war.[27] Über die Berufsordnung der Landesärztekammern wurde diese Richtlinie verbindliches Berufsrecht für die Ärzteschaft.[28] Drei Jahre später wurden die Richtlinien aktualisiert.[29]

Trotz der Bemühungen, standesrechtlich die Folgeprobleme der In-vitro-Fertilisation einzudämmen, wurde der Ruf nach dem Gesetzgeber immer lau-

[23] Vgl. Benda, Erprobung der Menschenwürde (1985), S. 28 und Iliadou, Forschungsfreiheit und Embryonenschutz (1999), S. 36.

[24] Starck, Gutachten für den 56. Deutschen Juristentag (1986), S. 14. Dies wiederholte Starck, Mittel zum Zweck (1988) zwei Jahre später in einem Artikel in der FAZ.

[25] Vgl. Bundesärztekammer, Richtlinien In-vitro-Fertilisation (1985).

[26] Vgl. Keller u. a. (Hg.), Kommentar zum Embryonenschutzgesetz (1992), S. 65.

[27] Vgl. Bundesärztekammer, Richtlinien Forschung (1985).

[28] Vgl. Günther/Keller (Hg.), Fortpflanzungsmedizin und Humangenetik (1991), S. 66.

[29] Vgl. Bundesärztekammer, Richtlinien (1988).

ter.[30] Denn ganz offensichtlich konnten in Medizin und Forschung im Laufe der 1980er Jahre kontinuierlich neue Anwendungsfelder erschlossen und etablierte Verfahren optimiert werden. Dabei agierten sie in einem zwar umstrittenen, aber rechtsfreien Raum.[31]

Zunehmend gerieten die neuen Fertilisationstechniken in die Kritik, und es wurde die Frage formuliert, ob sie nicht die Rechte Dritter, namentlich die des Embryos, der Gametenspender, der Eltern, Ersatz- und Leihmütter berührten. So konstatierte der Rechtswissenschaftler Adolf Laufs: „Die Bundesärztekammer hat nicht die Befugnis, in Mustersatzungen und Empfehlungen die Schnittpunkte festzulegen, innerhalb derer der unabdingbare Schutz der Menschenwürde und des Lebensrechts stattfinden muß."[32] Die Diskussion der frühen 1980er Jahre zeigte zunehmend, dass rein standesrechtliche Regelungen der deutschen Ärzteschaft nicht ausreichen würden, den verfassungsrechtlichen Schutz für die verletzten Rechtsgüter zu garantieren. Auch die Medien, die regelmäßig von neuen Techniken der Reproduktionsmediziner berichteten, leisteten ihren Beitrag, den Gesetzgeber zum Handeln aufzufordern.[33] Sollten Retortenkinder etwa zur Routine werden?[34] Oder Kinder um jeden Preis[35] und nach Katalog die Normalität darstellen?[36] Wäre es nicht besser, wenn Justitia zur Sicherung der Würde der Betroffenen einschritte?[37]

Die Vielfalt der Verfahren, die sich zunehmend etablierten, gefährdete auch weitere Rechtsgüter. Nicht nur der Embryo sollte besser geschützt werden, sondern ebenso Mütter, Forscher und Ärzte. Die erfolgreiche Etablierung der Leihmutter-

[30] Vgl. Benda, Erprobung der Menschenwürde (1985), S. 28; Hirsch, Zeugung im Reagenzglas (1986), S. 237–240; Laufs, Künstliche Befruchtung (1986), S. 776f.; o. A., Auf lange Bank geschoben (1988); Ostendorf, Experimente (1984), S. 600; Scholz, Verfassungsfragen (1989), S. 225 und Vitzthum, Gentechnologie und Menschenwürde (1985), S. 257. Mit dem Angebot zu Hilfestellung drang auch der Deutscher Richterbund, Thesen (1986), S. 230 auf eine rasche rechtliche Regelung der Fortpflanzungsmedizin und Humangenetik. Eine andere Meinung vertrat der Rechtswissenschaftlicher Riedel, Gentechnologie und Embryonenschutz (1986), S. 478, der vor einer voreiligen Handlung des Gesetzgebers warnte. Vielmehr gelte es, die Entwicklungen abzuwarten und auf die Verantwortung der Forscher zu setzen.

[31] Als es schließlich Ende der 1980er Jahre zur parlamentarischen Diskussion um die Reproduktionstechniken kam, waren die Verfahren teilweise schon so etabliert, dass der Gesetzgeber sie nicht einfach wieder rückgängig machen konnte. In diesem Sinne schrieb der Jurist Hirsch, Zeugung im Reagenzglas (1986), S. 240: „Der Gesetzgeber kann nicht ein Terrain zurückerobern, das Ethik und Moral verloren haben." Ebenso auch Keller u. a. (Hg.), Kommentar zum Embryonenschutzgesetz (1992), S. 86.

[32] Laufs, Künstliche Befruchtung (1986), S. 770.

[33] Vgl. Keller u. a. (Hg.), Kommentar zum Embryonenschutzgesetz (1992), S. 86.

[34] So titelte die FAZ am 01.04.1981, vgl. Flöhl, Retortenkinder werden zur Routine (1981).

[35] Vgl. o. A., Kind um jeden Preis (1984).

[36] Vgl. Münch, Kinder nach Katalog (1983).

[37] Vgl. o. A., Justitia soll die Würde sichern (1985).

schaft erweiterte beispielsweise das Konfliktfeld und stellte die Zeitgenossen vor neue Herausforderungen. Man warnte vor der Kommerzialisierung von Keimzellen und Mietmüttern und rang nach Lösungen, dieses Verfahren zu unterbinden, zum Schutz der Würde des Embryos, der Frauen und der Menschheit.[38]

So blieb die brennende Frage der Debatte zunächst offen, wie man das Problem rechtlich fassen könnte und sollte. Heribert Ostendorf resümierte im Jahr 1984 in einer zivil- und strafrechtlichen Analyse zum Schutz des Embryos: „Als Ergebnis ist festzuhalten, daß das geltende Recht den extrakorporal befruchteten Embryo vor der Einnistung ‚allein läßt'."[39] Damit traf er den Tenor der Diskussion. Erweitert wurde deshalb die Diskussion um die Frage, ob für den Embryo nicht grundrechtliche Ansprüche geltend gemacht werden könnten.[40] Die Beantwortung war jedoch unweigerlich strittig, denn sie warf die seit Gründung der Bundesrepublik wiederholt diskutierte Frage auf, ob es sich beim Embryo überhaupt um einen Grundrechtsträger handel. Zahlreiche juristische,[41] kirchliche[42] und politische[43] Stellungnahmen befassten sich mit diesem Diskussionspunkt.

[38] Vgl. Deutscher Richterbund, Thesen (1986), S. 230 und o. A., Geschäft mit der Fruchtbarkeit (1984). Männle, MdB (CSU): „Das eindeutige Bekenntnis des Grundgesetzes zum Schutz der Menschenwürde heißt heute ein eindeutiges Nein zur Kommerzialisierung der biologischen Fähigkeit der Frau." Zitiert nach: Deutscher Bundestag, Plenarprotokoll 11/62 (26.02.1988), S. 4302.

[39] Ostendorf, Experimente (1984), S. 598. Ebenso bei Benda, Erprobung der Menschenwürde (1985), S. 28; Eser, Embryonenforschung und „Fetozid" (1989); Laufs, Künstliche Befruchtung (1986), S. 773f.; Löw, Genmanipulation (1987), S. 216; Pap, Würde des werdenden Lebens (1986), S. 230 und Pap, Extrakorporale Befruchtung (1987), S. 221.

[40] „Wie aufgezeigt, läßt das einfachgesetzliche positive Recht den Embryo in vitro weitgehend alleine. Angesichts dieses Befundes drängt sich die Frage auf, ob ein Schutz extrakorporaler menschlicher Keimlinge nicht unmittelbar von Verfassungs wegen besteht oder gefordert wird. Als zentraler Maßstab für die Bewertung der Interessen werdenden Lebens in vitro ist dabei die Menschenwürdegarantie des Art. 1 I GG heranzuziehen." Ebd., S. 180.

[41] Vgl. Deutscher Juristinnenbund, Thesen (1986); Deutscher Richterbund, Thesen (1986), S. 229f.; Beschlüsse des 56. Deutschen Juristentags abgedruckt in Bundesärztekammer, 56. Deutscher Juristentag (1986), S. 3273–3276 und insbesondere auch Coester-Waltjen, Zivilrechtliche Aspekte (1986), S. 93–150 und das zweite Teilgutachten des 56. Deutschen Juristentags von Starck, Gutachten für den 56. Deutschen Juristentag (1986).

[42] Vgl. Evangelische Kirche in Deutschland (Hg.), Würde werdenden Lebens (1985); Evangelische Kirche in Deutschland, Stellungnahme Schutz von Embryonen (1986); Evangelische Kirche in Deutschland (Hg.), Kundgebung (1987); Evangelische Kirche in Deutschland/Deutsche Bischofskonferenz (Hg.), Gott ist ein Freund des Lebens (1989); Lehmann, Würde der Weitergabe (1987), S. 32–40; Sekretariat der Deutschen Bischofskonferenz (Hg.), Achtung vor dem beginnenden menschlichen Leben (1987) und Vereinigte Evangelische-Lutherische Kirche Deutschlands (Hg.), Du hast mich gebildet im Mutterleib (1986).

[43] Vgl. beispielsweise die Leitlinien der SPD vom Oktober 1985, in Däubler-Gmelin (Hg.), Forschungsobjekt Mensch (1986) und in den „Rechtspolitische Grundsätze von CDU und CSU zur Fortpflanzungsmedizin", abgedruckt in Seesing (Hg.), Menschenwürde als

Sehr bald intensivierte sich die Diskussion um die Frage nach der Ausgestaltung des Schutzes der Betroffenen. In diesem Zuge entwickelte sich zum zentralen Anliegen der Debatte die Frage, ob Fertilisationstechniken strafrechtlich geregelt werden sollten und wenn ja, in welcher Weise. Insbesondere unter Juristen stritt man jedoch darüber, ob strafrechtliche Regelungen, als härteste Waffe des Gesetzgebers zum Schutze der Grundrechte, in Bezug auf die moderne Humangenetik überhaupt geboten seien.[44] Unter den Strafrechtswissenschaftlern herrschte Uneinigkeit über den konkreten Einsatz des Strafrechts zur Lösung der Probleme.[45] Auch der Bericht der Benda-Kommission aus dem Jahr 1985 und insbesondere das darin enthaltene Sondervotum des Genetikers Walter Doerfler dokumentieren die Sorge vor strafrechtlichen Sanktionen aus Sicht der Wissenschaft.[46] Die Kritik der Deutschen Forschungsgemeinschaft am Diskussionsentwurf für ein Gesetz zum Schutz von Embryonen aus dem Frühjahr 1987 zielte ebenfalls auf die strafbewehrten Forschungsverbote ab.[47] Diese kritische Einstellung zum Einsatz des Strafrechts spiegelte sich auch vier Jahre später in der Bundestagsdebatte um das Embryonenschutzgesetz wider. So urteilte Herta Däubler-Gmelin, MdB (SPD) über den Gesetzentwurf der Bundesregierung: „Sie haben sich ausschließlich auf das Strafrecht verlassen und vollständig übersehen, daß wir auch zivilrechtliche, ärztlich-berufsrechtliche und sozialrechtliche Möglichkeiten haben. Das finde ich nicht gut. Wir haben Ihnen das schon vor mehreren Jahren gesagt."[48]

Einen entscheidenden Einschnitt zur gesetzgeberischen Bewältigung der Fragestellungen rund um den Embryonenschutz stellten die durch den Bundestag

Maßstab I (1987). So auch die Leitsätze des Bundesarbeitskreises Christlich-Demokratischer Juristen und des Arbeitskreises der Juristen der CSU vom Januar 1986, abgedruckt in Seesing (Hg.), Menschenwürde als Maßstab I (1987), S. 90–94.

44 Vgl. den ausführlichen Aufsatz von Eser, Strafrechtliche Schutzaspekte (1987), S. 120–149.

45 Für den Einsatz des Strafrechts sprachen sich unter anderen aus: Giesen, Biotechnologie, Verantwortung und Achtung (1989), S. 75–77; Hirsch, Zeugung im Reagenzglas (1986), S. 237–240 und Ostendorf, Experimente (1984), S. 595–600. Auch der Arbeitskreis der Juristen der CSU, Leitsätze (1987), S. 94 plädierte in seiner Stellungnahme zur Zeugung im Reagenzglas vom 19.07.1986 für eine strafrechtliche Regelung der Problematik, „um das Leben und seine Würde von Anfang an vor möglichen Gefährdungen zu schützen." Vor einem verfrühten Einsatz strafrechtlicher Regelungen warnten Herzberg, Der entfesselte Prometheus (1985), S. 259–265 und Pap, Würde des werdenden Lebens (1986), S. 229–236. Gänzlich ablehnend Bernat, Probleme (1986), S. 253, der forderte: „Vielmehr sollte eine in die Zukunft weisende Rechtspolitik die Methoden der künstlichen Fortpflanzung als das werten, was sie wirklich sein könnte; nämlich Mittel die Basis unserer Gesellschaft zu fördern und zu begünstigen: die Familie." So auch Eser, Strafrechtliche Schutzaspekte (1987), S. 120–149.

46 Vgl. Arbeitsgruppe des Bundesministers für Forschung und Technologie und des Bundesministers der Justiz (Hg.), Bericht Benda-Kommission (1985).

47 Vgl. Altenmüller, Molekularbiologische Forschung (1987) und Kürten, Kritik der Deutschen Forschungsgemeinschaft (1987).

48 Zitiert nach: Deutscher Bundestag, Plenarprotokoll 11/183 (08.12.1989), S. 14169.

und durch die Bundesminister für Justiz und Forschung einberufenen Kommissionen dar. Am 25.04.1984 stellte die SPD, die die Menschenwürde durch den Einsatz des Strafrechts schützen wollte, einen Antrag auf „Einsetzung einer Enquete-Kommission ‚Gentechnologie'".[49] Diese sollte unter anderem prüfen, inwieweit Gentechnologien rechtliche und grundrechtliche Fragen aufwerfen könnten.[50] Auch die Fraktion DIE GRÜNEN stellte kurze Zeit später einen Antrag auf „Einsetzung einer Enquete-Kommission ‚Gen-technik'".[51] Im Juni 1984 wurde die Enquete-Kommission „Chancen und Risiken der Gentechnologie" vom Deutschen Bundestag eingesetzt. Am 20.01.1987 legte diese ihren Abschlussbericht vor.[52] Da die Enquete-Kommission sich nur mit dem Bereich der Gentechnologie und der Humangenetik befasste, beriefen der Bundesminister der Justiz und der Bundesminister für Forschung und Technologie parallel zur Enquete-Kommission die „Arbeitsgruppe In-vitro-Fertilisation, Genomanalyse und Gentherapie" ein. Sie wurde nach ihrem Vorsitzenden Ernst Benda „Benda-Kommission" genannt und befasste sich mit den neuen Reproduktionstechnologien, der Genomanalyse und Gentherapie beim Menschen.[53] Im November 1985 legte die Benda-Kommission ihren Abschlussbericht vor, in dem sie gesetzliche Regelungen und ethische Bewertungen von In-vitro-Fertilisation, Gentherapien beim Menschen, Genomanalyse und anderen diskutierten Methoden lieferte.[54]

In der Zwischenzeit mehrten sich in den Zeitungen Meldungen, die deutlich vor Augen führten, dass die Diskussion um die rechtliche und ethische Regulierung mehr und mehr dem technisch Machbaren hinterherhinkte.[55] Beispiele von Eingriffen in das Ergbut von Tieren und Pflanzen ließen die Zeitgenossen erahnen, welchen Weg die Entwicklung einschlagen würde, wenn

[49] Vgl. Deutscher Bundestag, Drucksache 10/1353 (25.04.1984).

[50] „Wir Sozialdemokraten halten es daher für richtig, die Abwehr solcher Verstöße gegen die Menschenwürde durch strafrechtliche Sanktionen sicherzustellen." Parteivorstand der SPD, Grundsatzerklärung der SPD (1986), S. 13.

[51] Vgl. Deutscher Bundestag, Drucksache 10/1388 (02.05.1984).

[52] Vgl. Deutscher Bundestag, Drucksache 10/6775 (06.01.1987).

[53] Die Benda-Kommission war als Gremium geplant, dass nicht einen Gesetzentwurf erarbeiten sollte, sondern vielmehr eine Stellungnahme über ethische und rechtliche Fragen rund um die Thematik. Die Motivation zur Einberufung solch einer Kommission wird im Zitat Hans Engelhards, MdB (FDP) deutlich: „Die Bundesregierung verfolgt die Entwicklung im Bereich der neuen Technologien der Medizin und Biologie sehr aufmerksam. Sie wird strikt darauf achten, daß bei aller Freiheit der Forschung Wissenschaft notfalls durch die erforderlichen gesetzgeberischen Maßnahmen dort klare Grenzen gesetzt werden, wo ihre Ergebnisse den Menschen selbst und seine Würde gefährden. Der Mensch muß sich die Wissenschaft zunutze machen. Er darf aber nicht selbst ihr Opfer werden." o. A., Würde des Menschen (1985).

[54] Vgl. Arbeitsgruppe des Bundesministers für Forschung und Technologie und des Bundesministers der Justiz (Hg.), Bericht Benda-Kommission (1985).

[55] So fragten beispielsweise Fromme, Kinder aus dem Reagenzglas (1986) oder Wassermann, Menschenrechte (1986).

man derlei Forschungen am Menschen nicht frühzeitig unterbände.[56] Ebenso sorgte die Popularisierung der Ersatz- und Leihmutterschaft, die bis zum Jahr 1989 in Deutschland gesetzlich noch nicht geregelt war, für eine emotionale und über Monate spaltenfüllende Berichterstattung. Mehrere extreme Fälle von Leihmutterschafts-Konflikten im Ausland hatten die Debatte ausgelöst und wurden nun in den Medien, unter Juristen und in den verschiedensten Expertengruppen heftig diskutiert.[57] Eine vieldiskutierte Fragestellung lautete beispielsweise, ob es rechtlich und ethisch vertretbar sei, dass sich eine Frau gegen Geld das Sperma ihres Auftraggebers injizieren ließe, um anschließend das Kind auszutragen und es an die Auftraggeber zu übergeben.[58] Der Nachricht von der Geburt von Kindern in Australien im Jahr 1985, die im Embryonalstadium kryokonserviert waren,[59] folgten im Februar 1986 die Meldungen über die Geburt eines auf diesem Wege entstandenen Kindes in Deutschland.[60] Ein weiteres Jahr später berichteten die Zeitungen von der Geburt eines Mädchens in Erlangen, das aus einer kryokonservierten, anschließend aufgetauten und dann befruchteten Eizelle entstanden war. Christine war das zweite Kind weltweit, das auf diese Weise das Licht der Welt erblickt hatte.[61] Diese Nachrichten verstärkten die Befürchtungen, dass die Büchse der Pandora mit der In-vitro-Fertilisation nun vollständig geöffnet sei.[62]

Es bestand, das wurde in der ersten Hälfte der 1980er Jahre immer deutlicher, dringender Regelungsbedarf für die Ärzteschaft und Forschungseinrichtungen.

[56] Vgl. Coester-Waltjen, Befruchtungs- und Gentechnologie (1984), S. 230f.; Hahn, Auch ein Embryo ist schutzbedürftig (1985); o. A., Gentechnik (1985) und Ostendorf, Experimente (1984), S. 296 & 400.

[57] Die erste bekannte Leihmutter war Kim Cotton, die im Verfahren einer künstlichen Befruchtung mit dem Sperma ihres Auftraggebers befruchtet worden war. Beispielhaft zeigen die folgenden Zeitungsbeiträge, das Ringen um die ethische und moralische Legitimität des Verfahrens: Höhler, Baby Cotton (1985); o. A., Baby Cotton (1985); Münch, Kim Cotton (1985) und o. A., Cola der Elternindustrie (1985). Der bekannte Fall des „Baby M." in den USA im Jahr 1986, bei dem es zu 18 Monate andauernden heftigen, auch gerichtlichen Auseinandersetzungen zwischen Leihmutter und den Auftrag gebenden Eltern kam, ist ausführlich besprochen in Bernard, Kinder machen (2014), S. 257–265. Vgl. dazu auch zeitgenösisch die Titelgeschichte des Spiegels vom April 1987 o. A., „Mein Gott, was habe ich getan?" (1987).

[58] Vgl. Münch, Kim Cotton (1985).

[59] Vgl. etwa die Presseberichte o. A., In Australien Zwillinge „Aus der Tiefkühltruhe" (1985); o. A., Embryo war tiefgefroren (1985) und Wolff, Kind mit fünf Eltern (1985).

[60] Vgl. Wuermeling, Tiefkühltechnik birgt Risiken (1986).

[61] Vgl. Schmitt, Mädchen aus gefrorener Eizelle (1987) und Bopp, Mit Frostschutz und Hormonen ins Leben (1987). Heute ist das Verfahren als sogenanntes „Social Freezing" weit verbreitet.

[62] So schrieb Wuermeling, Tiefkühltechnik birgt Risiken (1986): „Die Tiefkühltechnik steht symbolisch für das Abgleiten der Eltern-Kind-Beziehung zu einer Beziehung wie zwischen Produzent und Produkt."

Ein erstes entscheidendes Signal setzte der 88. Deutsche Ärztetag mit den „Richtlinien zur Durchführung von In-vitro-Fertilisation (IVF) und Embryotransfer (ET) als Behandlungsmethode der menschlichen Sterilität". Die Ärzteschaft plädierte für eine restriktive Regelung der medizinisch-technischen Eingriffe in die menschliche Fortpflanzung.[63] Auch die noch restriktiveren Stellungnahmen der Kirchen trugen zu einer im Vergleich zu anderen Ländern sehr zögerlichen und kritischen Bewertung der In-vitro-Fertilisation, der (kommerzialisierten) Leihmutterschaft und des Experimentierens mit extrakorporalen Embryonen bei. Die Evangelische Kirche veröffentlichte die beiden Handreichungen „Von der Würde werdenden Lebens" (1985) und „Zur Achtung vor dem werdenden Leben" (1987), mit denen sie Klarheit und Orientierung aus dem Glauben heraus geben wollte.[64] Auch die katholische Kirche in Deutschland reagierte mit einigen Beiträgen auf die Entwicklungen in der Fortpflanzungsmedizin.[65] Mit dem Dokument „Donum Vitae. Instruktion über die Achtung vor dem beginnenden menschlichen Leben und die Würde der Fortpflanzung" vom 22.02.1987 bekräftigte die Kongregation für die Glaubenslehre die restriktive Position der Kirche.[66]

Nach der Veröffentlichung des Benda-Berichts im November 1985 kam es im April 1986 zur lang ersehnten und vielfach geforderten Initiative durch den Gesetzgeber. Am 29.04.1986 wurde ein „Diskussionsentwurf eines Gesetzes zum Schutz von Embryonen (Embryonenschutzgesetz – ESchG)" durch den Bundesminister der Justiz vorgelegt.[67] Die Reaktionen auf den Entwurf waren zahlreich und mündeten in eine lebhafte fachwissenschaftliche und gesellschaftliche Diskussion.[68] Am 16.05.1986 veröffentlichte der Bundesrat seine „Entschließung zur extrakorporalen Befruchtung" und forderte darin den Gesetzgeber auf, eine

[63] Vgl. Bundesärztekammer, Richtlinien In-vitro-Fertilisation (1985), S. 1691–1698. MdB (CDU) Kroll-Schlüter, Embryo (1985), „daß der Deutsche Ärztetag in seinen Stellungnahmen zum Thema Retortenbabys und Leihmütter ‚recht energische Töne' anschlägt, ist zu begrüßen. Denn Gegenstand der Stellungnahme des Deutschen Ärztetages ist menschliches Leben. Der Umgang mit ihm darf nicht leichtfertig geschehen. Die Achtung der menschlichen Würde setzt enge Grenzen."

[64] Vgl. Evangelische Kirche in Deutschland (Hg.), Würde werdenden Lebens (1985) und Evangelische Kirche in Deutschland (Hg.), Kundgebung (1987).

[65] Vgl. Sekretariat der Deutschen Bischofskonferenz (Hg.), Pastorales Wort (1986).

[66] Vgl. Sekretariat der Deutschen Bischofskonferenz (Hg.), Achtung vor dem beginnenden menschlichen Leben (1987) und Kardinal Lehmann, Würde der Weitergabe (1987), S. 32–40.

[67] Abgedruckt in Lanz-Zumstein (Hg.), Embryonenschutz und Befruchtungstechnik (1986), S. 153–164.

[68] Vgl. beispielhaft Classen, Rahmenbedingungen (1989); Deutsch, Diskussionsentwurf (1896); Evangelische Kirche in Deutschland, Stellungnahme Schutz von Embryonen (1986) und Kürten, Kritik der Deutschen Forschungsgemeinschaft (1987). Weitere Diskussionsbeiträge zu finden in Keller u. a. (Hg.), Kommentar zum Embryonenschutzgesetz (1992), 72, Fn. 45.

interministerielle Arbeitsgruppe von Bund und Ländern einzuberufen, die eine umfassende Regelung der Fortpflanzungsmedizin vorbereiten sollte.[69] Der Deutsche Juristentag, der vom 09.–12.09.1986 in Berlin tagte, und die Stellungnahme des Deutschen Richterbundes im selben Jahr befassten sich ausführlich mit den juristischen Fragen der In-vitro-Fertilisation.[70] Anfang 1987 konnte die Enquete-Kommission „Chancen und Risiken der Gentechnologie" nach gut zweieinhalbjährigen Beratungen in ihrem Abschlussbericht konkrete Handlungshinweise liefern, die unter dem Diktum der Wahrung der sich aus dem grundgesetzlichen Menschenbild ergebenden Menschenwürde standen.[71] Im Januar 1988 kam es zu ersten Gesetzesinitiativen aus der SPD-Bundestagsfraktion, die im Entschließungsantrag „Chancen und Risiken der Anwendung neuer Methoden der künstlichen Befruchtung und bei Eingriffen in menschliche Keimzellen" die Bundesregierung aufforderte, schnellstmöglich einen Gesetzentwurf vorzulegen.[72] Der „Kabinettsbericht zur künstlichen Befruchtung beim Menschen" wurde Grundlage der sich in den folgenden Monaten häufenden Initiativen zu einer konkreten Regelung der Thematik.[73] Nach Beratung des Antrags und Berichts am 26.02.1988 im Bundestag wurde die Problematik an den Rechtsausschuss und den Bundesrat weitergeleitet.[74] Im August 1988 folgte der Bericht der Bund-Länder-Arbeitsgruppe „Fortpflanzungsmedizin",[75] im Oktober legte Bundesjustizminister Hans Engelhard, MdB (FDP) einen „Arbeitsentwurf eines Gesetzes zum Schutz von Embryonen (Embryonenschutzgesetz – ESchG)" vor.[76]

Gut ein Jahr später, am 25.10.1989, legte die Bundesregierung ihren Gesetzentwurf vor, der in erster Linie den Empfehlungen der Benda-Kommission folgte und eine potentielle Regelung der Humangenetik in den strafrechtlichen Bereich verlegte.[77] Nach der Prüfung des Gesetzentwurfes durch den Bundesrat und den federführenden Rechtsausschuss wurde dieser dem Bundestag zugeleitet.[78] Am 16.11.1989 brachten die Abgeordneten Herta Däubler-Gmelin (SPD),

[69] Vgl. Bundesrat, Entschließung des Bundesrats zur extrakorporalen Befruchtung (05.05.1986).
[70] Vgl. 56. Deutscher Juristentag, Beschlüsse (1986) und Deutscher Richterbund, Thesen (1986), S. 229f.
[71] Vgl. Deutscher Bundestag, Drucksache 10/6775 (06.01.1987).
[72] Vgl. Deutscher Bundestag, Drucksache 11/1662 (18.01.1988), S. 2.
[73] Vgl. Deutscher Bundestag, Drucksache 11/1856 (23.02.1988).
[74] Vgl. Deutscher Bundestag, Plenarprotokoll 11/62 (26.02.1988).
[75] Abgedruckt im Bundesanzeiger: Bundesministerium der Justiz, Fortpflanzungsmedizin (1989). Die Arbeitsgruppe war eingesetzt worden, um ein Gesamtkonzept über staatliche Handlungsmöglichkeiten auf dem Gebiet der Fortpflanzungsmedizin zu erarbeiten. Ihre Vorschläge sahen eine strafrechtliche Regelung vor. Vgl. mehr dazu bei Keller u. a. (Hg.), Kommentar zum Embryonenschutzgesetz (1992), S. 73.
[76] Abgedruckt in Eser u. a. (Hg.), Regelungen der Fortpflanzungsmedizin (1990), S. 92–99.
[77] Vgl. Deutscher Bundestag, Drucksache 11/5460 (25.10.1989).
[78] Vgl. ebd.

Renate Schmidt (SPD), Hermann Bachmaier (SPD) u. a. sowie die Fraktion der SPD zwei Entwürfe ein.[79] Diese wurden ebenso wie der Gesetzentwurf der Bundesregierung am 08.12.1989 in erster Lesung im Bundestag beraten.[80] Nach Veröffentlichung des Berichts und der Beschlussempfehlung durch den Rechtsausschuss,[81] an den die Thematik nach erster Lesung weitergeleitet worden war, diskutierte der Bundestag in zweiter Lesung und verabschiedete nach dritter Lesung am 24.10.1990 das Embryonenschutzgesetz.[82] Das Gesetz trat am 01.01.1991 in Kraft und regulierte den Schutz von Embryonen auf einfachgesetzlicher Ebene.[83]

2 Zwischen Gattungsschutz und Embryonenschutz

Die In-vitro-Fertilisation markierte, so konnte der Debattenverlauf der 1980er Jahre zeigen, nicht das Ende, sondern den Ausgangspunkt neuer medizinisch-technischer Entwicklungen. Dieses seit Ende der 1970er Jahre erfolgreich etablierte Verfahren sorgte dafür, dass die Entstehung menschlichen Lebens aus den Schlafzimmern in die Labore der Reproduktionsmediziner und Wissenschaftler verlagert werden konnte. Menschliches Leben wurde machbar, Vorstellungen familiärer Fortpflanzung wurden überholt, denn die neuen Verfahren ermöglichten eine Fortpflanzung, die bisher für unüberwindlich gehaltene Grenzen und sogar Generationen zu überspringen vermochte. Stellte zunächst die Erfüllung eines Kinderwunsches den Ausgangspunkt für die Durchführung des In-vitro-Verfahrens dar, so mehrten sich im Laufe der 1980er Jahre die Meldungen über geplante oder vollzogene Forschungen am nun im Reagenzglas zur Verfügung stehenden Embryo. Hatten in der Abtreibungsdebatte lediglich die werdende Mutter und der Arzt eine Zugriffsmöglichkeit auf den Embryo, so erhöhte sich mit Etablierung der neuen Technik die Anzahl der Akteure schlagartig. Sterile Paare leitete die Hoffnung, auf diesem Wege zu einem eigenen Kind zu gelangen, so manche Leihmutter witterte eine gute Verdienstmöglichkeit, Forscher hofften auf den praktischen Durchbruch für in der Theorie entwickelte Verfahren. Begriffe wie Genmanipulation, Klontechnik, Hybrid- und Chimärenbildung sowie Eingriffe in menschliche Keimbahnen waren fortan Teil der Debatte. Die meisten dieser Verfahren, nur in der Theorie

79 Vgl. Deutscher Bundestag, Drucksache 11/5709 (16.11.1989); Deutscher Bundestag, Drucksache 11/5710 (16.11.1989).
80 Vgl. Deutscher Bundestag, Plenarprotokoll 11/183 (08.12.1989), S. 14166–14174.
81 Vgl. Deutscher Bundestag, Drucksache 11/8057 (08.10.1990).
82 Vgl. Deutscher Bundestag, Plenarprotokoll 11/230 (24.10.1990), S. 18206–18220.
83 Vgl. Embryonenschutzgesetz – ESchG (1990).

realisierbar, wurden als reale Bedrohungen aufgenommen und vehement abgelehnt. Die Grenzen zwischen Realität und Fiktion verschwammen, und so rang man in der Diskussion unaufhaltsam um die richtige Balance zwischen dem theoretisch Denkbaren und dem tatsächlich Machbaren – und deren Regelung.

Argumentationsmuster, die für die Auseinandersetzung um die Abtreibungsfrage zielführend und nützlich gewesen waren, konnten in der Debatte um den Schutz von Embryonen ex utero nicht weiterhelfen. Die Diskursteilnehmer fanden sich in einer völlig neuen, nie dagewesenen und deshalb mit nichts zu vergleichenden Situation wieder. Das Prinzip der Menschenwürde avancierte im Verlaufe der Diskussion zum zentralen Bestandteil der Argumentationen. „Es geht nicht darum, den wissenschaftlichen Fortschritt aufzuhalten, wie dies von den sich verteidigenden Forschern und Ärzten behauptet wird, sondern allein um ethische Fragen, um Menschenbild und Menschenwürde", schrieb Rainer Flöhl bereits wenige Tage nach der Geburt von Louise Brown in der FAZ.[84] Und das Öffentlichkeitsreferat des Bundesministeriums für Justiz stellte im Jahr 1987 in einer Informationsbroschüre fest: „Die Eckwerte der Diskussion sind zum einen die Menschenwürde des Embryos und der Schutz seines unversehrten Lebens, zum anderen die Freiheit der Forschung. Sie alle beruhen auf im Grundgesetz enthaltenen Gewährleistungen, vgl. Artikel 1 Abs. 1, 2 Abs. 2, 5 Abs. 3 GG, und stellen fundamentale, unsere Kultur grundlegend beeinflussende Werte dar."[85]

Die Argumente, die in der Debatte seit den frühen 1980er Jahren auf allen Seiten vorgebracht wurden, spiegeln die Unsicherheit der Diskussionsteilnehmer wider, angemessen auf die noch wenig bekannten und ungeklärten Themenkomplexe eingehen zu können. Der Ausgang der Abtreibungsdebatte zeigte, wie auch in dieser Arbeit dargestellt, dass in einer pluralistischen Gesellschaft in puncto Lebensschutz und Selbstbestimmungsrecht nicht der eine Lösungsweg existierte.

Die Geburt des ersten durch In-vitro-Fertilisation entstandenen Kindes hatte die Diskussionsteilnehmer, so verdeutlichte die bisherige Debattenanalyse, unerwartet vor vollendete Tatsachen gestellt. Vom Zeitpunkt des medialen Echos auf Louise Browns Geburt an hinkte insbesondere die gesetzgeberische Diskussion den durch Reproduktionsmedizinern geschaffenen Tatsachen hinterher. Die bereits geborenen Kinder führten den Diskussionsteilnehmern die positiven Seiten des Verfahrens vor Augen, konnte man doch an ihrer Existenz das Glück der zuvor ungewollt kinderlosen Paare ablesen. Das Argument, sterilen Paaren durch In-vitro-Fertilisation zu einem genetisch eigenen Kind zu verhelfen, wurde durchaus häufig vorgebracht. Schon früh befürworteten Fortpflanzungsmediziner mit der Zielsetzung, leidenden sterilen Paaren helfen zu können, die

84 Flöhl, Schutzlose Retortenbabys (1978).

85 Bundesminister der Justiz, Referat für Presse- und Öffentlichkeitsarbeit (Hg.), Umgang mit dem Leben (1987), S. 44.

In-vitro-Fertilisation als eine Behandlungs- und Heilmethode[86] und erfuhren dabei viel Zustimmung.[87] Von deren Befürwortern wurde ein mögliches Verbot der In-vitro-Fertilisation als Verletzung der elterlichen Menschenwürde abgelehnt, da damit eine Beschränkung des in Art. 6 GG festgesetzten Rechts der Eltern auf freie Entscheidung über ihre Familienplanung verbunden wäre.[88]

Doch sollte die Zustimmung zum Verfahren der In-vitro-Fertilisation keineswegs als Freifahrtschein für schrankenlose Zeugung extrakorporaler Embryonen gewertet werden, vielmehr wurde die Forderung nach der ethischen Vertretbarkeit des Verfahrens und der individuellen Prüfung zur zentralen Voraussetzung ihres Einsatzes formuliert.[89]

Gegner der In-vitro-Fertilisation wandten ein, dass künstliche Befruchtung keine Heilbehandlung darstelle und somit das Problem der Sterilität nicht löse, sondern lediglich übergehe.[90] Kritische Stimmen zu den körperlichen und

[86] Die Richtlinien zur Durchführung von In-vitro-Fertilisation der Bundesärztekammer aus dem Jahr 1985 zeugen davon, dass In-vitro-Fertilisation in den Augen der Ärzteschaft eine angemessene Möglichkeit der Sterilitätsbehandlung darstellte. Vgl. BUNDESÄRZTEKAMMER, Richtlinien In-vitro-Fertilisation (1985), S. 1691–1698.

[87] Positiv äußerte sich beispielsweise eine Informationsbroschüre des Justizministeriums: „Soweit sich die Medizin daran macht, den an ihrer Kinderlosigkeit Leidenden zu helfen, erwächst ihr damit eine große und verantwortliche Aufgabe." BUNDESMINISTER DER JUSTIZ, REFERAT FÜR PRESSE- UND ÖFFENTLICHKEITSARBEIT (Hg.), Umgang mit dem Leben (1987), S. 7. Auch der Parteitagsbeschluss der CDU vom Juni 1988 lässt Zustimmung anklingen: „Besteht eine Unfruchtbarkeit unter Ehepartnern, die anderweitig nicht zu beheben ist, so ist eine künstliche Befruchtung durch Übertragung des Samens wie auch – sofern notwendig – eine Übertragung des außerhalb des Mutterleibes erzeugten Embryos als Heilverfahren ethisch und rechtlich vertretbar, wenn Keimzellen der Ehepartner verwendet werden. Auch ein so gezeugtes Kind ist Ausdruck und Folge einer unmittelbaren personalen Zuwendung der Ehepartner zueinander." CHRISTLICH DEMOKRATISCHE UNION DEUTSCHLANDS, Protokoll Bundesparteitag CDU 1988 (13.06.1988), S. 466. Ähnlich Däubler-Gmelin, MdB (SPD) in DEUTSCHER BUNDESTAG, Plenarprotokoll 11/183 (08.12.1989), S. 14168f.

[88] Vgl. BENDA, Erprobung der Menschenwürde (1985), S. 21 und ESER, Genetik, Gen-Ethik, Gen-Recht (1985), S. 253.

[89] In diesem Sinne äußerten sich die VEREINIGTE EVANGELISCHE-LUTHERISCHE KIRCHE DEUTSCHLANDS (Hg.), Du hast mich gebildet im Mutterleib (1986), S. 34f. und RITSCHL, Menschenwürde als Fluchtpunkt (1988), S. 114f.

[90] Zu Gegnern der In-vitro-Fertilisation zählten die beiden Kirchen. So warnte die Evangelische Kirche: „Bei Zeugung und Geburt eines Kindes beeinflussen sich leibliche und seelische Vorgänge wechselseitig. In einem erheblichen Teil der Fälle ist Sterilität des Mannes oder der Frau auch psychisch bedingt. Die psychischen Ursachen würden durch eine extrakorporale Befruchtung nicht behoben, sondern nur technisch überspielt." EVANGELISCHE KIRCHE IN DEUTSCHLAND (Hg.), Würde werdenden Lebens (1985), S. 3. Für die katholische Kirche lag das Problem in der Technisierung des Zeugungsaktes, die den Eltern ihre Würde nehmen würde. Vgl. SEKRETARIAT DER DEUTSCHEN BISCHOFSKONFERENZ (Hg.), Achtung vor dem beginnenden menschlichen Leben (1987) und ebenso LAUFS, Künstliche Befruchtung (1986), S. 771. Kritisch auch die Fraktion DIE GRÜNEN, die die Regierungsparteien dazu aufforderte, die Ursachen von Sterilität zu ergründen, dort Präventionsmaßnahmen

seelischen Nebenwirkungen und Risiken, die insbesondere die Frau während der Behandlung zu tragen habe, waren dagegen seltener zu hören. Zum Sprachrohr für betroffene Frauen entwickelte sich die Fraktion DIE GRÜNEN. So formulierte sie in ihrem Entschließungsantrag zum Gesetzentwurf des Embryonenschutzgesetzes: „Eklatant zieht sich die Frauenverachtung und -entrechtung durch dieses Gesetz. Weder wird die Verletzung der Würde der Frau durch fortpflanzungsmedizinische Eingriffe berücksichtigt, noch wird ihr überhaupt Schutzwürdigkeit zuerkannt. Im Rahmen dieses Gesetzes fungiert sie in erster Linie als Lieferantin von Eizellen und Embryonen. Dagegen erhält der Embryo den ungeteilten Schutz des Gesetzes, der vom Zeitpunkt der Kernverschmelzung von Samen- und Eizelle beginnt. Das, was einst untrennbar mit der Frau verbunden war, erhält noch früher als nach der Rechtsprechung des Bundesverfassungsgerichts zum § 218 den Status als eigenständiges Rechtssubjekt. Die für die Embryonenforschung notwendige Trennung des Embryos von der Frau wird damit gesetzlich nachvollzogen."[91] Mit Blick auf die Risiken für die Frau, aber auch für den Embryo lehnten die Fraktion DIE GRÜNEN, die katholische Kirche, etwas weniger konsequent die Evangelische Kirche Deutschlands und die meisten CSU- und CDU-Politiker die In-vitro-Fertilisation ab.[92] Damit einhergehend missbilligten sie Leihmutterschaft, Eizellspende und die Forschung an Embryonen. Besonders hervorstechend ist die entschiedene Position der GRÜNEN-Politiker in den Auseinandersetzungen um die gesetzliche Regelung des Embryonenschutzes. So verglich Marie-Luise Schmidt, MdB (Die GRÜNEN) die In-vitro-Fertilisation in Bezug auf die Behandlung der Frauen mit einem „Menschenexperiment".[93]

Doch trotz der anzutreffenden Gegenstimmen akzeptierte die Mehrheit der Diskussionsteilnehmer die In-vitro-Fertilisation in einem eng definierten Rahmen als Methode zur Überwindung von Unfruchtbarkeit. Gleichzeitig war den meisten Befürwortern jedoch bewusst, dass es diese Methode war, die den Weg zu vielen unerwünschten Folgeproblemen eröffnen konnte oder bereits eröffnet hatte, was der Blick ins Ausland bestätigte.[94] Die In-vitro-Fertilisation wurde als

zu ergreifen und echte Behandlungsmethoden zu erforschen und nicht das Problem auf einem weitaus folgenschwereren Weg zu beheben. Vgl. DEUTSCHER BUNDESTAG, Drucksache 11/747 (28.08.1987); mit Antwort der Bundesregierung: DEUTSCHER BUNDESTAG, Drucksache 11/2238 (04.05.1988). Ebenso im Entschließungsantrag zum Gesetzentwurf, vgl. DEUTSCHER BUNDESTAG, Drucksache 11/8179 (19.10.1990), S. 2f.

91 Zitiert nach: DEUTSCHER BUNDESTAG, Drucksache 11/8179 (19.10.1990), S. 7. Vgl. auch DEUTSCHER BUNDESTAG, Drucksache 11/8057 (08.10.1990), S. 13; DEUTSCHER BUNDESTAG, Drucksache 11/8179 (19.10.1990) und DEUTSCHER BUNDESTAG, Plenarprotokoll 11/230 (24.10.1990), S. 18214.

92 Vgl. auch Fn. 90 in Teil III.

93 Zitiert nach: DEUTSCHER BUNDESTAG, Plenarprotokoll 11/230 (24.10.1990), S. 18214.

94 Vgl. COESTER-WALTJEN, Befruchtungs- und Gentechnologie (1984), S. 231.

Einfallstor zur Manipulation und Selektion am Beginn des Lebens betrachtet, als „das Trojanische Pferd für Manipulationen am menschlichen Leben".[95]

Insbesondere die Möglichkeit, an den nun in der Petrischale zugänglichen Embryonen zu forschen, entfachte ein Feuer der Entrüstung und provozierte Widerstand.[96] Die Verdinglichung des Embryos für Menschenzucht und sein Einsatz als Forschungsobjekt wurden als klarer Verstoß gegen seine Würde gewertet.[97] Mögliche Forschungsziele, wie etwa die Optimierung der In-vitro-Fertilisation, stellten keine ausreichende Begründung dar, Embryonenforschung zu billigen.[98] Auch die Idee, durch Keimzelltransfer und Gentherapien Erbkrankheiten bereits vor der Implantation zu selektieren, stellte für die wenigsten Zeitgenossen ein akzeptables Forschungsvorhaben dar, vielmehr witterte man hier „positive Eugenik"[99], Menschenzucht und Hybris.[100] Der Soziologe Ulrich

[95] So Conrad, MdB (SPD) in Deutscher Bundestag, Plenarprotokoll 11/62 (26.02.1988), S. 4300. Auch wenn die Technik der Präimplantationsdiagnostik in den 1980er Jahren nur in der Theorie durchführbar war und daher nicht die hauptsächlich diskutierte Technik darstellte, erkannten die Zeitgenossen darin ein Gefahrenpotential. So auch Benda, Irrweg zum gezüchteten Menschen (1985); Däubler-Gmelin, Fortpflanzung und Gentechnologie (1986), S. 147; Geis, MdB (CSU) in Deutscher Bundestag, Plenarprotokoll 11/62 (26.02.1988), S. 4308; Hofmann, Biotechnik, Gentherapie, Genmanipulation (1986), S. 254; Schmidt, MdB (DIE GRÜNEN) in Deutscher Bundestag, Plenarprotokoll 11/230 (24.10.1990), S. 18214 und Seesing, Gentechnologie und Leben (1985), S. 9.

[96] Vgl. Seesing, Gentechnologie und Leben (1985), S. 9.

[97] Vgl. Christlich Demokratische Union Deutschlands, Protokoll Bundesparteitag CDU 1988 (13.06.1988), S. 4; Classen, Rahmenbedingungen (1989), S. 243f.; „Kabinettbericht zur künstlichen Befruchtung beim Menschen", Deutscher Bundestag, Drucksache 11/1856 (23.02.1988), S. 8; Deutscher Bundestag, Drucksache 11/5460 (25.10.1989), S. 14; Eser, Strafrechtliche Schutzaspekte (1987), S. 142; Heuermann/Kröger, Menschenwürde und die Forschung am Embryo (1989), S. 177; Parteivorstand der SPD, Grundsatzerklärung der SPD (1986), S. 13; Reiter, Ethische Aspekte (1985), S. 160; Seesing, Gentechnologie und Leben (1985), S. 5–10; Sekretariat der Deutschen Bischofskonferenz (Hg.), Achtung vor dem beginnenden menschlichen Leben (1987), S. 17; Stoll, Zehn Thesen (1987) und Vitzthum, Gentechnologie und Menschenwürde (1985), S. 255.

[98] Vgl. Vitzthum, Gentechnologie und Menschenwürde (1985), S. 256.

[99] Ebd., S. 256. Beck, Eugenik (1988) konstatierte: „Die Eugenik, die uns droht, hat alle Kennzeichen einer finsteren Verschwörung abgelegt und das Kostüm von Gesundheit, Produktivität, Gewinnverheißung angelegt." Vgl. auch Evangelische Kirche in Deutschland/Deutsche Bischofskonferenz (Hg.), Gott ist ein Freund des Lebens (1989), S. 101. Ostendorf, Juristische Aspekte (1983), S. 194 warnte: „Die Gefahr von Manipulation und menschenunwürdiger ‚Zuchtwahl' im Wege extrakorporaler Befruchtung ist nicht zu leugnen. Wenn sich hieraus auch keine Massengefahr entwickeln dürfte, gilt es, die Unversehrtheit und Würde menschlichen Lebens prinzipiell, also auch im Einzelfall zu wahren." Ausführlich zum Aspekt der Eugenik aus zeitgenössischer Sicht, vgl. Eser, Genetik, Gen-Ethik, Gen-Recht (1985), S. 256–258.

[100] Vgl. Eser, Recht und Humangenetik (1983), S. 62 und Ostendorf, Experimente (1984), S. 596. CDU-Juristen konstatierten: „Experimente, die dem Menschen die Individualität nehmen und ihn zum Objekt züchterischer Verfahren machen, stellen einen schweren

Beck konstatierte: „[S]o sind die neuen Gentechnologien ihrer Handlungslogik nach eugenisch.“[101] Forscher, die dagegen mit Blick auf mögliche Risiken die Vorteile der Gentechnologien anpriesen, blieben in der Minderheit.[102] Der Staat, so die Meinung, sei dazu verpflichtet, fremdbestimmte Genmanipulation insbesondere an nicht zustimmungsfähigen Embryonen zum Schutz der Menschenwürde zu verhindern.[103]

Einige Autoren setzten sich jedoch für die Forschung an sogenannten überzähligen Embryonen ein, die im Zuge von In-vitro-Fertilisation entstanden, aber aus verschiedenen Gründen nicht eingesetzt werden konnten.[104] Die dafür angewandte Technik der Kryokonservierung, die zur Zwischenlagerung von Embryonen eingesetzt wurde, war stark umstritten. Aus medizinischer Sicht stellte die Lagerung von Embryonen im Eis eine Möglichkeit dar, der Mutter die wiederholte, gesundheitsbelastende hormonelle Prozedur des Eisprungs und der Eientnahme zu ersparen.[105] Embryonen konnten so in einem Behandlungszyklus hergestellt, bei Bedarf aufgetaut und eingepflanzt werden. Dabei kam es

Verstoß gegen die Menschenwürde dar.“ Union in Deutschland, Chancen und Risiken (1987).

101 Beck, Eugenik (1988).

102 Eine sehr abwägende Position nahm der Biochemiker Winnacker, Chancen und Risiken (1985), S. 339–345 ein, der sich insgesamt gegen restriktive Forschungsverbote aussprach.

103 Vgl. Benda, Humangenetik und Recht (1985), S. 1733; Eser, Recht und Humangenetik (1983), S. 62f.; Evangelische Kirche in Deutschland (Hg.), Würde werdenden Lebens (1985), S. 2; Kunig, Art. 1 (1992), S. 106; Reiter, Menschliche Würde und christliche Verantwortung (1989), S. 68; Starck, Das Bonner Grundgesetz (1985), S. 61 und Vitzthum, Menschenwürde als Verfassungsbegriff (1985), S. 208.

104 So plädierte Coester-Waltjen, Befruchtungs- und Gentechnologie (1984), S. 236 dafür, dass die Forschung an überzähligen Embryonen dann gestattet sein sollte, wenn das Ziel angemessen wäre. Vorsichtig sah sie Forschungen an überzähligen Embryonen legitimiert, wenn darauf geachtet würde, dass es sich wirklich um überzählige handle. In erster Linie solle extrakorporale Befruchtung jedoch der Herbeiführung einer Schwangerschaft dienen. Fechner, Menschenwürde und generative Forschung (1986), S. 659 schrieb: „Daß hoffnungslos verlorenes Leben noch einem humanen Zweck dienen vermag, stellt sich vielmehr als ein letzter Erweis von Würde dar, wenn es noch Verständnis dafür gibt, daß Opfer und Dienst etwas mit Würde zu tun haben.“ Hofmann, Biotechnik, Gentherapie, Genmanipulation (1986), S. 258 setzte sich radikaler für Forschungen an überzähligen Embryonen ein, so schrieb er: „Den überzähligen Zygoten, deren Transfer ausgeschlossen ist, erwächst kein Nachteil, wenn im Stadium der ersten Zellteilung mit ihnen experimentiert wird. Sie würden so oder so bald zerfallen, wie das auch bei natürlicher Befruchtung in mehr als zwei Drittel der Fälle der sozusagen ‚normale‘ Verlauf ist.“ Scholz, Verfassungsfragen (1989), S. 225 nannte einen weiteren Begründungsansatz: „Derartige Forschung steht Art. 1 I GG gegebenenfalls nicht entgegen, da der überzählige Embryo ohnehin sein ihm immanentes Ziel, die Menschwerdung, nicht mehr erreichen kann, so daß Experimente für hochrangige wissenschaftliche Zwecke ihn nicht etwa oder von vornherein zum bloßen (und damit illegitimen) Mittel eines außerhalb seiner selbst liegenden Zweckes machen.“

105 Vgl. Ostendorf, Experimente (1984), S. 596.

immer wieder, bedingt durch verschiedene Ursachen, zu einer Überproduktion von Embryonen. Sollten diese „Frostbabys“[106] nicht im ewigen Eis verdammen oder zur Adoption freigegeben werden, blieb als Alternative entweder ihre Vernichtung oder ihre Verwendung für Forschungszwecke.[107] Auch Christian Starck plädierte in seinem vielbeachteten Gutachten für den 56. Deutschen Juristentag im Jahr 1988 für den Einsatz dieser Embryonen für Forschungszwecke mit der Begründung: „Embryonen dürfen ohne Verstoß gegen die Menschenwürde zu Forschungszwecken nur benutzt werden, wenn sich nach ihrer Entstehung herausstellen sollte, daß sie nicht zur Einnistung in die dafür ursprünglich vorgesehene oder eine andere Frau eingepflanzt werden können. Dann sind sie ohne jede Entwicklungsmöglichkeit; vor ihrem Zerfall dürfen sie für Experimente benutzt werden.“[108]

Die Verwendung überzähliger Embryonen zu Forschungszwecken stieß jedoch auf heftigen Widerspruch. Noch größer war der Protest nur gegen die bewusste Embryonen-Produktion für wissenschaftliche und kommerzielle Zwecke. Dabei konnte es durchaus möglich sein, dass man sich zwar für Forschungen an überzähligen Embryonen, aber gegen die Produktion derselbigen für Forschungszwecke aussprach.[109] Die Gegner dieser Techniken sahen die Selbstzweckhaftigkeit des Embryos und seine Menschenwürde aufgrund der erfolgten Instrumentalisierung unmittelbar gefährdet.[110] Da die Mehrzahl der Diskussionsteilnehmer die bereits fest etablierte In-vitro-Fertilisation nicht mehr verbieten wollte, wurden Vertreter in Politik, Wissenschaft und Medizin

[106] Bundesminister der Justiz, Referat für Presse- und Öffentlichkeitsarbeit (Hg.), Umgang mit dem Leben (1987), S. 4.

[107] Für das Absterben von „überzähligen“ Embryonen zur Wahrung der Menschenwürde votierte beispielsweise Deutscher Richterbund, Thesen (1986), S. 229.

[108] Starck, Verfassungsrechtliche Grenzen (1988), S. 27. Ebenso veröffentlichte die FAZ seine Einstellung zur Forschung an überzähligen Embryonen, vgl. Starck, Mittel zum Zweck (1988).

[109] Starck, Verfassungsrechtliche Grenzen (1988), S. 27 schrieb dazu: „Menschliches Leben, das zu anderen Zwecken als zur Einpflanzung in einen weiblichen Körper erzeugt wird, dient ausschließlich einem Zweck außerhalb seiner selbst, was mit der Menschenwürde nicht im Einklang steht.“

[110] Böckle, Fortpflanzung und Menschenwürde (1988), S. 14 betonte: „Die Erzeugung von Embryonen zu bloßen Forschungszwecken erniedrigt solch menschliches Leben zum reinen Objekt und bedeutet damit eine Verletzung der Menschenwürde. Dies rechtfertigt eine kategorische Verbotsnorm. Hier stößt die Forschung an Grenzen, die sich nicht überschreiten darf.“ Ebenso auch Evangelische Kirche in Deutschland (Hg.), Würde werdenden Lebens (1985), S. 3; Evangelische Kirche in Deutschland (Hg.), Kundgebung (1987), S. 5–7; Kluxen, Fortpflanzungstechnologien und Menschenwürde (1986), S. 14f.; Laufs, Künstliche Befruchtung (1986), S. 775; Pap, Würde des werdenden Lebens (1986), S. 229–236; Scholz, Verfassungsfragen (1989), S. 226 und Sekretariat der Deutschen Bischofskonferenz (Hg.), Achtung vor dem beginnenden menschlichen Leben (1987), S. 17.

aufgefordert, Regelungen zu treffen, die eine Überproduktion von Embryonen verhindern sollten.[111] Allein die Herbeiführung einer Schwangerschaft wurde in aller Regel als legitimer Grund erachtet, Embryonen ex utero zu erzeugen. So forderte auch der Deutsche Richterbund: „Die Zeugung menschlichen Lebens außerhalb des Mutterleibes (In-vitro-Fertilisation) ist nur mit dem Ziel seiner Menschwerdung zulässig. Die Erzeugung menschlicher Embryonen lediglich zu Versuchs- oder Forschungszwecken verstößt gegen die dem menschlichen Leben auch in seinem frühsten Stadium zukommende Achtung und Würde."[112] Die mehrheitliche Verurteilung von Embryonenforschung und die Forderung nach gesetzlicher Regulierung der Wissenschaft zum Schutze der Menschenwürde, führte zum Appell an den Gesetzgeber, in das Grundrecht der Forschungsfreiheit (Art. 5 Abs. 3 Satz 1 GG)[113] einzugreifen.[114]

Dieser diskutierte Eingriff blieb nicht ohne Gegenrede. Insbesondere Forscher und Mediziner sahen sich in ihrer Freiheit eingeschränkt, sie verwiesen auf die (möglichen) Erfolge einer Forschung an Embryonen und auf internationale Konkurrenz: „Jemand, der in England an Embryonen forscht, kann den Nobelpreis bekommen, bei uns kann er im Gefängnis landen", gab Christian Lauritzen, Direktor einer Frauenklinik, in einer Anhörung der CDU-Landtagsfraktion von Baden-Württemberg zu verstehen.[115] Eine restriktivere Gesetzesregelung im Bereich der Humangenetik, so befürchtete man, würde naturwissenschaftli-

111 Wiederholt ergingen Appelle solcher Art an die Verantwortlichen, so auch von Benda, Humangenetik und Recht (1985), S. 1733; Evangelische Kirche in Deutschland/Deutsche Bischofskonferenz (Hg.), Gott ist ein Freund des Lebens (1989), S. 65; Giesen, Biotechnologie, Verantwortung und Achtung (1989), S. 68 und Pap, Würde des werdenden Lebens (1986), S. 235.

112 Deutscher Richterbund, Thesen (1986), S. 229. Ähnlich auch bei Böckle, Fortpflanzung und Menschenwürde (1988), S. 13; Hoffmann, Biotechnologie, Gentechnologie und Reproduktionsbiologie (1985), S. 130 und Pap, Würde des werdenden Lebens (1986), S. 236, der schrieb: „Nur die In-vitro-Fertilisation jeweils einer Eizelle mit nachfolgendem Transfer des einen gezeugten Keimlings gerät nicht mit Art. 1 I GG in Konflikt."

113 Zum Begriff der Forschungsfreiheit schrieb Lerche, Verfassungsrechtliche Aspekte (1986), S. 91: „Forschungsfreiheit heißt Abwehr staatlicher Einwirkungen auf die Bestimmung von Forschungszielen, Forschungsmaterien und Forschungsmethoden; Forschungsfreiheit heißt zugleich Verpflichtung des Staates zu freiheitlicher Forschungsorganisation sowie zu grundsätzlicher Forschungsförderung. Es kann aber doch nicht so sein, daß sich das Forschungsprivileg tatbestandlich auch auf die Wahl der materiellen Möglichkeiten und Handhabungen fremder Rechtsgüter bezieht, mit deren Potential irgendwelche Forschung betrieben werden soll."

114 Unter Verweis auf die Schutzpflicht des Staates aus Art. 1 Abs. 1 GG; vgl. dazu Flämig, Humangenetische Manipulation (1985), S. 62; Geis, MdB (CSU) in Deutscher Bundestag, Plenarprotokoll 11/62 (26.02.1988), S. 4308; Bundesminister für Forschung und Bildung Riesenhuber, MdB (CDU) in Deutscher Bundestag, Plenarprotokoll 11/171 (26.10.1989), S. 12819 und Vitzthum, Gentechnologie und Menschenwürde (1985), S. 257.

115 o. A., Unklarheiten (1989).

che Erkenntnisprozesseerzögern oder gar verhindern, die Konkurrenzfähigkeit der deutschen Wissenschaft im internationalen Vergleich vermindern und die Abwanderung von Forschern ins Ausland provozieren.[116] Vielmehr sollte die internationale Zusammenarbeit gefördert werden, denn Wissenschaften könnten nicht ausschließlich über nationale Gesetzgebungen geregelt werden.[117]

Prinzipiell wurde die Legitimität von Forschung innerhalb der Genetik und Reproduktionsmedizin nicht in Frage gestellt, schließlich erlaube die Forschungsfreiheit grundsätzlich die Forschung mit und am Menschen, allerdings gelte diese in Art. 5 Abs. 3 GG festgehaltene Freiheit nicht schrankenlos, so die Gegenrede.[118] Dabei ging es den Gegnern von Embryonenforschung nicht darum, ein forschungsfeindliches Klima zu erzeugen, vielmehr verwiesen sie darauf, dass Forschungsfreiheit mit anderen Grundrechten, die der Staat zu schützen verpflichtet sei, kollidieren könne.[119] Dabei stellten die Verfassungswerte der Menschenwürde und des Rechts auf Leben die absolute Grenze der Forschungsfreiheit dar.[120] „Dies gilt für den gesamten Bereich der medizinischen und biologischen Forschung – die Grundlagenforschung eingeschlossen. Auch wer diese betreibt, kann sich nicht über die Rechte seiner Mitbürger auf Leben, Gesundheit oder Eigentum hinwegsetzen. Ebensowenig ist ihm erlaubt, auf eine

[116] „Auch die Forschungsfreiheit in einem rohstoffarmen Land wie der Bundesrepublik ist ins Kalkül zu ziehen. Ein Forschungsverbot wäre aus dieser Sicht nur dann verhältnismäßig, wenn es gelänge, die biogenetische Forschung gesetzlich so in den Grenzen zu halten, daß tatsächlich human-genetische Eingriffe in den Keimzellen ausgeschlossen werden könnten." Flämig, Humangenetische Manipulation (1985), S. 70.

[117] Vgl. Fechner, Menschenwürde und generative Forschung (1986), S. 664 und Laufs, Künstliche Befruchtung (1986), S. 777. Auch Pap, Extrakorporale Befruchtung (1987), S. 236 plädierte für einen ethischen und rechtlichen Konsens auf internationaler Ebene, schlussfolgerte aber, dass einem solchen Konsens keine Verfassungswerte geopfert werden dürften.

[118] „Neben der Freiheit der Forschung steht hier die ethische Verantwortung für die Anwendung. Der Mensch als Geschöpf Gottes muß dabei das Maß aller Dinge bleiben." Kohl, Neurowissenschaften und Ethik (1987), S. 12. „Die CDU tritt dafür ein, daß in Forschung und Technik drei ethische Grundforderungen eingehalten werden: Wahrung der Menschenwürde, Verantwortung für die Schöpfung und Verantwortung für künftige Generationen. Wenn der Erkenntnisdrang des Forschers mit diesen Grundsätzen in Konflikt zu geraten droht, muß der Staat schützend eingreifen." Christlich Demokratische Union Deutschlands, Protokoll Bundesparteitag CDU 1988 (13.06.1988), S. 8. Vgl. auch: 56. Deutscher Juristentag, Beschlüsse (1986), S. 3069; Giesen, Biotechnologie, Verantwortung und Achtung (1989), S. 63; Lerche, Verfassungsrechtliche Aspekte (1986), S. 99–111 und Scholz, Verfassungsfragen (1989), S. 213.

[119] Vgl. Lauff/Arnold, Rechtspolitische Probleme (1984), S. 282f.

[120] Vgl. Eser, Recht und Humangenetik (1983), S. 57–61; 56. Deutscher Juristentag, Beschlüsse (1986), S. 3069; Evangelische Kirche in Deutschland (Hg.), Würde werdenden Lebens (1985), S. 3f.; Kunig, Art. 1 (1992), S. 108; Pap, Würde des werdenden Lebens (1986), S. 234 und Starck, Verfassungsrechtliche Grenzen (1988), S. 22f.

Weise zu forschen, daß dabei die Menschenwürde mißachtet wird", betonte Christian Starck.[121]

An das verantwortliche Handeln der Forscher und ihr ethisches Empfinden wurde appelliert und gleichzeitig der Gesetzgeber aufgefordert, menschlichem Forscherdrang im Namen der Menschenwürde Grenzen zu setzen.[122] Jedoch wurde auch der Zweifel laut, ob ein Eingriff in die Forschungsfreiheit aufgrund einer nur abstrakten Gefahr für den Menschen zu rechtfertigen sei.[123] Auch die Forschungsfreiheit wurde mitunter als Teil menschlicher Würde interpretiert, so beispielsweise durch den Rechtswissenschaftler und Soziologen Erich Fechner: „Die Forschung zählt zu jenen Fähigkeiten, die die Einzigartigkeit und Würde des Menschen allererst konstituieren. Forschung nimmt daher selber an dieser Würde teil."[124]

Insgesamt jedoch blieben diejenigen, die die Schutzwürdigkeit des Embryos hinter potentielle Forschungserkenntnisse zurückstellten, in der Unterzahl, denn die überwiegende Mehrheit verwies unermüdlich auf konkrete und abstrakte

121 Starck, Gutachten für den 56. Deutschen Juristentag (1986), S. 19. Ebenso auch an vielen anderen Stellen hier exemplarisch aus dem Bundesbericht Forschung für das Jahr 1988: „Vor allem die aktuelle Debatte um Genforschung und Ethik, um die Grenzen der Forschung und um die Wahrung der Würde des Menschen in diesem Bereich zeigt, daß Forschung und Technologie nicht außerhalb kultureller, ethisch begründeter Wertvorstellungen stattfinden kann, daß für die geforderten Synthesen ein entsprechendes Orientierungs- und Handlungswissen zu entwickeln ist, womit aber auch Brücken zu schlagen sind zwischen den Naturwissenschaften und den Geistes- und Sozialwissenschaften, nicht zuletzt zu Philosophie und Ethik. […] Die Forschungsfreiheit findet – neben der stets notwendigen Abwägung gegen gleichrangige Grundrechte – in unserer Rechtsordnung dort ihre Grenzen, wo die Würde des Menschen berührt ist. Daher wird die Bundesregierung einen Gesetzentwurf in den Bundestag einbringen, der u. a. den Eingriff in die menschliche Keimbahn und Experimente an Embryonen verbietet." Deutscher Bundestag, Drucksache 11/2049 (23.03.1988), S. 14 & 31.

122 Vgl. beispielsweise Kohl, Rede des Bundeskanzlers (1987), S. 5; Ostendorf, Experimente (1984), S. 600 und Parteivorstand der SPD, Grundsatzerklärung der SPD (1986), S. 4: „Gentechnologische Verfahren, aber auch medizinisch unterstützte Fortpflanzungstechniken hat die Forschung in weiten Bereichen bereits zur Anwendungsreife fortentwickelt. Für die Lebensgrundlage und die Würde des Menschen haben sich an dieser Schnittstelle zwischen Forschung Produktion Gefährdungen entwickelt, die den Staat zum Handeln auffordern."

123 Vgl. Vitzthum, Gentechnologie und Menschenwürde (1985), S. 254f.

124 Fechner, Menschenwürde und generative Forschung (1986), S. 659. Ähnlich schrieb Hofmann, Pflicht des Staates (1990), S. 120: „Die Notwendigkeit der Wahrung unserer Menschenwürde, die wir handeln, forschen und entscheiden, eröffnet eine neue Perspektive und erlaubt differenziertere Lösungen." Vgl. auch Scholz, Verfassungsfragen (1989), S. 230; Vitzthum, Gentechnologie und Menschenwürde (1985), S. 257, der sich um einen Ausgleich der betroffenen Grundrechte bemühte: „In diesem Freiheitsethos liegt ebenso der Menschenwürdekern der Forschungsfreiheit wie in der Gedankenfreiheit eine ontische Grundlage der Menschenwürde." und Westhoff, Der schöne neue Mensch (1984).

Folgen gentechnologischer Eingriffe am Menschen.[125] Im Juni 1988 folgten dann Erklärungen der Max-Planck-Gesellschaft und der Deutschen Forschungsgemeinschaft, dass man auf Forschungen am Embryo verzichten wolle, es sei denn, gewichtige Forschungsfragen stünden dagegen.[126] Die Entscheidungen dieser beiden bedeutenden Organisationen zeichneten den weiteren Weg der deutschen Wissenschaft vor, der zunächst einen weitgehenden Verzicht auf Embryonenforschung bedeutete.

Beleuchtet man die im Laufe der oben geschilderten Auseinandersetzung verwendeten sprachlichen Mittel, so fällt besonders die Metapher des Dammbruchs ins Auge. Sie war ein beliebtes sprachliches Bild, um auf Folgeprobleme zu verweisen, die eine optimierte Forschung für zukünftige Generationen mit sich brächte. Auch in der Begründung des Entwurfs eines Embryonenschutzgesetzes hieß es: „Gegen die Freigabe der Herstellung von Embryonen zu Forschungszwecken spricht auch die Gefahr eines Dammbruches: Wenn die Erzeugung von Embryonen für bestimmte Forschungszwecke zugelassen würde, ließe sich die künftige Erweiterung eines solchen Katalogs um neu auftauchende Forschungszwecke kaum vermeiden. Damit würde eine Entwicklung in Gang gesetzt, deren künftiger Verlauf nicht abzusehen ist."[127] Beliebtes Vergleichsmittel war in diesem Zusammenhang das Aufzeigen von Parallelen zur Erforschung der Kernenergie, deren negativen Folgewirkungen für die Gesellschaft niemand hatte vorhersehen können.[128] Schnelle standes- und strafrechtliche Regelungen wurden gefordert, um ein „genetisches Hiroshima"[129] oder „den globalen nuklearen Holocaust"[130] zu verhindern. Derartige Wortspiele und auch explizite Vergleiche mit den Unrechtshandlungen während des Dritten Reiches dienten dazu, restriktive Regelungen zum Schutz von Embryonen in Deutschland aus der Vergangenheit heraus zu legitimieren.[131]

125 Einer, der sich konsequent für mehr Forschungsfreiheit einsetzte war Hofmann, Biotechnik, Gentherapie, Genmanipulation (1986), S. 260. Er resümierte: „Bei aller Ablehnung von Menschenzüchtung – die Möglichkeit der Heilung schwerer und offenkundiger Erbkrankheiten darf nicht von vornherein mitverworfen werden. Und im übrigen mag es ja sein, daß unsere Rettung eines Tages darin liegt, daß wir den alten Adam ablegen – so oder so."

126 Vgl. dazu Degkwitz, Grundrechte (1989) und Max-Planck-Gesellschaft (Hg.), Respekt (1989), S. 212f.

127 Deutscher Bundestag, Drucksache 11/5460 (25.10.1989), S. 14.

128 Vgl. beispielsweise Benda, Gentechnologie und Recht (1986), S. 19; Däubler-Gmelin, MdB (SPD) in Deutscher Bundestag, Plenarprotokoll 11/62 (26.02.1988), S. 4290; Giesen, Biotechnologie, Verantwortung und Achtung (1989), S. 78; Hoffmann, Biotechnologie, Gentechnologie und Reproduktionsbiologie (1985), S. 131; Köbl, Niedergang oder Steigerung der Menschenwürde (1985), S. 163; Laufs, Künstliche Befruchtung (1986), S. 777 und Westhoff, Edwards, Ethik und Embryonen (1985).

129 Lauff/Arnold, Rechtspolitische Probleme (1984), S. 283.

130 Sass, Extrakorporale Fertilisation und Embryotransfer (1985), S. 41.

131 „Vor dem Hintergrund der Tötungsaktionen, insbesondere der Euthanasie im sog. Dritten Reich hat gerade unser Rechtssystem das Individualgut ‚Leben' vor der Inanspruchnahme

In der emotional geführten Embryo-Debatte wurden nicht nur Parallelen zu realen Gräueltaten in der Vergangenheit gezogen, sondern auch literarische Utopien wie die klonierte Gesellschaft angeführt, um die möglichen Risiken eines allzu sorglosen Umgangs mit neuen Technologien zu illustrieren.[132] Der Rekurs auf das Werk Aldous Huxleys „Brave new world" aus dem Jahr 1932 gibt davon beredtes Zeugnis.[133] Mit den erreichten Fortschritten in Reproduktionsmedizin und Genetik schien die Utopie zur Realität zu werden. Vor allem die in scheinbar greifbare Nähe gerückte Klonierungstechnik provozierte Furcht und Abwehrreaktionen. Die daraus resultierende Forderung nach einem raschen strafrechtlichen Verbot des Klonens wurde fast unisono mit der Würde des Menschen begründet.[134] Der Mensch habe das Recht, er selbst zu sein, „nicht die Kopie eines anderen", schrieb Ernst Benda, „[d]ie Unwiederholbarkeit des Menschen gehört zu den Grundelementen der Menschenwürde."[135]

Ein weitaus konkreteres, jedoch ebenso umstrittenes Diskussionsfeld eröffnete sich spätestens seit der Geburt des ersten Kindes durch die Leihmutter Kim Cotton im Jahr 1985 rund um die Leihmutterschaft. Die überwiegende Mehrheit in Gesellschaft und Wissenschaft sah in der Leihmutterschaft eine inakzeptable Instrumentalisierung der Frau und des Embryos. Der Dienstleistungscharakter, der hinter der meist bezahlten Arbeit der Leihmutter stand, wurde als klarer Verstoß gegen die Würde der Mutter gewertet.[136] Als Ausbeutung und Degradierung der Frau zum Gebärautomaten kritisierten insbesondere feministische Stimmen die Leihmutterschaft.[137] „Frauen möchten nicht zum

im Gemeinschaftsinteresse zu schützen. Ja, das nationalsozialistische Zeugungsprogramm ‚Lebensborn' kann als Vorläufer einer mißbräuchlichen Gentechnologie gewertet werden." Ostendorf, Experimente (1984), S. 599. Ebenso auch bei Benda, Irrweg zum gezüchteten Menschen (1985) und Pap, Extrakorporale Befruchtung (1987), S. 236.

[132] Vgl. Gordijn, Klonen von Menschen (1999), S. 13.

[133] Vgl. beispielsweise in Balz, Samenübertragung (1980), S. 95.

[134] So beispielsweise von Gesetzentwurf der Bundesregierung in Deutscher Bundestag, Drucksache 11/5460 (25.10.1989), S. 11; Deutscher Richterbund, Thesen (1986), S. 230; Gröner, Klonen, Hybrid- und Chimärenbildung (1991), S. 307f.; Kohn, MdB (FDP) in Deutscher Bundestag, Plenarprotokoll 11/171 (26.10.1989), S. 12807; Kunig, Art. 1 (1992), S. 107; Reiter, Ethische Aspekte (1985), S. 160f. und Scholz, Instrumentale Beherrschung (1986), S. 72f.

[135] Benda, Humangenetik und Recht (1985), S. 1733. Ebenso in Benda, Erprobung der Menschenwürde (1985), S. 30f.

[136] Vgl. Benda, Menschenwürde (1984), S. 121; Höhler, Baby Cotton (1985); o. A., Streit München-Bonn (1985) und o. A., „Leihmütter mit Menschenwürde nicht vereinbar" (1985).

[137] Vgl. Corea, Eierdiebe (1985), S. 42 und Corea, MutterMaschine (1986), S. 12. Liers, Familienpolitik, S. 81 betonte: „Eine Form von Gewalt stellen die Reproduktionstechniken dar. Mit ihnen wird versucht, unsere Gebärfähigkeit vollständig unter männliche Kontrolle zu bekommen und uns Frauen beliebig ausbeutbar zu machen." Vgl. das in einer ähnlichen Intention verfasste Buch von Zipfel, Reproduktionsmedizin (1987).

Objekt für technische und sonstige Maßnahmen herabgewürdigt werde", äußerte sich die Familienministerin Rita Süssmuth, MdB (CDU) und forderte, den Frauen in der Auseinandersetzung mehr Gehör zu schenken.[138] Außerdem sah man die Würde des Embryos verletzt, der in diesem Zusammenhang als Ware betrachtet werden konnte, die die Leihmutter zur Erfüllung ihrer vertraglichen Pflichten abzuliefern hatte.[139] Ferner fürchtete man Entwicklungsschäden für den Embryo durch die Aufspaltung der Mutterschaft.[140] Die katholische Kirche argumentierte, die Leihmutterschaft widerspräche der Einheit von Ehe und Würde der menschlichen Fortpflanzung.[141] In einem ähnlichen Zusammenhang stand die Ablehnung der heterologen Insemination, von Eizellspenden und der Übertragung eines Samengemischs in die Gebärmutter der Frau. Diese Techniken wurden als klarer Verstoß gegen die Würde des Embryos gewertet, da das Wissen über seine Herkunft als integraler Bestandteil seiner persönlichen Identität aufgefasst wurde.[142] Die Kritiker dieser Methoden sprachen zunehmend von einem Recht auf Kenntnis der Abstammung.[143]

Zusammengefasst zeichnete sich in allen diskutierten Bereichen der politische Wille ab, eine sehr restriktive Regelung zum Schutz von Embryonen im Gesetzgebungsverfahren anzustreben. Trotz dieser Einigkeit wiesen allerdings sowohl Befürworter als auch Gegner auf die abzusehenden Wertungswidersprüche innerhalb des deutschen Rechtssystems hin. Die Straffreiheit des Schwanger-

138 Süssmuth, Relevanz der Instruktion (1987), S. 138.

139 Vgl. Eser, Recht und Humangenetik (1983), S. 63; Evangelische Kirche in Deutschland (Hg.), Würde werdenden Lebens (1985), S. 5; „Dem Identitätskonzept für die Bestimmung von Menschenwürde zufolge lassen Probleme für die Person-Werdung des Kindes bestimmte Befruchtungstechnologien als menschen-unwürdig erscheinen." Häberle, Menschenwürde als Grundlage der staatlichen Gemeinschaft (1987), S. 849; Müller, Frage nach dem Leben (1988), S. 55: „Zur Menschenwürde des Kindes gehört es, daß es Anspruch auf Mutter und Vater hat. Die genetische Identität eines Menschen gehört zu seiner Würde." Vgl. auch o. A., Handelsware (1985) und o. A., „Eine Art Prostitution" (1987).

140 Vgl. Benda, Humangenetik und Recht (1985), S. 1733.

141 Vgl. Sekretariat der Deutschen Bischofskonferenz (Hg.), Achtung vor dem beginnenden menschlichen Leben (1987), S. 23.

142 Vgl. Arbeitsgruppe des Bundesministers für Forschung und Technologie und des Bundesministers der Justiz (Hg.), Bericht Benda-Kommission (1985), S. 14; Balz, Samenübertragung (1980), S. 11; Coester-Waltjen, Befruchtungs- und Gentechnologie (1984), S. 231; Evangelische Kirche in Deutschland (Hg.), Würde werdenden Lebens (1985), S. 5; Kluxen, Fortpflanzungstechnologien und Menschenwürde (1986), S. 13 und Ostendorf, Juristische Aspekte (1983), S. 187. Starck, Das Bonner Grundgesetz (1985), S. 61 betonte: „Die künstliche Besamung einer Frau durch den Samen eines Unbekannten bzw. durch Samengemisch tastet die Menschenwürde an. Denn es wird durch Manipulation in der Klinik zum Prinzip erhoben, dass das Kind später seine blutsmäßige Abstammung nicht erfahren kann. Eine entsprechende Situation entsteht, wenn eine unbekannte Frau ihr befruchtetes Ei zur Einpflanzung bei einer anderen Frau spendet."

143 Ausführlich dazu Balz, Samenübertragung (1980), S. 15–20.

schaftsabbruchs sowie die Inkaufnahme der Vernichtung von Embryonen bei der legalen Einnahme von Nidationshemmern würden dazu führen, dass bei einer restriktiven Regelung im Umgang mit extrakorporalen Embryonen diese in vitro besser geschützt wären als in utero.[144] So war in einer Leserzuschrift an die WELT AM SONNTAG zu lesen: „es kann doch wohl nicht wahr sein, daß der Schutz innerhalb des Mutterleibes geringer sein soll als außerhalb des Mutterleibes."[145] Insbesondere Politiker der CDU/CSU nutzten die aufkommende Debatte nicht nur, um auf die Gefahren und Rechte für den Embryo in vitro hinzuweisen, sondern auch auf die des Embryos in utero. Sie kritisierten öffentlich diesen Wertungswiderspruch. Die allgemeine Stimmungslage und die Reaktionen auf solche Äußerungen zeigten aber, dass der Großteil der Politiker die Abtreibungsdebatte nicht wieder neu aufleben lassen wollte.[146]

Die hier aufgeführten Detailfragen zu den verschiedenen seit dem Jahr 1978 auftretenden Fortpflanzungstechniken und damit verbundener Forschungsmöglichkeiten ordneten sich in die folgende übergeordnete Frage ein: „Darf der Mensch, was er kann?"[147] Die Frage nach den Grenzen menschlichen und wissenschaftlichen Strebens nach Optimierung seiner eigenen Existenz und derjenigen zukünftiger Generationen dominierte die Debatte.[148] Machten nicht Mangel und Unvollkommenheit das Menschsein aus?[149]. Dürfe der Mensch sich, Gott gleich, zum Schöpfer menschlichen Lebens erheben?[150]

144 Vgl. BECKMANN, Fortpflanzungsmedizin (1988); BUCHBORN, Forschungsverbot (1990); DEUTSCHER BUNDESTAG, Drucksache 11/6870 (30.03.1990), S. 2; FECHNER, Menschenwürde und generative Forschung (1986), S. 660; FURCH, Grenzen (1988); HOFMANN, Pflicht des Staates (1990), S. 119f.; LOEWENSTERN, Kind um Kommerz (1985) und NEANDER, Menschenwürde (1988), der konstatierte: „Der abgetriebene Embryo besitzt aus dieser Sicht gegenüber dem Labor entstandenen also eine Würde zweiter Klasse. Was bleibt, ist das Staunen darüber, wie erfindungsreich der Mensch doch sein kann, wenn er sein bequemes Tun und Lassen rechtfertigt."

145 JAHN, Menschen-Leben (1988).

146 Vgl. hierzu beispielsweise den Redebeitrag von Norbert Geis, MdB (CSU) und die Zwischenrufe in DEUTSCHER BUNDESTAG, Plenarprotokoll 11/62 (26.02.1988), S. 4308f. und NEANDER, Menschenwürde (1988). Ganz im Gegensatz dazu appellierten die deutschen Bischöfe an Politik und Gesellschaft, mit der erneuten Embryo-Debatte auch die Abtreibungsfrage wieder aufzurollen. Vgl. SEKRETARIAT DER DEUTSCHEN BISCHOFSKONFERENZ (Hg.), Pastorales Wort (1986).

147 Zitiert nach dem Buchtitel AUER, Darf der Mensch was er kann? (1982), S. 11–35. Und auch REITER, Ethische Aspekte (1985), S. 156 fragte: „Darf der Mensch überhaupt so weitgehend in die Natur eingreifen, wie ihm dies durch die Gentechnologie ermöglicht wird?".

148 Vgl. BELLER, Mißbrauch (1983); BLECHSCHMIDT, Sein und Werden (1982), S. 8 und COESTER-WALTJEN, Befruchtungs- und Gentechnologie (1984), S. 236.

149 Vgl. BENDA, Irrweg zum gezüchteten Menschen (1985); FLÄMIG, Humangenetische Manipulation (1985), S. 64 und SEESING, Gentechnologie und Leben (1985), S. 8.

150 So mahnte KOHL, Rede des Bundeskanzlers (1987), S. 8: „Der Forscher soll schöpferisch sein, aber nie vergessen: Der Schöpfer ist er nicht." Vgl. ebenso Jahn, MdB (SPD) in

Die überwiegende Mehrheit der Diskussionsteilnehmer entschied: „Nicht alles was machbar ist, darf gemacht werden."[151] „Der Forscher als Schöpfer, Herr und Richter: dies ist langfristig vielleicht sogar die gefährlichste Einstellung, die sich aus ungebremster Humangenetik ergeben könnte"[152], resümierte der Strafrechtswissenschaftler Albin Eser und brachte damit beispielhaft die Furcht vor dem Verlust der Humanität durch die genetische Selbstmanipulation des Menschen zum Ausdruck, die sowohl Physis und Psyche als auch das der Verfassung zugrunde liegende Menschenbild betraf.[153]

Die von den Folgen her geführte Argumentation spiegelte sich schlussendlich auch in dem sehr restriktiven Embryonenschutzgesetz wider, das von der Mehrheit der Abgeordneten im Oktober 1990 beschlossen wurde.

Nach der kontrovers geführten Debatte über den Status des Embryos während der Auseinandersetzungen um die Abtreibung erwies sich der höchstrichterliche Spruch aus Karlsruhe vom 25.02.1975 als zu unpräzise für die aufkommende Diskussion um den Embryonenschutz. Die vom Bundesverfassungsgericht gewählte Formulierung über den einsetzenden Lebensschutz aus Art. 2 Abs. 2 Satz 1 GG spiegelte den Dissens in der Abtreibungsdebatte über den Beginn menschlichen Lebens sowie den einsetzenden Grundrechtsschutz wider. Im Urteilsspruch sollte nicht nur der biologische Beginn maßgeblich sein, sondern ebenso philosophische und ethische Konzeptionen zur Entstehung menschlichen Lebens. Im 1. Abtreibungsurteil des Bundesverfassungsgerichts wurde der juristische Beginn „der geschichtlichen Existenz eines menschlichen Individuums" auf den Zeitpunkt der Nidation festgelegt. Gleichzeitig ließ das Urteil mit der Formulierung „jedenfalls vom 14. Tag nach der Empfängnis" die Option offen, diesen Beginn alternativ mit der Verschmelzung von Eizelle und Spermium gleichzusetzen.[154]

War der Gesetzgeber in der Abtreibungsdebatte noch gezwungen, eine Abwägung verschiedener Grundrechte im Schwangerschaftskonflikt durchzuführen, so veränderten die Fertilisationstechniken den Blickwinkel auf den Embryo insofern, dass der Embryo nunmehr bewusst gewollt war. Vor diesem Hintergrund und mit Blick auf die vom Gericht gewählte vage Formulierung eignete sich das Urteil nur bedingt, um die Streitfragen rund um den Schutz des Embryos

Deutscher Bundestag, Plenarprotokoll 11/230 (24.10.1990), S. 18218 und Müller, Anmaßung (1986).

151 Seesing, Gentechnologie und Leben (1985), S. 10. Vgl. auch Benda, Objekt (1985), S. 42; Coester-Waltjen, Befruchtungs- und Gentechnologie (1984), S. 235 und Jahn, Menschen-Leben (1988).

152 Eser, Genetik, Gen-Ethik, Gen-Recht (1985), S. 254.

153 Vgl. Benda, Objekt (1985), S. 48.

154 BVerfGE 39, 1 (37). „Eine Vorverlagerung auf den Befruchtungsakt ist damit nicht ausgeschlossen. Der extrakorporale Embryo ist gerade vom Mutterleib getrennt, ist als neuer Organismus individualisiert. Daß hieraus bis zum 14. Tag noch zwei oder mehr menschliche Leben entstehen können, vermag die Schutzwürdigkeit nicht zu beeinträchtigen, kann sie allenfalls erhöhen." Ostendorf, Experimente (1984), S. 598.

in vitro mit dem Abtreibungsurteil zu lösen. Eine Reihe von Autoren zweifelte generell die rechtsentfaltende Kraft des 1. Abtreibungsurteils für die Situation in vitro an, da sich das Urteil eindeutig auf eine Situation in utero und dazu ab Nidation bezogen habe.[155] Eingriffe am Embryo oder die In-vitro-Fertilisation mussten jedoch prinzipbedingt vor dem 14. Tag stattfinden, genau in jenem Zeitfenster also, über das das Bundesverfassungsgericht nicht direkt geurteilt hatte. Auch der neue § 219d StGB definierte alle Handlungen, die einen Abbruch einer Schwangerschaft vor dem 14. Tag herbeiführten, nicht als die in § 218ff. StGB unter Strafe gestellten.[156]

Die Argumente zum Status des Embryos und zur Diskussion um die genaue Datierung des Lebensbeginns wurden auch in den 1980er Jahre erneut ausgetauscht. Das Neuartige dieser Diskussion im Vergleich zur Status-Debatte der 1960er und 1970er Jahre war jedoch, dass die Frage nach dem Beginn menschlichen Lebens immer häufiger an die Frage gekoppelt wurde, ab wann der Embryo Träger der Menschenwürde sei.[157]

Die Datierung des Lebensbeginns ab Konjugation war der häufigste Referenzrahmen zur Regulierung der neuen medizinischen und technischen Fortpflanzungsmöglichkeiten.[158] Die Naturwissenschaften hatten den eindeutigen Beweis geliefert, dass „[m]it der Rekombination der haploiden Chromosomensätze von Ei- und Samenzelle zu einem neuen, vollständigen (diploiden) Muster [...] das genetische ‚Lebensprogramm' eines neuen Menschen unverwechselbar, einzigartig und endgültig festgelegt"[159] ist. Die Entwicklungspotenz der befruchteten Eizelle, ihre von da ab in Wachstums- und Teilungsprozessen voranschreitende kontinuierliche Entwicklung und die ihr innewohnende gleichbleibende Identität als Teil der Spezies Mensch waren in der Regel die Argumente, die die Befürworter einer Datierung auf die Konjugation vorbrachten.[160] Diese bereits

[155] Vgl. beispielsweise Coester-Waltjen, Befruchtungs- und Gentechnologie (1984), S. 235; Eser, Recht und Humangenetik (1983), S. 57; Ostendorf, Experimente (1984), S. 598 und Pap, Extrakorporale Befruchtung (1987), S. 226.

[156] Vgl. Böckle, Naturwissenschaftlich-technologischer Fortschritt (1981), S. 246; Coester-Waltjen, Befruchtungs- und Gentechnologie (1984), S. 235 und Laufs, Künstliche Befruchtung (1986), S. 773f.

[157] Vgl. auch Unterkapitel 3.1 des II. Teils.

[158] Vgl. beispielhaft Arbeitskreis der Juristen der CSU, Leitsätze (1987), S. 93; Büchner, Mensch (1985), S. 74; Classen, Rahmenbedingungen (1989), S. 242; Fechner, Menschenwürde und generative Forschung (1986), S. 658; Herzog, Menschenwürde als Maßstab der Rechtspolitik (1987), S. 27; Seifert, Menschenwürde (1988), S. 71; Seesing, MdB (CDU) in Deutscher Bundestag, Plenarprotokoll 11/183 (08.12.1989), S. 14170f. und Sekretariat der Deutschen Bischofskonferenz (Hg.), Pastorales Wort (1986), S. 9f.

[159] Pap, Würde des werdenden Lebens (1986), S. 233.

[160] Blechschmidt, Menschliches Leben (1984), S. 30 schrieb: „Ein Mensch wird nicht Mensch, sondern ist Mensch und verhält sich schon von Anfang an als solcher." In diesem Duktus argumentierten ebenso Evangelische Kirche in Deutschland (Hg.), Würde werdenden Lebens (1985), S. 2; Fechner, Menschenwürde und generative Forschung

aus der Abtreibungsdebatte geläufigen Argumente wurden nun wiederholt rezipiert. Auffällig ist jedoch der Bedeutungszuwachs des Speziesarguments, denn das technisch Mögliche wurde zunehmend auch als Gefahr nicht nur für den einzelnen Embryo erkannt, sondern für die gesamte Gattung Mensch.

Hinter den wissenschaftlichen Konsens zur Datierung des Lebensbeginns im biologischen Sinne konnten die Diskussionsteilnehmer nicht zurückfallen, ohne an Glaubwürdigkeit einzubüßen.[161] Die parteiübergreifende Einigkeit in der Frage nach der Datierung des Lebensbeginns ab Gametenfusion und dem damit einsetzenden Grundrechtsschutz ist so erklärbar.[162] Norbert Geis, MdB (CSU) konstatierte: „Am Anfang kann ich feststellen, daß wir in den meisten Punkten eine große Übereinstimmung über alle Parteigrenzen hinweg haben. Wir sind uns völlig einig darin, daß der Mensch von Anfang an Mensch ist. Wir sind uns darin einig, daß dem Menschen von Anfang an Würde zukommt, auch wenn sich der Träger dieser Würde dessen nicht bewußt ist und wenn er nicht danach handelt. Wir sind uns zum dritten darin einig, daß die Würde des Menschen im Zusammenhang mit dem Recht auf Leben das höchste Rechtsgut ist, das dem Menschen überhaupt zukommen kann und daß sich nach unserer Wertvorstellung und nach unserer Verfassung alle anderen Rechte nach diesem Rechtsgut zu richten haben und diesem höchsten Rechtsgut nachgeordnet sind. Auch darüber besteht kein Zweifel, wie ich meine. Wir sind uns zum vierten darin einig, daß Art. 1 des Grundgesetzes nicht ein programmatischer Satz ist, der den Staat zu nichts verpflichtet, sondern daß der Staat sehr wohl verpflichtet ist, zum Schutz der Würde des Menschen und zum Schutz des Rechts auf Leben einzuschreiten, wo dieses elementare Recht in Gefahr ist."[163] Auch Hans Engelhard, MdB (FDP) betonte in diesem Sinne: „Das Bewußtsein, daß wir es vom Zeitpunkt der Befruchtung der menschlichen Eizelle an mit menschlichem Leben zu tun

(1986), S. 658; Hoffmann, Biotechnologie, Gentechnologie und Reproduktionsbiologie (1985), S. 130; Köbl, Niedergang oder Steigerung der Menschenwürde (1985), S. 176. Pap, Würde des werdenden Lebens (1986), S. 233 schrieb: „Genetische Individualisierung und zweckhaft gerichtete, umfassend angelegte Entwicklungspotenz sind die einzig valablen Kriterien zur Bestimmung des Beginns eines von der Verfassung geschützten und vom Mitmenschen zu respektierenden, neuen Mensch-Seins." Und Vitzthum, Gentechnologie und Menschenwürde (1985), S. 252 konstatierte: „Das Leben des Menschen setzt mit der Zeugung ein. Das befruchtete Ei enthält bereits den genetischen Code, der zur phänotypischen Vollendung drängt. Da menschliches Leben sich in einem kontinuierlichen Prozeß entwickelt, erscheint jede denkbare Zäsur [...] willkürlich."

161 Müller, Frage nach dem Leben (1988), S. 52 verdeutlichte, dass in der Auseinandersetzung um den Schutz von Embryonen unwiderrufbar deutlich geworden sei, dass der Beginn menschlichen Lebens keiner Beliebigkeit unterliegen könne, sondern dass ab Konjugation der ganze Mensch vorhanden sei.

162 Dies erstaunt umso mehr, als dass die Frage nach der exakten Datierung des individuellen menschlichen Lebensbeginns in der Abtreibungsdebatte zu viel Uneinigkeit geführt hatte.

163 Zitiert nach: Deutscher Bundestag, Plenarprotokoll 11/62 (26.02.1988), S. 4308.

haben, müssen wir stärken. Dem Umgang mit menschlichem Leben sind gerade im Bereich der Forschung Grenzen zu setzen. Leben und Menschenwürde bedürfen eines umfassenden Schutzes. Das Embryonenschutzgesetz setzt diese Verpflichtungen in die Tat um."[164] Die politische Einigkeit in diesem Punkt fand ihren Ausdruck schlussendlich in § 8 Satz 1 des Embryonenschutzgesetzes.[165]

Der politische Dissens bestand wie auch in der Abtreibungsdebatte vielmehr darin, wie man den Embryo zu schützen habe, über das Strafrecht oder über standesrechtliche Regelungen. Gerhard Jahn, MdB (SPD) warb für den Gesetzentwurf, indem er betonte: „Frau Kollegin Däubler-Gmelin, wenn Sie sagen, das alles sei zu wenig, dann möchte ich ins Gedächtnis rufen, daß wir heute auch einen § 8 beschließen, der lautet: Als Embryo gilt bereits die befruchtete, entwicklungsfähige menschliche Eizelle vom Zeitpunkt der Kernverschmelzung an. Hier wird erstmals festgeschrieben, von welchem Punkt an menschliches Leben entsteht. Hier sind wir Vorreiter für andere Länder. Dies ist ein Gesichtspunkt, der eine solche Bedeutung hat, daß Sie sich durchaus überlegen sollten, ob Sie nicht alleine deswegen diesem Gesetzentwurf zustimmen sollten."[166]

Neben der weitgehend unumstrittenen medizinisch-biologischen Datierung des Lebensbeginns auf die Konjugation, die die Entstehung artspezifischen, menschlichen Lebens bedeutet, wurde jedoch nach wie vor über den Beginn personalen menschlichen Lebens verhandelt. So fragte auch Franz Böckle: „Als erstes stellt sich die Frage einer präziseren Abgrenzung am Anfang wie am Ende des menschlichen Lebens. Wann beginnt und wann endet die geschichtliche Existenz eines menschlichen Individuums, einer Person?"[167] Dabei konnte der Embryo ab Konjugation,[168] Nidation[169] oder ab einem anderen Zeitpunkt[170] als

164 Zitiert nach: Deutscher Bundestag, Plenarprotokoll 11/183 (08.12.1989), S. 14166.

165 „Als Embryo im Sinne dieses Gesetzes gilt bereits die befruchtete, entwicklungsfähige menschliche Eizelle vom Zeitpunkt der Kernverschmelzung an, ferner jede einem Embryo entnommene totipotente Zelle, die sich bei Vorliegen der dafür erforderlichen weiteren Voraussetzungen zu teilen und zu einem Individuum zu entwickeln vermag." Embryonenschutzgesetz – ESchG (1990), § 8.

166 Zitiert nach: Deutscher Bundestag, Plenarprotokoll 11/230 (24.10.1990), S. 18217.

167 Böckle, Naturwissenschaftlich-technologischer Fortschritt (1981), S. 244.

168 Pap, Würde des werdenden Lebens (1986), S. 234 plädierte: „Sind letzte Zweifel nicht auszuräumen, so dürfen sie nicht zu Lasten des werdenden Lebens gehen. Andernfalls liefe man Gefahr, Entwicklungsstadien, die möglicherweise schon Anteil an der Menschenwürde haben, vom Schutz des Art. 1 I GG auszuschließen, ihnen ‚per definitionem Würde zu versagen'. Es gilt als ‚in dubio pro embryone'." Pro Konjugation beispielsweise auch Arbeitskreis der Juristen der CSU, Leitsätze (1987), S. 93; Kluxen, Manipulierte Menschwerdung (1985), S. 28; Reiter, Menschliche Würde und christliche Verantwortung (1989), S. 104; Seifert, Menschenwürde (1988), S. 73; Robert Spaemann in einem Aufsatz von 1988, abgedruckt in Spaemann, Verantwortung (2001), S. 368 und Starck, Das Bonner Grundgesetz (1985), S. 35.

169 Vgl. Coester-Waltjen, Befruchtungs- und Gentechnologie (1984), S. 235.

170 Für den Zeitpunkt der beginnenden Hirnentwicklung (35.–50. Tag) sprachen sich aus Sass, Extrakorporale Fertilisation und Embryotransfer (1985), S. 39 und Hofmann, Pflicht

Person und damit als Träger von Grundrechten und damit auch der Menschenwürde betrachtet werden. Die Differenz zwischen einer biologischen Auffassung der menschlichen Entwicklung und der nicht naturwissenschaftlich zu greifenden Entwicklung des Menschen zur oder als Person prägte die Debatte.[171] Dagmar Coester-Waltjen, die in Bezug auf den frühen Embryo von „latentem menschlichen Leben" sprach, brachte mit dieser Begrifflichkeit eine weitere Möglichkeit in die Debatte ein, um „zwischen dem realen und dem potentiellen menschlichen Leben" zu unterscheiden.[172] Die Unterscheidung zwischen Mensch und Person wurde jedoch nicht kritiklos angenommen. So schrieb beispielsweise der Rechtswissenschaftler Wolfgang Vitzthum: „Eine Unterscheidung zwischen menschlichem Leben ‚im biologischen Sinne' und menschlichem Leben im personalen, ‚vollwertigen' Sinne, eine Differenzierung also zwischen ‚Leben' einerseits und ‚Mensch' andererseits ist aus der Perspektive von Art. 1 Abs. 1, 2 Abs. 2 GG in der Tat nicht zulässig."[173]

3 Menschenwürde in der Embryonenschutzdebatte

Die Darstellung der dominierenden Argumentationsmuster der Embryonenschutzdebatte konnte zeigen, dass es in der Auseinandersetzung um weitaus mehr ging, als um den Schutz von in utero oder in vitro Embryonen. Nachrichten über erfolgreiche Schwangerschaften und Geburten nach Eizell- oder Samenspende, die möglich gewordene Trennung von biologischer und sozialer Elternschaft durch Leihmutterschaft und Insemination und die generelle „Machbarkeit" menschlichen Lebens irritierten die Zeitgenossen und erschütterten ihr Menschenbild und Selbstverständnis.[174] Mit Durchsetzung der Reprodukti-

des Staates (1990), S. 119 mit Rückgriff auf die aristotelisch-augustinische und im kanonischen Recht jahrhundertelang vorherrschende Meinung der Sukzessivbeseelung. Für den Zeitpunkt der Geburt sprach sich beispielsweise der Philosoph Birnbacher, Reproduktionsmedizin (1987), S. 80 aus: „Individuelle Menschenwürde darf an keine anspruchsvolleren Bedingungen geknüpft sein als die, ein Mensch zu sein. [...] Das geeignete Kriterium für den Beginn der individuellen menschlichen Existenz als Mensch und damit als Träger individueller Menschenwürde scheint mir immer noch das ganz altmodische der Durchtrennung der Nabelschnur."

171 Vgl. Blechschmidt, Sein und Werden (1982), S. 89 und Seesing, Gentechnologie und Leben (1985), S. 9.

172 Coester-Waltjen, Befruchtungs- und Gentechnologie (1984), S. 235.

173 Vitzthum, Gentechnologie und Menschenwürde (1985), S. 252. Ähnlich kritisch auch: Eser, Strafrechtliche Schutzaspekte (1987), S. 141.

174 Stellvertretend für viele Aussagen zeigt der Beitrag der Abgeordneten Hickel, MdB (DIE GRÜNEN) in Deutscher Bundestag, Plenarprotokoll 10/72 (25.05.1984), S. 5119f. diese Erschütterung für wahr geglaubter Gewissheiten vor dem Hintergrund der medizinisch-technischen Fortschritte: „Wir müssen uns darüber klar werden, daß wir,

onstechniken wurden das bekannte Familienbild in Frage gestellt, unter Inkaufnahme gesundheitlicher und gar lebensbedrohender Risiken Elternschaft bei unfruchtbaren Paaren mithilfe modernster medizinischer Techniken möglich und der Embryo für die Forschung zugänglich gemacht.

Die bereits wiederholt aufgezählten Konfliktfelder zeigen die in der Debatte berührten Grundrechte. Obwohl die Techniken sehr konkrete Grundrechtsverletzungen hervorbrachten, zeigt die Analyse der Debatte, dass die Menschenwürde als weiteres Grundrecht zusätzlich mit in die Diskussion einbezogen wurde. Die Popularität der Menschenwürde in der Embryonenschutzdebatte ist so augenscheinlich, dass dies nicht allein durch das Thema Reproduktionsmedizin erklärt werden kann.

Die Präsenz des Embryos im Reagenzglas ließ die Zeitgenossen erschaudern und ab Beginn der Debatte auch über mögliche Folgeprobleme der Fertilisationstechniken nachdenken. Mit jeder Nachricht über neue Errungenschaften und Pläne in der Gentechnik stieg die Furcht, von der Entwicklung überholt zu werden. Insbesondere die Vorstellung, in die genetische Natur des Menschen eingreifen zu können, provozierte ablehnende und angstvolle Reaktionen der Zeitgenossen. Die Abstraktheit und Neuheit der Fragestellungen verhinderte eine ausschließlich auf konkrete Lösungen fokussierte Diskussion, so dass die Diskussionsteilnehmer auf der Suche nach Orientierung auf die Menschenwürde auswichen. Erich Fechner beobachtete: „Bei der Beurteilung, was in den umstrittenen Sachverhalten der Genforschung und der Gentechnik erlaubt oder verboten sein soll, fungiert die Menschenwürdeklausel als Leitbegriff."[175]

In dieser Situation entwickelte sich die Menschenwürde zunehmend zum Dreh- und Angelpunkt der Debatte. Die Komplexität der Thematik in der Embryonenschutzdebatte sowie die mögliche Gefährdung nicht nur des Embryos, sondern auch Dritter, ja sogar der ganzen Menschheit, veranlassten eine disziplinübergreifende Reflexion über die der Gesellschaft zugrunde liegenden rechtlichen, ethischen und moralischen Vorstellungen. „Meine wichtigste Behauptung ist, daß diese neue Gefährdungsdimension nur durch Art. 1 GG wirklich erfaßt werden kann"[176], betonte Ernst Benda und verwies damit auf die der Menschenwürde zugemessene Bedeutung. Wie die Menschenwürde in der Embryonenschutzdebatte eingesetzt wurde und welchen Interpretationsvarianten der Vorzug gegeben wurde, soll dieses Kapitel zeigen.

wenn wir die Grundlagen der lebenden Natur, nämlich die Erbanlagen der Lebewesen, angreifen, zerstören und neu kombinieren, damit auch unser Menschsein und unser Menschenbild zerstören und neu kombinieren." Und wenig später prognostizierte sie vor dem Plenum: „Vor allem aber werden wir eines bei diesem Gerede von der Gentherapie der sogenannten Erbkrankheiten erleben: den Zusammenbruch des christlichen und abendländischen Menschenbildes."

175 Fechner, Nachträge (1991), S. 37.

176 Benda, Gentechnologie und Recht (1986), S. 27.

3.1 Individuelle Menschenwürde

In der Diskussion über die Reproduktionstechniken zeigten sich viele verschiedene Konstellationen, in denen eine Verletzung der Menschenwürde angenommen wurde. Offensichtlich wird die unüberschaubare Anzahl schon, wenn man nur die Vielfalt möglicher Antworten auf die Frage analysiert, wessen Menschenwürde durch welches medizinisch-technische Verfahren eigentlich verletzt oder beeinträchtigt sei. Die möglichen Würdeverletzungen reichten von der der Leihmutter[177] über die des durch eine Leihmutter ausgetragenen Kinds[178] bis hin zu derjenigen des Manns, dessen zu erwartendes Kind durch das Verfahren der heterologen Insemination mit den Spermienzellen eines anderen Mannes gezeugt worden war.[179] Auch die Würde des Samenspenders sahen einige Autoren

[177] Eine Würdeverletzung verneinte Starck, Gutachten für den 56. Deutschen Juristentag (1986), S. 42, wenn die Frau der Schwangerschaft freiwillig zugestimmt habe. Vgl. auch Birnbacher, Reproduktionsmedizin (1987), S. 82; Coester-Waltjen, Zivilrechtliche Aspekte (1986), S. 95f.; Scholz, Instrumentale Beherrschung (1986), S. 78f. und Wehowsky, Grenzüberschreitungen (1988), S. 61. Auch der Rechtswissenschaftler Steiner, Schutz des Lebens (1992), S. 15 widersprach mit der Begründung: „Zunächst einmal soll jedes Individuum grundsätzlich autonom darüber entscheiden, was seiner Menschenwürde entspricht." Für einen Würdeverstoß sprachen sich aus: 56. Deutscher Juristentag, Beschlüsse (1986), S. 3070; Parteivorstand der SPD, Grundsatzerklärung der SPD (1986), S. 12 und Hirsch, Zeugung im Reagenzglas (1986), S. 237, der begründete: „Daß die Menschenwürde ein objektives Rechtsgut ist, das erforderlichenfalls auch gegen den Willen seines Trägers geschützt werden kann, hat das Bundesverwaltungsgericht in seiner Peep-Show Entscheidung bestätigt. Deshalb verletzt etwa die entgeltliche Verwertung der Gebärfähigkeit durch eine Leihmutter deren Menschenwürde trotz ihrer Einwilligung in dieses Verfahren der fremdnützigen Schwangerschaft."

[178] Keinen Würdeverstoß erkannte Fechner, Menschenwürde und generative Forschung (1986), S. 662, indem er begründete: „Angesichts der Umständlichkeiten und der entstehenden Kosten, die die zukünftigen Eltern auf sich nehmen, ist ein Leihmutterkind stets auch ein Wunschkind". Ebenso auch Ostendorf, Experimente (1984), S. 595 und mit Hinweis auf Verfassungsmäßigkeit von Adoptionen Scholz, Instrumentale Beherrschung (1986), S. 78f. Für eine Würdeverletzung wegen der Aufspaltung der Mutter-Kind-Beziehung plädierten Arbeitsgruppe des Bundesministers für Forschung und Technologie und des Bundesministers der Justiz (Hg.), Bericht Benda-Kommission (1985), S. 23: „Eine Vereinbarung über eine Ersatzmutterschaft mißachtet die Menschenwürde des Kindes, denn sie läßt außer acht, daß die Entwicklung im Mutterleib ein wichtiger Teil der Persönlichkeitsentwicklung des Kindes ist".; Benda, Erprobung der Menschenwürde (1985), S. 29; Bundesarbeitskreis Christlich-Demokratischer Juristen (BACDJ), Leitsätze (1987), S. 92; 56. Deutscher Juristentag, Beschlüsse (1986), S. 3070; Deutscher Richterbund, Thesen (1986), S. 230; Starck, Gutachten für den 56. Deutschen Juristentag (1986), S. 7–9 und Vitzthum, Gentechnologie und Menschenwürde (1985), S. 255.

[179] Starck, Gutachten für den 56. Deutschen Juristentag (1986), S. 22 sah die Würde nicht beeinträchtigt, denn vergleiche man heterologe Besamung mit Ehebruch, könne man keine Verletzung der Menschenwürde ausmachen.

verletzt.[180] Weiter machten einige Diskussionsteilnehmer Würdeverletzungen bei der Mutter aus, die mit einer In-vitro-Fertilisation behandelt wurde.[181] Ob das Verfahren der Kryokonservierung mit menschlicher Würde zu vereinbaren sei, war ebenfalls umstritten.[182] Schließlich könnte auch das durch heterologe Insemination[183] oder durch In-vitro-Fertilisation entstandene Kind durch diese Reproduktionstechniken als in seiner Würde verletzt betrachtet werden.[184] Dabei wurde teilweise berücksichtigt, ob das Kind Kenntnis über Erzeuger, austragende Mutter[185] oder die Spender von Eizellen oder Embryonen hatte.[186]

180 Wenn der Mann freiwillig seinen Samen spende, dann sahen ebd., S. 22 und Steiner, Schutz des Lebens (1992), S. 16f. seine Würde nicht verletzt.

181 Dies verneinte Pap, Würde des werdenden Lebens (1986), S. 236: „Nimmt sie technische Hilfe in Anspruch, um ein eigenes Kind zu empfangen, so kann der Umstand, daß das Verfahren dabei so ausgestaltet wird, daß die Menschenwürde des werdenden Lebens gewahrt bleibt, nicht als Negierung ihrer Subjektqualität angesehen werden." Steiner, Schutz des Lebens (1992), S. 16f. betonte ebenfalls die freiwillige Zustimmung der Beteiligten zum Geschehen und erkannte darin keinen Verstoß gegen ihre Würde.

182 Eine Verletzung der Menschenwürde erkannte beispielsweise Pap, Würde des werdenden Lebens (1986), S. 235, denn in den meisten Fällen käme es nicht zum Transfer, sondern zur Vernichtung der Embryonen. Man dürfe Frauen schließlich nicht zum Austragen der Embryonen zwingen. Ähnlich argumentierte auch Reiter, Künstliche Zeugung (1985), S. 38.

183 Für einen Würdeverstoß wegen Unkenntnis über Abstammung vgl. Balz, Samenübertragung (1980), S. 15–17; Böckle, Fortpflanzung und Menschenwürde (1988), S. 11; Bundesärztekammer, Richtlinien In-vitro-Fertilisation (1985), S. 1691–1698; Bundesarbeitskreis Christlich-Demokratischer Juristen (BACDJ), Leitsätze (1987), S. 91; 56. Deutscher Juristentag, Beschlüsse (1986), S. 3069; Ostendorf, Juristische Aspekte (1983), S. 187 und Vitzthum, Gentechnologie und Menschenwürde (1985), S. 255. Dem widersprach Steiner, Schutz des Lebens (1992) bei vorheriger ärztlicher Aufklärung und Freiwilligkeit des Mannes und der Frau. „Die Problematik der heterologen Samenübertragung gleich welcher Variante liegt unterhalb der Schwelle des Angriffs auf die Menschenwürde der Beteiligten."

184 Dies verneinte Coester-Waltjen, Zivilrechtliche Aspekte (1986), S. 96: „Im Mittelpunkt der Argumentation steht ein Kind, welches ohne die fragliche Vereinbarung nicht geboren worden wäre. Wie aber kann die Würde eines Kindes verletzt sein, welches es ohne diese Verletzung nicht gäbe, welches also auch nicht Träger von Würde sein könnte." Ebenso betonte Vitzthum, Gentechnologie und Menschenwürde (1985), S. 255, dass Reproduktionsmedizin die Menschenwürde zunächst nicht verletze, da die individuelle Identität erhalten bliebe. Vgl. auch Bernat, Probleme (1986), S. 253. Dagegen sah die EKD-Synode im Verfahren der In-vitro-Fertilisation eine Gefährdung des Kindeswohls gegeben. Vgl. Evangelische Kirche in Deutschland (Hg.), Kundgebung (1987), S. 5. So auch der Parteivorstand der SPD, Grundsatzerklärung der SPD (1986), S. 12.

185 Dies verneinte Starck, Gutachten für den 56. Deutschen Juristentag (1986), S. 22f.

186 Verneinend ebd., S. 37: „Es ist daher durch die Art und Weise seiner Zeugung nicht in seiner Menschenwürde verletzt." Bejahend Reiter, Künstliche Zeugung (1985), S. 38 und Pap, Würde des werdenden Lebens (1986), S. 235: „Das Kind stößt aber auf fast unüberwindliche Schwierigkeiten der Identitätsfindung". Bejahend auch wegen der Aufspaltung

Diese exemplarische Auflistung der potentiell in ihrer Würde verletzten Beteiligten der neuen Reproduktionstechniken verdeutlicht die vielfältigen Situationen, in denen die Diskussionsteilnehmer Menschenwürdeverstöße erwogen.

Dabei wird deutlich, dass Embryo und Menschenwürde zunehmend in Relation zueinander gesetzt wurden. Mit dem Menschenwürdeargument sollte nicht nur seine Erzeugung auf technischem Wege kontrolliert oder sogar verhindert werden, sondern auch – einmal entstanden – sein Recht auf Leben geschützt werden. Dieser neue dominante Trend, den Embryo unter Einbezug des Menschenwürdearguments zu verteidigen, lässt sich neben anderen Einflussfaktoren auf die Urteilsbegründung des Ersten Abtreibungsurteils des Bundesverfassungsgerichtes zurückführen. Dieses hatte den Gesetzgeber unter anderem mit dem Argument der Menschenwürde zum Schutz des Embryos verpflichtet.[187] Der Gesetzgeber war diesem Auftrag mit der Indikationenregelung gefolgt.

Die Diskussion um die neuen Fertilisationstechniken und die daraus hervorgehenden Folgeprobleme drehte sich um andere konfligierende Rechtsgüter als dies in der Abtreibungsdebatte der Fall war. Die Würde des Embryos musste gegen das Forschungsinteresse der Wissenschaft abgewogen werden. Zur Einschränkung der vielfach als Argument für eine Forschung an Embryonen eingebrachten Forschungsfreiheit nach Art. 5 GG erwies sich die Menschenwürde aus verfassungsrechtlicher Sicht als mächtiges Instrument, als absolute Schranke der Forschungsfreiheit.[188]

Die Suche nach der richtigen Balance zwischen den verfassungsrechtlich verankerten Gütern der Menschenwürde auf der einen und der Forschungsfreiheit auf der anderen Seite beherrschte die Auseinandersetzung spätestens seit der zweiten Hälfte der 1980er Jahre. Insbesondere nachdem neben der Deutschen Forschungsgemeinschaft auch die Max-Planck-Gesellschaft im Frühjahr 1987 in Reaktion auf den Bericht der Enquete-Kommission „Chancen und Risiken der Gentechnologie“[189] die Freigabe von Embryonen zu Forschungszwecken gefordert hatten, drängte die Frage nach dem Verhältnis von Würde des Embryos und Forschungsfreiheit die bis dahin dominierende ethische, rechtliche und moralische Diskussion über die Zulässigkeit und Regelung von Reproduktionstechniken in den Hintergrund.[190] In der überwiegenden Mehrzahl der

der genetischen und biologischen Mutterschaft: 56. Deutscher Juristentag, Beschlüsse (1986), S. 3070.

187 Vgl. Unterkapitel 4.3 des I. Teils.

188 Vgl. Vitzthum, Gentechnologie und Menschenwürde (1985), S. 253. Ähnlich Eser, Embryonenforschung und „Fetozid“ (1989): „Wäre diese [Menschenwürde] durch ‚verbrauchende‘ Embryonenforschung verletzt, so müßte das in der Tat ihre Unzulässigkeit zur Folge haben, entzieht sich doch die Menschenwürde – im Unterschied zum Leben – jeder Abwägung.“

189 Vgl. Deutscher Bundestag, Drucksache 10/6775 (06.01.1987).

190 Vgl. Max-Planck-Gesellschaft (Hg.), Respekt (1989).

Diskussionsbeiträge plädierten die Verfasser für einen Vorrang der Menschenwürde vor dem Grundrecht auf Forschungsfreiheit.[191] In vielen Äußerungen bildeten die natürliche Integrität des Menschen, die Existenz um seiner selbst willen, sein „Eigenwert"[192], seine Fähigkeit zur Selbstbestimmung und seine Eingebundenheit in die Gesellschaft die Kernelemente der Menschenwürde.[193]

In Anlehnung an das von Immanuel Kant formulierte Instrumentalisierungsverbot und die daraus abgeleitete Objekt-Formel Günter Dürigs begründeten viele Diskussionsteilnehmer ihre Ablehnung der diskutierten Techniken mit der Selbstzweckhaftigkeit des Menschen.[194] Die Tatsache, dass die Embryonen nicht um ihrer selbst willen erzeugt wurden, sondern um das Forschungsinteresse Dritter zu befriedigen, stieß auf intensive Ablehnung.[195] In der experimentellen Verwertung frühembryonalen Lebens – der Rechtsmediziner Hans-Bernhard Wuermeling sprach von der „‚Verzweckung' des Embryos"[196] – sahen einige Diskussionsteilnehmer den Embryo zum Objekt der Forschung degradiert und seinen Status als menschliches Subjekt verkannt.[197] „Bei jeder Untersuchung oder bei jedem Eingriff am Menschen tritt dem Forscher im ‚Objekt' der Un-

[191] Vgl. exemplarisch Müller, Erster Schritt (1987). Die Würde sei der Kern des Menschlichen, so Westphalen, Recht (1986), ein Eingriff sei auch nicht aufgrund anderer Rechtsgüter zu tolerieren.

[192] Benda, Erprobung der Menschenwürde (1985), S. 20. Ebenso Maunz/Zippelius, Deutsches Staatsrecht (1991), S. 179.

[193] Vgl. beispielsweise Kluxen, Fortpflanzungstechnologien und Menschenwürde (1986), S. 4.

[194] Eser, Recht und Humangenetik (1983), S. 62f. beispielsweise verwies auf die Bedrohung der „individuelle[n] Eigenart und der Unverfälschtheit des Menschen" und damit der Würde des Menschen. Ebenso Benda, Objekt (1985), S. 42; Kluxen, Manipulierte Menschwerdung (1985), S. 18f.; Maunz/Zippelius, Deutsches Staatsrecht (1991), S. 179; Ostendorf, Experimente (1984), S. 600; Pap, Würde des werdenden Lebens (1986), S. 234; Spaemann, Über den Begriff der Menschenwürde (1987), S. 301; Starck, Gutachten für den 56. Deutschen Juristentag (1986), S. 54: „Insbesondere verbietet Art. 1 Abs. 1, menschliches Leben vollständig zu verdinglichen, d. h. allein als Mittel für die Zwecke anderer zu benutzen."; „Der ‚Begriffskern' der Menschenwürde ließe sich etwa umschreiben als Eigenwert, der dem Menschen um seiner selbst und nicht um anderer Güter und Zwecke willen zukommt und der mit dem Anspruch verbunden ist, in dem Vermögen zu moralischer Selbstbestimmung geachtet und nicht als bloßes Mittel zu einem Zweck gebraucht zu werden." Turner, Natur des Menschen (1990); Vereinigte Evangelisch-Lutherische Kirche Deutschlands (Hg.), Du hast mich gebildet im Mutterleib (1986), S. 17 und Wehowsky, Grenzüberschreitungen (1988), S. 66.

[195] So las man in der Neuen Ärztlichen: „Die Würde des Menschen gebietet es, den schier unbegrenzten Möglichkeiten der modernen Wissenschaft ethische und rechtliche Grenzen zu setzen. Ein Embryo, der nur wissenschaftlichen Zwecken dient, ist ein mißbrauchter Mensch." Voigt, Gentechnik begrenzen (1988).

[196] Wuermeling, Tiefkühltechnik birgt Risiken (1986).

[197] Vgl. Eser, Strafrechtliche Schutzaspekte (1987), S. 142; Hahn, Auch ein Embryo ist schutzbedürftig (1985); Reiter, Künstliche Zeugung (1985), S. 37 und Stoll, Zehn Thesen (1987).

tersuchung ein menschliches Subjekt entgegen, das niemals als bloßes Mittel zum Zweck dienen darf"[198], schrieb Franz Böckle. Der Mensch sollte nicht zur Erfüllung von Erwartungen gezeugt werden, sondern schlicht um seiner selbst willen. Ähnlich formulierte auch Stephan Wehowsky: „Würde entzieht sich dem Zugriff der Planung: Geplant werden immer nur Erwartungen, und das Privileg des mit Würde ausgestatteten Menschen besteht gerade darin, diese nicht zu erfüllen: Der Mensch ist Selbstzweck."[199] Dem § 2 ESchG, der die missbräuchliche Verwendung von Embryonen unter Androhung von Freiheitsstrafe oder Geldstrafe verbot, wurde die Idee der Selbstzweckhaftigkeit zugrunde gelegt. So las man in der Gesetzesbegründung: „Dahinter steht die Erwägung, daß menschliches Leben grundsätzlich nicht zum Objekt fremdnütziger Zwecke gemacht werden darf. Dies muß auch für menschliches Leben im Stadium seiner frühesten embryonalen Entwicklung gelten."[200]

Vertreter der christlichen Kirchen, die sich während der Abtreibungsdebatte noch sehr häufig zu Wort gemeldet hatten, agierten in der Embryonenschutzdebatte deutlich zurückhaltender; dennoch war ihre Position für einen umfassenden Schutz des Embryos eindeutig. Der Staat, so forderten sie, habe sich schützend vor den Embryo in utero aber auch in vitro zu stellen. Vom Moment der Konjugation an sei der Embryo Träger der Menschenwürde und damit schützenswert, betonten die deutschen Bischöfe: „Wer dem Menschen ein geistiges Prinzip zuerkennt, das ihn in seiner Einheit von Leib und Seele bestimmt, der wird anerkennen, daß das Menschsein, Wert und Würde des Menschen, nicht an den jeweiligen Entwicklungsstand gebunden sind."[201] Den Ursprung der Menschenwürde erkannten die christlichen Vertreter in der Gottebenbildlichkeit des Menschen.[202] In diesem Begründungsmodell konnten Menschenwürde und damit verbundene Freiheit nur durch Gott selbst verliehen und abgesprochen werden.[203] Der Embryo als Geschöpf Gottes besäße demnach Würde und sei unbedingt zu schützen. Nicht etwa seine Zugehörigkeit zur Gattung Mensch oder seine Selbstzweckhaftigkeit begründeten diese Würde, sondern

198 Böckle, Genetische Eingriffe (1985), S. 33.

199 Wehowsky, Grenzüberschreitungen (1988), S. 66.

200 Zitiert nach: Deutscher Bundestag, Drucksache 11/5460 (25.10.1989), S. 10.

201 Sekretariat der Deutschen Bischofskonferenz (Hg.), Pastorales Wort (1986), S. 10. Ebenso Hoffmann, Biotechnologie, Gentechnologie und Reproduktionsbiologie (1985), S. 137.

202 Vgl. zum Beispiel Evangelische Kirche in Deutschland/Deutsche Bischofskonferenz (Hg.), Gott ist ein Freund des Lebens (1989), S. 39; Hilpert, Die Menschenrechte (1981), S. 185; Lapide, Mose (1987) und Vereinigte Evangelische-Lutherische Kirche Deutschlands (Hg.), Du hast mich gebildet im Mutterleib (1986), S. 9–12.

203 „Die Christen sehen dies anders als die Atheisten: Für sie ist es Gewißheit, daß Gott menschliches Leben schafft, daß jedes menschliche Leben eine unsterbliche Seele hat, die die Würde der menschlichen Person ausmacht." Westphalen, Recht (1986). Siehe auch: Ritschl, Interesse an der Menschenwürde (1987).

sein Geschaffensein durch Gott. Menschenwürde verdanke der Mensch diesem Schöpfungsakt.[204] In diesem Sinne sah der Theologe Dietrich Ritschl in der Menschenwürde einen „Beziehungsbegriff“, da sie das Verhältnis zwischen Gott und dem Menschen kennzeichne.[205]

Auch die Handreichung der Evangelischen Kirche „Von der Würde werdenden Lebens“ aus dem Jahr 1985 verwies auf diesen Beziehungsaspekt des christlich verstandenen Menschenwürdeverständnisses: „Menschliches Leben ist eine Gabe Gottes und hat eine besondere Würde. Diese Gabe, die in Gottes Liebe ihren Ursprung hat, will in Liebe angenommen und weitergegeben werden; menschliches Leben ist durch die Liebe und zur Liebe bestimmt.“[206] Zwei Jahre später bekräftigte die Evangelische Kirche in der Handreichung „Zur Achtung vor dem Leben“: „Die Würde des Menschen ergibt sich nicht nur aus seiner Sonderstellung unter den Kreaturen, sondern vor allem aus der besonderen Zuwendung der Liebe Gottes zu jedem einzelnen. Diese Einzigkeit jedes Menschen unter Gott ist seine Menschenwürde. [...] Eine so bestimmte Würde des Menschen ist nicht teilbar und nicht aberkennbar. Jeder Mensch, wie immer er ist, jung oder alt, gesund oder krank, schwarz oder weiß, hat die gleiche Würde. [...] Dies gilt auch für das ungeborene menschliche Leben von seinem frühsten Entwicklungsstadium an. Gottes Liebe zu jedem einzelnen Menschenkind beginnt nicht erst mit der Geburt. Im werdenden menschlichen Leben ist mit der Vereinigung von Eizelle und Samenzelle eine künftige Person angelegt.“[207]

Die Kirchen und Theologen, aber auch zahlreiche Autoren anderer Disziplinen wandten sich gegen jedes Menschwürdeverständnis, das Menschenwürde nach definierten Kriterien dem Menschen ab- oder zuerkannte.[208] Allein Gott habe die Macht über die Würdigkeit des Menschen zu befinden: „Diese Anerkennung

[204] Vgl. Auer, Bioethische Argumentation (1989), S. 17; „Der Mensch verdankt seine Würde nicht Staat und Gesellschaft, er hat sie auch nicht selbst gestiftet; sie ist eine verdankte und zugleich eine ihm aufgegebene Würde.“ Ebenso Hilpert, Die Menschenrechte (1981), S. 185 und Hoffmann, Biotechnologie, Gentechnologie und Reproduktionsbiologie (1985), S. 136–138.

[205] Ritschl, Interesse an der Menschenwürde (1987).

[206] Evangelische Kirche in Deutschland (Hg.), Würde werdenden Lebens (1985), S. 1.

[207] Evangelische Kirche in Deutschland (Hg.), Kundgebung (1987), S. 4.

[208] Vgl. Hilpert, Die Menschenrechte (1981), S. 188. Ähnlich auch Flämig, Humangenetische Manipulation (1985), S. 64: „Die Menschenwürde ist weder aufhebbar noch verzichtbar; sie kann – selbst bei defekter Genausstattung – nicht verwirkt werden“ und Geissler, Schlußvortrag (1986), S. 154: „Die Würde des Menschen muß unabhängig bleiben von seinem Erfolg oder Mißerfolg und unberührt vom Urteil des anderen, weil der Mensch nicht vom Menschen letztendlich stammt und abhängig ist, sondern von Gott.“ Ebenso Eyrich, Recht sichert Freiheit (1987), S. 21: „Denn an der Spitze der Wertpyramide steht nach wie vor unverrückbar der Mensch in seiner Würde als Geschöpf Gottes, und hieran orientieren wir uns in unserer Rechtspolitik.“ und auch Hoffmann, Biotechnologie, Gentechnologie und Reproduktionsbiologie (1985), S. 136f.

durch Gott verleiht ihm seine Einzigkeit [sic!] und eine unantastbare Integrität, seine Würde als Mensch, die ihm von niemandem genommen werden kann."[209]

Sowohl das christliche Menschenwürdeverständnis als auch die Herleitung der Menschenwürde über die Selbstzweckhaftigkeit gingen davon aus, dass jedem Menschen unabhängig von geistigen, moralischen oder weiteren Kriterien Würde zukäme. Mit dem Juristen Martin Kriele lässt sich diese Grundidee wie folgt zusammenfassen: „Das Menschsein des Menschen als solches begründet die Würde."[210]

Im Kontrast zu den hier vorgestellten Menschenwürdeinterpretationsmodellen, die jeden Menschen bedingungslos als Träger der Menschenwürde sahen, wurden in den 1980er Jahren auch Theorien rezipiert, die die Trägerschaft der Menschenwürde an definierte Voraussetzungen knüpften. Ein Beispiel dafür stellte das als „Leistungstheorie" bezeichnete kommunikationstheoretische Konzept der Menschenwürde dar, das bereits Mitte der 1960er Jahre vom Soziologen Niklas Luhmann ausformuliert worden war.[211] In seinem Menschenwürdekonzept stellte Würde weder einen Substanzbegriff noch einen ihr zugedachten Wert dar. Würde, so konkretisierte er, bedeute vielmehr die individuelle Darstellungsleistung des Menschen, die in zwischenmenschlicher Kommunikation konstituiert und erarbeitet werden müsse.[212] In dieser Konzeption konnten nicht alle Menschen als Träger der Menschenwürde identifiziert werden. Dieser Ausschluss einiger Menschen anhand des vorgegebenen Kriteriums „Fähigkeit zur Selbstdarstellung" war der Hauptgrund für die Ablehnung dieser Theorie. Johannes Reiter schrieb: „Eine Einschränkung der Würde auf selbst hergestellte Würde [...] würde all diejenigen schutzlos machen, die in den Augen der Leistungsfähigen nicht oder nicht mehr leistungsfähig sind."[213]

3.2 Kollektive Menschenwürde

Die Zeitgenossen und insbesondere diejenigen, die sich berufsbedingt häufiger mit der Menschenwürde beschäftigten, nahmen aufgrund der Neuartigkeit der

[209] Hoffmann, Biotechnologie, Gentechnologie und Reproduktionsbiologie (1985), S. 137.

[210] Kriele, Freiheit und Gleichheit (1984), S. 129.

[211] Ausführlich zur Luhmann'schen Leistungstheorie bei Geddert-Steinacher, Menschenwürde als Verfassungsbegriff (1990), S. 133; Tiedemann, Menschenwürde als Rechtsbegriff (2007), S. 76–79 und Vitzthum, Menschenwürde als Verfassungsbegriff (1985), S. 206f.

[212] „Denn Selbstdarstellung ist jener Vorgang, der den Menschen in Kommunikation mit anderen zur Person werden läßt und ihn damit in seiner Menschlichkeit konstituiert." Luhmann, Grundrechte als Institution (1965), S. 68f.

[213] Reiter, Menschenwürde und Gentechnologie (1988), S. 22. Kritisch ebenfalls Geddert-Steinacher, Menschenwürde als Verfassungsbegriff (1990), S. 118–120; Häberle, Menschenwürde als Grundlage der staatlichen Gemeinschaft (1987), S. 832; Starck, Menschenwürde als Verfassungsgarantie (1981), S. 463 und Vitzthum, Menschenwürde als Verfassungsbegriff (1985), S. 206f.

Probleme gentechnischer Eingriffe zunehmend die Interpretationsgrenzen der Menschenwürde wahr. Während sich in der Mitgift-[214] oder Werttheorie und der Leistungstheorie[215] die individuelle Seite des Menschenwürdeverständnisses offenbarte, provozierten die Gentechnologien eine neue Interpretationsrichtung, die sich unmittelbar mit dem der Diskussion zugrunde liegenden Themenkomplex erklären lässt. „Gegenüber den spezifischen, vielfach ganz neuartigen Formen der Gefährdung des Menschen durch die Möglichkeiten der Gentechnologie versagen die herkömmlichen Antworten aus Art. 1 Abs. 1 GG überwiegend", stellte Ernst Benda fest.[216] Überlieferte Menschenwürde-Interpretationen wurden an den neuen technischen Herausforderungen geprüft und für revisionsbedürftig befunden.[217]

Während sich aus reproduktionsmedizinischer Perspektive der Kreis der potentiell in ihrer Würde Verletzten auf eine überschaubare Anzahl beschränkte, erweiterte die Gentechnik ihn signifikant. Bei In-vitro-Fertilisation und Leihmutterschaft zum Beispiel gab es jeweils konkrete Individuen, die direkt in dem Vorgang involviert waren und deren Würde mutmaßlich beeinträchtigt werden könnte. Dagegen betrafen Verfahren, die die Veränderung menschlicher Gene zum Ziel hatten, nicht konkrete Individuen, sondern die abstrakte Größe Menschheit. Diskutierte man beispielsweise über Chimären- und Hybridbildung oder Eingriffe in die Keimbahnen, so herrschte nicht nur Unklarheit über den Diskussionsgegenstand selbst, sondern auch über die Bestimmung von Schutzgütern und die Zuordnung von Grundrechten. Unstrittig war jedoch, dass eine Entwicklung abgewehrt werden musste, die einige wenige Menschen in die Lage versetzt hätte, mit Hilfe der Gentechnik die Grundbedingungen menschlichen Lebens zu manipulieren.

Der Mensch sollte vor der Entmenschlichung seines Wesens und seiner Spezies als Folge von neuartigen technischen Verfahren bewahrt werden.[218] Die Äußerung des Biologen Henning Beiers über die Machbarkeit der Techniken ver-

214 Dieser Kategorisierungsbegriff wurde im Jahr 1993 von Hofmann, Die versprochene Menschenwürde (1993), S. 357 in seiner Antrittsvorlesung eingeführt.

215 Die im Jahr 1993 vorgestellte Kommunikationstheorie von Hasso Hofmann lässt sich als Leistungstheorie einordnen. In dieser wurde die Menschenwürde zum Relations- und Kommunikationsbegriff, konstituiert durch soziale Anerkennung, vgl. ebd., S. 364. Und: „Im Unterschied zu den Mitgifttheorien versteht die andere Seite Menschenwürde als eigene Hervorbringung, als Leistung menschlicher Subjektivität: Danach gewinnt der Mensch Würde aus eigenem selbstbestimmtem Verhalten durch gelungene Identitätsbildung." Ebd., S. 358.

216 Benda, Gentechnologie und Recht (1986), S. 25.

217 Auch Benda, Erprobung der Menschenwürde (1985), S. 18 „möchte am neuartigen Gegenstand erproben, ob unser bisheriges Instrumentarium zur Interpretation eines zentralen Verfassungsprinzips es ermöglicht, eine früher unbekannte Fragestellung zu beantworten."

218 Vgl. Benda, Gentechnologie und Recht (1986), S. 19 und Coester-Waltjen, Befruchtungs- und Gentechnologie (1984), S. 235f.

deutlicht beispielhaft die Furcht der Zeitgenossen, vom medizinisch-technischen Fortschritt überrollt zu werden: „Wer heute ein Horrorgemälde sucht, braucht wirklich keine Phantasie. Nehmen Sie ein Buch über Veterinärmedizin und ersetzen sie bei der Lektüre einfach das Wort Tier durch das Wort Mensch. Was da tagtäglich passiert, ist keine Utopie mehr, sondern alltägliches Handwerk"[219]. Die Überforderung durch die Vielzahl unbeantworteter Fragen, die Furcht vor dem Eingriff in die menschliche Natur oder – weiter noch – in den Genpool der Menschheit und die brennende Sorge vor dem Eintreten von bisher nur in Utopien beschriebenen Zukunftsszenarien einer genmanipulierten Gesellschaft veranlasste die Zeitgenossen, absolute und sichere Schranken zu suchen und in der Auseinandersetzung zu implementieren.[220] Die Menschenwürde erschien den Diskussionsteilnehmern als angemessene absolute Grenze oder – wie Jörg Spiekerkötter es formulierte – als „letzter Schutzwall gegen die Bedrohung menschlicher Existenz durch neuartige Technologien."[221] Wolfgang van den Daele präzisierte: „Der Bezug auf die Grundrechte erlaubt es am ehesten, das spontane Gefühl des moralisch Unerlaubten, das viele Vorschläge zur genetischen Kontrolle der menschlichen Natur auslösen, auf die Ebene gesellschaftlich verbindlicher Wertvorstellungen zu heben."[222]

Johannes Reiter erkannte ebenso wie viele seiner Zeitgenossen in der Menschenwürde diesen „Orientierungspunkt".[223] In ihrem Namen und aus Angst vor dem Verlust der Menschenwürde wurden gezielte gentechnische Veränderungen des menschlichen Erbgutes wie Klonen, Chimären- und Hybridbildung sowie Keimbahnveränderungen abgelehnt und gesetzgeberische Initiativen ergriffen.[224] Diese neuen Möglichkeiten, in die menschliche Natur einzugreifen,

219 Kerner, Menschen – Klone – Sensationen (1988).

220 „Die Analyse der menschlichen Erbanlagen, die im Mittelpunkt dieses Bandes steht, ermöglicht den Zugriff auf einen wesentlichen Teil dessen, was die Persönlichkeit eines Menschen ausmacht. Daher wird in der Auseinandersetzung um die Genomanalyse vielfach die Fundamentalnorm des Grundgesetzes, die Menschenwürde (Art. 1 Abs. 1 GG), herangezogen." Classen, Menschenwürde (1991), S. 93.

221 Spiekerkötter, Verfassungsfragen der Humangenetik (1989), S. 37. Ebenso Köbl, Niedergang oder Steigerung der Menschenwürde (1985), S. 185. Auer, Bioethische Argumentation (1989), S. 13: „Sie [die Menschenwürde] gehört in die Reihe jener Interpretamente, mit deren Hilfe man in unserem Kulturkreis die in sich nicht unmittelbar greifbare, aber alles tragende Sinnhaftigkeit menschlichen Daseins verdeutlicht hat".

222 van den Daele, Wolfgang, Verfassungspolitische Aspekte (1985), S. 136. Ähnlich schrieb auch Reiter, Menschliche Würde und christliche Verantwortung (1989), S. 48: „Menschenwürde steht heute im Zentrum des öffentlichen Interesses. Menschenwürde ist hochaktuell geworden, ja sie scheint der allgemeine Nenner zu sein, auf den gegenwärtig alle Forderungen nach Humanität bezogen werden."

223 Reiter, Menschenwürde und Gentechnologie (1988), S. 16.

224 In seiner Antrittsrede vor dem Deutschen Bundestag hob Bundeskanzler Kohl diesen Aspekt besonders deutlich hervor: „Das Leben zu schützen und die Achtung von Personalität und Würde des Menschen zu gewährleisten sind eine Staatsaufgabe ersten Ranges.

bezeichnete Ernst Benda als einen radikalen Schritt, „der auch nach einem neuen Verständnis der Menschenwürde fragt“[225]. Dieses „neue Verständnis“ ist in vielen Äußerungen zur rechtlichen und ethischen Bewertung der neuen Techniken in Form einer Extension der Menschenwürdenorm vom Individuum auf die Menschheit zu erkennen.

Die in den 1980er Jahren diskutierten Techniken, die alle zunächst nur Möglichkeiten einer sich entwickelnden Forschung darstellten, blieben – obwohl immer wieder besprochen – abstrakt und nebulös. Entsprechend kompliziert stellte sich in Konfliktfragen, denen bis dato der Bezug zur Realität fehlte, die Zuweisung von Grundrechten dar.

Da die Techniken in der Regel (noch) keine konkreten Individuen bedrohten, erstaunt der Rückgriff auf die Menschenwürde. So war diese doch in der Lesart der herrschenden Meinung ein subjektives Recht, das sich auf den Einzelnen beziehen sollte.[226] In Anbetracht der sich entwickelnden Gentechnologien wurde aber eine über das Individuum hinausgehende Lesart der Menschenwürde gefordert. So von Erich Fechner, der schrieb: „Wer die Probleme der generativen Forschung und Techniken nur vom Einzelwesen aus beurteilt, wie dies ganz überwiegend geschieht, muß notwendig zu einseitigen Ergebnissen kommen.“[227] Wolfgang Vitzthum konstatierte, dass das überkommene Menschenwürdeverständnis nicht ausreichen würde, die Gefährdungsdimensionen der Gentechnologien abzudecken. Er erklärte: „Bei der Humangenetik wird ein Gebiet betreten, auf dem nicht die Verletzung einzelner Menschen und ihrer Würde die Gefahr darstellt, sondern die Zerstörung des Verletzbaren.“[228] Auch der Rechtswissenschaftler Peter Lerche bezweifelte angesichts der neuen Techni-

Eine von der Bundesregierung eingesetzte Kommission aus Moraltheologen, Natur- und Geisteswissenschaftlern sowie Rechtsexperten hat dazu – vor allem zur Gentechnologie – Empfehlungen vorgelegt. Wir werden daraus die notwendigen Konsequenzen ziehen.“ Zitiert nach: Deutscher Bundestag, Plenarprotokoll 11/4 (18.03.1987), S. 53. Ebenso Seesing, MdB (CDU) in Deutscher Bundestag, Plenarprotokoll 11/230 (24.10.1990), S. 18208: „Wir haben unsere Verfassung mit den Art. 1 und 2 geschaffen, um den Staat für alle Zukunft zum Schutz der Menschenwürde zu zwingen. Um jegliche Manipulationsmöglichkeit auszuschalten, muß der Schutz vom Anfang bis zum Ende des Lebens reichen.“

225 Benda, Menschenwürde und Persönlichkeitsrecht (1995), S. 180. Zudem schrieb Benda: „Eine Rechtsordnung, welche mit den weitgreifenden Möglichkeiten der Manipulation des menschlichen Genbestandes zu rechnen hat und diese zuläßt, ändert ihre Funktion radikal.“ Benda, Objekt (1985), S. 48.

226 Vgl. mit weiteren Verweisen Stern, Menschenwürde als Wurzel (1983), S. 634, Fn. 32. Ebenso konstatierte Benda, Erprobung der Menschenwürde (1985), S. 21: „Nach bisherigem Verständnis handelt Art. 1 GG von dem konkreten Menschen, nicht von der Menschheit als solcher.“ Vgl. auch Hamann, Grundgesetz-Kommentar (1970), S. 128 und Kunig, Art. 1 (1992), S. 88f.

227 Fechner, Menschenwürde und generative Forschung (1986), S. 658.

228 Vitzthum, Menschenwürde als Verfassungsbegriff (1985), S. 209.

ken, ob das überlieferte Menschenwürdeverständnis ausreichen würde, die neuen Gefährdungen abzuwehren: „Wird Art. 1 GG nicht sprunghaft vom konkreten Menschen gelöst und auf ein abstraktes Bild vom Menschen bezogen, so kann es nur um die Individualität des einzelnen, eben des wirklichen Menschen in seiner vorhandenen Mangelhaftigkeit gehen. Nur so ist Art. 1 GG bisher zumeist auch verstanden worden. Genetische Einwirkungen – in Anführungszeichen: ‚zur Verbesserung des Menschengeschlechts' – finden so gesehen keinen wirklich eindeutigen Widerstand am bisher gesicherten Tatbestand des Schutzes von Menschenwürde."[229]

Das Einbeziehen der Menschenwürde in die Argumentationen zur Ablehnung der Gentechnologien führt somit zu der Schlussfolgerung, dass die Menschenwürde im Verlauf der Debatte zunehmend auch in einem kollektiven Verständnis gebraucht wurde. Der schleichende Prozess in der Veränderung der Lesart ist jedoch nicht explizit sichtbar, da in den seltensten Fällen von „Gattungswürde" oder „Menschheitswürde" gesprochen wurde.

Besonders deutlich tritt ein über das Individuum hinausgehendes Menschenwürdeverständnis in den Diskussionen über Keimbahnmanipulationen hervor, die eine Veränderung des menschlichen Erbgutes bezwecken. Der Vorschlag, zu Heilungszwecken in die Keimbahnen des extrakorporalen Embryos einzugreifen, stieß einhellig auf Ablehnung. Auf diese Weise – so die Argumentation – würden sich bereits geborene Menschen anmaßen, in das Schicksal zukünftiger Generationen einzugreifen.[230] Dies widerspräche jedoch der Vorstellung von Menschenwürde, die die meisten Zeitgenossen besaßen. Auch die „Überhöhung von durch genetische Manipulation ‚verbesserten' Menschen würde einen durch nichts gerechtfertigten Herrschaftsanspruch über die in die menschliche Gesellschaft schlicht nur hineingeborenen Menschen bedeuten."[231] Bezogen auf Eingriffe in die Gene des individuellen Embryos hegten die Diskussionsteilnehmer die Sorge, dass am Ende der Entwicklung die Züchtung von perfekten, makellosen Übermenschen stände. Die vordergründige Motivation und Vision,

229 Lerche, Verfassungsrechtliche Aspekte (1986), S. 106.

230 So auch Seesing, MdB (CDU) in Deutscher Bundestag, Plenarprotokoll 11/183 (08.12.1989), S. 14172; Voigt, MdB (CDU) in Deutscher Bundestag, Plenarprotokoll 11/62 (26.02.1988), S. 4306f. und Wehowsky, Lebensbeginn und Manipulation (1987). Diese Idee wurde auch außerhalb des Bundestages geäußert, wie beispielsweise bei Benda, Objekt (1985), S. 50f.: „Es ist die Anmaßung der Technik, menschliche Unvollkommenheit durch gezielte Auslese und durch Veränderung der genetischen Ausstattung in einem geplanten Entwicklungsprozeß, in einen Zustand vorgestellter und angestrebter Perfektion zu überführen. Schon der Anspruch, die hierfür maßgeblichen Kriterien festzulegen, beansprucht Herrschaft nicht nur über die Lebenden, sondern auch über die künftigen Generationen."; Deutscher Richterbund, Thesen (1986), S. 230; Häberle, Menschenwürde als Grundlage der staatlichen Gemeinschaft (1987), S. 851 und Reiter, Menschenwürde und Gentechnologie (1988), S. 32.

231 Flämig, Humangenetische Manipulation (1985), S. 64.

schwere Erbkrankheiten aus dem Genpool der menschlichen Gattung zu entfernen, wurde nicht als erstrebenswertes Ziel, sondern als Einfallstor für Eugenik und genetische Manipulation in einem negativen Sinne betrachtet. In diesem Sinne fragte Heinrich Seesing, MdB (CDU) vor dem Bundestag: „Wie soll also der Mensch denn letztlich aussehen, der da verändert werden soll? Wollen wir eventuell eine Welt mit nur schönen und gesunden Menschen? Sind wir noch bereit, Behinderte und Behinderungen anzunehmen?“[232]. Er lehnte Keimbahnmanipulationen entschieden ab, auch wenn dies eine Reduktion der Möglichkeiten, Leid und Krankheit aus der Welt zu schaffen, bedeutete.[233] Auch Ulrich Beck warnte vor einer neuen Eugenik: „Auf diese Weise können auch Vorstellungen vom ‚lebenswerten‘ und ‚lebensunwerten‘ Leben, die noch im kollektiven Unterbewußtsein schlummern, durch den Duft der technischen Möglichkeiten geweckt werden.“[234]

Deutlich wird, dass die neuen Technologien das Selbstverständnis des Menschen in Frage stellten. Sie berührten, so stellte Ernst Benda fest, das Menschenbild des Grundgesetzes.[235] Nicht mehr der Schutz des einzelnen Embryos stand demnach im Vordergrund, sondern die Angst vor denkbaren Folgen der Eingriffe in das menschliche Erbgut: „Geboten ist vielmehr vor allem die Abwehr von Eingriffen in den Kern des Humanum.“[236] Diese Erweiterung des Bezugsrahmens wirkte sich auch auf die in die Argumentation einbezogene Menschenwürde aus.

Der Rechtswissenschaftler Christian Flämig erkannte in der Veränderung des menschlichen Erbgutes einen „Eingriff in die Natur des Menschen“, der diese Natur, zu der auch die Menschenwürde gehöre, verleugne.[237] Wolfgang Vitzthum konstatierte in diesem Zusammenhang: „Der Zugriff auf die Genstruktur erweist sich insofern als neue Dimension der Gefährdung der Menschenwürde.“[238] Und näher beschreibend, welche Gefahren sich für das bekannte Menschenwürdeverständnis daraus ergäben, konkretisierte er: „Eine ‚positive Zuchtauswahl‘ brächte möglicherweise die Gefahr einer Entindividualisierung des Menschen mit sich. Es droht eine Nivellierung der einzelnen Individuen, ja des Genpools

[232] Zitiert nach: Deutscher Bundestag, Plenarprotokoll 11/230 (24.10.1990), S. 18209.
[233] Vgl. ebenso auch Reiter, Menschenwürde und Gentechnologie (1988), S. 32.
[234] Beck, Eugenik (1988). Ebenso Sozialdemokratischer Pressedienst, Grenzen (1988) und Wehowsky, Revolution durch die Hintertür (1989): „Und jetzt sieht es so aus, als stelle sich die ethische Frage verschärft, weil die Anwendung der Gentechnik am Menschen eine Neuauflage der Eugenik wäre, was den Verlust der Menschenwürde zur Folge hätte.“
[235] Benda, Erprobung der Menschenwürde (1985), S. 20. Ähnlich auch Schäfer, Hybris (1988): „Denn mit jedem Schritt, den wir auf diesem neuen Feld der Medizin tun, setzen wir Erschütterungen unseres Menschenbildes in Gang. Tatenloses Zuschauen würde in der denkbar kürzesten Zeit dazu führen, daß wir unsere Begriffe vom Menschen, seiner Würde und seinen Rechten als überholte historische Irrtümer ablegen können.“
[236] Vitzthum, Menschenwürde als Verfassungsbegriff (1985), S. 202.
[237] Flämig, Humangenetische Manipulation (1985), S. 63.
[238] Vitzthum, Menschenwürde als Verfassungsbegriff (1985), S. 208.

für zukünftige Generationen. [...] Art. 1 Abs. 1 GG anerkennt den Menschen als prinzipiell unzureichenden ‚Entwurf der Natur', an welcher Unzulänglichkeit sich das spezifisch Humane entwickelt hat und das es zu schützen gilt."[239] Diese Aussagen illustrieren exemplarisch, dass diese in die Natur des Menschen eingreifenden Technologien als Angriff auf das Menschenbild und die Menschenwürde identifiziert und abgelehnt wurden. Die zunehmende Forderung nach einem strikten Verbot dieser Techniken war demzufolge nur konsequent.[240] „Denn wenn es richtig ist, daß mit der Unantastbarkeit der Menschenwürde gerade auch die individuelle Eigenart und Unverfälschtheit des Menschen gewährleistet sein soll [...] so kann bei gewissen Entwicklungsmöglichkeiten der Genmanipulation durchaus der Punkt kommen, an dem zur Sicherung und Bewahrung der Einmaligkeit und Unverfälschtheit menschlicher Individualität ein Veto gegen bestimmte Versuche nicht auszuschließen ist"[241], folgerte Albin Eser.

Der Mensch, so die Vorstellung, dürfe die Gleichheit aller nicht durch die Zucht einer optimierten Menschenart beeinträchtigen,[242] denn das Natürliche des Menschen, seine Zugehörigkeit zur Gattung Mensch und sein Wesen stellten die Grundlage seiner unantastbaren Würde dar, so die häufig zu lesende Argumentation.[243] Christian Flämig schrieb in diesem Sinne: „Die Würde des Menschen hängt an der Naturwüchsigkeit seines Ursprungs, die er mit allen anderen teilt."[244] Auch Heinz Seesing, MdB (CDU) stellte fest: „Ansetzen muß man schon bei der Erkenntnis, daß die Sprache der Gene, das Alphabet der Erbinformationen bei allen Lebewesen gleich ist."[245] Diese absolute Gleichheit Aller auch im Hinblick darauf, dass jeder Mensch natürliches Zufallsprodukt und damit weder das Resultat menschlichen Willens noch das eines menschlichen Schöpfungsaktes darstellt, wurde als Urgrund menschlicher Würde betrachtet.[246]

239 Ebd., S. 208.

240 Vgl. Balz, Samenübertragung (1980), S. 20f.; Kommission Grundwerte beim SPD-Vorstand, Humane Grenzen des technisch Machbaren (1981), S. 8: „Denn die Väter des Grundgesetzes wollten mit dem ersten Artikel der Verfassung auch alle Ansätze zur Menschenzüchtung treffen."; Kluxen, Manipulierte Menschwerdung (1985), S. 18f. und Maunz/Zippelius, Deutsches Staatsrecht (1991), S. 179.

241 Eser, Genetik, Gen-Ethik, Gen-Recht (1985), S. 252.

242 Vgl. beispielsweise Benda, Erprobung der Menschenwürde (1985), S. 31; Flämig, Humangenetische Manipulation (1985), S. 64 und Steiner, Schutz des Lebens (1992), S. 15, der in diesen Verfahren „die Gefahr einer Erosion für die anthropologische Substanz des Art. 1 Abs. 1 GG" erkannte und sie deswegen auch ablehnte.

243 Blankenagel, Gentechnologie und Menschenwürde (1987), S. 386 verbildlichte diese Beziehung zwischen Natur und Würde mit den Worten: „die Beziehung Mensch – Natur [findet] einen juristischen Anlegeplatz, der wiederum unter der Bezeichnung ‚Menschenwürde' kartographiert ist." Ebenfalls Classen, Rahmenbedingungen (1989), S. 243.

244 Flämig, Humangenetische Manipulation (1985), S. 64.

245 Seesing, Gentechnologie und Leben (1985), S. 9.

246 Vgl. Coester-Waltjen, Befruchtungs- und Gentechnologie (1984), S. 235f.; Häberle, Menschenwürde als Grundlage der staatlichen Gemeinschaft (1987), S. 851; Kluxen,

Ernst Benda verwies noch auf einen weiteren Aspekt: „Es würde aber das Selbstbestimmungsrecht des Menschen und damit seine Würde in schwerster Weise verletzen, wenn andere für ihn, ja vor ihm in noch so wohlgemeinter Absicht darüber entscheiden dürften, was krankhafte Abweichungen von einer Norm sind, die besagt, wie Menschen beschaffen sein sollten."[247] Dieses Zitat verdeutlicht, dass die Unvollkommenheit des Menschen, seine Mangelhaftigkeit und Fehlerhaftigkeit, zentrale Bestandteile des der Menschenwürde zugrunde liegenden Menschenbildes darstellten.[248] Dieses Menschenbild wurde durch die Schaffung vollkommener und fehlerfreier Menschen bedroht gesehen.[249] So gab beispielsweise Herta Däubler-Gmelin, MdB (SPD) zu bedenken: „Wenn wir nicht aufpassen, können die neuen Techniken bei der künstlichen Befruchtung zu einem Einfallstor für die Konstruktion neuer Menschen werden, also für die Erschaffung eines Homunkulus, den wir aus Goethes ‚Faust' kennen, der aber jetzt in die Reichweite des technisch Machbaren kommt."[250] Der Mensch, seinem Wesen und seiner Natur nach unvollkommen, solle sich nicht von sich selbst und von der Natur emanzipieren und sich über diese erheben. Geschehe dies, so befürchtete man Hybris, Machbarkeitswahn und die Anmaßung des Menschen, sein eigener Schöpfer zu sein.[251] Ernst Benda betonte: „Gefährdungen der Menschenwürde hat es schon immer gegeben. Sie beginnen, wenn der Mensch in seiner Wesenhaftigkeit verändert werden soll, zu der auch seine naturgegebene Unvollkommenheit gehört."[252] Die Benda-Kommission forderte unter Verweis auf die zum Wesen des Menschen gehörende Unvollkommenheit ein strafrechtliches Verbot des Gentransfers in menschliche Keimbahnzellen: „Ihn an einer vermeintlich richtigen Norm zu messen und genetisch auf diese Norm hin zu manipulieren, würde zugleich auch dem Menschenbild des Grundgesetzes widersprechen und den Menschen zutiefst in seiner Würde verletzen."[253] Das restriktive Embryonenschutzgesetz diene dazu, das Bild vom unvollkommenen Menschen zu schützen und damit auch seine Würde, so Hans Engelhard, MdB (FDP)

Fortpflanzungstechnologien und Menschenwürde (1986), S. 15; Reiter, Ethische Aspekte (1985), S. 151; Reiter, Menschenwürde und Gentechnologie (1988), S. 29 & 32 und Vitzthum, Menschenwürde als Verfassungsbegriff (1985), S. 208.

247 Benda, Humangenetik und Recht (1985), S. 1733.

248 Dies betonten Benda, Objekt (1985), S. 50f.; Häberle, Menschenwürde als Grundlage der staatlichen Gemeinschaft (1987), S. 851 und Seesing, Gentechnologie und Leben (1985), S. 8.

249 Vgl. Benda, Humangenetik und Recht (1985), S. 1732.

250 Zitiert nach: Deutscher Bundestag, Plenarprotokoll 11/230 (24.10.1990), S. 18209.

251 Vgl. im Wortbeitrag von Jahn, MdB (CDU) ebd., S. 18217f.

252 Benda, Objekt (1985), S. 51f. Vergleichbar auch in Benda, Erprobung der Menschenwürde (1985), S. 29.

253 Arbeitsgruppe des Bundesministers für Forschung und Technologie und des Bundesministers der Justiz (Hg.), Bericht Benda-Kommission (1985), S. 46.

während der ersten Beratung des durch die Bundesregierung eingebrachten Embryonenschutzgesetzes. Er resümierte: „Der Entwurf tritt allen Manipulationen entgegen, die mit unserem auch die Unvollkommenheit des Menschen einschließenden Menschenbild nicht in Einklang zu bringen sind." Zu diesen Manipulationen zählte er den Gentransfer in menschlichen Keimbahnzellen, die Geschlechtswahl, das Klonen und die Schaffung von Chimären oder Hybridwesen.[254]

In den Äußerungen zur Ablehnung von Chimären- und Hybridbildung lassen sich ebenfalls Elemente finden, die eine kollektivistische Lesart der Menschenwürde nahelegen. Der von der Bundesregierung eingebrachte Entwurf des Embryonenschutzgesetzes lehnte die Erzeugung von Mischwesen kategorisch ab: „Ebenfalls in besonders krasser Weise verstößt es gegen die Menschenwürde, Chimären unter Verwendung mindestens eines menschlichen Embryos oder auch Hybridwesen aus Mensch und Tier zu erzeugen."[255] Hierbei wird deutlich, dass die Menschenwürde nicht in Bezug auf das konkrete, durch Chimären- und Hybridbildung hergestellte Wesen verwendet wurde, sondern in einem allgemeinen Sinne. Dies gilt umso mehr, als dass man davon ausgehen muss, dass ein Mischwesen im Einzelfall aufgrund mangelnder Menschlichkeit und Persönlichkeit im Verständnis des Art. 1 GG gar keine Menschenwürde besitzen kann. Ablehnungsbegründungen dieser Art lassen daher nur eine kollektivistisch verstandene Menschenwürde zu und sollten vor der Entmenschlichung der Gattung Mensch bewahren.

Zum Schutz der menschlichen Gattung aber auch zum Schutz des Embryos erschien eine Argumentation über die Gattungszugehörigkeit sinnvoll, denn dessen Zugehörigkeit zur Gattung Mensch ab Konjugation war inzwischen durch biologische Forschungen bewiesen worden und allgemein anerkannt. Für den Einbezug eines Embryos in den Schutz der Menschenwürde sollte dementsprechend das bloße Menschsein genügen, weitere Kriterien mussten nicht erfüllt und die Frage nach der individuellen Trägerschaft nicht beantwortet werden.[256]

[254] Zitiert nach: Deutscher Bundestag, Plenarprotokoll 11/183 (08.12.1989), S. 14166f.

[255] Zitiert nach: Deutscher Bundestag, Drucksache 11/5460 (25.10.1989), S. 12. Damit folgte die Bundesregierung den Empfehlungen der Benda-Kommission, die mit Verweis auf einen Menschenwürdeverstoß ein strafrechtliches Verbot von Chimären- und Hybridbildung empfohlen hatte. Vgl. Arbeitsgruppe des Bundesministers für Forschung und Technologie und des Bundesministers der Justiz (Hg.), Bericht Benda-Kommission (1985), S. 34f.

[256] „Da jedes menschliche Leben Würde besitzt, muß Würde auch der Eizelle vom Augenblick der Befruchtung an – und unabhängig von der Art der Befruchtung – zukommen, liegt doch artspezifisches, ja bereits individualspezifisches menschliches Leben vor." Vitzthum, Gentechnologie und Menschenwürde (1985), S. 252. Vgl. auch Kluxen, Fortpflanzungstechnologien und Menschenwürde (1986), S. 6; Löw, Grenzen der Retorte (1981), S. 25 und Spaemann, Über den Begriff der Menschenwürde (1987), S. 305–310.

Dieses biologische oder naturalistische Verständnis von der Würde des Menschen, das in der Debatte immer häufiger Verwendung fand, wurde nicht unkritisch gesehen. Als unzeitgemäße „retour à la nature“[257] bezeichnete beispielsweise der Staatsrechtler Rupert Scholz (CDU) diese Tendenz. In einem ähnlichen Sinne schrieb der Rechtswissenschaftler Ulfrid Neumann: „Auf biologische Eingriffe ‚angewendet‘ erfährt die Menschenwürde selbst eine biologische Mutation; an der körperlichen Natur des Menschen orientiert, legt sie die Gefahr eines naturalistischen Fehlschlusses zumindest nahe.“[258] Weiter schrieb er: „Soweit die Würde des Menschen in der bisherigen Diskussion auf die Natur des Menschen gegründet wurde, war damit nicht die biologische, sondern die vernünftige und sittliche Natur des Menschen gemeint, die der biologischen gerade entgegengesetzt wurde.“[259] Auch Christoph Enders kritisierte die Anwendung der Menschenwürde auf die Größe der Menschheit: „Erfolgt der Verstoß gegen die Würde des als eigenständiges Individuum noch nicht vorhandenen Menschen durch Genmanipulation, so kann es einen (mit sich identischen) Träger dieser Würde überhaupt nicht geben. An seine Stelle tritt die Menschheit und d. h. die ‚Wesenheit des Menschen‘ wie sie ein Menschenbild widerspiegelt. In diesem Moment wird das in jenem Menschenbild sich objektiv niederschlagende Prinzip Menschenwürde vollständig von seinem subjektiv-freiheitlichen Gehalt gelöst und steht in Gefahr, gegen diesen ausgespielt zu werden.“[260] Ulfrid Neumann warnte davor, nicht mehr das Individuum, sondern die möglicherweise ideologisch aufgeladene Größe der Menschheit zum Bezugspunkt der Menschenwürde zu nehmen.[261] Auch Reinhold Zippelius erkannte das Risiko „daß persönliche oder nur von partikularen Gruppen getragene Vorstellungen dem Verfassungsbegriff untergeschoben“ würden.[262]

[257] SCHOLZ, Instrumentale Beherrschung (1986), S. 73. Kritisch ebenfalls LERCHE, Verfassungsrechtliche Aspekte (1986), S. 106f.

[258] NEUMANN, „Würde des Menschen“ (1988), S. 143.

[259] Ebd., S. 148.

[260] ENDERS, Menschenwürde und ihr Schutz (1986), S. 252.

[261] „Sieht man als Träger der Menschenwürde das Individuum, so bezeichnet das Prinzip der Menschenwürde einen spezifischen Gesichtspunkt, unter dem der einzelne zu schützen ist; der konkrete Mensch wird in seiner Würde geschützt. Wird die Menschenwürde demgegenüber auf die Menschheit bezogen, so wird das Prinzip der Menschenwürde zum Schutzobjekt. Damit ist aber die Gefahr, daß an der Stelle von Menschen Ideologien geschützt werden, nicht mehr von der Hand zu weisen.“ NEUMANN, „Würde des Menschen“ (1988), S. 145. In diesem Sinne fragte auch ESER, Embryonenforschung und „Fetozid“ (1989) in einem Artikel für die SÜDDEUTSCHE ZEITUNG: „Aber müßte dies [Rede von der Würde der Menschheit] nicht letztlich eine Abwertung der für die Menschenwürde wesentlichen Individualität zur Folge haben, ganz zu schweigen davon, daß universelle Menschheitskonzepte die Tendenz zur Ideologisierung in sich tragen?“

[262] ZIPPELIUS, Eingriffe (1992), S. 60. Siehe auch OSTENDORF, Juristische Aspekte (1983), S. 185.

Dies bewertete er insbesondere vor dem Hintergrund der zunehmenden Verwendung der Menschenwürde als Begriff kritisch. Andere Zeitgenossen warnten davor, dem Rechtssystem durch das „trojanische Pferd" Menschenwürde ein bestimmtes Welt- und Menschenbild einzuprägen.[263] Herta Däubler-Gmelin, MdB (SPD) forderte dementsprechend die Orientierung an einer „neutralen" Menschenwürde: „Benötigt werden Regelungen, die im Zweifel für die Menschenwürde entscheiden, ohne religiöse oder ethische Überzeugungen einzelner Bevölkerungsteile auch denjenigen aufzuzwingen, die sie nicht teilen."[264]

Neben der fehlenden weltanschaulichen Neutralität wurde auch die häufige Verwendung selbst kritisch gesehen. Der Rechtswissenschaftler Alexander Blankenagel drückte im Jahr 1987 seinen Unmut aus, dass Art. 1 GG zunehmend zur Bewältigung der neuartigen bioethischen Probleme hinzugezogen wurde: „Man ‚fuchtelt', wie es gerade paßt, überall mit der Menschenwürde herum."[265] Mit dieser Kritik stand er, insbesondere im Kreise seiner Zunft, nicht alleine da.[266] Einige Rechtswissenschaftler erkannten und benannten schon frühzeitig die Gefahren, welche sich mit dem zunehmenden Einsatz der Menschenwürde bei der Klärung von Problemen stellte.[267] Die quantitative Zunahme der menschenwürdebezogenen Äußerungen in der Auseinandersetzung um den Schutz von Embryonen

263 So beispielsweise Scholz, Verfassungsfragen (1989), S. 210.

264 Däubler-Gmelin, Fortpflanzung und Gentechnologie (1986), S. 143. Noch entschiedener sprach Bittner, MdB (PDS) in der zweiten und dritten Beratung des Embryonenschutzgesetzes vor dem Bundestag: „Die Würde des Menschen, die in diesem Gesetz schon dem frühen Keimling zugesprochen wurde, wird wohl doch von einer der christlichen Weltanschauungen hergeleitet. Es scheint uns nicht um den Schutz des Menschen an sich, sondern um den Schutz eines bestimmten Menschenbildes zu gehen. Ich wurde belehrt, daß die Identifikation dieses modernen Verfassungsstaates aber gerade in einer Nichtidentifikation mit einer bestimmten Weltanschauung liegen soll. Wie verhält es sich damit wirklich, wenn moralische Normen einer Weltanschauung in Verbindlichkeiten des Rechts einbezogen werden sollen?" Zitiert nach: Deutscher Bundestag, Plenarprotokoll 11/230 (24.10.1990), S. 18215.

265 Blankenagel, Gentechnologie und Menschenwürde (1987), S. 387.

266 Die rechtswissenschaftliche Auseinandersetzung mit bioethischen Problemen war schon in den frühen 1980er Jahren ohne Rekurs auf Art. 1 GG undenkbar geworden. Vgl. exemplarisch Coester-Waltjen, Befruchtungs- und Gentechnologie (1984), S. 230–236; Eser, Genetik, Gen-Ethik, Gen-Recht (1985), S. 251f.; Ostendorf, Experimente (1984), S. 598; Vitzthum, Gentechnologie und Menschenwürde (1985), S. 249–257 und Vitzthum, Menschenwürde als Verfassungsbegriff (1985), S. 201–209.

267 „In krassem Unterschied zum inflationären Alltagsgebrauch macht daher der Jurist von dem Etikett des Menschenwürdigen nur zurückhaltend Gebrauch." Eser, Recht und Humangenetik (1983), S. 61f. Vgl. auch Köbl, Niedergang oder Steigerung der Menschenwürde (1985), S. 192 und Lerche, Verfassungsrechtliche Aspekte (1986), S. 109, der schrieb „die Verschiebung dieses sich aufdrängenden Problems auf das Gleis des Schutzes der Menschenwürde, diese Lösung ist keine. [...] Es geht um – möglichen – Lebensschutz, nicht um Menschenwürde."

verhindere eine Diskussion über die tatsächlich und offensichtlich betroffenen Rechtsgüter, über die eine Diskussion weitaus angemessener sei.[268] In diesem Sinne forderte Peter Lerche, das Prinzip der Menschenwürde vor interpretativer Überdehnung zu schützen.[269] Albin Eser prophezeite gar die Zerstörung der „Fundamentalnorm unseres Gemeinwesens“[270]. Der Rekurs auf Art. 1 GG würde nicht zu mehr Konsens führen, sondern zu einer Diskussion über die Menschenwürde und damit zu einer Zersplitterung des Rechtsbewusstseins sowie zum Verlust eines allgemein akzeptierten Menschenwürdeverständnisses.[271] Mit dieser Zersplitterung einhergehend wurde die Interpretationsvielfalt der Menschenwürde zunehmend als Gefahr erkannt.[272] Für den Rechtsphilosophen Norbert Hoerster ließ die Unmöglichkeit, den Begriff der Menschenwürde ohne ein vorheriges Werturteil näher zu bestimmen, diesen zu einer „Leerformel“[273] verkommen.[274]

[268] Lerche lobte in diesem Sinne das 1. Abtreibungsurteil, das im Wesentlichen noch mit Art. 2 GG argumentierte. Vgl. LERCHE, Verfassungsrechtliche Aspekte (1986), S. 103. Siehe auch BLANKENAGEL, Gentechnologie und Menschenwürde (1987), S. 387f.; NEUMANN, „Würde des Menschen“ (1988), S. 139, der in Bezug auf Legitimität einzelner Verfahren eine Diskussion über die Werte Leben und Gesundheit forderte und SCHOLZ, Verfassungsfragen (1989), S. 215.

[269] Vgl. LERCHE, Verfassungsrechtliche Aspekte (1986), S. 111.

[270] ESER, Embryonenforschung und „Fetozid“ (1989).

[271] Vgl. ebd. Das Problem beschrieb NEUMANN, „Würde des Menschen“ (1988), S. 151 folgendermaßen: „Der Preis für die Erweiterung der Grenzen der Menschenwürde könnte eine Verdünnung im Kernbereich sein – ein, wie ich meine, zu hoher Preis.“

[272] NEUMANN, „Würde des Menschen“ (1988), S. 140 sprach von der Menschenwürde „als ein Argument von irritierender Vieldeutigkeit“. WESTPHALEN, Forschung, die Angst macht (1988) beobachtete: „Selbst der Appell an die verpflichtend zu achtende Würde jeder menschlichen Person – auch der des Embryos – verfängt heute nicht mehr. [...] So ist denn auch nicht verwunderlich, daß sich in der rechtspolitischen Diskussion die Stimmen mehren, die immer deutlicher darauf verweisen, dem Attribut der menschlichen Würde fehle jene Eindeutigkeit, die ein Einschreiten des Staates zum Schutz menschlichen Lebens gebiete.“

[273] HOERSTER, Zur Bedeutung des Prinzips der Menschenwürde (1983), S. 95.

[274] „Ich wollte vielmehr deutlich machen, wie leerformelhaft das Menschenwürdeprinzip notwendigerweise ist: Es ist nicht mehr und nicht weniger als das Vehikel einer moralischen Entscheidung über die Zulässigkeit oder Unzulässigkeit möglicher Formen der Einschränkung individueller Selbstbestimmung. Die Menschenwürde ist nicht – wie der Wortlaut aus Art. 1 I GG vermuten lassen könnte – ein vorgegebenes, erkennbares Etwas (wie etwa das menschliche Leben), über das sich objektiv feststellen ließe, welche Handlungen es verletzen oder schützen. Zwar ist der Begriff der Menschenwürde nicht rein normativer Natur [...]; er hat vielmehr ein deskriptives Elemente, nämlich daß der Mensch von Natur aus prinzipiell zu freier Selbstbestimmung fähig ist. Die für die Anwendung des Begriffs unumgängliche und entscheidende Frage jedoch, welche Formen freier menschlicher Selbstbestimmung sittlich legitim sind [...] – diese Frage ist und bleibt eine Frage der Wertung.“ Ebd., S. 96.

4 Zwischenfazit

Die Embryonenschutzdebatte ist durch mehrere Faktoren gekennzeichnet, die als Ursache für den zunehmenden Rückgriff auf die Menschenwürde gesehen werden können. Innerhalb weniger Jahre implementierten Wissenschaftler und Ärzte bis dato nur gedachte und deshalb noch nicht gesetzlich regulierte Techniken. Dazu zählten neben der In-vitro-Fertilisation die Möglichkeit der Leihmutterschaft, der Kryokonservierung von Embryonen und die damit verbundene mögliche Aufspaltung der Elternschaft. Diese Verfahren, die unter dem Oberbegriff Reproduktionstechniken diskutiert wurden, stellten die eine Seite der Embryonenschutzdebatte dar. Die andere Seite bildeten die aus den Reproduktionstechniken erwachsenen Möglichkeiten, den extrakorporalen Embryo zur Optimierung der In-vitro-Fertilisation, zu Forschungszwecken oder – und das schien die wohl bedrohlichste Variante – zur Züchtung von „neuen" Menschen zu verwenden. Ganz offensichtlich gelang es Wissenschaftlern und Medizinern, nicht nur allgemein akzeptierte, sondern auch auf vehemente Ablehnung stoßende Tatsachen zu schaffen. Im Verlauf der daraus erwachsenden ethischen und rechtlichen Diskussion erkannten die Zeitgenossen zunehmend gesetzgeberischen Handlungsbedarf. Dieser Forderung kam die Politik mit der Schaffung von Kommissionen und einem ersten Diskussionsentwurf eines Gesetzes seit Mitte der 1980er Jahre langsam nach. Insgesamt zog sich die politische Debatte jedoch so sehr in die Länge, dass erst am 13.12.1990 das „Gesetz zum Schutze von Embryonen" (ESchG) verabschiedet wurde.[275] Die Antwort der Politik auf die medizinisch-technischen Entwicklungen der vorangegangenen Dekade zeigte sich als äußerst einschneidend. Das Gesetz definiert den Embryo als: „die befruchtete, entwicklungsfähige menschliche Eizelle vom Zeitpunkt der Kernverschmelzung an, ferner jede einem Embryo entnommene totipotente Zelle, die sich bei Vorliegen der dafür erforderlichen weiteren Voraussetzungen zu teilen und zu einem Individuum zu entwickeln vermag" (§ 8 ESchG). Dieser Definition folgend enthielt das Embryonenschutzgesetz eine Regelung, nach der der Schutz des Embryos zum frühestmöglichen Zeitpunkt einsetzte. In-vitro-Verfahren erlaubte das Gesetz in engem Rahmen (§ 1 ESchG). Jegliche verbrauchende Verwendung von Embryonen zu Forschungszwecken verbot das Gesetz ausdrücklich (§§ 1 und 2 ESchG).[276] Ebenso traf es Vorkehrungen

[275] Vgl. Embryonenschutzgesetz – ESchG (1990).

[276] Zu den einzelnen Schutzbestimmungen des ESchG insbesondere in Bezug auf Embryonenforschung vgl. ILIADOU, Forschungsfreiheit und Embryonenschutz (1999), S. 51–60.

zur Verhinderung von Keimbahninterventionen (§ 5 ESchG), Erzeugung von Klonen (§ 6 ESchG) oder Chimären- und Hybridbildung (§ 7 ESchG).[277]

In den einzelnen Auseinandersetzungen, die der Gesetzverabschiedung vorausgegangen waren, zählte insbesondere und für die Zeitgenossen überraschend auch die Menschenwürde zu den dominierenden Argumenten. So schrieb der SPIEGEL im Januar 1986: „Der schon leicht angestaubte Begriff hat, unvermutet, in den Diskussionen über Nutzen und Nachteil der Genforschung wieder Glanz bekommen – ob seine Magie noch ausreicht, die bösen Geister der Menschenzüchtung zu verscheuchen, darf allerdings bezweifelt werden."[278] Tatsächlich, so zeigte die Analyse, wurde die Menschenwürde von den Diskussionsteilnehmern auf alle erörterten Problemkonstellationen angewandt, unabhängig davon, ob es sich um Befürworter oder Kritiker der neuen Technologien handelte. Dabei ist zu beobachten, dass die Menschenwürde intuitiv eingesetzt und zunächst selten ausführlich kommentiert Bestandteil des Argumentationsrepertoires wurde.

Unabhängig davon, wie durchdacht der Einsatz der Menschenwürde in der Embryonenschutzdebatte war, sorgte ihre Präsenz als solche dafür, dass die Fragestellungen auf die verfassungsrechtliche Ebene gehoben wurden. Die Vorstellung vom Menschen als Schöpfer und die zumindest potentiell machbarer werdende Möglichkeit, in die Keimbahnen des Menschen einzugreifen, wurden mit dem Hinweis auf die Menschenwürde abgewehrt. Zum Schutz des einzelnen Embryos, aber auch der durch die Reproduktionstechniken betroffenen Dritten wurde die Menschenwürde in den Argumentationen verankert. Mit ihr wurden als unnatürlich betrachtete Handlungsmöglichkeiten abgelehnt und der Schutz der menschlichen Gattung eingefordert. Was Menschenwürde als Prüfmaßstab der neuen Techniken jedoch konkret bedeuten sollte, blieb häufig unklar.[279] Über die gesamte Debatte hinweg blieb ihre zentrale Stellung in der Argumentation jedoch beinahe unangefochten. Als verbleibende Schnittmenge ethischen und moralischen Selbstverständnisses der Gesellschaft,[280] als letzter Schutzwall vor sich auftuenden Gefahren und zur Wahrung des unverfälscht Menschlichen wurde sie in der Debatte etabliert.

Im Verlauf der Debatte wurde die Vereinbarkeit der Reproduktionstechniken mit der Menschenwürde immer weniger diskutiert und schlussendlich sah

[277] Umfassende Kommentierungen des Embryonenschutzgesetzes lieferten GÜNTHER U. A. (Hg.), Embryonenschutzgesetz (2008) und KELLER U. A. (Hg.), Kommentar zum Embryonenschutzgesetz (1992).

[278] o. A., Menschenzüchtung (1986).

[279] Auch HARTLEB, Grundrechtsschutz in der Petrischale (2006), S. 287 beobachtete in seiner Untersuchung den vermehrten Einsatz der Menschenwürde als Argument, jedoch ebenso einen Reflexionsmangel in Bezug auf die Frage, ob der Embryo tatsächlich Träger der Menschenwürde sein könnte.

[280] AUER, Bioethische Argumentation (1989), S. 25 sprach von der Menschenwürde als „Schlüsselbegriff des modernen Bewußtseins".

der Gesetzgeber – zumindest im Hinblick auf die In-vitro-Fertilisation – keine Verletzung der Menschenwürde. Außerhalb des engen Rahmens der Reproduktionsmedizin wurde die Erzeugung und Manipulation von und an Embryonen abgelehnt.

Während der Blick auf den konkreten Embryo eine an die Selbstzweck- oder Objekt-Formel angelehnte Interpretation der Menschenwürde hervorrief oder sein Schutz mit dem Verweis auf seine in der Gottebenbildlichkeit begründete unantastbare Würde eingefordert wurde, veränderten die sich anbahnenden Eingriffe in die Keimbahnen des Menschen die Argumentationsweisen. Einige Autoren verwiesen in diesem Zusammenhang explizit darauf, dass herkömmliche Interpretationsvarianten angesichts der sich auftuenden Möglichkeiten versagen würden.

III. Teil: Stammzelldebatte (1999–2002)

Im Zuge der Wiedervereinigung flammte die Abtreibungsdebatte ein zweites Mal auf, denn die unterschiedliche Gesetzeslage in den alten und neuen Bundesländern erzwang eine einheitliche gesamtdeutsche Regelung. Während in den alten Bundesländern die Straffreiheit der Abtreibung an definierte Indikationen geknüpft war, galt im Osten eine Fristenregelung. Nach Art. 31 Abs. 4 des Einigungsvertrags zwischen der DDR und der BRD musste die Bundesregierung jedoch „spätestens bis zum 31. Dezember 1992 eine Regelung [...] treffen, die den Schutz vorgeburtlichen Lebens und die verfassungskonforme Bewältigung von Konfliktsituationen schwangerer Frauen vor allem durch rechtlich gesicherte Ansprüche für Frauen, insbesondere auf Beratung und soziale Hilfen, besser gewährleisten, als dies in beiden Teilen Deutschlands derzeit der Fall ist“[1]. In den frühen 1990er Jahren entzündete sich an der Frage nach der zukünftigen Ausgestaltung der Abtreibungsgesetzgebung eine breite gesellschaftliche Debatte.[2] Sollte Abtreibung als Recht der Frau im Gesetz verankert werden? Wer sollte für die Kosten einer Abtreibung aufkommen? Wie sollte die Schwangerschaftskonfliktberatung gestaltet werden und in wessen Hände sollte sie gelegt werden? Diese und ähnlich Fragen wurden in der öffentlichen und parlamentarischen Debatte diskutiert. Das „Schwangeren- und Familienhilfegesetz“, das der Bundestag schlussendlich fristgerecht am 25.06.1992 verabschiedete, sah eine Fristenregelung mit Beratungspflicht vor.[3] Gegen den strafrechtlichen Teil des „Schwangeren- und Familienhilfegesetz“ erhoben die Bayerische Staatsregierung und die Fraktion der CDU/CSU Klage beim Bundesverfassungsgericht, das am 23.05.1993 in seinem Zweiten Schwangerschaftsabbruch-Urteil die geltende Regelung zurückwies.[4] Das Bundesverfassungsgericht wiederholte in seinem Urteil, dass dem Embryo Lebensrecht und Würdeschutz zukämen. Der Staat sei dazu verpflichtet, die Würde des Ungeborenen zu schützen: „Diese Würde des Menschseins liegt auch für das ungeborene Leben im Dasein um seiner selbst willen. Es zu achten und zu schützen bedingt, daß die Rechtsordnung die rechtlichen Voraussetzungen

[1] Einigungsvertrag – EinigVtr (1990), S. 900.

[2] Einen Überblick über die diskutierten Gesetzentwürfe geben die Empfehlung und der Bericht des Sonderausschusses „Schutz des ungeborenen Lebens“. Vgl. Deutscher Bundestag, 12/2875 (22.06.1992). Zur Entwicklung seit der Wiedervereinigung vgl. die Ausführungen bei Spieker, Kirche und Abtreibung (2008), S. 61–106.

[3] Vgl. Deutscher Bundestag, Drucksache 12/2605 (14.05.1992); Deutscher Bundestag, Plenarprotokoll 12/99 (25.06.1992), S. 8377 und das am 27.07.1992 verkündete Schwangeren- und Familienhilfegesetz – SchwFamG (1992).

[4] Einen guten Überblick mit weiteren Verweisen lieferte Maurach u. a. (Hg.), Strafrecht (2009), S. 82f.

https://doi.org/10.1515/9783110631630-004

seiner Entfaltung im Sinne eines eigenen Lebensrechts des Ungeborenen gewährleistet."[5] Trotz der deutlichen Worte des Bundesverfassungsgerichtes blieb der grundrechtliche Status des Embryos auch weiterhin umstritten. Das am 01.10.1995 in Kraft getretene „Schwangeren- und Familienhilfeänderungsgesetz (SFHÄndG)" befriedete den erneuten Dissens um die rechtliche Regelung der Abtreibungsfrage nur vordergründig.[6]

Zur gleichen Zeit brachen mit der Fortentwicklung von medizinisch-technischen Praktiken an extrakorporalen Embryonen weitere Konfliktfelder auf. Seitdem die In-vitro-Fertilisation die Isolierung des Embryos im Reagenzglas ermöglicht hatte, arbeiteten internationale Forschungsgruppen daran, embryonale Stammzellen zu isolieren und diese für vielfältige Anwendungen nutzbar zu machen.[7] Dies provozierte erneut weltweit Diskussionen um die Grenzen des Machbaren. Als Reaktion erließen zahlreiche Industrienationen im Verlauf der 1990er Jahre gesetzliche Regelungen, die Forschungen am Embryo entweder unterbanden, eingeschränkt legalisierten oder uneingeschränkt ermöglichten.[8] Auch auf supranationaler Ebene wurde Handlungsbedarf erkannt, so entstand im Jahr 1997 beispielsweise das europäische „Übereinkommen zum Schutz der Menschenrechte und der Menschenwürde im Hinblick auf die Anwendung von Biologie und Medizin – Übereinkommen über Menschenrechte und Biomedizin", das am 01.12.1999 in Kraft trat.[9]

[5] BVerfGE 88, 203 (252). Ausführlich zum 2. Abtreibungsurteil mit weiteren Verweisen zur rechtswissenschaftlichen Auseinandersetzung um das Urteil, vgl. Starck, Zum zweiten Abtreibungsurteil des BVerfG (1993).

[6] Vgl. SFHÄndG (1995). Die deutsche katholische Kirche verstrickte sich in der Folgezeit in Widersprüche, da sie anerkannte Beratungsstellen unterhielt und Beratungsscheine ausstellte, die den betroffenen Frauen die straflose Abtreibung ermöglichten. Erst nach mehrmaligen Ermahnungen durch Papst Johannes Paul II. stellten die katholischen Beratungsstellen im Jahr 1999 die Ausstellung von Beratungsscheinen ein. Die Folge dieses innerkirchlichen Konflikts stellte den fast vollständigen Rückzug der Kirche aus den öffentlichen Embryo-Debatten dar, wie sich auch in der Analyse der nachfolgenden Embryo-Debatten zeigen wird. Zur Geschichte und zum Konflikt um die Beratungspraxis der katholischen Kirche vgl. Spieker, Kirche und Abtreibung (2008). Im Gegensatz zur katholischen Kirche unterhielt die Evangelische Kirche in Deutschland weiterhin Beratungsstellen, die auch den umstrittenen Beratungsschein ausstellten.

[7] Vgl. beispielsweise Gearhart, Human Embryonic Stem Cells (1998).

[8] Einen Überblick über die gesetzlichen Regulierungen der Forschung an embryonalen Stammzellen in den europäischen Ländern gaben Heyer, Überblick zur Rechtslage (2007) und Nebel, Embryonale Stammzellforschung (2015), S. 92–94.

[9] Deutschland ist diesem völkerrechtlichen Vertrag bis heute nicht beigetreten. Ausführlich zur Entstehungsgeschichte, Regelungsgehalt und Diskussion um das Übereinkommen im Sammelband Taupitz (Hg.), Menschenrechtsübereinkommen zur Biomedizin des Europarates (2002). Ebenso Iliadou, Forschungsfreiheit und Embryonenschutz (1999), S. 18–21 und Tiedemann, Menschenwürde als Rechtsbegriff (2007), S. 37f. Weitere Übereinkommen und Regelungen der neuen Biotechnologien untersuchte Taupitz, Rechtliche Regelungen (2003).

Auch in Deutschland sah man sich spätestens Ende der 1990er Jahre vor die Herausforderung gestellt, die Diskrepanzen zwischen Recht und Praxis zu verringern, da das deutsche Embryonenschutzgesetz die internationale Entwicklung für die Bundesrepublik nur temporär aufzuhalten vermochte. Maria Böhmer, MdB (CDU) beschrieb rückblickend: „In ethisch sensiblen Bereichen fühlten wir uns in Deutschland aber halbwegs sicher hinter den wohlgegründeten Mauern des 1990 verabschiedeten Embryonenschutzgesetzes.“[10] In der aufkommenden Debatte stellte sich die Frage, ob embryonenverbrauchende Techniken nicht gegen fundamentale Werte der Gesellschaft verstießen und ob sie nicht das Menschenbild veränderten.[11] Musste man die neuen Techniken im Namen des Rechts ablehnen oder forderten ihre positiven Versprechungen nicht gerade ihren Einsatz?[12] Der Rechtsgelehrte Josef Isensee bezeichnete die Herausforderungen der Stammzelldebatte als an die Substanz des ethischen und rechtlichen Empfindens rührend und schrieb im Jahr 2001: „Auf das Grundgesetz kommt die Herausforderung zu, die neuartigen Probleme aufzunehmen und zu verarbeiten, ohne seine Sinnidentität zu verlieren.“[13] Das im Embryonenschutzgesetz formulierte strafbewehrte Forschungsverbot wurde im öffentlichen und wissenschaftlichen Diskurs zunehmend hinterfragt und kritisiert.[14] Der mit dem Embryonenschutzgesetz hergestellte Friede stellte sich zunehmend als brüchiges Konstrukt dar. Dieser auf Spannungen vielerlei Art angelegte Zustand entzündete spätestens mit der von den Bonner Forschern Oliver Brüstle und Otmar Wiestler im August 2000 an die Deutsche Forschungsgemeinschaft gerichteten Finanzierungsanfrage für Forschungsprojekte an embryonalen Stammzellen eine kontroverse Debatte.[15]

[10] Böhmer, Parlamentsgeschichte (2005), S. 158.

[11] „Die Bedeutung danach, was menschliches Leben im Sinne des Grundgesetzes ist, hat durch die gen- und fertilisationstechnischen Möglichkeiten in den letzten Jahren eine vollkommen neue Dimension erhalten.“ Fink, Schutz des menschlichen Lebens (2000), S. 212.

[12] Beispielsweise kritisierte Hilgendorf, Klonverbot und Menschenwürde (2001), S. 1147, dass die Debatte häufig einseitig in der Suche nach Ablehnungsgründen neuer Verfahren verharrte.

[13] Isensee, Die alten Grundrechte und die biotechnische Revolution (2001), S. 246.

[14] Vgl. Embryonenschutzgesetz – ESchG (1990), § 1. Neidert, Embryonenschutzgesetz (2002), S. 471 beschäftigte sich in einem Aufsatz ausführlich mit den rechtlichen Lücken des Embryonenschutzgesetzes und resümierte: „Der Anspruch, ein ‚Gesetz zum Schutz von Embryonen‘ zu sein, verfehlt das Embryonenschutzgesetz vor allem mit seiner doppelten Beschränkung auf die frühesten und auf die in vitro gezeugten Embryonen. [...] Reduktion auf bloßes Strafrecht, Verzicht auf zivilrechtliche Regelungen, fehlende Vorschriften über verwaiste Embryonen und Präimplantationsdiagnostik. [...] So ist in Deutschland die Gewinnung von embryonalen Stammzellen verboten, deren Import und die Forschung daran aber nicht. Überzählige Embryonen versucht das Gesetz zu verhüten; dennoch verwaiste lässt es im Stich. Den Mehrfachtransfer sanktioniert es; für Mehrlingsschwangerschaften kalkuliert es den späteren Fetozid ein.“

[15] Vgl. Jachertz/Richter, Interview mit Brüstle (2001), S. 1591.

1 Zur Entstehung des Stammzellgesetzes

Seit Ende der 1980er Jahre hatten weltweit Forschungseinrichtungen an Projekten im Bereich der embryonalen Stammzellforschung gearbeitet. Doch erst Ende des Jahres 1998 konnten die US-amerikanischen Wissenschaftler John Gearhart und James Thomson erstmals von Erfolgen in diesem Forschungsfeld berichten. Ihnen war es gelungen, embryonale Stammzellen zu isolieren.[16] Die Nachricht von diesem Erfolg nährte die Hoffnung, mit Hilfe embryonaler Stammzellen weitere Forschungsziele, wie die Entwicklung von Therapien zur Überwindung schwerer Krankheiten erreichen zu können.[17] Voraussetzung für die Forschungsprojekte war jedoch die Zerstörung von Embryonen bei der Gewinnung neuer Stammzellen. Diese Bedingung wurde unmittelbar nach der Veröffentlichung der US-Amerikaner kritisiert und löste insbesondere in der Bundesrepublik Deutschland innerhalb kürzester Zeit eine neue Embryo-Debatte aus. Auf eine erste durch die Forschungsergebnisse ausgelöste Diskussionswelle folgte eine Stellungnahme der Deutschen Forschungsgemeinschaft zum Problemkreis „Humane embryonale Stammzellen“[18]. Darin plädierte sie für einen gesamtgesellschaftlichen Meinungsbildungsprozess; gesetzgeberischen Handlungsbedarf sah sie zum aktuellen Zeitpunkt nicht. Die Deutsche Forschungsgemeinschaft distanzierte sich in ihrer Stellungnahme von der embryonalen Stammzellforschung und empfahl die Forschung an adulten Stammzellen, deren Gewinnung und Verwendung allgemein als ethisch unproblematisch angesehen wurden. „Gleichzeitig wird sich die DFG bemühen, in dieser Frage auf die Entwicklung einheitlicher europäischer Standards hinzuwirken, die auch die gebotenen Risikoabschätzungen gegenüber fundamentalen und grundsätzlich garantierten Lebenswerten wie der Menschenwürde und der Gesundheit einschließen. Die DFG wird zudem gezielt Forschungsvorhaben fördern, die darauf abzielen, pluripotente Zellen zu nutzen, ohne den Weg über totipotente Zellen zu gehen.“[19]

Die erste politische Initiative für eine parlamentarische Diskussion über die Chancen und Risiken von Biotechnologien und Medizin manifestierte sich am 22.03.2000 im Antrag „Einsetzung einer Enquete-Kommission ‚Recht und Ethik der modernen Medizin‘“, den die Fraktionen der SPD, CDU/CSU, BÜND-

[16] Vgl. Gearhart, Human Embryonic Stem Cells (1998), S. 1061f.; Thomson u. a., Embryonic Stem Cell Lines (1998) und Vogel/Holden, Promise of Youth (1999).

[17] Vgl. beispielsweise das FAZ-Interview mit dem Forscher Smith Kegel/Müller-Jung, Ich bin der erste (2000); Bartens, Revolutionäre Zellen (2000); Brüstle/Wiestler, Zellersatz (2000) und Sentker, Verheißung (2000).

[18] Vgl. Deutsche Forschungsgemeinschaft (Hg.), DFG-Stellungnahme (1999).

[19] Ebd., S. 6. Für eine ausführliche Analyse und ethische Bewertung der DFG-Stellungnahme vgl. Rendtorff, Jenseits der Menschenwürde (2000).

NIS 90/DIE GRÜNEN und FDP stellten.[20] Bereits vier Tage später konnte die Enquete-Kommission „Recht und Ethik der modernen Medizin" unter dem Vorsitz der Abgeordneten Margot Renesse (SPD) ihre Arbeit aufnehmen. Ihre Aufgabe fasste der Antrag auf ihre Einsetzung wie folgt zusammen: „Die Kommission soll vor dem Hintergrund eines erheblichen gesellschaftlichen und parlamentarischen Diskussionsbedarfes zu Fragen der Entwicklung und Anwendung der Biotechnologie und der modernen Medizin grundlegende und vorbereitende Arbeit für notwendige Entscheidungen des Deutschen Bundestages leisten."[21]

Im Sommer des Jahres 2000 beantragte Oliver Brüstle Forschungsgelder bei der Deutschen Forschungsgemeinschaft für die Forschung an importierten embryonalen Stammzellen.[22] Die Diskussion machte damit eine inhaltliche Kehrtwende, denn vordergründig ging es den Forschungsbefürwortern nicht mehr darum, selber die durch das Embryonenschutzgesetz verbotene Vernichtung überzähliger Embryonen zur Gewinnung embryonaler Stammzellen durchzuführen.[23] Vielmehr wollten die Forscher das Strafrecht umgehen, indem sie pluripotente embryonale Stammzellen aus dem Ausland importierten, deren Erforschung nach rechtlicher Lage in Deutschland nicht verboten war.[24] Die Gewinnung dieser Zellen im Ausland fiel nicht unter deutsches Recht, womit die Importfrage zu einer attraktiven Lösung des Konflikts herangezogen werden konnte. Diese Handlungsoption veränderte die Diskussion dahingehend, dass eine Alternative zur Lösung des Konfliktes angeboten wurde, die zwar mit einer kritisch gesehenen Doppelmoral verknüpft war, aber zunehmend als annehmbar erschien.

Parallel zu der Frage, wie man mögliche Forschungen an embryonalen Stammzellen moralisch bewerten und gesetzlich regulieren sollte, wurde auch heftig über die Chancen und Risiken der Präimplantationsdiagnostik diskutiert. Obwohl es auch hier um die Frage nach dem Embryonenschutz ging, unterschied sich die parallel verlaufende Debatte von der um die embryonale Stammzellforschung.[25]

[20] Vgl. Deutscher Bundestag, Drucksache 14/3011 (22.03.2000).

[21] Ebd., S. 1.

[22] Vgl. Jachertz/Richter, Interview mit Brüstle (2001), S. 1591.

[23] § 1 ESchG: „(1) Mit Freiheitsstrafe bis zu drei Jahren oder mit Geldstrafe wird bestraft, wer [...] es unternimmt, eine Eizelle zu einem anderen Zweck künstlich zu befruchten, als eine Schwangerschaft der Frau herbeizuführen, von der die Eizelle stammt." Embryonenschutzgesetz – ESchG (1990).

[24] § 8 ESchG: „Als Embryo im Sinne dieses Gesetzes gilt bereits die befruchtete, entwicklungsfähige menschliche Eizelle vom Zeitpunkt der Kernverschmelzung an, ferner jede einem Embryo entnommene totipotente Zelle, die sich bei Vorliegen der dafür erforderlichen weiteren Voraussetzungen zu teilen und zu einem Individuum zu entwickeln vermag."

[25] Mehr dazu im Folgenden in Teil IV.

Einen Tag, nachdem das britische Unterhaus die Forschung und den Verbrauch von frühen Embryonen (bis zum 14. Tag) erlaubt hatte, deutete auch Bundeskanzler Gerhard Schröder (SPD) einen Kurswechsel der Bundesregierung an.[26] In der Hamburger Wochenzeitung „DIE WOCHE" vom 20.12.2000 bezeichnete er eine Politik der „ideologischen Scheuklappen"[27] als unverantwortlich und sprach sich damit gegen ein generelles Verbot der embryonalen Stammzellforschung aus. Eine Stellungnahme zum Komplex der embryonenverbrauchenden Forschung des zu diesem Zeitpunkt kurz vor seinem Amtsantritt als Kulturstaatsminister stehenden Philosophen Julian Nida-Rümelin am 02.01.2001 im Tagesspiegel sorgte für einen weiteren öffentlichen Vorstoß zur Lockerung des Embryonenschutzes durch ein Regierungsmitglied. Die anhaltende öffentliche und mediale Empörung, aber auch Verteidigung im Anschluss an Julian Nida-Rümelins Beitrag im Tagesspiegel heizte die Diskussion kräftig an.[28] Julian Nida-Rümelin hatte dem Embryo in seinen Äußerungen die Menschenwürde abgesprochen, da dieser nicht zur Selbstachtung fähig sei.[29] Damit hatte er das „Jahr der Lebenswissenschaften"[30] kontrovers eingeleitet. Auch die in anderen Ländern getroffenen Entscheidungen in Bezug auf Forschungen an Embryonen beeinflussten den deutschen Diskurs.[31] Besonders wichtig und die nationale Diskussion beeinflussend war die Entscheidung des britischen Parlaments vom 24.01.2001, therapeutisches Klonen zu Forschungszwecken zu erlauben.[32]

Die Einberufung des Nationalen Ethikrates am 02.05.2001 durch einen Beschluss der Bundesregierung löste Proteste aus. Einigen Beobachtern erschien es,

[26] Die „Human Fertilisation and Embryology (Research Purposes) Regulations" wurden am 19.12.2000 im Unterhaus und am 22.01.2001 im Oberhaus verabschiedet. Sie traten am 31.01.2001 in Kraft, vgl. UK Regulation 2001/No. 188.

[27] Schröder, Der neue Mensch (2000).

[28] In allen Tages- und Wochenzeitungen wurde die These Nida-Rümelins rezipiert. So auch in der Replik von Spaemann, Gezeugt, nicht gemacht (2001): „Der Träger eines politischen Amtes darf sich verfassungswidrige Äußerungen nicht folgenlos erlauben. Sie geben Anlaß zu schlimmen Befürchtungen für die rechtsstaatliche Ordnung und darüber hinaus für das Leben Tausender von Menschen, die den ministeriellen Kriterien für Menschenwürde nicht genügen." In einem Leserbrief widersprach Sachs, Verdammt zum Abwägen (2001) dem Vorwurf der Verfassungswidrigkeit mit den Worten: „Insoweit ist aus Sicht eines Verfassungsjuristen festzuhalten, dass dieses Gericht die grundrechtliche Schutzpflicht des Staates für Leben und Menschenwürde der Embryonen erst nach der Nidation eingreifen lässt". Einen zusammenfassenden Überblick lieferte Joas, Grenzen der Verfügbarkeit (2001).

[29] Vgl. Nida-Rümelin, Bio-Ethik (2001).

[30] Die Zielsetzungen des „Jahres der Lebenswissenschaften" erläuterte Bundespräsident Rau, Grußwort (2001).

[31] Zur europäischen Entwicklung in Bezug auf die embryonale Stammzellforschung lieferte Nebel, Embryonale Stammzellforschung (2015), S. 92–94 eine kompakte Übersicht.

[32] Die „Human Fertilisation and Embryology (Research Purposes) Regulations" traten am 31.01.2001 in Kraft. Vgl. UK Regulation 2001/No. 188. Sie ergänzten den Human Fertilisation and Embryology Act aus dem Jahr 1990, vgl. UK Regulation 1990/No. 37.

als wolle Gerhard Schröder die parallel existierende Enquete-Kommission „Recht und Ethik der modernen Medizin" torpedieren, um mit Hilfe eines von ihm besetzten Gremiums die embryonale Stammzellforschung zu legitimieren.[33] Auch die am 03.05.2001 veröffentlichte Empfehlung zur Forschung mit menschlichen Stammzellen der Deutschen Forschungsgemeinschaft verursachte heftige Wellen des Protests. Inhaltlich vollzog die Deutsche Forschungsgemeinschaft eine radikale Kehrtwende, indem sie die Forschung an embryonalen Stammzellen nun für wissenschaftlich notwendig deklarierte. Ihren Sinneswandel begründete sie mit den Worten: „Menschliche embryonale Stammzellen lassen sich heute besser als früher gezielt in bestimmte Zelltypen umwandeln, wenn auch bislang nur die Herstellung angereicherter Populationen möglich ist. Die DFG ist daher der Ansicht, daß die Wissenschaft jetzt einen Stand erreicht hat, der sowohl potentielle Patienten als auch Wissenschaftler in Deutschland in Zukunft nicht mehr von diesen Entwicklungen ausschließen sollte."[34] In mehreren Entscheidungsschritten strebte die Deutsche Forschungsgemeinschaft zunächst die Regelung der Importfrage an. Langfristig beabsichtigte sie jedoch eine Änderung des Embryonenschutzgesetzes, die eine Gewinnung embryonaler Stammzellen aus „überzähligen" Embryonen auf deutschem Boden ermöglichen sollte.[35]

Am 18.05.2001 mahnte Bundespräsident Johannes Rau in einer vielbeachteten Rede zu einem „Fortschritt nach menschlichem Maß"[36]. Die Bundestagsdebatte „Recht und Ethik in der modernen Medizin" vom 31.05.2001 spiegelte die in der Presse und dem wissenschaftlichen Diskurs kontrovers diskutierte Frage nach der richtigen Balance zwischen Forschungsfreiheit und Menschenwürde wider.[37] Noch hatte der Bundestag keine Entscheidung zur embryonalen Stammzellforschung gefunden, da reiste der nordrhein-westfälische Ministerpräsident Wolfgang Clement mit Otmar Wiestler und Oliver Brüstle nach Haifa. Dort trafen sie den israelischen Forscher Joseph Itskowitz-Eldor, der die Lieferung embryonaler Stammzellen in Aussicht stellte.[38]

Diese Reise verstärkte die Befürchtung, dass in der Wissenschaft noch vor einer Entscheidung des Gesetzgebers vollendete Tatsachen geschaffen würden und veranlasste die Fraktion der CDU/CSU im Juni 2001, den Antrag „Kein Import

[33] Ausführliche kritische Stellungnahmen zur Einberufung des Nationalen Ethikrates lieferten o. A., Aufklärung (2001); o. A., Nationales Forum zu ethischen Fragen (2001) und Schröder, Institutionalisierung des Nationalen Ethikrates (2001).

[34] Deutsche Forschungsgemeinschaft, Kurzfassung (03.05.2001), S. 2.

[35] Vgl. ebd.

[36] Vgl. Rau, Berliner Rede (2001).

[37] Vgl. Deutscher Bundestag, Plenarprotokoll 14/173 (31.05.2001).

[38] Diese Reise wurde stark verurteilt, denn, so der Vorwurf, Clement präjudiziere durch diese die Entscheidung des Gesetzgebers, so von Bahnsen, Haifa (2001); Graupner, Das falsche Zauberwort (2001); o. A., Clement verteidigt Plädoyer (2001); o. A., Genforschung (2001) und Schirrmacher, Bioputsch (2001).

von und keine Forschung an embryonalen Stammzellen in Deutschland bis zu einer Entscheidung des Deutschen Bundestages“ einzureichen.[39] Am 05.07.2001 beschloss der Deutsche Bundestag den Antrag „Für eine sorgfältige und umfassende Prüfung des Imports und der Forschung mit embryonalen Stammzellen“. Darin kündigte er an, dass er sich noch vor Ablauf des Jahres mit dem Thema befassen wolle. Gleichzeitig appellierte er an die Forschungseinrichtungen, die parlamentarische Entscheidung abzuwarten.[40]

Die Sommermonate des Jahres 2001 waren geprägt von heftigen bioethischen Auseinandersetzungen, ausgetragen in den Feuilletons überregionaler Tageszeitungen und im öffentlichen Raum.[41] Dabei verwies unter anderem das verwendete Vokabular auf die Heftigkeit der Debatte. Wolfgang Frühwald sprach vom Ausbruch eines „Kulturkampf[es]“[42], auch wurden die Auseinandersetzungen als „moralischer Bürgerkrieg“[43] oder „biopolitische[r] Bürgerkrieg“[44] bezeichnet. Die Menschenwürde fungierte als „Mehrzweckwaffe“[45] und als „[l]etzte Verteidigungslinie gegen Tabuverletzungen“[46].

Am 22.06.2001 hielt der Präsident des Max-Planck-Gesellschaft eine vielfach rezipierte Rede, die als direkte Replik auf die Rede Johannes Raus zu werten ist. Im Gegensatz zum Bundespräsidenten plädierte Hubert Markl für die uneingeschränkte Verwirklichung des Rechts auf Forschungsfreiheit. Embryonale Stammzellforschung sei wegweisend für die Zukunft des Forschungsstandortes Deutschland und fände ihre Berechtigung in den Heilungschancen der aus ihr erwachsenden Therapien.[47] Diese Rede stand beispielhaft für den Druck der Forschung auf die Politik, in der Frage der embryonalen Stammzellforschung möglichst schnell eine Entscheidung herbeizuführen.

Am 04.07.2001 reichten sowohl die SPD als auch die FDP ihren Antrag zur Thematik ein. Der Titel der Anträge verriet die Position der jeweiligen Fraktionen innerhalb der Debatte. Die FDP betitelte ihren Antrag mit: „Kein Verbot und kein Moratorium für den Import embryonaler Stammzellen“. Der Antrag der

39 Vgl. Deutscher Bundestag, Drucksache 14/6314 (neu) (18.06.2001).

40 Vgl. Deutscher Bundestag, Drucksache 14/6551 (04.07.2001).

41 Der Kommunikationswissenschaftler Glotz, Kulturkampf (2001) kritisierte, dass Schirrmacher von der FAZ das Thema Biopolitik und Bioethik „künstlich“ angeheizt habe, obwohl dieses die Leser „zu Tode“ langweilen würde. Eine umfassende Untersuchung über Gentechnik und Medien lieferte: Schwarke, Kultur der Gene (2000), S. 21–78.

42 Frühwald, Der „optimierte Mensch“ (2001), S. 402. Ebenso auch von Hüppe, MdB (CDU) in Gierth, Ethik gegen Ethik (2001).

43 Hofmann, Schlacht am Rubikon (2001).

44 Bahnen, Bis hierhin (2001). Ebenso Höfling, Menschenwürde und Menschenleben im Abwägungssog (2002), S. 413.

45 Tanner, Menschenwürde im Dauertest (2001), S. 3.

46 Höfling, Biomedizinische Auflösung der Grundrechte (2003), S. 106.

47 Die Rede wurde beispielsweise abgedruckt in Markl, „Die Freiheit macht uns zu Menschen“ (2001).

SPD und der Fraktion BÜNDNIS 90/DIE GRÜNEN lautete: „Für eine sorgfältige Prüfung des Imports und der Forschung mit embryonalen Stammzellen". Am darauffolgenden Tag diskutierte der Bundestag über diese Anträge.[48]

Am 21.11.2001 folgte der vom Bundestag geforderte Zweite Zwischenbericht der Enquete-Kommission „Recht und Ethik der modernen Medizin", der das Themenfeld der Stammzellforschung behandelte.[49] Die Enquete-Kommission sprach sich in diesem Bericht gegen die embryonale Stammzellforschung aus und urteilte damit diametral entgegengesetzt zum Nationalen Ethikrat, der am 20.12.2001 seine Zustimmung zum Import menschlicher embryonaler Stammzellen veröffentlichte.[50] Auch die Zentrale Ethikkommission bei der Bundesärztekammer empfahl am 23.11.2001 die embryonale Stammzellforschung.[51] Am gleichen Tag bestätigte der Bundestagspräsident Wolfgang Thierse der Deutschen Forschungsgemeinschaft den Termin für die Bundestagsdebatte zur Lösung des Konfliktes. Dadurch konnte erreicht werden, dass die Deutsche Forschungsgemeinschaft ein drittes Mal die Entscheidung über den Importantrag von Oliver Brüstle verschob. Die Entscheidung sollte einen Tag nach der Bundestagsdebatte am 31.01.2002 gefällt werden.[52]

Einen Tag vor der lang ersehnten Bundestagsdebatte wurden drei Anträge eingereicht, die Diskussionsbestandteil der parlamentarischen Auseinandersetzung wurden.[53] Als es zur Abstimmung kam, votierten schlussendlich 339 von 617 Abgeordneten für den Antrag „Keine verbrauchende Embryonenforschung: Import humaner embryonaler Stammzellen grundsätzlich verbieten und nur unter engen Voraussetzungen zulassen". 226 Abgeordnete stimmten dem Gegenantrag zu, der jeden Import ablehnte.[54] Am darauffolgenden Tag genehmigte der Hauptausschuss der Deutschen Forschungsgemeinschaft den Förderantrag Oliver Brüstles. Der Antrag, der Ende Januar den Bundestag passiert hatte, wurde in den „Entwurf eines Gesetzes zur Sicherstellung des Embryonenschutzes im Zusammenhang mit Einfuhr und Verwendung menschlicher embryonaler Stammzellen (StZG)" überführt, der am 27.02.2002 in erster Beratung im Bundestag diskutiert wurde. Am 25.03.2002 folgte auf die zweite und dritte Beratung über diesen Gesetzentwurf sowie vier eingereichte Änderungsanträge die Verabschiedung des Stammzellgesetzes (StZG).[55] Am 01.07.2002 trat das Gesetz in Kraft.[56]

[48] Vgl. Deutscher Bundestag, Plenarprotokoll 14/182 (05.07.2001).
[49] Vgl. Deutscher Bundestag, Drucksache 14/7546 (21.11.2001).
[50] Vgl. Nationaler Ethikrat, Stellungnahme (2001).
[51] Vgl. Zentrale Ethikkommission bei der Bundesärztekammer, Stellungnahme (2001).
[52] Vgl. Deutsche Forschungsgemeinschaft, Entscheidung (2001).
[53] Vgl. Deutscher Bundestag, Drucksache 14/8101 (29.01.2002); Deutscher Bundestag, Drucksache 14/8102 (29.01.2002) und Deutscher Bundestag, Drucksache 14/8103 (29.01.2002).
[54] Vgl. Deutscher Bundestag, Plenarprotokoll 14/214 (30.01.2002), S. 31236f.
[55] Vgl. Deutscher Bundestag, Plenarprotokoll 14/233 (25.04.2002), S. 23209–23234.
[56] Vgl. Stammzellgesetz – StZG (2002).

Das Stammzellgesetz verbot grundsätzlich die Einfuhr embryonaler Stammzellen aus dem Ausland (§ 1 StZG). Allerdings durfte die Zentrale Ethik-Kommission für Stammzellforschung die Einfuhr unter engen Voraussetzungen erlauben. Eine Genehmigung zur Einfuhr der Stammzellen konnte dem Gesetz nach nur dann erteilt werden, wenn erstens die Hochrangigkeit und Alternativlosigkeit[57] des Forschungsziels nachgewiesen werden konnten (§ 5 StZG), und zweitens die importierten embryonalen Stammzellen nachweislich nur Embryonen entstammten, die als „überzählig" galten. Darüber hinaus enthielt das Gesetz die Bestimmung, dass ausschließlich solche Stammzellen importiert werden durften, die vor dem 01.01.2002 gewonnen worden waren (§ 4 StZG).[58]

2 Der Diskussionsgegenstand

Ende der 1990er Jahre wurde in verschiedenen Forschungseinrichtungen auf der ganzen Welt ein neues Verfahren erprobt, in welchem die Forschenden von Anfang an hohes Potential zu erkennen glaubten. Neben die bereits existierende Erforschung adulter und fetaler Stammzellen trat die Forschung an embryonalen Stammzellen. Die Isolation dieser embryonalen Stammzellen war erstmals im Jahr 1998 zwei US-amerikanischen Forschern gelungen. Mit der Arbeit an embryonalen Stammzellen versprach man sich nicht nur mehr Grundlagenwissen über das Programmieren und Reprogrammieren von Zellen oder das Verhalten von adulten Stammzellen,[59] sondern auch die Möglichkeit der Entwicklung spezifischer Zelltherapieverfahren.[60] Bei der embryonalen Stammzellforschung wird an den nach der extrakorporalen Befruchtung entstandenen totipotenten Stammzellen geforscht. Spätestens im 8-Zell-Stadium verlieren die embryonalen Stammzellen ihre Totipotenz. Jetzt sind sie pluripotent. Der vier Tage alte Embryo befindet sich im Blastozystenstadium, einer Zellkugel aus 100–200 Zellen. Dieser

[57] Ausführlich zu den Begriffen der Alternativlosigkeit und Hochrangigkeit in Bezug auf embryonale Stammzellforschung vgl. HOSSMANN, Hochrangigkeit und Alternativlosigkeit (2003); TAUPITZ, Alternativlosigkeit (2003) und RÖGER, Hochrangigkeit (2003).

[58] Vgl. Stammzellgesetz – StZG (2002).

[59] „Hinter dieser Feststellung liegt auch die Vermutung, daß sich möglicherweise das wahre Potential adulter Stammzellen am Ende nur durch einen Vergleich mit Zellen am anderen Ende des entwicklungsbiologischen Potentialspektrums, also mit pluripotenten Stammzellen, wird zeigen lassen." DEUTSCHE FORSCHUNGSGEMEINSCHAFT, Kurzfassung (03.05.2001), S. 2.

[60] „Das Interesse an embryonalen Stammzellen geht weit über die Transplantationsmedizin hinaus. Mit ihrer Hilfe lassen sich grundlegende Mechanismen der normalen und pathologischen Differenzierung menschlicher Zellen und Gewebe studieren." BRÜSTLE/WIESTLER, Zellersatz (2000), S. 1672. Vgl. auch MÜLLER-TERPITZ, Empfehlung der DFG zur Forschung (2001), S. 286.

Blastozyste kann man nun pluripotente embryonale Stammzellen zu Forschungszwecken entnehmen. Der Embryo wird dabei allerdings irreparabel beschädigt. Die Möglichkeit der unkomplizierten Vermehrung der Zellen und ihre Fähigkeit, sich in fast jeden beliebigen Zelltyp zu differenzieren, machen aus ihnen interessante und erfolgsversprechende Untersuchungsgegenstände.[61] Allerdings handelte es sich bei der Forschung an embryonalen Stammzellen um Grundlagenforschung. „Primär geht es der Stammzellforschung darum, die für einen spezifischen Reifeprozeß erforderlichen Wachstums- und Differenzierungsfaktoren in einer Zelle zu identifizieren. Mit Hilfe der undifferenzierten Stammzellen wollen die Wissenschaftler verstehen lernen, durch welche Faktoren sich diese zu spezialisierten Zellen bzw. Gewebestrukturen entwickeln."[62] Die Vision und Hoffnung von der Entwicklung spezifischer Therapien zur Überwindung unheilbarer Krankheiten oder die von der Züchtung ganzer Organe schwebte über der gesamten Debatte.[63] Solche konkreten medizinischen Therapiemöglichkeiten sollten den Diskussionsteilnehmern den zwar nicht unmittelbaren, aber langfristig erwarteten Nutzen der embryonalen Stammzellforschung vor Augen führen. Jedoch warnten selbst die zentralen Protagonisten der deutschen Debatte auf Seiten der Forschung, Oliver Brüstle und Otmar Wiestler, vor allzu großen Hoffnungen auf die schnelle Entwicklung der der embryonalen Stammzellforschung entspringenden Heilverfahren.[64]

3 Zwischen Forschungsfreiheit und Embryonenschutz

Die zentrale Konfliktfrage, die sich unmittelbar aus dem gerade beschriebenen Verfahren zur Gewinnung der embryonalen Stammzellen ergibt, brachte der evangelische Theologe Hartmut Kreß mit den Worten auf den Punkt: „Darf man

61 Ausführlich zur Embryonalentwicklung vgl. Müller/Hassel, Entwicklungsbiologie und Reproduktionsbiologie (2012), S. 151–194, hier besonders S. 178.

62 Müller-Terpitz, Empfehlung der DFG zur Forschung (2001), S. 273.

63 „Insbesondere, so die Theorie, könnte der Einsatz von Stammzellen drei Kardinalprobleme der herkömmlichen Transplantationsmedizin lösen helfen, den chronischen Mangel an Spenderorganen; die akute und permanente Abstoßungsreaktionen des Organempfängers; sowie die Regeneration von Organen wie Gehirn und Rückenmark, für die bislang kein adäquates Spendergewebe zur Verfügung steht." Ebd., S. 273. Brüstle/Wiestler, Zellersatz (2000), S. 1667f. sprachen davon, mit dem so möglichen Organzüchten den Mangel an Spenderorganen bekämpfen und die Abstoßungsgefahr von Spenderorganen senken zu können.

64 Vgl. Brüstle im Interview mit dem Deutschen Ärzteblatt: „Insgesamt rechne ich mit mindestens fünf bis zehn Jahren, bis überhaupt abgeschätzt werden kann, in welcher Art und Weise und in welchem Umfang embryonale Stammzellen klinisch relevant sind." Jachertz/Richter, Interview mit Brüstle (2001), S. 1589.

Embryonen verbrauchen, um an ihre pluripotenten Stammzellen zu gelangen, so daß dieser Zugriff dann der Heilung und Gesundheit Dritter, etwa potentiellen Gewebeempfängern, zugute kommt?"[65]. Für die Beantwortung dieser Frage lässt sich eine Teilung der Diskussionsteilnehmer in mehrere, sich unversöhnlich gegenüberstehende, Lager erkennen.

Die Vertreter der ersten Gruppe lehnten jegliche Forschung an embryonalen Stammzellen mit dem Argument ab, dass es die Würde des Embryos und sein Recht auf Leben verböten, ihn für Forschungszwecke zu verbrauchen. Die zweite Gruppe setzte sich unter Berufung auf die Forschungsfreiheit für eine liberale gesetzliche Regelung der embryonalen Stammzellforschung ein, von der sie sich die Entwicklung neuer Therapieansätze und Heilmethoden versprach. Zwischen diesen beiden Extremen etablierten sich zwei Lösungsvorschläge, die als mögliche Kompromisse diskutiert wurden. Der erste Vorschlag sah vor, lediglich an „überzähligen" Embryonen zu forschen. Der zweite Kompromiss umging die Gewinnung und damit Vernichtung von Embryonen in Deutschland, indem embryonale Stammzellen importiert werden sollten. Die Suche nach einem Ausgleich zwischen der Freiheit der Forschung und dem Schutz extrakorporaler Embryonen prägte die Debatte und die dominierenden Argumente.

Die gesetzliche Ausgangslage in Deutschland und insbesondere das Embryonenschutzgesetz schränkten diejenigen Forscher ein, die am, mit und auf Kosten des Embryos forschen wollten. Einige Diskussionsteilnehmer befürchteten, dass die im Vergleich zu anderen Industrienationen sehr restriktiven Regelungen des Embryonenschutzgesetzes die deutschen Wissenschaften im internationalen Wettbewerb zurückfallen lassen würden.[66] Damit einhergehend wurde die Abwanderung renommierter Wissenschaftler ins Ausland befürchtet.[67] Der Frage nach der ethischen Bewertung der Forschungen wurde mit der Aussage „Aber die anderen machen es doch auch" begegnet. „Davon abgesehen läßt sich die These, eine verbrauchende Embryonenforschung sei mit der Menschenwürde unvereinbar und könne selbst durch Verfassungsänderung [...] in Deutschland nicht legalisiert werden, verfassungsvergleichend nicht halten [...]. Wenn andere Verfassungsstaaten, die seit jeher den Menschenwürdeschutz achten, hier differenzierende gesetzliche Regelungen für angemessen halten, ist nur schwer

65 Kress, Plädoyer der Güterabwägung (2001), S. 242.

66 Auch Oliver Brüstle warnte: „Wenn die Diskussion weiterhin hinausgezögert wird, sehe ich die Gefahr, dass wir uns langfristig abkoppeln." Jachertz/Richter, Interview mit Brüstle (2001), S. 1589. Vgl. auch Nationaler Ethikrat, Stellungnahme (2001), S. 44; das FAZ-Interview mit Lehrach dem Leiter des deutschen Genomprojekts Riebsamen/Wegener, Hans Lehrach im Gespräch (2001). Ebenso auch o. A., Von Mäusen und Menschen (2001).

67 So auch der nordrhein-westphälische Ministerpräsident Clement (SPD) in einer Rede während des Evangelischen Kirchentags, in o. A., Für und Wider (2001). Ebenso Flach, MdB (FDP) in Gierth, Ethik gegen Ethik (2001) und Giersch, Lieber Handeln als Händel (2002).

zu vermitteln, warum in Deutschland bereits verfassungsrechtlich ein weitaus strengerer und die Forschung verbietender Menschenwürdeschutz gelten soll."[68]

Gleichzeitig erkannten Forschungsbefürworter, der prominenteste unter ihnen Bundeskanzler Gerhard Schröder, in der Stärkung des deutschen Standortes klare wirtschaftliche Vorteile. In einem Interview mit dem SPIEGEL machte er keinen Hehl aus seiner Position und sagte: „Die Biotechnologie ist die Schlüsseltechnologie dieses Jahrhunderts. Ohne sie werden wir kaum den Wohlstand sichern, den unsere Kinder und Enkel vielleicht auch gern haben möchten."[69] Auch weitere Diskussionsteilnehmer betonten das wirtschaftliche Argument, indem sie durch Legalisierung der embryonalen Stammzellforschung wirtschaftliches Wachstum und die Schaffung neuer Arbeitsplätze prognostizierten.[70]

Diese primär ökonomische Betrachtungsweise eines ethisch derart umstrittenen Themas provozierte Widerspruch.[71] „Ökonomische Interessen sind legitim und wichtig. Sie können aber nicht gegen die Menschenwürde und den Schutz des Lebens aufgewogen werden. Wer den Schutz des Lebens an seinem Beginn aufgibt, der wird das bald auch für das Ende des Lebens geltend machen können"[72], betonte Johannes Rau in seiner „Berliner Rede". Ähnlich sprach sich der frühere Präsident der Deutschen Forschungsgemeinschaft, Wolfgang Frühwald, gegen die auf internationalen Wettbewerb und wirtschaftliche Interessen ausgelegten Begründungen aus: „Es geht um den Vorsprung im Wettbewerb, um Verwertungsinteressen. Wenn wir aber um Fragen wie Menschenwürde und Lebensdefinitionen streiten, können wirtschaftliche Interessen nicht die primär

68 ZIPPELIUS/WÜRTENBERGER (Hg.), Deutsches Staatsrecht (2005), S. 205. Derartige rechtsvergleichenden Analysen zur Legitimierung eines niedrigeren Schutzniveaus kritisierte der Strafrechtsgelehrte ESER, Rechtliche Fragen (2001), S. 105f.

69 SCHRÖDER, „Debatte nicht verkürzen" (2001).

70 Vgl. beispielsweise DEUTSCHE FORSCHUNGSGEMEINSCHAFT (Hg.), Standpunkte (2003), S. 36 und den FAZ-Beitrag über die Bedeutung der Biotechnologie für die europäischen Wirtschaft vom Premierminister Großbritanniens Blair in BLAIR, Europa führen (2000). Ebenso betonten das wirtschaftliche Argument auch Bundeskanzler Schröder (SPD) und Bundesforschungsministerin Bulmahn (SPD), vgl. o. A., Schröder widerspricht Rau (2001); o. A., SPD unentschieden (2001) und SCHWÄGERL, Differenzen über Embryonenschutz (2001).

71 Kritisch verhielt sich das ZENTRALKOMITEE DER DEUTSCHEN KATHOLIKEN, Diskussionsanstoß (2001), S. 4: „Ökonomische Interessen dürfen nicht die Grenzen der biotechnischen Forschung definieren." Ebenso EWIG, Heilungsversprechen versus Menschenwürde (2001), S. 418; GRAUPNER, Das falsche Zauberwort (2001) und Hüppe in GIERTH, Ethik gegen Ethik (2001).

72 RAU, Berliner Rede (2001), S. 12.

bestimmenden Interessen sein."[73] Von „kapitalistische[m] Kannibalismus"[74] sprach der Chemiker Erwin Chargaff.

In der Embryonenschutzdebatte der 1980er Jahre wurde im Zuge des sich anbahnenden Embryonenschutzgesetzes mit seinen umfangreichen Schutzbestimmungen für den Embryo zeitweilig der Wertungswiderspruch zwischen dem Schutz von Embryonen in utero und denen in vitro angeprangert. In der Stammzelldebatte wiederholte sich diese Kritik und entwickelte sich zur beliebten Argumentationsstrategie. Auf diesen Wertungswiderspruch verwiesen insbesondere Forschungsbefürworter, so auch der Jurist und Rechtsphilosoph Horst Dreier: „Ein Verbot der Embryonenforschung führt daher zu einem deutlich stärkeren Schutz der Embryonen in vitro als derjenigen in vivo"[75]. In diesem Sinne schrieb auch Hartmut Kreß: „Es ist widersprüchlich, wenn das Absterben von Embryonen vor der Nidation durch Spätverhütungsmittel hingenommen wird und auch nicht rechtswidrig ist, jedoch eine Verwendung des überzähligen Embryos vor der Nidation für besonders weitreichende therapeutische Zwecke, zugunsten des Wohles schwer kranker Menschen, absolut ausgeschlossen und auch nicht in eng begrenzten, definierten und kontrollierten Ausnahmefällen geduldet wird."[76]

Ein weiterer Kritikpunkt war die mangelnde Konsequenz der beiden Abtreibungsurteile des Bundesverfassungsgerichtes, denn diese hatten den Embryo wenigstens vom Zeitpunkt der Nidation an unter Würde- und Lebensschutz gestellt.[77] Trotz der Urteile hatte der Gesetzgeber ohne Widerspruch durch das hohe Gericht eine strafrechtliche Regelung (§ 218 StGB) zugelassen, die den Würdeschutz und das Lebensrecht des Embryos beeinträchtigten.[78] Der Rechtswissenschaftler Werner Heun beschrieb die Urteile als „unrettbar inkonsistent",

[73] FRÜHWALD, Der „optimierte Mensch" (2001), S. 404. Kritisch zur Verwendung des Embryos als Wirtschaftsgut schrieb der Journalist REHDER, Embryo als Wirtschaftsgut (2003), S. 251–267.

[74] MEJIAS, Interview mit Erwin Chargaff (2001).

[75] DREIER, Lebensschutz und Menschenwürde (2002), S. 32.

[76] KRESS, Plädoyer der Güterabwägung (2001), S. 246. Vgl. ebenso BAHNSEN, Eindeutiges Ja (2000); DEUTSCHE FORSCHUNGSGEMEINSCHAFT, Kurzfassung (03.05.2001), S. 4; DREIER, Lebensschutz und Menschenwürde (2002), S. 30–32; ERHARDT, Durch Wissen aufklären (2002), S. 408; NATIONALER ETHIKRAT, Stellungnahme (2001), S. 20f.; SCHÖNE-SEIFERT, Einhundert Zellen (2001); SCHLINK, Die überforderte Menschenwürde (2003); SCHROTH, Forschung mit embryonalen Stammzellen (2002), S. 176; TAUPITZ, Import embryonaler Stammzellen (2002), S. 113; WIESING, Ungeborenes Leben (1999), S. 3163 und WOLFRUM, Höchstmaß an Gesundheit (2001).

[77] Vgl. BVerfGE 39, 1 (37) und BVerfGE 88, 203 (251).

[78] In diesem Sinne äußerte sich DREIER (Hg.), Grundgesetz Kommentar (1996), S. 113: „Einmal ist schwerlich einzusehen, warum die Behinderung der Einnistung eines nidationsfähigen Embryos (und damit seine ‚Tötung') in utero infolge einer Spirale zulässig (§ 219b StGB), die Forschung an ihm im selben Entwicklungsstadium in vitro aber strafbar sein soll." Ebenso SCHWARZ, Therapeutisches Klonen (2001), S. 200. Doppelmoral und

denn „[d]em Embryo wird zunächst die unantastbare Menschenwürde zugesprochen, auf der Rechtsfolgeseite werden aber gleichwohl weitreichende Eingriffe zugelassen."[79] Der Embryo werde durch diese Handlung „aus dem Recht exkludiert"[80], folgerte Reinhard Merkel. Daraus schloss er: „Das bedeutet zugleich, daß er nach geltendem Recht nirgendwo Träger der Grundrechte auf Leben und Achtung seiner Menschenwürde sein kann."[81]

Andere Autoren erkannten keinen derartigen Wertungswiderspruch innerhalb der Rechtsordnung.[82] Die Situation des Embryos in vitro unterscheide sich fundamental von der in utero, so dass man durchaus mit zweierlei rechtlichem Maß messen dürfe.[83] Die Rechtswissenschaftlerin Ute Sacksofsky stimmte dieser Annahme zu und schlussfolgerte daraus: „Die Gründe, die für eine Tötung des Embryos in vitro vorgebracht werden könnten, haben bei weitem nicht dasselbe Gewicht wie die Gründe, die einen Schwangerschaftsabbruch rechtfertigen können. Aus den Regelungen über den Schwangerschaftsabbruch können daher keine Folgerungen für die Situation des Embryos in vitro abgeleitet werden."[84] In diesem Sinne sei es unstatthaft, den Schutz von extrakorporalen Embryonen mit dem Verweis auf die gültige Abtreibungsregelung zu lockern.[85]

Widersprüchlichkeiten kritisierte auch Ipsen, Zukunft der Embryonenforschung (2004), S. 268 und machte das Bundesverfassungsgericht dafür verantwortlich.

79 Heun, Embryonenforschung und Verfassung (2002), S. 517.

80 Merkel, Grundrechte für frühe Embryonen (2001), S. 506. Dies wiederholte er auch in einem Aufsatz für Die Zeit, vgl. Merkel, Die Abtreibungsfalle (2001).

81 Merkel, Grundrechte für frühe Embryonen (2001), S. 506. Ähnlich auch Nida-Rümelin in einem Interview mit dem Tagesspiegel, vgl. Becker, Humanist (2001). Ebenso Merkel, Grundrechte (2002), S. 47.

82 Vgl. Schockenhoff, Ethik des Heilens (2001), S. 247f.

83 Vgl. Justizministerin Däubler-Gmelin (SPD) im Zeit-Interview Klingst u. a., „Selektion ist nicht akzeptabel" (2001). Ebenso Evangelische Kirche in Deutschland, Erklärung des Rates der EKD (2001); Höfling, Tötungsverbot (2002), S. 40; Lorenz, Menschenwürde (2001), S. 46; o. A., „Ungeist aus der Flasche" (2001) und Schockenhoff, Ethik des Heilens (2001), S. 248, der erklärte: „Zwischen dem Arzt und den Embryonen in vitro waltet ein Verhältnis objektivierender Sachlichkeit, das von der in vivo gegebenen Zweiheit von Mutter und Kind grundsätzlich verschieden ist." Vgl. auch Spaemann, Wer jemand ist, ist es immer (2001), S. 74f. und Starck, Hört auf (2001). Dem Argument der „Unvergleichbarkeit" wurde jedoch scharf widersprochen, so beispielsweise von Dreier, Lebensschutz und Menschenwürde (2002), S. 36 und Hoerster, Ethik des Embryonenschutzes (2002), S. 51. Kritisch zur „Statusdifferenz" zwischen In-vivo- und In-Vitro-Embryonen auch Schöne-Seifert, Abtreibung ja – Forschung nein (2002), S. 98–103.

84 Sacksofsky, Gutachten (2001), S. 85. Vgl. ebenso Graumann, Zeugung und Erzeugung (2001), S. 94: „Wirtschafts- und Forschungsinteressen – mögen diese auch dem Allgemeinwohl dienen – auf dieselbe Stufe zu stellen wie die Interessen ungewollt schwangerer Frauen an der Achtung ihrer Rechte, ist unzulässig."

85 Vgl. Ewig, Heilungsversprechen versus Menschenwürde (2001), S. 412 und Huber, Nicht erst am Anfang des Diskurses (2001). In eine ähnliche Richtung argumentierte auch Classen, Forschung (2002), S. 145: „Die Frau, die eine Schwangerschaft verhindert oder abbricht,

Im Zuge der öffentlichkeitswirksam gefeierten Fortschritte in der Stammzellforschung etablierte sich die „Ethik des Heilens“ als wichtiger Leitbegriff der Debatte. Mit dem Verweis auf das therapeutische Potential der embryonalen Stammzellen wurde argumentativ die Bahn für den Import von embryonalen Stammzellen geebnet. Auf den ersten Blick erscheint dies erstaunlich, da es sich bei den umstrittenen Forschungsprojekten zunächst nur um Grundlagenforschung handelte. Wie angemerkt gab selbst einer der Initiatoren der umstrittenen Forschungsprojekte, Oliver Brüstle, in einem Interview mit dem Deutschen Ärzteblatt öffentlich zu verstehen, dass man frühestens in fünf bis zehn Jahren absehen könne, wie und in welchem Umfang embryonale Stammzellen für die klinische Forschung nutzbar gemacht werden könnten.[86] Therapieansätze zur Heilung schwerer Krankheiten waren bereits international in der Theorie entwickelt, bis dato konnte jedoch keiner davon in der Praxis umgesetzt werden.[87] Im Verlaufe der Debatte distanzierte sich eine zunehmende Anzahl von Wissenschaftlern von den ambitionierten Forschungszielen, die mit der embryonalen Stammzellforschung verbunden wurden.[88] Die Vision, Krankheit, Schmerz und Leid mit Hilfe embryonaler Stammzellen aus der Welt zu schaffen, faszinierte die Gesellschaft ebenso sehr, wie es die Wissenschaftler antrieb, ihre Forschungen zu intensivieren und gegen bestehende rechtliche Hürden vorzugehen. Auch renommierte Forscher befeuerten in der Presse die Vorstellung, dass in der embryonalen Stammzellforschung der Schlüssel zur Leidverminderung liege. Oliver Brüstle warb in einem FAZ-Interview bildhaft mit „Nervenzellen für Parkinson-Patienten, Herzmuskulatur für Infarktopfer, Insulin bildende Zellen für Diabetiker und Blut bildende Zellen für Leukämiekranke“[89] für die

setzt dem Leben des Embryo ein Ende. Verfassungsrechtlich ist allein Art. 2 Abs. 2 GG einschlägig, der offen ist für Differenzierungen. Der Forscher will demgegenüber weit mehr. Er will den Embryo für seine Zwecke einsetzen, ihn [...] instrumentalisieren. Damit ist eine qualitativ neue Dimension eröffnet, verfassungsrechtlich gesprochen: Art. 1 Abs. 1 GG, die Menschenwürde ist berührt.“

86 Vgl. Jachertz/Richter, Interview mit Brüstle (2001), S. 1589. Gleiches wiederholte er in einem Interview, das er mit Wiestler der FAZ gab. Vgl. auch Geyer u. a., Heilungsversprechen (2001).

87 Ausführlich zum diskutierten Sachstand des möglichen therapeutischen Nutzens im Zweiten Zwischenbericht „Teilbericht Stammzellforschung“. Vgl. Deutscher Bundestag, Drucksache 14/7546 (21.11.2001), S. 17–20.

88 In diesem Sinne stellte auch Justizministerin Herta Däubler-Gmelin im Interview mit der FAZ fest: „Die Diskussion hat mehr Transparenz und Ehrlichkeit gebracht: Heute behauptet niemand mehr ernsthaft, die Forschung an Embryonen lasse unmittelbar oder künftig wahrscheinliche Heilungschancen erwarten.“ Bahnen u. a., Produkt (2002). Vgl. auch Wormer, Wunschliste der Forscher (2002).

89 Brüstle, Gute Nacht Deutschland (2000). Im Jahr 1999 hatte die Deutsche Forschungsgemeinschaft (Hg.), DFG-Stellungnahme (1999), S. 2 mit dem Titel „Humane embryonale Stammzellen“ Therapie und Heilung in Aussicht gestellt: „Die Entwicklung von Zelltransplantationstherapien für Erkrankungen, für die derzeit noch keine Therapieverfahren

Stammzellforschung. Die Verpflichtung zu heilen, und ungehindert am Fernziel medizinischer Therapien festzuhalten, wurde dabei als Antrieb und zur Legitimation der umstrittenen Forschungen herangezogen.[90] In der Menschenwürde erkannten die Forschungsbefürworter nicht etwa den Gegenspieler einer „Ethik des Heilens" sondern vielmehr ihren Legitimationsgrund.[91]

Die teilweise sehr scharfe Kritik am Embryonenschutzgesetz schwang in der Argumentation für eine Lockerung des Embryonenschutzes zu Forschungszwecken immer mit.[92] Der Staat solle nicht „die Finalität des Handelns bei der Frage

zur Verfügung stehen, wie die Alzheimersche Krankheit, und für Erkrankungen, für die eine Verbesserung der Behandlungsmöglichkeiten dringend erforderlich wäre, wie Herz-Kreislauf-Erkrankungen, Krebs, Diabetes oder Krankheiten des Nervensystems, z. B. der Parkinsonschen Krankheit. Ein langfristiges Ziel besteht in der Generierung komplexer Gewebeverbände oder ganzer Organe, die die derzeitigen Engpässe und immunologisch bedingten Probleme sowie die Risiken einer Krankheitsübertragung bei der Organtransplantation umgehen könnten." Auch der britische Biologe Smith zählte in einem FAZ-Interview eine Vielzahl möglicher Therapieverfahren auf, räumte jedoch ein, dass all diese Verfahren mehr Visionen als Realitäten darstellten. Vgl. Kegel/Müller-Jung, Ich bin der erste (2000).

90 „Fortschritte in der modernen Stammzellforschung eröffnen der Medizin neue Perspektiven für den wissenschaftlichen Erkenntnisgewinn und die Entwicklung neuer Therapien. Langfristig könnte die Transplantation von Stammzellen und daraus gewonnener Gewebe die medizinische Behandlung zahlreicher Erkrankungen wesentlich verbessern." Deutsche Forschungsgemeinschaft, Kurzfassung (03.05.2001), S. 1. „Denn es geht hier nicht um die Interessen der Wissenschaftler, sondern um die der Kranken. Wenn wir in zehn oder zwanzig Jahren imstande sein können, bestimmte Krankheiten zu behandeln, wer hat dann das Recht, jetzt zu entscheiden, daß zum Beispiel der Parkinson-Kranke weiterhin gefälligst an diesem Leiden sterben soll?" Riebsamen/Wegener, Hans Lehrach im Gespräch (2001). Vgl. auch Dreier, Lebensschutz und Menschenwürde (2002), S. 14 und Zentrale Ethikkommission bei der Bundesärztekammer, Stellungnahme (2001), S. 3249.

91 „Damit wird deutlich, daß die Menschenwürde gentechnologischen Forschungen nicht nur nicht im Weg steht, sondern u. U. sogar die aktive Förderung neuer Techniken gebieten kann, wenn sich nur mit deren Hilfe schweres menschliches Leid lindern oder beheben läßt." Hilgendorf, Die mißbrauchte Menschenwürde (1999), S. 153. Vgl. auch Heun, Embryonenforschung und Verfassung (2002), S. 524; Hilgendorf, Klonverbot und Menschenwürde (2001), S. 1155 und Hufen, Erosion der Menschenwürde (2004), S. 316, der betonte: „Die ‚Ethik des Heilens' ist also kein Angriff auf die Menschenwürde, sondern in dieser tief verwurzelt." In eine ähnliche Richtung ging auch Ipsen, Der „verfassungsrechtliche Status" des Embryos in vitro (2001), S. 996: „Soweit es sich um Forschung an Embryonen in vitro und die Entwicklung einer Stammzelllinie handelt, läßt sie die Menschenwürde geradezu als geboten erscheinen, weil die Linderung oder Heilung von Leiden, denen der Mensch andernfalls ausgeliefert wäre, ein ungleich schwererwiegendes Schutzgut der Verfassung darstellt."

92 Das Embryonenschutzgesetz war in vielerlei Hinsicht dem technischen Fortschritt nicht mehr gefolgt, so dass seine Bestimmungen teilweise veraltet und widersprüchlich erschienen. Die Forderung nach einem umfassenden Fortpflanzungsmedizingesetz stand damit in engem Zusammenhang. Vgl. beispielsweise Eser, Rechtliche Fragen (2001), S. 86 und Neidert, Embryonenschutzgesetz (2002), S. 467–471.

nach der Menschenwürdewidrigkeit"[93] außer Acht lassen, so Horst Dreier. Der Schutz des Embryos dürfe nicht höher gestellt werden als die Heilung hoffnungslos kranker Menschen. Damit verbunden war der Appell an den Gesetzgeber, das Embryonenschutzgesetz zu lockern.[94] In diesem Sinne hob auch der ehemalige Bundespräsident Roman Herzog den Aspekt der Heilung hervor und resümierte: „Sagen wir es so: Ich bin nicht bereit, einem mukoviszidoserkrankten Kind, das, dem Tod vor Augen, nach Luft ringt, die ethischen Gründe zu erklären, die die Wissenschaften hindern, seine Rettung möglich zu machen."[95] Der Medizinrechtswissenschaftler Jochen Taupitz erklärte: „Deshalb stellt sich heute auch die verfassungsrechtliche Frage einer Zulässigkeit entsprechender Forschung ganz anders als damals – nicht weil sich das Menschenbild geändert hätte oder uns die Menschenwürde weniger ‚wert' wäre, sondern weil uns die Forschung neue Abwägungsfaktoren liefert oder sogar aufdrängt."[96] Auch die Biologin und Nobelpreisträgerin Christiane Nüsslein-Volhard formulierte ihre Sorge darüber, dass Forschungen aus Angst vor Missbrauch verhindert würden.[97]

Die Güterabwägung zwischen dem Lebensrecht und Würdeschutz des Embryos auf der einen und der Forschungsfreiheit auf der anderen Seite sollte unter dem Schlagwort einer „Ethik des Heilens" möglich gemacht werden. Diese Abwägung, dessen waren sich die Zeitgenossen bewusst, konnte dann gelingen, wenn der Status des Embryos entsprechend angepasst würde. Mit einem abgestuften Würdekonzept beispielsweise wäre die problemlose Freigabe des Embryos zu Forschungszwecken möglich geworden.[98]

Das Konzept einer „Ethik des Heilens" wurde auch von Kirchenvertretern rezipiert und theologisch legitimiert: „Auch aus der Sicht des christlichen Glaubens ist es geradezu geboten, neue, leistungsfähigere Therapiemöglichkeiten zu entwickeln und den Betroffenen zur Verfügung zu stellen."[99] Joachim Kardinal Meisner lehnte diese Sichtweise jedoch entschieden ab: „Besonders unangenehm wirkt es dabei, wenn für ethisch unverantwortbare Positionen mit einer pathetischen ‚christlichen' Rhetorik geworben wird."[100]

93 Dreier, Grundgesetz Kommentar (2004), S. 187.
94 Vgl. Merkel, Grundrechte für frühe Embryonen (2001), S. 515. Auch Heun, Embryonenforschung und Verfassung (2002), S. 524 sah im Parlament den richtigen Ort zur Aushandlung von Kompromisslösungen in Bezug auf die Forschung an humanen embryonalen Stammzellen. Er warnte davor, dem Bundesverfassungsgericht die Entscheidung zuzuschieben.
95 Herzog, Ich warne vor absoluten Verboten (2001).
96 Taupitz, Rechtlicher Rahmen (2001), S. 3438.
97 Vgl. Nüsslein-Volhard, Werden des Lebens (2004), S. 191.
98 Zur Thematik des abgestuften Würdekonzeptes vgl. Unterkapitel 4.1 in Teil III.
99 Evangelische Kirche in Deutschland (Hg.), Argumentationshilfen (2002), S. 9. Vgl. ebenfalls Anselm u. a., Pluralismus als Markenzeichen (2002).
100 Meisner, Ist die CDU noch christlich (2002).

Die entschiedenen Gegner der embryonenverbrauchenden Forschung sahen auch in einer „Ethik des Heilens" keinen Legitimationsgrund zur Vernichtung von Embryonen.[101] „Die verbrauchende Forschung an embryonalen Stammzellen des Menschen spielt die Heilserwartung von Erwachsenen gegen die Menschenwürde und das Lebensrecht von Gezeugten, aber noch Ungeborenen aus – nicht mehr und nicht weniger"[102], konstatierte Georg Paul Hefty in der FAZ. Und Hubert Hüppe, MdB (CDU) betonte: „Bisher galt der Grundsatz, die Technik an der Menschenwürde zu orientieren. Jetzt machen wir es umgekehrt und sagen: Mal sehen, was die Technik kann, entsprechend definieren wir die Menschenwürde."[103] Unter „dem Deckmantel der Gesundheit" könnten ganz andere Dinge verfolgt werden, bis hin zur „Verbesserung der Evolution" warnte das Zentralkomitee Deutscher Katholiken.[104] „Eine ‚Ethik des Heilens' ohne die kategorischen Kontrapunkte des inneren Zusammenhangs von Menschenwürde und Tötungsverbot zerstört die liberale und menschenrechtliche Substanz unserer Gesellschaft."[105] Auch der Anspruch zu helfen dürfe nicht zu Lasten von Rechtsgütern Dritter durchgesetzt werden.[106] Außerdem wurde bei der „Ethik des Heilens" kritisch gesehen, dass die gesamte Argumentation ausschließlich auf Versprechungen zu hypothetisch möglichen, keinesfalls jedoch sicheren Therapiemöglichkeiten fußte.[107]

Die diskutierten Techniken betrafen nicht mehr, so wie noch in den 1980er Jahren dominierend, Reproduktionsentscheidungen von Ehepaaren, sondern die Erforschung von humanen embryonalen Stammzellen.

Problematisch an der embryonalen Stammzellforschung erschien den Zeitgenossen weniger die Zielsetzung der Forschungsvorhaben, sondern vielmehr der Untersuchungsgegenstand selbst, an den nur durch die Vernichtung des Embryos gelangt werden konnte. Die Inkaufnahme der Zerstörung menschlichen Lebens zu Forschungszwecken wurde trotz der mehrheitlich als legitim bewerteten Forschungsziele zum zentralen Streitpunkt der Debatte. Während

[101] Vgl. Brüske, Therapeutischer Imperativ (2001), S. 267. Dederer, Menschenwürde des Embryo (2002), S. 5 betonte: „Selbst der gute Zweck der Behandlung schwerster und bisher nicht heilbarer Krankheiten des Patienten würde die Verletzung der Menschenwürde nicht ausschließen können." Und so auch Kardinal Meisner, Ist die CDU noch christlich (2002): „Die Konsumgesellschaft beginnt sich selbst zu konsumieren. Der Ausdruck ‚Ethik des Heilens' verschleiert diese Barbarei." Vgl. auch Schockenhoff, Ethik des Heilens (2001), S. 249f. und ähnlich auch Renesse, Import embryonaler Stammzellen (2003), S. 300.

[102] Hefty, Die im Dunkeln (2002).

[103] So Hüppe, MdB (CDU) im Interview mit dem Rheinischen Merkur: Gierth, Ethik gegen Ethik (2001).

[104] Zentralkomitee der deutschen Katholiken, Diskussionsanstoß (2001), S. 2.

[105] Brüske, Therapeutischer Imperativ (2001), S. 274.

[106] Vgl. Höffe, Menschenwürde als ethisches Prinzip (2002), S. 137.

[107] Vgl. Ewig, Heilungsversprechen versus Menschenwürde (2001), S. 411 und Röper, „Stets der alte Adam" (2001).

die Forschungsbefürworter ihre in Art. 5 Abs. 3 Satz 1 GG[108] fixierte Freiheit der Forschung einforderten, verwiesen die Gegner embryonaler Stammzellforschung umgekehrt auf die ebenfalls grundgesetzlich verankerte Würde des Embryos und dessen Lebensrecht. Im Kern ging es um die Frage, ob Würde- oder Lebensschutz zugunsten des Rechts auf Freiheit der Forschung eingeschränkt werden dürften. Die Gegner der embryonalen Stammzellforschung lehnten eine unbeschränkte Forschungsfreiheit ab und bezogen sich dabei unter anderem auf Art. 5 Abs. 3 Satz 2 GG: „Die Freiheit der Lehre entbindet nicht von der Treue zur Verfassung."[109] Darüber hinaus verwiesen sie auf ein Urteil des Bundesverfassungsgerichts aus dem Jahr 1978, das unter anderem feststellte: „Auch die Wissenschaftsfreiheit kann nicht grenzenlos sein; ein Forscher darf sich z. B. bei seiner Tätigkeit, insbesondere bei etwaigen Versuchen, nicht über die Rechte seiner Mitbürger auf Leben, Gesundheit oder Eigentum hinwegsetzen."[110] Um zu einem Ausgleich zwischen kollidierenden Verfassungswerten zu gelangen, plädierte das Bundesverfassungsgericht in dem zitierten Urteil weiter für eine auf den Einzelfall zugeschnittene Güterabwägung. Es formulierte: „Dabei muß die Abwägung den Wertprinzipien der Verfassung, insbesondere der Bedeutung der miteinander kollidierenden Grundrechte, und dem rechtsstaatlichen Grundsatz der Verhältnismäßigkeit unter Wahrung der Einheit des Grundgesetzes Rechnung tragen."[111] Dieser Verweis des Gerichts auf mögliche verfassungsimmanente Schranken der Forschungsfreiheit spielte insbesondere für die Diskussion um die Zu- oder Nichtzulassung embryonaler Stammzellforschung eine bedeutende Rolle. Die im Falle der umstrittenen Forschungen notwendige Güterabwägung oblag dem Gesetzgeber.

In dieser an den Gesetzgeber gestellten Aufgabe bündelte sich die Frage nach den Grenzen der Forschungsfreiheit wie in einem Brennglas. Welche Grundrechte konnten die Forschungsfreiheit einschränken, welche Forschungen waren verfassungskonform und welche Lösungsansätze überschritten das ethisch Richtige und rechtlich Erlaubte? Ein Großteil der Gegner embryonaler Stammzellforschung sah in der Menschenwürde diese Grenze der Forschungsfreiheit. Die Würde des Embryos könne, so die Kritiker, nicht durch eine „Ethik des Heilens" oder die Freiheit der Forschung aufgehoben

108 „Kunst und Wissenschaft, Forschung und Lehre sind frei." Zitiert nach: Art. 5 Abs. 3 Satz 1 Grundgesetz – GG.

109 Ebd.

110 BVerfGE 47, 327 (369). Ebenso beriefen sie sich auf BVerfGE 28, 243 (261): „Nur kollidierende Grundrechte Dritter und andere mit Verfassungsrang ausgestattete Rechtswerte sind mit Rücksicht auf die Einheit der Verfassung und die von ihr geschützte gesamte Wertordnung ausnahmsweise imstande, auch uneinschränkbare Grundrechte [hier bezogen auf die Wissenschaftsfreiheit] in einzelnen Beziehungen zu begrenzen."

111 BVerfGE 47, 327 (369f.).

werden.[112] Diese Einschränkung der Forschungsfreiheit mit dem Argument der Menschenwürde des Embryos wurde im Fall der embryonalen Stammzellforschung jedoch scharf zurückgewiesen und kritisiert. Der Rechtswissenschaftler Jörn Ipsen nannte die Menschenwürde in diesem Zusammenhang eine „ethische[…] Chiffre“[113], die lediglich dem Zweck dienen sollte, ein Verbot der Embryonenforschung durchzusetzen. Ziehe man Art. 1 GG zum Schutze des Embryos heran, so müsse man in ihm auch den Grund der Forschungsbemühungen sehen. So verstanden könne man in einem Verbot der Embryonenforschung ebenfalls einen Angriff auf die Menschenwürde erkennen, denn auch die Pflicht zu helfen und die Forschungen zu fördern, die zum Ziel die Minderung von Leid hätten, fänden ihren Ursprung in der Würde des Menschen.[114]

Eine strengere Reglementierung und Einschränkung der Forschungsfreiheit durch den Gesetzgeber führe, so die Forschungsbefürworter, zu einer Verkrustung der Forschung. Gerade die im Grundgesetz fixierte Forschungsfreiheit erlaube es, die Wissenschaft auch über Tabus hinweg voranzutreiben. Horst Dreier erinnerte daran, dass „die Geschichte der Forschungsfreiheit im Grunde eine Geschichte von Grenzüberschreitungen und Tabubrüchen ist“[115]. Die embryonale Stammzellforschung wurde durch die notwendige Vernichtung, also Verzweckung des Embryos als derartige Grenzüberschreitung wahrgenommen, wie sich auch an der emotional geführten Debatte ablesen lässt. Zur Diskussion standen mehrere Verfahren, mit denen embryonale Stammzellen in Deutschland verfügbar gemacht werden konnten: das im § 6 ESchG unter Androhung von fünf Jahren Haftstrafe verbotene reproduktive und therapeutische Klonen, die Gewinnung von embryonalen Stammzellen aus sogenannten „überzähligen“ oder „verwaisten“ Embryonen oder der Import von in anderen Ländern, deren Gesetzgebung die Vernichtung von Embryonen nicht verbot, bereits isolierten embryonalen Stammzellen.

In der Embryonenschutzdebatte der 1980er Jahre, als man bereits ein erstes Mal über Klonierungstechniken diskutiert hatte, waren diese zunächst noch abstrakt und nur in der Theorie möglich. Mit der Geburt des Klonschafs Dolly im Juli 1996 rückte der erste erfolgreich an Tieren durchgeführte Klonierungsver-

112 Vgl. Bahners u. a., Interview mit Däubler-Gmelin (2001); Braun, Grenzziehungen (2001), S. 25; Christlich Demokratische Union Deutschlands, Positionspapier der CDU Deutschlands (2001), S. 1; Frühwald, Der „optimierte Mensch“ (2001), S. 403; Knoche, Menschenwürde ist unteilbar (2002); Schockenhoff, Ethik des Heilens (2001), S. 249 und Wagner, Ende der Gemeinsamkeit (2001).

113 Ipsen, Zukunft der Embryonenforschung (2004), S. 268.

114 Vgl. Hilgendorf, Die mißbrauchte Menschenwürde (1999), S. 153; Giersch, Lieber Handeln als Händel (2002) und Ipsen, Der „verfassungsrechtliche Status“ des Embryos in vitro (2001), S. 996.

115 Dreier, Lebensschutz und Menschenwürde (2002), S. 13.

such auch das Klonen von Menschen in greifbarere Nähe.[116] Der SPIEGEL titelte anlässlich dieses Ereignisses: „Jetzt wird alles machbar“[117]. Schon recht früh kristallisierte sich in Deutschland eine fast einstimmig ausgesprochene Ablehnung gegen jegliche Klonierungsversuche zumindest am Menschen heraus.[118] In einer Umfrage des FOCUS bejahten lediglich 5 % der Umfrageteilnehmer die Frage, ob sie sich klonen lassen würden.[119] Auch die Bundesärztekammer bekräftigte kurz nach Bekanntwerden des ersten gelungen tierischen Klonierungsversuchs: „Die deutsche Ärzteschaft spricht sich nachdrücklich und vorbehaltlos für das in Deutschland seit 1. Januar 1991 bestehende gesetzliche Verbot des Klonens von Menschen aus. Die Klonierung des Menschen ist mit dem ethischen Prinzip der Menschenwürde und dem sich daraus herleitenden Embryonenschutz unvereinbar.“[120]

Nicht alle Diskussionsteilnehmer begründeten, wie der hier zitierte Beitrag der Bundesärztekammer, ihre Ablehnung gegen das Klonen mit dem Menschenwürdeargument.[121] Die Unvereinbarkeit von reproduktivem Klonen und Menschenwürde wurde jedoch zunehmend hervorgehoben und ersetzte teilweise andere in der Debatte geläufige Argumentationen.[122] Im RHEINISCHEN

[116] Die Forschungsergebnisse wurden am 27.02.1997 in der Zeitschrift NATURE veröffentlicht, vgl. WILMUT U. A., Viable Offspring (1997). Siehe auch SCHUH, Dolly (1997). Zur Geschichte des Klonens vor dem Durchbruch der Geburt Dollys vgl. GORDIJN, Klonen von Menschen (1999), S. 13–15 und THE PRESIDENT'S COUNCIL ON BIOETHICS (Hg.), Human Cloning and Human Dignity (2002), S. 19–28.

[117] O. A., „Jetzt wird alles machbar“ (1997). Zur Rolle der Medien in der Debatte um das Klonen vgl. den Aufsatz von: MAIO, Klonen im öffentlichen Diskurs (2001).

[118] Vgl. HILGENDORF, Klonverbot und Menschenwürde (2001), S. 1151. Hilgendorf warnte jedoch davor, im Hinblick auf mögliche Missbräuche Klonierungstechniken im Allgemeinen zu verurteilen. Vgl. ebenso SCHWÄGERL, Heißer Herbst (2001). Zur internationalen und europarechtlichen Entwicklung siehe die umfangreiche Studie von KERSTEN, Das Klonen von Menschen (2004), S. 49–307.

[119] KUNZ U. A., Geklonte Menschen (2001).

[120] BUNDESÄRZTEKAMMER, Medizinethik (1997), S. 1656. Diese Einstellung zum Klonen wiederholte die ZENTRALE ETHIKKOMMISSION BEI DER BUNDESÄRZTEKAMMER, Stellungnahme (2001), S. 3249. Vgl. ebenso auch die Stellungnahme vom BUNDESMINISTERIUM FÜR BILDUNG, WISSENSCHAFT, FORSCHUNG UND TECHNOLOGIE, Klonierung beim Menschen (1997).

[121] Vgl. DEUTSCHE FORSCHUNGSGEMEINSCHAFT (Hg.), DFG-Stellungnahme (1999), S. 4 und DREIER (Hg.), Grundgesetz Kommentar (1996), S. 114. Deutlich unspezifischer äußerte sich die DEUTSCHE FORSCHUNGSGEMEINSCHAFT, Empfehlung (2001), S. 13. Entschieden wies auch NIDA-RÜMELIN, Bio-Ethik (2001) den Einsatz des Menschenwürdearguments zur Ablehnung des Klonens zurück.

[122] So schrieb beispielsweise BRAUN, Frau als Reagenzglas (2000): „Das Klonen widerspricht in einem elementaren Sinn der Menschenwürde, denn ein geklonter Mensch wird nicht erst zum Mittel gemacht, er wird als Mittel gemacht.“ Vgl. auch in BUNDESMINISTERIUM FÜR BILDUNG, WISSENSCHAFT, FORSCHUNG UND TECHNOLOGIE, Klonierung beim Menschen (1997), S. 10; EVANGELISCHE KIRCHE IN DEUTSCHLAND (Hg.), Argumentationshilfen

Merkur brachte Matthias Gierth diese Tendenz auf den Punkt: „Nur wenige Worte sind es, die man beherrschen muss, will man publikumswirksam in der Klondebatte mitschwimmen. Genau genommen drei. Menschenwürde, Dilemma und Diskurs."[123] Der Klon sei seiner Selbstzweckhaftigkeit beraubt und damit in seiner Würde verletzt, denn man gesteht ihm mit dem Aufzwingen eines bestimmten genetischen Programms nur eine mögliche Existenz zu und instrumentalisiere ihn dadurch.[124] Weitere wichtige Argumente in der Diskussion um das umstrittene Verfahren zählte der Philosoph Ludwig Siep in einem Aufsatz auf. So verletze das Klonen erstens die Einmaligkeit des Individuums, zweitens seine Autonomie und drittens die Natürlichkeit seiner Entstehung und seiner körperlichen Beschaffenheit.[125] Der Philosoph und Soziologe Jürgen Habermas betonte, dass das Klonieren des Menschen eine Verletzung seiner Rechte darstelle, da er von dem genetischen Programm einer anderen Person abhängig sei.[126] „Nicht nur die Ebenbildlichkeit der aus einer Zelle hervorgehenden Teile ist das Problem, sondern Anmaßung und Knechtung." Diese Knechtung verglich er mit Sklavenherrschaft, die mit der Menschenwürde und den Menschenrechten unvereinbar sei.[127] Mit dieser Argumentation führte er den Gedanken Hans Jo-

(2002), S. 46; Isensee, Die alten Grundrechte und die biotechnische Revolution (2001), S. 262; Kunig, Art. 1 (2000), S. 91; Schmidt-Preuss, Menschenwürde und „Menschenbild" (2003), S. 930; Sekretariat der Deutschen Bischofskonferenz (Hg.), Der Mensch: sein eigener Schöpfer (2001); Starck (Hg.), Kommentar zum Grundgesetz (2005), S. 71 und Zippelius/Würtenberger (Hg.), Deutsches Staatsrecht (2005), S. 204.

123 Gierth, Menschenwürde (2001).

124 Vgl. Braun in Das Bundesministerium für Gesundheit (Hg.), Fortpflanzungsmedizin (2001), S. 23; Evangelische Kirche in Deutschland (Hg.), Argumentationshilfen (2002), S. 46; Neumann, Tyrannei der Würde (1998), S. 160f.; Neumann, Menschenwürde als Menschenbürde (2004), S. 51–55 und Sekretariat der Deutschen Bischofskonferenz (Hg.), Der Mensch: sein eigener Schöpfer (2001), S. 11.

125 Die Aufzählung der Argumente bei Siep, Ethische Problematik (1998), S. 11–14 umfasst, ergänzt man diese um das Menschenwürdeargument, die zentralsten Argumente der Auseinandersetzungen ums Klonen: „Die Einschränkung der Autonomie liegt also nur darin, daß die genetische Ausstattung des durch Klonen erzeugten Individuums vom Willen anderer Menschen abhängt – selbst wenn dies ein Wille zu den günstigsten Autonomiebedingungen ist." Ebd., S. 11f. Eine Auflistung und kritische Würdigung der in der Klon-Debatte geläufigen Argumente ist zu finden bei Gordijn, Klonen von Menschen (1999), S. 17–33.

126 Vgl. Habermas, Nicht die Natur verbietet das Klonen (1998). Ebenso Habermas, Zukunft der menschlichen Natur (2001). Ganz ähnlich formulierte auch der Vorsitzende des Rates der Evangelischen Kirche in Deutschland Kock, Aktuelle Probleme der Bioethik (2002), S. 202: „Die Freiheit des Menschen beruht auch darauf, dass er genetisch ein Zufallsprodukt ist und sich nicht der planenden Konstruktion anderer Menschen verdankt."

127 Habermas, Sklavenherrschaft der Gene (1998). Chargaff sprach über den Klon: „Er ist ein Sklave, er ist nicht frei gezeugt, er ist eine Konstruktion." Mejias, Interview mit Erwin Chargaff (2001).

nas' fort, der in der Embryonenschutzdebatte der 1980er Jahre von einem „Recht auf Nichtwissen“[128] als Vorbedingung individueller Freiheit gesprochen hatte.

Wurde das reproduktive Klonen zumindest in der deutschen Debatte fast unisono abgelehnt, so stellte sich die Diskussionslage in Bezug auf das sogenannte „therapeutische Klonen“ von Embryonen zu Forschungszwecken anders dar. Zumindest einige Diskussionsteilnehmer erkannten in dieser Technik keine unüberwindbaren ethischen und rechtlichen Schwierigkeiten.[129] Beim Verfahren des therapeutischen Klonens wird eine entkernte Eizelle mit dem Zellkern eines Patienten zusammengefügt. Der dadurch im Labor gezielt hergestellte Embryo ist genetisch identisch mit seinem Spender, er ist sein Klon. Diesem Klon werden im Blastozystenstadium Stammzellen entnommen, damit ist seine weitere Entwicklung beendet, der Embryo stirbt. Die entnommenen Stammzellen können nun in verschiedene Zelltypen differenziert werden. Der einzige Unterschied zum reproduktiven Klonen besteht darin, dass die Entwicklung des Embryos über das 8-Zell-Stadium hinaus unterbunden wird. Die genetische Identität des Spenderpatienten und der Stammzellen versprach bei entsprechenden medizinischen Maßnahmen besonders gute Heilungschancen.[130]

Die Idee, Embryonen Stammzellen zu entnehmen, die durch das Verfahren des therapeutischen Klonens entstanden waren, rief jedoch nicht nur Zustimmung hervor. Eberhard Schockenhoff beispielsweise identifizierte die Unterscheidung von therapeutischem und reproduktivem Klonen als semantischen Selbstbetrug, denn das Adjektiv „therapeutisch“ signalisiere eine medizinische Notwendigkeit und grenze dabei die möglichen Konfliktfelder aus, die im Begriff des reproduktiven Klonens enthalten seien.[131] Ganz ähnlich bezeichnete Robert Spaemann das therapeutische Klonen als „semantische Irreführung“. In einem Interview

[128] Jonas, Technik, Medizin und Ethik (1985), S. 196f. Er schrieb: „Unwissenheit allerseits ist hier eine Vorbedingung der Freiheit: Der neue Wurf des Würfels, einmal gefallen, muß sich selbst entdecken in der führerlosen Bemühung, sein Leben zum ersten und einzigen Mal zu leben, d. h. ein Selbst zu werden in der Begegnung mit einer Welt, die so unvorbereitet auf den Neuankömmling ist wie dieser auf sich selbst.“ Ebd., S. 188.

[129] Vgl. Ipsen, Der „verfassungsrechtliche Status“ des Embryos in vitro (2001), S. 996 und Dederer, Menschenwürde des Embryo (2002), S. 17f.

[130] Vgl. Buselmaier/Tariverdian (Hg.), Humangenetik (2006), S. 398 und Clauss/Clauss (Hg.), Humanbiologie (2009), S. 389f.

[131] Vgl. Schockenhoff, Ethik des Heilens (2001), S. 236. Ähnlich auch Kegel, Was will Austin Smith (2000): „Vom ‚Therapeutischen Klonen‘ sprechen die Wissenschaftler gerne, um der als Frankenstein-Wissenschaft in Verruf geratenen Zunft wenigstens ein semantisches Heilversprechen einzubauen.“ Ebenso auch Eser, Rechtliche Fragen (2001), S. 98; Flöhl, Gefährlicher Forscherdrang (2000); Huber, Nicht erst am Anfang des Diskurses (2001); Maio, Klonen im öffentlichen Diskurs (2001), S. 35; Mieth/Diedrich, Forschung an Embryonen (2001), S. 301, der folgerte: „Richtig wäre es, von verbrauchender Embryonenforschung mit dem Zweck der Gewinnung embryonaler Stammzellen zu sprechen.“ Ebenso auch o. A., „Ungeist aus der Flasche“ (2001).

mit der ZEIT führte er aus: „Was hier mit menschlichen Embryonen geschieht, ist nicht Therapie, sondern das Gegenteil: Sie werden getötet [...] im Dienst wissenschaftlicher Verfahren, die vielleicht einmal in Zukunft einer unbestimmten Zahl von Menschen zu einem besseren Leben verhelfen werden."[132] Auch die Enquete-Kommission kam zu dem Schluss, dass mittelfristig keinerlei therapeutische Anwendungen mit Hilfe des therapeutischen Klonens erreicht werden könnten, dazu sei das Verfahren noch längst nicht ausgereift genug.[133] Die Deutsche Bischofskonferenz erkannte eine Würdeverletzung, da der Embryo zum „Ersatzteillager" degradiert würde.[134]

Insgesamt ist eine Verschiebung der Argumente zu beobachten. Wurde jegliches Klonen am Menschen in den 1980er Jahren noch einstimmig abgelehnt, tauchte es im Zuge der Stammzelldebatte in verschiedenen Erscheinungsformen und Kontexten auf. Durch taktisches Argumentieren vollzog sich eine Veränderung der vormaligen Einstellung der Menschen zu dieser Technik. Die Komplexität des Diskussionsgegenstandes benötigte einfache, anschauliche Worte zur Aufklärung der Öffentlichkeit. Das Wort „therapeutisch" transportierte den Aspekt der anwendungsbezogenen, nutzbringenden Forschung auf der einen und etwas Positives auf der anderen Seite. Trotzdem erkannten Diskussionsteilnehmer aus verschiedenen Berufs- und Interessensgruppen in der extrakorporalen Erzeugung von Embryonen im Klonverfahren zur Verwendung und Verbrauch im Interesse Dritter einen klaren Verstoß gegen die Menschenwürde.[135]

„Keinesfalls heiligt aber der gute Zweck alle Mittel der Forschung"[136], resümierte der Theologe und Medizinethiker Ulrich Körtner zur Diskussion um die Verwendung „überzähliger" oder klonierter Embryonen. Als „Tabuverletzung" bezeichnete der Staatsrechtler Wolfram Höfling das therapeutische Klonen, „d. h.

[132] Spaemann, Gezeugt, nicht gemacht (2001).

[133] Vgl. Deutscher Bundestag, Drucksache 14/7546 (21.11.2001), S. 48.

[134] Sekretariat der Deutschen Bischofskonferenz (Hg.), Der Mensch: sein eigener Schöpfer (2001), S. 10.

[135] Vgl. Böckenförde, Normatives Prinzip (2003), S. 813; Brohm, Humangenetik (1998), S. 204f.; Huber, Nicht erst am Anfang des Diskurses (2001); Hüppe, MdB (CDU) im Interview mit dem Rheinischen Merkur: Gierth, Ethik gegen Ethik (2001); Iliadou, Forschungsfreiheit und Embryonenschutz (1999), S. 133; Kunig, Art. 1 (2000), S. 91; Maio, Medizinethischer Perspektive (2002), S. 162; Sacksofsky, Gutachten (2001), S. 78; Schreiber, Würde des Menschen (2003), S. 371 und Starck, Das Bonner Grundgesetz (1999), S. 78. Das Sekretariat der Deutschen Bischofskonferenz (Hg.), Der Mensch: sein eigener Schöpfer (2001), S. 10 kommentierte: „Beim therapeutischen Klonen wird menschliches Leben, das immer zugleich personales und von Gott bejahtes Leben ist, zum Ersatzteillager degradiert. Auch medizinischer Nutzen kann kein Verfahren mit menschlichen Lebewesen rechtfertigen, das die unantastbare Würde dieses Lebens in Frage stellt."

[136] Körtner, Unverfügbarkeit des Lebens (2001), S. 111. Ähnlich Huber, Nicht erst am Anfang des Diskurses (2001).

als ein Verstoß gegen die Menschenwürdegarantie des Art. 1 Abs. 1 GG zu qualifizieren ist, die gegen jede Abwägung resistent ist“[137]. Eine verhalten ablehnende Haltung gegenüber dem Klonen von Embryonen zu Forschungszwecken hatte auch der Rechtswissenschaftler Matthias Herdegen: „Eine Verletzung der Menschenwürde läßt sich am ehesten noch darauf stützen, daß hier die Einzigartigkeit menschlicher Individualität durch Duplikation der Erbanlagen preisgegeben wird. [...] Jeder Befruchtungsprozeß, in dem die Perspektive einer individuellen Entwicklung von vornherein abgeschnitten wird, verstößt gegen die Menschenwürde“[138]. Diese Ablehnung teilte ein Großteil der Diskussionsteilnehmer, die das therapeutische Klonen als Verstoß gegen das Lebensrecht und die Würde des entwicklungsfähigen Embryos anprangerten und missbilligten.[139]

Im Gegensatz dazu schien das therapeutische Klonen für andere Diskussionsteilnehmer ein gangbarer Weg zu sein; einen Verstoß gegen die Menschenwürde erkannten Vertreter dieser Position nicht.[140] In ihren Augen stellte der Embryo noch keinen Würdeträger dar. Zudem wäre unklar, was genau der grundrechtliche Schutz der Menschenwürde darstellen sollte und was man für Schutzmaßnahmen aus ihm ableiten könnte.[141]

Über das therapeutische Klonen hinaus stellte die Gewinnung embryonaler Stammzellen aus durch In-vitro-Fertilisation entstandene Embryonen einen weiteren diskutierten Weg dar, den Forschern zu ihrem Forschungsgegenstand zu verhelfen. Erwogen wurden hier zwei Lösungswege: Eine Option war es, die

[137] Höfling, Verfassungsrechtliche Aspekte (2001), S. 283.

[138] Herdegen, Menschenwürde im Fluß des bioethischen Diskurses (2001), S. 776. Ähnlich Evangelische Kirche in Deutschland (Hg.), Argumentationshilfen (2002), S. 31.

[139] Vgl. Christlich Demokratische Union Deutschlands, Positionspapier der CDU Deutschlands (2001), S. 2; Böckenförde, Unabweisbare Konsequenz (2002), S. 16; Höfling, Verfassungsrechtliche Aspekte (2001), S. 282 und Sacksofsky, Gutachten (2001), S. 78. Auch an anderer Stelle präzisierte Höfling, Menschenwürde und Menschenleben im Abwägungssog (2002), S. 414: „Die funktionalistisch reduzierte Erzeugung von menschlichen Embryonen allein aus dem Grunde, um sie sogleich als Forschungsmaterial zu ‚verbrauchen‘, weist ein solches Maß an Verdinglichung und Instrumentalisierung auf, daß die Annahme einer Tabuverletzung und damit einer Verletzung der Menschenwürde des Art. 1 Abs. 1 GG kaum von der Hand zu weisen ist.“ Kress, Plädoyer der Güterabwägung (2001), S. 247 und Braun, Menschenwürde und Biomedizin (2000), S. 154 verwiesen darüber hinaus auf die Instrumentalisierung der Frau, da man nur über diese an die für die Forschung nötigen Eizellen gelangen könnte.

[140] Vgl. Bartram, Ethikrat (2001). Dederer, Menschenwürde des Embryo (2002), S. 18f. begründete seine Zustimmung wie folgt: „Das Verfahren des therapeutischen Klonens verstößt nicht gegen die Menschenwürdegarantie i.S. des Art. 1 Abs. 1 GG. Dem im Verfahren des therapeutischen Klonens erzeugten Embryo kommt die Menschenwürdegarantie aus Art. 1 Abs. 1 S. 1 GG nicht zu. [...] Insofern muss dem Embryo in vitro vom Staat nur ‚angemessener‘ Schutz gewährt werden.“ Hier bekannte sich er sich zu einem abgestuften Lebensschutzkonzept.

[141] Vgl. Hilgendorf, Klonverbot und Menschenwürde (2001), S. 1157.

extrakorporale Erzeugung von Embryonen zum ausschließlichen Zweck, diese als Lieferanten für die begehrten Stammzellen einzusetzen. Die zweite Möglichkeit bestand in der Gewinnung aus sogenannten „überzähligen" Embryonen. Trotz mehrerer Schutzverordnungen in § 1 ESchG, die der Erzeugung „überzähliger" Embryonen vorbeugen sollten, schätzte man die Anzahl „überzähliger" Embryonen in Deutschland auf ungefähr 100.[142]

Während die gezielte Herstellung von Embryonen zu Forschungszwecken auf besondere Ablehnung stieß, da man darin eine unstatthafte Verdinglichung des Embryos erkannte,[143] wurde die Verwendung „überzähliger" oder „verwaister" Embryonen zu Forschungszwecken weniger vehement abgelehnt oder teilweise sogar befürwortet. Diese Embryonen, „die nie zu einem Menschen werden"[144], „dem Tode geweiht"[145], „ohne jede Entwicklungschance"[146], der Vernichtung oder Kryokonservierung ausgeliefert sind, sollten, da für sie keine nützlichere Verwendung mehr gesehen wurde, der Forschung überlassen werden.[147] Ein Ver-

142 So beispielsweise Ernst-Ludwig Winnacker während der Pressekonferenz Deutsche Forschungsgemeinschaft, Pressekonferenz zur DFG-Stellungnahme (2001). Das Deutsche IVF-Register ging von 71 „überzähligen" Embryonen im gleichen Jahr aus. Zahlen abgedruckt in o. A., „Verwaiste Embryonen zur Adoption freigeben" (2001). Höfling, Wider die Verdinglichung (2001), S. 245 sprach von 15 überzähligen Embryonen in Deutschland und kritisierte gleichzeitig, „daß keine verantwortliche Stelle verläßliche Informationen über Anzahl, Ort und weitere Verwendung der in Deutschland in vitro erzeugten Embryonen hat." Kerscher, Wert und Würde der Eingefrorenen (2001) bezifferte die Zahl der befruchteten kryokonservierten Embryonen auf 150.

143 Vgl. Böckenförde, Unabweisbare Konsequenz (2002), S. 16; Christlich Demokratische Union Deutschlands, Positionspapier der CDU Deutschlands (2001), S. 2; Denninger, Embryo und Grundgesetz (2003), S. 208; Höfling, Tötungsverbot (2002), S. 38f.; Kirchhof, Genforschung und die Freiheit der Wissenschaft (2002), S. 26; Schroth, Forschung mit embryonalen Stammzellen (2002), S. 178 und Stoecker, Würde des Embryos (2002), S. 69, der anmerkte: „Letztlich ist es eine Beleidigung für uns alle, Menschen in unser Sozialleben aufzunehmen, nur um sie auszuschlachten." Ablehnend auch die Evangelische Kirche in Deutschland (Hg.), Argumentationshilfen (2002), S. 45f., da dies eine Reduktion des Menschen auf seine Biologie darstelle. In Bezug auf die Verwendung überzähliger Embryonen zu Forschungszwecke war ihr Meinungsbild jedoch nicht mehr so eindeutig.

144 So Schröder im Spiegel-Interview: Neubacher/Schäfer, Auch die Pille ist künstlich (2001).

145 Taupitz, Import embryonaler Stammzellen (2002), S. 114.

146 Starck, Das Bonner Grundgesetz (2005), S. 71.

147 Vgl. Glotz, Neue Scholastik (2001); Gruss, Vergeßt die Patienten nicht (2001); Kloepfer, Humangentechnik als Verfassungsfrage (2002), S. 421: „Solche Embryonen scheinen nicht mehr vom Gedanken des Anwartschaftsschutzes für künftige Menschen erfasst zu sein [...] Sie haben grundsätzlich keine Lebensperspektive mehr."; Müller-Terpitz, Empfehlung der DFG zur Forschung (2001), S. 283: „Eine mit der Menschenwürdegarantie (Art. 1 Abs. 1 GG) nicht zu vereinbarende Verdinglichung bzw. Instrumentalisierung des Embryos ist hierin wohl nicht zu sehen, da dieser ursprünglich zu einem Selbstzweck – seiner Geburt – geschaffen wurde, der sich nun definitiv nicht mehr realisieren lässt."

stoß gegen die Menschenwürde wurde darin nicht gesehen.[148] Christian Starck begründete seine Zustimmung zu Forschung an „überzähligen" Embryonen mit den Worten: „Weil die Erfüllung ihres Selbstzwecks unmöglich geworden ist, können sie den Zwecken anderer dienstbar gemacht werden."[149] Bundeskanzler Gerhard Schröder fragte unmissverständlich: „Ist es angesichts der Alternative, sie [überzählige Embryonen] wegzuwerfen, nicht doch vertretbar, begrenzte Forschung an ihnen zu ermöglichen?"[150] Die bewusste Entscheidung gegen die Forschung an solchen „überzähligen" Embryonen stellte für Horst Dreier umgekehrt sogar einen Verstoß gegen die Verfassung dar.[151]

Nicht jeder Forschungszweck sollte jedoch die Verwendung der „überzähligen" Embryonen legitimieren. Die Mindestanforderung an solche Forschungsziele war ihre Einstufung als ethisch vertretbar und hochrangig; über die Bewertung

Ebenso auch NATIONALER ETHIKRAT, Stellungnahme (2001), S. 24: „Es fehlt ihnen [den überzähligen Embryonen] nämlich bereits an den äußeren Voraussetzungen dafür, sich je zu einem Menschen zu entwickeln." Vgl. auch SCHROTH, Forschung mit embryonalen Stammzellen (2002), S. 178f. und WINNACKER, „Wir wollen keine Menschen züchten" (2001).

148 Befürworter der Forschung an „überzähligen" Embryonen waren BAHNSEN, Eindeutiges Ja (2000); zur Position von Brüstle vgl. JACHERTZ/RICHTER, Interview mit Brüstle (2001), S. 1591; DENNINGER, Embryo und Grundgesetz (2003), S. 208; DEUTSCHE FORSCHUNGSGEMEINSCHAFT, Kurzfassung (03.05.2001), S. 3; ETHIKKOMMISSION DER BUNDESÄRZTEKAMMER, Stellungnahme (2002), S. 83; KIRCHHOF, Genforschung und die Freiheit der Wissenschaft (2002), S. 27–29; KLOEPFER, Humangentechnik als Verfassungsfrage (2002), S. 426; SCHLINK, Aktuelle Fragen (2002), S. 20; STARCK, Hört auf (2001); STARCK, Das Bonner Grundgesetz (2005), S. 71 und STOECKER, Würde des Embryos (2002), S. 69.

149 STARCK, Verfassungsrechtliche Grenzen (2002), S. 1072.

150 DEUTSCHER BUNDESTAG, Plenarprotokoll 14/173 (31.05.2001), S. 16894.

151 „Jedenfalls ist vor dem Hintergrund staatlicher Schutzpflichten zugunsten von Leben und körperlicher Unversehrtheit und unter Berücksichtigung der medizinischen Heilperspektiven nicht einzusehen, warum Forschung an überzähligen Embryonen als von Verfassung wegen ausgeschlossen betrachtet wird, obwohl für diese keine andere Perspektive als Vernichtung oder Kryokonservierung. Deswegen erscheint die Zulassung der Forschung an überzähligen Embryonen angesichts der Ausweglosigkeit ihrer Lage nicht nur moralisch, sondern auch und gerade verfassungsrechtlich gut vertretbar, wenn nicht gar geboten." DREIER, Grundgesetz Kommentar (2004), S. 193. In umgekehrter Argumentation erkannte IPSEN, Der „verfassungsrechtliche Status" des Embryos in vitro (2001), S. 996 keinen Verfassungsverstoß in der Forschung: „Auch die Gewinnung von Stammzellen aus überzähligen Embryonen [...] stößt auf keine verfassungsrechtlichen Beschränkungen. [...] Auch die Vorwirkung der Menschenwürde könnte eine Einschränkung der Stammzellforschung – im Sinne einer ‚grundrechtsimmanenten' Schranke – nicht rechtfertigen. Soweit die Stammzellforschung Heilzwecken dient, ihre Forschungsergebnisse also menschliches Leiden zu verhindern oder vermindern bestimmt sind, läßt sich aus der Menschenwürde – verstanden auch als verfassungsethisches Prinzip – allenfalls ein Gebot niemals aber ein Verbot dieser Forschung verfassungsrechtlich rechtfertigen."

der Forschungsvorhaben sollte eine Ethikkommission entscheiden.[152] Auch solle man zunächst andere Alternativen wie Forschung an adulten Stammzellen oder die Möglichkeit des Imports der embryonalen Stammzellen der Gewinnung aus „überzähligen" Embryonen vorziehen.[153]

Die Forderung, „todgeweihte[...] Embryonen"[154] der Forschung zu übergeben, provozierte, gerade weil sie von vielen als echte Option propagiert wurde, scharfen Widerspruch.[155] Wie jeder andere Embryo stünden auch „überzählige" Embryonen unter dem Schutz der Menschenwürde und ihre Verdinglichung und Verobjektivierung als Forschungsgegenstand stelle einen „Tabubruch"[156] dar.[157] „Keineswegs aber darf dieser moralische Konflikt, der sich als übergesetzlicher Notstand beschreiben lässt, dadurch gelöst werden, dass wir den verwaisten Embryonen kurzerhand das vollständige Menschsein absprechen, um sie, von moralischen Skrupeln ungeplagt, dem Zugriff der Forschung anheim fallen zu

152 Über den Begriff der Hochrangigkeit schrieb DEDERER, Hochrangigkeit von Forschungszielen (2003), S. 306: „Als hochrangig erweisen sich danach die Ziele eines Forschungsvorhabens, wenn sie der Forschungsfreiheit im Einzelfall ein solches Gewicht verleihen, dass ihr der Vorrang vor den mit ihr konkret kollidierenden Verfassungsbelangen zukommt." Vgl. auch seine Ausführungen in DEDERER, Menschenwürde des Embryo (2002), S. 24. Unter der Prämisse der Hochrangigkeit von Forschungsvorhaben plädierten für eine Forschung an „überzähligen" Embryonen: DENNINGER, Inflationärer Gebrauch (2001); HERDEGEN, Menschenwürde im Fluß des bioethischen Diskurses (2001), S. 776, der von der „therapeutischen Finalität" als das entscheidende Kriterium über die Entscheidung für oder gegen eine Forschung an „überzähligen" Embryonen sprach. Ebenso KÖRTNER, Unverfügbarkeit des Lebens (2001), S. 110f.; KRESS, Plädoyer der Güterabwägung (2001), S. 246; KIRCHHOF, Genforschung und die Freiheit der Wissenschaft (2002), S. 34; MERKEL, Forschungsobjekt Embryo (2002), S. 269; SCHROTH, Forschung mit embryonalen Stammzellen (2002), S. 178 und STOECKER, Würde des Embryos (2002), S. 69.

153 Vgl. WOLFRUM, Forschung (27), S. 5.

154 BAHNSEN, Eindeutiges Ja (2000).

155 „Die Tatsache, daß es trotzdem überzählige Embryonen gibt, rechtfertigt nicht, sie als reines Mittel zum Zweck, als ‚biologischer Rohstoff' zu gebrauchen und zu töten." EIBACH, Menschenwürde und Lebensbeginn (2002), S. 200.

156 HÖFLING, Gutachten für die Enquete-Kommission des Deutschen Bundestages „Recht und Ethik der modernen Medizin" (2001), S. 226.

157 „Indem der Embryo getötet (oder zumindest in seine körperliche Unversehrtheit eingegriffen) wird, um Forschung betreiben zu können, wird er nicht als Zweck, sondern als bloßes Mittel behandelt. Seine Subjektqualität wird prinzipiell in Frage gestellt. Dies gilt auch für einen ‚todgeweihten' Embryo. Auch sterbendem menschlichem Leben kommt Menschenwürde zu. Das Verbot, den Menschen zum Objekt zu machen, d. h. als Mittel zum Zweck zu behandeln, gilt bis zu seinem Tod." SACKSOFSKY, Gutachten (2001), S. 74. Ebenso BÖCKENFÖRDE, Unabweisbare Konsequenz (2002), S. 16; HÖFLING, Gutachten für die Enquete-Kommission des Deutschen Bundestages „Recht und Ethik der modernen Medizin" (2001), S. 226; MAIO, Medizinethischer Perspektive (2002), S. 163; RIEDEL, Wer die Ethik nicht fühlen will (2001); SCHOCKENHOFF, Ethik des Heilens (2001), S. 237 & 255 und STARCK, Verfassungsrechtliche Grenzen (2002), S. 1067.

lassen."[158] Besser sei es, diese „überzähligen" Embryonen zur Adoption freizugeben, als sie für Forschungszwecke zu töten.[159] Für den Fall des Scheiterns einer Adoption zeigte der Verfassungsrechtler Christian Hillgruber eine weitere Handlungsoption auf: „Niemandem und nichts zunutze sein zu müssen, das macht die Würde [die!] Menschen aus. Das bloße ‚nutzlose' (nicht: sinnlose!) Sterbenlassen ist daher, wenn sich keine zur Übertragung des Embryos bereite Ersatzmutter findet, die einzige, mit der dem Embryo bereits eigene Menschenwürde konforme Lösung."[160] Da auch der Einsatz „überzähliger" Embryonen – wie gezeigt wurde – keine konsensfähige Alternative für das Beschaffungsproblem von embryonalen Stammzellen darstellte, sollte der Gesetzgeber eine endgültige Entscheidung darüber treffen, ob die Forschung an „überzähligen" Embryonen als Verfassungsverstoß zu werten sei oder nicht.[161]

Als Alternative und um nicht auf eine Änderung des Embryonenschutzgesetzes angewiesen zu sein, wurde der Import embryonaler Stammzellen aus dem Ausland vorgeschlagen. Mit seinem Finanzierungsantrag an die Deutsche Forschungsgemeinschaft hatte der Neurobiologe Oliver Brüstle im August 2000 diese Option als möglichen Kompromiss schlagartig in die Öffentlichkeit getragen. Dieses Vorgehen ermöglichte es ihm, an embryonale Stammzellen zu gelangen, ohne vorab eine Gesetzesänderung abwarten zu müssen. Weder der Import der embryonalen Stammzellen selbst noch ihr Zustand widersprachen der deutschen Rechtslage.[162] Sie sollten im Stadium der Pluripotenz importiert werden, da sie zu diesem Zeitpunkt kein Schutzobjekt des Embryonenschutz-

[158] Schockenhoff, Ethik des Heilens (2001), S. 245.

[159] Für eine Adoptionsmöglichkeit der „überzähligen" Embryonen plädierten unter anderem Höfling, Tötungsverbot (2002), S. 40; o. A., „Verwaiste Embryonen zur Adoption freigeben" (2001); Schockenhoff, Ethik des Heilens (2001), S. 255; Starck, Hört auf (2001) und Starck, Verfassungsrechtliche Grenzen (2002), S. 1072. Der Vorschlag der Embryonenadoption hätte eine Änderung des Embryonenschutzgesetzes bedeutet, dass das Austragen des Embryos durch eine Leihmutter verbot. Diese und weitere Gründe provozierten eine ablehnende Haltung gegenüber diesem Vorschlag. Vgl. Dreier, Lebensschutz und Menschenwürde (2002), S. 38 und Taupitz, Import embryonaler Stammzellen (2002), S. 114.

[160] Hillgruber, Recht und Ethik (2003), S. 643. Ebenso Eibach, Menschenwürde und Lebensbeginn (2002), S. 192f.; Graumann, Regulativ der Menschenwürde (2004), S. 143 und Isensee, Der grundrechtliche Status des Embryos (2002), S. 73.

[161] Vgl. Herdegen, Menschenwürde im Fluß des bioethischen Diskurses (2001), S. 776; Höfling, Gutachten für die Enquete-Kommission des Deutschen Bundestages „Recht und Ethik der modernen Medizin" (2001), S. 226; Markl im Interview mit der Zeit; Rauner/Sentker, „Ich ging bis an die Grenze" (2001) und Taupitz, Status des Embryos (2004), S. 96–107.

[162] Ausführlich über die rechtliche Zulässigkeit des Imports von und der Forschung an embryonalen Stammzellen vor dem Hintergrund des Embryonenschutzgesetzes, vgl. Schroth, Forschung mit embryonalen Stammzellen (2002), S. 171f. und Taupitz, Import embryonaler Stammzellen (2002), S. 111–115.

gesetzes darstellten. Der § 8 (1) ESchG definierte: „Als Embryo im Sinne dieses Gesetzes gilt bereits die befruchtete, entwicklungsfähige menschliche Eizelle vom Zeitpunkt der Kernverschmelzung an, ferner jede einem Embryo entnommene totipotente Zelle, die sich bei Vorliegen der dafür erforderlichen weiteren Voraussetzungen zu teilen und zu einem Individuum zu entwickeln vermag."[163] Solange deutsche Forscher nicht als Anstifter zur Herstellung der importierten pluripotenten Stammzellen auszumachen waren, bewegten sie sich auf rechtlich sicherem Boden.[164] Entsprechend argumentierten einige Diskussionsteilnehmer, dass die Forschung an pluripotenten embryonalen Stammzellen keinen Verstoß gegen die Menschenwürde darstellen könne, da es sich bei diesen nicht um entwicklungsfähige Embryonen handle, sondern lediglich um Zellmaterial.[165]

Allerdings stellte die Gewinnung der embryonalen Stammzellen im Ausland für viele der Diskussionsteilnehmer einen Tabubruch dar, auch wenn nach deutschem Recht prinzipiell nichts gegen das Verfahren sprach. Der Lösung des aufgeworfenen Problems durch einen Import embryonaler Stammzellen aus dem Ausland läge eine Doppelmoral zugrunde, nach dem Motto: „Deutschland hat die Moral, die anderen machen die Arbeit."[166] Der auch mit der Beschaffung der Zellen im Ausland verbundene Verbrauch von Embryonen wurde abgelehnt und die Importregelung stark kritisiert.[167] Im Verlaufe der Debatte, in der eine Annäherung der Forschungsbefürworter und Forschungsgegner immer unwahrscheinlicher zu werden schien, entpuppte sich eine Lösung des Problems über den Import bereits isolierter embryonaler Stammzellen als am zielführendsten. Der Druck, den die Forscher und die Deutsche Forschungsgemeinschaft auf den Gesetzgeber ausübten, erzwang eine rasche Lösungsfindung, damit deutsche Forscher zukünftig nicht in Rechtsunsicherheit agieren müssten. In dieser angespannten Situation sprachen sich im Verlaufe der Debatte zunehmend mehr

163 Embryonenschutzgesetz – ESchG (1990). Ausführlich zum Embryobegriff des Embryonenschutzgesetzes vgl. Taupitz, Embryobegriff (2008).

164 Vgl. mehr zu rechtlichen Aspekten der Einfuhr pluripotenter Stammzellen bei Schroth, Forschung mit embryonalen Stammzellen (2002), S. 171f.

165 Vgl. Dederer, Hochrangigkeit von Forschungszielen (2003), S. 307 und Dreier, Grundgesetz Kommentar (2004), S. 196.

166 Schreiber, Würde des Menschen (2003), S. 371. Ähnlich auch Böckenförde, Unabweisbare Konsequenz (2002), S. 16f.; Huber, Ende der Person (2002), S. 64; Kress, Menschenwürde vor der Geburt (2000), S. 36. Der Molekularbiologe und Forschungsbefürworter Schöler, Importverbot (2002) kritisierte: „Entweder sollte Deutschland die Stammzellforschung voll und ganz verbieten oder den Embryonenschutz in diesem Punkt lockern. Mich stört diese unehrliche Zwitterhaltung." Ebenso Schroth, Forschung mit embryonalen Stammzellen (2002), S. 178. Ausführlich zum Aspekt der Doppelmoral im Zweiten Zwischenbericht der Enquete-Kommission „Recht und Ethik der modernen Medizin" in Deutscher Bundestag, Drucksache 14/7546 (21.11.2001), S. 51–55.

167 Vgl. beispielsweise Graumann, Regulativ der Menschenwürde (2004), S. 143 und Schockenhoff, Ethik des Heilens (2001), S. 236f.

Institutionen, Parteien und Einzelpersonen für die Forschung an importierten embryonalen Stammzellen aus. Eine Vorbedingung sollte sein, dass auch diese Stammzellen aus „überzähligen" und nicht eigens zum Zwecke der Stammzellproduktion hergestellten Embryonen gewonnen werden mussten.[168] Gleichzeitig appellierten sowohl Befürworter der Exportregelung als auch Gegner embryonaler Stammzellforschung an die Wissenschaft, die ethisch unbedenkliche adulte Stammzellforschung weiterhin mit Nachdruck voranzutreiben.[169]

4 Menschenwürde in der Stammzelldebatte

Die Debatte um die Forschung an humanen embryonalen Stammzellen in Deutschland stellte im Vergleich zu anderen Industrienationen keinen Sonderfall dar.[170] Singulär jedoch war, wie Christoph Enders es ausdrückte, „die paradigmatische Bezugnahme auf die Menschenwürde"[171] innerhalb der Auseinandersetzung.[172] Die Analyse der dominierenden Argumentationsmuster der Stammzelldebatte konnte zeigen, dass die Menschenwürde zur Stärkung der Argumentationen herangezogen wurde. Dabei bekräftigten und legitimierten sowohl Forschungsbefürworter als auch Forschungsgegner unter Bezugnahme auf die Menschenwürde ihre Positionen. Die wenigsten Diskussionsteilnehmer verzichteten in ihrer Argumentation explizit auf die Menschenwürde. Die Menschenwürde war demnach in allen Auseinandersetzungen präsent. Zur Begründung von Forschungsvorhaben auf der einen und zum Schutz des Embryos

168 „Bei der Gewinnung aus überzähligen Embryonen (im Zusammenhang mit einer in-vitro-Befruchtung) ist die Rückbindung an Art. 1 Abs. 1 GG durch die extraterritoriale Komponente wohl so stark ausgedünnt, daß sie hinter den Grundrechten aus Art. 2 Abs. 2 Satz 1 und Art. 5 Abs. 3 GG zurücktreten muss." HERDEGEN, Menschenwürde im Fluß des bioethischen Diskurses (2001), S. 776. Vgl. ebenso ETHIKKOMMISSION DER BUNDESÄRZTEKAMMER, Stellungnahme (2002), S. 83 und NATIONALER ETHIKRAT, Stellungnahme (2001), S. 42.

169 Vgl. beispielsweise CHRISTLICH DEMOKRATISCHE UNION DEUTSCHLANDS, Positionspapier der CDU Deutschlands (2001), S. 2; DEUTSCHER BUNDESTAG, Drucksache 14/7546 (21.11.2001), S. 57; Schimpanski (CDU) im FAZ-Interview vgl. LINDNER, „Das ist doch paradox" (2001) und SCHÖLER, Importverbot (2002).

170 Vgl. für einen Überblick über die gesetzlichen Regulierungen der Forschung an embryonalen Stammzellen in den europäischen Ländern HEYER, Überblick zur Rechtslage (2007) und NEBEL, Embryonale Stammzellforschung (2015), S. 92–94.

171 ENDERS, Würde- und Lebensschutz (2003), S. 666.

172 „Diese Juridifizierung der deutschen Debatte hängt gleichwohl mit einem ethisch höchst belangvollen Argument zusammen, das bekanntlich den ethischen Kern des Gesetzes bildet, nämlich mit dem Prinzip der Menschenwürde, die – dem menschlichen Embryo uneingeschränkt zuerkannt – den rocher de bronze für dessen gesetzlichen Schutz darstellt." RENDTORFF, Jenseits der Menschenwürde (2000), S. 185.

auf der anderen Seite wurde die Menschenwürde herangezogen. Zeitgleich mit dem häufigen Einsatz der Menschenwürde in die Argumentationen provozierte der inflationäre Gebrauch der Menschenwürde so starken Überdruss und Ablehnung, dass die Menschenwürde wieder einmal als „Totschlagargument“[173] oder „Diskussionsstopper“[174] in Verruf geriet. Zeitgleich lässt sich jedoch auch eine wachsende Sorge um die Fundamentalnorm Menschenwürde in den Beiträgen der Debatte erkennen, die eine verstärkte öffentliche, wissenschaftliche und politische Reflexion über die Menschenwürde verursachte. Diese Diskussion und die daraus resultierenden Veränderungen im Reden über die Menschenwürde sollen im Folgenden nachgezeichnet werden.

4.1 Ist der Embryo Träger der Menschenwürde?

Die allgemeine Diskussion um die Abwägung der Verfassungsgüter „Menschenwürde“ und „Forschungsfreiheit“ führte zu der bereits aus der Embryonenschutzdebatte bekannten Frage, wessen Menschenwürde im Falle der embryonalen Stammzellforschung überhaupt verletzt sei: „Die Würde der Zelle, in die eingegriffen wird? Die Würde des (geborenen oder noch ungeborenen) Individuums, zu dem die Zelle gehört? Oder, wenn es sich um eine Manipulation an einer isolierten Zelle handelt, die Würde des Individuums, das aus der Zelle entstehen wird oder zumindest entstehen soll? Die Würde seiner Nachkommen? Oder vielleicht die Würde der Betrachter genetischer Eingriffe? Oder ist es gar die Würde der Menschheit insgesamt, die durch die Keimbahntherapie an der Zelle verletzt wird?“[175] Diese Fragen veranschaulichen, dass in der Debatte um die embryonale Stammzellforschung insbesondere die Diskussion um die Extension der Menschenwürde einen zentralen Platz einnahm. Die Analyse der Auseinandersetzung zeigt, dass die Frage, inwiefern dem Embryo Menschenwürde zukäme, sich zur „Schlüsselfrage“ der politischen und gesellschaftlichen Debatte um den Schutz von Embryonen entwickelte.[176] Ihre Beantwortung war umso dringlicher, da im Gegensatz zu früheren Jahren immer mehr Embryonen in Laboren erzeugt wurden.[177]

173 Taupitz, Rechtlicher Rahmen (2001), S. 3436.

174 Rendtorff, Jenseits der Menschenwürde (2000), S. 195.

175 Hilgendorf, Die mißbrauchte Menschenwürde (1999), S. 139f. Ähnlich auch in Hilgendorf, Klonverbot und Menschenwürde (2001), S. 1152f.

176 Reiter, Probe aufs Humanum (2001), S. 67. Ähnlich auch Höfling, Wider die Verdinglichung (2001), S. 240–246 und Riedel, Der erschlichene Embryo (2001).

177 So dokumentierte das deutsche IVF-Register, dass die Zahl der In-vitro-Fertilisations-Behandlungen zwischen den Jahren 1982 und 2001 von 742 auf 73819 angestiegen sei. Vgl. Bühler u. a., Deutsches IVF-Register (2001), S. 7. Dazu Evangelische Kirche in Deutschland (Hg.), Argumentationshilfen (2002), S. 21: „Bevor es Techniken gab, trat

Einigkeit herrschte über den biologischen Beginn menschlichen Lebens, den man auf den Zeitpunkt der Verschmelzung von Eizelle und Spermium datierte. Auf rein empirischer Ebene verbot sich ein Zurückgehen hinter die naturwissenschaftlichen Erkenntnisse der vergangenen Jahrzehnte. Die Statusdebatte um den Embryo kam damit jedoch nicht zur Ruhe, sondern verschob sich, wie auch Uwe Körner konstatierte: „Genauer besehen, zerfällt die Frage nach dem Lebensbeginn in zwei Teilfragen, zum einen in die leicht zu beantwortende Frage danach, wann menschliches Leben biologisch beginnt und zum anderen die umso schwierigere nach dem Beginn schutzwürdigen Menschseins."[178]

Um in der Debatte eine Entscheidung über die verfassungsrechtliche Zulässigkeit der embryonalen Stammzellforschung zu fällen, war zunächst die Klärung der Grundrechtsträgerschaft des Embryos erforderlich. So konnten, wie bereits beschrieben, embryonale Stammzellen nicht ohne die Vernichtung von Embryonen gewonnen werden. In dieser Zerstörung erkannten einige Diskussionsteilnehmer die maßgebliche ethische und moralische Hürde für eine einfache Zulassung der embryonalen Stammzellforschung. In diesem Konfliktpunkt kam der Beantwortung der Frage, ob der Embryo Menschenwürde besäße oder nicht, große Bedeutung zu. Die Reflexion über den Status des Embryos, vor allem im Hinblick auf die Frage, ob der Embryo auch in seiner ganz frühen

die Existenz eines neuen, sich entwickelnden Menschen mit der Schwangerschaft ins Blickfeld, d. h. in einer Phase, in der die Bedingungen für eine Entwicklung bis zur Geburt in der Regel gegeben waren. Der Status des Embryos war hier gleichsam durch den natürlichen Prozess vorgegeben. Das verändert sich mit der Einführung der Reproduktionstechniken." Und Kollek, Der moralische Status des Embryos (2001), S. 50 kommentierte: „Durch die IVF wird das Konzept der biologischen Untrennbarkeit zwischen Embryo und Frauenkörper unterminiert. Aus soziologischer Perspektive ist deshalb der Status des Embryos heute unklarer denn je: seinem natürlichen Ort und der traditionellen Referenz zum weiblichen Körper enthoben, scheint er sich in einem uneindeutigen ‚no-(wo-mans) land' [...] zu verlieren. Eine wachsende Zahl von Akteuren fühlt sich aus unterschiedlichen Gründen für sein Schicksal verantwortlich und will ihre eigenen Interessen in der Definition seines moralischen Status verwirklicht sehen." Winnacker, „Wir wollen keine Menschen züchten" (2001) verteidigte den Meinungswandel der DFG mit der Feststellung: „Der Dammbruch ist schon längst eingetreten. Nicht durch unseren Vorschlag, sondern nach meiner Meinung mit der Einführung der künstlichen Befruchtung."

178 Körner, Menschenwürde des Embryo (1999), S. 12. Vgl. auch Maio, Medizinethischer Perspektive (2002), S. 160: „Wie können wir nun begründen, dass ein Embryo zu schützen ist oder nicht zu schützen ist? Hier gibt es im Grunde zwei Zugangsmöglichkeiten: Nach der ideengeschichtlichen Begründung geht man davon aus, dass ein Embryo deswegen zu schützen ist, weil er ein Selbstzweck ist und aus sich heraus etwas Wertvolles darstellt. [...] Nach der empiriegeleiteten Begründung geht man davon aus, dass ein Embryo deswegen zu schützen ist, weil er bestimmte nachweisbare Fähigkeiten besitzt. Hier ist die Begründung für Schutzwürdigkeit also nicht mehr das Sein als solches, sondern ein bestimmtes Können. [...] Wer ideengeleitet argumentiert, setzt eine Idee voraus; in unserem Fall also die Idee, dass das Sein eines Embryos ein wertvolles Sein ist. Diese Idee kann aber nur postuliert, nicht jedoch bewiesen werden. Sie ist daher eine Glaubensaussage."

Entwicklungsphase schon Träger der Menschenwürde sein könnte, stellte einen bedeutenden Eckpunkt der Debatte dar.[179] Der Philosoph Ralf Stoecker fragte: „Die Frage ist, ob Embryonen nur an ihrem Nutzen gemessen werden dürfen, an ihrem Preis, oder ob sie darüber hinaus eine Würde haben."[180]

Schon die vorausgegangenen Embryo-Debatten hatten gezeigt, dass sich die Auseinandersetzungen über die Statusbestimmung des Embryos durch teilweise stark divergierende und unvereinbare Begründungsansätze auszeichneten. In der Vergangenheit stand meist der Art. 2 GG im Mittelpunkt der Diskussionen und damit die Frage nach der Datierung des Lebensbeginns. Anfang der 2000er Jahre verschob sich dieser Schwerpunkt in Richtung Art. 1 GG hin zur Beantwortung der Frage: Hat der Embryo Menschenwürde?

Die sich um die Beantwortung dieser Frage entwickelnde Diskussion zeichnete sich durch vier Grundpositionen aus: Eine erste Gruppe sprach dem Embryo uneingeschränkt vom Zeitpunkt der Konjugation an Menschenwürde zu. Eine zweite Gruppe entwickelte Begründungsmodelle, um ihn ganz von der Menschenwürde auszuschließen. Die dritte Gruppe suchte einen gut begründeten Zeitpunkt zwischen Nidation und Geburt, um den Embryo ab diesem Zeitpunkt als Träger der Menschenwürde zu identifizieren. Eine in der Stammzelldebatte an Relevanz gewinnende vierte Gruppe entwickelte ein abgestuftes Konzept, das es erlaubte, Menschenwürde je nach Entwicklungsgrad des Embryos zu intensivieren oder abzuschwächen.

In einer Umfrage des Forsa-Instituts vom Januar 2011 auf die Frage: „Haben Embryonen Anspruch auf den vollen Schutz der Menschenwürde?" hatten sich die Befragten mehrheitlich für einen Würdeschutz des Embryos ausgesprochen.[181] Im öffentlichen, wissenschaftlichen und politischen Diskurs sprachen sich fast ausschließlich Gegner der embryonalen Stammzellforschung für einen absoluten Würdeanspruch für den Embryo aus. Obwohl in dieser Gruppe Einigkeit über die Grundrechtsträgerschaft des Embryos herrschte, unterschieden sich die Begründungsmodelle. Einige argumentierten mit der Zugehörigkeit zur Gattung Mensch. Andere begründeten seine Würdeträgerschaft mit seiner Personhaftigkeit, beziehungsweise mit seinem Potential, sich zu einer Person zu entwickeln. Eine letzte Gruppe erkannte ihn als Geschöpf oder Ebenbild Gottes und deshalb als Träger der Menschenwürde. Alle hier genannten Begründungsansätze wurden selten in Reinform herangezogen, vielmehr ist eine Vermischung in der Argumentationsführung erkennbar.

[179] Auch Biller, Moralischer Status (1999), S. 18–20 sah in der Bestimmung des Status des Embryos die zentrale Aufgabe zur Lösung der Probleme um die embryonale Stammzellforschung.

[180] Stoecker, Würde des Embryos (2002), S. 57.

[181] So hatten lediglich 17 Prozent die Frage verneint, 75 Prozent hatten die Frage bejahend beantwortet. Abgedruckt in o. A., Umfrage (2001).

In der Embryonenschutzdebatte der 1980er Jahre ließ sich zunehmend beobachten, dass die Menschenwürde als Gattungswürde gelesen wurde.[182] Die Zugehörigkeit des Embryos zur Gattung Mensch diente auch in der Stammzelldebatte einigen Diskussionsteilnehmern als empirischer Beleg dafür, dass der Embryo in den Schutzbereich der Menschenwürde einzuschließen sei.[183] Das in Art. 1 Abs. 1 GG festgehaltene Grundrecht sollte schließlich, so der Wortlaut, den „Menschen" betreffen.[184] Christian Starck betonte: „Die von Anfang an im menschlichen Sein angelegten Möglichkeiten genügen, um Würde zu begründen. Demnach hat der Nasciturus, genau gesagt, die befruchtete menschliche Eizelle Würde."[185] Diese Option der Anerkennung von Würde aufgrund der biologischen Zugehörigkeit des Embryos zum Menschengeschlecht trat damit neben die Erklärungsmodelle, die die Persönlichkeit, Gottebenbildlichkeit oder Selbstzweckhaftigkeit des Menschen hervorhoben. Einige Diskussionsteilnehmer betrachteten die Gattungszugehörigkeit sogar als einziges „objektives, der Willkür entzogenes" Kriterium zur Festlegung der Reichweite des Menschenwürdeschutzes.[186] Zudem verhindere eine Anerkennung der Würde über die Gattungszugehörigkeit, dass einige Menschen aus dem Würdeschutz ausgeschlossen würden. Setze man den Zeitpunkt ab Konjugation, so sei gesichert dass es

[182] Vgl. auch Unterkapitel 3.2 des II. Teils.

[183] „Um den Sinn des Gedankens der Menschenwürde nicht zu verkehren, erscheint es deshalb zwingend, sie einem Menschen allein schon aufgrund seiner Zugehörigkeit zur Spezies Homo sapiens zuzusprechen." BAUER, Mensch als Produkt (2002), S. 168. Eine Reihe von Diskussionsteilnehmer beriefen sich auf das 1. Abtreibungsurteil, das begründete: „Wo menschliches Leben existiert, kommt ihm Menschenwürde zu; es ist nicht entscheidend, ob der Träger sich dieser Würde bewusst ist und sie selbst zu wahren weiß. Die von Anfang an im menschlichen Sein angelegten potenziellen Fähigkeiten genügen, um die Menschenwürde zu begründen." Z. B. Braun in DAS BUNDESMINISTERIUM FÜR GESUNDHEIT (Hg.), Fortpflanzungsmedizin (2001), S. 122; CLASSEN, Forschung (2002), S. 145; HÖFLING, Schutz der Menschenwürde (1999), S. 140; HÖFLING, Von Menschen und Personen (2001), S. 375 und SPAEMANN, Gezeugt, nicht gemacht (2001).

[184] Vgl. HÖFLING, Wider die Verdinglichung (2001), S. 244; KERSTEN, Das Klonen von Menschen (2004), S. 325f. konstatierte: „Interpretiert man Art. 1 Abs. 1 Satz 1 GG vor dem Hintergrund des Verfassungsprinzips des Satzes 1 GG-Präambel, so erfasst diese Regelung auch künftige Menschen. [...] Folglich ist die Garantie der Menschenwürde in Art. 1 Abs. 1 Satz 1 GG ihrem Wortlaut nach auch für den Schutz künftiger Menschen offen." Ebenso WAGNER, Ende der Gemeinsamkeit (2001).

[185] STARCK, Das Bonner Grundgesetz (1999), S. 44 und STARCK, Verfassungsrechtliche Grenzen (2002), S. 1067.

[186] BRAUN, Menschenwürde und Biomedizin (2000), S. 160. Ebenso RITTER, Zerreißprobe (2001): „Die Würde des Menschen kann nämlich nur dann als ein realer, das Zusammenleben der Bürger in einem demokratischen Staatswesen bestimmender Begriff gedacht werden, wenn sie jedem menschlichen Individuum allein aufgrund seiner Gattungszugehörigkeit vom Ursprung seiner Existenz an eigen ist." Vgl. auch SCHOCKENHOFF, Ethik des Heilens (2001), S. 238 und SPAEMANN, Gezeugt, nicht gemacht (2001).

„keinen Angehörigen der das Moralvermögen entwickelt habenden Gattung Mensch" ausschließe.[187]

Auch im Politikdiskurs lässt sich dieser Konnex wiederfinden. Die CDU schrieb in ihrem Positionspapier „Werte achten. Chancen nutzen. Für einen verantwortbaren Fortschritt der Bio- und Gentechnik" vom Mai 2001: „Die CDU hält an der philosophisch, theologisch und naturwissenschaftlich begründeten Position fest, daß jeder menschliche Embryo von Anfang an, seit der Verschmelzung der Kerne von Ei- und Samenzelle, ein menschliches Wesen ist und unter dem Schutz des Grundrechts auf die Unantastbarkeit der Menschenwürde steht."[188] Auch die SPD-Politikerin Margot von Renesse, MdB, die von 2000 bis 2002 Vorsitzende der Enquete-Kommission „Recht und Ethik der modernen Medizin" war, schlussfolgerte in diesem Sinne: „Der Embryo ist vom Zeitpunkt der Kernverschmelzung an nach meiner Auffassung in Menschenwürde und Lebensrecht geschützt."[189]

Neben dem von Naturwissenschaftlern erbrachten Nachweis, dass der Embryo von Beginn an biologisch betrachtet ein Mensch sei, wurde auch die kontinuierliche Entwicklung des Embryos als Mensch – und nicht zum Menschen – von einigen Diskussionsteilnehmern vorgebracht, um ihn als Träger der Menschenwürde zu identifizieren.[190] Unter anderem betonte Kardinal Karl Lehmann, dass die Konjugation den Beginn eines kontinuierlich ablaufenden Prozesses darstelle:

[187] BRAUN, Menschenwürde (2004), S. 92. Ebenso WODARG, Diesseits des Rubikons (2004), S. 25.

[188] CHRISTLICH DEMOKRATISCHE UNION DEUTSCHLANDS, Positionspapier der CDU Deutschlands (2001), S. 2.

[189] RENESSE, Import embryonaler Stammzellen (2003), S. 300.

[190] In diesem Sinne argumentierten in Anlehnung an das Zweite Abtreibungsurteil („Jedenfalls in der so bestimmten Zeit der Schwangerschaft handelt es sich bei dem Ungeborenen um individuelles, in seiner genetischen Identität und damit in seiner Einmaligkeit und Unverwechselbarkeit bereits festgelegtes, nicht mehr teilbares Leben, das im Prozeß des Wachsens und Sich-Entfaltens sich nicht erst zum Menschen, sondern als Mensch entwickelt." Zitiert nach: BVerfGE 88, 203 (251f.), ähnlich auch BVerfGE 39, 1 (37)) beispielsweise DEUTSCHER BUNDESTAG, Drucksache 14/7546 (21.11.2001); EIBACH, Menschenwürde und Lebensbeginn (2002), S. 185. „Weil sie nicht irgendein Zellhaufen, sondern Wesen sind, die die Entwicklung zum Menschen schon in sich selbst tragen, verdienen die Früh-Embryonen den Lebensschutz und ist ihnen der Rechtfertigungsgrund des Lebensschutzes, menschliche Würde, zuzusprechen." HÖFFE, Menschenwürde als ethisches Prinzip (2002), S. 138; „Die Fertilisation ist der entscheidende qualitative Sprung, während die darauf folgende Entwicklung kontinuierlich verläuft." HÖFLING, Verfassungsrechtliche Aspekte (2001), S. 280. Vgl. auch HÜPPE, Mensch von Anfang an (2003), S. 6; KRESS, Menschenwürde vor der Geburt (2000), S. 14; SCHOCKENHOFF, Pro Speziesargument (2003), S. 27f.; STARCK, Hört auf (2001) und WISSER, Einzigartig und komplett (2001). Kritisch und das Kontinuitätsargument ablehnend HEUN, Embryonenforschung und Verfassung (2002), S. 520 und MARKL, Vorschnelle Gewissheit (2001).

„Es gibt keinen Moment in der Entwicklung, an dem man sagen könnte, erst hier werde der Embryo zum Mensch."[191]

Für Wolfram Höfling bedeutete die Anerkennung dieser Gattungswürde eine bewusste Absage an das Konzept der Personwürde. Erkenne man allein die natürliche Gegebenheit des Menschseins als Voraussetzung für Menschenwürde an, dann könne man, so der Jurist, den Embryo nicht aus dem Kreis der Würdeträger ausschließen.[192] Das Recht auf Menschenwürde erstrecke sich auch auf den Embryo, so Wolfgang Böckenförde: „Die Würde, die ein fertiges Wesen auszeichnet, läßt sich nicht von dessen eigener Geschichte trennen und abspalten, muß sie vielmehr mit umfassen."[193] Damit sprach er sich gegen alle über die Konjugation hinaus diskutierten Zeitpunkte aus, ab welchen der Embryo Menschenwürde besitzen sollte. Von Befruchtung an komme dem sich entwickelnden Menschen Menschenwürde zu und jeder Eingriff in den Embryo, sei es durch therapeutisches Klonen, bei der Gewinnung embryonaler Stammzellen oder im Zuge der Präimplantationsdiagnostik lehnte er als die Menschenwürde verletzend ab.[194]

Die hier beschriebenen Kriterien zum Einbezug des Embryos in den Menschenwürdeschutz waren umstritten. Die Kritiker monierten, einen Rechtsbegriff, wie ihn die Menschenwürde darstelle, könne und dürfe man nicht aus biologischen Fakten herleiten.[195] „‚Würde des Menschen' ist kein naturwissenschaftlich feststellbarer Sachverhalt", konstatierte der Rechtswissenschaftler Erhard Denninger in einem Aufsatz in der Frankfurter Rundschau.[196] Sein Fachkollege Eric Hilgendorf konkretisierte: „Das Abstellen auf das menschliche Genom ist also viel zu weit, um als taugliches Kriterium für die Zuerkennung

[191] Lehmann, Das Recht, ein Mensch zu sein (2001), S. 11. Ähnlich auch Isensee, Der grundrechtliche Status des Embryos (2002), S. 62f. und Kress, Menschenwürde vor der Geburt (2000), S. 14.

[192] Vgl. Höfling, Schutz der Menschenwürde (1999), S. 139f. Darauf verwies auch eindringlich Ernst-Wolfgang Böckenförde, Unabweisbare Konsequenz (2002), S. 12f.: „Hier wird nicht von der Personwürde gesprochen, die zu achten und zu schützen sei, sondern von der Würde des Menschen."

[193] Böckenförde, Normatives Prinzip (2003), S. 812.

[194] Vgl. ebd., S. 812–815.

[195] Insbesondere das Abstellen auf das menschliche Genom und die darin begründete Vorrangstellung des Menschen in seiner biologischen Natur hatte Singer, Praktische Ethik 1984 (1984), S. 70–100 schon in den 1980er Jahren mit dem Speziesismus-Vorwurf verurteilt. Ebenso Rendtorff, Jenseits der Menschenwürde (2000), S. 192f.: „Die Würde des Menschen ist nicht in einem biologischen Zustand oder einer ontologischen Verfassung des Daseins begründet. ‚Menschenwürde' ist eine ethische und rechtliche Kategorie, die aus Gründen der praktischen ethischen Vernunft auf dem Grunde tragender moralischer Grundüberzeugungen eine je aktuelle Verpflichtung zur Anerkennung und eine allgemeine Regel des Zusprechens der Menschenwürde zum Inhalt hat und mit einer elementaren gegenseitigen Verbindlichkeit ausgestattet ist."

[196] Denninger, Inflationärer Gebrauch (2001).

der Menschenwürde dienen zu können."[197] Nicht die biologische, sondern die soziale und personale Dimension des Menschen stelle den „logische[n] Ort der Menschenwürde" dar, betonte Ulfrid Neumann.[198] Ganz ähnlich erinnerte auch Horst Dreier daran, dass biologische Fakten einer normativ-ethischen Entscheidung bedürften. „Daß etwas im biologisch-naturwissenschaftlichen Sinne menschliches Leben darstellt, macht dieses noch nicht automatisch zum Träger der Menschenwürde."[199] Unterließe man die Bewertung biologischer Fakten, so säße man einem „biologistisch-naturalistischen Fehlschluss" auf.[200]

Über die bloße Gattungszugehörigkeit hinaus verwiesen christliche Autoren auf eine Argumentation, der die Gottebenbildlichkeit und die Schöpfung des Menschen durch Gott in den Mittelpunkt stellte. Die offizielle Lehrmeinung der katholischen Kirche war durch die Enzyklika „Evangelium Vitae" Papst Johannes Pauls II. aus dem Jahr 1995 unmissverständlich vorgegeben worden. Er hatte sich gegen jegliche Versuche am Embryo ausgesprochen, weil „die Verwendung von Embryonen oder Föten als Versuchsobjekt ein Verbrechen darstellt gegen ihre Würde als menschliche Geschöpfe, die dasselbe Recht haben, das dem bereits geborenen Kind und jeder Person geschuldet wird"[201]. Die Deutsche Bischofskonferenz folgte der Lehrmeinung und betonte in ihrem Hirtenwort „Menschenwürde und Menschenrechte von allem Anfang an" vom 29.09.1996, dass auch dem Embryo von Beginn an Menschenwürde zukäme.[202]

Für die katholische Kirche war die Konjugation der einzig akzeptable Zeitpunkt, ab welchem dem Embryo Menschenwürde zukäme. Anlässlich des „Jahres der Lebenswissenschaften" bekräftigte die Deutsche Bischofskonferenz ebenso wie der Zentralrat Deutscher Katholiken dieses „katholische" Verständnis in einer Verlautbarung: „Die Würde des Menschen als Ebenbild Gottes ist unantastbar. In der Bibel wird die Würde des Menschen so unvergleichlich hoch geschätzt,

197 Hilgendorf, Die mißbrauchte Menschenwürde (1999), S. 154 und Hufen, Schlusswort (2004), S. 1012: „Auch aus verfassungsrechtlicher Sicht widerspricht schon die Reduzierung auf einen genetischen Code der Tiefe und dem Reichtum des Menschenwürdeprinzips."

198 Neumann, Menschenwürde als Menschenbürde (2004), S. 55.

199 Dreier (Hg.), Grundgesetz Kommentar (1996), S. 109. Auch Ernst, Wundermittel der Medizin (2002), S. 78f. verwies auf die Wichtigkeit der Deutung biologischer Fakten für die Anerkennung von Menschenwürde.

200 Dreier, Lebensschutz und Menschenwürde (2002), S. 18. Ebenso Denninger, Inflationärer Gebrauch (2001); Dreier (Hg.), Grundgesetz Kommentar (1996), S. 108f.; Merkel, Grundrechte für frühe Embryonen (2001), S. 508–510 und Neumann, Menschenwürde als Menschenbürde (2004), S. 49. Das Kontinuitätsargument und die damit verbundene Einforderung einer hohen Schutzwürdigkeit des Embryos kritisierte Schroth, Forschung mit embryonalen Stammzellen (2002), S. 176 als naturalistischen Fehlschluss.

201 Sekretariat der Deutschen Bischofskonferenz, Evangelium Vitae (2009), S. 77.

202 Vgl. Sekretariat der Deutschen Bischofskonferenz (Hg.), Menschenwürde und Menschenrechte (1996), S. 6.

daß er als Ebenbild Gottes bezeichnet wird. Von Gott ins Dasein gerufen, ist menschliches Leben vom Moment der Zeugung bis zu seinem Tod Mensch. Jede Grenzziehung ist willkürlich."[203] Die Begründung der Menschenwürde in der Gottebenbildlichkeit und im Gerufensein durch Gott, seinen Schöpfer, stellten für Christen aller Konfessionen die Kriterien dar, um die Würde des Embryos anzuerkennen.[204] Den Schöpfungsakt hervorhebend schrieb auch Ulrich Eibach: „Personsein und Würde gründen – wie das Leben überhaupt – im Handeln Gottes für den Menschen."[205] Die Würde sei keine empirische Qualität, betonte er, sondern eine transzendente Größe, die dem Menschen von Beginn seiner Existenz an gegeben sei. Analog sprach auch der evangelische Theologe Rudolf Weth von der Würde als verdanktem und nicht erworbenem Wesensmerkmal.[206] Wolfgang Huber, evangelischer Bischof und Mitglied des Nationalen Ethikrats, verwies auf die Interpretation der Würde als Relationsbegriff: „Die göttliche Anerkennung, der wechselseitige Respekt und die Selbstachtung sind die Bezüge, in denen diese Würde ihren Ort hat."[207] Eine Abwägung zwischen Forschungsfreiheit und Menschenwürde verböte sich. „Soweit jedoch das werdende Leben in Achtung und Schutz der Menschenwürde einbezogen ist, kann es eine solche Abwägung nicht geben. Denn die Menschenwürde kann nicht Gegenstand einer solchen Abwägung sein."[208]

Während die Bischöfe der beiden Kirchen ihre Position in Bezug auf den Schutz des Embryos gleichermaßen bekräftigten,[209] herrschte insbesondere unter Theologen der Evangelischen Kirche ein diverses Meinungsbild. Diese Heterogenität und Uneinigkeit manifestierte sich beispielsweise in einer von

203 Zentralkomitee der deutschen Katholiken, Diskussionsanstoß (2001), S. 3. Ähnlich auch bei Ernst, Wundermittel der Medizin (2002), S. 81; Kardinal Meisner, Qualität (2001); Bischof Mixa, Wo sind die Dunkelmänner (2001); Bischof Mussinghoff im WELT-Interview: o. A., Kriterien für Menschenwürde (2001); Reiter, Probe aufs Humanum (2001), S. 79 und Sekretariat der Deutschen Bischofskonferenz (Hg.), Der Mensch: sein eigener Schöpfer (2001).

204 Dies betonte auch Huber, Würde in den Zeiten der Würdelosigkeit (2001) in einem Artikel für die Süddeutsche Zeitung.

205 Eibach, Menschenwürde und Lebensbeginn (2002), S. 177.

206 Vgl. Weth, Menschenbild und Menschenwürde (2000), S. 300. In diesem Sinne auch Bayer, Zellhaufen (2000) und Evangelische Kirche in Deutschland (Hg.), Argumentationshilfen (2002), S. 17f.

207 Huber, Ende der Person (2002), S. 53.

208 Klinkhammer, Wartburgtagung (2004), S. 2169.

209 Beispielsweise wandten sich der Vorsitzende des Rats der Evangelischen Kirche, Kock, und der Vorsitzende der Deutschen Bischofskonferenz, Kardinal Lehmann, zwei Wochen vor der Bundestagsentscheidung über die Forschung an embryonalen Stammzellen in einem Gemeinschaftsschreiben an alle Abgeordneten. Darin warnten sie die Abgeordneten vor einer Lockerung des Embryonenschutzes und einer damit einhergehende Schwächung des im Grundgesetz verankerten Menschenwürdeschutzes. Vgl. Pressestelle der Deutschen Bischofskonferenz/Pressestelle der EKD, Votum (2002).

der Evangelischen Kirche veröffentlichten Argumentationshilfe zu bioethischen Streitfragen. So besäße der Embryo unbestritten Menschenwürde von Beginn an, allerdings bliebe umstritten, „ob alle menschlichen Embryonen als Menschen zu verstehen sind und ihnen deshalb Würde und Lebensschutz in vollem Umfang zukommt."[210] Im Hinblick auf diese Unsicherheit und auch, um eine zeitliche Festlegung des einsetzenden Würdeschutzes zu verhindern, sei es sinnvoller, von sich entwickelndem Leben zu sprechen.[211] Demnach seien zwei verschiedene Konzepte maßgeblich: Auf der einen Seite der absolute Würde- und Lebensschutz ab Konjugation, auf der anderen Seite ein von „äußeren Entwicklungsmöglichkeiten" abhängiger. Bei der zweiten Variante seien prinzipiell alle Zäsurvarianten möglich.[212] Auch eine Stellungnahme von neun namhaften evangelischen Ethikern in der FAZ zeugte von der in der evangelischen Debatte herrschenden Heterogenität.[213] Das uneinheitliche Meinungsspektrum innerhalb der Evangelischen Kirche diente Horst Dreier als Bekräftigung seiner These, dass religiös motivierte Begründungsvarianten der Menschenwürde in einem säkularen und weltanschaulich neutralen Staat keinen Einfluss mehr besitzen könnten.[214] Diese Ansicht teilte er mit einer Reihe Autoren, die weltanschauliche oder religiöse Begründungen der Menschenwürde in einem säkularen Verfassungsstaat ablehnten.[215] In einem weltanschauungsneutralen Verständnis der Menschenwürde sei die Menschenwürde lediglich ein Gestaltungsauftrag und keine Wesensbestimmung mehr, so Franz Josef Wetz und folgerte daraus: „Darum besitzt aus weltanschauungsneutraler Sicht der Embryo ebensowenig angeborene Würde wie ein erwachsener Mensch."[216]

In der Statusdebatte etablierte sich der Begriff der „Person" als weitere Kategorie zur Bestimmung der Grundrechtsträgerschaft des Embryos. Dieser Rückgriff war für die Debatte um die embryonale Stammzellforschung paradigmatisch. Statt der Frage, ob der Embryo Mensch sei, rückte die Frage, ob er bereits Person sei, in den Vordergrund der Diskussionen um die Statusbestimmung.[217]

Die dabei zugrunde liegende Idee folgte der Prämisse, dass der Mensch als Person Würde besäße. Ob auch der Embryo die Voraussetzungen dazu erfüllte, wur-

[210] Evangelische Kirche in Deutschland (Hg.), Argumentationshilfen (2002), S. 20.
[211] Vgl. ebd., S. 20f.
[212] Vgl. ebd., S. 21–23.
[213] Vgl. Anselm u. a., Pluralismus als Markenzeichen (2002) und Rasche, Nicht mit einer Stimme (2002).
[214] Vgl. Dreier, Grundgesetz Kommentar (2004), S. 183f.
[215] Vgl. beispielsweise Neumann, Menschenwürde als Menschenbürde (2004), S. 48 & 58; Picker, Menschenwürde und Lebensrecht (2003), S. 161; Schwarz, Therapeutisches Klonen (2001), S. 207; Warsitz, Verdammt zum Abwägen (2001) und Wetz, Würde des Menschen ist antastbar (1998), S. 300f.
[216] Wetz, Würde des Menschen ist antastbar (1998), S. 300.
[217] Vgl. Höfling, Von Menschen und Personen (2001), S. 364.

de innerhalb der Stammzelldebatte diskutiert. In vielerlei Hinsicht entpuppte sich diese Verschiebung der Diskussion von einer empirisch-naturwissenschaftlich beweisbaren Fragestellung (Ist der Embryo Mensch?) zu einer philosophischen Fragestellung (Ist der Embryo Person?) als problematisch. Die stärker werdende Auseinandersetzung um Personalität als Schlüsselbegriff für die Klärung des Umgangs mit menschlichen Embryonen brachte eine Vielzahl widersprüchlicher Aussagen hervor, die durch die unsystematische Verwendung von Begriffen und Konzepten noch undurchschaubarer wurde.[218]

Eine Argumentation für den Einbezug in den Menschenwürdeschutz allein auf Grundlage biologischer Beschaffenheit wurde von vielen Diskussionsteilnehmern als unzureichend oder ergänzungsbedürftig beurteilt. So lässt sich mit der Verlagerung der Statusdebatte auf den Personbegriff eine Veränderung der Argumentationslinien beobachten. An was sollte unter diesen Voraussetzungen die Menschenwürde gebunden sein? Die am häufigsten genannten Merkmale, auf die zurückgegriffen wurden, waren die in der empiristischen Philosophie genannten geistigen Eigenschaften wie Ichbewusstsein, Empfindungsfähigkeit, die Fähigkeit zu Selbstachtung und Selbstbewusstsein sowie Kommunikationsfähigkeit. Alle diese Kategorien galten in der Tradition John Lockes (1632–1704) als Grundvoraussetzungen zur Entwicklung einer Persönlichkeit und damit zum Besitz der Personwürde.[219] Ulfrid Neumann schrieb ganz in diesem Sinne: „Die Würde des Menschen liegt, wenn man sie denn als menschliche Eigenschaft interpretieren will, in seiner vernünftig-sittlichen Natur, nicht in seiner biologischen Ausstattung. Der logische Ort der Menschenwürde und ihrer potentiellen Verletzung ist die personale, soziale, nicht aber die biologische Dimension des Menschen."[220]

Diese sprachliche und normative Trennung von Personsein und Menschsein war vor allem für das im angelsächsischen Raum vertretene ethische Prinzip des Utilitarismus kennzeichnend.[221] In Großbritannien ermöglichte unter anderem

[218] „Der Begriff der Person wird in uneinheitlicher Weise semantisch bestimmt und ist daher hochgradig umstritten. Von der Bestimmung des Personbegriffs hängt seine Extension ab. Das heißt, sie entscheidet über die Frage, ob alle Menschen oder nur Menschen mit bestimmten Eigenschaften Personen sind." Kipke, Mensch und Person (2001), S. 9.

[219] Vgl. Eibach, Gentechnik und Embryonenforschung (2002), S. 30f. und Seelmann, Haben Embryonen Menschenwürde (2004), S. 69f. Zum Personbegriff bei John Locke vgl. Baumgartner u. a., Menschenwürde (2009), S. 346–350 & 370–374.

[220] Neumann, Menschenwürde als Menschenbürde (2004), S. 55.

[221] Vgl. beispielsweise Singer, Embryo Experimentation (1993), S. 169: „the life of a fetus (and even more plainly, of an embryo) is of no greater value than the life of a nonhuman animal at a similar level of rationality, self-consciousness, awareness, capacity to feel, etc.". Weitere Vertreter eines Personverständnis ähnlich zu dem Singers zu finden bei Lohner, Personalität und Menschenwürde (2000), S. 24. Einen umfangreichen Aufsatz zum Utilitarismus in der Bioethik lieferte Bołoz, Utilitarismus (2002), S. 9–23. Zu weiteren Literaturhinweisen vgl. Schroth, Utliltarismus (2013), S. 114–116.

diese Trennung eine im Vergleich zu Deutschland zügigere gesellschaftspolitische Entscheidung hin zur rechtlichen Zulassung der embryonalen Stammzellforschung und der damit verbundenen Technik des therapeutischen Klonens.[222] Der in der Tradition des Utilitarismus stehende australische Philosoph Peter Singer, der innerhalb der deutschen Embryo-Debatte häufig rezipiert und kritisiert wurde, sprach nicht nur dem Embryo, sondern auch dem Neugeborenen das Personsein und damit verbundene Grundrechte ab, da diese noch nicht über Ichbewusstsein und Vernunftfähigkeit verfügen würden.[223]

Innerhalb der deutschen Debatte setzte Julian Nida-Rümelin Anfang des Jahres 2001 in einem Aufsatz im Tagesspiegel einen entscheidenden Meilenstein, als er feststellte, der Embryo könne keine Würde besitzen. Dies begründete er damit, dass der Embryo mangels Fähigkeit zur Selbstachtung gar nicht entwürdigt werden könne.[224] Weitere prominente Diskussionsteilnehmer, die das Personsein als konstituierend für den Besitz der Menschenwürde erachteten, waren Norbert Hoerster,[225] Reinhard Merkel[226] und Horst Dreier. Letzterer konstatierte ganz ähnlich: „Dem Embryo fehlt es an allen Voraussetzungen (Ich-Bewußtsein, Vernunft, Fähigkeit zur Selbstbestimmung), die für die Menschenwürde konstitutiv sind."[227] Der von Dieter Birnbacher geprägte Begriff der „Nichtäquivalenz-Doktrin" beinhaltete im Kern diese Unterscheidung von interessensfähigen Personen und interessensunfähigen menschlichen Lebewesen.[228] Die Schlussfolgerung, die Vertreter der Nichtäquivalenz-Doktrin daraus zogen, war, dass Embryonen aufgrund ihres Entwicklungszustandes nicht Personen

[222] Für die Entwicklung in Großbritannien vergleiche Lovell-Badge, Stem-Cell Research in the United Kingdom (2008), S. 998–1003.

[223] Singers Ansatz ist insbesondere in Deutschland heftig kritisiert worden. Vgl. beispielsweise Lohner, Personalität und Menschenwürde (2000), S. 21–43. Mehr zum Personbegriff Singers bei Baumgartner u. a., Menschenwürde (2009), S. 381–383; Bołoz, Utilitarismus (2002), S. 9–23 und Lohner, Kein Lebensrecht für ungeborene Kinder (2002), S. 43–83.

[224] Vgl. Nida-Rümelin, Bio-Ethik (2001).

[225] Vgl. hierzu seine Ausführungen in Hoerster, Abtreibung im säkularen Staat (1995) und Hoerster, Neugeborene und das Recht auf Leben (1995).

[226] Vgl. „Der frühe Embryo als schlechthin nicht erlebensfähiges und daher subjektiv nicht verletzbares Wesen kann (genau deshalb) nicht Inhaber eines genuin eigenen subjektiven Rechts sein. Für seinen Schutz kommt, so der zweite Teil des Arguments, zunächst lediglich der zweite (schwächere) normative Grund ethischer Verpflichtungen in Betracht: das Solidaritätsprinzip. Solidarisch begründete Schutzpositionen sind aber – hier wie sonst – grundsätzlich gegen kollidierende Drittinteressen abwägbar, und daher sind es auch die korrespondierenden Pflichten. Im Falle eines echten subjektiven Rechts auf Leben und Achtung der Menschenwürde ist das bekanntlich und offensichtlich nicht der Fall." Merkel, Grundrechte für frühe Embryonen (2001), S. 512.

[227] Dreier (Hg.), Grundgesetz Kommentar (1996), S. 109.

[228] Vgl. Birnbacher, Dilemma (1997), S. 9–20.

seien und somit nicht an der Menschenwürde teilhaben könnten, da sie nicht die Voraussetzungen erfüllten, als Person betrachtet zu werden.[229]

Entscheidend bei der Auflistung der obengenannten Kriterien zur Festlegung personalen Lebens war die vollzogene Trennung von Menschsein („human life") und Personsein („human being"), da letzteres nicht unmittelbar mit dem Lebensbeginn einsetzen könnte. Beispielsweise besäße der frühe Embryo die nötigen neurophysiologischen Voraussetzungen für Empfindungsfähigkeit noch nicht, so Reinhard Merkel, so dass dieser noch keinesfalls unter den Lebens- und Würdeschutz fallen könnte.[230]

Für Jürgen Habermas zählte die Aufnahme des Embryos in die Sprachgemeinschaft als den die Personalität konstituierende Zeitpunkt. Diese Aufnahme vollzöge sich, so seine Theorie, mit dem Zeitpunkt der Geburt: „Erst im Augenblick der Lösung aus der Symbiose mit der Mutter tritt das Kind in eine Welt von Personen ein, die ihm begegnen, die es anreden und mit ihm sprechen können. Keineswegs ist das genetisch individuierte Wesen im Mutterleib, als Exemplar einer Fortpflanzungsgemeinschaft, ‚immer schon' Person. Erst in der Öffentlichkeit einer Sprachgemeinschaft bildet sich das Naturwesen zugleich zum Individuum und zur vernunftbegabten Person."[231] Da Jürgen Habermas eine Unterscheidung zwischen der Würde des menschlichen Lebens und der Würde der Person vornahm, wurden Embryonen, da sie keine Personen waren, von ihm nicht als Träger der Menschenwürde anerkannt.[232] In eine ähnliche Richtung war schon Hasso Hofmann in seiner Antrittsvorlesung aus dem Jahr 1993 gegangen, wenngleich er nicht den Beginn der Person, sondern den Beginn des Menschenwürdeschutzes in seiner Theorie erklärte. In seiner Kommunikations- oder Anerkennungstheorie lehnte er ein Verständnis der Menschenwürde ab, das diese als „Substanz-, Qualitäts- oder Leistungs[begriff]"[233] interpretierte. Hasso Hofmann betrachtete die Menschenwürde als einen normativen, von einer sozialen Anerkennungsgemeinschaft abhängigen Wert, als einen „Relations- oder Kommunikationsbegriff"[234]. Für die Debatte um die embryonale Stammzellforschung oder Reproduktionstechniken konstatierte er die Bedeutungslosigkeit des Prinzips der Menschenwürde als Argument für den Embryo: „Unter dem Aspekt des Art. 1 GG kann die Frage hier nur sein, welchen Schutz wir dem ungeborenen

229 Kritisch dazu beispielsweise Schweidler, Das Unantastbare (2001), S. 11: „Man kann das Unantastbare am Menschen nicht in einer oder einem Ensemble von Eigenschaften festmachen." Vgl. ebenso o. A., „Ungeist aus der Flasche" (2001).

230 Vgl. Merkel, Grundrechte für frühe Embryonen (2001), S. 510.

231 Habermas, Zukunft der menschlichen Natur (2001), S. 65. Kritisch zum Habermas'schen Ansatz Braun, Menschenwürde (2004), S. 97–99.

232 Vgl. Habermas, Zukunft der menschlichen Natur (2001), S. 67.

233 Hofmann, Die versprochene Menschenwürde (1993), S. 364.

234 Ebd., S. 364.

Leben um unserer Selbstachtung willen schulden."[235] Dem Embryo fehle die Fähigkeit, Beziehungen zu den Mitgliedern der Gesellschaft aufzubauen, was ihn somit aus dem Kreis der Würdeträger exkludiere.[236]

Ulrich Eibach fasste die darin enthaltene Problematik zusammen: „Jede Trennung von biologischem und personalem Leben bzw. Leben und Person legt das Menschsein auf das Vorhandensein von Eigenschafen fest, die spezifisch menschlich sein sollen."[237] In diesem Zitat drückte er die Sorge vor einer Zwei-Klassen-Menschheit, mit biologischen Menschen ohne Würde auf der einen Seite und biologisch-personalen Menschen mit Würde auf der anderen Seite aus.[238] Diese Unterscheidung wurde mit dem Begriff der Person-Doktrin bezeichnet.[239] In ihrem Kontext stellte sich ferner die Frage, welchen Status Menschen besitzen sollten, denen durch Unfall, Krankheit oder Behinderung die Grundvoraussetzungen zur Entwicklung von Selbstbewusstsein oder Sprachfähigkeit verloren gegangen seien oder von vornherein fehlten.[240]

Konsequenter sei es, Embryonen als Teil der Gattung Mensch von Beginn an als Personen zu betrachten und diese Entscheidung nicht der Beurteilung Dritter zu überlassen.[241] Prinzipiell sei es für den Menschen wesentlich, dass er individuelle Persönlichkeit ausbilde, deshalb seien alle Menschen durch die Menschenwürde geschützt.[242] Dann sei eine Diskussion darüber, ob sie aktuell Träger der Menschenwürde seien oder nicht, hinfällig.[243] Schließe man Embryonen aus dem Kreis der Personen aus, so müsse man – und dies sei niemandem möglich – nachweisen, wann der Mensch zur Person würde.[244] Und selbst wenn es Zweifel daran gäbe, ob der Embryo Person sei oder nicht, so gelte nach Bettina Schöne-Seifert: „in dubio pro vita! Wir dürfen niemals ein Wesen töten, für dessen Personsein gute Gründe sprechen."[245]

Um den Embryo trotz mangelnder aktueller empirischer Beweisbarkeit in den Kreis der Personen aufnehmen zu können, griffen einige Autoren auf das Potentialitätsargument zurück. Auch wenn der Embryo zunächst nicht eindeutig als Person zu kennzeichnen sei, so besäße er doch potentiell das Vermögen,

235 Ebd., S. 376.
236 Vgl. ebd., S. 376.
237 Eibach, Gentechnik und Embryonenforschung (2002), S. 31.
238 Vgl. ebd., S. 30.
239 Eine verfassungsrechtliche Kritik der Person-Doktrin lieferte: Höfling, Reprogenetik und Verfassungsrecht (2001), S. 11–14.
240 Vgl. Eibach, Zeugung auf Probe (2000), S. 115.
241 Siehe Schockenhoff im Bayern-Kurier-Interview, vgl. Schmalz, Menschenwürde (2001). Ebenso Eibach, Menschenwürde und Lebensbeginn (2002), S. 179; Höfling, Tötungsverbot (2002), S. 38 und Knoche, Menschenwürde ist unteilbar (2002).
242 Vgl. Stoecker, Würde des Embryos (2002), S. 68.
243 Vgl. Brüske, Therapeutischer Imperativ (2001), S. 271.
244 Vgl. Starck, Das Bonner Grundgesetz (2005), S. 39.
245 Seifert, Dimensionen und Quellen (2003), S. 69.

sich zur Person und damit auch zum Träger der Menschenwürde zu entwickeln.[246] Der Philosoph Matthias Kettner bezog das Potentialitätsargument zur Rechtfertigung eines Einbezugs von Embryonen in den Menschenwürdeschutz auf die potentielle Moralfähigkeit von Embryonen: „Alle Wesen haben Menschenwürde, für die gilt, dass sie Einzelwesen einer Gattung sind, deren Exemplare normalerweise Moralgemeinschaften ausbilden und diese ihre moralisch-normative Gattungsnatur wertschätzen."[247] In diesem Sinne urteilte man über den Embryo in einem gedachten in der Zukunft liegenden Entwicklungszustand.[248]

Diese Argumentationen, die auf die Potentialität des Embryos aufbauten, wurden jedoch scharf kritisiert, denn es bleibe unklar, ob man ein aktuell zu treffendes Urteil vom möglicherweise zu erreichenden Zustand der Personalität des Embryos aus beurteilen dürfe.[249] Kritisch argumentierte Werner Heun: „Die Gleichstellung des potentiellen, späteren Status mit der aktuellen Position steht verfassungsrechtlich in Widerspruch zu der Intention der Verfassung, konkrete Schutzgarantien für konkrete Subjekte zu begründen."[250]

Auch in grundsätzlicher Hinsicht wurde der Einbezug des Personbegriffs in die Debatte als problematisch befunden, denn die Verengung des Menschenwürdeschutzes auf Personen führe zur Exklusion einiger Menschen aus dem Schutzbereich und damit zu einer veränderten Funktionalität. So spreche der Verfassungstext explizit von Menschenwürde und nicht von Personwürde.[251] Der Einbezug eines uneinheitlich verwendeten Personbegriffs führe zu „Gesetzgebungswillkür", warnte Rudolf Weth.[252] In diesem Sinne sprach sich auch Dieter Birnbacher dafür aus, die bioethischen Debatten vom Begriff der Person zu befreien: „Er schafft mehr Probleme, als er löst. Insofern spricht viel dafür, bioethische Diskussionen um moralische Rechte und Pflichten im Um-

[246] Vgl. Düwell, Menschenwürde (2001), S. 84f. und Wieland, Pro Potentialitätsargument (2003), S. 149–168.

[247] Kettner, Über die Grenzen der Menschenwürde (2004), S. 315. Ähnlich auch Spaemann, Gezeugt, nicht gemacht (2001).

[248] Kritisch zu diesem Ansatz, vgl. Biller, Moralischer Status (1999), S. 22 und Schöne-Seifert, Contra Potentialitätsargument (2003), S. 169–185.

[249] In diesem Sinne das Potentialitätsargument für die Lösung der Importfrage und die Präimplantationsdiagnostik ablehnend Geismann, Kant (2004), S. 446–469; Heun, Embryonenforschung und Verfassung (2002), S. 520f.; Schroth, Forschung mit embryonalen Stammzellen (2002), S. 176 und Stoecker, Würde des Embryos (2002), S. 65.

[250] Heun, Embryonenforschung und Verfassung (2002), S. 521.

[251] Vgl. Böckenförde, Unabweisbare Konsequenz (2002), S. 12f. Ganz ähnlich befand auch Hilgendorf, Die mißbrauchte Menschenwürde (1999), S. 155, dass der Personbegriff als Anknüpfungspunkt von Rechten verzichtbar sei. Ebenso Biller, Moralischer Status (1999), S. 31f.; Böckenförde, Normatives Prinzip (2003), S. 810 und Schockenhoff, Pro Speziesargument (2003), S. 32.

[252] Weth, Menschenbild und Menschenwürde (2000), S. 308.

gang mit dem Lebendigen ohne den Rückgriff auf den Personbegriff zu führen. Ein Verzicht auf den Personbegriff wäre kein Verlust, sondern verspräche im Gegenteil einen Zugewinn an Transparenz, Differenzierung und inhaltlicher Plausibilität."[253]

Auch ohne den Rekurs auf den Personbegriff kamen einige Diskussionsteilnehmer zu dem Ergebnis, dass der frühe Embryo nicht Träger der Menschenwürde sein könnte. Dazu zogen sie verschiedene Begründungen heran.

Eine erste Argumentationsstrategie maß der „Erkennbarkeit" der menschlichen Gestalt entscheidende Bedeutung zu. So sei der Embryo lediglich eine Anhäufung von Zellen.[254] Diesen Zellhaufen könne man, auch wenn er genetisch eindeutig als Mensch identifizierbar wäre, nicht als Grundlage für eine Zuschreibung von Menschenwürde akzeptieren.[255] Der evangelische Theologe Richard Schröder kam zu dem Schluss: „Es widerspricht unserer Intuition, diese mikroskopisch kleinen Gebilde als Mitmenschen anzusprechen. Wer ihnen Menschenwürde zuspricht, soll aufpassen, dass er den Begriff der Menschenwürde nicht beschädigt."[256] Ohne sich auf einen exakten Zeitpunkt für den einsetzenden Würdeschutz festzulegen, schloss der Jurist Edzard Schmidt-Jortzig, MdB (FDP) einen Würdeschutz für den Embryo in den ersten sieben Tagen seiner Entwicklung definitiv aus.[257] Er erklärte: „‚Mensch' im Sinne des Würdeschutzes ist nur da auszumachen, wo man das lebende Etwas als Menschen erkennen kann, und sei es unter dem Mikroskop, im Reagenzglas, in der Ultraschallaufnahme

[253] Birnbacher, Personbegriff (2003), S. 43.

[254] „Die gesellschaftliche Debatte um die Zulässigkeit der humangenetischen Forschung beruht auf einer grundlegenden Spaltung der Ansichten. Während die einen in der befruchteten Eizelle schlicht einen Zellhaufen sehen, sehen die anderen in der befruchteten Eizelle schon den ganzen Menschen." Sacksofsky, Fortpflanzungsmedizingesetz (2005), S. 57.

[255] „Bei einer fortschreitenden Entwicklung der Gentechnik und Reproduktionsmedizin ist bald der Punkt erreicht, an dem man aus fast beliebigen Körperzellen menschliche Individuen reproduzieren kann. Es wäre aber offensichtlich abwegig, beliebigen einzelnen Körperzellen (etwa Haarwurzeln) Menschenwürde zuzusprechen. Das Abstellen auf das menschliche Genom ist also viel zu weit, um als taugliches Kriterium für die Zuerkennung der Menschenwürde zu dienen." Hilgendorf, Die mißbrauchte Menschenwürde (1999), S. 154. „Tatsächlich verliert das Prinzip der Menschenwürde, wie es im Embryonenschutzgesetz in Anspruch genommen wird, seinen orientierenden ethischen Sinn, wenn es auf das embryonale Zellgewebe ausgedehnt wird und die Stammzellen (pluripotent/totipotent) mit einem menschlichen Subjekt gleichgesetzt werden. […] Den Weg dahin, wo Entscheidungen und Bewertungen von Zielen ethisch und praktisch relevant werden, von vornherein unter Berufung auf die Menschenwürde der Zellen zu verwehren, erzeugt dagegen jenes moralische Zwielicht, in dem sich derzeit die Forschung zu bewegen genötigt ist." Rendtorff, Humane embryonale Stammzellen (2001), S. 247. Ebenso Dreier, Lebensschutz und Menschenwürde (2002), S. 46.

[256] Neubacher/Schäfer, Auch die Pille ist künstlich (2001).

[257] Vgl. Schmidt-Jortzig, Systematische Bedingungen (2001), S. 930.

oder im chirurgischen Expromptionsfall. [...] Das Erkennbarkeitskriterium ist unverzichtbar. Denn, ganz drastisch: Etwa die Hälfte der Gene des Menschen zeigt deutlich Ähnlichkeiten mit denen der Hefe."[258]

Die aufgrund seiner Empfindungsunfähigkeit gegebene Unverletzbarkeit des Embryos stellte für Franz Josef Wetz den Grund dar, weshalb Embryonen nicht Träger der Menschenwürde sein könnten: „Die weltanschaulich neutrale Würdeidee untersagt lediglich, verwundbares menschliches Leben zu demütigen oder zu erniedrigen; doch genau das kann mit Embryonen in der Frühphase ihrer Existenz noch nicht geschehen."[259]

Darüber hinaus müssten sich verfassungsrechtliche Beurteilungen prinzipiell daran ausrichten, ob sich der Embryo in utero oder in vitro befände, da zwischen diesen Zuständen bedeutende Unterschiede existierten. So stellte für Jörn Ipsen der Embryo in utero einen „potentielle[n] Mensch[en]" dar, der in vitro jedoch nicht.[260] Der Rechtswissenschaftler Hans-Georg Dederer betonte, dass die Menschenwürde eigentlich für den geborenen Menschen gedacht sei und damit eine Rückübertragung der Würde auf den Embryo nur dann möglich sei, wenn man von einer „Entwicklung als Mensch" sprechen könne. Diese Entwicklung, so Hans-Georg Dederer, sei jedoch erst ab der Nidation gegeben.[261] Er erläuterte: „Die Rückerstreckung der Menschenwürdegarantie des Art. 1 Abs. 1 S. 1 GG auf die Leibesfrucht erscheint deshalb schlüssig, weil es sich bei der Leibesfrucht und dem geborenen Menschen um ein und dasselbe Individuum handelt."[262] Auch Bundesjustizministerin Brigitte Zypries (SPD) vertrat die Meinung, dass dem Embryo in vitro die Voraussetzungen fehlten, sich als Mensch zu entwickeln; eine rein abstrakte Möglichkeit könne nicht Grundlage der Zuschreibung von Menschenwürde sein.[263] Eberhard Schockenhoff kritisierte diesen Ansatz: „Menschenwürde erscheint nun nicht mehr als gebieterischer Grund, der zur Anerkennung zwingt, sondern als eine zum Menschsein hinzukommende Eigenschaft, die dem Embryo durch die Annahme vonseiten seiner Erzeuger verliehen wird."[264]

Darüber hinaus diente einigen Autoren der Wertungswiderspruch der Situation von Embryonen in utero und in vitro dazu, aufzuzeigen, dass der frühe Embryo das Grundrecht auf Leben und Menschenwürde nicht besitzen könne.[265]

258 Ebd., S. 929.
259 Wetz, Menschenwürde als Opium (2004), S. 238.
260 Ipsen, Der „verfassungsrechtliche Status" des Embryos in vitro (2001), S. 996.
261 Vgl. Dederer, Menschenwürde des Embryo (2002), S. 14.
262 Ebd., S. 9.
263 Vgl. Zypries, Vom Zeugen zum Erzeugen (2003).
264 Schockenhoff, Ethik des Heilens (2001), S. 244.
265 „Eine prinzipielle rechtliche Ungleichbehandlung im Hinblick auf das fundamentalste aller Grundrechte läßt sich mit dem Status eines Trägers der Menschenwürde nach Art. 1 des GG nicht vereinbaren." Merkel, Grundrechte für frühe Embryonen (2001), S. 506.

Der Streit um die Festlegung eines exakten Zeitpunktes, von dem an der Mensch Träger der Menschenwürde und damit grundrechtlich geschütztes Individuum sei, blieb umstritten. Zuviel Widerspruch bestand zwischen den einzelnen Begründungsmodellen, zu viele disparate Interessen standen hinter der jeweiligen Interpretation. Dennoch lässt sich ein Bemühen um einen wirklichen Ausgleich zwischen dem Lebensschutz des Embryos und den Interessen Dritter deutlich daran ablesen, dass nur ein ganz kleiner Kreis der Diskussionsteilnehmer den Embryo prinzipiell aus dem Schutzbereich des Art. 1 Abs. 1 GG ausschließen wollte.[266] Eine zunehmende Anzahl der Diskussionsteilnehmer war vielmehr daran interessiert, beide Interessen in ein ausgewogenes Verhältnis zu bringen. Dazu wurde die Theorie eines abgestuften Würdeschutzes neben dem radikalen Ja oder Nein in Bezug auf die Grundrechtsträgerschaft des frühen Embryos immer häufiger herangezogen. Die Diskussion um die Trennung von biologischem und personalem Lebensbeginn zeichnete diese Entwicklung bereits vor. Wolfram Höfling hob diesen Punkt hervor und beobachtete, dass gleichzeitig die Idee eines prozesshaften, abgestuften Würdeschutzes in Rechtsphilosophie und Rechtsdogmatik an Relevanz gewänne.[267] Ähnlich dem Konzept des anwachsenden Lebensschutzes plädierten einige Diskussionsteilnehmer für einen an den Entwicklungsstand des Embryos gekoppelten abgestuften Würdeschutz, denn die Menschenwürde, so betonte beispielsweise Horst Dreier, sei nicht terminierbar: „Würde ist viel offener, zugleich aber kriterienreicher zu bestimmen in einem eher prozesshaften Sinne“[268]. Zudem zeigten die vielen jährlich durchgeführten Abtreibungen in den ersten zwölf Schwangerschaftswochen, der legale Einsatz von Nidationshemmern und die tausendfach durchgeführten In-vitro-Fertilisationen, dass die Gesellschaft und die Rechtsordnung dem frühen Embryo gegenüber eine andere moralische Achtung hätten als gegenüber dem Embryo in einer späteren Entwicklungsphase und dem geborenen Menschen.[269] Bezogen auf die Abtreibung, so betonten einige Autoren, illustriere der geltende

So auch in Merkel, Forschungsobjekt Embryo (2002), S. 110 und Schroth, Forschung mit embryonalen Stammzellen (2002), S. 177.

266 Siehe Fn. 255 in Teil III.

267 Vgl. Höfling, Menschenwürde und Menschenleben im Abwägungssog (2002), S. 414.

268 Dreier, Lebensschutz und Menschenwürde (2002), S. 46.

269 Unter Hinweis auf diese Beobachtung plädierte Dreier in ebd., S. 19 für eine Stufung in der Zuschreibung von Rechten je nach Entwicklungsstand des Embryos: „Das geltende Strafrecht der Bundesrepublik wie das anderer rechtsstaatlicher Demokratien schützt das werdende Leben im Mutterleib umso stärker, je näher der Zeitpunkt der Geburt rückt: insofern kann man mit gutem Recht von einem wachsenden oder werdenden Lebensrecht sprechen.“ Vgl. ebenso ebd., S. 38; Geyer u. a., Heilungsversprechen (2001); Hufen, Erosion der Menschenwürde (2004), S. 315; Nationaler Ethikrat, Stellungnahme (2001), S. 16–22; Nationaler Ethikrat, Stellungnahme (2003), S. 124; Neidert, Zunehmendes Lebensrecht (2000), S. 3484; Schlink, Die überforderte Menschenwürde (2003) und Taupitz, Rechtlicher Rahmen (2001), S. 3438.

§ 218 StGB, dass der frühe Embryo nicht Träger der Menschenwürde sein könne, obwohl das Bundesverfassungsgericht diesen spätestens ab Nidation als solchen bezeichnet hatte.[270]

Entsprechend der Auffassung einer so gedachten prozesshaften Menschenwürde wurden mögliche Abstufungen mit biologischen Zäsuren der Embryonalentwicklung gleichgesetzt. Der in diesem Zusammenhang am häufigsten genannte Zeitpunkt war die Nidation, da ab dann Individualisierung und Personalisierung des Embryos vollzogen seien. Ullrich Schroth erläuterte: „Man sollte dem Embryo, jedenfalls soweit er sich noch teilen kann, die Menschenwürdegarantie nicht zusprechen, da er sich noch nicht als Mensch, sondern zu einem individuellen Menschen entwickelt."[271] Die Befürworter dieses Zeitpunktes stützten sich auch auf die beiden Abtreibungsurteile des Bundesverfassungsgerichts, die dem Embryo „jedenfalls ab Nidation" den vollen Menschenwürdeschutz zugesprochen hatten.[272] Allerdings habe, so kritische Gegenstimmen, das Bundesverfassungsgericht auch von der Entwicklung des Embryos „als" Mensch und nicht „zum" Menschen gesprochen.[273] In diesem Sinne sei eine Grenzziehung für die Schutzwürdigkeit erst ab Nidation auch mit dem Argument der mangelnden Individualität nicht überzeugend.[274]

In Bezug auf extrakorporal erzeugte Embryonen wurde in Analogie zur Nidation die Implantation des Embryos in die mütterliche Gebärmutter als der Zeitpunkt betrachtet, von dem an der Embryo Menschenwürde besäße. Erst mit der Einnistung seien, im Gegensatz zur Lagerung des Embryos in vitro, die Umgebungsvoraussetzungen gegeben, die dem Embryo eine weitere Entwick-

270 Mit Plädoyer für die Entkopplung des Würdeschutzes und des Grundrechts auf Leben Heun, Embryonenforschung und Verfassung (2002), S. 518 & 522f.; vgl. auch Neidert, Zunehmendes Lebensrecht (2000), S. 3485; Ipsen, Der „verfassungsrechtliche Status" des Embryos in vitro (2001), S. 991f. und Nationaler Ethikrat, Stellungnahme (2003), S. 124.

271 Schroth, Forschung mit embryonalen Stammzellen (2002), S. 175. Ebenso Dreier, Lebensschutz und Menschenwürde (2002), S. 21f.; Nationaler Ethikrat, Stellungnahme (2001), S. 17 und Nationaler Ethikrat, Stellungnahme (2003), S. 127.

272 Vgl. BVerfGE 39, 1 (37) und BVerfGE 88, 203 (251). Taupitz, Rechtlicher Rahmen (2001), S. 3438: „Eine Abstufung des Schutzes in Abhängigkeit vom Entwicklungsstand des Embryos ist somit keineswegs verfassungsrechtlich ausgeschlossen." Ebenso Schlink, Aktuelle Fragen (2002), S. 14f. und Taupitz, Status des Embryos (2004), S. 100.

273 Vgl. BVerfGE 39, 1 (37) und BVerfGE 88, 203 (251f.).

274 „Zwar kann vor der Nidation tatsächlich noch nicht ausgeschlossen werden, dass im Ergebnis mehrere Embryonen entstehen; wer dieses aber zum Anlass nimmt, die Individualität des durch die Verschmelzung von Ei- und Samenzelle entstandenen Embryos zu leugnen, differenziert nicht ausreichend zwischen Individualität und Singularität. [...] Die in der Totipotenzphase noch unsichere Singularität des Embryos ändert also nichts an seiner Individualität und Einzigartigkeit." Höfling, Verfassungsrechtliche Aspekte (2001), S. 281. Kritisch auch Höffe, Menschenwürde als ethisches Prinzip (2002), S. 138f.

lung ermöglichten.[275] Wolfgang Schäuble bezeichnete in einem Interview im Mai 2001 die Annahme des Embryos durch die Mutter als den Zeitpunkt, der den Menschen zum Menschen mache und begründete damit seine Zustimmung zur Embryonenforschung.[276] Weitere mögliche Entwicklungsschritte zur zeitlichen Festlegung des einsetzenden Lebens- und Würdeschutzes stellten die Ausbildung des Primitivstreifens (13.–14. Tag), der Beginn der Gehirntätigkeiten (ca. 35. Tag), die abgeschlossene Entwicklung des Zentralen Nervensystems (ca. um den 50. Tag)[277] oder die Geburt dar.[278]

Eine weitere Begründungsoption zum Einbezug des Embryos in den Schutzbereich der Menschenwürde bezog sich auf die Annahme, dass der Embryo mit zunehmender Entwicklungsreife auch einen sich vergrößernden Anteil an der Menschenwürde habe.[279] In diesem Sinne begründete der Verfassungsrechtler Paul Kirchhof: „Das Zusammenwirken von Menschenwürdegarantie (Art. 1 Abs. 1 GG) und Lebensschutz (Art. 2 Abs. 1 GG) fordert einen je nach dem vorgefundenen Leben bemessenen, realitätsgerecht gestuften Schutz, der dem schon geborenen Menschen in anderer Weise zukommt als dem Embryo im Mutterleib,

275 Der Embryo in utero sei als „potentieller" Mensch zu kennzeichnen, so Ipsen, Der „verfassungsrechtliche Status" des Embryos in vitro (2001), S. 996. Ebenso betonte Nüsslein-Volhard, Wunderbare Symbiose (2001) die Bedeutung des mütterlichen Organismus für die Embryonalentwicklung; dies bezog sich allerdings nicht auf die Menschenwürde. Vgl. auch Winnacker, Die Zeit ist reif (2001).

276 Vgl. Schäuble, „Vergeßt die Mutter nicht" (2001) sowie ganz ähnlich auch Markl, Vorschnelle Gewissheit (2001) und Dederer, Menschenwürde des Embryo (2002), S. 14f. Ebenso Kummer, Personales Menschsein (2002), S. 148–162, der die Annahme des Embryos durch die Mutter als den Zeitpunkt der Personwerdung betrachtete. Erst mit der Nidation könne die Menschenwürde des Embryos entstehen. Kritisch zum Argument der notwendigen Annahme durch die Mutter als Voraussetzung der Personwerdung, Bahners, Bürger Embryo (2001) und Schockenhoff, Ethik des Heilens (2001), S. 243–245.

277 Singer, Ethik der Embryonenforschung (1995), S. 83 plädierte in Analogie zum Hirntod für die einsetzenden Hirntätigkeiten als den Zeitpunkt, der den Embryo zur Person mache. Unter Verweis auf angelsächsische Literatur übernahm Werner Heun, Embryonenforschung und Verfassung (2002), S. 522 diese Argumentation.

278 So etwa Duden im Zeit-Interview Stollorz/Schindele, Frauen ohne gute Hoffnung (2001) und Dreier, Grundgesetz Kommentar (2004), S. 176, der schrieb: „Insgesamt ergibt sich also, daß in der pränatalen Phase der Schwangerschaft die Postulierung einer Menschenwürde des Ungeborenen kaum konsistent durchzuhalten [...] ist." Ebenso auch Hoerster, Nur wer die Sehnsucht kennt (2001).

279 Vgl. Denninger, Inflationärer Gebrauch (2001); Herdegen, Menschenwürde im Fluß des bioethischen Diskurses (2001), S. 774f.; Losch, Lebensschutz am Lebensbeginn (1992), S. 2930; siehe auch Markl, Der Mensch (2001): „Ich bin jedoch [...] zugleich der Ansicht, dass der Embryo auch vor der Einnistung nicht ein x-beliebiger biologischer Zellhaufen ist, sondern ein lebendes Wesen mit einer sich bereits entwickelnden Menschenwürde, die vor allem daher rührt, dass er für die Erzeuger der Geschlechtszellen, aus denen er entstanden ist, zumindest potenziell ihr künftiges Kind und damit nicht nur ein rein biologisches, sondern bereits ein in erster Stufe soziales Wesen ist."

den Embryo vor der Nidation anders erfaßt als nach der Nidation."[280] Vertreter dieser Position lehnten die Nennung eines exakten Zeitpunktes für den Beginn des Lebens- und Würdeschutzes ab.[281] Sie sprachen allgemein von einem graduell anwachsenden Konzept, das, so fasste es Kurt Bayertz zusammen, folgende Vorzüge besaß: „(1) [Es] kommt beiden Extrempositionen ein Stück entgegen und kann in diesem Sinne als ein Kompromiss angesehen werden und (2) für sie sprechen darüber hinaus ernst zu nehmende naturwissenschaftliche und ethische Gründe, so dass sie mehr ist als ein bloßer Kompromiss."[282] Ganz ähnlich argumentierten einige Diskussionsteilnehmer, dass ein gradueller Würdeschutz auch der natürlichen Entwicklung des Embryos am besten entspräche.[283] Der Rechtswissenschaftler Michael Kloepfer bezeichnete den frühen Menschenwürdeschutz als „Anwartschaftsschutz", der bis zur Geburt an Intensität gewinnen würde, dabei fiele dem extrakorporalen Embryo der geringste Schutz zu.[284]

Dieter Birnbacher verstand Menschenwürde in einem schwachen und einem starken Sinne. Er selbst lehnte Abstufungsmodelle ab: „Ähnlich wie der Personbegriff lässt der Begriff der ‚Menschenwürde' kein Mehr oder Weniger zu."[285] Allerdings müsse man Menschenwürde nicht immer im gleichen Sinne besitzen. Menschenwürde im stärksten Sinn käme allen geborenen Menschen individuell zu, in einem abgeschwächten Sinn käme Menschenwürde Leichnamen und Embryonen zu. Menschenwürde verstanden im schwächsten Sinn gelte kollektiv für die Gattung Mensch.[286] Die jeweilige Menschenwürde verband er mit Rechten, die dem Träger der Menschenwürde im entsprechenden Sinne zustehen würden. Die dem Embryo zukommenden Rechte seien jedoch abwägbar, da er lediglich Träger der Menschenwürde im schwachen Sinne sei.[287]

280 Kirchhof, Genforschung und die Freiheit der Wissenschaft (2002), S. 27.

281 Vgl. Bayertz, Drei Thesen (2001), S. 83. Ebenso sprach Brüstle von einem anwachsenden Menschenwürdeschutz, in Wieland, Nicht die Wissenschaft (2001). Auch einige Vertreter der Kammer für Öffentliche Verantwortung der Evangelischen Kirche in Deutschland plädierten für einen prozessualen, den Entwicklungsstufen angepassten Schutz der Embryonen. Vgl. Evangelische Kirche in Deutschland (Hg.), Argumentationshilfen (2002), S. 20–24.

282 Bayertz, Drei Thesen (2001), S. 84.

283 Vgl. Herdegen, Menschenwürde im Fluß des bioethischen Diskurses (2001), S. 774–777; Hufen, Erosion der Menschenwürde (2004), S. 315 und Hufen, Schlusswort (2004), S. 1012. Kloepfer, Humangentechnik als Verfassungsfrage (2002), S. 420 stelte fest: „Im Sinne der Grundrechtsanwartschaft ist es naheliegend, die Intensität des grundrechtlichen Schutzes mit dem Heranwachsen des werdenden menschlichen Lebens ansteigen zu lassen."

284 Vgl. Kloepfer, Humangentechnik als Verfassungsfrage (2002), S. 420f.

285 Birnbacher, Menschenwürde (2004), S. 252f.

286 Vgl. Birnbacher, Instrumentalisierung und Menschenwürde (2001), S. 246–252 und Birnbacher, Menschenwürde (2004), S. 252–254.

287 Vgl. Birnbacher, Menschenwürde (2004), S. 254–264.

Matthias Herdegen formulierte im Jahr 2001: „Die Abstufung bedeutet einfach, daß der Schutz der Menschenwürde in diesen frühen Stadien weniger weit reicht als beim Embryo im Mutterleib oder bei dem schon geborenen Menschen. In diesem frühen Stadium sollte beim Aufbau von Tabuzonen im Interesse der Menschenwürde höchste Vorsicht walten."[288] Nur mit einem abgestuften Menschenwürdeschutz könne man auch aktuelle Wertungswidersprüche zwischen der Gesetzgebung in Bezug auf Schwangerschaftsabbruch, Verhütungsmittel und einem Verbot der Embryonenforschung vorbeugen.[289]

Die Beobachtung zunehmender Widersprüche zwischen Gesetzgebung, sozialer Praxis und einem absolut gedachten Menschenwürdeschutz ließ Matthias Herdegen prognostizieren, dass die Idee eines absoluten Würdeschutzes auch für frühe Embryonen die Auseinandersetzungen um die embryonale Stammzellforschung und die Präimplantationsdiagnostik nicht überdauern würde.[290] „Diese prozeßhafte Sichtweise erspart uns jedenfalls die ständige Errichtung und anschließende Aufgabe von Tabus sowie die Schmerzen von Tabubrüchen, wie sie uns der Positionswechsel der Deutschen Forschungsgemeinschaft zur Stammzellforschung gerade erleben läßt."[291] Matthias Herdegen trug mit seiner Interpretation dazu bei, dass die Idee eines abgestuften Würdeschutzes zunehmend an Bedeutung gewann. „Denn gewichtige Gründe sprechen für eine ‚prozeßhafte' Annäherung an die Menschenwürde, mit einem sich nach Maßgabe der Entwicklung früher Lebensformen verstärkenden Schutz."[292]

Das Konzept des graduellen Würdeschutzes rief ebenso wie der nach biologischen Entwicklungskriterien abgestufte Würdeschutz Kritik hervor. Der Mediziner Santiago Ewig begründete seine kritische Haltung: „Wer das Kontinuum in der Entstehung des menschlichen Lebens in ein abgestuftes Konzept seiner Schutzwürdigkeit einfügen möchte, übernimmt die Beweislast, auch biologische Belege dafür vorzubringen, warum menschliches Leben erst ab einem bestimmten Zeitpunkt schutzwürdig sein soll."[293] Die kontinuierliche Entwicklung des Embryos von Beginn seiner Entwicklung an und seine stets gleich bleibende Identität im Verlaufe seines Entwicklungsprozesses verböten eine Abstufung des Würdeschutzes. Jede möglicherweise zu ziehende Grenze, nach welcher der Embryo ein Mehr an Würde besäße, sei eine willkürliche Grenzsetzung und mit Selektion gleichzusetzen.[294] Bereits der Variantenreich-

[288] Herdegen, Menschenwürde im Fluß des bioethischen Diskurses (2001), S. 774.
[289] Vgl. ebd., S. 775.
[290] Vgl. ebd., S. 773.
[291] Ebd., S. 773.
[292] Ebd., S. 773.
[293] Ewig, Heilungsversprechen versus Menschenwürde (2001), S. 410.
[294] Vgl. Beckmann, Embryo (2003), S. 129; Böckenförde, Unabweisbare Konsequenz (2002), S. 15; Braun, Grenzziehungen (2001), S. 23; Graumann, Zeugung und Erzeugung (2001), S. 89; Graupner, Das falsche Zauberwort (2001); Honnefelder, Moralischer Status

tum der diskutierten Zeitpunkte verdeutliche die Inkonsistenz der Beweisführung.[295] Der Jurist Rainer Beckmann, der für den absoluten Würdeschutz ab Konjugation plädierte, fasste zusammen: „Menschsein und Menschenwürde können weder in Zentimetern noch in Gramm oder Kilogramm gemessen werden."[296] Menschenwürde sei absolut zu setzen, denn jede Relativierung der Menschenwürde führe zu einer „Erosion der Menschenwürde"[297] und des Embryonenschutzes.[298] Der Rechtswissenschaftler Claus Dieter Classen warnte: „Vor allem wird damit die einzige nicht abwägungsoffene Schutzposition des Individuums im Grundgesetz aufgegeben."[299] Menschenwürde könne nur ganz oder gar nicht als Bezugsgröße ethischer, moralischer und rechtlicher Urteilsbildung existieren, sie sei keine „empirische und quantifizierbare Größe"[300]. In diesem Sinne kritisierte auch die Humangenetikerin Sigrid Graumann abgestufte Würdekonzepte: „Menschenwürde wird daher nicht mit der Zeit erworben und kann nicht wieder verloren gehen."[301] Wolfgang Wodarg, MdB (SPD) erkannte in der Rechtspraxis eine Tendenz hin zu mehr Abstufungen im Menschenwürdeschutz. Die sich verändernde Rechtswirklichkeit provoziere gleichsam einen „Erosionsprozess und öffnet [...] darum zusehends Abstufungen und Definitionen, die nicht einmal biologisch- naturwissenschaftlich plausibel sind."[302]

Neben der Diskussion um einen an den Entwicklungsstatus des Embryos angepassten Würdeschutz trat die Forderung nach einer Entkopplung von Lebens- und Menschenwürdeschutz. In der funktionalen Trennung des Art. 2 GG und des Art. 1 GG sahen einige Diskussionsteilnehmer die Möglichkeit, die den Embryo betreffenden Konfliktsituationen zumindest rechtlich lösen zu können.

(2002), S. 99; Hüppe, Mensch von Anfang an (2003), S. 7; Riedel, Wer die Ethik nicht fühlen will (2001); Schockenhoff, Pro Speziesargument (2003), S. 28; Starck, Rechtsgrenzen II (2001) und Wisser, Einzigartig und komplett (2001).

295 Vgl. Brüske, Therapeutischer Imperativ (2001), S. 264; Schockenhoff, Ethik des Heilens (2001), S. 238 und Spaemann, Wer jemand ist, ist es immer (2001), S. 78.

296 Beckmann, Subjekt (2004), S. 1011.

297 Ebd., S. 1011.

298 Vgl. ebd., S. 1011; Eibach, Zeugung auf Probe (2000), S. 114 und Bischof Mussinghoff in o. A., Kriterien für Menschenwürde (2001).

299 Classen, Forschung (2002), S. 144. Vgl. ebenso Sacksofsky, Fortpflanzungsmedizingesetz (2005), S. 63.

300 Eibach, Zeugung auf Probe (2000), S. 114. Vgl. auch Sacksofsky, Fortpflanzungsmedizingesetz (2005), S. 63 und in diesem Sinne Schmidt-Jortzig, Systematische Bedingungen (2001), S. 931: „Würdebesetztes Menschsein setzt immer voll ein, ganz oder gar nicht, tertium non datur." Gleichzeitig sprach er jedoch dem frühen Embryo die Menschenwürde ab. Vgl. ebd., S. 930.

301 Graumann, Zeugung und Erzeugung (2001), S. 90.

302 Wodarg, Diesseits des Rubikons (2004), S. 28.

Das Plädoyer für die Trennung der beiden Grundrechte wurde bereits in den 1990er Jahren in den rechtswissenschaftlichen Diskurs eingebracht. Die der Entkopplung zugrundliegende Prämisse besagte, dass nicht jeder Eingriff in menschliches Leben einen Verstoß gegen die Menschenwürde bedeute.[303] Entsprechend plädierte Horst Dreier schon Mitte der 1990er Jahre dafür, aktuelle und aufkommende Embryo-Debatten von der Last der Menschenwürde zu befreien und eine Lösung ausschließlich über Art. 2 Abs. 2 GG zu suchen. Als Begründung schrieb er: „Leben ist zwar Voraussetzung der Menschenwürde; doch die Tötung und damit die Beseitigung der ‚vitalen Voraussetzung' für die Menschenwürde stellt nicht in jedem Fall eine Verletzung des Art. 1 Abs. 1 GG dar."[304] Nur eine so vollzogene Trennung könne Güterabwägungen möglich machen und erklären, weshalb der Tod von Polizisten, Soldaten oder Feuerwehrmännern im Dienst zwar einen Lebensverlust, nicht jedoch einen Würdeverlust bedeute.[305] Auch der Vergleich zum postmortalen Persönlichkeits- und Ehrschutz verdeutliche, dass eine konsequente Kopplung der beiden Grundrechte sowieso nicht gegeben sei und sich der materielle Grundgehalt der Menschenwürde nicht ausschließlich auf das Leben bezöge.[306] So resümierte Jörg Antoine: „[D]er materielle Gehalt der Menschenwürde [erschöpft sich] nicht in der physischen Existenz des Menschen."[307]

Im Zuge der Auseinandersetzungen um die Zulassung embryonaler Stammzellforschung wurde das Verhältnis der Grundrechte Lebensschutz und Würdeschutz erneut diskutiert.[308] Einige Autoren plädierten für eine Entkopplung der beiden Grundrechte, um die Streitfrage auf der Ebene des unter Gesetzesvorbehalt stehenden Art. 2 Abs. 2 GG lösen zu können.[309] „Eine derartige Entkopplung bedeutet, daß eine Tötung nicht zwingend und automatisch zu-

303 Vgl. Hofmann, Die versprochene Menschenwürde (1993), S. 375f.; Lerche, Verfassungsrechtliche Aspekte (1986), S. 104 und Steiner, Schutz des Lebens (1992), S. 13.

304 Dreier, Menschenwürdegarantie und Schwangerschaftsabbruch (1995), S. 1037.

305 Vgl. ebd., S. 1037. Ebenso Dreier (Hg.), Grundgesetz Kommentar (1996), S. 108 & 113 und Schwarz, Therapeutisches Klonen (2001), S. 201.

306 „Es würde mit dem verfassungsverbürgten Gebot der Unverletzlichkeit der Menschenwürde, das allen Grundrechten zugrunde liegt, unvereinbar sein, wenn der Mensch, dem Würde kraft seines Personseins zukommt, in diesem allgemeinen Achtungsanspruch auch nach seinem Tode herabgewürdigt oder erniedrigt werden dürfte. Dementsprechend endet die in Art. 1 Abs. 1 GG aller staatlichen Gewalt auferlegte Verpflichtung, dem Einzelnen Schutz gegen Angriffe auf seine Menschenwürde zu gewähren, nicht mit dem Tode." Zitiert nach: BVerfGE 30, 173 (194).

307 Antoine, Menschenwürde Lebensschutz (2001), S. 17.

308 So bei Denninger, Embryo und Grundgesetz (2003), S. 202.

309 Für eine Entkopplung plädierten Dreier, Lebensschutz und Menschenwürde (2002), S. 48f. und Schmidt-Jortzig, Systematische Bedingungen (2001), S. 926f.

gleich einen Eingriff in die Menschenwürde mit sich bringt“[310], konstatierte Werner Heun und stellte zugleich fest, dass trotzdem ungeklärt bliebe, zu welchem Zeitpunkt die jeweiligen Grundrechte einsetzen würden.[311] In der Rede von der Entkopplung des Lebens- und Würdeschutzes schwang die Kritik an der vom Bundesverfassungsgericht im Ersten und Zweiten Abtreibungsurteil vollzogenen Verknüpfung der beiden Grundrechte mit.[312] „Der Verlust des Lebens bedeutet keineswegs zwingend eine Menschenwürdeverletzung“, betonte auch Ute Sacksofsky und kritisierte die In-Eins-Setzung der beiden Grundrechte.[313] Ulfrid Neumann bezeichnete die vom Bundesverfassungsgericht vollzogene Verknüpfung als „Biologisierung der Menschenwürde“ und in ihrer Argumentation als „klassischen naturalistischen Fehlschluss“.[314] Die durch das Gericht gezogene Konsequenz, eine Indikationenregelung für den Schwangerschaftsabbruch zuzulassen, zeige beispielhaft die widersprüchliche Annahme des Gerichts, dass Leben und Würde zu koppeln seien.[315]

Allerdings, so wird in den juristischen Auseinandersetzungen der 2000er Jahre deutlich, wurde eine solche Trennung mehrheitlich abgelehnt.[316] Der Versuch, die Frage um den Verbrauch von Embryonen losgelöst von dem nicht einschränkbaren Art. 1 GG klären zu wollen, diene lediglich dazu, das Leben des Embryos zur Disposition zu stellen.[317] „So steht die Entkopplungsthese in der Gefahr, Menschenwürde zu spiritualisieren und so keinen wirklichen Schutzwall gerade für jenes menschliche Leben bereit zu stellen, das funktional oder statistisch nicht als normal gilt.“[318] Die Kritik an einer Entkopplung der beiden Grundrechte wurde dabei nicht nur in den Reihen der Forschungsgegner vorgetragen, sondern auch von solchen Autoren, die eine Grundrechtsträgerschaft des Embryos prinzipiell ablehnten.[319]

310 Heun, Embryonenforschung und Verfassung (2002), S. 518. Ebenso Neumann, Menschenwürde als Menschenbürde (2004), S. 50.

311 Vgl. Heun, Embryonenforschung und Verfassung (2002), S. 518.

312 „Wo menschliches Leben existiert, kommt ihm Menschenwürde zu.“ BVerfGE 88, 203 (252) oder „Das menschliche Leben stellt, […] innerhalb der grundgesetzlichen Ordnung einen Höchstwert dar; es ist die vitale Basis der Menschenwürde und die Voraussetzung aller anderen Grundrechte.“ BVerfGE 39, 1 (42).

313 Sacksofsky, Präimplantationsdiagnostik und Grundgesetz (2003), S. 281.

314 Neumann, Menschenwürde als Menschenbürde (2004), S. 50.

315 Vgl. Denninger, Inflationärer Gebrauch (2001).

316 Vgl. Bahners u. a., Interview mit Däubler-Gmelin (2001); Benda, Verständigungsversuche (2001), S. 2148; Herdegen, Menschenwürde im Fluß des bioethischen Diskurses (2001), S. 773 und Isensee, Der grundrechtliche Status des Embryos (2002), S. 63–67.

317 Vgl. Eibach, Gentechnik und Embryonenforschung (2002), S. 39; Hüppe, Mensch von Anfang an (2003), S. 7 und Starck, Das Bonner Grundgesetz (2005), S. 38.

318 Dabrock u. a., Menschenwürde und Lebensschutz (2004), S. 120.

319 Vgl. Hassmann, Embryonenschutz im Spannungsfeld internationaler Menschenrechte (2003), S. 104; Kloepfer, Leben und Würde (2001), S. 77 und Merkel, Forschungsobjekt Embryo (2002), S. 110.

4.2 Die Menschenwürde auf dem Prüfstand

Die intensive Diskussion um den grundrechtlichen Status des Embryos führte zu einem Popularitätsschub des Menschenwürdediskurses und auch zu einer kritischen Reflexion der Verwendung der Menschenwürde in bioethischen Auseinandersetzungen. Zu häufig wurde der Begriff der Menschenwürde unterschiedlich interpretiert und einem Spielball gleich teilweise floskelhaft für jede Position in der Debatte vereinnahmt. Viele Diskussionsteilnehmer, die sich in ihren Beiträgen auf die Menschenwürde bezogen, sahen sich gleichzeitig genötigt, vor einem unreflektierten Gebrauch der Menschenwürde zu warnen, der zu einer „Überstrapazierung“[320] des Prinzips führen würde. Auch die Verwendung der Menschenwürde in Fragestellungen rund um den Embryo wurde als „unglückliche Überdehnung des Begriffs und Konzeptes von Menschenwürde“[321] bezeichnet. Die Befürchtungen reichten von einem Zerreden der Fundamentalnorm des Grundgesetzes[322] über seine Verwendung als Diskussionsstopper[323] bis hin zur vorschnellen Tabuisierung von Themen durch den leichtfertigen Einsatz des Menschenwürdearguments.[324]

Darüber hinaus stellte die Sorge um die Entwertung der Menschenwürde durch ihren inflationären Gebrauch innerhalb der Debatte einen häufigen Kritikpunkt dar.[325] So formulierte Jürgen Habermas im Jahr 2001: „Andererseits verlieren moralisch gesättigte juristische Begriffe wie ‚Menschenrecht‘ und ‚Menschenwürde‘ durch eine kontraintuitive Überdehnung nicht nur ihre Trennschärfe, sondern auch ihr kritisches Potential.“[326] Der Philosoph Anton Leist bezeichnete den Einsatz der Menschenwürde als „hohles Ritual“ und sprach von der Degeneration der Menschenwürde „zu einem rhetorischen Hilfsmittel“[327], Eric Hilgendorf betitelte einen Aufsatz mit „Die mißbrauchte Menschenwürde“[328] und kritisierte damit ebenfalls den Umgang mit dem Argument der Menschenwürde.

[320] Reiter, Probe aufs Humanum (2001), S. 67.
[321] Kettner (Hg.), Biomedizin und Menschenwürde (2004), S. 146.
[322] Vgl. Mittelstrass, Inflationäre Menschenwürde (2001).
[323] Vgl. Rendtorff, Jenseits der Menschenwürde (2000), S. 195.
[324] Vgl. Isensee, Die alten Grundrechte und die biotechnische Revolution (2001), S. 247.
[325] Vgl. Hilgendorf, Die mißbrauchte Menschenwürde (1999), S. 137f. Schroth, Forschung mit embryonalen Stammzellen (2002), S. 177 kritisierte diese Entwertung des Postulats der Menschenwürde und machte dies deutlich an der Tendenz, sowohl der befruchteten, als auch der unbefruchteten Eizelle (Christian Starck) die Menschenwürde zuzusprechen. Ähnlich kritisierte Kress, Medizinische Ethik (2003), S. 18: „In der Tat erfolgte in der neueren Bioethikdebatte die Berufung auf die Menschenwürde häufig viel zu schlagwortartig.“ Vgl. auch Neumann, Menschenwürde als Menschenbürde (2004), S. 45.
[326] Habermas, Zukunft der menschlichen Natur (2001), S. 68.
[327] Leist, Verhältnis von Menschenwürde und Lebensrecht (2004), S. 79.
[328] Hilgendorf, Die mißbrauchte Menschenwürde (1999), S. 137–158.

Die Menschenwürde, so zeigen es die Beiträge in allen fachlichen und politischen Diskursen, wurde zunehmend als Argument eingesetzt, das alle Probleme kraft seiner Präsenz lösen sollte. Dass der bioethische Konflikt auch mit Hilfe der Menschenwürde nicht so leicht zu lösen war, wurde zunehmend deutlich. So hatten bereits die vergangenen bioethischen Debatten gezeigt, dass die Menschenwürde weder dazu in der Lage war, die Diskussion zu entscheiden, noch die Situation zu befrieden. So warnte beispielsweise Matthias Kettner: „Der Begriff der Menschenwürde allein ist offenbar nicht der eine Punkt, aus dem sich alle moralisch harten Meinungsverschiedenheiten in grundsätzlich überzeugender Weise lösen lassen. Wer sie gleichwohl so traktiert, läuft Gefahr, aus der dann unvermeidlichen Enttäuschung von der Überschätzung der moralischen Idee der Menschenwürde zu ihrer Entwertung zu wechseln."[329] Die Diskussion um die embryonale Stammzellforschung oder die Präimplantationsdiagnostik sollte, so der Appell, über die betroffenen Grundrechte gelöst werden und nicht pauschal über die Menschenwürde.[330] Horst Dreier sprach der Menschenwürde schlicht das Potential ab, Antworten auf komplexe Fragestellungen rund um die neuen biomedizinischen Techniken geben zu können.[331] Auch der ehemalige Bundesjustizminister Edzard Schmidt-Jortzig, MdB (FDP) kritisierte den in der Debatte häufig zu beobachtenden raschen Rückzug auf die Menschenwürde und resümierte: „Der verbale Kampf mit dem Flammenschwert ‚Würde' fällt offenbar leichter."[332] Auch der bereits in den 1980er Jahren von Norbert Hoerster vorgebracht „Leerformelverdacht"[333] diente erneut dazu, die Menschenwürde in Frage zu stellen.[334] In der Interpretationsflexibilität des Menschenwürdebe-

[329] Kettner, Über die Grenzen der Menschenwürde (2004), S. 323.

[330] „Was den Würdeschutz anbetrifft, sprechen die – und erneut ist dies zu betonen – verfassungsrechtlichen Determinanten eindeutig dafür, die Garantie der Würde des Menschen weitgehend aus der Diskussion herauszuhalten." Schmidt-Jortzig, Systematische Bedingungen (2001), S. 931. Ebenso Schöne-Seifert, Von Anfang an (2001). Dreier, Lebensschutz und Menschenwürde (2002), S. 48f. und Rixen, Menschenwürde oder „Biomasse" (2003), S. 271 plädierten beispielsweise für eine Argumentation über Art. 2 Abs. 2 Satz 1 GG zur Klärung bioethischer Probleme.

[331] „Insgesamt sind der Humangenetik durch die Verfassung weniger enge Grenzen gezogen als häufig angenommen. Die Menschenwürdegarantie wäre überfordert mit dem Ansinnen, auf die Frage, die durch die moderneren Gen- und Befruchtungstechnologien aufgeworfen werden, vollständige und zweifelsfreie Antworten zu geben. Dies gilt insbesondere für alle Versuche, die Menschenwürde nicht mehr als konkreten Schutz für konkrete Subjekte zu verstehen, sondern ihr den Maßstab für die Lösung komplexer Fragen der Staats- und Gesellschaftsentwicklung einschließlich säkularer Herausforderungen wie der technologischen Revolution entnehmen zu wollen. Dies wird implizit in Anspruch genommen vor allem durch unspezifischen Rückgriff auf das ‚Menschenbild' des Grundgesetzes". Dreier (Hg.), Grundgesetz Kommentar (1996), S. 115.

[332] Schmidt-Jortzig, Systematische Bedingungen (2001), S. 927.

[333] Birnbacher, Instrumentalisierung und Menschenwürde (2001), S. 243.

[334] Vgl. Hoerster, Ethik des Embryonenschutzes (2002), S. 249.

griffes und in der damit verbundenen Möglichkeit, ihn inhaltlich willkürlich zu füllen, erkannten Zeitgenossen einen weiteren Grund, die Menschenwürde besser aus der Debatte zu verbannen.[335] Eine Reihe von Autoren wies die Forderung nach einem Verzicht auf die Menschenwürde entschieden zurück, insbesondere in Grenzfällen, die den Beginn des Lebens beträfen, sei der Einsatz der Menschenwürde gefordert.[336]

5 Zwischenfazit

Während die durch das Embryonenschutzgesetz geregelte Durchführung von In-vitro-Fertilisationen in großen Teilen der Gesellschaft akzeptiert war, trat die Regulierungsbedürftigkeit neuer technischer Errungenschaften umso stärker hervor. Die Lücke, die zwischen dem Fortschritt der Wissenschaft und den dazu passenden rechtlichen Rahmenbedingungen klaffte, war nicht erst seit den ersten erfolgreichen Eingriffen in das menschliche Erbgut, der Entschlüsselung des menschlichen Genoms, Klonierungsversuchen an Tieren und der Forschung an isolierten embryonalen Stammzellen wieder größer geworden. Unmittelbar von Beginn an lässt sich ein enger Zusammenhang zwischen dem Einsatz der Menschenwürde und den diskutierten biomedizinischen Verfahren erkennen. Als zentrales Argument fand die Menschenwürde dabei unabhängig von wirtschaftlichen, ethischen, rechtlichen und praktischen Argumenten, die zur Ablehnung oder Befürwortung der embryonalen Stammzellforschung vorgebracht wurden, ihren Weg in die Diskussion. Die Menschenwürde war innerhalb der bundesrepublikanischen Auseinandersetzung um die rechtliche Regulierung der embryonalen Stammzellforschung sogar derart präsent, dass nur die wenigsten Diskussionsbeiträge ohne den Rückgriff auf die Menschenwürde auskamen.

[335] „Der zuweilen ermüdende Rekurs auf die Menschenwürde ist oft wenig mehr als das Bemühen hohler Begrifflichkeit, der die vorher eingespeisten Inhalte zu Tage fördert." Herdegen, Erforschung des Humangenoms (2000), S. 633. Ähnlich auch Kuhlmann, Biomedizin (2001), S. 107. Noch konkreter nahm Leist, Verhältnis von Menschenwürde und Lebensrecht (2004), S. 81 ein verdecktes religiöses Konnotieren des Begriffs wahr: „Vermutlich ist es einzig der Wunsch, einen säkularen Nachfolgebegriff für die religiöse ‚Seele' zu finden, der diese Versuche erklären läßt."

[336] So forderte beispielsweise Neumann, Tyrannei der Würde (1998), S. 162: „Man sollte deshalb nur dort auf das Prinzip der Menschenwürde zurückgreifen, wo es um unverträgliche, nach einhelliger Auffassung nicht hinnehmbare Beeinträchtigungen des Menschenbildes geht. Das ist etwa der Fall bei der Produktion von Mischwesen aus Mensch und Tier, sogenannten Chimären." Vgl. auch Benda, Verständigungsversuche (2001), S. 2147; Isensee, Der grundrechtliche Status des Embryos (2002), S. 69 und Kress, Medizinische Ethik (2003), S. 18.

Ähnlich wie bereits in der Embryonenschutzdebatte ist für die Diskussion um die embryonale Stammzellforschung zu beobachten, dass sich sowohl Gegner als auch Befürworter auf die Menschenwürde beriefen, um ihre Position zu untermauern oder zu legitimieren. Bei dem uneinheitlichen Gebrauch der Menschenwürde innerhalb der Argumentationsführungen trat deutlich die Kontextabhängigkeit des Menschenwürdebegriffes hervor: „Damit ist der Gehalt der Menschenwürde keineswegs statisch konzipiert; er definiert und entwickelt sich erst in Wechselwirkung mit den gesellschaftlichen Vorstellungen, die ihrerseits dem Wandel der Zeit unterliegen."[337] Der Befund dieser universellen Funktionalität ließ schon Zeitgenossen an der Tauglichkeit des Menschenwürdearguments zweifeln.

In der Diskussion um die rechtliche Bewertung der umstrittenen Forschung diente die Menschenwürde einigen Diskussionsteilnehmern dazu, die Forschung am Embryo rechtlich zu legitimieren und das Recht auf Forschungsfreiheit zu stärken. In dieser Lesart wurde die Menschenwürde als Urgrund der Forschungsfreiheit betrachtet. Unter dem Schlagwort der Ethik des Heilens und unter Verweis auf die den Forschungen möglicherweise entspringenden Heilungschancen wurden die für die Menschheit zu erwartenden positiven Forschungsergebnisse herausgestellt und der Embryonenverbrauch in Kauf genommen. Zugleich stellte der Bezug auf Art. 1 GG ein Instrument dar, mit dem das Grundrecht der Forschungsfreiheit aus Sicht der Gegner der embryonalen Stammzellforschung wirkungsvoll eingeschränkt werden konnte. Eine derartige Argumentation setzte jedoch die Anerkennung der Grundrechtsträgerschaft des Embryos voraus. Der zentrale Streitpunkt des Menschenwürdediskurses innerhalb der Stammzelldebatte war daher nicht so sehr die Frage, was genau Menschenwürde inhaltlich bedeuten, sondern wer als Träger der Menschenwürde gelten sollte. Eine uneingeschränkte Anerkennung von Embryonen als Grundrechtsträger wäre einem Verbot der embryonalen Stammzellforschung sowie einer deutlich restriktiveren Regelung der Abtreibung gleichgekommen.[338]

Die statusrechtliche Debatte verlagerte sich in ihrem Verlauf von einer rein mit naturwissenschaftlich-biologischen Fakten zu beantwortenden Fragestellung hin zu einer philosophischen. Als besonders populäres Begründungsmuster zur Bestimmung der Grundrechtsträgerschaft wurde in diesem Zuge der ebenfalls

[337] Brewe, Embryonenschutz und Stammzellgesetz (2006), S. 84.

[338] „Die Frage nach dem Beginn menschlichen Lebens wird nicht aus purem Erkenntnisinteresse gestellt. Hinter ihr stehen Begehrlichkeiten. Sie wird vor allem diskutiert, weil im Zuge des wissenschaftlich-technischen Fortschritts klargeworden ist, daß Embryonen ein vielversprechender Rohstoff für medizinisch-technische, pharmazeutische oder therapeutische Zwecke sein könnte. Als dieser Rohstoff wären sie nur verwertbar, wenn ihnen der Schutz durch Artikel 1 des Grundgesetzes entzogen würde." Rüttgers, Im Zweifel für das Leben (2001). Vgl. auch Merkel, Grundrechtsschutz für den menschlichen Embryo (2008), S. 39.

umstrittene Personbegriff in die Debatte eingebracht. Eine Antwort auf die Frage, ab wann dem Embryo uneingeschränkt Menschenwürdeschutz zukäme, wurde in dieser Diskussion nicht gefunden.

In der parlamentarischen Auseinandersetzung kristallisierte sich der Import embryonaler Stammzellen zunehmend als für die Mehrheit akzeptable Kompromisslösung heraus. Der Import des umstrittenen Zellmaterials verhinderte eine Änderung des Embryonenschutzgesetzes und damit eine Auflockerung des darin festgeschriebenen hohen Schutzniveaus für Embryonen. Gleichzeitig ermöglichte diese Lösung, die embryonalen Stammzellen unter Umgehung des Embryonenschutzgesetzes zu importieren und Forschungen auf deutschem Boden möglich zu machen. Der kompromisshafte Charakter, der dem Stammzellgesetz anhaftete, wurde jedoch auch kritisch gesehen. Vor „Doppelmoral" und „Dammbruch"[339] in Bezug auf den Stichtag und die gefundene Regelung warnten die Kritiker, diskutierten die praktische Auslegung des Gesetzestextes und zweifelten an dessen dauerhafter Tragfähigkeit.[340]

Diese Kompromisslösung lässt sich auch als Resultat des Menschenwürdediskurses lesen. So hatte die Auseinandersetzung insbesondere um den moralischen und rechtlichen Status des Embryos gezeigt, dass eine Annäherung zwischen denjenigen, die einen absoluten Würdeschutz für den Embryo von Beginn an forderten, und denjenigen, die andere Zeitpunkte und damit auch andere Würdekonzepte vertraten, nicht möglich war. Auch die von einigen Autoren angebotenen Kompromissvorschläge der möglichen Abstufung des Würdeschutzes fanden keine allgemeine Anerkennung. Vor diesem Hintergrund wird ersichtlich, dass die Importregelung vorwiegend als politische und weniger als ethische Lösung der Diskussion betrachtet werden kann. Die Importregelung, als Kompromissvorschlag zwischen den extremen Positionen volle Schutzwürdigkeit für den Embryo und uneingeschränkte Forschungsfreiheit betrachtet, konnte die ethischen und moralischen Differenzen nicht überwinden.

339 Ausführlich zum Begriffs des Dammbruchs in der Stammzelldebatte sowie weiterer Sprachbilder vgl. Lungstras, Der Umgang mit dem Embryo in vitro (2008), S. 98–124.

340 Eine kritische Diskussion lieferten beispielsweise Dederer, Verfassungskonkretisierung (2003); Kress, Medizinische Ethik (2003), S. 105–110; Röger, Hochrangigkeit (2003), S. 313–333 und Roesler, Stammzellgesetz (2003).

IV. Teil: Präimplantationsdiagnostikdebatte (1999–2011)

Im Frühjahr des Jahres 2008 kam es zu der schon von einigen Diskussionsteilnehmern der Stammzelldebatte antizipierten Änderung des Stammzellgesetzes. Bis dato hatte die Regelung des Stammzellgesetzes (StZG) die Einfuhr von embryonalen Stammzellen erlaubt, die vor dem 01.01.2002 aus überzähligen Embryonen gewonnen worden waren. Dem Drängen der Forscher geschuldet, die für ihre Forschungsarbeiten neu gewonnene Stammzellen benötigten, wurde eine Verschiebung des Stichtages auf den 01.05.2007 möglich gemacht, die die Große Koalition von SPD und CDU am 11.04.2008 durchgesetzt hatte.[1]

Neben der Frage nach der Forschung an embryonalen Stammzellen wurde bereits parallel zur Stammzelldebatte die Frage nach der rechtlichen Regulierung der Präimplantationsdiagnostik diskutiert. Die mit zunehmender Anwendungssicherheit des In-vitro-Fertilisations-Verfahrens einhergehende Möglichkeit gendiagnostischer Untersuchungen extrakorporaler Embryonen hatten schon die Diskussionsteilnehmer der Embryonenschutzdebatte der 1980er Jahre antizipiert und davor gewarnt. Der damalige Stand der Wissenschaft erlaubte jedoch noch keine konkreten Nachweise solcher Untersuchungen am Embryo, so dass entpsrechende Diagnostikmöglichkeiten meistens als utopische Zukunftsvisionen abgetan wurden. Als im Jahr 1990 die Nachricht von einer erfolgreich durchgeführten Präimplantationsdiagnostik mit anschließender Geburt eines gesunden Kindes bekannt wurde, erkannten die Diskussionsteilnehmer, dass derlei diagnostische Verfahren fortan nicht mehr nur Zukunftsvisionen waren. Die Integration dieses Verfahrens in die bestehenden rechtlichen und ethischen Systeme stellte eine Herausforderung dar, der sich die Verantwortlichen schon früh bewusst waren. Die Auseinandersetzung um die Präimplantationsdiagnostik setzte in Deutschland um die Jahrtausendwende parallel zur Debatte um die embryonale Stammzellforschung ein, blieb allerdings zu diesem Zeitpunkt aufgrund der Dominanz des Forschungsthemas in der öffentlichen und politischen Auseinandersetzung ein Randthema. Als im Jahr 2009 die Debatte schließlich erneut angestoßen wurde, rollten die Diskussionsteilnehmer die Debatte der Jahrtausendwende wieder auf und knüpften an wichtige Beiträge der frühen Diskussion an. Erst in den Jahren 2010 und 2011 sah sich der Gesetzgeber gezwungen, das Thema „Präimplantationsdiagnostik" aufzugreifen und Rechtsklarheit zu schaffen.

[1] Vgl. Deutscher Bundestag, Plenarprotokoll 16/155 (11.04.2008).

https://doi.org/10.1515/9783110631630-005

1 Zur Entstehung des Präimplantationsdiagnostik-Ergänzungsgesetzes

Das Verfahren der Präimplantationsdiagnostik wurde seit den frühen 1990er Jahren angewandt und spätestens seit Mitte der 1990er Jahre auch in Deutschland diskutiert.[2] Im Jahr 1995 beriet im „Lübecker Fall“ erstmals eine deutsche Kommission darüber, ob ein Hochrisikopaar[3] mit Hilfe des Verfahrens der Präimplantationsdiagnostik die Geburt eines gesunden Kindes herbeiführen dürfe. Das antragstellende Ehepaar hatte zuvor ein Kind durch die Erbkrankheit Mukoviszidose verloren und zwei weitere Schwangerschaften nach Mukuviszidosebefund im Zuge einer pränatalen Diagnostik abgebrochen. Eine durch die Frauenklinik der Universität Lübeck durchgeführte Präimplantationsdiagnostik stellte sich dem Paar als einzige Option dar, zu einem gesunden Kind zu gelangen. Voraussetzung für einen solchen Eingriff war jedoch ein Antrag auf Präimplantationsdiagnostik bei der Ethikkommission der Universität, den diese, obgleich sie keine ethischen Bedenken äußerte, wegen Unvereinbarkeit mit dem Embryonenschutzgesetz ablehnte.[4] Ob jedoch das Embryonenschutzgesetz vom 01.01.1991 zur rechtlichen Regelung der Präimplantationsdiagnostik überhaupt herangezogen werden konnte und ob die Ethikkommission die richtige Entscheidung getroffen hatte, blieb bis zum Inkrafttreten des Gesetzes zur Regelung der Präimplantationsdiagnostik am 21.11.2011 stark umstritten.[5] Um die Frage der Gesetzmäßigkeit und Zulässigkeit der in anderen Ländern bereits zum Einsatz kommenden Gendiagnostikmethode entbrannte spätestens seit dem Bekanntwerden des „Lübecker Falls“ eine kontroverse juristische Diskussion.[6]

Mitte des Jahres 1999 erarbeitete die Bioethik-Kommission des Landes Rheinland-Pfalz unter dem Vorsitz des Justizministers Peter Caesar (FDP) erste Orientierungsversuche in Bezug auf die Präimplantationsdiagnostik und veröffentlichte diese in dem Bericht „Thesen zu den medizinischen, rechtlichen und ethischen Problemstellungen“.[7] Sowohl der im Bericht unternommene Vorstoß, die Präimplantationsdiagnostik in stark eingeschränktem Rahmen zu befürworten, als auch der ein Jahr später am 03.03.2000 erschienene „Diskussionsentwurf

[2] Einen Bericht über das erste, nach Präimplantationsdiagnostik geborene Kind ist zu finden in Handyside u. a., Pregnancies from Biopsied Human Preimplantation Embryos (1990) und Handyside u. a., Birth of a Normal Girl after In Vitro Fertilization (1992).

[3] Im allgemeinen Sprachgebrauch bezeichnete dieser Begriff Paare mit einer hohen genetischen Disposition für schwere, erblich bedingte Krankheiten bei ihrer Nachkommenschaft.

[4] Detailliert und mit weiteren Verweisen zum „Lübecker Fall“ und der Urteilsfindung der Ethikkommission vgl. Oehmichen, Votum der Ethikkommission (1999), S. 16–22.

[5] Eine Gesamtkritik des Embryonenschutzgesetzes zu finden in Günther u. a. (Hg.), Embryonenschutzgesetz (2008), S. 119–308.

[6] Vgl. mehr dazu bei Middel, Rechtliche Aspekte (2009), S. 53f.

[7] Vgl. Caesar (Hg.), Präimplantationsdiagnostik (1999).

zu einer Richtlinie zur Präimplantationsdiagnostik"[8] der Bundesärztekammer lösten eine Debatte aus. Bis zu diesen Veröffentlichungen war die Mehrheit von der Unzulässigkeit des Verfahrens ausgegangen, obwohl sich ein solches Verbot aus dem Embryonenschutzgesetz nicht explizit herauslesen ließ.[9] Die zunehmende Anzahl der die Präimplantationsdiagnostik unterstützenden Stellungnahmen provozierte eine rege Debatte, die mit der Frage der Zulässigkeit verbrauchender embryonaler Stammzellforschung eng verknüpft war.[10] Gesetzgeberische Initiative zeigte erstmals die FDP am 09.11.2001 mit einem Gesetzentwurf zur Regelung der Präimplantationsdiagnostik (PräimpG).[11] Ihren Vorstoß wiederholte die FDP am 25.06.2003, eine parlamentarische Beratung des Gesetzentwurfs sowie des Sachstandsberichts „Präimplantationsdiagnostik" des Ausschusses für Bildung, Forschung und Technikfolgenabschätzung erfolgte jedoch erst am 17.03.2005.[12]

Zuvor hatte die Enquete-Kommission „Recht und Ethik in der modernen Medizin" am 13.11.2000 eine öffentliche Anhörung durchgeführt, in der der Frage nachgegangen worden war, welche Rechtsgüter durch das Verfahren der Präimplantationsdiagnostik verletzt werden könnten und ob letztere vor dem Hintergrund der deutschen Gesetzgebung überhaupt zulässig sei.[13] Auch der im Mai 2002 in Rostock tagende 105. Deutsche Ärztetag behandelte die Präimplantationsdiagnostik und sprach sich mehrheitlich für ein Verbot aus.[14] So stimmte auch die Enquete-Kommission „Recht und Ethik der modernen Medizin" des Deutschen Bundestages in ihrer Beschlussempfehlung vom 14.05.2002 mit 16 zu drei Stimmen gegen die Präimplantationsdiagnostik, da diese, so

[8] Vgl. Bundesärztekammer, Diskussionsentwurf (2000).

[9] Eine kritische Betrachtung der Präimplantationsdiagnostik im Lichte der Bestimmungen des Embryonenschutzgesetzes mit einem aus ihr abgeleitetem Verbot bei Beckmann, Rechtsfragen (2001), S. 170f. Auch die Juristenvereinigung Lebensrecht e. V., PID ist Selektion (2011) erkannte die Präimplantationsdiagnostik als Verstoß gegen das Embryonenschutzgesetz.

[10] Für die Einführung der Präimplantationsdiagnostik unter strengen Auflagen votierten beispielsweise Kommission für Öffentlichkeitsarbeit und ethische Fragen der Gesellschaft für Humangenetik e. V./Berufsverband Medizinische Genetik e. V., Stellungnahme zur Präimplantationsdiagnostik (2001). Da Präimplantationsdiagnostik weniger belastend als Abtreibung nach Pränataldiagnostik sei, plädierte Deutsche Gesellschaft für Muskelkranke e. V., Ethische Grundsätze (2005) für die Zulassung der Präimplantationsdiagnostik.

[11] Vgl. Deutscher Bundestag, Drucksache 14/7415 (09.11.2001). Der Gesetzentwurf wurde am 14.12.2001 vom Bundestag an den Rechtsausschuss, den Ausschuss für Familie, Frauen, Senioren und Jugend und den Ausschuss für Gesundheit überwiesen. Vgl. Deutscher Bundestag, Plenarprotokoll 14/209 (14.12.2001), S. 20781f.

[12] Vgl. Deutscher Bundestag, Drucksache 15/1234 (25.06.2003) und Deutscher Bundestag, Plenarprotokoll 15/166 (17.03.2005), S. 15573–15580.

[13] Vgl. Deutscher Bundestag, Wortprotokoll Enquete-Kommission (13.11.2000).

[14] Vgl. Deutscher Ärztetag (Hg.), Beschlussprotokoll (2002), Punkt 4/5.

die Begründung, gegen § 1 Abs. 1 Nr. 2 ESchG verstieße.[15] Dagegen stimmte der von Bundeskanzler Gerhard Schröder einberufene Nationale Ethikrat im Jahr 2003 mit fünfzehn zu sieben Stimmen für eine begrenzte Zulassung der Präimplantationsdiagnostik.[16]

Die Diskussionen und der politische Entscheidungsprozess rund um die embryonale Stammzellforschung überlagerten sehr bald die ersten Initiativen zur Beantwortung der Frage nach der rechtlichen Zulässigkeit der Präimplantationsdiagnostik. Mit der Entscheidung über den Import von embryonalen Stammzellen aus dem Ausland geriet das Thema zunächst in den Hintergrund.

Erst durch die Selbstanzeige des Berliner Gynäkologen und Reproduktionsmediziners Matthias Bloechle und das dadurch aufgerollte gerichtliche Verfahren wurde die Präimplantationsdiagnostikdebatte wieder angestoßen.[17] Matthias Bloechle hatte in den Jahren 2005 und 2006 im Rahmen von In-vitro-Fertilisations-Behandlungen an Embryonen von drei Hochrisikopaaren eine Präimplantationsdiagnostik durchgeführt. Anschließend hatte er nur diejenigen Embryonen in die Gebärmutter transferiert, die genetisch nicht vorbelastet waren. Seit 2006 wurde dieser Fall vor Gericht verhandelt. Erst vier Jahre später, am 06.07.2010, sprach der Bundesgerichtshof das endgültige Urteil und bestätigte damit den Freispruch des Angeklagten durch das Oberlandesgericht Berlin vom 14.05.2009: „Die nach extrakorporaler Befruchtung beabsichtigte Präimplantationsdiagnostik mittels Blastozystenbiopsie und anschließender Untersuchung der entnommenen pluripotenten Trophoblastzellen auf schwere genetische Schäden hin begründet keine Strafbarkeit nach § 1 Abs. 1 Nr. 2 ESchG. Deren Durchführung ist keine nach § 2 Abs. 1 ESchG strafbare Verwendung menschlicher Embryonen."[18] Der Bundesgerichtshof sprach mit diesem Urteil Matthias Bloechle frei und urteilte damit konträr zur herrschenden und nicht minder umstrittenen Meinung. Diese hatte bis dato an einem aus dem Embryonenschutzgesetz hergeleiteten Verbot der Präimplantationsdiagnostik festgehalten, nach dem die Verwendung des Embryos zu anderen außer seinem Erhalt dienenden Zwecken durch Freiheits- oder Geldstrafe bestraft werden sollten (§ 8 Abs. 1 ESchG in Verbindung mit § 2 Abs. 1 ESchG).[19] „Das Landgericht hat den Angeklagten aus rechtlichen Gründen freigesprochen. Eine

[15] Vgl. Deutscher Bundestag, Drucksache 14/9020 (14.05.2002), S. 114f.

[16] Vgl. Nationaler Ethikrat, Stellungnahme (2003), S. 106–148.

[17] Zum Gerichtsverfahren vgl. Tschernoster, Strafbarkeit der Präimplantationsdiagnostik (2010).

[18] Aktenzeichen 5 StR 386/09.

[19] Vgl. Beckmann, Rechtsfragen (2001), S. 169–177; Deutscher Bundestag, Drucksache 12/7094 (16.03.1994), S. 25; Deutscher Bundestag, Drucksache 14/9020 (14.05.2002), S. 104; Deutscher Bundestag, Drucksache 17/5450 (11.04.2011), S. 2; Günther u. a. (Hg.), Embryonenschutzgesetz (2008), S. 155; Höffe, Entscheiden muss der Gesetzgeber (2011); Hufen, Präimplantationsdiagnostik aus verfassungsrechtlicher Sicht (2001), S. 441;

Strafbarkeit nach § 1 Abs. 1 Nr. 2 ESchG sei nicht gegeben, weil der Angeklagte in der Absicht gehandelt habe, seinen Patientinnen zu einer Schwangerschaft zu verhelfen."[20] Das Nichtübertragen und Absterbenlassen der Embryonen bei positivem Befund qualifizierte der Bundesgerichtshof als „nicht erwünschte Nebenfolgen"[21].

Das Urteil belebte damit die Debatte schlagartig wieder und gab ihr zugleich eine neue Stoßrichtung. Der Appell des Gerichts an den Gesetzgeber, „dass eine eindeutige gesetzliche Regelung der Materie wünschenswert wäre"[22], wurde unmittelbar aufgegriffen und erste Initiativen aus den Reihen der Parteien zur gesetzlichen Regelung der Präimplantationsdiagnostik in Angriff genommen. Da weder das Embryonenschutzgesetz noch das Gendiagnostikgesetz explizite Regeln für oder gegen die Präimplantationsdiagnostik getroffen hatten, wurde zunehmend deutlich, dass ein neues Gesetzgebungsverfahren eingeleitet werden musste.

Der parlamentarischen Debatte lagen drei durch Aufhebung des Fraktionszwangs hervorgerufene fraktionsübergreifende Gesetzentwürfe zugrunde. Der erste, von 192 Abgeordneten unterschriebene, Antrag wurde am 11.04.2011 eingereicht. Dieser Gesetzentwurf sah vor, das im Jahr 2009 verabschiedete Gendiagnostikgesetz[23] um einen § 15a zu ergänzen, mit dem die Präimplantationsdiagnostik umfassend verboten werden sollte.[24] Dieses Verbot wurde durch die Antragsteller damit begründet, dass die gezielte Auswahl von Embryonen im Zuge einer Präimplantationsdiagnostik die Menschenwürde verletze. Der Staat, der in der Verpflichtung stehe, die Würde des Menschen zu beschützen, müsse sich deshalb für ein Verbot der Präimplantationsdiagnostik einsetzen.[25] Einen Tag später wurden zwei weitere Gesetzentwürfe eingereicht. Beide Entwürfe sahen die Legalisierung der Präimplantationsdiagnostik vor. Der Antrag der Abgeordneten René Röspel, MdB (SPD), Priska Hinz, MdB (BÜNDNIS 90/DIE GRÜNEN) und weiterer 33 Abgeordneter sah eine eng begrenzte Zulassung vor. Der Antrag ließ die Präimplantationsdiagnostik nur zu, wenn bei den Eltern eine genetische Erkrankung diagnostiziert wurde, die mit Sicherheit zur Tot-

Kollek, Präimplantationsdiagnostik (2002), S. 191f.; Laufs, Präimplantationdiagnostik (1999), S. 55 und Röger, Verfassungsrechtliche Grenzen (2000), S. 55.

20 Aktenzeichen 5 StR 386/09 (6).

21 Aktenzeichen 5 StR 386/09 (14).

22 Aktenzeichen 5 StR 386/09 (30).

23 Das am 24.04.2009 verabschiedete Gesetz über genetische Untersuchungen bei Menschen (GenDG) regelt die Voraussetzungen genetischer Untersuchungen und die Verwendung genetischer Proben und Daten zum Schutz des Einzelnen vor Benachteiligung auf Grund genetischer Eigenschaften, „um insbesondere die staatliche Verpflichtung zur Achtung und zum Schutz der Würde des Menschen und des Rechts auf informationelle Selbstbestimmung zu wahren." Gendiagnostikgesetz – GenDG (2009), § 1.

24 Vgl. Deutscher Bundestag, Drucksache 17/5450 (11.04.2011), S. 4.

25 Vgl. ebd., S. 7f.

oder Fehlgeburt oder aber zum Tode des Kindes innerhalb des ersten Lebensjahres führen würde.[26] Der dritte Antrag um Ulrike Flach, MdB (FDP), Peter Hintze, MdB (CDU) und Carola Reimann, MdB (SPD) sah eine Ergänzung des Embryonenschutzgesetzes um den § 3a vor: „Besteht auf Grund der genetischen Disposition der Eltern oder eines Elternteiles für deren Nachkommen eine hohe Wahrscheinlichkeit für eine schwerwiegende Erbkrankheit, handelt nicht rechtswidrig, wer zur Herbeiführung einer Schwangerschaft nach dem allgemein anerkannten Stand der medizinischen Wissenschaft und Technik einen Embryo in vitro vor dem intrauterinen Transfer auf die Gefahr dieser Krankheit untersucht. Nicht rechtswidrig handelt auch, wer eine Präimplantationsdiagnostik zur Feststellung einer schwerwiegenden Schädigung des Embryos vornimmt, die mit hoher Wahrscheinlichkeit zu einer Tot- oder Fehlgeburt führen wird."[27]

Zur Abstimmung der drei Entwürfe bedienten sich die Abgeordneten des Stimmzettelabstimmungsverfahrens,[28] in dem über alle drei Anträge zeitgleich abgestimmt werden sollte. Dieses Verfahren hatte der Ältestenrat empfohlen, da man sich im Vorfeld nicht über eine Priorisierung der Anträge hatte einigen können.[29] Im Zuge dieser Abstimmung am 07.07.2011 entfielen 306 Stimmen auf den Antrag von Ulrike Flach, 228 auf den Gesetzentwurf, der ein Verbot der Präimplantationsdiagnostik vorsah und 58 Stimmen auf den Antrag von René Röspel.[30] In der letzten Abstimmung während der dritten Lesung der Gesetzentwürfe gaben 326 Abgeordnete ihre Stimme für den Antrag Flach/Hintze/Reimann ab, 260 Abgeordnete votierten für ein Verbot der Präimplantationsdiagnostik, acht enthielten sich ihrer Stimmen.[31] Damit war der Weg zur Legalisierung der Präimplantationsdiagnostik in Deutschland durch den Gesetzgeber freigemacht worden.

Die Präimplantationsdiagnostik wurde im ergänzten Embryonenschutzgesetz (ESchG-neu) geregelt.[32] Im Präimplantationsdiagnostikgesetz wurde die Durchführung einer Präimplantationsdiagnostik grundsätzlich verboten und auch

[26] Vgl. Deutscher Bundestag, Drucksache 17/5452 (12.04.2011), S. 3.

[27] Zitiert nach: Deutscher Bundestag, Drucksache 17/5451 (12.04.2011), S. 4.

[28] Im Stimmzettelabstimmungsverfahren wird über alle Gesetzentwürfe zeitgleich auf einem Stimmzettel abgestimmt. Eine Stichwahl zwischen den beiden Entwürfen mit der höchsten Stimmzahl ist dann notwendig, wenn im ersten Wahlgang keine absolute Mehrheit für einen der Entwürfe zustande gekommen ist.

[29] Vgl. Deutscher Bundestag, Plenarprotokoll 17/120 (07.07.2011), S. 13872.

[30] Vgl. ebd., S. 13910.

[31] Vgl. ebd., S. 13911.

[32] Im Folgenden Präimplantationsdiagnostikgesetz – PräimpG (2011). Einige Autoren forderten schon früh die rechtliche Regelung der Präimplantationsdiagnostik und der anderen Fortpflanzungstechniken in einem umfassenden Fortpflanzungsmedizingesetz, so beispielsweise Hübner/Pühler, Regelungen zur Präimplantationsdiagnostik (2011); Klinkhammer, Absage (2000); Ministerium der Justiz Rheinland-Pfalz (Hg.), Fortpflanzungsmedizin und Embryonenschutz (2005), S. 71–73; Rosenau (Hg.), Fortpflan-

sanktioniert [§ 3a (1)]. Allerdings sollte bei Vorliegen einer genetischen Vorbelastung beider oder eines Elternteils und der damit erhöhten Wahrscheinlichkeit einer genetischen Krankheit oder einer Tot- bzw. Fehlgeburt die Durchführung straffrei bleiben [§ 3a (2)]. Weiter wurden Beratung und Durchführung der Präimplantationsdiagnostik geregelt [§ 3a (3)]. Das Gesetz trat schließlich am 21.11.2011 in Kraft.[33]

2 Der Diskussionsgegenstand

Als Präimplantationsdiagnostik[34] wird ein medizinisches Verfahren bezeichnet, das aufbauend auf der In-vitro-Fertilisation die pränatale, genetische Untersuchung und Diagnose von extrakorporalen Embryonen ermöglicht. Die eigentlich zur Behandlung subfertiler oder steriler Paare vorgesehene Behandlungsmethode wurde dabei auf fertile Paare mit genetischen Vorbelastungen erweitert.[35] Im 8–12 Zellstadium (circa drei Tage nach der Befruchtung) wird dem Embryo eine Zelle entnommen, die auf bestimmte genetische Anomalien hin untersucht wird. Möglich und praktiziert sind neben der Bestimmung des Geschlechts auch Aussagen über mögliche Gewebe-Kompatibilitäten zu Geschwistern.[36] Auf diese Weise kann erstens gezielt ein Spendergeschwisterkind ausgewählt, im Zuge eines „family balancing“ das Geschlecht des Embryos bestimmt werden oder ausgeschlossen werden, dass genetisch vorbelastete Embryonen in den Mutterleib übertragen werden. Nur der als genetisch unauffällig diagnostizierte Embryo wird nach der Embryonenauswahl transferiert und kann nach Entwicklung in der Gebärmutter ausgetragen werden.[37] Die verbleibenden Embryonen werden nicht eingesetzt und sind daher nicht entwicklungsfähig. Bis zum Jahr 2000 waren laut der Bundesärztekammer weltweit bereits 400 Kinder nach einer erfolgreichen Durchführung der Präimplantationsdiagnostik geboren worden.[38] Beeinflusst

zungsmedizingesetz (2013); Sacksofsky, Fortpflanzungsmedizingesetz (2005), S. 52–71 und Wendehorst, Fortpflanzungsmedizingesetz (2005), S. 35–51.

33 Vgl. Deutscher Bundestag: Gesetz zur Regelung der Präimplantationsdiagnostik (Präimplantationsdiagnostikgesetz – PräimpG). Fassung vom 21.11.2011. Bundesgesetzblatt Jahrgang 2011 Teil I Nr. 58, 24.11.2011, S. 2228f.

34 Im internationalen Sprachgebrauch als PGD (preimplantation genetic diagnosis) bezeichnet. Vgl. Buselmaier/Tariverdian (Hg.), Humangenetik (2006), S. 392 und Hepp, Präimplantationsdiagnostik (2000), S. 1213.

35 Vgl. Riedel, Präimplantationsdiagnostik (2000), S. 586f.

36 Ausführlich zum zeitgenössischen medizinischen Sachstand vgl. Deutscher Bundestag, Drucksache 17/5210 (03.03.2011), S. 3–11.

37 Weitere Informationen siehe Glossar.

38 Vgl. Bundesärztekammer, Diskussionsentwurf (2000), S. 525. Diedrich sprach von 500 gesund geborenen Kindern nach Präimplantationsdiagnostik in 2000 Fällen in ganz Europa,

durch den internationalen Durchbruch des Verfahrens in den 1990er Jahren kam es insbesondere in Deutschland zu einer kontrovers geführten Debatte über die rechtliche Zulässigkeit im Hinblick auf das geltende Embryonenschutzgesetz. Eine Vielzahl von Autoren vertrat die Meinung, dass das Embryonenschutzgesetz das Verfahren der Präimplantationsdiagnostik verböte. § 8 Abs. 1 ESchG in Verbindung mit § 2 Abs. 1 ESchG untersagte die Präimplantationsdiagnostik an totipotenten Zellen.[39] Die strittigeren Paragraphen waren § 1 Abs. 1 Nr. 6 und/oder § 2 Abs. 1 ESchG, die unter Androhung von Freiheitsstrafe oder Geldbuße verboten, einen Embryo zu einem anderen als seinem Erhalt dienenden Zweck zu verwenden. Eine Reihe von Autoren sah in der Embryonenauswahl und der damit verbundenen Aussortierung genetisch vorbelasteter Embryonen einen Verstoß gegen eben diese Paragraphen des Embryonenschutzgesetzes.[40]

3 Präimplantationsdiagnostik im Widerstreit

Mit der Möglichkeit, Embryonen extrauterin auf ihren Gesundheitszustand hin untersuchen zu können, wurden Fragestellungen aufgeworfen, die bereits mit der Einführung und Etablierung der Pränataldiagnostik aufgeworfen worden waren. Die Antwort war nicht nur in vorhandenen Gesetzen zu suchen, sondern ebenso in einer ethischen Auseinandersetzung um die Grenzen von präventiven Fortpflanzungstechniken. Das deutsche Embryonenschutzgesetz, das ein sehr hohes Schutzniveau für den Embryo festschrieb, entpuppte sich als Hürde bei der Zulassung der Präimplantationsdiagnostik. Wiederholt wurde der grundrechtliche Status des Embryos in Frage gestellt und seine Rechte gegen die beteiligter Dritter abgewogen. Insbesondere die antizipierten Konfliktsituationen und Grundrechte der Mutter beziehungsweise der Eltern wurden zu den nicht

vgl. Deutscher Bundestag, Wortprotokoll Enquete-Kommission (13.11.2000), S. 7. Von 420 gesund geborenen Kindern nach Präimplantationsdiagnostik sprach der Gesetzentwurf der FDP vom 09.11.2001, vgl. Deutscher Bundestag, Drucksache 14/7415 (09.11.2001), S. 1. Einen Überblick über die Präimplantationsdiagnostik-Statistik der weltweiten Datenbank des Konsortiums für Präimplantationsdiagnostik der European Society of Human Reproduction and Embryology (ESHRE) lieferte Diedrich u. a., Präimplantationsdiagnostik (2010), S. 291f.

39 Der Stand der Wissenschaft besagte, dass das Stadium der Totipotenz nach dem 8-Zell-Stadium in das der Pluripotenz übergehe. Vgl. Graw, Genetik (2010), S. 825. Mehr zum Begriff der Totipotenz in Beier, Totipotenz (1999).

40 Vgl. Bahners u. a., Interview mit Däubler-Gmelin (2001); Beckmann, Rechtsfragen (2001), S. 170; Laufs, Fortpflanzungsmedizin und Menschenwürde (2000), S. 2716f. und die Mehrheit der Enquete-Kommission „Recht und Ethik der modernen Medizin", vgl. Deutscher Bundestag, Drucksache 14/9020 (14.05.2002), S. 114.

immer gleichsam akzeptierten und anerkannten Grundrechten des Embryos in Relation gesetzt.

Die Frage, ob Eltern ein Recht auf gesunde Kinder besäßen, wurde im Zuge der Auseinandersetzung diskutiert. Auch wenn Art. 6 GG nicht das Recht auf eigene, gesunde Kinder festschrieb, wollten einige Diskussionsteilnehmer doch dem der Präimplantationsdiagnostik zugrunde liegenden Wunsch von Hochrisikopaaren nachkommen, diese Diagnostikmethode in Anspruch nehmen zu können, so beispielsweise das Minderheitenvotum der Enquete-Kommission „Recht und Ethik der modernen Medizin".[41] Friedhelm Hufen betonte, wie es auch der Deutsche Ethikrat zehn Jahre später tun würde, dass auch Hochrisikopaare „ein uneingeschränktes Recht auf Verwirklichung ihres Kindeswunsches nach dem jeweiligen Stand der Medizin" hätten.[42] Das Schicksal ungünstiger genetischer Voraussetzungen für die Geburt gesunder Kinder sei nicht ausreichend, Hochrisikopaaren eine verantwortungsvolle Elternschaft vorzuenthalten. Das geltende Recht würde deutlich zeigen, dass man durchaus von einem Recht auf gesunde Kinder sprechen könne. Dies zeige die routinemäßig durchgeführte Pränataldiagnostik mit anschließender straffreier Möglichkeit zur Abtreibung bei auffälliger Diagnose sowie die rechtliche Möglichkeit von Schadensersatzforderungen an Ärzte bei nicht erkannter Behinderung.[43] Solange Frauen nicht verpflichtet seien, ihren Nachwuchs nach einer auffälligen Diagnose austragen zu müssen, gelte: „Der Wunsch nach einem gesunden Kind ist zwar in beiden Fällen kein einklagbares Recht, er wird aber von der Rechtsordnung – unter bestimmten Bedingungen akzeptiert."[44]

Gegen diese Auffassungen wurde eingewandt, dass das Grundgesetz weder ein „Recht auf Kinder" noch ein „Recht auf gesunde Kinder" enthielte.[45] „Das

[41] Vgl. Deutscher Bundestag, Drucksache 14/9020 (14.05.2002), S. 108.

[42] Hufen, Präimplantationsdiagnostik aus verfassungsrechtlicher Sicht (2001), S. 442. Vgl. ebenso Deutscher Bundestag, Drucksache 17/5210 (03.03.2011), S. 26. In Bezug auf den Gesundheitsschutz der Eltern sprach von einem solchen Recht auch Ministerium der Justiz Rheinland-Pfalz (Hg.), Fortpflanzungsmedizin und Embryonenschutz (2005), S. 15.

[43] Vgl. Fassbender, Schutz des Embryos (2003), S. 284. Im Jahr 1983 war dieses Thema erstmals vom Bundesgerichtshof behandelt worden (vgl. Aktenzeichen VI ZR 114/81). Mehr zur Diskussion um das „Kind als Schaden" vgl. Picker, „Wrongful Life" (1995) und Riedel, „Kind als Schaden" (2003).

[44] Frommel, Menschenwürde des Embryos in vitro (2002), S. 425.

[45] Vgl. Däubler-Gmelin in Bahners u. a., Interview mit Däubler-Gmelin (2001). Sie unterschied dabei streng zwischen dem aus dem Persönlichkeitsrecht hergeleiteten Recht, ein Kind zu zeugen und dem Recht auf (gesunde) Kinder. Diese Trennung vollzog auch Graumann, Gesellschaftliche Folgen der Präimplantationsdiagnostik (2001), S. 220. Vgl. auch Votum für ein gesetzliches Verbot der Präimplantationsdiagnostik in Deutscher Ethikrat, Präimplantationsdiagnostik (2011), S. 139; Evangelische Frauen in Deutschland e. V. u. a., Wir sagen Nein (2011); Hillgruber, Es gibt keine Gleichheit im Unrecht (2011); Isensee, Der grundrechtliche Status des Embryos (2002), S. 77; Klinkhammer/Jachertz,

Recht auf Fortpflanzung und insbesondere das Recht, selbst zu entscheiden, ob und wann man Kinder haben möchte, gehört zwar zum Kernbereich des Persönlichkeitsrechts nach Art. 2 Abs. 1 GG. Das Recht zur freien Entscheidung über die Fortpflanzung beinhaltet aber nicht notwendig auch das Recht auf ein Kind mit bestimmten Eigenschaften. Eltern haben das Recht zu entscheiden, ob sie ein Kind wollen, sie haben nicht das Recht, sich ein Kind unter mehreren auszuwählen."[46] Auch Johannes Rau betonte in der „Berliner Rede": „Ein Kinderwunsch ist ‚natürlich' und ethisch zu begrüßen, doch gibt es kein Recht auf ein Kind mit allen möglichen medizinischen Methoden."[47] Eltern dürfe die Entscheidung über den Lebenswert ihrer Nachkommen nicht überlassen werden.[48]

Um Hochrisikopaaren in der auch von Gegnern der Präimplantationsdiagnostik anerkannten höchst komplexen Lage zu helfen, empfahl beispielsweise das Mehrheitsvotum der Enquete-Kommission „Recht und Ethik der modernen Medizin" „durch eine gesetzliche Regelung die Voraussetzungen dafür zu schaffen, dass diesen Paaren vorrangig Zugang zur Beratung über die Möglichkeiten der Adoption, der Pflegschaft, der heterologen Insemination oder der Polkörperdiagnostik mit IVF verschafft wird und ihnen Angebote psychologischer Beratung vorrangig zur Verfügung stehen mit dem Ziel, den Paaren Hilfe bei der Verarbeitung und Bewältigung eines unerfüllten Kinderwunsches zu leisten."[49]

Ebenso, wie eine Abtreibung zum gesundheitlichen Schutz der Mutter möglich sei, sollte auch Präimplantationsdiagnostik möglich gemacht werden, um der Mutter antizipierte gesundheitliche Risiken zu ersparen. Der mütterliche Gesundheitsschutz und das in Art. 2 Abs. 2 GG festgeschriebene Recht auf Leben und körperliche Unversehrtheit sollten für die umstrittene Frage nach der rechtlichen Zulässigkeit der Präimplantationsdiagnostik ausschlaggebend sein.[50] Der dage-

Interview mit Erzbischof Zollitsch (2011); NATIONALER ETHIKRAT, Stellungnahme (2003); RAU, Berliner Rede (2001), S. 9; Schmidt, MdB (CDU) in DEUTSCHER BUNDESTAG, Plenarprotokoll 17/105 (14.04.2011), S. 11952; STARCK, Das Bonner Grundgesetz (2005), S. 70; STARCK, Rechtsschutz wird weggeredet (2011) und ZIMMERMANN/ZIMMERMANN, Anfrage (2000).

[46] SACKSOFSKY, Gutachten (2001), S. 70. Ähnlich auch SPRANGER, Gestaffeltes Schutzkonzept (2001), S. 1377.

[47] EIBACH, Präimplantationsdiagnostik (2003), S. 447.

[48] Vgl. FISCHER/RENESSE, Niemand hat das Recht (2001); HABERMAS, Zukunft der menschlichen Natur (2001), S. 58 und STARCK, Verfassungsrechtliche Grenzen (2002), S. 1071.

[49] DEUTSCHER BUNDESTAG, Drucksache 14/9020 (14.05.2002), S. 112.

[50] Vgl. DEUTSCHER BUNDESTAG, Drucksache 17/5210 (03.03.2011), S. 11; FROMMEL, Menschenwürde des Embryos in vitro (2002), S. 417f.; HERDEGEN, Menschenwürde im Fluß des bioethischen Diskurses (2001), S. 778; HUFEN, Präimplantationsdiagnostik aus verfassungsrechtlicher Sicht (2001), S. 444; HUFEN, Individuelle Rechte und die Zulassung der Präimplantationsdiagnostik (2010), S. 135–137, KRESS/KÜPKER, Reproduktionsmediziner (2007), S. 198; MINISTERIUM DER JUSTIZ RHEINLAND-PFALZ (Hg.), Fortpflanzungsmedizin und Embryonenschutz (2005), S. 45f. und TAUPITZ, Spielräume (2010).

gen eingebrachte Vorschlag, bei einem bekannt hohen genetischen Risiko auf genetisch eigene Nachkommen zu verzichten, wurde vehement abgewehrt,[51] so auch von Bundeskanzler Gerhard Schröder: „Aber das wäre natürlich eine gesetzgeberische Anordnung, die auch mit der Würde des Menschen zu tun hat, nämlich mit der Würde einer Frau, die einen Kinderwunsch verwirklichen möchte."[52]

Auch in Bezug auf das zu erwartende oder bereits mehrfach durchlebte Leid der betroffenen Hochrisikopaare wurde eine Präimplantationsdiagnostik in begrenzten Fällen für zulässig erachtet.[53] Schaue man auf die Schicksale dieser Paare, so stelle sich die Präimplantationsdiagnostik als das geringere und erträglichere Übel dar im Vergleich zu möglichen Abtreibungen nach auffälliger Diagnose, dem Erlebnis von Früh- und Totgeburten oder dem Leben mit einem schwer behinderten Kind.[54] Insbesondere in den Diskussionen um die rechtliche Regulierung im Deutschen Bundestag dominierte auf Seiten der Befürworter der Präimplantationsdiagnostik der Appell, das erlebte und angenommene Leid der Eltern zu lindern.[55] So forderte beispielsweise Sabine Leutheusser-Schnarrenberger, MdB (FDP) in ihrem Wortbeitrag in erster Lesung der drei vorgebrachten Gesetzentwürfe eine Entscheidung im Sinne der leidenden Hochrisikopaare: „Ein Verbot der PID [...] würde genau das tun, was der deutsche Gesetzgeber doch eigentlich als unzumutbar ausschließen wollte, nämlich hartherzig die Augen vor dem unsäglichen Leid der Eltern zu verschließen, die dann

51 Für den Verzicht auf Schwangerschaften mit dem Wissen um das hohe Risiko genetischer Erkrankungen plädierten beispielsweise Brand, MdB (CDU) in Deutscher Bundestag, Plenarprotokoll 17/105 (14.04.2011), S. 12115; Montgomery, Krieg der Ärzte (2001) und Schockenhoff, Guter Hoffnung (2010). Für Adoption als Alternative sprachen sich beispielsweise aus Bahners u. a., Interview mit Däubler-Gmelin (2001); Eibach, Präimplantationsdiagnostik (2003), S. 447; Link, Kinderlosigkeit (2000); Menkens, Interview mit Hüppe (2010) und Seifert, MdB (DIE LINKE) in Deutscher Bundestag, Plenarprotokoll 17/105 (14.04.2011), S. 11959. Gegen den Vorschlag des Verzichts sprachen sich beispielswiese aus Herdegen, Menschenwürde im Fluß des bioethischen Diskurses (2001), S. 778; Hufen, Präimplantationsdiagnostik aus verfassungsrechtlicher Sicht (2001), S. 442; Leopoldina – Deutsche Akademie der Naturforscher u. a. (Hg.), Ad-hoc-Stellungnahme (2011), S. 25 und Sager, MdB (BÜNDNIS 90/DIE GRÜNEN) in Deutscher Bundestag, Plenarprotokoll 17/105 (14.04.2011), S. 11963.

52 Bahners u. a., Interview mit Schröder (2001).

53 Dies betonte auch Parr, MdB (FDP) vor dem Bundestag, vgl. Deutscher Bundestag, Plenarprotokoll 15/166 (17.03.2005), S. 15574. Ebenso eine große Anzahl von Abgeordneten, die sich für die Zulässigkeit der Präimplantationsdiagnostik in bestimmten Fällen aussprachen vgl. Deutscher Bundestag, Plenarprotokoll 17/120 (07.07.2011), S. 13873–13910.

54 Vgl. den Wortbeitrag von Flach, MdB (FDP) vor dem Bundestag Deutscher Bundestag, Plenarprotokoll 17/105 (14.04.2011), S. 11946.

55 Aschenberg-Dugnus, MdB (FDP) in Deutscher Bundestag, Plenarprotokoll 17/120 (07.07.2011), S. 13884; Hintze, MdB (CDU) in Deutscher Bundestag, Plenarprotokoll 17/105 (14.04.2011), S. 11948 und Montag, MdB (BÜNDNIS 90/DIE GRÜNEN), in Deutscher Bundestag, Plenarprotokoll 17/105 (14.04.2011), S. 11955.

ihren legitimen Kinderwunsch aufgeben oder nur durch künstliche Befruchtung unter dem Risiko schwerer und schwerster, zuweilen tödlicher Erbkrankheiten des Kindes erfüllen könnten."[56]

Das Gutachten der Wissenschaftsakademie Leopoldina verglich die Präimplantationsdiagnostik mit Nidationshemmern. Aus teleologischer Perspektive bestehe der entscheidende Unterschied darin, dass die Präimplantationsdiagnostik der Herbeiführung und nicht der Verhinderung einer Schwangerschaft diene.[57] Solange die Eltern mit der genetischen Untersuchung die Geburt eines gesunden Kindes beabsichtigten, erhielte die Präimplantationsdiagnostik daraus ihre Legitimation als „Zwischenziel"[58]. Diese Argumentation lag auch der Urteilsbegründung des Bundesgerichtshofs zugrunde. So sei das Ziel und die Motivation zur Durchführung der Präimplantationsdiagnostik für den Angeklagten Berliner Gynäkologen Matthias Bloechle stets die Herbeiführung einer Schwangerschaft gewesen.[59]

Gleichzeitig wurde als Argument für eine Legalisierung der Präimplantationsdiagnostik das Argument vorgebracht, dass diese in erster Linie dazu diene, die Lebensfähigkeit des Embryos zu sichern. Der Gesetzentwurf um die Abgeordneten René Röspel, MdB (SPD) und Priska Hinz, MdB (BÜNDNIS 90/DIE GRÜNEN) knüpfte an diesen Aspekt an, bezog die Entwicklungsfähigkeit jedoch nicht nur auf die des Embryos, sondern auch auf die Lebensfähigkeit bereits geborener Kinder innerhalb des ersten Lebensjahres. Er bestimmte näher: „Nicht rechtswidrig ist die Untersuchung [Präimplantationsdiagnostik], wenn [...] bei den Eltern oder einem Elternteil eine genetische oder chromosomale Disposition diagnostiziert ist, die nach dem Stand der medizinischen Wissenschaft mit hoher Wahrscheinlichkeit eine Schädigung des Embryos, Fötus oder Kindes zur Folge hat, die zur Tot- oder Fehlgeburt oder zum Tod im ersten Lebensjahr führen kann"[60]. Auch der Ratsvorsitzende der Evangelischen Kirche in Deutschland, Nikolaus Schneider, betonte entgegen der Mehrheit des Rates, dass die Präimplantationsdiagnostik keine Selektion darstelle, da es einzig und allein darum ginge, die lebensfähigen Embryonen zu erkennen.[61] Mit Hilfe der Präimplantationsdiagnostik sollte dementsprechend ausschließlich nach denjenigen Krankheiten gesucht werden, die zum sicheren Tod des Embryos oder des Neugeborenen führen würden. Bei einer negativen Überlebensprognose sollten diese Embryonen zugunsten genetisch unauffälliger Embryonen verworfen werden. Präimplantationsdiagnostik sichere dadurch die Potentialität zur

[56] Zitiert nach: Deutscher Bundestag, Plenarprotokoll 17/105 (14.04.2011), S. 11970f.

[57] Vgl. Leopoldina – Deutsche Akademie der Naturforscher u. a. (Hg.), Ad-hoc-Stellungnahme (2011), S. 11.

[58] Ebd., S. 13.

[59] Vgl. Bundesgerichtshof, Aktenzeichen 5 StR 386/09 (7).

[60] Zitiert nach: Deutscher Bundestag, Drucksache 17/5452 (12.04.2011), S. 3.

[61] Vgl. Kammholz, „PID ist keine Selektion" (2011).

Entwicklungsfähigkeit und verstoße damit nicht gegen die Menschenwürde.[62] Friedhelm Hufen monierte: „Unverhältnismäßig ist letztlich auch das Verbot der Präimplantationsdiagnostik. In ihr liegt keine prinzipielle Infragestellung der Würde des Menschen, denn die Präimplantationsdiagnostik ist nichts anderes als ein Diagnoseverfahren zur Feststellung realer Potentialität und damit Entwicklungsfähigkeit des Lebens."[63]

Das Motiv der Präimplantationsdiagnostik war für die Befürworter der umstrittenen Screeningmethode damit eindeutig: die Geburt eines lebensfähigen und gesunden Kindes.

Zur Vermeidung von antizipierten Schwangerschaftskonfliktsituationen und möglichen Abtreibungen bei einer auffälligen Diagnose verwiesen einige Diskussionsteilnehmer darauf, dass Präimplantationsdiagnostik das durchaus schonendere Verfahren zur Erzielung eines gesunden und lebensfähigen Kindes darstelle.[64] Der Beweggrund der genetischen Untersuchung sei nicht die vielfach unterstellte willkürliche Implantation, Selektion oder Verwerfung von Embryonen, sondern das Ersparen der Last einer Abtreibung für das individuelle Paar oder die Frau.[65] Unter Berücksichtigung möglicher gesundheitlicher und seelischer Folgeschäden durch Abtreibung erkannten einige Diskussionsteilnehmer in der Präimplantationsdiagnostik „das mildere Mittel im Vergleich zur Abtreibung"[66]. Ähnlich argumentierte auch die Bundesärztekammer in ihrem Memorandum zur Präimplantationsdiagnostik: „Es [...] kann einer Frau nicht zugemutet werden, bei familiärer genetischer Belastung als Alternative zur PID eine PND durchführen zu lassen."[67] Im Zuge der Gegenüberstellung von Präimplantationsdiagnostik in Verbindung mit einer Embryonenauswahl vor Implantation und Pränataldiagnostik mit anschließender Abtreibung nach Implantation wurde eine „Zeugung auf Probe"[68] der „Schwangerschaft auf Probe"

[62] Vgl. Hufen, Menschenwürde und Lebensschutz (2007), S. 43 und Hufen, Individuelle Rechte und die Zulassung der Präimplantationsdiagnostik (2010), S. 143.

[63] Hufen, Menschenwürde und Lebensschutz (2007), S. 45. Dagegen verwies Beckmann, Präimplantationsdiagnostik (2009), S. 125f. auf statistisches Material über den Verbrauch von Embryonen bei der Suche nach einem genetisch unauffälligen Embryo, um zu zeigen, dass die Präimplantationsdiagnostik keine den Embryo erhaltende Maßnahme sei.

[64] Vgl. Bundesärztekammer, Memorandum (2011), S. 1703; Votum für eine begrenzte Zulassung der Präimplantationsdiagnostik in Deutscher Ethikrat, Präimplantationsdiagnostik (2011), S. 81; Dreier, Grundgesetz Kommentar (2004), S. 191f.; Nationaler Ethikrat, Stellungnahme (2003), S. 67; Taupitz, Spielräume (2010) und von der Leyen, MdB (CDU) in Deutscher Bundestag, Plenarprotokoll 17/120 (07.07.2011), S. 13909.

[65] Vgl. beispielsweise Kress, Medizinische Ethik (2005), S. 195.

[66] Hufen, Präimplantationsdiagnostik aus verfassungsrechtlicher Sicht (2001), S. 449. Vgl. auch Frommel, Menschenwürde des Embryos in vitro (2002), S. 420 und Ipsen, Der „verfassungsrechtliche Status" des Embryos in vitro (2001), S. 995.

[67] Bundesärztekammer, Memorandum (2011), S. 1703.

[68] „Die PID ist also keine Diagnostik an einem konkreten Menschenleben, sondern eine ‚Suchdiagnostik' nach gesunden Embryonen unter mehreren durch IVF erzeugten Embryonen.

vorgezogen.[69] Nicht nur für die Frau stelle eine „Zeugung auf Probe“ das geringere Übel dar, sondern ebenso für den Embryo, der im pränidativen Stadium noch gänzlich unentwickelt sei.[70] „Die PID eröffnet einen Weg, das Trauma eines Schwangerschaftsabbruchs zu vermeiden, mit dem ein bereits weit entwickeltes menschliches Lebewesen vernichtet würde“[71], begründete der Deutsche Ethikrat sein Mehrheitsvotum zugunsten einer begrenzten Zulassung der Diagnostikmethode. Vom Einsatz der Präimplantationsdiagnostik erhofften sich deren Befürworter die Verhinderung oder zumindest Eindämmung von Schwangerschaftsabbrüchen.[72]

Diese Abwägung war jedoch umstritten. Ulrich Eibach warnte davor, ein moralisches Übel durch ein anderes bekämpfen zu wollen.[73] Auch der Deutsche Ärztinnenbund lehnte diese Argumentation mit dem geringen Übels für die Mutter ab: „Bisher ist weder durch Studiendaten belegt, dass Eltern den Prozess der IVF plus PID/PND besser verkraften, als u. U. wiederholte Schwangerschaftsabbrüche, noch ist nachgewiesen, dass Eltern, die beides erlebten, der PID/PGD den Vorzug geben würden.“[74] Weiter verwies er darauf, dass die Präimplantationsdiagnostik weder die Lebensfähigkeit des Embryos noch seine Gesundheit

Es handelt sich also um eine Zeugung auf Probe.“ Eibach, Präimplantationsdiagnostik (2003), S. 443.

69 So beispielsweise Deutscher Bundestag, Drucksache 17/5210 (03.03.2011), S. 26; Votum für eine begrenzte Zulassung der Präimplantationsdiagnostik in Deutscher Ethikrat, Präimplantationsdiagnostik (2011), S. 81; Dreier, Grundgesetz Kommentar (2004), S. 191f.; Gutmann, Rechtliche und rechtsphilosophische Fragen (2010), S. 79; Hintze, MdB (CDU) in Deutscher Bundestag, Plenarprotokoll 17/105 (14.04.2011), S. 11949; Hufen, Individuelle Rechte und die Zulassung der Präimplantationsdiagnostik (2010), S. 147; Leopoldina – Deutsche Akademie der Naturforscher u. a. (Hg.), Ad-hoc-Stellungnahme (2011), S. 24 und Seehofer (CSU) im Welt-Interview, vgl. Leersch, PID in engen Grenzen vertretbar (2001).

70 „Außerdem ist mit der Tötung eines mehrere Monate alten Fetus ein viel gravierenderer Vorgang gegeben als mit der ‚Verwerfung‘ eines Embryos im 6- bis 10-Zell-Stadium. In dieser Hinsicht kann die PID als das im Vergleich zum Schwangerschaftsabbruch ethisch weniger problematische Verfahren angesehen werden.“ Nationaler Ethikrat, Stellungnahme (2003), S. 123. Ebenso Gutmann, Rechtliche und rechtsphilosophische Fragen (2010), S. 79; Ministerium der Justiz Rheinland-Pfalz (Hg.), Fortpflanzungsmedizin und Embryonenschutz (2005), S. 12f.; Reimann, MdB (SPD) in Deutscher Bundestag, Plenarprotokoll 17/105 (14.04.2011), S. 11951 und Volkmer, MdB (SPD), in Deutscher Bundestag, Plenarprotokoll 17/105 (14.04.2011), S. 11972.

71 Zitiert nach: Deutscher Bundestag, Drucksache 17/5210 (03.03.2011), S. 26.

72 Vgl. Deutscher Bundestag, Drucksache 14/7415 (09.11.2001), S. 4 und Deutscher Bundestag, Drucksache 15/1234 (25.06.2003), S. 4.

73 Vgl. Eibach, Präimplantationsdiagnostik (2003), S. 447. Ebenso Nesković, Zerbrochene Pfeile (2011), der schrieb: „Wer die PID mit den Abtreibungsregeln des Strafgesetzbuche rechtfertigen will, begründet ein vermeidbares ethisches Desaster mit einer ganz anderen, unvermeidbaren ethischen Konfliktlage. Ethik funktioniert anders. Sie strebt nach einer Stärkung des ethischen Verhaltens, nicht nach der Rechtfertigung von mehr ‚Unethik‘.“

74 Deutscher Ärztinnenbund e. V., Stellungnahme (2001), S. 3.

garantieren würde.[75] Vielmehr würde der Präimplantationsdiagnostik routinemäßig im Zuge der Schwangerschaftsvorsorge auch noch die Pränataldiagnostik zur Sicherstellung der Gesundheit des Nachwuchses folgen und – bei auffälligem Befund – in einigen Fällen auch die Abtreibung.[76] Die Konsequenz der Zulassung der Präimplantationsdiagnostik sei daher nicht die Ersetzung von Abtreibungen durch genetische Untersuchungen, vielmehr seien die Diagnosemöglichkeiten additiv zu sehen. Der Medizinethiker Axel Bauer prophezeite dementsprechend: „Es dürfte eher so sein, dass die Bandbreite von ‚Normalität', die in unserer Gesellschaft künftig noch toleriert werden wird, durch die Möglichkeiten, welche die PID bietet, deutlich schmaler werden wird. [...] Denn ein Embryo, der nach einer PID erfolgreich in die Gebärmutter implantiert werden konnte, hätte ja nur die erste Hürde künftiger ‚Qualitäts-Checks' überlebt."[77]

Die Bundesvereinigung Lebenshilfe für Menschen mit geistiger Behinderung kritisierte die Einstellung, mit Präimplantationsdiagnostik das antizipierte Leid der noch nicht Geborenen verhindern zu wollen: „Die Präimplantationsdiagnostik bietet keine Heilung an: Sie eliminiert den Kranken und nicht die Krankheit als solche."[78] Die Würde des Embryos sei verletzt, wenn Eltern das Recht hätten, je nach Ergebnis der genetischen Diagnostik über das Leben des Embryos zu entscheiden.[79] Rainer Beckmann kritisierte: „Die im Rahmen der PID künst-

[75] Vgl. ebd., S. 3 und Haker, Ein in jeder Hinsicht gefährliches Verfahren (2001).

[76] Vgl. Arbeitskreis Frauengesundheit (AKF) u. a., Stellungnahme (2001); Bender, MdB (BÜNDNIS 90/DIE GRÜNEN) in Deutscher Bundestag, Plenarprotokoll 17/105 (14.04.2011), S. 11950; Deutscher Ärztinnenbund e. V., Stellungnahme (2001), S. 3; Haker, Ein in jeder Hinsicht gefährliches Verfahren (2001); Lammert, MdB (CDU) in Deutscher Bundestag, Plenarprotokoll 17/105 (14.04.2011), S. 11950f.; Elke Ferner, MdB (SPD), in Deutscher Bundestag, Plenarprotokoll 17/105 (14.04.2011), S. 11969 und Netzwerk gegen Selektion durch Pränataldiagnostik, Stellungnahme (2001), S. 2. Eine ausführliche Analyse der Präimplantationsdiagnostik als Garantie für ein gesundes Kind und ein Plädoyer für den Verzicht auf Präimplantationsdiagnostik lieferte Kollek, Präimplantationsdiagnostik (2002), S. 45–51.

[77] Bauer, Grauzonen (2011), S. 148.

[78] Bundesvereinigung Lebenshilfe für Menschen mit geistiger Behinderung, Position (2010), S. 5. Ebenso Braun, Grenzziehungen (2001), S. 23: „PID ist kein Heilverfahren, das den Zweck hat, einen Menschen zu heilen oder seine Krankheit zu lindern, sondern ein Verfahren, das einzig dem Zweck dient, Menschen mit einer bestimmten Merkmalsstruktur zu verhindern." So auch Däubler-Gmelin, MdB (SPD) im FAZ-Interview: „Bei der PID geht es gerade nicht um die Diagnose zum Zweck der Heilung, sondern um Ausscheiden von genetisch auffälligen oder belasteten Embryonen, also eben um Selektion." Bahners u. a., Interview mit Däubler-Gmelin (2001). Vgl. auch Göring-Eckhardt, MdB (BÜNDNIS 90/DIE GRÜNEN) in Deutscher Bundestag, Plenarprotokoll 17/105 (14.04.2011), S. 11962 und Böckenförde in Deutscher Bundestag – Ausschuss für Gesundheit, Protokoll Nr. 17/42 (25.05.2011), S. 16.

[79] Vgl. Kollek, Vom Schwangerschaftsabbruch zur Embryonenselektion (1999), S. 124; Juristenvereinigung Lebensrecht e. V., PID ist Selektion (2011) und Röger, Verfassungsrechtliche Grenzen (2000), S. 67.

lich erzeugten Embryonen werden nicht wie Rechtssubjekte behandelt, denen Menschenwürde und Lebensrecht zustehen."[80]

Die Widersprüchlichkeit im Rechtssystem zwischen der Zulässigkeit der Abtreibung nach Pränataldiagnostik einerseits und dem Verbot der Präimplantationsdiagnostik andererseits war für eine Vielzahl von Diskussionsteilnehmern ein gewichtiges Argument für die Zulassung der Präimplantationsdiagnostik.[81] Die Präimplantationsdiagnostik könne bei Vorliegen dieses Wertungswiderspruches auf keinen Fall verboten werden. Solange Abtreibungen bei schwerer Erkrankung des Kindes bis ins letzte Schwangerschaftstrimester möglich seien, könne der Gesetzgeber die Einführung der Präimplantationsdiagnostik nicht verhindern, so die Schlussfolgerung.[82] Dies wäre eine Verletzung der Würde der Eltern, so Jörn Ipsen.[83] Die Rechtswissenschaftlerin Monika Frommel resümierte: „Die Unverfügbarkeit des menschlichen Lebens kann auch in vitro nicht absolut und schon gar nicht gegen die prospektive Mutter gesetzt werden."[84] Ein strafrechtliches Verbot der Präimplantationsdiagnostik würde einen offensichtlich widersprüchlichen Zustand in der deutschen Rechtsordnung nicht aufheben, sondern begünstigen, so die Kritik.[85]

80 Beckmann, Prüfstand (2011), S. 111. Beckmann rekurriert explizit auf die Objekt-Formel Dürigs, nach der eine Würdeverletzung dann vorliegt, wenn der Mensch zum Mittel und Objekt degradiert wird. Vgl. ebd., S. 112.

81 So auch für Bundesärztekammer, Memorandum (2011), S. 1703; Herdegen, Art. 1 (2003), S. 54; Herdegen während einer Anhörung des Gesundheitsausschusses in Deutscher Bundestag – Ausschuss für Gesundheit, Protokoll Nr. 17/42 (25.05.2011), S. 6; Hoppe, Ein PID-Verbot wäre unlogisch (2010); Hufen, Präimplantationsdiagnostik aus verfassungsrechtlicher Sicht (2001), S. 449; Ipsen, Der „verfassungsrechtliche Status" des Embryos in vitro (2001), S. 995; Leopoldina – Deutsche Akademie der Naturforscher u. a. (Hg.), Ad-hoc-Stellungnahme (2011), S. 11 und Schroth, Forschung mit embryonalen Stammzellen (2002), S. 174. Zippelius/Würtenberger, Deutsches Staatsrecht (2008), S. 239 verwiesen auf folgenden Widerspruch: „Es ist nämlich inkonsistent, zunächst für den Embryo den Schutz der Menschenwürde zu postulieren, diese dann aber lediglich durch ein Beratungskonzept zu schützen."

82 Vgl. Leopoldina – Deutsche Akademie der Naturforscher u. a. (Hg.), Ad-hoc-Stellungnahme (2011), S. 11.

83 Vgl. Ipsen, Der „verfassungsrechtliche Status" des Embryos in vitro (2001), S. 995.

84 Frommel, Menschenwürde des Embryos in vitro (2002), S. 421.

85 „Das Schutzkonzept einer begrenzten Zulassung der PID vermeidet einen Widerspruch zum Schutzkonzept ungeborenen Lebens in unserer Rechtsordnung." Zitiert nach: Deutscher Bundestag, Drucksache 17/5210 (03.03.2011), S. 34. Ebenso Gutmann, Rechtliche und rechtsphilosophische Fragen (2010), S. 79; Lübbe, Behindertenselektion (2003), S. 218, der aus der Schutzlosigkeit des Embryos nur folgern konnte: „Mir selbst fällt dazu nur eines ein: Die befruchtete Eizelle ist nicht Träger der Menschenwürde, jedenfalls nicht in demselben Sinne wie ein geborener Mensch"; und Sendler, Menschenwürde (2001), S. 2150, der zu bedenken gab, dass wenn man bei einem Schwangerschaftsabbruch nicht von einem Verstoß gegen die Menschenwürde spräche, dies auch nicht für die Präimplantationsdiagnostik gelten könne. Sowohl beim Schwangerschaftsabbruch als auch bei der

Wie auch in der Stammzelldebatte wurde das unterschiedliche Schutzniveau des Embryos in utero und in vitro festgestellt und daraus von einigen Befürwortern die Zulässigkeit der Präimplantationsdiagnostik abgeleitet: „Als nicht widerspruchsfrei erscheint eine Position, die dem frühen Embryo (vor einer PID) in der Glasschale einen höheren Lebens- und Würdeschutz zuerkennt als dem deutlich reiferen Fetus im Mutterleib (vor PND).“[86] Im ersten Gesetzentwurf der FDP zur Regelung der Präimplantationsdiagnostik hieß es dazu: „Ein explizites Verbot der PID [...] stünde im Widerspruch zu dem Recht der Frau, nach ‚positivem Befund‘ einer Pränataldiagnostik und bei Vorliegen der medizinischen Indikation die Schwangerschaft abbrechen zu lassen.“[87] Dabei wurde nicht nur auf die Möglichkeit einer straffreien Abtreibung und den dadurch ungeschützten Embryo in utero verwiesen, sondern auch auf den legalen Einsatz von Nidationshemmern und der Pille.[88] Unter Beachtung des grundgesetzlichen Gleichheitsanspruchs aus Art. 3 Abs. 1 GG sei eine solche Ungleichbehandlung der Präimplantationsdiagnostik und der Pränataldiagnostik verfassungsrechtlich nicht haltbar.[89]

Andere Autoren hielten die Argumentation mit dem Wertungswiderspruch für falsch.[90] Im Falle eines Schwangerschaftsabbruchs läge eine Kollision zwischen Mutter und Kind vor, die bei Präimplantationsdiagnostik nicht gegeben sei.[91] Ähnlich argumentierte Maria Böhmer, MdB (CDU): „Diese Argumen-

Präimplantationsdiagnostik würde der Embryo Interessen geopfert, die außerhalb seiner selbst lägen. Aus dem Wertungswiderspruch folgerte er jedoch nicht unmittelbar die Zulassung der Präimplantationsdiagnostik. Vgl. auch: Schroth, Forschung mit embryonalen Stammzellen (2002), S. 177.

86 Leopoldina – Deutsche Akademie der Naturforscher u. a. (Hg.), Ad-hoc-Stellungnahme (2011), S. 24.

87 Deutscher Bundestag, Drucksache 14/7415 (09.11.2001), S. 2. Vgl. auch Deutscher Bundestag, Drucksache 15/1234 (25.06.2003), S. 2.

88 Vgl. Bahners u. a., Interview mit Schröder (2001); Bundesärztekammer, Memorandum (2011), S. 1704; Hintze, MdB (CDU) in Deutscher Bundestag, Plenarprotokoll 17/105 (14.04.2011), S. 11949; Neidert, Zunehmendes Lebensrecht (2000), S. 3484; Schlink, Die Würde in vitro (2011); Schroth, Forschung mit embryonalen Stammzellen (2002), S. 176f. und Taupitz, Status des Embryos (2004), S. 102.

89 Mit Verweis auf das entsprechende Urteil des Bundesverfassungsgerichts Kloepfer, Humangentechnik als Verfassungsfrage (2002), S. 425.

90 Ausführlich zum Wertungswiderspruch Abtreibung ja, Präimplantationsdiagnostik nein, Beckmann, Prüfstand (2011), S. 130–134. Er resümierte: „Die Zulassung der PID durch den Gesetzgeber würde keinen ‚Wertungswiderspruch‘ beseitigen, sondern einen solchen erzeugen. Der auf Vermeidung einer ‚Konfliktlösung durch Abtreibung‘ ausgerichteten Regelung des § 218a Abs. 2 StGB würde eine Regelung gegenübergestellt, die sehenden Auges die Erzeugung von tödlichen Konfliktsituationen gestattet.“ Ebd., S. 134.

91 Vgl. Bender, MdB (BÜNDNIS 90/DIE GRÜNEN) in Deutscher Bundestag, Plenarprotokoll 17/105 (14.04.2011), S. 11949; Deutscher Bundestag, Wortprotokoll Enquete-Kommission (13.11.2000), S. 45f.; Deutscher Bundestag, Drucksache 17/5450

tation verkennt die Einmaligkeit der Mutter-Kind-Beziehung, die ‚Einheit in Zweiheit'."[92] Die Situationen seien nicht miteinander vergleichbar, da relevante Unterschiede zwischen einem Konflikt vor und nach Implantation des Embryos bestünden.[93] Zudem, so der entscheidende Unterschied zu Abtreibung oder Nidationshemmern, diene die Präimplantationsdiagnostik dazu, behindertes Leben zu selektieren.[94] Während bei der Abtreibung versucht werde, einen bestehenden Konflikt zu lösen, produziere die In-vitro-Fertilisation und die Präimplantationsdiagnostik einen solchen erst.[95] „Eine solche akute, konkrete Konfliktlage ist vor der Implantation nicht gegeben. Wenn man die spätere Konfliktlage sozusagen antizipieren will, dann stellt sich die Frage, ob das nicht bereits das Verhalten vor der Zeugung und Erzeugung dirigieren muß."[96] Der Rechtswissenschaftler Michael Kloepfer schlug zur Lösung des vielfach widersprüchlich wahrgenommenen Zustandes vor, die Ungleichheit doch auch dadurch aufheben zu können, indem man Pränataldiagnostik und Abtreibung unter Strafe stelle. Eine zwangsläufige Entwicklung hin zur Straffreiheit der Präimplantationsdiagnostik sah er nicht gegeben.[97] Wertungswidersprüche zu vermeiden sei nicht das oberste Ziel des Staates, erinnerte Christian Hillgruber: „Im Verfassungsstaat muss die Gesetzgebung der Verfassung gemäß, nicht die Verfassung gesetzmäßig sein."[98]

Neben den wahrgenommenen Wertungswidersprüchen innerhalb der deutschen Rechtsordnung kritisierten die Befürworter der Präimplantationsdiagnos-

(11.04.2011), S. 8; Votum für ein gesetzliches Verbot der Präimplantationsdiagnostik in Deutscher Ethikrat, Präimplantationsdiagnostik (2011), S. 117 und Graumann, Regulativ der Menschenwürde (2004), S. 139, die konkretisierte: „Zum Zeitpunkt der Entscheidung über die Inanspruchnahme der PID besteht keine Schwangerschaft, daher auch keine Kollision des Rechts auf Leben eines Embryos und des Rechts der Frau auf körperliche und psychische Integrität, wie bei unerwünschter Schwangerschaft." Vgl. auch: Graupner, Interview mit Böckenförde (2001); Kloepfer, Humangentechnik als Verfassungsfrage (2002), S. 425 und Schockenhoff, Einspruch (2001).

92 Böhmer, Selektionsmedizin (2001).

93 Vgl. Deutscher Bundestag, Drucksache 14/9020 (14.05.2002), S. 111f. und Zentralkomitee der deutschen Katholiken, PID-Verbot (2011).

94 Vgl. Deutscher Bundestag, Drucksache 17/5450 (11.04.2011), S. 8.

95 Vgl. Bahners, Sentimentalitäten (2001); Bahners u. a., Interview mit Däubler-Gmelin (2001) und Sacksofsky, Fortpflanzungsmedizingesetz (2005), S. 65.

96 Graupner, Interview mit Böckenförde (2001).

97 Vgl. Böckenförde, Einspruch (2011), der mahnte: „Soll die dargelegte Spannung aufgelöst werden, muss die Korrektur an der richtigen Stelle ansetzen, nämlich bei der ohnehin gebotenen stärkeren Berücksichtigung der Menschenwürde und des Lebensrechts des Embryos bei der Anwendung der Abtreibungsregelung." Einen Appell für eine erneute Reflexion der Praxis der Pränataldiagnostik und In-vitro-Fertilisation machten auch Kaminski, Nachdenken über Limitierung (2000), S. 1964 und Kloepfer, Humangentechnik als Verfassungsfrage (2002), S. 425.

98 Hillgruber, Es gibt keine Gleichheit im Unrecht (2011).

tik die Differenzen zwischen Rechtsnormen der europäischen Länder.[99] Das, was in anderen Nationen des gleichen Kulturraumes rechtens sei, könne, so die Forderung, in Deutschland nicht als rechtswidrig abgetan werden. „Belgien ist ein christliches Land, nicht weniger als Deutschland. Auch in Belgien [wo Präimplantationsdiagnostik bereits zugelassen war] werden menschliches Leben und die menschliche Würde geschützt, nicht weniger als in Deutschland", betonte Johannes Singhammer, MdB (CSU), um den PID-Gegnern die Sorge vor der Entmenschlichung der deutschen Gesellschaft zu nehmen.[100] Man könne und dürfe die internationale Entwicklung aus der nationalen Debatte nicht verdrängen.[101] Angemessener sei es, die Positionen der anderen Länder in die Diskussion einfließen zu lassen und Regelungsunterschiede abzubauen.[102] Hubert Markl fasste diesen Gedanken in seiner Rede vor der Max-Planck-Gesellschaft am 22.06.2001 zusammen: „Aber gerade in einer immer mehr zusammenwachsenden Gemeinschaft europäischer Nationen täten wir vielleicht doch gut daran, zu hören und abzuwägen, was die Argumente anderer abendländischer Nationen sind, die nicht weniger als wir in freien, demokratischen Rechtsstaaten leben, ehe wir gemeinsam mit dem Vatikan das Hochufer moralischer Letztbegründungen zu besetzen suchen."[103]

Unterließe man die Anpassung des deutschen Rechts an das Recht in den europäischen Nachbarländern, so provoziere man eine Situation vergleichbar dem Abtreibungstourismus der 1960er und 1970er Jahre.[104] Das Phänomen, zur Durchführung einer legalen Präimplantationsdiagnostik in ein anderes europäisches Land zu reisen, wurde unter dem Titel „PID-Tourismus" „Pati-

99 Zur rechtlichen Situation in den anderen europäischen Ländern vgl. Deutscher Bundestag, Drucksache 15/3500 (30.06.2004), S. 12–66; Deutscher Ethikrat, Präimplantationsdiagnostik (2011), S. 69–79; Nationaler Ethikrat, Stellungnahme (2003), S. 53f.; Nippert, Präimplantationsdiagnostik (2006) und Simon, Rechtliche Aspekte (1999), S. 63–68.

100 Zitiert nach: Deutscher Bundestag, Plenarprotokoll 17/105 (14.04.2011), S. 11955. So zweifelte auch Seehofer (CSU): „Sehr viele Länder in Europa haben PID erlaubt. Man wird diesen Ländern nicht vorwerfen können, sie hätten kein rechtsstaatliches oder christliches Grundverständnis." Leersch, PID in engen Grenzen vertretbar (2001).

101 Vgl. Hufen, Menschenwürde und Lebensschutz (2007), S. 45; Merkel, MdB (CDU) im Interview mit der Zeit in Niehjahr/Ross, Gespräch mit Angela Merkel (2000); Ministerium der Justiz Rheinland-Pfalz (Hg.), Fortpflanzungsmedizin und Embryonenschutz (2005), S. 72f. und Renesse, Verbieten hilft nicht (2001).

102 Vgl. Deutscher Bundestag, Drucksache 15/1234 (25.06.2003), S. 5 und Hufen, Individuelle Rechte und die Zulassung der Präimplantationsdiagnostik (2010), S. 130.

103 Abgedruckt in Geyer (Hg.), Biopolitik (2001), S. 177–199.

104 So der Humangenetiker Henn in der Anhörung zum Thema „Präimplantationsdiagnostik" vor der Enquete-Kommission „Recht und Ethik der modernen Medizin", vgl. Deutscher Bundestag, Wortprotokoll Enquete-Kommission (13.11.2000), S. 9. Ebenso auch Diedrich in Deutscher Bundestag – Ausschuss für Gesundheit, Protokoll Nr. 17/42 (25.05.2011), S. 46.

ententourismus"[105] oder „Reproduktions-Tourismus" kritisiert.[106] Der Bericht „Preimplantation Genetic Diagnosis in Europe" der Europäischen Kommission aus dem Jahr 2007 veröffentlichte die Zahl von jährlich 129 deutschen Paaren, die für eine Präimplantationsdiagnostik in die Länder Belgien, Tschechien und Spanien gereist waren.[107] Darüber hinaus verwies der „Entwurf eines Gesetzes zur Regelung der Präimplantationsdiagnostik" der Fraktion FDP darauf, dass die Ärzte, die Paare ins Ausland vermittelten, sich damit strafbar machten.[108] Dem Argument des PID-Tourismus wurde jedoch heftig widersprochen: So erinnerte Ute Sacksofsky daran, dass der deutsche Gesetzgeber allein für Regelungen in Deutschland zuständig sei. An der Menschenwürdewidrigkeit der Präimplantationsdiagnostik würde ihre Zulässigkeit in anderen Rechtssystemen nichts ändern: „Dass andere Staaten bestimmte Sachverhalte anders regeln, beeinflusst die verfassungsrechtliche Lage in Deutschland nicht."[109] Ähnlich entgegnete Johannes Rau dem Vorwurf der Reglungsunterschiede: „Aber wir sagen doch schon unseren Kindern, dass sie tun müssen, was richtig ist, ganz gleich, was andere machen. Und wir akzeptieren dieses Argument ja auch nicht im Fall von Kinderarbeit, von Sklaverei oder bei der Todesstrafe."[110]

Gegen die Legalisierung der Präimplantationsdiagnostik auch in Deutschland stemmten sich zahlreiche Diskussionsteilnehmer, seitdem diese Technik immer häufiger in der Reproduktionsmedizin Anwendung fand. Auch wenn die Präimplantationsdiagnostik ebenso wie die Gewinnung von embryonalen

[105] Leopoldina – Deutsche Akademie der Naturforscher u. a. (Hg.), Ad-hoc-Stellungnahme (2011), S. 23.

[106] Vgl. ebd., S. 4 & 23; Parr, MdB (FDP) in Deutscher Bundestag, Plenarprotokoll 15/166 (17.03.2005), S. 15575; Schwinger, Ende einer Farce (2010). Ausführlich zum „reproduktionsmedizinischen Tourismus" und zum Votum für ein gesetzliches Verbot der Präimplantationsdiagnostik in Deutscher Ethikrat, Präimplantationsdiagnostik (2011), S. 145–148.

[107] Vgl. Corveleyn u. a. (Hg.), Preimplantation Genetic Diagnosis in Europe (2007), S. 41.

[108] Vgl. Deutscher Bundestag, Drucksache 14/7415 (09.11.2001), S. 4f.

[109] Sacksofsky, Fortpflanzungsmedizingesetz (2005), S. 68. Ebenso Deutscher Ärztinnenbund e. V., Stellungnahme (2001), S. 5: „Würde die ‚Auslandsargumentation' ernst genommen, so wäre jegliche gesetzgeberische Aktivität in Deutschland sinnlos, da ausländische Bedingungen die deutschen konterkarieren würden. Das ist bislang nicht der Fall." Vgl. auch Deutscher Bundestag, Drucksache 17/5210 (03.03.2011), S. 49. Und Bischof Huber warnte davor, „nicht mit dem Tourismusargument in einen Wettbewerb um den geringsten Grad an Regulierung einzutreten." Deutscher Bundestag – Ausschuss für Gesundheit, Protokoll Nr. 17/42 (25.05.2011), S. 51. Vgl. auch Riedel, Präimplantationsdiagnostik (2000), S. 586f.

[110] Rau, Berliner Rede (2001), S. 10. Ganz ähnlich argumentierte Beckmann, Rechtsfragen (2001), S. 175: „Der deutsche Gesetzgeber kann nur für den eigenen Zuständigkeitsbereich Regelungen treffen. Abweichende Bestimmungen im Ausland beeinflussen die Begründetheit der nationalen Regelung nicht." Vgl. auch Hepp, Präimplantationsdiagnostik (2000), S. 1220.

Stammzellen für Forschungsarbeiten die Instrumentalisierung des Embryos beinhaltete, so unterschied sich die Diskussion um den Embryonenschutz bei Präimplantationsdiagnostik oder embryonaler Stammzellforschung doch in einigen entscheidenden Punkten.

Zentrale Argumente richteten sich erstens gegen den selektiven Charakter der Präimplantationsdiagnostik, zweitens gegen die damit verbundene Tendenz zu Eugenik, drittens gegen die Diskriminierung behinderter Menschen, und viertens antizipierte man mit ihrer Zulassung einen „Dammbruch", in dessen Folge weitaus umfassendere, nicht mehr kontrollierbare Maßnahmen im Bereich der Embryonenherstellung, -auswahl und -übertragung zur Routine würden. „Es handelt sich bei der Präimplantationsdiagnostik um eine Methode der Prävention durch Selektion", schrieb Kathrin Braun in der FRANKFURTER RUNDSCHAU. „[S]ie stellt insofern eine Methode der Menschenzüchtung dar, denn mit ihrer Hilfe wird gezielt auf die Merkmale und Eigenschaften der künftigen Menschen Einfluss genommen; es werden Menschen ohne bestimmte, als potenziell negativ verstandene Anlagen und Merkmale erzeugt"[111].

Die im Zuge einer genetischen Untersuchung in vitro bewusst in Kauf genommene Möglichkeit der Auswahl von nicht vorbelasteten Embryonen entwickelte sich zum zentralen Kritikpunkt an der Präimplantationsdiagnostik, die rasch mit dem Begriff „Selektion" umschrieben wurde.[112] Für Jürgen Habermas war diese Technik Teil einer „liberale[n] Eugenik"[113]. Der Unterschied zu einer staatlich verordneten Eugenik bestünde heutzutage darin, dass die Menschen zwanglos und freiwillig Techniken in Anspruch nähmen, die ihre genetische Konstitution oder die ihres Nachwuchses beeinflussten.[114] Die Präimplantationsdiagnostik stelle eine dieser Techniken dar, liberale Eugenik zu betreiben, so Habermas.[115] Dabei sei der Übergang von „negativer" zu „positiver" Eugenik fließend und nur schwer zu verhindern.[116] Vergleichbar äußerte sich auch Christian Starck: „Ferner sind die Übergänge von der Präimplantationsdiagnostik zur Vermeidung erbkranken Nachwuchses hin zur Sicherung eines bestimmten Qualitätsstan-

111 BRAUN, Frau als Reagenzglas (2000).

112 „Der Akt der Selektion besteht, anders als im Falle der Abtreibung, in einer Unterlassung, nämlich im Verzicht auf die Implantation." LÜBBE, Behindertenselektion (2003), S. 203–220.

113 HABERMAS, Zukunft der menschlichen Natur (2001).

114 Vgl. HUBER, Nicht erst am Anfang des Diskurses (2001) und WISSENSCHAFTLICHER BEIRAT DER BUNDESÄRZTEKAMMER, Präimplantationsdiagnostik als Verantwortung (2000), S. 1137.

115 Vgl. HABERMAS, Zukunft der menschlichen Natur (2001), S. 117.

116 „Bei der Präimplantationsdiagnostik ist es heute schon schwierig, die Grenze zwischen der Selektion unerwünschter und der Optimierung erwünschter Erbanlagen einzuhalten." Ebd., S. 41. Ebenso BÖCKENFÖRDE, Normatives Prinzip (2003), S. 815; BRAUN, Grenzziehungen (2001), S. 23; STARCK, Rechtsgrenzen I (2001) und STARCK, Rechtsschutz wird weggeredet (2011).

dards des Kindes fließend."[117] Indem der Staat die Präimplantationsdiagnostik nicht verbiete, würde er einer Liberalisierung der Eugenik Vorschub leisten.[118] Kathrin Braun merkte an: „Die Verhinderung von Leid der zukünftigen Kinder könnte auch so interpretiert werden, dass es erforderlich ist, Kinder herzustellen, die den Normen und Erwartungen der Umwelt gerecht werden, man sie mit einer entsprechenden Intelligenz oder körperlichen Leistungsfähigkeit ausstattet."[119]

Im Gegensatz zu einer Abtreibung nach Pränataldiagnostik provoziere Präimplantationsdiagnostik eine Selektionsentscheidung „abstrakter, technischer, neutraler, emotionsloser und distanzierter" Art, konstatierte Sigrid Graumann.[120] Auch die Ethikerin Hille Haker differenzierte zwischen den Selektionsentscheidungen bei Präimplantationsdiagnostik und Pränataldiagnostik: „Dieser [normative Unterschied zwischen Präimplantationsdiagnostik und Pränataldiagnostik] besteht darin, dass die Pränataldiagnostik eine indirekte Selektion bedeutet, also eine nichtintendierte Nebenwirkung besitzt, während die Präimplantationsdiagnostik direkt und intendiert Selektion vornimmt."[121] Eine Embryonenselektion werde bei In-vitro-Fertilisation mit anschließender Präimplantationsdiagnostik bewusst in Kauf genommen und die Selektionsbereitschaft damit noch vor Entstehung des Embryos und unter Ausschluss einer Konfliktsituation zwischen Mutter und Embryo ausgedrückt.[122]

Begriffen wie „aussortieren", „selektieren", „auswählen" und „Menschenzüchtung" haftete aufgrund der nationalsozialistischen Vergangenheit eine negative Konnotation an, die bei der Verwendung dieser Worte im Kontext der Präimplantationsdiagnostik mitschwang. Einige Autoren formulierten die historischen Parallelen aus, so beispielsweise Ute Sacksofsky, die in ihrem Gutachten für die Enquete-Kommission des Deutschen Bundestages „Recht und Ethik der moder-

117 Starck, Verfassungsrechtliche Grenzen (2002), S. 1071.

118 Vgl. Netzwerk gegen Selektion durch Pränataldiagnostik, Stellungnahme (2001), S. 2.

119 Braun, Grenzziehungen (2001), S. 23f. Ähnlich auch Evangelische Kirche in Deutschland/Sekretariat der Deutschen Bischofskonferenz (Hg.), Wieviel Wissen tut uns gut (1997), S. 24.

120 Graumann, Gesellschaftliche Folgen der Präimplantationsdiagnostik (2001), S. 219.

121 Zitiert nach: Deutscher Bundestag, Wortprotokoll Enquete-Kommission (13.11.2000), S. 46. Ähnlich auch bei Pawlik, Alle Trümpfe genommen (2001).

122 Vgl. und zitiert nach Laufs, Fortpflanzungsmedizin und Menschenwürde (2000), S. 2717: „Die artifizielle Reproduktion geschieht unter dem Vorbehalt der Vernichtung des Embryos mit einem Gendefekt: Mediziner stellen Leben her, um es zu testen und bei positivem Befund zu selektieren. Diesen düsteren Befund vermag die gute Absicht, den Elternwunsch nach einem gesunden Kind möglichst zu erfüllen, nicht aufzuhellen." Ebenso Beckmann, Rechtsfragen (2001), S. 174; Eibach, Präimplantationsdiagnostik (2003), S. 444; Deutsche Bischofskonferenz, Stellungnahme (2011), S. 1 und Röger, Verfassungsrechtliche Grenzen (2000), S. 66f.

nen Medizin" folgende Assoziation festhielt: „Das Bild der Selektions-Rampe in Auschwitz drängt sich ebenso auf wie die an behinderten Menschen durchgeführten ‚Euthanasie-Programme'."[123] Auch Johannes Rau verwies in seiner Berliner Rede explizit auf diesen geschichtlichen Zusammenhang: „Eugenik, Euthanasie und Selektion: Das sind Begriffe, die in Deutschland mit schlimmen Erinnerungen verbunden sind."[124] Auch wenn der Begriff „Selektion" in erster Linie biologisch und nicht historisch verwendet wurde, so schwangen im Einsatz dieses Wortes stets negative, emotionsweckende Grundtöne mit.[125]

Kardinal Joachim Meisner kritisierte den Richtlinienentwurf zur Präimplantationsdiagnostik der Bundesärztekammer mit einer anderen Anspielung auf die nationalsozialistische Vergangenheit: „Was der jetzige Richtlinienentwurf der deutschen Bundesärztekammer beschreibt und offensichtlich ermöglichen will, ist recht besehen nichts anderes als ein erneuter Versuch der ‚Verhütung erbkranken Nachwuchses' mit den technischen Mitteln des 21. Jahrhunderts."[126] Gegen diesen Vorwurf, mit ihrem Diskussionsentwurf in Ausnahmefällen eugenischen Tendenzen im Stile des Nationalsozialismus Vorschub zu leisten, wehrte sich der Wissenschaftliche Beirat der Bundesärztekammer entschieden. „Es geht an der Sache völlig vorbei und verlässt den Boden eines an wissenschaftlichen Maximen orientierten Meinungsaustauschs, wenn der Eindruck erweckt wird, aus gutem Grund geschlossene Schleusen gegenüber nationalsozialistischen Gräueltaten seien durch den Wissenschaftlichen Beirat der Bundesärztekammer wieder geöffnet worden und wenn die Präimplantationsdiagnostik in die gedankliche Nähe einer Eugenik nationalsozialistischer Prägung gerückt wird."[127] Der hier verteidigte Diskussionsentwurf hatte explizit formuliert, dass mit der Präimplantationsdia-

[123] Sacksofsky, Gutachten (2001), S. 47. Dieses Bild verwendete auch Bloechle im FAZ-Interview, allerdings mit der Schlussfolgerung: „Aber damit hat die Präimplantationsdiagnostik nichts zu tun. Es geht hier nicht um die Tötung von Menschen aufgrund irgendwelcher Merkmale! Sehr wohl aber um das berechtigte Interesse von Paaren, die trotz einer genetischen Risikokonstellation gerne Eltern werden möchten." Falke-Ischinger, Fragen an den Arzt (2010).

[124] Rau, Berliner Rede (2001), S. 11. Ebenso auch Fritz, MdB (CDU) in Deutscher Bundestag, Plenarprotokoll 17/120 (07.07.2011), S. 14166f.

[125] Domasch, Biomedizin als sprachliche Kontroverse (2007), S. 142f. analysierte, dass die Diskrepanz zwischen dem eigentlich Gesagten und den aufgrund der deutschen Vergangenheit historisch mitschwingenden Zusatzbedeutungen innerhalb der Präimplantationsdiagnostik-Debatte sehr ausgeprägt war. Diese Vermischung zwischen Gesagtem und Gemeintem diente den Präimplantationsdiagnostik-Gegnern dazu, auf potentielle Gefahren dieser Techniken hinzuweisen. Kritisch zum Einsatz des historisch aufgeladenen Begriffs der Selektion ist Gutmann, Rechtliche und rechtsphilosophische Fragen (2010), S. 88.

[126] Meisner, Präimplantationsdiagnostik (2000), S. 888.

[127] Wissenschaftlicher Beirat der Bundesärztekammer, Präimplantationsdiagnostik als Verantwortung (2000), S. 1137.

gnostik eugenische Ziele nicht verfolgt werden dürften.[128] Der Journalist Ulrich Wickert bezeichnete die Vergleiche zu den eugenisch motivierten Gräueltaten der Nationalsozialisten als „emotionale[n] Humbug“[129]. Ebenso erschien anderen Autoren Eugenik nicht als reales Zukunftsszenario, da die Hürden durch die In-vitro-Fertilisation als Voraussetzung der Präimplantationsdiagnostik viel zu hoch seien.[130]

Das Selektions- und Eugenikargument wurde eng verknüpft mit der Sorge vor Diskriminierung geborener Behinderter.[131] „[Präimplantationsdiagnostik] ist offensichtlich demütigend für alle Menschen, die dieselbe Eigenschaft haben, und spricht deshalb gegen diese spezielle, wie auch gegen jede Form vorgeburtlicher Selektion.“[132], fasste der Philosoph Ralf Stoecker zusammen. Mit der rechtlichen Zulassung der Präimplantationsdiagnostik würde sich der Gesetzgeber nicht im Sinne des Antidiskriminierungsgrundsatzes in Art. 3 Abs. 3 Satz 2 GG[133] und im Sinne der erst im Jahr 2006 ratifizierten UN-Behindertenrechtskonvention schützend vor die Behinderten der Gesellschaft stellen, sondern vielmehr seine Akzeptanz für die Selektion behinderten Lebens ausdrücken.[134] Auch habe die Streichung der „embryopathischen Indikation“ im Zuge der Neuregelung des § 218 StGB im Jahr 1995 die Verhinderung von Abtreibung aufgrund von Behinderung zum Ziel gehabt. Die Zulässigkeit der Präimplantationsdiagnostik

128 Vgl. Bundesärztekammer, Diskussionsentwurf (2000), S. 526.

129 Wickert, Missbrauch der Würde (2001).

130 Vgl. Renesse, Verbieten hilft nicht (2001) und Schroth, Forschung mit embryonalen Stammzellen (2002), S. 177.

131 Vgl. Beckmann, Prüfstand (2011), S. 128: „Jede Form der Abwertung und Selektion menschlichen Lebens trägt dazu bei, die Akzeptanz von Menschen mit Behinderung generell zu beeinträchtigen. Deshalb ist die Präimplantationsdiagnostik auch gesellschaftlich problematisch.“ Ebenso Evangelische Frauen in Deutschland e. V. u. a., Wir sagen Nein (2011); Evangelische Kirche in Deutschland, Stellungnahme (2011); Hein/Algermissen, Offener Brief an die Abgeordneten des Deutschen Bundestages (2011), S. 2 und Sensburg/Tauber, PID verletzt die Menschenwürde (2011).

132 Stoecker, Würde des Embryos (2002), S. 66. Ahnlich auch: Böckenförde, Normatives Prinzip (2003), S. 814f.

133 „Niemand darf wegen seiner Behinderung benachteiligt werden.“ Zitiert nach: Art. 3 Abs. 3 Satz 2 Grundgesetz – GG.

134 So auch Isensee, Der grundrechtliche Status des Embryos (2002), S. 77: „Die Selektion erbkranken Nachwuchses verstößt gegen die Menschenwürde und gegen das grundgesetzliche Gebot, niemanden wegen seiner Behinderung zu benachteiligen.“ Ebenso bei Beckmann, Rechtsfragen (2001), S. 172; Beckmann, Prüfstand (2011), S. 122; Deutscher Bundestag, Drucksache 14/9020 (14.05.2002), S. 111; Hillgruber, Es gibt keine Gleichheit im Unrecht (2011); Juristenvereinigung Lebensrecht e. V., PID ist Selektion (2011); Röger, Verfassungsrechtliche Grenzen (2000), S. 68; Sekretariat der Deutschen Bischofskonferenz (Hg.), UnBehindert Leben und Glauben teilen (2003), S. 20; Sekretariat der Deutschen Bischofskonferenz (Hg.), Dignitas Personae (2008), S. 31; Schockenhoff, Selektive Willkür (2010); Spieker, „Gemacht, nicht gezeugt“ (2011), S. 73f. und Starck, Verfassungsrechtliche Grenzen (2002), S. 1071.

würde demnach diese Bemühungen ad absurdum führen.[135] Ilja Seifert, MdB (DIE LINKE) fasste die Sorge vieler Behinderter bündig zusammen: „Sie haben schlicht Angst, Angst, per Gesetz abgewertet zu werden.“[136] Eine durch den Gesetzgeber legitimierte Praxis der Präimplantationsdiagnostik würde ihnen stetig vor Augen führen, so Christian Starck, „daß sie unerwünscht sind und daß ihre Existenz eigentlich hätte vermieden werden können und so auch müssen“[137]. Durch die Selektion der Embryonen nach Kriterien, „etabliert die PID ein neues Prinzip und neue Erwartungen bei den Eltern und in der Gesellschaft“[138]. Deshalb riet Rainer Beckmann: „Wer die Benachteiligung von Menschen mit Behinderung ausschließen will, sollte ein solches Signal vermeiden.“[139]

Annette Widmann-Mauz, MdB (CDU) stellte vor dem Deutschen Bundestag die Frage, ob es der Gesellschaft gelingen könne, „pränatale Selektion zu betreiben und gleichzeitig Behinderten postnatale Solidarität zu garantieren?“[140]. In dieser Frage sprach sie das Konfliktpotential der Ungleichbehandlung von behindert geborenen Menschen und als genetisch auffällig diagnostizierten Embryonen in utero an. Vielen Gegnern der Präimplantationsdiagnostik erschienen negative Auswirkungen für die Stellung und Toleranz von Behinderten in der Gesellschaft oder gar die Abschaffung von Behinderten nicht abwegig.[141] So auch dem Sozialwissenschaftler Manfred Spieker, der mit Einführung der Präimplantationsdiagnostik „Diskriminierung, Stigmatisierung und Entsolidarisierung

135 Mit diesem Verweis sprach sich unter anderen HILLGRUBER, Es gibt keine Gleichheit im Unrecht (2011) gegen die Präimplantationsdiagnostik aus: „Das käme einer Wiedereinführung der embryopathischen Indikation durch die Hintertür gleich, das mit dem Würdeanspruch und Lebensrecht behinderter Menschen unvereinbar ist.“ Vgl. ebenso JURISTENVEREINIGUNG LEBENSRECHT E. V., PID ist Selektion (2011); Kauder, MdB (CDU) in DEUTSCHER BUNDESTAG, Plenarprotokoll 17/120 (07.07.2011), S. 13889; Michalk, MdB (CDU), in DEUTSCHER BUNDESTAG, Plenarprotokoll 17/120 (07.07.2011), S. 13884; Sensburg, MdB (CDU) in DEUTSCHER BUNDESTAG, Plenarprotokoll 17/105 (14.04.2011), S. 12119; STARCK, Rechtsschutz wird weggeredet (2011); Thierse, MdB (SPD) in DEUTSCHER BUNDESTAG, Plenarprotokoll 17/120 (07.07.2011), S. 13881 und Votum für ein gesetzliches Verbot der Präimplantationsdiagnostik in DEUTSCHER ETHIKRAT, Präimplantationsdiagnostik (2011), S. 118.

136 Zitiert nach: DEUTSCHER BUNDESTAG, Plenarprotokoll 17/105 (14.04.2011), S. 11958.

137 STARCK, Verfassungsrechtliche Grenzen (2002), S. 1071. Ebenso auch hier ARBEITSKREIS FRAUENGESUNDHEIT (AKF) u. a., Stellungnahme (2001), S. 2 und STARCK, Rechtsgrenzen I (2001).

138 BÖHMER, Selektionsmedizin (2001).

139 BECKMANN, Rechtsfragen (2001), S. 175.

140 Zitiert nach: DEUTSCHER BUNDESTAG, Plenarprotokoll 14/127 (26.10.2000), S. 12268.

141 Dies befürchteten beispielsweise Hacker in DEUTSCHER BUNDESTAG, Wortprotokoll Enquete-Kommission (13.11.2000), S. 46; SACKSOFSKY, Fortpflanzungsmedizingesetz (2005), S. 69 und Votum für ein gesetzliches Verbot der Präimplantationsdiagnostik in DEUTSCHER ETHIKRAT, Präimplantationsdiagnostik (2011), S. 148–150.

von chronisch Kranken, Behinderten und deren Familien“[142] antizipierte. Dazu käme der Rechtfertigungsdruck, dem sich Eltern von behinderten Kindern ausgesetzt sähen, wenn sie diese zur Welt brächten. „Die Zulassung der PID wäre ein Wertebruch mit gesellschaftlichen Folgen und erhöht den Druck, nur gesunden Kindern das Leben zu schenken“[143], betonten die christlichen Frauenverbände in einem Positionspapier anlässlich der parlamentarischen Entscheidung über die Präimplantationsdiagnostik. Auf die Spitze getrieben müssten sich Eltern womöglich sogar dem Vorwurf der Verantwortungslosigkeit aussetzen, wenn sie die diagnostischen Möglichkeiten nicht ausschöpften.[144] In seiner Berliner Rede griff Johannes Rau auch diesen Aspekt auf, und fragte zusammenfassend: „Wird nicht in Zukunft immer häufiger die Frage gestellt werden, ob es denn nötig gewesen sei, ein behindertes Kind zu Welt zu bringen? Heute sei doch niemand mehr dazu gezwungen. Wird so Behinderung vorwerfbar? Wird sie als Schädigung der Gesellschaft verstanden werden?“[145].

Während einer Anhörung im Ausschuss für Gesundheit gab der schwerbehinderte Schauspieler und Autor Peter Radtke ein authentisches Beispiel für die durch die Präimplantationsdiagnostik provozierte Diskriminierung von Behinderten, als er sagte: „Ich muss gestehen, ich fühle mich diskriminiert, wenn ich mir vor Augen halte, dass wahrscheinlich nur die Tatsache, dass es zur Zeit meiner Geburt keine PID gab, der Grund ist, dass ich heute zu Ihnen sprechen darf. Denn die Glasknochenkrankheit, Osteogenesis imperfekta, die ich habe, würde ganz sicher zu den Behinderungsarten zählen, die für die PID in Frage kommen. Diskriminiert fühlen sich aber nicht nur die direkt Betroffenen,

[142] Spieker, „Gemacht, nicht gezeugt“ (2011), S. 74. Vgl. ebenso Beckmann, Prüfstand (2011), S. 122 und Deutscher Bundestag, Plenarprotokoll 14/127 (26.10.2000), S. 12268. Die Enquete-Kommission „Recht und Ethik der modernen Medizin“ warnte: „Die Zulassung der PID birgt damit die Gefahr, stigmatisierenden, ausgrenzenden und diskriminierenden Tendenzen in der Gesellschaft gegenüber Menschen mit Behinderungen und chronisch Kranken Vorschub zu leisten.“ Zitiert nach: Deutscher Bundestag, Drucksache 14/9020 (14.05.2002), S. 113. Ebenso auch Deutscher Bundestag, Drucksache 17/5210 (03.03.2011), S. 37.

[143] Evangelische Frauen in Deutschland e. V. u. a., Wir sagen Nein (2011). Ebenso Böhmer, Selektionsmedizin (2001); Ferner, MdB (SPD) in Deutscher Bundestag, Plenarprotokoll 17/105 (14.04.2011), S. 11969f.; Liese, Deutschland hat Vorbildfunktion (2010); Schmidt, MdB (SPD) in Deutscher Bundestag, Plenarprotokoll 17/120 (07.07.2011), S. 13890 und Sensburg/Tauber, PID verletzt die Menschenwürde (2011).

[144] Vgl. Mieth, Genetische Frühselektion (2010), S. 669. In diesem Sinne urteilte auch Mißfelder, MdB (CDU): „Die PID leistet jedoch einer derartigen Geisteshaltung Vorschub und zielt auf eine behindertenfreie Gesellschaft, in der zukünftig Mütter und Väter, die sich aus Achtung vor dem ungeborenen Leben für die Geburt eines behinderten Kindes und gegen die Selektion entschieden haben, an den Pranger gestellt werden.“ Zitiert nach: Deutscher Bundestag, Plenarprotokoll 17/120 (07.07.2011), S. 14174.

[145] Rau, Berliner Rede (2001), S. 9.

sondern auch die Eltern von behinderten Kindern."[146] Ähnliche Fragen richteten auch die Behindertenverbände an Öffentlichkeit und Politik. Sie erkannten im selektiven Charakter der Präimplantationsdiagnostik eine Diskriminierung der Menschen, die sie vertraten.[147] Neben dem Diskriminierungsverbot stünde auch der Menschenwürdeschutz als Schutz der Schwachen einer derartigen Selektion entgegen.[148] Der niedersächsische Behindertenbeauftragte Karl Funke resümierte in der Anhörung zum Thema „Präimplantationsdiagnostik" vor der Enquete-Kommission „Recht und Ethik der modernen Medizin": „Ich, als Behindertenbeauftragter, wende mich zusammen mit vielen aktiven behinderten Menschen gegen die Legalisierung der Idee, gegen Öffnungsvarianten und gegen eine Ausdifferenzierung des menschlichen Lebens auch im Behindertenbereich nach den Kriterien integrationsfähig, eingliederungsfähig, pflegefähig und vielleicht Gegenstand medizinischer Versuche – was hier sicher nicht die Frage ist, was aber die Folge sein kann. Die Vielfalt menschlichen Lebens sollte erhalten bleiben und der ethische Konsens, der das fundiert, das ist mein Plädoyer."[149]

Die von den Gegnern der Präimplantationsdiagnostik geäußerte Sorge, die Gesellschaft würde die Integration Behinderter durch die Einführung der Gendiagnostik konterkarieren, wurde nicht von allen geteilt. Vielmehr sahen die Befürworter der Präimplantationsdiagnostik in den Tatsachen, dass weder die flächendeckende Einführung der Pränataldiagnostik in der zweiten Hälfte des 20. Jahrhunderts noch die gesetzliche Novellierung der Abtreibungsregelung im Jahr 1993 messbare negative Folgen für die Behinderten gehabt hätten, Indizien gegen die Angst vor einer behindertenfeindlichen Gesellschaft nach Einführung der Präimplantationsdiagnostik.[150] Ebenso stellte der Verweis auf andere europäische Länder, die die Präimplantationsdiagnostik bereits etabliert hatten, ein Argument für die Untauglichkeit des Diskriminierungsarguments dar.[151] Denn die Präimplantationsdiagnostik diene der Vermeidung schwerer Krankheiten,

[146] Zitiert nach: Deutscher Bundestag – Ausschuss für Gesundheit, Protokoll Nr. 17/42 (25.05.2011), S. 14f.

[147] So beispielsweise: Netzwerk gegen Selektion durch Pränataldiagnostik, Stellungnahme (2001) und Bundesvereinigung Lebenshilfe für Menschen mit geistiger Behinderung, Position (2010).

[148] Vgl. Bundesvereinigung Lebenshilfe für Menschen mit geistiger Behinderung, Position (2010), S. 3.

[149] Zitiert nach: Deutscher Bundestag, Wortprotokoll Enquete-Kommission (13.11.2000), S. 50.

[150] Vgl. beispielsweise Diedrich in Deutscher Bundestag – Ausschuss für Gesundheit, Protokoll Nr. 17/42 (25.05.2011), S. 38; Gutmann, Rechtliche und rechtsphilosophische Fragen (2010), S. 84; Renesse, Verbieten hilft nicht (2001) und Schwinger, Ende einer Farce (2010).

[151] Vgl. Deutscher Bundestag, Plenarprotokoll 17/120 (07.07.2011), S. 13905 und Votum für eine begrenzte Zulassung der Präimplantationsdiagnostik in Deutscher Ethikrat, Präimplantationsdiagnostik (2011), S. 94.

nicht der Bekämpfung von Behinderten.[152] „Die Menschen [Behinderten] beziehen etwas auf sich, was mit ihnen nichts zu tun hat. Uns geht es um unser Kind, mit dem wir leben wollen", kommentierte Günther Graumann, der mit seiner Frau zur Durchführung einer Präimplantationsdiganostik nach Belgien gereist war, in einem Interview mit der WELT.[153] Zudem sei erwiesen, dass die Mehrzahl der Behinderungen nicht genetisch bedingt sei, sondern durch Unfälle und Erkrankungen im Laufe des Lebens hervorgerufen. Unter diesem Aspekt sei es selbstverständlich, dass sich die Gesellschaft immer des behinderten Lebens annehmen müsse.[154] Nikolaus Knoepffler kommentierte: „Dies [Diskriminierung Behinderter] ist faktisch ausgeschlossen. Weit über 90 % aller Behinderungen sind nämlich nicht genetisch bedingt und die meisten Krankheiten können auch nicht durch Gendiagnostik ausgeschlossen werden. Wir werden also immer in der Gesellschaft genügend Menschen haben, sodass selbst durch Nicht-Implantation nach einer PGD oder Tötung nach einer Pränataldiagnostik keine Gefahr eines Verlusts des Beitrags dieser Menschen für unsere Gesellschaft einerseits und eine Entsolidarisierung mit geborenen Behinderten andererseits besteht."[155] Zudem sei durch die enge Begrenzung der Präimplantationsdiagnostik und die vergleichsweise geringe Anzahl an Paaren, die diese in Anspruch nähmen, auch weiterhin mit der Existenz Behinderter zu rechnen.[156]

Der Deutsche Ethikrat verwies ferner darauf, dass man den zur Präimplantationsdiagnostik tendierenden Hochrisikopaaren keinen Diskriminierungsvorwurf

[152] Vgl. HUFEN, Individuelle Rechte und die Zulassung der Präimplantationsdiagnostik (2010), S. 146. Ganz ähnlich zu lesen im Minderheitenvotum der Enquete-Kommission „Recht und Ethik der modernen Medizin" zur eingeschränkten Zulassung der Präimplantationsdiagnostik, vgl. DEUTSCHER BUNDESTAG, Drucksache 14/9020 (14.05.2002), S. 109. Ebenso im Votum des Nationale Ethikrates für die begrenzte Zulassung der Präimplantationsdiagnostik, vgl. NATIONALER ETHIKRAT, Stellungnahme (2003), S. 139–141.

[153] KULKE, „Uns geht es um unser Kind" (2001).

[154] Eine Leserzuschrift an das DEUTSCHE ÄRZTEBLATT fragte kritisch bezüglich des Diskriminierungsarguments: „Muss in Deutschland alle 90 Minuten ein geistig behindertes Kind geboren werden? Braucht die Gesellschaft Behinderte, um ihrer eigenen Menschlichkeit willen, wie Behindertenvertreter und Greenpeace-Aktivisten (wohl auch im Blick auf ihre eigene Existenzberechtigung) beteuern? Robert L. Sinsheimer meint dagegen, dass eine Gesellschaft ohne Behinderte ‚zwar weniger menschlich, dafür aber humaner sein könnte'." KEHLER, Kein moralischer Protest (2000), S. 1126f.; EVANGELISCHE KIRCHE VON WESTFALEN (Hg.), Ethische Überlegungen (2003), S. 13 mit dem Hinweis darauf, dass nur 0,3 % aller Behinderungen genetisch bedingt seien. Vgl. auch DEUTSCHER ÄRZTINNENBUND E. V., Stellungnahme (2001); DEUTSCHER ÄRZTINNENBUND E. V., Stellungnahme zur Präimplantationsdiagnostik (2011) und RENESSE, Verbieten hilft nicht (2001).

[155] KNOEPFFLER, Menschenwürde in der Bioethik (2004), S. 126. Ähnlich argumentierten auch Kerstin, MdB (SPD) und Molitor, MdB (FDP) in DEUTSCHER BUNDESTAG, Plenarprotokoll 17/120 (07.07.2011), S. 13905f.

[156] Vgl. DEUTSCHER BUNDESTAG, Plenarprotokoll 17/105 (14.04.2011), S. 11957.

machen könnte. Es sei Aufgabe des Staates, jeder Diskriminierung entgegenzuwirken. Diese erfülle der Staat bereits, wie die verbesserte rechtliche Lage von Behinderten in Deutschland zeigen würde.[157] Die Enquete-Kommission „Recht und Ethik der modernen Medizin" empfahl zur Vermeidung des Auseinanderdriftens der Wertigkeit und Beurteilung prä- und postnatalen behinderten Lebens: „bei der zu erwartenden Zunahme genetischer Tests bei Menschen vor und nach der Geburt alle Vorkehrungen sozial-, gesundheits- und rechtspolitischer Art zu treffen, um die gesellschaftliche Akzeptanz behinderter und chronisch kranker Menschen zu stärken."[158]

Die bis hierher angeführten Argumente für und gegen die Einführung der Präimplantationsdiagnostik zeigen, dass es den meisten Diskussionsteilnehmern darum ging, die Grenzen für diese Technik so zu setzen, dass Missbrauch wirksam vorgebeugt werden konnte. Die auf beiden Seiten gesehenen Gefahren einer entgrenzten präventiven Medizin wurden als „Dammbruch-Argumente" bezeichnet. Dabei war ihre qualitative und quantitative Relevanz für die Gegner der Präimplantationsdiagnostik weitaus größer als für die Befürworter.

Die Metapher des „Dammbruchs" diente dabei als anschauliches Bild für vorhersagbare Folgen einer Legalisierung der Präimplantationsdiagnostik durch das sukzessive Wegbrechen der ethischen und rechtlichen Grenzen im Embryonenschutz. Um das zunächst vage Argument des Dammbruchs durch Fakten zu illustrieren und zu untermauern, verwiesen einige Diskussionsteilnehmer auf bereits technisch machbare und rechtlich legalisierte Praktiken im Ausland.[159] Ließe der deutsche Gesetzgeber die Präimplantationsdiagnostik zu, dann befände er sich auf einer schiefen Bahn hin zu einer Eugenik, wie sie im Nationalsozialismus betrieben worden sei.[160] Die „Technisierung der Zeugung von Menschen" und die damit verbundene Selektion ließen sich nicht einschränken, so Rainer Beckmann, vielmehr sei mit negativen Entwicklungen auch in anderen Lebensabschnitten zu rechnen, stelle man einmal den Embryo zur Disposition anderer.[161]

157 Vgl. Deutscher Bundestag, Drucksache 17/5210 (03.03.2011), S. 30f.

158 Zitiert nach: Deutscher Bundestag, Drucksache 14/9020 (14.05.2002), S. 111. Ebenso Deutscher Bundestag, Drucksache 17/5450 (11.04.2011), S. 9.

159 Vgl. Böhmer, Selektionsmedizin (2001); Böckenförde, Normatives Prinzip (2003), S. 814 warnte: „Man darf nicht übersehen, welches breite Tor geöffnet wird, wenn die PID, wie schon in einigen Ländern geschehen, zugelassen wird." Ebenso Votum für ein gesetzliches Verbot der Präimplantationsdiagnostik in Deutscher Ethikrat, Präimplantationsdiagnostik (2011), S. 120–126.

160 Vgl. Jachertz, Am Rand der schiefen Bahn (2000), S. 507.

161 Beckmann, Rechtsfragen (2001), S. 176. Ebenso Hüppe, MdB (CDU) im Welt-Interview, vgl. Menkens, Interview mit Hüppe (2010); Mißfelder, MdB (CDU) in Deutscher Bundestag, Plenarprotokoll 17/120 (07.07.2011), S. 14174; Nahles, MdB (SPD) in Deutscher Bundestag, Plenarprotokoll 17/120 (07.07.2011), S. 13904 und Reiter in seinem Sonder-

Eine erste Befürchtung betraf die Frage nach dem Umgang mit bei der Präimplantationsdiagnostik anfallenden „überzähligen“ Embryonen. Wie sollte man ein Forschungsverbot an embryonalen Stammzellen erwirken und therapeutisches Klonen gesetzlich verbieten, wenn Präimplantationsdiagnostik erlaubt werde?[162] Wie konnte man Begehrlichkeiten der Forschung verhindern, wenn zahlreiche „überzählige“ Embryonen im Zuge der Durchführung anfallen würden?[163] Maria Böhmer, MdB (CDU) sprach dieses mögliche Folgeproblem offen an: „Nicht nur Gegner, auch Befürworter der PID […] halten es für illusorisch, daß die Präimplantationsdiagnostik in Deutschland auf 150 Fälle im Jahr eingegrenzt werden könnte. Die Erwartung, mittels PID weitere ‚überzählige‘ Embryonen herzustellen, die der Stammzellforschung zur Verfügung gestellt werden könnten, existiert schon heute.“[164] Während einige Diskussionsteilnehmer vor einem solchen Dammbruch warnten, schlug der Bericht der Bioethik-Kommission des Landes Rheinland-Pfalz vor, überzählige Embryonen zur Adoption und zu Forschungszwecken freizugeben.[165]

Eine weitere Frage stellte sich in Bezug auf die Durchsetzbarkeit der Beschränkung der Präimplantationsdiagnostik auf ausgewählte Einzelfälle.[166] Dies erschien einigen Diskussionsteilnehmern unrealistisch: „Es ist nicht vorauszusehen, ob künftig bei jeder In-vitro-Fertilisation eine ganze Palette an Tests durchgeführt wird, wenn schon der Umweg über das Labor notwendig wird.“[167] Der Arzt Frank Ulrich Montgomery sah diese zusätzliche Testmöglichkeit bei allen In-vitro-Fertilisationen gar als zwangsläufige Entwicklung, so sagte er voraus: „Es wird auf Dauer nicht möglich sein, IVF zwar zu bezahlen, Prämplantati-

votum in Ministerium der Justiz Rheinland-Pfalz (Hg.), Fortpflanzungsmedizin und Embryonenschutz (2005), S. 126.

162 In diesem Sinne schrieb auch Montgomery, Motivsuche (2001), S. 958: „Im Klartext: Ich befürchte, dass das Engagement des Kanzlers vor allem ein dialektischer Trick ist, da ihm längst bewusst geworden ist, dass mit der Zulassung der PID auch die Vorbehalte gegen embryonale Stammzellforschung und therapeutisches Klonen fallen werden. Damit aber wäre die Tür geöffnet für ein wissenschaftliches und wirtschaftliches ‚Eldorado‘ – dann gäbe es kein Halten mehr.“

163 Diese Befürchtung hegten auch Hüppe, MdB (CDU) in Deutscher Bundestag, Plenarprotokoll 15/166 (17.03.2005), S. 15577; Krings, MdB (CDU) in Deutscher Bundestag, Plenarprotokoll 17/105 (14.04.2011), S. 11947 und Pawlik, Alle Trümpfe genommen (2001).

164 Böhmer, Selektionsmedizin (2001) Vgl. auch Wodarg, Diesseits des Rubikons (2004), S. 31.

165 Vgl. Ministerium der Justiz Rheinland-Pfalz (Hg.), Fortpflanzungsmedizin und Embryonenschutz (2005), S. 40.

166 Vgl. Deutscher Bundestag, Drucksache 17/5210 (03.03.2011), S. 37 und Montgomery, Schöne neue Welt (2000), S. 1199.

167 Evangelische Kirche in Deutschland/Sekretariat der Deutschen Bischofskonferenz (Hg.), Wieviel Wissen tut uns gut (1997), S. 24.

onsdiagnostik aber nicht."[168] Christian Starck prophezeite die Unmöglichkeit der Beschränkung der Präimplantationsdiagnostik auf einige wenige Fälle und Krankheiten, vielmehr würde diese neue Selektionsmöglichkeiten eröffnen.[169] Ebenso befürchtete auch Wolfgang Wodarg, MdB (SPD): „Auch im Falle einer strafrechtlich abgesicherten, begrenzten Zulassung der PID wäre erstmalig ein Verfahren der genetischen Diagnostik an vorgeburtlichem menschlichen Leben positiv-rechtlich etabliert. [...] Ausgehend von der Notsituation einer winzigen Splittergruppe verhandeln wir eine Frage, die alle künftigen Menschen betrifft."[170]

Die aufgezählten Folgeprobleme verdeutlichen die auch von Befürwortern nicht intendierten Missbrauchsmöglichkeiten. Die lutherische Bischofskonferenz schlussfolgerte in Anbetracht der Dammbruch- und potentiellen Missbrauchsgefahren, dass bei gleichzeitigem Erkennen des Leids von Hochrisikopaaren und dem Drang, helfen zu wollen, der Zulassung der Präimplantationsdiagnostik nicht zugestimmt werden könne.[171] Auch Johannes Rau bekräftigte mit dem Dammbruchargument seine ablehnende Haltung: „Wer einmal anfängt, menschliches Leben zu instrumentalisieren, wer anfängt, zwischen lebenswert und lebensunwert zu unterscheiden, der ist auf einer Bahn ohne Halt."[172]

Während die Gegner der Präimplantationsdiagnostik jeglichen Missbrauch mit einem absoluten Embryonenschutz abwehrten, also mit einem rechtlichen Verbot, versuchten die Befürworter gesetzliche Rahmenbedingungen zu definieren, unter denen die Chancen dieser Technik genutzt werden konnten.[173] Die Ad-hoc-Stellungnahme der Leopoldina empfahl in diesem Ansinnen:

[168] MONTGOMERY, Krieg der Ärzte (2001).

[169] Vgl. STARCK, Verfassungsrechtliche Grenzen (2002), S. 1071.

[170] WODARG, Diesseits des Rubikons (2004), S. 32.

[171] Vgl. VEREINIGTE EVANGELISCHE-LUTHERISCHE KIRCHE DEUTSCHLANDS, Stellungnahme (2001), S. 155.

[172] RAU, Berliner Rede (2001). Siehe auch: HEIN/ALGERMISSEN, Offener Brief an die Abgeordneten des Deutschen Bundestages (2011), S. 1: „Selbst wenn für diese verfahren Richtlinien gegeben (und befolgt) werden, ändert das nichts an der Tatsache, dass menschliches Leben nach bestimmten Merkmalen ausgewählt wird. So berührt die Entscheidung über die PID den Umgang mit menschlichem Leben in unserer Gesellschaft überhaupt." Ebenso warnte NAHLES, Ich sage nein zur PID (2011): „Eine Gesellschaft, die diese Einteilung zulässt, verliert ihre Menschlichkeit."

[173] Der Deutsche Ethikrat nannte als Eingrenzung der Präimplantationsdiagnostik die Geschlechtsauswahl, Zeugung bestimmter Embryonen zum Zweck der Zell-, Gewebe- oder Organspende, chromosomale Erkrankungen, die auf das Alter der Mutter zurückzuführen seien und spätmanifestierende Krankheiten. Vgl. DEUTSCHER BUNDESTAG, Drucksache 17/5210 (03.03.2011), S. 27. Ebenso für eine Eingrenzung plädierte der Entwurf eines Gesetzes zur begrenzten Zulassung der Präimplantationsdiagnostik (Präimplantationsdiagnostikgesetz – PräimpG)" in DEUTSCHER BUNDESTAG, Drucksache 17/5452 (12.04.2011), S. 5–7.

„Vermieden wird der Dammbruch vor allem durch die vorgeschlagenen eng gefassten Voraussetzungen im Gesetz, durch die Richtlinienkompetenz (Verordnungskompetenz) der zu benennenden Sachverständigen Stelle, die Zulassung jeder einzelnen PID durch die benannte Sachverständige Stelle, die Beschränkung der PID auf dafür zugelassene und regelmäßig kontrollierte Einrichtungen und durch das für Deutschland vorgeschlagene Aneuploidie-Screening-Verbot."[174]

Die unter Befürwortern mehrheitlich akzeptierte Ansicht, die Präimplantationsdiagnostik nur für Hochrisikopaare zu öffnen, wurde begleitet von der Diskussion, ob für die individuelle Befürwortung der Durchführung eine Liste mit Krankheiten oder aber die individuelle Entscheidung von Ethik-Kommissionen zugrunde gelegt werden sollte. Die Diskussion um den Sinn einer derartigen Liste zeigt, dass den Diskussionsteilnehmern bewusst war, dass eine solche niemals statisch sein könnte. Im Gegenteil, häufig wurde die Sorge geäußert, dass die Liste beliebig um Krankheiten erweitert werden könnte und Präimplantationsdiagnostik damit zum Normalfall bei der Durchführung einer In-vitro-Fertilisation würde.[175] Der Journalist Christian Geyer schrieb in der FAZ: „Wie künstlich die Rhetorik der Grenze ist, zeigt ein Blick ins Ausland, wo PID teilweise schon lange erlaubt ist. In Großbritannien etwa [...] ist die PID inzwischen für 130 Krankheiten zugelassen – eine nach oben offene Liste."[176] Selbst einige Sympathisanten der Technik erkannten die Gefahren für eine Aushöhlung des Gesetzes durch die kontinuierliche Ausweitung einer Krankheitsliste.[177] Andere wiederum sahen

[174] Leopoldina – Deutsche Akademie der Naturforscher u. a. (Hg.), Ad-hoc-Stellungnahme (2011), S. 28. Vgl. auch Deutscher Bundestag, Drucksache 17/5210 (03.03.2011), S. 27 und Deutscher Bundestag, Plenarprotokoll 17/105 (14.04.2011), S. 11968.

[175] So ganz deutlich angesprochen im Schlussbericht der Enquete-Kommission „Recht und Ethik der modernen Medizin" im Unterkapitel „Unmöglichkeit einer präzisen Indikationsbeschränkung" in Deutscher Bundestag, Drucksache 14/9020 (14.05.2002), S. 113f. Vgl. auch in Deutscher Ärztinnenbund e. V., Stellungnahme zur Präimplantationsdiagnostik (2011), der sich für eine Zulassung der Präimplantationsdiagnostik in schwerwiegenden Fällen aussprach. In dieser Stellungnahme revidierte der Ärztinnenbund seine Empfehlung aus dem Jahr 2001, in welcher er sich ablehnend gegenüber der Zulassung der Präimplantationsdiagnostik gezeigt hatte. Vgl. Deutscher Ärztinnenbund e. V., Stellungnahme (2001). Ähnlich das Votum für eine begrenzte Zulassung der Präimplantationsdiagnostik in Deutscher Ethikrat, Präimplantationsdiagnostik (2011), S. 82 und Zentralkomitee der deutschen Katholiken, PID-Verbot (2011).

[176] Geyer, Normalisierung der Selektion (2010).

[177] So äußerte sich beispielsweise der Ratsvorsitzende der Evangelischen Kirche in Schneider, Islam (2010): „Ich habe viel Sympathie für das Bestreben, die PID unter eng gefassten Bedingungen zuzulassen, sie also nur dann zu erlauben, wenn die Eltern die Anlage zu schwersten Erbkrankheiten in sich tragen und die stark begründete Gefahr besteht, dass sie diese Krankheiten an ihr Kind weitergeben. Natürlich besteht die Gefahr, dass jede

den Gesetzgeber sehr wohl in der Lage, standardmäßige Selektion und damit den vielfach antizipierten Dammbruch durch eine Liste zu verhindern.[178]

Einige wenige Präimplantationsdiagnostik-Befürworter wiesen die Rede von einem Dammbruch ganz zurück.[179] Die Reproduktionsmediziner Klaus Dietrich und Ludwig Michael betonten im Jahr 1999: „Wir möchten jedoch nicht versäumen, an dieser Stelle darauf hinzuweisen, daß PGD prinzipiell nichts zu tun hat mit Klonen oder Keimbahntherapie. Sie ist nicht notwendigerweise der Anstoß für eine Slippery slope, wie sie von vielen gerne im Sinne einer möglichen Dammbruchgefahr und Horrorvision bezeichnet wird. Nicht das Menschendesign ist Ziel der PGD, sondern die Hilfe für ein individuelles Paar in einer scheinbar ausweglosen Situation, in der eine Behinderung des Kindes von dem betroffenen Paar nicht getragen werden kann, wo aber andererseits ein Schwangerschaftsabbruch aus den verschiedensten Erwägungen nicht infrage kommt."[180] Auch die Auswertung des statistischen Materials zeige, dass von einem Dammbruch keine Rede sein könne. So seien international im Jahr 2006 bei 600.000 In-vitro-Fertilisations-Zyklen bei lediglich 1876 eine Präimplantationsdiagnostik durchgeführt worden.[181] Ulrike Flach, MdB (FDP) betonte vor dem Bundestag: „Die Zulassung der PID wäre kein Dammbruch; denn es geht um wenige Hundert Fälle pro Jahr."[182] Und Karl Lauterbach, MdB (SPD) verwies darauf, dass nicht die Präimplantationsdiagnostik einen Dammbruch darstelle, sondern bereits der Missbrauch der Pränataldiagnostik.[183]

gesetzliche Eingrenzung nach und nach ausgehöhlt wird, deshalb muss ein Gesetz in Sachen PID sehr sorgsam bedacht werden."

178 Vgl. beispielsweise im Minderheitenvotum der Enquete-Kommission „Recht und Ethik in der modernen Medizin" in Deutscher Bundestag, Drucksache 14/9020 (14.05.2002), S. 108 und Schroth, Forschung mit embryonalen Stammzellen (2002), S. 177.

179 Darunter etwa Flach, MdB (FDP): „Eine begrenzte Zulassung der PID bedeutet keinen ethischen und quantitativen Dammbruch. Das belegen die Erfahrungen aus vielen anderen Ländern, die uns umgeben." Zitiert nach: Deutscher Bundestag, Plenarprotokoll 17/105 (14.04.2011), S. 11946.

180 Ludwig/Diedrich, Präimplantationsdiagnostik (1999), S. 43.

181 Vgl. Diedrich u. a., Präimplantationsdiagnostik (2010), S. 292. Dem Dammbruchargument entgegentretend legte auch das Gutachten der Leopoldina die Zahlen europäischer Länder vor, vgl. Leopoldina – Deutsche Akademie der Naturforscher u. a. (Hg.), Ad-hoc-Stellungnahme (2011), S. 21–23. Ebenso zog Sager, MdB (BÜNDNIS 90/DIE GRÜNEN) die Situation der anderen europäischen Länder heran, um zu zeigen, dass auch dort die Präimplantationsdiagnostik nur in begrenztem Maße durchgeführt werde, ein Dammbruch sei also auch für Deutschland eher unwahrscheinlich, vgl. Deutscher Bundestag, Plenarprotokoll 17/105 (14.04.2011), S. 11963.

182 Zitiert nach: Deutscher Bundestag, Plenarprotokoll 17/120 (07.07.2011), S. 13873. Vergleichbar Schimpanski (CDU), in Lindner, „Das ist doch paradox" (2001) und Hintze, MdB (CDU), in Alexander, Interview Hintze (2010).

183 Vgl. Deutscher Bundestag, Plenarprotokoll 17/120 (07.07.2011), S. 13900.

4 Menschenwürde in der Präimplantationsdiagnostikdebatte

Die Diskussion um die rechtliche Regulierung der embryonalen Stammzellforschung hatte die Popularität der Menschenwürde in bioethischen Debatten stark befeuert. Fast alle Diskussionsteilnehmer bezogen sich in ihrer Argumentation pro oder contra embryonale Stammzellforschung auf die Menschenwürde. Juristen, Philosophen, Ethiker und Theologen sahen sich angesichts des Aufschwungs des Menschenwürdearguments gezwungen, die Menschenwürde neu zu reflektieren. Die zeitweilig parallel zur Stammzelldebatte verlaufende Diskussion um die rechtliche Zulassung der Präimplantationsdiagnostik und die Ähnlichkeiten der der Debatte zugrundeliegenden Streitpunkte sorgten dafür, dass auch diese Embryo-Debatte nicht ohne einen Bezug auf die Menschenwürde auskam. Die Analyse der zentralen Argumente innerhalb der Debatte konnte zeigen, dass das Menschenwürdeargument in der Auseinandersetzung abermals eine bedeutende Funktion einnahm. Die Verschränkung der Debatten um die embryonale Stammzellforschung und die Präimplantationsdiagnostik führte dazu, dass sich die Argumentationsmuster stark ähnelten. Als Konsequenz lassen sich nur wenige wirklich neue Argumente identifizieren. Oftmals wurden beide Verfahren in demselben Diskussionsbeitrag behandelt oder die Argumente wurden in der geringfügig später einsetzenden Debatte um die Präimplantationsdiagnostik lediglich wiederholt, ohne die Begründungskette erneut vollständig darzulegen. Um unnötige Redundanzen in dieser Arbeit zu vermeiden, wird in den betreffenden Fällen in diesem Kapitel ein Verweis auf die entsprechende Passage im Kapitel zur embryonalen Stammzellforschung eingefügt.

Die Zulässigkeit der Präimplantationsdiagnostik wurde neben vielen anderen Aspekten auch unter der Fragestellung diskutiert, ob diese gegen die Menschenwürde verstieße. Dabei spielte in Bezug auf die Frage nach der Verletzung der Würde des Embryos die aus der Stammzelldebatte bekannte Diskussion um den Status des Embryos und dessen Grundrechtsträgerschaft eine bedeutsame Rolle.[184] Weitere potentielle Würdeverletzungen erkannten die Diskutierenden bei geborenen, behinderten Menschen, betroffenen Müttern und Hochrisikopaaren. Diese Popularisierung des Menschenwürdearguments in der Debatte und die zeitgleich einsetzende Intensivierung der Reflexion über die Menschenwürde wurden von einigen Diskussionsteilnehmern als direkte Reaktion auf die Zunahme biotechnischer Möglichkeiten gewertet.[185] Die Diskussion um

[184] Vgl. GUTMANN, Rechtliche und rechtsphilosophische Fragen (2010), S. 85. Er resümierte: „Auch der Schutz vor Diskriminierung braucht ein Subjekt, das diskriminiert werden kann." Ebd., S. 87

[185] „Es geht also nicht um die Erschütterung traditioneller Gewissheit, sondern vielmehr um die Suche nach verfassungsrechtlichem Boden für bislang unbekannte Herausfor-

die Präimplantationsdiagnostik brachte eine Vielzahl von tatsächlichen und antizipierten Konfliktsituationen hervor, die auch unter Einbezug des Menschenwürdearguments gelöst werden sollten.

Die weiter oben dargelegten Hauptargumente der Debatte um die Präimplantationsdiagnostik zeigen, dass die rechtliche Legalisierung der Diagnostikmethode unter vielfältigen Gesichtspunkten entweder für zwingend notwendig erachtet wurde oder aber ein explizites rechtliches Verbot gefordert wurde. In der Auseinandersetzung dominierte demnach das Bemühen, Menschenwürdeverstöße für alle Beteiligten möglichst zu vermeiden. Der Menschenwürdediskurs, insbesondere der späten Debatte, zeichnete sich demnach durch eine starke Praxisorientierung aus. Aufbauend auf die theoretische Reflexion der Menschenwürde und auf die Frage nach der Extension der Menschenwürde der vorangegangenen Embryo-Debatte erscheint der Menschenwürdediskurs der späten Präimplantationsdiagnostik-Debatte weitaus anwendungsorientierter als es noch in der frühen Phase der Fall war, die zeitgleich mit der Debatte um die embryonale Stammzellforschung verlief.

4.1 Die Würde des Embryos

Im Zuge der Diskussion möglicher Würdeverletzungen des Embryos bei der Präimplantationsdiagnostik lassen sich zweierlei Fragestellungen unterscheiden: Zentral war erstens die Frage nach dem Status des Embryos. Zweitens wurde diskutiert, inwieweit Instrumentalisierung oder Selektion im Zuge der In-vitro-Fertilisation in Kombination mit Präimplantationsdiagnostik gegen die Würde des Embryos verstieß.

Die Status-Debatte, in der es um die Frage ging, ob und in welcher Ausprägung dem Embryo Menschenwürde zukäme, erfolgte gleichzeitig in der Diskussion um die embryonale Stammzellforschung, so dass aufgrund der verwandten Thematiken und der zeitlichen Nähe bei eingehender Analyse beider Auseinandersetzungen nur von einer einzigen Status-Debatte gesprochen werden kann.[186] Das Ergebnis dieser lebhaften Diskussion war nicht etwa eine eindeutige und allgemein akzeptierte Antwort auf die Statusfrage, sondern vielmehr das nüchterne Anerkennen einer Vielzahl parallel existierender Erklärungsmodelle.

Der Embryo, so hieß es insbesondere auf Seiten der Gegner der Präimplantationsdiagnostik, sei von Beginn seiner Existenz an vollumfänglicher Träger der

derungen." Herdegen, Würdeanspruch des Embryo in vitro (2005), S. 358. Vgl. auch Nettesheim, Garantie der Menschenwürde (2005), S. 73f.

186 Aus diesem Grund sollen an dieser Stelle nur die wichtigsten Begründungsmuster der Präimplantationsdiagnostik-Debatte in Kürze eingeführt werden. Für eine ausführliche Analyse der Statusdebatte vgl. Unterkapitel 4.1 in Teil III.

Menschenwürde und deshalb auch unter den Schutz von Art. 1 GG zu stellen.[187] Die CDU sprach sich in ihrem Grundsatzpapier aus dem Jahr 2007 mit folgender Begründung gegen die Präimplantationsdiagnostik aus: „Die Würde des Menschen ist auch für die Bewertung bioethischer Herausforderungen Ausgangs- und Orientierungspunkt. Sie erfordert Achtung und Schutz des menschlichen Lebens in allen Phasen. Das noch nicht geborene Leben bedarf beginnend mit der Verschmelzung von Samen und Eizelle unseres besonderen Schutzes."[188] Einige Politiker betonten diese Schutzpflicht des Staates. Andrea Nahles, MdB (SPD) sagte in letzter Beratung der eingereichten Gesetzentwürfe zur Regulierung der Präimplantationsdiagnostik vor dem Bundestag: „Im Übrigen geht es darum, dass die Würde des Menschen in dem Moment beginnt, in dem Ei- und Samenzelle verschmelzen. Und es gibt nur einen, der den Schutz für diesen Embryo gewährleisten kann: Das ist der Staat, das sind wir. Die einzelnen Paare oder Ehepaare können das nicht."[189] Robert Spaemann beschrieb die Schutzpflicht des Staates in einem Interview mit der Tagespost: „Aufgabe eines Rechtsstaates ist es, den Menschen vor dem Menschen zu schützen."[190] Betrachte man die Situation aus Sicht der Embryonen, so gelange man zu dem Ergebnis, dass es für diesen „um alles oder nichts, um Sein oder Nichtsein" ginge.[191] Genau aus diesem Grund habe der Staat sich schützend vor die Embryonen zu stellen, auch gegen die Interessen und Wünsche der Eltern. Die Präimplantationsdiagnostik beraube den Menschen seiner Würde, begründete Andrea Voßhoff, MdB (CDU) ihre ablehnende Haltung.[192]

In allen Subdiskursen lässt sich die ablehnende Haltung gegen die Zulassung der Präimplantationsdiagnostik unter Bezugnahme auf die Menschenwürde wiederfinden.[193] Die Begründungsansätze, die als Beweisführung für den Einbezug des Embryos herangezogen wurden, unterschieden sich jedoch, wie schon in der

187 So beispielsweise Bahners u. a., Interview mit Däubler-Gmelin (2001); Barth, Menschenwürde (2007), S. 8; Härle, Ethik (2011), S. 255; Juristenvereinigung Lebensrecht e. V., PID ist Selektion (2011); Krings, MdB (CDU) in Deutscher Bundestag, Plenarprotokoll 17/105 (14.04.2011), S. 11947 und Schmidt, MdB (CDU), in Deutscher Bundestag, Plenarprotokoll 17/105 (14.04.2011), S. 11952.

188 Christlich Demokratische Union Deutschlands (Hg.), Grundsatzprogramm (2007), S. 73.

189 Zitiert nach: Deutscher Bundestag, Plenarprotokoll 17/120 (07.07.2011), S. 13904. Ähnlich auch Terpe, MdB (BÜNDNIS 90/DIE GRÜNEN) in ebd., S. 13879 und Weiß, MdB (CDU), in ebd., S. 14182.

190 Strack, Selektion (2011).

191 Zitiert nach: Deutscher Bundestag, Drucksache 17/5210 (03.03.2011), S. 15. Der Deutsche Ethikrat stimmte trotz dieser Erkenntnis mehrheitlich für eine rechtliche Legalisierung der Präimplantationsdiagnostik.

192 Zitiert nach: Deutscher Bundestag, Plenarprotokoll 17/120 (07.07.2011), S. 14181.

193 Vgl. beispielsweise Böckenförde, Die Würde des Menschen war unantastbar (2003); Deutsche Bischofskonferenz, Stellungnahme (2011), S. 1; Hillgruber, Art. 1 (2009),

Analyse der Statusdebatte im vorangegangenen Kapitel gezeigt wurde. Die eine Gruppe betonte die kontinuierliche Entwicklung des Embryos vom Zeitpunkt der Befruchtung an und zog diese als empirischen Beweis für den Einbezug auch des frühen Embryos in den Menschenwürdeschutz heran.[194] Eine weitere Gruppe hob die Zugehörigkeit des Embryos zur Gattung Mensch als zentrales Argument für die Anerkennung menschlicher Würde für den Embryo hervor.[195] Eberhard Schockenhoff, ein wichtiger Verfechter des Speziesarguments, schrieb: „Wenn wir kraft eigenen Rechts als Menschen existieren und nicht durch den Willen der anderen zu Mitgliedern der menschlichen Gemeinschaft berufen werden, dann kann allein die naturale Zugehörigkeit zur biologischen Spezies, das Merkmal menschlicher Abstammung, den Ausschlag geben."[196] Diese Argumentation zur Begründung des vollständigen Menschenwürdeschutzes ab Konjugation war jedoch, wie bereits an anderer Stelle gezeigt wurde, starker Kritik ausgesetzt.[197]

Ebenso herangezogen wie kritisiert wurden auch die Argumentationen, die den Einbezug des Embryos in den Menschenwürdeschutz und die daraus resultierende Ablehnung der Präimplantationsdiagnostik mit der Gottebenbildlichkeit und dem Geschaffensein des Menschen durch Gott begründeten.[198] Das Grundsatzpapier der CDU formulierte unter anderem diesem Ansatz folgend: „Die unantastbare Würde des Menschen als Geschöpf Gottes ist menschlicher Verfügung nicht zugänglich und ist zu schützen."[199] Da eine explizit religiös

S. 13; Hillgruber/Goos, Grundrechtsschutz für den menschlichen Embryo (2008), S. 46; Isensee, Säkulare Gesellschaft (2006), S. 215 und Starck, Das Bonner Grundgesetz (2005), S. 70.

194 „Es handelt sich also spätestens jetzt [Befruchtung] um ein individualisierbares Kontinuum, das sich im Prozess des weiteren, keine substantiellen Zäsuren aufweisenden Wachsens und Sich-Entfaltens nicht erst zum Menschen, sondern bereits als Mensch entwickelt". Hillgruber, Art. 1 (2009), S. 7. Vgl. auch Böckenförde, Einspruch (2011) und Kauder, MDB (CDU) in Deutscher Bundestag, Plenarprotokoll 17/120 (07.07.2011), S. 13889 und im Interview mit dem Spiegel o. A., Volker Kauder im Interview (2011).

195 Vgl. Hillgruber, Art. 1 (2009), S. 6; Kress, Status des Embryos (2005), S. 85; Spieker, Embryonen besser schützen (2010) und Thierse, MdB (SPD) in Deutscher Bundestag, Plenarprotokoll 17/120 (07.07.2011), S. 13881.

196 Schockenhoff, Achtung der Menschenwürde (2008), S. 66. Vgl. auch Schockenhoff 2006, S. 69.

197 Vgl. Schramme, Bioethik (2012), S. 449. Siehe auch Unterkapitel 4.1 des III. Teils.

198 Ein solches Menschenwürdeverständnis verwendeten: Evangelische Kirche in Deutschland/Sekretariat der Deutschen Bischofskonferenz (Hg.), Wieviel Wissen tut uns gut (1997), S. 23; Evangelische Kirche in Deutschland, Stellungnahme (2011); Evangelische Kirche von Westfalen (Hg.), Ethische Überlegungen (2003), S. 8f., Koch, Der Maßstab Gottes muß bleiben (2001) und Zentralkomitee der deutschen Katholiken, Diskussionsanstoß (2001), S. 3.

199 Christlich Demokratische Union Deutschlands (Hg.), Grundsatzprogramm (2007), S. 73. Ausführlich zum Begriff der Gottebenbildlichkeit vgl. Schockenhoff, Achtung der Menschenwürde (2008), S. 63f.

begründete Herleitung der Menschenwürde aus der Gottebenbildlichkeit im säkularen Umfeld nur bedingt konsensfähig war, wurde sie nur sehr selten und fast ausschließlich von christlichen Diskussionsteilnehmern verwendet.[200] Franz Josef Wetz kritisierte dieses mit den Worten: „Es [das kantianische Würdekonzept] ist ein ‚Säkularisat' des christlich-metaphysischen Menschenbildes und als solches verkappt weltanschaulich imprägniert."[201] Unter der Prämisse, dass die Menschenwürde nicht losgelöst von weltanschaulichen Grundannahmen interpretiert werden könne, bezweifelte er, dass sie in der Auseinandersetzung um die Präimplantationsdiagnostik überhaupt sinnvoll zum Tragen kommen könne.[202] Die Menschenwürde aus Art. 1 Abs. 1 GG könne nicht, so auch Martin Nettesheim, als Regulationsprinzip in Bezug auf neuartige Herausforderungen dienen.[203] Vielmehr stelle sie ein „Einfallstor für Partikularethiken" dar.[204] „Die Achtungs- und Schutzpflicht aus Art. 1 Abs. 1 GG hat der Staat des Grundgesetzes in weltanschaulich-religiöser Neutralität zu erfüllen"[205], forderte Hans-Georg Dederer. Auch Ralf Müller-Terpitz verwies auf die Unbestimmtheit des Begriffs und drückte seine Sorge vor der individuellen inhaltlichen Konkretisierung des Menschenwürdebegriffes aus, insbesondere vor dem Hintergrund, dass das Prinzip der Menschenwürde sich aus einer Vielzahl an inhaltlichen Quellen speiste.[206]

Der Ansicht, dass Menschenwürde weltanschaulich neutral interpretiert werden müsse, um allgemeine Gültigkeit besitzen zu können, widersprachen andere

200 Vgl. Barth, Menschenwürde (2007), S. 4; Böhmer, Parlamentsgeschichte (2005), S. 160; Holzenkamp, MdB (CDU) sprach allgemeiner von einem christlichen Würdeverständnis, das nur eine Ablehnung der Präimplantationsdiagnostik zuließ, vgl. Deutscher Bundestag, Plenarprotokoll 17/120 (07.07.2011), S. 14170. Außerdem Isensee, Säkulare Gesellschaft (2006), S. 208; Koschyk, MdB (CDU) in Deutscher Bundestag, Plenarprotokoll 17/120 (07.07.2011), S. 14172; Pawlik, Besser man nimmt den Mund nicht zu voll (2011) und Erzbischof Zollitsch im Interview mit dem Deutschen Ärzteblatt in Klinkhammer/Jachertz, Interview mit Erzbischof Zollitsch (2011), S. 824f.

201 Wetz, Menschenwürde (2008), S. 36.

202 Ebd., S. 37–39 betonte: „Doch lediglich weltanschaulich neutrale Wertvorstellungen können jedermann zugemutet und von allen anerkannt werden. Die Idee der angeborenen Menschenwürde, die ohne weltanschauliche Hintergrundannahme leer bleiben muss, gehört nicht dazu." Daraus schlussfolgerte er: „Allein eine anthropologisch fundierte Würdeauffassung als reiner Gestaltungsauftrag ohne weltanschauliche Hintergrundannahme verfügt über die geforderte Allgemeinheit, um Anspruch auf staatlichen Schutz ergeben zu können [...]. Würde wäre damit keine metaphysische Vorgabe mehr, sondern lediglich eine ethische Aufgabe."

203 Vgl. Nettesheim, Garantie der Menschenwürde (2005), S. 75.

204 Ebd., S. 84. Ebenso Birnbacher, Menschenwürde und Lebensrecht (2010), S. 15; Dreier (Hg.), Grundgesetz Kommentar (1996), S. 102; Fenner, Leerformel (2007), S. 144 und Hufen, Individuelle Rechte und die Zulassung der Präimplantationsdiagnostik (2010), S. 130.

205 Dederer, Garantie der Menschenwürde (2009), S. 104.

206 Müller-Terpitz, Schutz des pränatalen Lebens (2007), S. 292.

Autoren, wie der evangelische Theologe Hermann Barth: „Eine Verfassung kann und soll nicht die weltanschauliche Pluralität abbilden, sondern sie erhält ihr Profil und ihre Leistungsfähigkeit gerade dadurch, dass sie wertgebunden ist und ganz bewusst bestimmte Traditionslinien aufnimmt und sozusagen zur ‚Leitwährung' macht."[207]

Ein weiteres Begründungsmuster zur Ablehnung der Präimplantationsdiagnostik war der Verweis auf ihren selektiven Charakter. Die im Zuge der Präimplantationsdiagnostik vorgenommene Selektion der Embryonen nach bestimmten genetischen Merkmalen wurde als Verstoß gegen die Würde des Embryos gesehen. Ernst-Wolfgang Böckenförde konkretisierte diese Würdeverletzung in einem Interview mit der SÜDDEUTSCHEN ZEITUNG: „Sein Lebensrecht wird einerseits von einer bestimmten Eigenschaft, nämlich seiner Gesundheit, abhängig gemacht, andererseits wird es von vornherein als Mittel zum Zweck überhaupt erst hergestellt und entsprechend darüber disponiert."[208] Ein Urteil über den Wert oder Unwert des menschlichen Lebens dürfe nicht in die Entscheidungsgewalt Dritter gelegt werden, so die Forderung, denn eine solche Selektion menschlichen Lebens sei eindeutig ein Verstoß sowohl gegen das Embryonenschutzgesetz als auch gegen die Menschenwürde.[209] „Jeder Selektion liegt eine positive Bewertung zugrunde, die mit der grundlegenden Gleichberechtigung, die der Verfassungssatz von der unantastbaren Würde des Menschen garantieren soll, nicht vereinbar ist"[210], betonte Rainer Beckmann. Einige Diskussionsteilnehmer hoben hervor, dass der Embryo im frühen Embryonalstadium eben kein Etwas, sondern ein Mensch sei, dessen Instrumentalisierung und Degradierung zur Sache seiner Würde widersprächen.[211] Die unter Vorbehalt produzierten

[207] BARTH, Menschenwürde (2007), S. 5. Ähnlich schrieb HASSEMER, Über den argumentativen Umgang mit der Würde des Menschen (2005), S. 304: „Der Schutz der Menschenwürde [...] ist ein Pfeiler der Leitkultur des ‚Alten Europas' und ist tief verwurzelt in der Tradition des Christentums und in der politischen Anthropologie der Aufklärung."

[208] GRAUPNER, Interview mit Böckenförde (2001).

[209] Vgl. BAHNERS U. A., Interview mit Däubler-Gmelin (2001); BÖCKENFÖRDE, Normatives Prinzip (2003), S. 814; DEUTSCHER ÄRZTINNENBUND E. V., Stellungnahme (2001), S. 4; EIBACH, Präimplantationsdiagnostik (2003), S. 444; GRAUPNER, Interview mit Böckenförde (2001); HAKER, Ein in jeder Hinsicht gefährliches Verfahren (2001); HERDEGEN, Menschenwürde im Fluß des bioethischen Diskurses (2001), S. 777; HILLGRUBER, Art. 1 (2009), S. 13; Holzenkamp, MdB (CDU) in DEUTSCHER BUNDESTAG, Plenarprotokoll 17/120 (07.07.2011), S. 14170; PRESSEDIENST DER CDU, Aussortieren (2010) und SACKSOFSKY, Gutachten (2001), S. 65.

[210] BECKMANN, Prüfstand (2011), S. 127.

[211] Vgl. BECKMANN, Rechtsfragen (2001), S. 172; BÖCKENFÖRDE, Normatives Prinzip (2003), S. 814 und BÖHMER, Selektionsmedizin (2001). So bekräftigte auch die BUNDESVEREINIGUNG LEBENSHILFE FÜR MENSCHEN MIT GEISTIGER BEHINDERUNG, Position (2010), S. 3: „Die Erzeugung von Embryonen unter dem Vorbehalt der Auslese nach Wünschen Dritter bedeutet nichts anderes als eine Instrumentalisierung menschlichen Lebens."

Embryonen würden zum Wunschobjekt ihrer Eltern.[212] „[D]enn menschliches Leben wird [bei In-vitro-Fertilisation und Präimplantationsdiagnostik] nicht mehr um seiner selbst willen geschaffen, sondern um der Erfüllung von außen definierter besonderer Eigenschaften willen“[213], konstatierte auch der Rechtswissenschaftler Ralf Röger.

Die im Zuge einer Präimplantationsdiagnostik-Behandlung notwendige Auswahl impliziere die Verdinglichung des Embryos und sein Ausgeliefertsein in die Verfügungsgewalt Dritter. Auf diese Weise verstieße sie gegen die auch schon dem Embryo zukommende Menschenwürde, betonten auch die Verfasser des Gesetzentwurfs für ein Verbot der Präimplantationsdiagnostik.[214] Wolfgang Thierse, MdB (SPD) erinnerte den Bundestag an die in der Menschenwürde zugrunde gelegte Anerkennung der Selbstzweckhaftigkeit jedes Menschen vom Zeitpunkt der Befruchtung an: Bei der PID aber geschiehe das Gegenteil: „Embryonen werden als Sachen behandelt, sie werden nicht um ihrer selbst willen gezeugt, sondern zum Zweck ihrer Auswahl. Ihr Sein, ihre Entwicklung werden von bestimmten genetischen Dispositionen und Merkmalen abhängig gemacht.“[215] Dieses Zitat veranschaulicht, dass die diagnostische Auswahl nach bestimmten Kriterien und die weiter damit verbundene Verwerfung von in vitro gezeugten Embryonen aufgrund spezifischer genetischer Merkmale und zur Erfüllung elterlicher Wünsche als unmenschliche Instrumentalisierung des Embryos und damit als Verletzung seiner Würde verurteilt wurden.[216] „Diese Verzweckung zum Erfolgskind und Objekt degradiert und verstößt gegen die Menschenwürde“, erklärte Ingrid Fischbach, MdB (CDU) im Deutschen Bundestag.[217] Darüber

212 Vgl. Kuhlmann, Wunschkinder (2004), S. 179.

213 Röger, Verfassungsrechtliche Grenzen (2000), S. 67.

214 Vgl. Deutscher Bundestag, Drucksache 17/5450 (11.04.2011), S. 7f. Ähnlich auch Isensee, Grundrechtlicher Konnex von Menschenleben und Menschenwürde (2009), S. 121.

215 Zitiert nach: Deutscher Bundestag, Plenarprotokoll 17/120 (07.07.2011), S. 13881.

216 So resümierte beispielsweise die Deutsche Bischofskonferenz: „Angesichts der Gefahr, dass der Mensch auf das Biologische reduziert wird, halten wir fest, dass der Mensch mehr ist als die Summe seiner Gene.“ Sekretariat der Deutschen Bischofskonferenz (Hg.), Der Mensch: sein eigener Schöpfer (2001), S. 7. Vgl auch Böckenförde, Einspruch (2011); Deutscher Bundestag, Drucksache 14/9020 (14.05.2002), S. 111; Kuhlmann, Wunschkinder (2004), S. 180; Pawlik, Alle Trümpfe genommen (2001); Riedel, Wer die Ethik nicht fühlen will (2001); Sacksofsky, Gutachten (2001), S. 65; Schockenhoff, Einspruch (2001); Sekretariat der Deutschen Bischofskonferenz (Hg.), UnBehindert Leben und Glauben teilen (2003), S. 21; Sekretariat der Deutschen Bischofskonferenz (Hg.), Dignitas Personae (2008), S. 30; Sensburg/Tauber, PID verletzt die Menschenwürde (2011) und Spaemann im Interview mit der Tagespost, vgl. Strack, Selektion (2011).

217 Zitiert nach: Deutscher Bundestag, Plenarprotokoll 17/120 (07.07.2011), S. 14165. Ebenso Böhmer, Selektionsmedizin (2001): „Mit der Selektion etabliert die PID ein neues Prinzip. Sie macht den Menschen in nicht gekannter Weise zum Objekt: zum Wunschobjekt

hinaus wurde die notwendige und bewusste Inkaufnahme der Überproduktion von Embryonen als mit der Menschenwürde unvereinbar abgelehnt.[218]

Sowohl in Anlehnung an die Objekt-Formel als auch an die christliche Interpretation des Menschenwürdebegriffes wurde die Präimplantationsdiagnostik als Menschenwürdeverletzung abgelehnt. Maria Böhmer, MdB (CDU) bediente sich einer solchen Argumentationsstrategie, als sie betonte: „Für mich ist damit die Unverfügbarkeit menschlichen Lebens gemeint, die sich – christlich gesprochen – auf die Gottebenbildlichkeit des Menschen bezieht. Der Mensch ist Zweck an sich und darf nie zu anderen Zwecken missbraucht werden."[219] Ganz ähnlich begründete Maria Eichhorn, MdB (CDU) ihre Unterstützung des Gesetzentwurfs zum Verbot der Präimplantationsdiagnostik: „Das christliche Menschenbild steht gegen eine ‚Verzweckung' des Menschen und gegen eine Unterscheidung von ‚lebenswertem' und ‚lebensunwertem' Leben. Es steht auch gegen eine Reduzierung von Menschen auf ihre Nützlichkeit."[220] Die in der Beziehung zu Gott begründete Menschenwürde müsse vor Verdinglichung, Instrumentalisierung und Verletzung beschützt werden, betonten Vertreter der christlichen Kirchen und verbanden damit die Forderung nach einem unbedingten Verbot der Präimplantationsdiagnostik zum Schutz des Embryos.[221]

Andere Diskussionsteilnehmer wiesen das Argument der Instrumentalisierung in Bezug auf die Präimplantationsdiagnostik entschieden zurück. Die Ablehnung dieser Technik mit dem Rekurs auf die Objekt-Formel war beispielsweise auch für Martin Nettesheim nicht nachvollziehbar: „Wer sich im Wissen darum, dass ein Embryo schwerstbehindert zur Welt kommen wird, und vor dem Hintergrund einer sorgfältigen Abwägung der die Lebensqualität bestimmenden Faktoren zu einer Abtreibung entschließt, macht den Embryo nicht zum bloßen Objekt."[222] Auch der Philosoph Michael Quante wies diesen Vorwurf mit der Begründung zurück: „Auch das Verwerfen eines Embryos im Falle eines entsprechenden genetischen Defekts sollte man nicht Instrumentalisierung nennen: Tötung ist nicht Instrumentalisierung."[223]

Alle Forderungen nach einem gesetzlichen Verbot der Präimplantationsdiagnostik bauten auf der Nennung von konkreten Grundrechtsverletzungen des

seiner Eltern, zum Objekt der Begierde von Wissenschaftlern und Medizinern, zum Objekt einer zukünftigen Gesellschaft, die Glück mit Gesundheit gleichsetzen will".

218 Vgl. Deutscher Bundestag, Plenarprotokoll 17/120 (07.07.2011), S. 13881.

219 Böhmer, Parlamentsgeschichte (2005), S. 160.

220 Zitiert nach: Deutscher Bundestag, Plenarprotokoll 15/166 (17.03.2005), S. 15579.

221 Vgl. Evangelische Kirche in Deutschland/Sekretariat der Deutschen Bischofskonferenz (Hg.), Wieviel Wissen tut uns gut (1997), S. 23 und Evangelische Kirche von Westfalen (Hg.), Ethische Überlegungen (2003), S. 8f. Eine ausführliche Auseinandersetzung mit der katholischen Position in Bezug auf Präimplantationsdiagnostik in Knoepffler, Beginn der menschlichen Person (2012), S. 136–155.

222 Nettesheim, Garantie der Menschenwürde (2005), S. 82f.

223 Quante, Menschenwürde (2010), S. 45.

Embryos auf, denn nur diese konnten ein Verbot verfassungsgemäß legitimieren. So erklärte Margot von Renesse, MdB (SPD): „Verbieten kann der Staat aber nur das, was ein Rechtsgut gefährdet oder schädigt.“[224] Aus diesem Grund verneinten die Befürworter der Diagnostikmethode in ihren Diskussionsbeiträgen mehrheitlich eine Menschenwürdeverletzung des frühen Embryos. Um diese auszuschließen, griffen sie auf Argumentationsstrategien zurück, die in der Stammzelldebatte oder früheren Embryo-Debatten bereits eingesetzt worden waren.

Eine erste Strategie bestand darin, das Menschenwürdeargument für den frühen Embryo nicht gelten zu lassen, da dieser aus vielfältigen Gründen gar nicht als Träger der Menschenwürde in Betracht kommen könne.[225] Eric Hilgendorf schrieb, die Grundrechtsträgerschaft des Embryos ablehnend: „Ich bin der Ansicht, dass die Forderungen nach einem vollen, dem geborener Menschen gleichkommenden Schutz von entwicklungsfähigen menschlichen Zellen oder Zellgruppen nicht überzeugend zu begründen sind.“[226] Unter Rückgriff auf die Debatten im Parlamentarischen Rat über die Ausgestaltung und den Bezugsrahmen der Menschenwürde betonte Horst Dreier, dass die Verfassungsväter und -mütter diese nur für den geborenen Menschen gedacht haben könnten.[227]

[224] Renesse, Verbieten hilft nicht (2001).

[225] Mögliche Argumentationsvarianten waren: Vernunftfähigkeit, Selbstbestimmungsfähigkeit, Ich-Bewusstsein als Voraussetzung für Menschenwürde, vgl. Heun, Humangenetik und Menschenwürde (2006), S. 209f. Da der Embryo kein Leid- und Schmerzempfinden besäße, könne er nicht als Träger der Menschenwürde gelten, vgl. dazu Hufen, Präimplantationsdiagnostik aus verfassungsrechtlicher Sicht (2001), S. 446 und ähnliche Argumentation bei Kress, Reformbedarf zum Stammzellgesetz (2006), S. 221. Der Embryo könne nicht Träger der Menschenwürde sein, so Ipsen, Verfassungsrecht und Biotechnologie (2006), S. 36. Birnbacher, Menschenwürde und Lebensrecht (2010), S. 23 erkannte den Embryo nicht als Träger der Menschenwürde im „starken Sinne“, so wie es der geborene Mensch sei: „Das Argument der Menschenwürdewidrigkeit vermag nur eine schwache Schutzwürdigkeit des Embryos zu begründen, die Abwägungen mit intensiven – und nicht ihrerseits kritikwürdigen – Wünschen wie dem Wunsch der Mutter nach einem Kind bzw. einem gesunden Kind durchaus zulässt.“ Birnbacher, Menschenwürde und Lebensrecht (2010), S. 30. „Wo noch gar kein individualisierter, lebender Grundrechtsträger existiert, kann es auch keinen individualisierten Würdeschutz geben.“ Heun, Menschenwürde und Lebensrecht (2010), S. 110. Ebenso argumentierten Irrgang, Einführung in die Bioethik (2005), S. 60 und Kress, Status des Embryos (2005), S. 87. Embryonen, zu Kommunikation nicht fähig, könnten nicht Träger der Menschenwürde sein: „Aus der Einsicht in die gesellschaftsstrukturelle Bedeutung der Menschenwürde folgt jedoch, dass die Menschenwürde nicht mit jedem Einzelstück der Art Homo sapiens identifiziert werden darf. Sie ist nicht Fleisch und Knochen, sondern Kommunikation. Deshalb kann sie allerdings auch nichts über Anfang und Ende des wirklichen, nicht definierten Lebens sagen.“ Roellecke, Leben zwischen Religion und Recht (2005), S. 424. Vgl. auch Roellecke, Der Embryo braucht keine Würde (2011).

[226] Hilgendorf, Stufungen des vorgeburtlichen Lebens- und Würdeschutzes (2010), S. 175.

[227] Vgl. Dreier, Lebensschutz und Menschenwürde (2002), S. 41.

Ganz ähnlich interpretierte Anna Weschka in Anlehnung an Horst Dreier, dass die Stellung der Menschenwürdegarantie im Grundgesetz eine „Hervorhebung der menschlichen Persönlichkeit" bedeute und sich diese deshalb auf den geborenen Menschen erstrecken müsse.[228] Der Verweis auf die nicht vorhandene Personalität des Embryos diente dabei dazu, die Hauptkritikpunkte Selektion, Verwerfung und Instrumentalisierung der Embryonen nicht als Verstoß gegen die Menschenwürde betrachten zu müssen.[229] Friedhelm Hufen betonte: „Auch hier [Präimplantationsdiagnostik] geht es nicht um grundsätzliche Selektion oder grundsätzliche Negierung der Qualität des Menschen, sondern letztlich um die Geburt eines neuen, mit Menschenwürde begabten Menschen."[230] Das Ziel der Präimplantationsdiagnostik sei nicht die wahllose Verwerfung von Embryonen, sondern die Herbeiführung einer Schwangerschaft.[231] Eine Verletzung der Menschenwürde stelle die Präimplantationsdiagnostik demnach nicht dar, begründete auch der Wissenschaftliche Beirat der Bundesärztekammer in einer ergänzenden Stellungnahme zum Diskussionsentwurf der Bundesärztekammer: „Nach der Rechtsprechung des Bundesverfassungsgerichts läge sie vor, wenn ein Mensch zum bloßen Objekt herabgewürdigt, verächtlich gemacht und willkürlich behandelt wird. Dies trifft bei der PID mit der Möglichkeit der Unterlassung des Transfers bei einer Feststellung schwerer genetischer Schäden nicht zu."[232]

Eine zweite Strategie zur Vermeidung von Grundrechtskollisionen bei Zulassung der Präimplantationsdiagnostik bestand in der funktionalen Entkopplung der Grundrechtsartikel Würde- und Lebensschutz aus Art. 1 und Art. 2 GG.[233]

Eine dritte Strategie, die schon in der Stammzelldebatte Anwendung gefunden hatte, wurde nun im Zuge der Präimplantationsdiagnostik-Debatte erneut und stärker als zuvor eingebracht: die gradualistische Interpretation des

228 Vgl. WESCHKA, Präimplantationsdiagnostik (2010), S. 202f.

229 Ausführlich zur Diskussion um den Personstatus des Embryos als Voraussetzung seines Einbezugs in den Menschenwürdeschutz im Unterkapitel 4.1 des III. Teils.

230 HUFEN, Die Menschenwürde, Art. 1 I GG (2010), S. 7.

231 Vgl. CAESAR (Hg.), Präimplantationsdiagnostik (1999), S. 43; DREIER, Grundgesetz Kommentar 2013 (2013), S. 216 und NEIDERT, Fortpflanzungsmedizingesetz (1998), S. 353.

232 WISSENSCHAFTLICHER BEIRAT DER BUNDESÄRZTEKAMMER, Ergänzende Stellungnahme (2001), S. 2. Analog bei MINISTERIUM DER JUSTIZ RHEINLAND-PFALZ (Hg.), Fortpflanzungsmedizin und Embryonenschutz (2005), S. 19.

233 Näher zur inhaltlichen Ausgestaltung der Entkopplungstheorie siehe auch im Unterkapitel 4.1 in Teil III. Vertreten wurde eine solche Entkopplung in der Präimplantationsdiagnostik-Debatte unter anderen von DREIER, Grundgesetz Kommentar (2004), S. 174; HEUN, Humangenetik und Menschenwürde (2006), S. 200; HEUN, Menschenwürde und Lebensrecht (2010), S. 108f.; KRESS, Status des Embryos (2005), S. 88 und ZIPPELIUS/WÜRTENBERGER, Deutsches Staatsrecht (2008), S. 233. Kritisch zum Vorschlag der Entkopplung ISENSEE, Säkulare Gesellschaft (2006), S. 198; ISENSEE, Grundrechtlicher Konnex von Menschenleben und Menschenwürde (2009), S. 122f. und STARCK, Das Bonner Grundgesetz (2005), S. 38f.

Menschenwürde- und Lebensschutzes. Mit Hilfe eines Menschenwürdekonzeptes, das für den Embryo in Abhängigkeit von Entwicklungs- und Reifegrad einen abgestuften oder kontinuierlich anwachsenden Menschenwürdeschutz vorsah, konnte die Zustimmung zur stark umstrittenen Präimplantationsdiagnostik möglich gemacht werden. Auch Wertungswidersprüche in der Gesetzgebung sollten durch einen graduellen Lebens- und Würdeschutz abgebaut werden. Rudolf Neidert schrieb in Erwiderung auf kritische Leserbriefe zu seinem Ansatz eines anwachsenden Lebensschutzes[234]: „Letztlich geht es mir um Konsequenz und Ehrlichkeit angesichts unseres (auch vom BVerfGE gebilligten) Abtreibungsrechts. ‚Menschenwürde' wird zur Phrase, wenn man sie für Embryonen in vitro fordert, aber in vivo über 130 000 Abbrüche im Jahr zulässt. Da wünschte ich mir mehr Einsatz für Leben und Würde lebensfähiger Feten und gegen die Barbarei der Spätabtreibungen – auch dies ist meine Konsequenz zunehmenden Lebensrechts!“[235] Zentrales Merkmal dieser Interpretationsansätze war, dass es nicht darum ging, generell den Einbezug der Menschenwürde in die Entscheidungsfindung anzuzweifeln, sondern, so lässt sich mit Sigrid Graumann feststellen: „Der Streitpunkt im öffentlichen Diskurs besteht nämlich nicht darin, ob das in der Menschenwürde begründete Instrumentalisierungsverbot überhaupt gilt, sondern ab wann es anzuwenden ist.“[236] Die Begründungsmuster für den Einbezug des Embryos in den Menschenwürdeschutz unterschieden sich. Abgeleitet wurde ein abgestufter oder prozesshaft gedachter Menschenwürdeschutz aus rechtlichen Widersprüchen in der deutschen Gesetzgebung, aus den biologischen Entwicklungsstufen des Embryos oder angelehnt an das von Matthias Herdegen formulierte gradualistische Konzept der Menschenwürde.

Im Jahr 2003 hatte Matthias Herdegen eine Neukommentierung des Art. 1 Abs. 1 GG im Grundrechtskommentar von Maunz und Dürig veröffentlicht und damit die seit dem Jahr 1958 im Wesentlichen unveränderte Erstkommentierung Günter Dürigs abgelöst. Die mit der Kommentierung durch Matthias Herdegen vollzogenen grundlegenden Veränderungen in der Interpretation provozierten die Kritik anderer Verfassungsrechtler, darunter insbesondere die öffentlich wahrgenommene seines Kollegen Ernst-Wolfgang Böckenförde. Dieser hatte in seinem Beitrag „Die Würde des Menschen war unantastbar“ in der FAZ vom 03.09.2003 eine kritische Rezension der Kommentierung veröffentlicht. Der Untertitel des Artikels brachte die Kritik des Autors knapp auf den Punkt. So hieß es dort: „Abschied von den Verfassungsvätern: Die Neukommentierung von Artikel 1 des Grundgesetzes markiert einen Epochenbruch“.[237]

[234] Vgl. Neidert, Zunehmendes Lebensrecht (2000), S. 3483–3486.
[235] Neidert, Schlusswort (2001). Die oben genannten Leserzuschriften sind im gleichen Heft abgedruckt.
[236] Graumann, Regulativ der Menschenwürde (2004), S. 124.
[237] Böckenförde, Die Würde des Menschen war unantastbar (2003).

Während für Günter Dürig Art. 1 GG als Grundwert und Basis des gesamten Verfassungswerks von Abwägungen und Beschränkungen ausgenommen werden sollte,[238] wurde die Menschenwürde bei Matthias Herdegen als ein Grundrecht von vielen verstanden und damit für Abwägungen zugänglich gemacht. Insbesondere vor dem Hintergrund neuer medizinischer und biotechnologischer Herausforderungen müsse, so die Begründung Matthias Herdegens, die aus der Menschenwürde abgeleitete Schutzpflicht des Staates neu überdacht werden.[239] In seiner Menschenwürde-Konzeption sollte die Menschenwürde nicht mehr absolut, sondern graduell geschützt werden. Während der Würdekern immer unverändert bliebe, sei die Menschenwürde in ihren Randbereichen für Abwägungen offen. So könne der Gehalt der Menschenwürde je nach kollidierenden Grundrechtsgütern neu festgelegt werden.[240]

In Bezug auf den Embryo entwickelte Matthias Herdegen ein gradualistisches Menschenwürdekonzept, dies bedeutete mit seinen eigenen Worten: „Entwicklungsgeprägt ist dabei nicht der Würdeanspruch als solcher, also nicht das Ob des Anspruchs, sondern vielmehr sein Inhalt und seine Intensität des Würdeanspruches, das Wie. Konkret heißt das, dass der Würdeanspruch des Embryos nach Implantation und Nidation stärker ist als bei der befruchteten Eizelle.“[241] Sowohl aus der nicht vorhandenen Implantationspflicht von Embryonen in die Mutter als Verstoß gegen ihr Selbstbestimmungsrecht als auch aus der Existenz des Stammzellgesetzes, das die Forschung an „überzähligen“ Embryonen möglich machte, leitete Mattias Herdegen die Begründung für sein Würdeschutzkonzept ab.[242] Die Zunahme der Intensität des Würdeanspruchs ließe sich demnach aus der geltenden Rechtslage ableiten und entspräche zeitgleich auch „Jahrtausenden abendländischer, insbesondere christlicher und jüdischer Geistesgeschichte“[243].

Während Ernst-Wolfgang Böckenförde die Neukommentierung als einen „Epochenbruch“[244] bezeichnete, konstatierte der Philosoph Heiner Bielefeldt,

[238] „Wie schon die Formulierung: ‚Die Würde des Menschen ist unantastbar‘ zeigt, ist dieser Eigenwert als etwas immer Seiendes, als etwas unverlierbar und unverzichtbar immer Vorhandenes gedacht, so daß von vornherein der Wertanspruch des Wertträgers nicht darauf gerichtet sein kann, ihm durch positives Tun diesen Wert zu verschaffen.“ Maunz/Dürig (Hg.), Grundgesetz Sonderdruck (2003), S. 3f.

[239] Vgl. Herdegen, Art. 1 (2003), S. 13.

[240] Vgl. ebd., S. 25–27.

[241] Herdegen, Würdeanspruch des Embryo in vitro (2005), S. 363. Vgl. auch Herdegen, Art. 1 (2003), S. 34f.

[242] Vgl. Herdegen, Menschenwürde im Fluß des bioethischen Diskurses (2001), S. 778 und Herdegen, Würdeanspruch des Embryo in vitro (2005), S. 364.

[243] Herdegen, Würdeanspruch des Embryo in vitro (2005), S. 363. Analog bei Herdegen, Art. 1 (2003), S. 36.

[244] Böckenförde, Die Würde des Menschen war unantastbar (2003).

dass Matthias Herdegens Interpretation repräsentativ für bereits vorhandene Tendenzen in der Auslegung der Menschenwürde sei.[245]

Alternativ zu dem graduellen Würdekonzept Matthias Herdegens wurde von einigen Diskussionsteilnehmern eine Ausrichtung des Menschenwürdeschutzes an den biologischen Entwicklungsstufen propagiert. Insbesondere die als starker Einschnitt innerhalb der Embryonalentwicklung gewertete Nidation des im Falle der Präimplantationsdiagnostik extrakorporal gezeugten Embryos in die mütterliche Gebärmutter sollte den Zeitpunkt des einsetzenden Würdeschutzes markieren. Als Autoritätsargument für die Einnistung standen unter anderem die Abtreibungsurteile des Bundesverfassungsgerichts Pate.[246] Mit der Nidation sei der Zeitpunkt in der Embryonalentwicklung erreicht, an dem das im Embryo angelegte genetische Programm vollständig zur Entfaltung kommen könne, wurde häufig argumentiert.[247] Horst Dreier ergänzte weitere Punkte, die seines Erachtens für die Nidation als den entscheidenden Zeitpunkt sprachen. So verwies er darauf, dass zwei Drittel der befruchteten Eizellen nicht zur Einnistung gelangen würden, auch könne vor Nidation nicht von einem Individuum gesprochen werden. Den letzten entscheidenden Aspekt erkannte er, wie einige andere Diskussionsteilnehmer darin, dass ohne die Mutter weder das Überleben noch eine Weiterentwicklung möglich sei.[248] Friedhelm Hufen betonte: „Im Embryo liegt – unter der Voraussetzung der Annahme durch die Mutter – die Potentialität zur Entwicklung zum Menschen.“[249] Die Präimplantationsdiagnostik, die die Lebensfähigkeit des zu implantierenden in vitro gezeugten Embryos sichere, könne demnach nicht als Verstoß gegen die Würde des Embryos bewertet werden.[250]

Einige wenige Autoren nannten einen späteren Zeitpunkt für den einsetzenden Menschenwürdeschutz, beispielsweise die Ausbildung des Gehirns oder die Geburt.[251]

245 Vgl. Bielefeldt, Menschenwürde (2008), S. 9.

246 Vgl. beispielsweise Kunig, Art. 1 (2012), S. 66.

247 „Wenn auf die Vollkommenheit des genetischen Codes mit Abschluss der Befruchtung und damit der Beginn des Menschseins abgestellt werde, vergisst man, dass diese Würde erst richtig ‚mit Leben‘ erfüllt werde, wenn die Nidation gelingt. Ohne Nidation bleibt alles Stückwerk, dem absoluten Schutz der Menschenwürde in Art. 1 Abs. 1 GG zum Trotz.“ Diedrich u. a., Präimplantationsdiagnostik (2010), S. 295.

248 Vgl. Dreier, Präimplantationsdiagnostik (2011); Griese, MdB (SPD) in Deutscher Bundestag, Plenarprotokoll 17/120 (07.07.2011), S. 13905; Happach-Kasan, MdB (FDP), in Deutscher Bundestag, Plenarprotokoll 17/120 (07.07.2011), S. 13898; Polenz, MdB (CDU), in Deutscher Bundestag, Plenarprotokoll 17/120 (07.07.2011), S. 14176 und Nationaler Ethikrat, Stellungnahme (2003), S. 123–128.

249 Hufen, Schlusswort (2004), S. 1012. Ebenso Hufen, Individuelle Rechte und die Zulassung der Präimplantationsdiagnostik (2010), S. 142.

250 Vgl. Hufen, Schlusswort (2004), S. 1012.

251 Heun, Menschenwürde und Lebensrecht (2010), S. 120 erklärte, warum er den Beginn der Gehirnentwicklung als entscheidenden Zeitpunkt ansah: „Setzt man den

Die Zunahme naturwissenschaftlicher Erkenntnisse über die vorgeburtlichen Entwicklungsprozesse bestärkte die Vertreter abgestufter Positionen nicht nur in ihrer Beweisführung des jeweils angenommenen Zeitpunktes. Ebenso erkannten sie in der entwicklungsbiologisch nachweisbaren Prozesshaftigkeit menschlicher Entwicklung die Grundlage für ihre ethische und rechtliche Beurteilung.[252] Diese Sicherheit führte auch den Philosophen Bernhard Irrgang zu der Aussage: „Der Gradualismus war 1995 noch eine ethische Option. Sie ist heute empirisch in einem so hohen Maße bestätigt und bewährt wie nie zuvor in der Geschichte der Biologie."[253]

Matthias Herdegen hatte spätestens mit seiner Neukommentierung die Vorstellung eines Würdeschutzes etabliert, der je nach Entwicklungsstand des Embryos an Intensität gewänne.[254] Den Vertretern dieses Menschenwürdekonzeptes ermöglichte diese prozesshafte Zuschreibung wenigstens in Bezug auf die Menschenwürde die konfliktlose Zustimmung zur Präimplantationsdiagnostik. In diesem Sinne sprach sich die Stellungnahme der Bioethik-Kommission des Landes Rheinland-Pfalz für einen sich an den pränatalen Entwicklungsstufen orientierenden Menschenwürdeschutz aus. Dies begründete sie mit dem in der Gesellschaft existierenden philosophischen, weltanschaulichen und religiösen Pluralismus, über welchen sich der Staat nicht mit der Festlegung eines Zeitpunktes hinwegsetzen dürfe.[255] Während Matthias Herdegen seine Konzeption in einer Anhörung des Gesundheitsausschusses zum Thema „Präimplantationsdiagnostik" als Minderheit bezeichnete, wollte er sich unterschieden wissen „von einigen Fundamentalisten, die schon der Ei- und der Samenzelle einen Würdeschutz zukommen lassen wollen"[256]. In derselben Anhörung betonte auch der Reproduktionsmediziner Klaus Dietrich ein gradualistisches Menschenwürdeverständnis im Sinne Matthias Herdegens, er begründete: „Die Entwicklung des Embryos nach der Nidation ist ein abgestufter Prozess, der bis zur Geburt dauert. Dies kann man meiner Meinung nach auch an dem § 218 ablesen, der den Schwangerschaftsabbruch ohne Indikation aus sozialen

frühestmöglichen Zeitpunkt im Sinne eines möglichst umfassenden Grundrechtsschutzes als Beginn des Menschenwürdeschutzes an, dann ist die Ausdifferenzierung des Gehirns als Beginn der Konstitution der physiologischen Voraussetzungen psychologischer Identität und Kontinuität der richtige Ansatz. Eine solche Abstufung würde auch die dogmatische Inkonsistenz der herrschenden Auffassung in der Abtreibungsfrage vermeiden."

252 Vgl. Kress, Etwas oder jemand (2007), S. 46.

253 Irrgang, Einführung in die Bioethik (2005), S. 68.

254 Ebenso erläutert in Herdegen, Würdeanspruch des Embryo in vitro (2005), S. 363.

255 Vgl. Ministerium der Justiz Rheinland-Pfalz (Hg.), Fortpflanzungsmedizin und Embryonenschutz (2005), S. 16.

256 Zitiert nach: Deutscher Bundestag – Ausschuss für Gesundheit, Protokoll Nr. 17/42 (25.05.2011), S. 26.

Gründen bis zur zwölften Woche nach der Konzeption zulässt, sofern vorher eine entsprechende Beratung stattgefunden hat."[257]

Einige Autoren sprachen dem extrakorporalen Embryo einen „special status"[258] zu und forderten entsprechend einen anderen Schutzanspruch für diesen als für den weiterentwickelten Embryo oder den geborenen Menschen. Solange der Embryo noch kein „jemand" sei und nur „human life", aber noch kein „human being" darstelle, könne man diesem lediglich einen anwachsenden Schutz zugestehen.[259] Peter Hintze, MdB (CDU) stellte einen graduellen Unterschied zwischen der befruchteten Eizelle und dem geborenen Menschen fest: „Bei der befruchteten Eizelle handelt [es] sich aber nur um die biologische Voraussetzung für den Menschen, die zwar durchaus eine besondere Würde hat, aber nicht die gleiche Würde wie der Mensch."[260]

Der Einsatz eines gradualistischen Menschenwürdeverständnisses zur Lockerung des Embryonenschutzes lässt sich insgesamt dadurch kennzeichnen, dass es nicht um die Negierung des Menschenwürdeschutzes für den Embryo ging. Vielmehr erfolgte dadurch eine Relativierung dieses bis dahin mehrheitlich als absolut verstandenen Schutzes. Das gradualistische Menschenwürdeverständnis ermöglichte die von Befürwortern der Präimplantationsdiagnostik angestrebte Änderung in der deutschen Rechtspraxis, entsprechend formulierte auch die Bundesärztekammer: „Mit zahlreichen Stimmen in der juristischen Fachliteratur ist unter der Annahme eines mit der Befruchtung einsetzenden und entwicklungsabhängig zunehmenden Schutzanspruchs des Embryos das Recht der Eltern auf Durchführung einer PID als vorrangig zu erachten, wenn dafür triftige Gründe sprechen."[261] Die hier bereits erwähnten Zäsuren in der Embryonalentwicklung oder der Verweis auf einen besonderen Status des Frühembryos dienten dabei der argumentativen Untermauerung des gradualistischen Menschenwürdeverständnisses. Rudolf Neidert erkannte in dieser prozesshaften Betrachtung des Grundrechtsschutzes „ein zwischen den Extrempositionen vermittelndes Konzept"[262], das einem – in der Formulierung Eric Hilgendorfs von Gegnern der Präimplantationsdiagnostik vertretenen „Alternativradikalismus"[263] vorbeugen würde.

Die weiter oben bereits angeführten Verweise von Diskussionsteilnehmern auf im deutschen Recht vorhandene Wertungswidersprüche im Umgang mit Embryonen in vitro und in utero wurden auch als Beweis für ein bereits in der

257 Vgl. ebd., S. 25.
258 Kress, Medizinische Ethik (2005), S. 169. Ähnlich argumentierte Ministerium der Justiz Rheinland-Pfalz (Hg.), Fortpflanzungsmedizin und Embryonenschutz (2005), S. 12f.
259 Kress, Medizinische Ethik (2005), S. 169.
260 Alexander, Interview Hintze (2010).
261 Bundesärztekammer, Memorandum (2011), S. 1705f.
262 Neidert, Zunehmendes Lebensrecht (2000), S. 3485.
263 Hilgendorf, Stufungen des vorgeburtlichen Lebens- und Würdeschutzes (2010), S. 178.

Rechtspraxis vollzogenes existierendes abgestuftes beziehungsweise gradualistisches Menschenwürdeverständnis herangezogen.[264] Matthias Herdegen verwies dafür auf das im Jahr 2002 verabschiedete Stammzellgesetz: „Entwicklungsfähige Embryonen, die nicht zur Implantation gelangen, haben keine Entwicklungsperspektive mehr. Dies nimmt ihnen den Würdeanspruch nicht, schwächt ihn aber. Eben diese Einsicht steht auch hinter dem Stammzellgesetz. Mit einem anderen Verständnis des Würdeschutzes wäre das Stammzellgesetz verfassungsrechtlich überhaupt nicht zu halten.“[265] Eric Hilgendorf verwies über das geltende Recht hinaus auch auf die „rechtsethischen Vorstellungen des ganz überwiegenden Teils der deutschen [...] Bevölkerung“[266], die seiner Meinung nach einem Stufenmodell am ehesten entsprechen würden.

Das Ansinnen derjenigen Befürworter der Präimplantationsdiagnostik, die ein gradualistisches Menschenwürdekonzept in die Diskussion einbrachten, Wertungswidersprüche im deutschen Recht zu verringern und das Leid von Hochrisikopaaren mildern zu wollen, wurde auch von anderen Diskussionsteilnehmern gesehen, die dazu notwendige Relativierung der Menschenwürde jedoch abgelehnt. Einer Relativierung der Basis aller Grundrechte sei unbedingt vorzubeugen, warnte Herta Däubler-Gmelin, MdB (SPD).[267] Die Menschenwürde sei weder teilbar, abstufbar, noch mit den Interessen Dritter abwägbar.[268] „Sie wäre nur noch eine terminologische Hülle“[269], schrieb der Rechtswissenschaftler Thomas Gutmann. Der evangelische Theologe Wilfried Härle warnte, dass die Menschenwürde dann verkommen würde „zu einem graduellen Begriff, der stets

264 So beispielsweise von Markl, Der Mensch (2001). Vergleichbar auch von Dietrich mit Verweis auf die geltende Abtreibungsregelung in Deutscher Bundestag – Ausschuss für Gesundheit, Protokoll Nr. 17/42 (25.05.2011), S. 25 und hier mit Verweis auf den legalen Einsatz von Nidationshemmern: Diedrich u. a., Präimplantationsdiagnostik (2010), S. 295. Ebenso Votum für eine begrenzte Zulassung der Präimplantationsdiagnostik in Deutscher Ethikrat, Präimplantationsdiagnostik (2011), S. 104f.

265 Herdegen, Würdeanspruch des Embryo in vitro (2005), S. 364.

266 Hilgendorf, Stufungen des vorgeburtlichen Lebens- und Würdeschutzes (2010), S. 178. Ähnlich bei Dreier, Präimplantationsdiagnostik (2011); Günther, Zeugung auf Probe (2011); Neidert, Zunehmendes Lebensrecht (2000), S. 3485 und Votum für eine begrenzte Zulassung der Präimplantationsdiagnostik in Deutscher Ethikrat, Präimplantationsdiagnostik (2011), S. 103f.

267 Vgl. Klingst u. a., „Selektion ist nicht akzeptabel“ (2001). Ebenso die Bischöfe Algermissen und Hein in einem Gemeinschaftsbrief zum Thema Präimplantationsdiagnostik, vgl. Hein/Algermissen, Offener Brief an die Abgeordneten des Deutschen Bundestages (2011), S. 2.

268 Vgl. Dabrock u. a., Menschenwürde und Lebensschutz (2004), S. 153; Schockenhoff, Wert des Menschen (2006), S. 70. Mit besonderer Kritik am Gradualismus Herdegens, vgl. Heun, Humangenetik und Menschenwürde (2006), S. 201. Weiß, MdB (CDU) betonte, dass die Menschenwürde nicht abgestuft interpretiert werden könne in Deutscher Bundestag, Plenarprotokoll 17/120 (07.07.2011), S. 14183.

269 Gutmann, Rechtliche und rechtsphilosophische Fragen (2010), S. 75.

nur mehr oder weniger – vermutlich in keinem Fall vollständig – gegeben ist“[270]. Keine der von den Befürwortern des graduellen oder abgestuften Würdeschutzes vertretenen Zeitpunkte würden etwas vollkommen Neues im Entwicklungsprozess des Embryos markieren, so dass die Annahme eines gestuften Würdeschutzes empirisch widerlegt sei.[271] „Weil die Existenz des Menschen an dessen Körper gebunden ist und das physische Leben die unhintergehbare Vorbedingung seiner Freiheit darstellt, muss die Achtung vor seiner unantastbaren Würde auch das körperliche Substrat seiner frühen Entwicklungsphase umfassen“[272], begründete Eberhard Schockenhoff seine ablehnende Haltung gegenüber gradualistischen Schutzkonzepten. Der Philosoph Heiner Bielefeldt merkte diesbezüglich an: „Zwischen vorgeburtlichem und nachgeburtlichem menschlichen Leben besteht eben doch ein Zusammenhang, dessen Zerschneidung nicht ohne Auswirkungen auf das Gewebe zwischenmenschlicher Verbindlichkeiten bleiben kann.“[273] Darüber hinaus sei die Festlegung von Zeitpunkten an die Verfügungsgewalt Dritter gebunden, so dass die Teilnahme des Embryos am Würdeschutz nicht mehr absolut verstanden, sondern in Abhängigkeit einiger weniger gelegt werden konnte.[274]

Die Aufgabe des absolut verstandenen Menschenwürdebegriffes wurde kritisiert und auf die möglicherweise daraus erwachsenden Gefahren für den ungeborenen, geborenen und sterbenden Menschen verwiesen.[275] Das gradualistische Konzept produziere Grundrechtsträger zweiter Klasse kritisierte Reinhard Merkel.[276]

4.2 Die Würde Dritter

Während auf der einen Seite die mögliche Würdeverletzung des Embryos bei Zulassung der Präimplantationsdiagnostik diskutiert wurde, verwiesen auf der anderen Seite Diskussionsteilnehmer auf die Würde betroffener Dritter. Je nach Position innerhalb der Auseinandersetzung wurden diese Würdeverletzungen durch ein Verbot oder durch eine Zulassung der Präimplantationsdiagnostik antizipiert. Hinsichtlich dieser Würdeverletzungen, die nicht den Embryo betrafen, wurden drei Konstellationen unterschieden. Im ersten Fall wurde bei

[270] Härle, Ethik (2011), S. 260.
[271] Vgl. Beckmann, Subjekt (2004), S. 1011 und Deutscher Bundestag – Ausschuss für Gesundheit, Protokoll Nr. 17/42 (25.05.2011), S. 16.
[272] Schockenhoff, Guter Hoffnung (2010).
[273] Bielefeldt, Auslaufmodell Menschenwürde (2011), S. 68.
[274] Vgl. Schockenhoff, Wert des Menschen (2006), S. 83.
[275] Vgl. Kauder, MdB (CDU) in Deutscher Bundestag, Plenarprotokoll 17/120 (07.07.2011), S. 13888 und Tiedemann, Menschenwürde als Rechtsbegriff (2007), S. 422f.
[276] Vgl. Merkel, Forschungsobjekt Embryo (2002).

der Zulassung der Präimplantationsdiagnostik eine Verletzung der Würde von bereits geborenen Behinderten befürchtet. In Bezug auf die Mutter oder die betroffenen Hochrisikopaare wurden im zweiten Fall entweder bei einem Verbot oder bei einer Zulassung Würdeverletzungen angenommen. Eine letzte Argumentationsstrategie verfolgte das Ziel, auf die durch eine Zulassung der Präimplantationsdiagnostik hervorgerufenen Veränderungen des der Menschenwürde zugrunde liegenden Menschenbildes hinzuweisen.

Die mit der Präimplantationsdiagnostik verbundene Selektion von Embryonen mit unerwünschten genetischen Merkmalen rief die Kritik einiger Diskussionsteilnehmer hervor, die darin einen Angriff auf die Würde von bereits mit genau diesen genetischen Besonderheiten geborenen Menschen sahen. Der Verweis auf eine potentielle Würdeverletzung von Behinderten durch die Legalisierung der Präimplantationsdiagnostik diente als Argument zur Ablehnung der Technik. Die Verfasser des Gesetzentwurfs für ein Verbot der Präimplantationsdiagnostik erwähnten diesen Aspekt ausdrücklich in ihrer Gesetzesbegründung: „Die Akzeptanz dieses Verfahrens, auf Probe erzeugte Embryonen mit einer bestimmten Erkrankung oder Behinderung aussortieren zu können, stellt damit – ob gewollt oder ungewollt – einen Angriff auf die Würde eines jeden Menschen mit diesen Erkrankungen oder Behinderungen dar.“[277] Der Staat müsse die vollwertige und gleichberechtigte Teilhabe behinderter Menschen ermöglichen und sichern, um dadurch ihre Würde zu schützen. Eine Legalisierung der Präimplantationsdiagnostik würde diesem Auftrag jedoch zuwider laufen.[278] Der Bundestagsabgeordnete Markus Kurth (BÜNDNIS 90/DIE GRÜNEN) sprach seine Sorge über einen Richtungswechsel im Umgang mit Behinderten explizit an: „Ich befürchte, dass dieser Perspektivwechsel, was Menschen mit Behinderungen angeht, eine Gesellschaft bewirkt, die den Begriff der Menschenwürde nicht mehr vorbehaltlos trägt und die uns dann allen möglicherweise nicht mehr die Lebensqualität und die Würde bietet, die wir eigentlich von ihr verlangen.“[279]

Jedoch hatte auf Seiten der Behindertenverbände der potentielle Verstoß gegen Art. 3 Abs. 3 Satz 2 GG ein weitaus größeres Gewicht als das Menschenwürdeargument.[280] Die staatlichen Bemühungen, Diskriminierung zu minimieren und behinderten Menschen die Teilhabe am öffentlichen Leben zu erleichtern, würden durch die Einführung der Präimplantationsdiagnostik konterkariert werden.[281]

[277] Zitiert nach: Deutscher Bundestag, Drucksache 17/5450 (11.04.2011), S. 9.
[278] Vgl. Heinrich, MdB (CDU) in Deutscher Bundestag, Plenarprotokoll 17/120 (07.07.2011), S. 14169.
[279] Zitiert nach: Deutscher Bundestag, Plenarprotokoll 17/105 (14.04.2011), S. 11968.
[280] Siehe auch die Ausführungen in Unterkapitel 3 in Teil IV.
[281] Vgl. Deutscher Bundestag, Drucksache 17/5450 (11.04.2011), S. 9.

Wesentlich häufiger wurde das Menschenwürdeargument zur Stärkung elterlicher Rechte herangezogen.[282] Ein mit dem Verbot der Präimplantationsdiagnostik gleichbedeutendes, staatlich verordnetes „Einpflanzungsgebot“[283] beziehungsweise der gesetzliche Zwang, ein höchstwahrscheinlich schwerbehindertes Kind großziehen zu müssen, wurden als eindeutiger Verstoß gegen die Würde der Mutter oder beider Elternteile dargestellt.[284] Auch das Gutachten der Leopoldina schlussfolgerte aus der rechtlichen Zulassung der Präimplantationsdiagnostik: „Zugleich würde die Würde der Frau nicht verletzt, weil sie selbst nach ihrem Gewissen entscheiden könnte.“[285]

Ein aus Art. 2 Abs. 1 GG in Verbindung mit Art. 1 Abs. 1 GG und Art. 6 GG abgeleitetes Recht, über den gesundheitlichen Zustand ihres Nachwuchses frühestmöglich informiert zu werden, betonten einige Diskussionsteilnehmer, um die Legalisierung der umstrittenen Diagnostikmethode zu erreichen.[286] Der Abgeordnete Peter Hintze (CDU) interpretierte dieses Recht auf Wissen und sein damit verbundenes Ja zur Präimplantationsdiagnostik als Gebot der Menschenwürde.[287] Friedhelm Hufen folgerte: „Die Mutter vor diesem Stadium durch ein Präimplantationsdiagnostik-Verbot nicht mit allen relevanten Informationen zu versorgen bzw. diese durch Gesetz auszuschließen, dient weder der Würde des Embryos noch derjenigen der Mutter.“[288] Der Gesundheitsschutz der Mutter wurde teilweise aus Art. 1 Abs. 1 GG abgeleitet und damit einer Abwägung mit dem Schutz des frühen Embryos zugänglich gemacht.[289]

Losgelöst von den in die Debatte eingebrachten Einzelschicksalen wurde von einigen Diskussionsteilnehmern viel grundsätzlicher mit dem in der Menschenwürde verankerten Selbstbestimmungsrecht der Eltern und ihrer Entscheidungsautonomie für die Legalisierung der Präimplantationsdiagnostik argumentiert.[290] Friedhelm Hufen konstatierte: „Nicht die PID bedroht hier die

[282] So auch von Griese, MdB (SPD) in Deutscher Bundestag, Plenarprotokoll 17/120 (07.07.2011), S. 13905.

[283] Hufen, Präimplantationsdiagnostik aus verfassungsrechtlicher Sicht (2001), S. 444.

[284] Vgl. Hufen, Schlusswort (2004), S. 1012 und Quante, Menschenwürde (2010), S. 46.

[285] Leopoldina – Deutsche Akademie der Naturforscher u. a. (Hg.), Ad-hoc-Stellungnahme (2011), S. 3.

[286] Vgl. Kloepfer, Humangentechnik als Verfassungsfrage (2002), S. 424. Ähnlich: Ministerium der Justiz Rheinland-Pfalz (Hg.), Fortpflanzungsmedizin und Embryonenschutz (2005), S. 18 und Votum für eine begrenzte Zulassung der Präimplantationsdiagnostik in Deutscher Ethikrat, Präimplantationsdiagnostik (2011), S. 87.

[287] Vgl. im Welt-Interview mit Alexander, Interview Hintze (2010) und Deutscher Bundestag, Plenarprotokoll 17/105 (14.04.2011), S. 11949.

[288] Hufen, Schlusswort (2004), S. 1012.

[289] Vgl. Ministerium der Justiz Rheinland-Pfalz (Hg.), Fortpflanzungsmedizin und Embryonenschutz (2005), S. 46 & 58.

[290] Vgl. Bloechle im FAZ-Interview mit Falke-Ischinger, Fragen an den Arzt (2010); Gutmann, Rechtliche und rechtsphilosophische Fragen (2010), S. 88; Herdegen während einer Anhörung des Gesundheitsausschusses, vgl. Deutscher Bundestag – Ausschuss für

Autonomie der Frau. Die Frau wird durch diese Diagnostik vielmehr erst in den Stand versetzt, eigenverantwortlich zu entscheiden."[291] Es sei ein Recht der Mutter, zu entscheiden, „ob und welcher der Embryonen in ihren Körper aufgenommen werden soll"[292]. Ebenso argumentierte Horst Dreier: „In dieser Zulassung der PID liegt kein Menschenwürdeverstoß [...]. Vielmehr ist zumindest eine auf Risikopaare beschränkte und mit absichernden Kautelen versehene begrenzte Zulassung der PID mit der Verfassung und auch der Menschenwürde vereinbar."[293]

Überwiegend feministische Argumentationen kritisierten umgekehrt, dass nicht das Verbot, sondern gerade die Zulassung der Präimplantationsdiagnostik eine Würdeverletzung der Frau darstelle. Hierfür wurde auf die gesundheitlichen Belastungen und Risiken verwiesen, denen Frauen bei der Durchführung einer In-vitro-Fertilisation als Voraussetzung für eine Präimplantationsdiagnostik ausgesetzt wären.[294] Die Präimplantationsdiagnostik stelle nur eine weitere Instrumentalisierung der Frau zu Fortpflanzungszwecken dar. Kathrin Vogler, MdB (DIE LINKE) stellte diesbezüglich vor dem Bundestag fest: „Je mehr Macht die Reproduktionstechnologie über den Körper der Frau erhält, desto geringer wird ihre Selbstbestimmung."[295] Der Theologe und Ethiker Dietmar Mieth stellte die kritische Frage, ob es moralisch akzeptabel sei, „daß Infertilität oder Subfertilität des Mannes durch Eingriffe bei der Frau therapiert w[ü]rden"[296].

Gesundheit, Protokoll Nr. 17/42 (25.05.2011), S. 6; Hintze, MdB (CDU) in Deutscher Bundestag, Plenarprotokoll 17/105 (14.04.2011), S. 11949; Hufen, Präimplantationsdiagnostik aus verfassungsrechtlicher Sicht (2001), S. 444; Hufen, Menschenwürde und Lebensschutz (2007), S. 43; Hufen, Individuelle Rechte und die Zulassung der Präimplantationsdiagnostik (2010), S. 139; Ipsen, Der „verfassungsrechtliche Status" des Embryos in vitro (2001), S. 995 und Taupitz, Spielräume (2010).

291 Hufen, Präimplantationsdiagnostik aus verfassungsrechtlicher Sicht (2001), S. 444.

292 Ebd., S. 443.

293 Dreier, Grundgesetz Kommentar 2013 (2013), S. 216.

294 Vgl. Arbeitskreis Frauengesundheit (AKF) u. a., Stellungnahme (2001), S. 1; Deutscher Ärztinnenbund e. V., Stellungnahme (2001); Pro Familia Deutsche Gesellschaft für Sexualberatung und Familienplanung e. V. mit dem Komitee für Grundrechte und Demokratie, Nein zur Zulassung der Präimplantationsdiagnostik (2001). Pro Familia e. V. änderte die ablehnende Haltung zehn Jahre später in der wieder aufflammenden Debate und sprach sich für die begrenzte Zulassung der Präimplantationsdiagnostik aus, vgl. Pro Familia Deutsche Gesellschaft für Sexualberatung und Familienplanung e. V. mit dem Komitee für Grundrechte und Demokratie, Für eine begrenzte Zulassung der Präimplantationsdiagnostik (2011). Ebenso verwies der Deutsche Ärztinnenbund e. V. in seiner Stellungnahme zur Präimplantationsdiagnostik auf mögliche negative Folgewirkungen. Vgl. Deutscher Ärztinnenbund e. V., Stellungnahme zur Präimplantationsdiagnostik (2011). So auch Alexander, Falsche Versprechen (2011); Bender, MdB (BÜNDNIS 90/DIE GRÜNEN) in Deutscher Bundestag, Plenarprotokoll 17/105 (14.04.2011), S. 11950; Böhmer, Selektionsmedizin (2001) und Haker, Ein in jeder Hinsicht gefährliches Verfahren (2001).

295 Zitiert nach: Deutscher Bundestag, Plenarprotokoll 17/105 (14.04.2011), S. 11963.

296 Mieth, Präimplantationsdiagnostik (1999), S. 81.

Darüber hinaus wurde die Sorge geäußert, dass die durch die Präimplantationsdiagnostik entstehenden Selektionsmöglichkeiten die Würde der Frau verletzten, da ein „Qualitätszwang“ provoziert und der Druck auf Eltern, ein gesundes Kind zur Welt zu bringen, erhöht werde.[297]

Neben konkreten Würdeverletzungen existierte die allgemeine Sorge vor einer Bedrohung des der Verfassung zugrunde liegenden Menschenwürdeverständnisses durch die Zulassung der Präimplantationsdiagnostik. Die Selektion menschlichen Lebens, die mögliche Diskriminierung von Behinderten, die eugenischen Tendenzen und die potentiellen Ausweitungen des Verfahrens zwangen die Zeitgenossen zu einer vertieften Reflexion über das ihrer Gesetzgebung zugrundeliegende Menschenbild und über die Frage, in welcher Gesellschaft man leben wolle.

Immer wieder wurde die Sorge geäußert, dass das Wertgefüge der Gesellschaft durch die Einführung der Präimplantationsdiagnostik nachhaltig beschädigt werden könne. Sollte in dieser neuen Gesellschaft am Ende gar nur noch für „junge, gesunde und schöne Menschen“[298] Platz sein, fragte Maria Michalk, MdB (CDU) vor dem Bundestag. Jürgen Habermas erkannte in der Möglichkeit, mit Hilfe der Präimplantationsdiagnostik Nachkommenschaft programmiert zu erzeugen, eine entscheidende Gefahr für das familiäre und gesellschaftliche Zusammenleben. „Bisher begegneten sich in sozialen Interaktionen nur geborene, nicht gemachte Personen. In der biopolitischen Zukunft, die liberale Eugeniker an die Wand malen, würde dieser horizontale Zusammenhang überlagert von einem intergenerationellen Handlungs- und Kommunikationszusammenhang, der vertikal durch das absichtlich veränderte Genom der Nachgeborenen hindurchreicht.“[299] Wolfram Höfling konstatierte: „Mit geradezu elementarer Wucht trifft gerade die anthropotechnische Revolution die konzeptuellen Netzwerke, die wir Menschenbilder nennen, mit diesen aber auch die Menschenrechte und die in ihnen gespeicherten Vorstellungen vom Menschen. Den Grundrechten droht so gleichsam die biomedizinische Auflösung.“[300] Um dem vorzubeugen, empfahl er, insbesondere die Menschenwürde auch in Bezug auf das ungeborene Leben

[297] Vgl. Beckmann, Rechtsfragen (2001), S. 172; Bender, MdB (BÜNDNIS 90/DIE GRÜNEN) in Deutscher Bundestag, Plenarprotokoll 17/105 (14.04.2011), S. 11950; Böhmer, Selektionsmedizin (2001); Klöckner, MdB (CDU) in Deutscher Bundestag, Plenarprotokoll 17/105 (14.04.2011), S. 11960; Kollek, Präimplantationsdiagnostik (2002), S. 39–53; Deutscher Frauenrat, PID ist Selektionsverfahren (2003); Sacksofsky, Fortpflanzungsmedizingesetz (2005), S. 69 und Spieker, „Gemacht, nicht gezeugt“ (2011), S. 74.

[298] Zitiert nach: Deutscher Bundestag, Plenarprotokoll 17/120 (07.07.2011), S. 13883.

[299] Habermas, Paternalismus eigener Art (2001).

[300] Höfling, Rechtliche Grenzen medizinischer Innovation (2010), S. 404. Einige Jahre zuvor hatte schon Rau, Berliner Rede (2001), S. 6 in eine ähnliche Richtung gefragt: „Würden damit nicht Auslese und schrankenlose Konkurrenz zum obersten Lebensprinzip? Das wäre eine völlig andere, das wäre eine neue Welt – keine schöne.“

vor Relativierung zu schützen.[301] Der Rechtswissenschaftler Christoph Enders riet dazu, mit der Menschenwürde, in welcher „der Gedanke der Subjektqualität des Menschen als fundamentales Ordnungsprinzip vorgestellt wird", als Antwort auf die den neuen Techniken entspringenden Gefahren für das Individuum, Gesellschaft und Politik zu begegnen.[302]

Der Abgeordnete Ilja Seifert (DIE LINKE) erinnerte den Bundestag daran, dass das der Gesellschaft zugrunde liegende Menschenbild mit der Legalisierung der Präimplantationsdiagnostik nicht vereinbar sei: „Die jedem Menschen unnehmbar innewohnende Würde, die Einzigartigkeit des Individuums, die Unausschöpfbarkeit der Persönlichkeitsentfaltung sollten uns Achtung vor der Fülle des Seienden gebieten, vor dem So-Seienden und dem So-Werdenden. Ich argumentiere mit diesem Menschenbild und der darauf fußenden Gesellschaftskonzeption des solidarischen Miteinanders. Jede und jeder von uns ist einmalig, und deshalb gehören wir zusammen. Erst die Vielfalt, die aus uns allen besteht, macht die Menschheit aus."[303]

Seine Würde verdanke der Mensch nicht der Zustimmung Dritter, vielmehr sei die Würde „das allen vorausliegende Fundament"[304]. In diesem Sinne sei die Würde nicht zuschreibbar, sondern lediglich zu achten und zu schützen, so Eberhard Schockenhoff.[305] Akzeptiere man, dass die Menschenwürde nach von Dritten gesetzten Kriterien ab- oder zuerkannt werde, so laufe man Gefahr, menschliches Leben auch in anderen Bereichen, wie beispielsweise dem Lebensende, von Nützlichkeitsentscheidungen abhängig zu machen.[306] Auch zum Selbstschutz empfehle es sich, von einem inklusiven Charakter der Menschenwürde auszugehen, so Hille Haker: „Würde ein Präzedenzfall der Selektion legalisiert, könnte niemand mehr wissen, ob nicht auch in seinem Fall eine äußere Instanz irgendwann einmal bestimmen wird, sein Leben sei nicht lebenswert."[307]

Der Gesetzentwurf, der ein Verbot der Präimplantationsdiagnostik anstrebte, begründete seine ablehnende Haltung mit den Gefahren der Auflösung eines Menschenrechts- und Menschenwürdeverständnisses, in dem allen Menschen, den geborenen und ungeborenen, gleichermaßen diese unveräußerlichen Rechte

301 Vgl. Höfling, Rechtliche Grenzen medizinischer Innovation (2010), S. 412.

302 Enders, Würde- und Lebensschutz (2003), S. 669. Ebenso betonte auch Ewig, Heilungsversprechen versus Menschenwürde (2001), S. 415: „Wenn aber der Begriff der Menschenwürde fraglich wird, dann ist der Grundkonsens fraglich geworden. Ist aber Grundkonsens fraglich, droht eine Erosion der Zustimmung zum demokratischen Gemeinwesen."

303 Zitiert nach: Deutscher Bundestag, Plenarprotokoll 17/105 (14.04.2011), S. 11958.

304 Schockenhoff, Achtung der Menschenwürde (2008), S. 65.

305 Vgl. ebd., S. 65.

306 Vgl. Kürth, MdB (BÜNDNIS 90/DIE GRÜNEN) in Deutscher Bundestag, Plenarprotokoll 17/105 (14.04.2011), S. 11967.

307 Haker, Ein in jeder Hinsicht gefährliches Verfahren (2001).

zukämen.[308] Aus dem inklusiven Verständnis der Unteilbarkeit der Menschenwürde wurde die Gleichbehandlung aller Menschen vor dem Gesetz abgeleitet.[309] Ute Sacksofsky schrieb dazu: „Inhalt der Menschenwürde ist gerade, daß allen Menschen Würde zukommt, und nicht nur solchen, die bestimmte Eigenschaften aufweisen."[310] Sie verwies mehrfach auf den Aspekt der Gleichheit Aller vor dem Gesetz, die die Basis der Menschenwürde darstelle.[311] In Bezug auf die Präimplantationsdiagnostik zweifelte sie: „Dabei ist aber ungewiss, ob die Zulassung von Präimplantationsdiagnostik nicht in ähnlichem Ausmaß die wechselseitige Anerkennung als Gleiche und Freie infrage stellt. [...] Bisher beruhte auf Zufall, welche Eigenschaften die Menschen haben. In einem fundamentalen Sinne war dies die Basis dafür, allen Menschen gleiche Rechte und gleiche Würde zuzugestehen."[312] Die in Art. 1 Abs. 1 GG festgeschriebene Unantastbarkeit der menschlichen Würde dürfe nicht zugunsten einer „Ethik des Helfens" oder „Ethik des Heilens" aufgegeben werden. Die bedingungslose Annahme menschlichen Lebens gebe Ausdruck von einer Ethik, die sich insbesondere an diesem im Grundgesetz fixierten Anspruch orientiere, jeden Menschen unabhängig von Kriterien und Eigenschaften zu akzeptieren und ihm gleiche Grund- und Menschenrechte zuzugestehen.[313] Manfred Spieker bezog die Sorge einer Gefährdung der prinzipiellen Gleichheit aller Menschen auf die der Präimplantationsdiagnostik zugrunde liegenden eugenischen Tendenzen und antizipierte mit der rechtlichen Legalisierung eine Gefahr für den demokratischen Rechtsstaat, der auf dem Prinzip der Gleichheit aufgebaut sei.[314] In diesem Sinne schrieb auch Ute Sacksofsky:

[308] Vgl. Deutscher Bundestag, Drucksache 17/5450 (11.04.2011), S. 2.

[309] Vgl. Kürth, MdB (BÜNDNIS 90/DIE GRÜNEN) in Deutscher Bundestag, Plenarprotokoll 17/105 (14.04.2011), S. 11967.

[310] Sacksofsky, Gutachten (2001), S. 66.

[311] „Voraussetzung der Menschenrechte – und der Menschenwürde – ist die wechselseitige Anerkennung aller Menschen als Gleiche und Freie. [...] Hierfür ist die Unterscheidung zwischen ‚erzeugt' und ‚gemacht' hilfreich. In dem Maße, in dem Menschen ‚hergestellt' werden, werden sie zum ‚Produkt'. Sie sind das Ergebnis eines zweckgerichteten Prozesses anderer; dies schließt es aus, sie als Gleiche anzusehen." Ebd., S. 56. Ohne Verweis auf Art. 1 Abs. 1 GG betonte auch Göring-Eckhardt, Ein bisschen PID gibt es nicht (2011): „Vor Gott sind alle Menschen gleich. Unser Grundgesetz ist dem christlichen Menschenbild gefolgt, wenn es in Artikel 3, Absatz 3 formuliert: Niemand darf wegen seiner Behinderung benachteiligt werden."

[312] Sacksofsky, Fortpflanzungsmedizingesetz (2005), S. 67.

[313] So beispielsweise Kober, MdB (FDP) in Deutscher Bundestag, Plenarprotokoll 17/120 (07.07.2011), S. 13887 und Sacksofsky, Gutachten (2001), S. 66.

[314] Vgl. Spieker, Legalisierte Eugenik (2012), S. 30f., der anmerkte: „Eine Reproduktionsmedizin, die den Menschen nicht mehr als empfangenes Geschöpf, sondern als bestelltes Produkt betrachtet, verändert die gesellschaftlichen Beziehungen." Ähnlich auch Isensee, Säkulare Gesellschaft (2006), S. 216. Vitzthum, Eher Kant als Klon (2006), S. 45 erläuterte: „Der besondere Rang der Würdegarantie ist nur transzendentallogisch zu begründen, im Hinblick also auf die apriorischen Bedingungen unserer Existenz. Achtung und Autono-

„Die Präimplantationsdiagnostik verstößt auch gegen Art. 1 Abs. 1 GG in seiner Funktion als Staatsfundamentierungsnorm. Das vom Grundgesetz konstituierte Staatswesen beruht auf der Achtung aller als Freier und Gleicher. Dieses Grundprinzip würde verletzt, wenn es zulässig wäre, das Leben von Menschen mit bestimmten Eigenschaften als ‚nicht lebenswert' zu qualifizieren."[315]

4.3 Die Menschenwürde in der Bewährungsprobe

Der Einsatz der Menschenwürde innerhalb der Diskussion um die Präimplantationsdiagnostik verursachte die aus den vorangegangenen Debatten bekannte Sorge um die Fundamentalnorm Menschenwürde, provozierte gleichzeitig Kritik an ihrer Verwendung und einen Vertrauensverlust.[316] „Das Menschenwürdeprinzip scheint seine Funktion als unhinterfragbare Begründungsinstanz – nicht nur in der bioethischen Debatte – weitgehend eingebüßt zu haben"[317], konstatierte der Philosoph Johann Ach im Jahr 2009. Ganz ähnlich hatte Josef Isensee schon drei Jahre zuvor geschrieben: „Das ‚tragende Konstitutionsprinzip' erweist sich als nicht belastbar. [...] Der Fluch des Relativismus hat die Interpretation der Menschenwürde eingeholt."[318]

mie als Prinzip kann man nicht preisgeben, ohne den eigenen Achtungsanspruch und die Demokratie selbst zur Disposition zu stellen."

315 Sacksofsky, Gutachten (2001), S. 71. So auch in der Begründung des Gesetzentwurfs, der ein Verbot der Präimplantationsdiagnostik anstrebte: „Die Werteordnung des Grundgesetzes bestimmt ausdrücklich, dass jeder Mensch den gleichen Anspruch auf Würde und die gleichen und unveräußerlichen Rechte auf Teilhabe besitzt. Dieses Wertegefüge würde durch die Zulassung der PID nachhaltig beschädigt werden. Aus ethischen und gesellschaftspolitischen Gründen ist die PID daher abzulehnen." Zitiert nach: Deutscher Bundestag, Drucksache 17/5450 (11.04.2011), S. 2.

316 Vgl. Nettesheim, Garantie der Menschenwürde (2005), S. 73f. Ebenso auch Hassemer, Über den argumentativen Umgang mit der Würde des Menschen (2005), S. 300, der bemängelte: „Nicht nur, dass das Dickicht so dicht geworden ist, dass man sich nur mit der argumentativen Machete Luft und Raum verschaffen kann. Mir jedenfalls drängt sich überdies der Eindruck auf, dass unser Gegenstand – mehr noch als andere Fundamentalprinzipien – finalisiert wird, dass er im argumentationsstrategischen Interesse hingebogen, dass seine Überzeugungskraft eingefangen, in Dienst gestellt und in Argumentationsketten gebracht wird, die ohne ihn ziemlich schwach wären. Das ruft geradezu nach einem argumentativen Innehalten und Nachfragen, was wir mit dem Topos der Menschenwürde eigentlich anstellen."

317 Ach, Menschenwürde-Prinzip (2009), S. 110.

318 Isensee, Säkulare Gesellschaft (2006), S. 199. Ganz ähnlich bei Llompart, Menschenwürde (2007), S. 103: „Wenn ich recht sehe, ist der Hauptgrund der Skepsis der Menschenwürde gegenüber darin zu sehen, dass sie uns die Maßstäbe für die Beurteilung der neuen Entdeckungen im Bereich der menschlichen Biologie und Genetik nicht zu geben vermag. Dazu kommt noch eine Verstärkung des liberalistischen Denkens, nach dem nicht mehr ‚in dubio pro dignitate', sondern ‚in dubio pro liberate' entschieden wird."

Auf der einen Seite standen die Vertreter, die das Menschenwürdeargument in der Debatte strikt ablehnten. „Wer seine armseligen Argumente mit der ‚Menschenwürde' anreichert und seine brüchigen Argumentationsketten mit ihr stabilisiert, schadet nicht nur dem Diskurs, sondern auch der Verfassung. Dem Diskurs schadet er, weil seine Argumentation die Gewichte verfälscht."[319] Die Menschenwürde fordere „eine Art Alleinherrschaft", denn ihr Einsatz verdränge ob ihrer Stellung im Recht gewichtige Argumente aus der Debatte.[320] Man solle vielmehr rechtliche Regelungen zur beschränkten Zulassung der Präimplantationsdiagnostik erarbeiten, statt mit dem „Todschlaginstrument Menschenwürde" die Präimplantationsdiagnostik schlicht zu verbieten.[321]

Diese Reaktionen insbesondere von Befürworter der Präimplantationsdiagnostik lassen einen zunehmenden Zweifel an der Tragkraft der Menschenwürde erkennen. Obwohl der Aspekt der Stellung der Menschenwürde insbesondere in der Stammzelldebatte bereits in alle Richtungen interpretiert und diskutiert worden war, hatte ihr Einbezug nicht zu einer allgemein anerkannten Lösung führen können.[322] Im Gegenteil, je mehr Interpretationsansätze in die Diskussion eingebracht wurden, desto mehr zergliederte sich das Meinungsspektrum. Hatte die Menschenwürde nicht am Ende doch mehr eine „Tabuisierungsfunktion"[323] oder war sie nicht vielleicht doch eher eine „Leerformel", wie vielfach angedeutet wurde?[324] Unter den bereits aus vorangegangenen Debatten bekannten „Leerformelverdacht" wurde die Menschenwürde auch im Zuge der Präimplantationsdiagnostik-Debatte gestellt. Dieter Birnbacher konstatierte: „Der Begriff der Menschenwürde ist mit dem ‚Leerformelverdacht' in ganz besonderer Weise konfrontiert. [...] Denn gerade bei diesem Begriff steht das Pathos, mit der er gemeinhin invoziert wird, in einem umgekehrten Verhältnis zu seiner inhaltlichen Festgelegtheit."[325] In Anbetracht der umstrittenen inhalt-

[319] HASSEMER, Über den argumentativen Umgang mit der Würde des Menschen (2005), S. 301.

[320] Vgl. LUNGSTRAS, Argumentationsmuster (2010), S. 247. Ähnlich DREIER, Bioethik (2013), S. 23: „Der bioethische Anwendungsdiskurs fragt danach, welche verfassungsrechtlichen Schutzgüter eigentlich betroffen sind, ob manche höheren Rang genießen als andere und wie eine verfassungsrechtlich tragfähige verhältnismäßige Zuordnung der betroffenen Schutzgüter auszusehen hätte. Abgesehen von der Forschungsfreiheit, die in der PID-Debatte eine prominente Rolle gespielt hat, wird im bioethischen Diskurs oft allein auf die Menschenwürde abgestellt. Das verkürzt die Problemkonstellation indes entscheidend".

[321] WICKERT, Missbrauch der Würde (2001).

[322] LÜBBE, Behindertenselektion (2003), S. 218 bezeichnet die Menschenwürde als „Zauberwörtchen" und vermittelt mit diesem Ausdruck die Erwartungen, die an den Einsatz der Menschenwürde in den Debatten gebunden wurden.

[323] BIRNBACHER, Menschenwürde und Lebensrecht (2010), S. 16.

[324] Vgl. HOERSTER, Menschenwürde und das Recht auf Leben (2006), S. 48–50 und WETZ, Menschenwürde (2008), S. 27.

[325] BIRNBACHER, Menschenwürde und Lebensrecht (2010), S. 15.

lichen Ausgestaltung und Funktionalität der Menschenwürde plädierten einige Autoren, eine Regelung über die Zulässigkeit der Präimplantationsdiagnostik mit einem reflektierten oder besser noch ohne Rückgriff auf die Menschenwürde zu finden. Angemessen sei es, die Diskussion über andere betroffene Grundrechtsgüter zu führen.[326] Der Einsatz der Menschenwürde verursache, so Michael Quante, eher einen unmittelbare Abbruch der Debatte, als dass er dieser nütze.[327] Beanspruche man die Menschenwürde zu stark, so könne diese zukünftig nicht mehr als „regulatives Prinzip der Verfassung und der gesamten Rechtsordnung dienen"[328].

In dem von Kritikern der Argumentation mit der Menschenwürde angebrachten Vorwurf der Inhaltsleere und Unbestimmtheit erkannten andere Zeitgenossen wiederum die Stärke des Menschenwürdekonzeptes. Der Erfolg und häufige Einsatz der Menschenwürde läge gerade in ihrer inhaltlichen Unbestimmtheit und Interpretationsflexibilität.[329] So seien alle existierenden Menschenwürde-Interpretationen „durch eine gewisse Familienähnlichkeit verbunden"[330].

An einigen wenigen Diskussionsbeiträgen lässt sich zudem ablesen, dass der Einsatz der Menschenwürde bewusst vermieden wurde, so auch in zwei Stellungnahmen des Deutschen Ärztinnenbundes aus den Jahren 2001 und 2011. Noch im Jahr 2001 hatte sich der Ärztinnenbund gegen die Zulassung der Präimplantationsdiagnostik ausgesprochen und begründend geschrieben: „Die die Eltern schonende Vermeidung dieses Schmerzes und dieses Konfliktes durch die im Labor von Außenstehenden getroffene Selektionsentscheidung im Rahmen der PID/PGD ignoriert den Anspruch auf Würde, den das Grundgesetz jedem Menschen, also auch dem Werdenden, ab seiner Zeugung zubilligt."[331] Zehn Jahre später nahm der Ärztinnenbund erneut Stellung zur Präimplantationsdiagnostik mit dem Ergebnis, dass Präimplantationsdiagnostik im Einzelfall erlaubt werden

[326] „Bezogen auf den Lebensschutz spielt der Menschenwürdetopos vielmehr nur eine ergänzende Rolle; ein Mehr an Schutz vermag er nicht zu gewährleisten. Die Debatte um den rechtswissenschaftlichen Status des pränatalen Lebens täte deshalb gut daran, sich stärker auf das Lebensgrundrecht und weniger auf die höchst umstrittene und zudem sehr vage Menschenwürdegarantie zu konzentrieren." Müller-Terpitz, Schutz des pränatalen Lebens (2007), S. 365. Ähnlich bei Gutmann, Rechtliche und rechtsphilosophische Fragen (2010), S. 70.

[327] Quante, Menschenwürde und personale Autonomie (2010), S. 28. Weiter begründete er: „Daß man so rasch auf den Begriff der Menschenwürde zurückgreift, ergibt sich daraus, daß eine Beurteilung der neuen medizinischen Optionen der Stammzellforschung oder der Präimplantationsdiagnostik uns dazu zwingt, über die ethische Annehmbarkeit der Lebensqualitätsbewertung von menschlichem Leben nachzudenken."

[328] Barth, Menschenwürde (2007), S. 7.

[329] Vgl. Müller-Terpitz, Schutz des pränatalen Lebens (2007), S. 291.

[330] Ach, Menschenwürde-Prinzip (2009), S. 109. Ähnlich auch Lohmann, Leerformel oder Neuentwurf (2010), S. 102.

[331] Deutscher Ärztinnenbund e. V., Stellungnahme (2001).

solle. Von der Würde des Embryos oder der Eltern sprach er nicht mehr.[332] Gleiches gilt für die Stellungnahmen des pro-familia-Bundesverbandes, der mit dem Menschenwürdeargument Präimplantationsdiagnostik zunächst ablehnte und zehn Jahre später seine Zustimmung zu einer begrenzten Zulassung ohne Rückgriff auf das Argument der Menschenwürde gab.[333]

Während der „Entwurf eines Gesetzes zum Verbot der Präimplantationsdiagnostik" das vorgelegte Gesetz mit dem Menschenwürdeargument begründete,[334] vermieden die beiden Gesetzentwürfe, die eine Legalisierung der Präimplantationsdiagnostik in definierten Rahmenbedingungen vorsahen, einen Rückgriff auf die Menschenwürde.[335] Ebenso hatte schon der erste Gesetzentwurf der FDP vom 14.12.2001 auf eine Argumentation mit der Menschenwürde verzichtet. Ilja Seifert, MdB (DIE LINKE) kritisierte in einer Stellungnahme dieses Vorgehen: „Der Gesetzentwurf bemüht zwar verfassungsrechtlich garantierte Grundrechte, aber Art. 1 des Grundgesetzes kommt in ihm nicht vor."[336]

Dieser Verzicht auf die Menschenwürde wurde sorgenvoll beobachtet.[337] Die Deutsche Kommission Justitia et Pax erkannte in einer Vermeidung der Menschenwürde konkrete negative Folgewirkungen für den Schutz der Menschenrechte. „Indem Menschenrechte so ihrer Basis beraubt werden, gehen wichtige Orientierungen für die Grenzen und Möglichkeiten von Abwägungen oder Einschränkungen von Menschenrechten verloren."[338]

5 Zwischenfazit

Die Debatte um die Präimplantationsdiagnostik war zunächst durch ihre zeitliche Nähe zur Stammzelldebatte geprägt. Der entscheidende Unterschied zur

[332] Vgl. Deutscher Ärztinnenbund e. V., Stellungnahme zur Präimplantationsdiagnostik (2011).

[333] Vgl. die entsprechenden Mitteilungen Pro Familia Deutsche Gesellschaft für Sexualberatung und Familienplanung e. V. mit dem Komitee für Grundrechte und Demokratie, Nein zur Zulassung der Präimplantationsdiagnostik (2001) und Pro Familia Deutsche Gesellschaft für Sexualberatung und Familienplanung e. V. mit dem Komitee für Grundrechte und Demokratie, Für eine begrenzte Zulassung der Präimplantationsdiagnostik (2011).

[334] Vgl. Deutscher Bundestag, Drucksache 17/5450 (11.04.2011), S. 2 & 7f.

[335] Vgl. Deutscher Bundestag, Drucksache 17/5452 (12.04.2011) und Deutscher Bundestag, Drucksache 17/5451 (12.04.2011).

[336] Zitiert nach: Deutscher Bundestag, Plenarprotokoll 14/209 (14.12.2001), S. 20793.

[337] Spieker, Legalisierte Eugenik (2012), S. 36f. kritisierte den bewussten Verzicht vieler Präimplantationsdiagostik-Befürworter auf verfassungsrechtliche Einwänden und den mangelnden Einsatz der Menschenwürde in ihrer Argumentationsführung.

[338] Deutsche Kommission Justitia et Pax (Hg.), Menschenwürde (2013), S. 6.

Diskussion um die embryonale Stammzellforschung war jedoch, dass es sich bei der umstrittenen Diagnostikmethode um eine Technik der Fortpflanzungsmedizin handelte und nicht um Eingriffe in den Embryo zur Realisierung von Forschungsprojekten. Diese Verortung der Präimplantationsdiagnostik in der Fortpflanzungsmedizin sorgte neben der zeitweilig parallel zur Stammzelldebatte verlaufenden Diskussion um den Status des Embryos für eine Fokussierung auf die persönlichen Grundrechte der betroffenen Hochrisikopaare. Diese Konstellation provozierte ganz andere Fragen und Grundrechtskonflikte, als innerhalb der Stammzelldebatte diskutiert worden waren. Gemeinsam war den beiden zunächst parallel verlaufenden Debatten jedoch eine Fokussierung auf mögliche Grundrechtsverletzungen des Embryos, denn obgleich die beiden Debatten thematisch große Unterschiede aufwiesen, nahm auch in der Debatte um die Präimplantationsdiagnostik die Suche nach der Statusbestimmung des Embryos Raum ein. Gleichzeitig wurden die Rechte der an der Präimplantationsdiagnostik beteiligten Dritten gegen die Rechte des Embryos abgewogen. Dabei entpuppte sich eine Würde-gegen-Würde-Konstellation als dominante Konfliktsituation. Die teilweise sehr stark umstrittene Würde des Embryos wurde gegen die Würde der Mutter oder beider Elternteile abgewogen.

Eine Argumentation über Würdeverletzungen von bereits geborenen Behinderten diente im Zuge dieser Gegenüberstellung dazu, mit Verweis auf den im Gegensatz zum Embryo unumstrittenen Menschenwürdeschutz der Behinderten die Präimplantationsdiagnostik zu verhindern zu suchen. Als zusätzlicher Gegenpol zu den insbesondere von den Befürwortern in die Diskussion eingebrachten Grundrechten der Hochrisikopaare wurde auf potentielle Menschenwürdeverletzungen der Behinderten verwiesen. Offensichtlich erschien auch den Gegnern der Diagnostikmethode das Argument „Menschenwürde" als ausreichend stark, um die Zulassung der Präimplantationsdiagnostik zurückzuweisen.[339] Darüber hinaus ermöglichte der Einsatz der Menschenwürde die Überführung des Themas auf verfassungsrechtliche Ebene. Die Aufwertung des Diskurses durch den Einbezug der Menschenwürde und die damit vollzogene Überführung des Konflikts auf die verfassungsrechtliche Ebene stärkte die Argumentation beider Seiten, barg jedoch gleichzeitig die Gefahr, dass der Diskussionsgegenstand dem demokratischen Entscheidungsprozess entzogen werden könnte.[340]

339 Vgl. Beckmann, Rechtsfragen (2001), S. 172; Beckmann, Prüfstand (2011), S. 109–112; Deutscher Bundestag, Drucksache 14/9020 (14.05.2002), S. 111; Sacksofsky, Präimplantationsdiagnostik und Grundgesetz (2003), S. 292 und Starck, Das Bonner Grundgesetz (2005), S. 70.

340 „Mit dem Menschenwürdeargument können ‚der Biopolitik' absolute Grenzen gesetzt werden, die selbst von demokratischen Mehrheiten nicht überwunden werden könnten. Die objektive Funktion des Menschenwürdearguments liegt deshalb nicht zuletzt darin, den betroffenen Gegenstand dem demokratischen Entscheidungsprozess zu entziehen." Gutmann, Rechtliche und rechtsphilosophische Fragen (2010), S. 67.

Die Entscheidung des Gesetzgebers über die Zulässigkeit der Präimplantationsdiagnostik zeigte, dass schlussendlich nicht der Menschenwürdeschutz des Embryos oder der Behinderten, sondern die Menschenwürde der Eltern den bedeutenden Ausschlag für die mehrheitliche Zustimmung zur Präimplantationsdiagnostik gegeben hatte. Die Rechtspraxis, konkretisiert im Präimplantationsdiagnostikgesetz, verdeutlichte, dass die Mehrheit im Bundestag im Kollisionsfall Menschenwürde der Mutter beziehungsweise der Eltern gegen Menschenwürde des Embryos zugunsten des Würdeschutzes der Eltern entschieden hatte.

Die Tendenz, die Menschenwürde als abstufbares beziehungsweise graduelles Konzept zu interpretieren, spiegelte sich auch in der Entscheidung des Gesetzgebers wider. Diese an Gewicht gewinnenden Menschenwürdekonzepte ermöglichten es, den Embryo einerseits als Träger der Menschenwürde anzuerkennen, ihn jedoch gleichzeitig in der im Zuge der Präimplantationsdiagnostik entstehenden Konfliktsituation zugunsten der Interessen Dritter preisgeben zu können, ohne einen Menschenwürdeverstoß annehmen zu müssen. Ein gradualistisch gedachter Menschenwürdeschutz konnte dementsprechend effektiv unüberwindbare Grundrechtskollisionen vermeiden und dazu beitragen, eklatante Wertungswidersprüche im praktischen Recht zu verhindern. Ob die Menschenwürde im Zuge dieser Entwicklung an „ihre Grenzen gekommen, die ‚Wertordnung' also obsolet, die Würde antastbar geworden [war]? Oder ob die biotechnologischen Herausforderungen, umgekehrt, Aktualität und Haltbarkeit gerade des Dürigschen Wertsystems und des ihm zugrunde liegenden Kantschen Menschenwürdeverständnisses [belegen]"[341], ließe sich mit Wolfgang Vitzthum fragen.

[341] Vitzthum, Eher Kant als Klon (2006), S. 48.

Schlussteil: Menschenwürde im Wandel

1 Der Embryo und die Menschenwürde

Die hier vorliegende Analyse der bundesrepublikanischen Embryo-Debatten konnte herausarbeiten, wie und warum der Begriff der Menschenwürde im Ringen um die ethische und rechtliche Bewertung der den Embryo betreffenden Techniken, medizinischen Eingriffe oder Forschungsvorhaben Bestandteil der Argumentationen wurde. Darüber hinaus ließ sich zeigen, welche Interpretationsvarianten in den jeweiligen Untersuchungszeiträumen dominierten und wie sich diese veränderten. Die Analyse der ausgewählten Embryo-Debatten ermöglicht es abschließend, den Wandel des Verständnisses der Menschenwürde am konkreten Untersuchungsgegenstand nachzuzeichnen und zu interpretieren.

Die Relektüre der Begriffs- und Ideengeschichte der Menschenwürde stellte dafür den Ausgangspunkt dar. So konnte der zusammenfassende Durchgang durch die über zweitausendjährige Entwicklung der Menschenwürde die Vielfalt der Interpretationsströmungen aufzeigen, deren Spuren sich in den hier untersuchten Embryo-Debatten wiederfinden ließen. Die Möglichkeit, die Menschenwürde als philosophisches, theologisches, rechtliches und ethisches Konzept auszulegen und auf diese Weise in die Debatten um den Embryo einzubringen, gibt Zeugnis von ihrer ideengeschichtlichen Bedingtheit.

Handelte es sich bei der Menschenwürde zunächst im Wesentlichen um eine philosophische Idee, so zeichnete sich der frühe Menschenwürdediskurs insbesondere durch den Transformationsprozess hin zu einem rechtlich-normativen Konzept aus. Vor allem die seit Mitte des 20. Jahrhunderts international einsetzende Entwicklung, die Menschenwürde als zentralen Bestandteil in Verfassungs- oder Gesetzestexte zu integrieren, verstärkte diese Tendenz. Sowohl bei den frühen Grundrechtskommentatoren als auch im Zuge der praktischen Anwendung der Menschenwürde im Recht war zu beobachten, dass die rechtsentfaltende Kraft der obersten Grundrechtsnorm des Grundgesetzes in konkreten Konfliktfällen erprobt wurde. Je häufiger der abstrakte Begriff der Menschenwürde in konkreten Rechtsfragen verwendet wurde, desto besser und konkreter konnte er seine normative Wirkung entfalten. Die dabei dominierende Lesart der Menschenwürde wurde durch die von Günter Dürig entwickelte Objekt-Formel geprägt, die in Anlehnung an das kantische Instrumentalisierungsverbot erklärt, dass die Würde eines Menschen immer dann verletzt sei, wenn dieser zum Objekt degradiert werde.[1] Daneben wurde die Menschenwürde über die Festlegung von

[1] Vgl. DÜRIG, Menschenauffassung des Grundgesetzes (1952), S. 259–263 und DÜRIG, Grundrechtssatz von der Menschenwürde (1956), S. 117–157.

https://doi.org/10.1515/9783110631630-006

Verletzungstatbeständen interpretiert und eine Annäherung über die Auflistung ihr entspringenden Grundrechte zu erreichen versucht.

Obgleich sich den frühen Grundrechtskommentatoren die Frage nach der Extension von Art. 1 GG noch nicht so dringend gestellt hatte wie den Diskussionsteilnehmern der späteren Embryo-Debatten, bezog die herrschende Meinung den Embryo als Mitglied der Gattung Mensch in den Schutzbereich der Menschenwürde mit ein. Der Verfassungstext, der schlicht vom „Menschen" ausging, gab den Grundgesetzkommentatoren die Richtung für die Beantwortung der Extensionsfrage vor. Eine Unterscheidung in geborenes und ungeborenes Leben oder eine Aufteilung des vorgeburtlichen Lebens in Entwicklungsstufen war nicht notwendig, da diese für die rechtliche Konstitution des Menschenwürdebegriffes im frühen Menschenwürdediskurs keine Relevanz besaßen. Auf der Tagesordnung standen andere rechtliche Probleme, die den Einbezug der Menschenwürde erforderten. Die Einigkeit innerhalb des Menschenwürdediskurses der frühen Jahre ließ sich im unbedingten Willen zur Verhinderung einer menschenverachtenden Politik und Gesellschaft, wie sie während der Zeit des Nationalsozialismus vorherrschten, ablesen. Der Mensch sollte vom Anfang bis zum Ende seiner Existenz unabhängig vom Urteil Dritter Träger von Grundrechten und damit auch der Menschenwürde sein. Embryo-Debatten sollten erst im Zuge der 1960er Jahre Einfluss auf den Menschenwürdediskurs gewinnen.

Die Abtreibungsdebatte, die in Deutschland Ende der 1960er Jahre einsetzte und erst knapp zehn Jahre später mit einer gesetzlichen Regelung vorerst beendet wurde, war die erste Embryo-Debatte, die im Rahmen dieser Arbeit untersucht wurde.

Die Analyse der dominierenden Argumentationsmuster der Debatte zeigte, dass für die Statusbestimmung des Embryos die Diskussionen um den Beginn des menschlichen Lebens und dessen Schutzwürdigkeit entscheidend waren. Mit Zunahme biologischer und medizinischer Forschungen zur menschlichen Embryonalentwicklung konnte sich im Verlauf der Auseinandersetzung die Erkenntnis durchsetzen, dass das menschliche Leben mit dem Zeitpunkt der Verschmelzung von Ei- und Spermienzelle begänne und dass der Embryo spätestens vom Zeitpunkt der Nidation an als individuelles menschliches Leben anzuerkennen sei. In engem Zusammenhang mit der empirischen Datierung des Lebensbeginns stand die Diskussion um den Einbezug des Embryos in den Schutzbereich des Art. 2 Abs. 2 GG. Die entscheidende Frage war demnach, ob dem Embryo schon pränidativ oder erst postnatal der Schutz auf Leben aus Art. 2 Abs. 2 GG zugestanden werden konnte. Die Statusdebatte der 1970er Jahre, die sich im Zuge der kommenden Embryo-Debatten auch unter Einbezug von Art. 1 GG noch intensivieren sollte, setzte den Anfangspunkt für eine Debatte über die Schutzwürdigkeit und Rechte von Geborenen und Ungeborenen.

Während für den Embryonenschutz in erster Linie das Lebensrecht des Embryos angeführt wurde, verwiesen die Befürworter einer Liberalisierung der

Abtreibungsregelung auf das Selbstbestimmungsrecht der Frau. Das Recht auf freie Entfaltung der Persönlichkeit sollte ihr ermöglichen, sich aus Notsituationen durch ungewollte Schwangerschaften zu befreien und selbstbestimmt über ihren Körper und ihre Lebensgestaltung entscheiden zu dürfen.

Die Analyse der Abtreibungsdebatte zeigte, dass ganz konkrete Konfliktsituationen diskutiert wurden, denen man klare Grundrechtsverletzungen zuordnen konnte: Das Lebensrecht des Embryos auf der einen Seite und das Selbstbestimmungsrecht der Frau auf der anderen Seite.

Jedoch schien sich die Argumentation nicht in den beiden genannten Grundrechten zu erschöpfen. Einige christliche Autoren argumentierten, wenn auch selten, mit der Würde des Embryos, die ebenso wie die des geborenen Menschen in der Ebenbildlichkeit Gottes ihren Ursprung fände. Darüber hinaus brachten die Kirchen vereinzelt die menschliche Würde in die Debatte ein, meist in Form eines zu schützenden gesamtgesellschaftlichen Gutes, seltener als ein schutzwürdiges Individualrecht des Embryos. Dabei diente der Einsatz des Menschenwürdeargumentes im Hinblick auf den Embryo primär dazu, seinen Lebensschutz zu sichern. Eine Gesellschaft, in der das ungeborene Leben zur Disposition gestellt würde, drohte zu entmenschlichen und seine Würde zu verlieren, so die Befürchtung.

Weitaus häufiger wurde das Argument der Menschenwürde jedoch zur Stärkung des mütterlichen Rechts auf Selbstbestimmung eingesetzt. Damit verbunden war die Forderung nach einer Liberalisierung der Abtreibung, was den freien Zugang zu medizinisch kontrollierten Abtreibungsmöglichkeiten einschloss. Die Würde der Frau, so hieß es, gebiete es, ihr die Entscheidung und Verfügungsgewalt über ihren Körper zurückzugeben. Jedoch ist zu beobachten, dass das Menschenwürdeargument meist in Kombination mit anderen Grundrechten genannt wurde und selten als eigenständiges Recht in die Debatte eingebracht wurde. Vielmehr ging es darum, durch die Kombination von Grundrechten eine Stärkung der Argumentation zu erreichen. Selbstbestimmung, Freiheit über Reproduktionsentscheidungen sowie der Gesundheitsschutz waren die entscheidenden Argumente, die inhaltlich mit dem Würdeargument verknüpft wurden. Eine Degradierung der Frau zur „Gebärmaschine" und die mit einem Abtreibungsverbot verbundene, staatlich auferlegte Pflicht zum Austragen des Kindes wurden als Instrumentalisierung der Frau deklariert und mit dem Würdeargument abgewehrt.

Der Einsatz der Menschenwürde innerhalb der Abtreibungsdebatte ließ höchst selten einen expliziten Diskurs der Menschenwürde erkennen. Oft erschien die Menschenwürde daher lediglich als rhetorisches Mittel. Mit dem Einbezug der Menschenwürde wurde die eigene Argumentation aufgewertet und erhielt bei einer Güterabwägung gegenüber der Gegenposition mehr Gewicht. So verwiesen beispielsweise Abtreibungsbefürworter auf das menschenunwürdige Abtreibungsverbot des § 218 StGB und sprachen von der Verletzung der weiblichen Würde, wenn Frauen keine Autonomie über ihren Körper und ihre Fortpflanzung gegeben würde. Auf diese Weise wurde die Menschenwürde von den Abtreibungsbefürwortern als Instrumentalisierungsverbot verstanden und eingesetzt. Insbesondere FDP und SPD bedienten sich schon früh einer Rhetorik, die dieses Verständnis erkennen lässt. Die von den beiden Parteien favorisierte Lösung der Abtreibungsfrage in einer Fristenregelung sollte der maximalen Entscheidungsfreiheit der Frau dienen und erschien damit als die einzige ihrer Würde angemessene Lösung. Ein Indikationsmodell zur Reformierung des Abtreibungsparagraphen wurde vehement abgelehnt, denn die damit geschaffenen staatlichen Kontrollinstitutionen standen im Widerspruch zur Würde der Frau.

Der Einsatz der Menschenwürde in diesem Argumentationszusammenhang lässt erkennen, dass Selbstbestimmung und Würde der Frau häufig synonym verwendet wurden. Eine menschenwürdige Abtreibungsregelung stellte in den Augen dieser Diskussionsteilnehmer ein Gesetz dar, das der Frau größtmögliche Entscheidungsfreiheit zugestand und ihr Raum gab, den Schwangerschaftskonflikt autonom und ohne Zwang von außen zu lösen. Der mehrheitlich unterstützte Gesetzentwurf sah deshalb eine Fristenregelung vor, die der Frau zumindest in den ersten zwölf Schwangerschaftswochen einen indikationslosen Abbruch der Schwangerschaft ermöglichen sollte.

Die erste Entscheidung des Gesetzgebers, der im Jahr 1974 eine Änderung des § 218 StGB im Sinne einer Fristenregelung verabschiedet hatte, machte deutlich, dass das Lebensrecht des Embryos dem Selbstbestimmungsrecht der Frauen untergeordnet wurde. Gegen diese Neufassung wurde jedoch zeitnah Klage beim Bundesverfassungsgericht eingereicht, so dass das Inkrafttreten des neuen Gesetzes verhindert und ein Normenkontrollverfahren vor dem Bundesverfassungsgericht in Gang gesetzt wurde. In den Begründungsschreiben der verschiedenen Anträge wurde auf die Wertentscheidungen des Grundgesetzes, auf das Lebensrecht und den Würdeschutz des Embryos und damit die Verfassungswidrigkeit des neuen § 218 StGB verwiesen. Eine Privilegierung des Selbstbestimmungsrechts der Mutter gegenüber dem Lebensrecht des Embryos wurde weder von der Opposition noch vom Bundesrat als rechtens erachtet.

Das Urteil des Bundesverfassungsgerichts vom Februar 1976 zeigte, dass auch das Gericht in der Fristenregelung einen Verstoß gegen die Verfassung erkannte und den reformierten § 218 StGB als Verletzung von Art. 2 Abs. 2 GG in Kombination mit Art. 1 Abs. 1 GG zurückwies. Obwohl schon die Antragsbegründungen zur Einleitung des Verfahrens eine solche Grundrechtskombination angeführt hatten, kam die Bezugnahme auf Art. 1 GG in der Urteilsbegründung – blickt man auf den gesamten Verlauf der Abtreibungsdebatte zurück – überraschend, schließlich war eine Argumentation zur Verhinderung einer Lockerung des Abtreibungsverbotes unter Bezugnahme auf die Menschenwürde des Embryos nicht dominant. Das Urteil und sein Begründungstext, die eine

Neuaufnahme des Gesetzgebungsverfahrens zur Folge hatten, gaben Antwort auf die bis dato höchst selten systematisch diskutierte Frage nach dem Einbezug des Embryos in den Schutzbereich der Menschenwürde aus Art. 1 Abs. 1 GG. Die Karlsruher Richter hatten im Begründungstext des Urteils einen engen Konnex zwischen Lebensrecht und Menschenwürdeschutz hergestellt und damit eine Fristenregelung, die die Entscheidung über Leben und Tod des Embryos in die Hände der Mutter legen wollte, zurückgewiesen. Mit einer solchen Regelung wäre der Staat seiner Pflicht, die Würde und das Leben jedes Menschen zu achten und zu schützen, nicht nachgekommen. Unter der Annahme, dass auch schon der Embryo Träger der Menschenwürde sei und durch den Staat geschützt werden müsse, wurde der Gesetzgeber aufgefordert, ein Gesetz zu verabschieden, das die Zulässigkeit der Abtreibung in einem Indikationenmodell regelte. Im Gegensatz zur Fristenregelung sollte in der neuen Indikationenregelung Abtreibung grundsätzlich strafbar bleiben, jedoch konnten im Zuge von Einzelfallprüfungen der Konfliktsituationen für bestimmte Indikationen Ausnahmen von der Strafbarkeit der Handlung gemacht werden. Durch eine solche Kontrolle der Abtreibungen garantierte der Staat einerseits seine Schutzpflicht für den Embryo und berücksichtigte andererseits die mütterlichen Rechte.

Insgesamt verdeutlicht die Argumentation des hohen Gerichts, dass eine Güterabwägung allein zwischen Menschenwürde der Frau und Lebensrecht des Embryos nur zu Lasten des Embryos hätte gelöst werden können. Da die Urteilsbegründung jedoch explizit auch mit der Menschenwürde des Embryos argumentierte, führte dies zu einer Aufwertung seiner rechtlichen Position. Auf diese Weise entstand eine Konstellation „Würde gegen Würde“, die durch die erzwungene Indikationenregelung im Vergleich zur Fristenregelung eine Stärkung des Embryos bedeutete und gleichzeitig das mütterliche Recht auf Selbstbestimmung respektierte.

Die Folgen des Ersten Abtreibungsurteils, das den Embryo zumindest ab dem 14. Tag seiner Entwicklung (Nidation) in den Schutzbereich des Art. 1 Abs. 1 GG einbezogen hatte, ließen sich insbesondere in der wenige Jahre später aufflammenden Debatte um den angemessenen Schutz von Embryonen erkennen. Innerhalb der Embryonenschutzdebatte hatte das Menschenwürdeargument von Beginn an eine bedeutende Stellung inne. Dementsprechend markierte das Erste Abtreibungsurteil aus dem Jahr 1975 einen entscheidenden Wendepunkt im Menschenwürdediskurs der Embryo-Debatten.[2]

Die Abtreibungsdebatte und die Notwendigkeit gesetzgeberischen Handelns

[2] Gegesätzlich dazu vertrat HASSMANN, Embryonenschutz im Spannungsfeld internationaler Menschenrechte (2003), S. 70 die Meinung, dass der Beginn des Menschenwürdediskurses in Bezug auf den Embryo erst in der Embryonenschutzdebatte der 1980er Jahre einsetzte. Von dieser Debatte an sei die Menschenwürde zum „verfassungsrechtlichen Kristallisationspunkt bei der Beurteilung von Problemfeldern der Biomedizin“ avanciert.

provozierten eine über rechtswissenschaftliche Minderheitendiskurse hinausgehende Reflexion über die Frage nach dem rechtlichen Status des Embryos. Bis zum Ersten Abtreibungsurteil hatte es keinen Anlass gegeben, die Frage nach der Extension der Menschenwürde auf Embryonen zu beantworten, da das vorgeburtliche Leben bis dahin nicht zentraler Konfliktpunkt einer breiten rechtswissenschaftlichen Auseinandersetzung geworden war. Die bis dato nur in wenigen Fachdiskursen erfolgte Reflexion über den rechtlichen Status des Embryos und der daraus resultierende Mangel an verbindlichen Aussagen über seinen Einbezug in den Menschenwürdeschutz erklärten unter anderem die Konzentration der Abtreibungsdebatte auf Art. 2 Abs. 2 GG, um für den Schutz des Embryos zu streiten.

Eine argumentative Gleichsetzung von Lebensrecht und Menschenwürde ist demnach nicht zu erkennen. Dem konkreten Problem der Tötung von Embryonen in Schwangerschaftskonflikten wurde mit dem naheliegenden Recht auf Leben aus Art. 2 Abs. 2 GG begegnet.

Erst die Wirkkraft des Ersten Abtreibungsurteils, das das Menschenwürdeargument in die Urteilsbegründung einbezogen hatte, verstärkte die zuvor kaum ausgetragene Diskussion um den Einbezug des Embryos in den Schutzbereich von Art. 1 GG, die den Grundstein für die Embryo-Debatten der folgenden Jahrzehnte legte.[3]

Bereits zwei Jahre nach Inkrafttreten der neuen Abtreibungsregelung provozierten die weltweiten Entwicklungen im Bereich der Reproduktionsmedizin eine neue Embryo-Debatte, die anders als die Abtreibungsdebatte nicht die Beendigung, sondern die Erzeugung und Beforschung embryonalen Lebens zum Streitpunkt hatte. Insbesondere die über die In-vitro-Fertilisation hinausgehenden Techniken wie Leihmutterschaft und Samenspende zu Reproduktionszwecken, aber auch die Forschung am Embryo, die Erzeugung von Klonen und Hybrid- und Mischwesen, sowie die diskutierte Möglichkeit von Keimbahnmanipulationen provozierten eine ablehnende Haltung. In dieser Abwehr etablierte sich die Menschenwürde spätestens seit der Veröffentlichung des Berichts der Benda-Kommission vom 25.11.1985 als zentrales Argument der Debatte. Systematisch hatte die Benda-Kommission die einzelnen Technologien auf ihre rechtliche und ethische Zulässigkeit hin überprüft. Dabei ging sie von der Grundvoraussetzung aus: „Bereits mit der Befruchtung beginnt sich neues menschliches Leben zu entwickeln. Jeder Umgang mit menschlichen Embryonen, auch in ihren frühesten Zellstadien, ist darauf zu prüfen, ob er mit der Entscheidung des Grundgeset-

[3] Im Gegensatz zu dieser Beobachtung erkannte AHRENS, Frühembryonale Menschen (2008), S. 281 diesen Umbruch erst mit dem Embryonenschutzgesetz: „Fortan wird die Würde des Menschen als Schlüsselkategorie bioethischer wie auch biopolitischer Bemühungen gehandelt, wobei das Konzept der Menschenwürde zum Teil eine rigorose Expansion hin auf frühembryonale Lebensformen erfährt."

zes, das die Menschenwürde als obersten Wert schützt, in Einklang zu bringen ist."[4]

Während in der Abtreibungsdebatte zuvörderst mit dem Lebensrecht des Embryos und dem Selbstbestimmungsrecht der Mutter argumentiert worden war, entwickelte sich das Menschenwürdeargument in der Embryonenschutzdebatte zum Hauptargument. Die Entwicklung des In-vitro-Verfahrens, dessen Zielsetzung die Herbeiführung einer Schwangerschaft für infertile Paare darstellte, kennzeichnete den Ausgangspunkt der Debatte. Menschenwürdeverstöße wurden dabei nicht nur für den extrakorporal erzeugten oder kryokonservierten Embryo antizipiert, sondern ebenso für die Eltern, Leihmütter oder Samenspender.

Die Menschenwürdeargumentation teilte sich in zwei Stränge. Auf der einen Seite wurde die Menschenwürde in einem individuellen Verständnis zum Schutz des durch reproduktionsmedizinische Techniken erzeugten Embryos angeführt. Insbesondere die Kirchen und christliche Vertreter erkannten das Geschaffensein des Menschen durch Gott als Grundvoraussetzung seiner Würde und wiesen dementsprechend das Verfahren der In-vitro-Fertilisation zurück. Mehrheitlich wurde jedoch nicht die In-vitro-Fertilisation abgelehnt, sondern lediglich die aus ihr erwachsenden Folgetechniken wie die Zugänglichkeit des extrakorporalen Embryos für Forschungsinteressen. Im Sinne eines Instrumentalisierungsverbots wurde die Menschenwürde des Embryos als argumentativer Schutzschild vor den Embryo gehalten.

Das Argument der Menschenwürde erschien den Zeitgenossen als angemessenes Mittel gegen die als bedrohlich empfundene Entwicklung; gleichwohl wurde erkannt, dass die Auslegung der Menschenwürde gemäß eines individualistischen Verständnisses in Bezug auf die der humangenetischen Forschungen entspringenden Folgeprobleme an ihre Grenzen gestoßen wäre. So etablierte sich als weitere Form zunehmend ein kollektives Menschenwürdeverständnis, das zur Abwehr all jener Techniken herangezogen wurde, die die Menschheit als solche beträfen. Mit der Menschenwürde als Gattungswürde sollten Eingriffe in die Integrität der Menschen durch Gentechnik abgewehrt werden. Je abstrakter die Diskussionsgegenstände, je fantastischer die Zukunftsvision einer genmanipulierten Gesellschaft, desto eindringlicher beharrten die Diskussionsteilnehmer auf einem absoluten Menschenwürdeschutz. Kollektive Würde bedeutete, dass nicht nur der Einzelne als Träger der Menschenwürde unter den Schutz des Staates gestellt werden sollte, sondern auch die abstrakte Größe Menschheit und darin eingeschlossen die Diskussionsteilnehmer selbst.

In den untersuchten Quellen ließ sich dabei eine Korrelation zwischen der Diskussion potentiell möglicher Techniken am und mit dem Embryo und der

[4] Arbeitsgruppe des Bundesministers für Forschung und Technologie und des Bundesministers der Justiz (Hg.), Bericht Benda-Kommission (1985), S. 6.

Häufigkeit des Menschenwürdearguments erkennen. Dies lässt sich auf zweierlei Weise erklären: Zunächst hatte das vorangegangene Abtreibungsurteil des Bundesverfassungsgerichts den Einbezug des Menschenwürdearguments in Auseinandersetzungen rund um den Embryo populär gemacht.[5] Der häufige Rückgriff auf den Begründungstext des Urteils im Zuge der Embryonenschutzdebatte bestätigt diese Erklärung. Ein zweiter Erklärungsansatz lässt sich in der diskutierten Thematik selbst finden. Die Neuartigkeit der aufgeworfenen Themen und insbesondere das Erschrecken vor der potentiellen Selbstauflösung des menschlichen Geschlechts riefen einen Abwehrreflex hervor, der sich im Argument der Menschenwürde wie in einem Brennglas bündelte. Wie herausgearbeitet, verstärkten die inhaltlichen und emotionalen Facetten der Auseinandersetzung die Tendenz, mit der Menschenwürde in einem kollektiven Verständnis zu argumentieren.

Damit zusammenhängend provozierte die Abstraktheit des Diskussionsthemas zumindest in Bezug auf potentielle Forschungen am Embryo eine Besinnung auf das gesellschaftliche Bild des Menschen, das auch in der Auslegung der Menschenwürde ihren Niederschlag fand. Die im Grundrecht verankerte Menschenwürde sollte, so der Anspruch, verhindern, dass einigen Wenigen die Macht gegeben würde, sich zu Schöpfern des menschlichen Lebens aufzuschwingen und die Gleichheit aller Menschen in ihrer prinzipiellen genetischen Unvollkommenheit durch manipulative Eingriffe am menschlichen Erbgut zu zerstören.

Das Embryonenschutzgesetz spiegelte einige entscheidende Gesichtspunkte auch des Menschenwürdediskurses der Embryonenschutzdebatte wider. Das neue Gesetz enthielt kein Verbot der seit knapp zehn Jahren in der medizinischen Praxis durchgeführten In-vitro-Fertilisation zur Erfüllung eines Kinderwunsches, beugte jedoch mit Hilfe der Dreierregel (§ 1 Satz 4 ESchG) der Überproduktion von Embryonen vor. Mit dieser Maßnahme sollte verhindert werden, dass nicht implantierte Embryonen zu Forschungszwecken missbraucht werden könnten. Jegliche Forschungen an Embryonen (§ 2 ESchG), Geschlechterbestimmung (§ 3 ESchG), das Klonen (§ 7 ESchG), die Hybrid- und Chimärenbildung (§ 8 ESchG) und Keimbahnmanipulationen (§ 6 ESchG) verbot das Gesetz. In diesen Bestimmungen drückte sich die Angst der Zeitgenossen vor einer Entmenschlichung der Gattung Mensch aus. Bei diesen Schutzbestimmungen stand dem Gesetzgeber nicht nur der konkrete Embryo vor Augen, sondern ebenso die gesamte Menschheit, die vor ihrer Selbstauflösung bewahrt werden sollte, so dass das restriktive Embryonenschutzgesetz eben nicht nur dem Embryonen-, sondern auch dem Gattungsschutz dienen sollte.[6]

[5] Vgl. auch Baldus, Kämpfe um die Menschenwürde (2016), S. 124.

[6] Zu einem ähnlichen Ergebnis gelangte Schächinger, Menschenwürde und Menschheitswürde (2014), S. 186–271 in einer umfassenden rechtswissenschaftlichen Untersuchung der Schutzbestimmungen des Embryonenschutzgesetzes. Aus diesem Grund unterschied er terminologisch „Menschenwürde" von „Menschheitswürde".

Trotz des anschwellenden Publikationsstromes rund um das Thema Menschenwürde innerhalb der Debatte fand eine systematische Reflexion über die Menschenwürde in Bezug auf den Status des Embryos oder ihre Tragfähigkeit als Gattungswürde selten statt. In vielen Zusammenhängen erscheint die Menschenwürde vielmehr als angemessenes Abwehrmittel gegenüber Entwicklungen im Bereich der Reproduktionsmedizin und Embryonenforschung, die für die Diskussionsteilnehmer nicht gänzlich durchschaubar waren. Gleichzeitig war die Menschenwürde ein aufgrund ihrer Stellung im Grundgesetz mächtiges Argument, dem sich der Gesetzgeber nicht entziehen konnte. Die Embryonenforschung, war sie erst einmal als Menschenwürdeverletzung deklariert, konnte vom Gesetzgeber nicht mehr ignoriert werden. Er musste gesetzgeberische Initiative zeigen, insbesondere vor dem Hintergrund, dass in Deutschland bereits gesunde Kinder mit Hilfe von Reproduktionstechniken geboren worden waren. Der Mangel an verbindlichen rechtlichen Regelungen führte zu einer stetigen Zunahme in der Anwendungspraxis, welche durch beständige Weiterentwicklungen die Rechtsunsicherheit kontinuierlich vergrößerte.

Die zentrale Argumentationsführung der Embryonenschutzdebatte lässt sich demnach durch eine sich verändernde Menschenwürderhetorik charakterisieren, die durch die den Techniken entspringenden Bedrohungen für die Gattung Mensch hervorgerufen wurde. Menschenwürde wurde nicht mehr nur als Individualrecht gelesen, sondern zunehmend auch auf das Kollektiv Menschheit angewandt. Dabei ist eine Zunahme des Einsatzes der Menschenwürde in allen Subdiskursen erkennbar. Die Herausforderungen der neuen Reproduktions- und Gentechniken wurden vor dem Hintergrund der Menschenwürdenorm aus Art. 1 GG insbesondere in den Rechtswissenschaften diskutiert. Eine systematische Diskussion über den grundrechtlichen Status des Embryos in Bezug auf Art. 1 GG ließ sich jedoch nicht erkennen. Die dominierende Lesart der Menschenwürde als Instrumentalisierungsverbot ergab sich aus den Verwendungskontexten.

Seit Ende der 1990er Jahre sah man in der Forschung an adulten und vor allem embryonalen Stammzellen großes Zukunftspotential. Die mit der Embryonenforschung notwendigerweise verbundene Vernichtung von Embryonen zur Gewinnung der embryonalen Stammzellen war ethisch und rechtlich hoch umstritten. Während eine Gruppe jegliche Beforschung von Embryonen ablehnte, sahen andere Gruppen in den damit verknüpften Zielsetzungen die Legitimation für den Verbrauch von Embryonen. Dabei ging es nicht nur um die Rechte potentieller Nutznießer einer solchen Embryonenforschung, sondern ebenso um die der Forscher und Mediziner. Auch die Standortfrage und die Hoffnung auf wirtschaftliches Wachstum für die Bundesrepublik wurden als Argumente zur Befürwortung herangezogen.

Neben dem Verweis auf die betroffenen Rechte Dritter konzentrierte sich die Diskussion jedoch zunehmend auf die Frage nach dem Status des Embryos. Die Zustimmung oder Ablehnung der Stammzellforschung war dabei von der statusrechtlichen Bestimmung des Embryos abhängig. Betrachtete man den Embryo als Träger der Menschenwürde, so lag der entscheidende Grund für die Ablehnung der embryonalen Stammzellforschung in der Instrumentalisierung des Embryos für Forschungszwecke, die insbesondere bei der Embryonenproduktion und im Verfahren des reproduktiven und therapeutischen Klonens offensichtlich wurde. Als Mittel zur Einschränkung der Forschungsfreiheit etablierte sich das Menschenwürdeargument, denn nur die Verletzung anderer Grundrechte ermöglichte eine Einschränkung des Grundrechts auf Forschungsfreiheit. Umgekehrt war den Befürwortern eine konfliktfreie Zustimmung zur embryonalen Stammzellforschung erst dann möglich, wenn aus ihrer Sicht durch ein Verbot gleichfalls die Würde anderer Akteure verletzt worden wäre oder wenn ein Menschenwürdekonzept zugrunde gelegt wurde, welches den frühen Embryo entweder nicht als Träger der Menschenwürde anerkannte oder ihm anders als dem weiter entwickelten Embryo oder dem geborenen Menschen einen schwächeren Menschenwürdeschutz zugestand. Derartige Vorschläge provozierten vehementen Widerspruch, so dass die Diskussion um die Extension der Menschenwürde zum zentralen Streitpunkt in der Debatte um Zu- oder Nichtzulassung der embryonalen Stammzellforschung avancierte.

Der Trend, die Menschenwürde in die Statusdebatte einfließen zu lassen, lässt sich auch auf das Erste Abtreibungsurteil aus dem Jahr 1975, die Embryonenschutzdebatte der 1980er Jahre, die Schutzbestimmungen des ESchG und das Zweite Abtreibungsurteil aus dem Jahr 1995 zurückführen. Innerhalb der Stammzelldebatte verschob sich die Diskussion dahingehend, dass nicht mehr in erster Linie das Menschsein als Voraussetzung für den Anspruch von Menschenwürde diskutiert wurde, sondern das Personsein. Die Diskussionsteilnehmer stritten demnach schwerpunktmäßig darüber, ob der Embryo bereits die Eigenschaften besäße, welche ihn als Person und damit als Träger der Menschenwürde kennzeichneten. In der Tradition der empiristischen Philosophie wurden als solche, die Personalität konstituierenden Merkmale Vernunftfähigkeit, Empfindungsfähigkeit, Selbstbewusstsein, Selbstachtung oder Kommunikationsfähigkeit angeführt. Nicht alle Diskussionsteilnehmer vertraten die Ineinssetzung von biologischem und personalem Lebensbeginn. Während sie infolge dessen die Entwicklung von Mensch- und Personsein trennten, erkannten sie den Embryo nicht als Träger der Menschenwürde an. Dieser aus der Trennung von personalem und menschlichem Leben hergeleiteten Schlussfolgerung wurde jedoch auch widersprochen. Der Embryo, aus Sicht der Gegner der embryonalen Stammzellforschung sowohl Mensch als auch Person, sollte vielmehr von Beginn seiner Existenz an als Träger der Menschenwürde anerkannt werden und in einem Grundrechtskonflikt nicht zur Disposition gestellt werden können.

Zeitgleich zur intensiven Auseinandersetzung um den Status des Embryos war auch eine Zunahme des Menschenwürdearguments zur Legitimation aller in der Diskussion vorhandenen Positionen erkennbar. So verwiesen Forschungsbefürworter auf die Würde der Forscher, der Forschung und der heilsuchenden Patienten, die durch ein Verbot angetastet werden könnte. Diese Beobachtung zeigte, dass sämtliche Argumente zur Befürwortung oder Ablehnung der Forschung prinzipiell mit dem Menschenwürdeargument angereichert werden konnten und dass der Menschenwürde damit eine gewichtige ethische, moralische und rechtliche Orientierungsfunktion zugedacht wurde.

Die Popularität der Menschenwürde als Argument auf beiden Seiten der Debatte barg jedoch auch Risiken. „Die Tatsache, dass man sich im Für und Wider um die Stammzellforschung in beiden Lagern mit gleicher Inbrunst auf die Verfassung beruft, demonstriert geradezu peinigend, dass selbst die Deduktionen aus dem höchsten Gesetz und seiner obersten Norm eher unberechenbar und ‚ergebnisoffen' verlaufen"[7], schrieb der Rechtswissenschaftler Eduard Pickert im Jahr 2002 und verwies damit auf ein bedeutendes Problem, das in der Zunahme des Menschenwürdearguments innerhalb der Stammzelldebatte deutlich zutage trat. So wurde der inflationäre Einsatz der Menschenwürde als Bedrohung der Fundamentalnorm empfunden, denn wenn offensichtlich nicht einmal mehr die Menschenwürde eine eindeutige Richtschnur in bioethischen Konflikten darstellen konnte, dann führte dies dazu, dass selbst die „Verfassung keine sichere Basis"[8] mehr dazustellen schien, auf der man seine Argumentation aufbauen konnte.

Der Debattenverlauf und auch die Anfang des Jahres 2002 durch den Gesetzgeber verabschiedete Regelung, die die Produktion und somit den Verbrauch von Embryonen auf deutschem Boden verhinderte, gleichzeitig jedoch den Import embryonaler Stammzellen aus dem Ausland ermöglichte, geben Zeugnis von den Unklarheiten innerhalb der statusrechtlichen Auseinandersetzung während der Stammzelldebatte. Der kompromisshafte Charakter des Gesetzes spiegelte deutlich die Differenzen des Statusdiskurses der Debatte wider, aufgrund derer man sich nicht in der Lage sah, eine Aussage über die Menschenwürdeträgerschaft des Embryos zu treffen. Ganz offensichtlich hatte auch der Einbezug der Menschenwürde nicht dazu beitragen können, einen allgemein akzeptierten Konsens zu erzielen. Ihr inflationärer Gebrauch und die ergebnislose Diskussion um den Einbezug des Embryos in ihren Schutzbereich provozierten vielmehr Zweifel an ihrer Stellung und Funktion für das Recht und die Gesellschaftsord-

7 Picker, Menschenwürde und Menschenleben (2002), S. 160.
8 Picker, Menschenwürde und Lebensrecht (2003), S. 161.

nung[9]; man diagnostizierte in diesem Zuge eine allgemeine „Gefährdung der Menschenwürde"[10].

Die Menschenwürde war nicht mehr ausschließlich ein Element innerhalb der Argumentationsstrategie der Gegner und Befürworter der embryonalen Stammzellforschung, sondern – und das ist das Entscheidende für den Menschenwürdediskurs innerhalb dieser Embryo-Debatte – sie wurde selbst zum Diskussionsgegenstand. Die Expansion des Expertendiskurses in den Breitendiskurs durch Publikationen renommierter Rechtswissenschaftler, Mediziner, Ethiker und Politiker in überregionalen Tageszeitungen verlieh diesem Trend Ausdruck. Die Menschenwürde war innerhalb der Stammzelldebatte derart präsent, dass kaum ein Diskussionsteilnehmer auf ihre Verwendung verzichtete. Dies rief gleichermaßen Überdruss wie Kritik hervor.

Allgemein verbindliche Antworten auf die drängenden Fragen der Embryo-Debatte konnte man offensichtlich durch einen Einsatz der Menschenwürde nicht erwarten. Musste sich die Gesellschaft also von der Menschenwürde verabschieden? Oder hatte sie sich unter den sich ändernden Bedingungen bereits gewandelt? Friedhelm Hufen war sich sicher, dass die Menschenwürde nicht auf den Stand von 1949 fixiert werden könnte. Vielmehr müsste sie sich in Anbetracht neuer Herausforderungen weiterentwickeln.[11] Dagegen plädierte Santiago Ewig für die Bewahrung des kantianischen Menschenwürdeverständnisses im Sinne der „Selbstzwecklichkeit des Menschen" zu seinem Schutze insbesondere in den Grenzbereichen des Lebens.[12] Diese zwei Beiträge verdeutlichen exemplarisch

[9] „Die positiven Konnotationen des Menschenwürdebegriffs haben offenbar die Erwartung genährt, daß aus Art. 1 Abs. 1 GG Antworten auf fundamentale Fragen unserer Zivilisation zu gewinnen sind." Ipsen, Der „verfassungsrechtliche Status" des Embryos in vitro (2001), S. 990.

[10] So im Vortragstitel von Benda, Gefährdung der Menschenwürde (1975). Diese Formulierung wiederholte beispielsweise auch Schockenhoff, Pro Speziesargument (2003), S. 19: „Der inflationäre Gebrauch dieses Begriffs [der Menschenwürde], der die klaren Konturen des mit ihm Gemeinten verschwinden läßt, geht mit einer wachsenden Gefährdung der Menschenwürde in der modernen Lebenswelt einher, ohne daß er ihr wirksam Einhalt gebieten könnte."

[11] Und er fügte hinzu: „Immer mehr wird erkannt, dass die Menschenwürde als abstraktes Prinzip sich gegen den Menschen selbst richten kann, wenn sie als Blockade für Forschung und Medizin eingesetzt oder gegen die Selbstbestimmung des Menschen ausgespielt wird." Hufen, Erosion der Menschenwürde (2004), S. 313. Ganz ähnlich Schmidt-Preuss, Menschenwürde und „Menschenbild" (2003), S. 930: „Wie immer man den Akzent bei der Ausfüllung des gesetzgeberischen Regelungsspielraums setzt, so ist zu berücksichtigen, daß die Menschenwürdegarantie wohl nicht eindimensional zu verstehen ist. Sie streitet auch für Personen, die ihrerseits existentiell auf neue Heilungschancen angewiesen sind." Ebenso formulierte auch die Deutsche Forschungsgemeinschaft, Empfehlung (2001), S. 33: „Die Würde des Menschen ist ihrerseits ein interpretationsoffenes Prinzip, wobei vielfältige Ansätze vertreten werden."

[12] „Der Abschied vom Begriff der Menschenwürde als Ausdruck der Selbstzwecklichkeit des

den Grundsatzkonflikt, der aus der Interpretationsflexibilität der Menschenwürde resultierte. War es sinnvoller, ein überliefertes Menschenwürdeverständnis zu konservieren oder eine Anpassung vorzunehmen, die neue Technologien nicht von Beginn als verfassungswidrig zurückwies?

Schien die Menschenwürde trotz oder wegen ihrer Präsenz zunehmend in die Krise geraten zu sein?[13] Wie passt es zusammen, so ließe sich fragen, dass die Menschenwürde als einer der letzten „allgemein akzeptierten Werte“[14], als „Basiswert einer säkularen Gesellschaft“[15], als „jenes allgemeinste sinngebende Prinzip [...], das dem heutigen Menschen eine originäre Orientierung in der Welt ermöglicht“[16], bezeichnet wurde und gleichzeitig die Berufung auf sie nicht die Erzielung eines Konsenses bewirkte?

In der Streitfrage um die Zu- oder Unzulässigkeit des Imports embryonaler Stammzellen, die zumindest de lege lata eine nicht rechtswidrige Option darstellte, erschien der Einbezug der Menschenwürde als zunehmend problematisch, denn die Präsenz der Menschenwürde in der Diskussion stellte neben der rechtlichen Komponente der Debatte auch die ethische Relevanz der Fragestellung heraus. In diesem Sinne bezeichnete der evangelische Theologe Reiner Anselm die Menschenwürde als „die Chiffre [...] für die Präsenz der Ethik überhaupt in den Debatten, die den biomedizinischen Fortschritt, aber auch die Frage der Gesellschaftsgestaltung allgemein betreffen. [...] Die regulative Funktion der Menschenwürde bestünde dann gerade darin, als Fluchtpunkt für die verschiedenen ethischen Konzeptionen zu dienen und die Festlegung auf ein bestimmtes Interpretations- und Bewertungsmodell zu vermeiden“[17]. Aber konnte die Menschenwürde diese Funktion als „Fluchtpunkt“ noch erfüllen, wenn sie nicht mehr von allen gleichermaßen als die absolute Grenze zum Schutz des Menschen vor fremden Eingriffen anerkannt wurde? Santiago Ewig verneinte dies und beobachtete: „Der Schutz durch die Menschenwürde gilt nicht mehr unbedingt, sondern wird abhängig von einem Zuspruch aufgrund von Prädikaten, die der Mensch aufweisen muss.“[18] Dieser hier hervorgehobene Aspekt verdeutlicht, dass die Menschenwürde zunehmend anders interpretiert

Menschen bedeutet, dass die Menschenwürde in den Grenzbereichen des Lebens entsprechend den Interessen anderer zur Disposition steht. Im Kern bedeutet er die Aufgabe der liberalen Idee der Aufklärung, die in der Achtung und Bewahrung der Selbstzwecklichkeit des Menschen die Grundlage der Freiheit zur Selbstbestimmung und zum moralischen Handeln sieht.“ Ewig, Stammzellforschung (2001), S. 3268.

13 Von der Menschenwürde in der Krise sprachen auch Llompart, Menschenwürde (2007), S. 99 & 103, der in den Diskussionen um Gen- und Biotechnologien die Ursache dieser Krise erkannte, und Rothhaar, Menschenwürde als Prinzip des Rechts (2015), S. 4–11.

14 Hilgendorf, Die mißbrauchte Menschenwürde (1999), S. 138.

15 Ebd., S. 138.

16 Reiter, Ethik der Menschenwürde (2001), S. 445.

17 Anselm, Regulatives Prinzip (2000), S. 223f.

18 Ewig, Heilungsversprechen versus Menschenwürde (2001), S. 407.

werden musste, wenn an ihr nicht die Einführung und rechtliche Legitimation neuer Techniken wie die Anfang der 2000er Jahre diskutierte Forschung an importierten embryonalen Stammzellen scheitern sollte. In diesem Sinne forderte Franz Josef Wetz: „Gesucht wird demnach eine gutbegründete, allgemeingültige Bestimmung der Würdeidee, die dem Pluralismus des modernen Staates wie der multikulturellen Weltöffentlichkeit gerecht wird.“[19] Die zunehmende Kritik an dem mehrheitlich vertretenen Menschenwürdekonzept der Selbstzweckhaftigkeit und der zeitgleich vorgebrachte Vorschlag einer Abstufung des Lebens- und Würdeschutzes zeugen von der Tendenz einer Anpassung der Menschenwürdeinterpretation an technische Entwicklungen und Errungenschaften. Eric Hilgendorf forderte dementsprechend: „Will man den im Vorstehenden geschilderten biomedizinischen Entwicklungen Rechnung tragen, muß der Schutz sich entwickelnder menschlicher Zellen nach ihrem Entwicklungsgrad und ihrer Entwicklungsrichtung abgestuft werden.“[20] Dabei ging es nicht nur darum, den Zeitpunkt des einsetzenden Würdeschutzes neu zu verhandeln, sondern um eine Anpassung der Intensität des Würdeschutzes an den Entwicklungszustand. Als mögliche Zeitpunkte für den beginnenden Einbezug des Embryos in den Menschenwürdeschutz wurden neben der Konjugation meistens die Nidation und seltener die Geburt genannt.

Neben dem Versuch einer Anpassung des Menschenwürdeschutzes an vorgeburtliche Entwicklungsstufen und der zu beobachtenden Pluralisierung der Menschenwürdeinterpretation in Wechselwirkung mit ethischen Konfliktfragen stand die Forderung nach einer weltanschaulich neutralen Interpretation des Rechts und auch der Menschenwürde.[21] Die an vielen Stellen dieser Arbeit beschriebene Interpretationsflexibilität des Menschenwürdebegriffes erwies sich in diesem Ansinnen als durchaus praktikabel, aber zeitgleich höchst problematisch. Die „unantastbare“ Menschenwürde als rechtliche Norm schien nicht kompatibel mit einer Entwicklung, die – die Interpretationsflexibilität der Menschenwürde ausnutzend – nach Pluralisierung und Veränderung drängte. So befürchteten einige Diskussionsteilnehmer den Einzug von Partialinteressen, Ethiken und Weltanschauungen in das Recht.[22] Im Hinblick auf die Streitfragen

19 Wetz, Würde des Menschen ist antastbar (1998), S. 12.

20 Hilgendorf, Klonverbot und Menschenwürde (2001), S. 1164.

21 Vgl. beispielsweise Wetz, Würde des Menschen ist antastbar (1998), S. 300 und Hilgendorf, Die mißbrauchte Menschenwürde (1999), S. 156f.

22 So schrieb Giwer, Rechtsfragen der Präimplantationsdiagnostik (2001), S. 135: „Die Anwendung und Auslegung des Art. 1 Abs. 1 S. 1 GG läuft in ganz besonderem Maße Gefahr, den Menschenwürdesatz entsprechend dem jeweiligen philosophischen, religiösen oder politischen Vorverständnis oder entsprechend den jeweiligen Moralvorstellungen zu interpretieren oder aber sich mit abstrakt gehaltenen Formulierungen ohne konkrete Aussagegehalt zu begnügen.“ Ebenso auch: Gelernter, Irreducibly Religious Character (2008).

der Stammzelldebatte erkannte Wolfgang Frühwald weitaus mehr als nur ein Abwägen von Menschenwürde und Forschungsfreiheit, nämlich das Ringen um ein allgemein akzeptiertes Menschenbild.[23] Für die Diskussionsbeiträge der Gegenspieler Johannes Rau und Hubert Markl konstatierte er zwei konkurrierende Menschenbilder, ein ehemals christliches, in der kantischen Philosophie säkularisiertes[24] sowie ein naturwissenschaftlich-darwinistisches.[25] Wolfgang Frühwald ging sogar so weit, dass er den Streit um diese konkurrierenden Menschenbilder als „Kulturkampf" bezeichnete.[26]

Das Potential der Menschenwürde, so wird deutlich, wurde von den Diskussionsteilnehmern ganz unterschiedlich eingeschätzt. Dieser Dissens, verbunden mit einer ungeklärten Situation über die Grundfunktionalität der Menschenwürde, verkomplizierte den Menschenwürdediskurs.

Die Präimplantationsdiagnostikdebatte entbrannte um die Jahrtausendwende parallel zu Diskussionen über den Einsatz von Klonierungstechniken, die Förderung embryonaler Stammzellforschung auf bundesrepublikanischem Boden sowie die Anwendung genetischer Tests am Menschen. Wie auch die vorangegangenen Embryo-Debatten stellte die Frage nach der Präimplantationsdiagnostik ein Minderheitenproblem dar, da diese schätzungsweise nur wenige hundert Paare jährlich betreffen sollte. Nicht die generelle Verfügbarkeit von Embryonen wurde gefordert, sondern eine Regelung, die einem eng definierten Kreis von Betroffenen die Geburt eines gesunden und lebensfähigen Kindes ermöglichen sollte.

Ähnlich wie auch in der Stammzelldebatte lag der entscheidende Kritikpunkt an der Präimplantationsdiagnostik in der Verwerfung und Vernichtung von Embryonen, die mit der Auswahl der Embryonen nach genetischen Merkmalen verbunden waren. Mit Blick auf die Reproduktionsautonomie und den Gesundheitsschutz der Eltern, die Vermeidung antizipierten Leides behinderter Geborener und vorhandene Widersprüche im Recht wurde die Legalisierung der in vielen Ländern bereits zugelassenen und erfolgreich durchgeführten Präimplantationsdiagnostik eingefordert.

Die zentralen Argumente auf Seiten der Befürworter der Diagnostikmethode hatten sich bereits in den vorangegangenen Debatten finden lassen. Das Argument der Reproduktionsautonomie, also der Verweis auf die freie Entscheidung

23 „Nach welchem Bild wollen wir den Menschen perfektionieren?" Frühwald, Der „optimierte Mensch" (2001), S. 402.

24 Starck, Das Bonner Grundgesetz (1999), S. 34f. erinnerte daran, dass das Menschenbild und die Interpretation der Menschenwürde nicht losgekoppelt vom christlichen Menschenbild gesehen werden können. Er plädierte für eine Beachtung dieser geistesgeschichtlichen Verankerung im Menschenwürdediskurs der Gegenwart.

25 Vgl. Frühwald, Der „optimierte Mensch" (2001), S. 402.

26 Ebd., S. 402. Ebenso Glotz, Kulturkampf (2001) und Hüppe, MdB (CDU) in Gierth, Ethik gegen Ethik (2001).

über die Einpflanzung eines Embryos nach einer In-vitro-Fertilisation, ähnelte den Forderungen der Frauenbewegung der 1970er Jahre, die das Recht auf selbstbestimmte Entscheidung über Fortsetzung oder Abbruch der Schwangerschaft eingefordert hatten. Zudem wurden in beiden Konfliktfällen, Abtreibung und Schwangerschaft bei hohem Risiko genetischer Erkrankungen für den Nachwuchs, gesundheitliche Risiken für die Mutter beziehungsweise das Hochrisikopaar antizipiert und diese als mit ihrer Menschenwürde unvereinbar abgelehnt.

Auch der Wunsch, möglichst nur gesunden Kindern das Leben zu schenken, wurde in beiden Debatten formuliert. Das „Wunschkindargument" der 1970er Jahre wurde in der Präimplantationsdiagnostik jedoch intensiver mit dem Aspekt der Gesundheit verknüpft, da man allgemein davon ausging, dass sterile Eltern, die ein In-vitro-Fertilisationsverfahren zur Herbeiführung einer Schwangerschaft auf sich nahmen, sich sehnlichst Kinder wünschten. Die Ausweitung der In-vitro-Fertilisation auf fertile Paare, die nicht ihre Sterilität umgehen, sondern die Gesundheit des Nachwuchses sichern wollten, unterstrich jedoch den Wunsch nach Kindern mit einem bestimmten genetischen Muster, eben nach Kindern, die nicht mit unheilbaren oder schweren erblich bedingten Krankheiten belastet sein würden.

Unter Verweis auf bestehende Wertungswidersprüche im deutschen Recht forderten Befürworter der Präimplantationsdiagnostik eine gesetzliche Regelung, die die Diagnostikmethode für Hochrisikopaare ermöglichte. Warum sollte, so die zentrale Frage, Abtreibung nach Pränataldiagnostik möglich sein, Nichtimplantation nach Präimplantationsdiagnostik jedoch durch das Gesetz verwehrt werden? Konsistent wäre vielmehr eine Angleichung des rechtlichen Schutzes für den Embryo in vitro und in utero. Die Widersprüche und Unstimmigkeiten im praktischen Recht sollten nach den Vorstellungen der Befürworter der Präimplantationsdiagnostik durch eine Lockerung des Embryonenschutzes erreicht werden und nicht umgekehrt durch strengere Regelungen im Abtreibungsrecht oder Embryonenschutzgesetz.

Der Verweis auf Widersprüche im deutschen Recht konnte in allen hier untersuchten Embryo-Debatten nachgewiesen werden.

Der Hauptkritikpunkt an der Präimplantationsdiagnostik bestand in der immanenten Bereitschaft zur Selektion menschlichen Lebens nach festgelegten Merkmalen. Sollten geborene Menschen das Recht besitzen, Embryonen aufgrund genetischer Besonderheiten zu selektieren? Eine solche Handlung wurde als unvereinbar mit der Menschenwürde abgelehnt. Im Selektionsargument ließen sich Ähnlichkeiten zu den Argumentationsmustern der 1980er Jahre erkennen. In der Debatte um den richtigen Schutz von Embryonen hatte eine große Anzahl von Diskussionsteilnehmern die Forschung an Embryonen, die Herstellung von Hybridwesen und Chimären sowie Eingriffe in die Keimzellbahnen mit dem Argument der Menschenwürde abgelehnt. Der designte Mensch wurde als Bedrohung für eine Gesellschaft empfunden, deren Mitglieder eben nicht Resultat menschlichen Wirkens, sondern natürlicher Entstehungsprozesse darstellten. Ebenso wie die Herrschaft einiger weniger Mediziner und Forscher über menschliches Leben als problematisch empfunden wurde, so lehnte man die Präimplantationsdiagnostik mit dem Verweis auf die Macht von Eltern und Medizinern über die Auswahl der zu implantierenden und zu verwerfenden Embryonen ab.

Daran knüpfte das Dammbruchargument an, das in allen Embryo-Debatten in unterschiedlicher Ausprägung zu finden war. Es wurde eingebracht, um die praktische Anwendung der diskutierten Techniken im eigenen Land zu verhindern. Während der Abtreibungsdebatte wurde einer befürchteten unkontrollierten Abtreibungspraxis mit der Bestimmung von Indikationen vorgebeugt. In den 1980er Jahren lag der Fokus des Dammbruch_arguments auf möglichen Bedrohungen für die gesamte Menschheit. Die Stichtagsregelung des „Gesetzes zur Sicherstellung des Embryonenschutzes im Zusammenhang mit Einfuhr und Verwendung“ sollte grenzenlosem Forscherdrang und der Vernichtung von Embryonen im Inland vorbeugen. Innerhalb der Präimplantationsdiagnostikdebatte wurde das Dammbruchargument zur Verhinderung der Selektion menschlichen Lebens nach den Kriterien lebenswert und lebensunwert herangezogen, und es sollte der Gefahr vorgebeugt werden, nur noch Embryonen mit bestimmten Merkmalen im Sinne einer positiven Eugenik in die Gebärmütter zu verpflanzen.

Das Menschenwürdeargument wurde zur Abwehr pränidativer Selektionsversuche von einigen Diskussionsteilnehmern im Sinne eines Instrumentalisierungsverbots in die Debatte eingebracht. Kein Embryo, ob gesund oder krank, sollte zum Wunschobjekt seiner Eltern degradiert oder zur Optimierung von Diagnostik- und Implantationsverfahren verbraucht werden. Das Instrumentalisierungsverbot erfuhr in einigen Fällen eine argumentative Bekräftigung mit der Begründung der Menschenwürde durch die Gottebenbildlichkeit bzw. das Geschaffensein durch Gott. Eine theologisch hergeleitete Interpretation der Menschenwürde wurde von vielen Autoren jedoch vehement abgelehnt und ihre Zulässigkeit in einer pluralen, säkularen Gesellschaft zunehmend in Frage gestellt. Die Häufigkeit der Kritik an einer religiös, christlich oder metaphysisch begründeten Menschenwürde stand dabei in einem deutlichen Missverhältnis zur ohnehin geringen und weiter rückläufigen Anzahl von Beiträgen, die die Menschenwürde tatsächlich in dieser Weise interpretierten.

Für die späte Präimplantationsdiagnostikdebatte ließ sich ein deutlicher Dynamikverlust in der spätestens seit Anfang der 2000er Jahre diskutierten Statusfrage verzeichnen, in der insbesondere um den Einbezug des Embryos in den Schutzbereich der Menschenwürde gerungen worden war. In der Auseinandersetzung um die Präimplantationsdiagnostik verfestigte sich die in der Stammzelldebatte entwickelte Ansicht, dass der Status des Embryos nicht mehr absolut bestimmt werden sollte und konnte. Zwar galt der Embryo mehrheitlich als Träger der

Menschenwürde, gleichzeitig wurde ihm jedoch zunehmend ein anderes, niedrigeres Schutzniveau zugedacht als dem geborenen Menschen. Die den Embryo betreffenden gesetzlichen Entscheidungen spiegelten diese Tendenz zu einem graduellen Schutzniveau wider. Ein absoluter Menschenwürdeschutz für den Embryo hätte jegliche Eingriffe in den Embryo ausgeschlossen und war mit Nidationshemmern, Abtreibung und embryonaler Stammzellforschung nicht vereinbar. Die Neukommentierung des Art. 1 GG durch Matthias Herdegen aus dem Jahr 2003 stellte dabei einen entscheidenden Einschnitt dar. Mit dieser löste er die Kommentierung Günter Dürigs ab und verfestigte damit die graduelle Interpretation des Menschenwürdebegriffes in der rechtswissenschaftlichen Fachliteratur. Dabei war er einer Tendenz gefolgt, die sich seit der Abtreibungsdebatte verstärkt hatte, nämlich den Grundrechtsschutz für den Embryo anders zu definieren und zu bewerten als für den geborenen Menschen. Das Erste Abtreibungsurteil, das den Status des Embryos erstmals höchstrichterlich festgelegt hatte, indem es den Embryo ab dem 14. Tag als Träger der Menschenwürde bezeichnet hatte, wurde zu einem entscheidenden Meilenstein für die Implementierung eines graduellen Menschenwürdeschutzes.

Im Zuge der Präimplantationsdiagnostikdebatte wurde der zunehmend abgeschwächt gedachte Würdeschutz des Embryos gegen den Würdeschutz der potentiellen Eltern aufgewogen. Eine generelle Gefahr für das Menschenbild der Gesellschaft wurde in einer Zustimmung zur Präimplantationsdiagnstik zwar gesehen, jedoch mit dem Argument abgewehrt, dass letztere lediglich einige wenige Paare betreffen würde. Der Sorge eines ethischen und rechtlichen Dammbruchs, in der sich auch die Tendenz zum Gattungsschutz widerspiegelt, sollte durch eine enge Begrenzung der Technik Rechnung getragen werden. Entscheidend für die mehrheitliche Zustimmung zur Präimplantationsdiagnostik war auch die Tatsache, dass diese im Ausland und Inland bereits erfolgreich durchgeführt worden war. Das potentielle Glück der Hochrisikopaare stand den Entscheidungsträgern schon vor Augen, als sie schlussendlich über die Rechtmäßigkeit der Diagnostikmethode entscheiden mussten. Die Diskussion um mögliche Grundrechtsverletzungen bezog sich insbesondere auf Seiten der Befürworter nicht mehr auf Art. 1 GG. Die Gegner der Methode verwiesen jedoch unverändert auf die potentiellen Würdeverletzungen, welche in der Verzweckung des Embryos gesehen wurden. Darüber hinaus zeigte die Diskussion über den selektiven Charakter der Technik, dass die Würdenorm auch dazu dienen sollte, eugenischen Tendenzen vorzubeugen. Mehr als zuvor verwiesen Diskussionsteilnehmer auf die Gefahr, dass einer Gesellschaft, in der nicht mehr alle Mitglieder unabhängig von ihrem Gesundheitszustand und ihrer Entwicklungsstufe Träger der Menschenwürde seien, die Gefahr von Ungleichheit drohe.

Die Untersuchung der Embryo-Debatten konnte zeigen, dass die Menschenwürde für den jeweiligen Ausgang eine unterschiedliche Rolle spielte. In der Abtreibungsdebatte war das Argument der Menschenwürde nur eines von vielen, mit denen eine Lockerung des § 218 StGB erreicht wurde. Später, bei der Verabschiedung des Embryonenschutzgesetzes, ließen sich die strengen Schutzvorschriften insbesondere auf die starke Stellung des Menschenwürdearguments innerhalb der Debatte zurückführen. Mit einem vergleichbaren Bezug auf die Menschenwürde wurde in der Auseinandersetzung um die Zulässigkeit der embryonalen Stammzellforschung das reproduktive Klonen und die Produktion von Embryonen strikt und fast unisono abgelehnt. Allerdings war auf der anderen Seite, ebenfalls unter Einbezug des Menschenwürdeargumentes, die Zustimmung des Gesetzgebers zu einer Regelung möglich geworden, welche die Forschung an embryonalen Stammzellen in Deutschland gestattete, nicht jedoch ihre Herstellung mittels Vernichtung von Embryonen. Schließlich brachte auch die Präimplantationsdiagnostikdebatte einen Kompromiss hervor, der unter Einbezug des Menschenwürdearguments die Präimplantationsdiagnostik nicht gänzlich verbot, sondern für eine kleine Gruppe zugänglich machte.

Keine der vier untersuchten Debatten offenbarte einen leichtfertigen Umgang mit und am Embryo, dessen Lebensschutz freilich zunehmend in Konkurrenz zu anderen Interessen geriet. In diesem Ringen um einen angemessenen grundrechtlichen Ausgleich zwischen den widerstreitenden Parteien offenbarte sich für die Diskussionsteilnehmer die Dekonstruktion von als unantastbar gedachten Gewissheiten. Das gesetzgeberische Handeln veranschaulichte diesen Wandel im Umgang mit dem Embryo besonders prägnant. Die verabschiedeten Gesetze der hier untersuchten parlamentarischen Auseinandersetzungen ermöglichten eine Stärkung der Grundrechtsgüter Dritter zulasten jener des Embryos. Diese Entwicklung hin zu einem Aufweichen der Schutzstandards von Embryonen auf der einen Seite bei zeitgleich zunehmendem Einsatz des Menschenwürdearguments in den bioethischen Auseinandersetzungen auf der anderen Seite erscheint verwunderlich.

Die folgende zusammenfassende Reflexion über den Wandel des Verständnisses lässt jedoch erkennen, dass ein gelockerter Lebensschutz für den Embryo und der vermehrte Einsatz der Menschenwürde nicht in Widerspruch zueinander stehen müssen. Betrachtet man, wie es die vorliegende Untersuchung getan hat, Menschenwürde als einen Wert im Wandel, so wird deutlich, dass der Grund für ihre stetige Aktualität insbesondere in bioethischen Auseinandersetzungen gerade in ihrer Interpretationsflexibilität liegt.

2 Entmythologisierung und Pluralisierung der Menschenwürde

Mit Inkrafttreten des Grundgesetzes im Jahre 1949 wurde die Menschenwürde zur staatsfundierenden Norm und zum höchsten Leitwert der bundesrepublikanischen Gesellschaft. „Die Unantastbarkeitsgarantie regelt ein Tabu, das nicht berührt werden darf, wenn die Rechtsordnung nicht zusammenbrechen soll. Die Unantastbarkeit der Würde jedes Menschen ist das Axiom dieser Rechtsordnung, nicht mehr hinterfragbarer Ausgangspunkt, Denkgrundlage, ohne die das Denken in dieser Verfassung nicht möglich ist"[27], verdeutlichte Paul Kirchhof. Josef Isensee sprach von der Menschenwürde als „Grund der Grundrechte"[28], als „Mitte des grundgesetzlichen Wertesystems"[29] und als einheitsstiftendes Element in einer pluralen Gesellschaft.[30]

Was eigentlich genau mit der Menschenwürde gemeint ist und wie sie rechtlich wirken soll, ist jedoch trotz allem Beharren auf ihrer herausragenden Bedeutung und Funktion für die deutsche Grundrechtsordnung mehr als umstritten. Die widersprüchlichen Interpretationsvarianten des Begriffs erschweren den Gebrauch der Menschenwürde in konkreten Anwendungsfällen und stehen teilweise im Widerspruch zueinander. Sie wird fortwährend in Frage gestellt, inhaltlich neu gefüllt, bewertet und der Kreis der potentiell durch die Menschenwürde Geschützten immer wieder neu verhandelt.

Schon die frühen Grundrechtskommentatoren diskutierten die Frage nach der inhaltlichen Ausgestaltung der Menschenwürde, war ihnen doch klar, dass sie – abhängig von Weltanschauungen – gerade durch die Vielfalt an Auslegungsmöglichkeiten charakterisiert war. Jeder neue Konfliktfall, der unter Einbezug der Menschenwürde ausgehandelt wurde, trug zu mehr Reflexion über die Norm aus Art. 1 GG bei, so auch die hier untersuchten Embryo-Debatten. Es ging zunehmend nicht mehr nur um den Einsatz der Menschenwürde als Argument, sondern auch um das Hinterfragen, was die Menschenwürdenorm für die konkreten Konfliktfälle bedeuten könnte, wie sie auszulegen wäre und wer in ihren Schutzbereich einbezogen werden sollte.

Der Bedeutungszuwachs des Menschenwürdearguments seit den 1970er Jahren bis in die frühen 2000er Jahre war dabei nicht nur an der quantitativen Zunahme der Beiträge zu messen, die die Menschenwürde explizit thematisierten, sondern ebenso an einer Intensivierung des eigentlichen Menschenwürdediskurses. Von der Abtreibungsdebatte bis zur Stammzelldebatte zeigte sich, dass sich der Menschenwürdediskurs in enger Wechselwirkung zu den Diskussionsthemen weiterentwickelte. Menschenwürde erschien von Beginn an als dynamisches Konzept, das gesellschaftlichen Aushandlungsprozessen unterworfen war. Der Widerspruch zwischen Wortlaut und Auslegung der Norm aus Art. 1 GG schwang dabei in jeder der hier untersuchten Embryo-Debatten mit. Umstritten war insbesondere die Bezugnahme der Grundrechtsnorm auf

[27] Kirchhof, Menschenwürde und Freiheit (2008), S. 41.
[28] Isensee, Der grundrechtliche Status des Embryos (2002), S. 67.
[29] Ebd., S. 68.
[30] Vgl. Isensee, Säkulare Gesellschaft (2006), S. 178.

den Embryo, dessen Status über den gesamten Untersuchungszeitraum hinweg zur Disposition gestellt wurde. Der Embryo, so hieß es spätestens seit der Stammzelldebatte immer häufiger, sei nicht Person und damit nicht Träger der Menschenwürde. Darüber hinaus bewies doch die geltende Rechtslage – so ein oft angebrachtes Argument –, dass der Embryo nicht Träger der Menschenwürde sein könnte. Der Mittelweg des Statusdiskurses bestand darin, für den Embryo einen graduell anwachsenden Menschenwürdeschutz anzunehmen. Mit der Neukommentierung von Art. 1 GG durch Matthias Herdegen im Jahr 2003 und die sich ihr anschließende Diskussion wurde diese Tendenz verstärkt. Innerhalb der späten Auseinandersetzung um die Zulässigkeit der Präimplantationsdiagnostik zeigte sich, dass sich die Beurteilung der umstrittenen Technik auf Grundlage eines abgestuften Würdekonzeptes vollzog, auch wenn dies nicht immer explizit ausgesprochen wurde.

In Wechselwirkung mit den Diskussionsgegenständen der Embryo-Debatten ließen sich Veränderungen dominierender Auslegungsarten erkennen.[31] Die vier untersuchten Embryo-Debatten zeigten, dass die jeweils umstrittenen Eingriffe in den Embryo der parlamentarischen Diskussion vorausgingen. Sie wurden illegal praktiziert wie die Abtreibung, fanden auf rechtlich ungeklärtem Boden statt wie die In-vitro-Fertilisation und die Präimplantationsdiagnostik oder wurden zunächst im Ausland betrieben wie Abtreibung, sämtliche Reproduktionstechniken oder die Forschungen an embryonalen Stammzellen. Wolfram Höfling sprach diesbezüglich passend von der „ungeheure[n] Gestaltungsmacht des biomedizinischen Subsystems“[32]. Und auch Wolfgang Frühwald erkannte die Einflussmacht der Wissenschaft, die „durch jeweils neue Fakten, die sie schafft, die Grenzen immer weiter in ihrem Sinne (im Sinne des Machbaren, nicht des Verantwortbaren)“ verschiebe.[33]

Die soziale Praxis hinsichtlich des Embryos änderte sich demnach im Zuge nationaler und internationaler Entwicklungen. Der aufgrund der rechtlich ungeklärten Lage hervorgerufene Konflikt zwischen Lebens- und Würdeschutz auf der einen Seite und der sozialen Praxis auf der anderen Seite provozierte

[31] „Immer erneute naturwissenschaftliche Entdeckungen und technische Neuerungen bei gleichzeitigem Wandel von Weltanschauungen und Wertvorstellungen verlangen nach rechtlicher Regelung und Einbau in die bestehende Ordnung, möglicherweise nach Eindämmung und Unterbindung.“ Fechner, Menschenwürde und generative Forschung (1986), S. 653. Und Höfling, Von Menschen und Personen (2001), S. 376 befürchtete: „Dabei kommt bereits der medizinischen Praxis eine beachtliche Definitionsmacht über existentielle Lebenssachverhalte zu. Wenn nunmehr zunehmend bioethische Argumentationstopoi in Rechtsphilosophie und Rechtsdogmatik ‚einsickern', so verschärft dies noch die großen Herausforderungen, vor denen nicht nur, aber auch die Verfassungsrechtslehre gestellt ist.“

[32] Höfling, Rechtliche Grenzen medizinischer Innovation (2010), S. 403.

[33] Frühwald, Der „optimierte Mensch“ (2001), S. 403.

in allen untersuchten Debatten gesamtgesellschaftliche Auseinandersetzungen. Auch unter Einbezug der Würdenorm wurden schließlich Kompromisslösungen gefunden, die an einer absolut verstandenen Auslegung der Menschenwürde zunehmend zweifeln ließen. Soziale und rechtliche Praxis standen somit immer deutlicher im Konflikt mit der traditionell dominierenden Auslegungsart der Menschenwürde als einem Instrumentalisierungsverbot im Kantischen und Dürig'schen Sinne.

Im Zuge dieser Entwicklung zeichnete sich der Menschenwürdediskurs der Embryo-Debatten immer deutlicher durch eine Pluralisierung der Deutungsansätze aus und nicht durch die Dominanz einer Auslegungsart. Ebenso war auch die Statusdebatte um den Einbezug des Embryos in den Menschenwürdeschutz charakterisiert durch ein Nebeneinander vieler unterschiedlicher Erklärungsansätze. Die Zunahme von Diskussionsbeiträgen aus anderen Disziplinen als den Rechtswissenschaften verstärkte diese Tendenz. Ein beträchtlicher Anteil zeichnete sich dadurch aus, dass die Menschenwürde zwar argumentativ darin Verwendung fand, eine explizite Reflexion des Begriffes jedoch unterblieb. Allerdings näherten sich zahlreiche Diskussionsteilnehmer der Menschenwürde auch inhaltlich und verständigten sich über ihre Auslegung und ihren Anwendungsbereich. Theologen, Ethikern und Politikern war es ebenso wie Juristen möglich, die Menschenwürde für ihre Argumentation einzusetzen und die inhaltliche Auslegung so zu fokussieren, dass diese ihrer Meinung in Streitfragen um den Embryo größeres Gewicht verlieh.

Die Untersuchung des Menschenwürdediskurses der Embryo-Debatten zeigte ferner, dass dem rechtswissenschaftlichen Subdiskurs der bedeutendste Einfluss zukam. Dabei war nicht nur der reine juristische Expertendiskurs relevant, sondern ebenso der legislative Politikdiskurs. Die Entscheidungen des Gesetzgebers, der über die Zulässigkeit von den Embryo betreffenden Maßnahmen entschied, übten erheblichen Einfluss auf den Menschenwürdediskurs aus, denn in ihnen manifestierte sich das zumindest im politischen Diskurs dominierende Verständnis der Menschenwürde. Im Zuge der Einberufung von Expertengremien und Ethikräten in Embryo-Debatten wurde die Vermischung der verschiedenen Subdiskurse noch erhöht. Eine Vielzahl von Experten sowie Mitglieder von Religionsgemeinschaften und Minderheitengruppen waren in diesen Kommissionen vertreten und sorgten dafür, dass die Menschenwürde in der für ihren Subdiskurs typischen Auslegungsart in die Entscheidungsfindung des Gesetzgebers einfloss. Ebenso verhielt es sich mit der Veröffentlichung von Expertenmeinungen in den Medien. Die seit Anfang des Jahrtausends zu beobachtende Tendenz, Stellungnahmen und Abhandlungen von Politikern und Wissenschaftlern verschiedener Disziplinen in den Tageszeitungen abzudrucken, verstärkte diese Vermengung der Subdiskurse. Obwohl die Grenzen zwischen den Diskursebenen verschwammen, ließ sich ein Konkurrenzkampf um die Auslegung der Menschenwürde erkennen, der durch die erlassenen Gesetze entsprechende Auswirkungen auf den Umgang mit Embryonen besaß.[34]

Der Machtkonflikt um die Menschenwürde innerhalb der Embryo-Debatten bezog sich nicht primär auf die inhaltliche Auslegung der Menschenwürdenorm, sondern vielmehr auf ihren Extensionsbereich. Diese Diskussion um den Einbezug des Embryos in den Menschenwürdeschutz erhielt ihre Dynamik nicht nur durch die Beiträge einzelner Akteure, sondern ebenso durch die den Embryo betreffende Gesetzgebung, die mit Lockerung oder Verschärfung des Lebensschutzes für den Embryo bestimmte Strömungen innerhalb des Menschenwürdediskurses verstärkte. Auch die Abtreibungsurteile des Bundesverfassungsgerichts spielten in dieser Betrachtung eine bedeutende Rolle, da sie höchstrichterlich den Status des Embryos definierten. Gleichzeitig ließen die weitere Entwicklung in der Gesetzgebung, der gelebten Praxis und der in jeder Embryo-Debatte auftauchende Vorwurf von Wertungswidersprüchen zwischen Recht und Realität erkennen, dass Richterspruch und Gesetzgebung zunehmend in Widerspruch zueinander standen.[35] In Anbetracht dieses Ineinanderfließens der Diskursebenen lässt sich schwer sagen, wer tatsächlich die Deutungshoheit im Menschenwürdediskurs besaß.

Deutlich wurde, dass, der engen Verknüpfung von Menschenwürdediskurs und Statusdebatte geschuldet, die Frage um die Deutungshoheit auch als Machtfrage gesehen werden konnte.[36] Insgesamt ließen sich vier Grundpositionen zur

[34] Vgl. Herdegen, Menschenwürde im Fluß des bioethischen Diskurses (2001), S. 773. Auch Hillgruber, Auseinandersetzung über die Deutung der Würde (2016), S. 89 beschrieb den Zusammenhang von Auslegungshoheit der Menschenwürde und deren Bedeutung für das „gesamte verfassungsrechtliche Koordinatensystem".

[35] Es lässt sich also nicht, wie Rensmann, Menschenwürde als universaler Begriff (2009), S. 85 feststellte, sagen: „Mit jeder erweiternden Auslegung der Menschenwürdegarantie verschiebt das Bundesverfassungsgericht also bestimmte Gegenstände in eine Tabuzone, die dem demokratischen Diskurs vollständig entzogen ist." Das Gegenteil ist für den Embryonenschutz zu beobachten, dass nämlich trotz des expliziten Einbezugs des Embryos in den Menschenwürdeschutz Eingriffe in den Lebensschutz zunehmend möglich geworden sind.

[36] Isensee, Säkulare Gesellschaft (2006), S. 194 konstatierte diesbezüglich: „Mittelbar zeigen die Umdeutungsbemühungen, daß die Menschenwürde eine Schlüsselstellung im Wertgefüge der Verfassung und im Rechtsbewußtsein der Gesellschaft einnimmt. Wer diesen Begriff besetzt, beherrscht das rechtliche und politische Terrain." Und Schockenhoff, Achtung der Menschenwürde (2008), S. 70 konstatierte: „Eine Interpretation der Menschenwürde, die ihre Unantastbarkeit infrage stellt und sie der Abwägung mit anderen Grundrechten und Verfassungsgütern zugänglich machen möchte, stellt einen epochalen Bruch in der modernen Rechtsgeschichte dar. […] Sie stellt dann keine verlässliche Schranke gegen eine letztlich willkürliche Ausübung staatlicher Gewalt mehr dar, da das Ergebnis der georderten Konkretisierung und Abwägung von vorherrschenden gesellschaftlichen Wertungen und individuellen Angemessenheitsvorstellungen abhängt. Die juristische, moralphilosophische und politikwissenschaftliche Diskussion bestimmt dann zusammen mit parlamentarischen

Statusbestimmung in den Embryo-Debatten ausmachen. Entweder man sprach dem Embryo von Konjugation an uneingeschränkt die Menschenwürde zu, man bestimmte einen Zeitpunkt in der Embryonalentwicklung, von welchem an der Embryo als Träger der Menschenwürde zu kennzeichnen sei, man entwickelte Begründungsmodelle für einen abgestuften Würdeschutz oder für den Ausschluss des Embryos aus dem Kreis der Menschenwürdeträger. Die Annahme eines vom geborenen Menschen abweichenden Status für den Embryo und die Verstärkung dieser Statusdifferenz auch in der Frage der Menschenwürde ermöglichten den Diskussionsteilnehmern erst die Einschränkungen des vorgeburtlichen Lebensrechts zugunsten der betroffenen Rechtsgüter Dritter, wie Abtreibung, die Inkaufnahme von Embryonenverbrauch bei In-vitro-Fertilisations-Verfahren oder Embryonenforschung und Embryonenselektion.

Eine Verstärkung von Statusdifferenzen wurde zudem über den Einsatz sprachlicher Mittel erreicht. Der „Machtkampf" um die Menschenwürde drückte sich auch in der Sprache der Diskussionsteilnehmer aus.[37] Die Soziologin Elisabeth Beck-Gernsheim erläuterte Anfang der 1990er Jahre: „Sprache lenkt unseren Blick (und dies um so mehr, je schwerer faßbar die Welt), unsere Erwägungen, nicht zuletzt unsere Emotionen. Sprache ist Kompaß, definiert Realität, Weltbild, Handlungsanweisung. Wenn Frauen als fötales Umfeld gelten, kann man ihre Rechte ausblenden. Wenn man auf schwere Geburtsfehler schaut und die Embryos, die zufällig daran hängen, nicht mal mehr in der Sprache auftauchen, dann kann man mit diesen Embryos tun, was immer geboten erscheint"[38]. Andreas Kuhlmann stellte 20 Jahre später fest: „Gerade die Fortpflanzungsmediziner und Embryologen haben sich ja darum bemüht, die frühesten Lebensstadien durch begriffliche Manöver als Objekte zu deklarieren, denen nur ein minderer Rechtsschutz zustehe. Der menschliche Vielzeller wird vor der Einnistung in die Gebärmutter, also etwa bis zum vierzehnten Tag nach der Befruchtung, als ‚Prä-Embryo' bezeichnet. Begründet wird diese Klassifizierung mit der Tatsache, daß sich vor diesem Zeitpunkt die Frucht noch spalten und mehr als ein Kind entstehen kann."[39] Diese Zitate verdeutlichen, dass insbesondere die Bezeichnung des Embryos einen entscheidenden Einfluss auf die Extensionsfrage ausüben konnte. Dem „Zellklumpen in einer Petrischale"[40] oder „Prä-Embryo"[41], wie der pränidative

Mehrheitsentscheidungen oder Gerichtsurteilen darüber, wann und wo die Menschenwürde verletzt ist."

[37] Eine ausführliche Untersuchung zum Einsatz der Sprache in der Präimplantationsdiagnostikdebatte lieferte Domasch, Biomedizin als sprachliche Kontroverse (2007).

[38] Beck-Gernsheim, Technik, Markt und Moral (1991), S. 94.

[39] Kuhlmann, Biomedizin (2001), S. 65.

[40] Gould, Baers Gesetz (2001).

[41] Der Begriff war aus dem angelsächsischen Sprachraum seit Mitte der 1980er Jahre übernommen worden. Vgl. dazu Betta, Embryonenforschung und Familie (1995); Eser,

Embryo seit den 1980er Jahren zunehmend bezeichnet wurde, konnten wohl kaum die gleichen Rechte zugesprochen werden wie einem bereits geborenen Menschen.[42]

Die Möglichkeit, Menschen seit Ende der 1970er Jahre im Labor zu erzeugen, drückte eine vorher nicht dagewesene Macht von Geborenen über Ungeborene aus, die sich auch in der Bezeichnung der im Labor erzeugten Embryonen widerspiegelte.[43] Darüber hinaus bezog sich die Machtfrage auf die durch technische Eingriffe in die Gene des Embryos hervorgerufene Herrschaft der Geborenen über zukünftige Generationen. Hans Jonas schlussfolgerte daraus: „Die Kehrseite heutiger Macht ist die spätere Knechtschaft Lebendiger gegenüber Toten."[44]

Die Tendenz, den Embryo nicht mehr bloß aufgrund seines Menschseins vollumfänglich in den Würdeschutz einzubeziehen, verstärkte sich im Zuge der Stammzelldebatte. Die daraus resultierende Reflexion über mögliche Eigenschaften personaler Existenz und die Verknüpfung dieser Eigenschaften mit der Menschenwürde zeugten davon, dass einige wenige Akteure erheblichen Einfluss auf Interpretation und Geltungsbereich der Menschenwürde ausüben konnten.

Insbesondere in der Präimplantationsdiagnostikdebatte wurde sichtbar, dass eine Würde, die abhängig von Entwicklungsstufen und genetischen Merkmalen interpretiert wurde, die prinzipielle Gleichbehandlung Aller als Träger der gleichen Menschenwürde gefährden könnte. Eberhard Schockenhoff warnte: „Wer

Embryonenforschung und „Fetozid" (1989); Kerner, Menschen – Klone – Sensationen (1988) und Reiter, Humangenetik und Embryonenforschung (1991), S. 30. Schlosser/Grabka (Hg.), Medizin und Sprache (1990), S. 74–78 untersuchten in diesem Zusammenhang auch Begriffe wie „Retortenbaby" oder „IVF-Kind".

42 Zeitgenössische Kritik am Einsatz von Sprache bei Eser, Embryonenforschung und „Fetozid" (1989), der schrieb: „Ähnlich verfehlt wäre es, die Frage nach der Schutzwürdigkeit des Embryos davon abhängig zu machen, ob er bereits als ‚Mensch' zu verstehen sei und die dafür erforderliche ‚Individualität' besitze, ebenso wie die terminologische ‚Degradierung' des pränidativen Embryos zum bloßen ‚Prä-Embryo', ‚conceptus', ‚Keimling' oder wie auch sonst immer diese Wortschöpfungen heißen mögen, zwar zum Zwecke der Entemotionalisierung verständlich sein mögen, aber als normtheoretisch geradezu naiv nicht geeignet sind, das dahinterstehende Wertungsproblem aus der Welt zu schaffen. Denn statt einer solche Präjudizierung durch begriffliche Etikettierung ist die entscheidende Frage die, ob und inwieweit das aus menschlichem Keimzellen stammende neue Leben bereits hinreichend wertvoll erscheint um nicht der Beliebigkeit willkürlicher Erhaltung oder Vernichtung preisgegeben zu werden." Vgl. auch Böhmer, Quadratur der Gentechnik (2005), S. 299 und Lehmann, Das Recht, ein Mensch zu sein (2001), S. 12.

43 So las man in der Frankfurter Rundschau: „Auf der Suche nach einem ‚angemesseneren und humaneren' Ausdruck für das ‚Retorten-Baby' hat sich die Gesellschaft für deutsche Sprache (GfdS) in Wiesbaden nach einem öffentlichen Wettbewerb für die Bezeichnung ‚IVF-Kind' entschieden. […] Der vom Erlanger Germanisten Professor Theodor Ickler eingesandte Vorschlag kennzeichne diese besondere Zeugungsweise sachlich richtig, ohne das so entstandene Leben zu diskriminieren oder es in seinem Wert gegenüber dem normal gezeugten Menschen zu überhöhen, hieß es." o. A., Retorten-Sprache (1988).

44 Jonas, Technik, Medizin und Ethik (1985), S. 168.

die Zuerkennung unbedingter Achtung einem solchen Kompetenzurteil unterwirft, der bindet den Gedanken der Menschenwürde an das, was ein Mensch in den Augen der anderen, nicht allein von sich aus, aufgrund seines bloßen Daseins ist – und hat ihn damit bereits im Ansatz eliminiert."[45]

Unabhängig von der Machtfrage zeigte die diachrone Analyse der Embryo-Debatten, dass die theoretische Reflexion über die Vereinbarkeit der Menschenwürde mit den diskutierten medizinischen und technischen Eingriffen in den Embryo stets den bereits vollzogenen Handlungen hinterherlief. Im wissenschaftlichen Menschenwürdediskurs manifestierte sich dies in einer Pluralisierung der Interpretationsansätze, in der die bislang herrschende Auffassung, Würdeschutz und Extension seien absolut zu verstehen, nicht mehr dominierte, sondern zu einem Deutungsansatz unter vielen wurde. Im Zuge der Pluralisierung zeichnete sich der Trend ab, die Menschenwürde vornehmlich nicht als fest definierten Leitwert für den Umgang mit Embryonen zu betrachten, sondern sie an die medizinisch-technische Entwicklung anzupassen. Josef Isensee beobachtete diese Flexibilisierung ebenfalls und schrieb: „Die Menschenwürde wandelt sich vom normativen Leitbild der Gesellschaft zu deren empirischem Spiegelbild."[46] Diese Entwicklung trug mit dazu bei, dass der Einsatz der Menschenwürde zunehmend als irrelevant für die Entscheidungen innerhalb der Debatte angesehen wurde.

Der Wert und die Norm Menschenwürde befanden sich, so das Analyseergebnis dieser Untersuchung, in einem stetigen Aushandlungsprozess. Schon im Jahr 1966 beobachtete Klaus Kübler: „Wie die Geschichte der Grundrechte seit ihrer erstmaligen verfassungsrechtlichen Proklamierung erkennen läßt, unterliegen sie – auch ohne Textänderung – einem ständigen Prozeß der Wandlung [...]. Der Bedeutungswandel der Grundrechte ist also im Grunde eine Fortentwicklung, eine Anpassung an veränderte Verhältnisse. Nur so können die Grundrechte dem Menschen die jeweilige größtmögliche Selbstverwirklichung gewährleisten. Das aber ist Sinn der Grundrechte."[47] Christian Starck hingegen schrieb im Jahr 1986 im Zuge der Embryonenschutzdebatte, dass die Menschenwürde auch im Hinblick auf sich wandelnde Bedrohungen unverändert bliebe.[48] Ein Jahr später fragte Alexander Blankenagel, ob die Menschenwürde zeitunabhängig und kulturübergreifend sei oder ob sie vielmehr durch „Zeitabhängigkeit, Wandelbarkeit und Kulturgeprägtheit" gekennzeichnet sei.[49] Er gelangte zu dem

[45] Schockenhoff, Achtung der Menschenwürde (2008), S. 66.

[46] Isensee, Säkulare Gesellschaft (2006), S. 196.

[47] Kübler, Wesen und Begriff der Grundrechte (1966), S. 324f.

[48] „Da die Angriffe auf die Menschenwürde nicht immer die gleichen sind, sondern sich im Laufe der Zeit neue Möglichkeiten ergeben, die Menschenwürde zu bedrohen, tauchen immer neue Fälle auf, die Veranlassung geben neue Grenzen aufzuweisen, ohne daß sich der Begriff der Menschenwürde wandelt." Starck, Gutachten für den 56. Deutschen Juristentag (1986), S. 14.

[49] Blankenagel, Gentechnologie und Menschenwürde (1987), S. 390.

Schluss: „Diejenigen, die unsere (ihre) Menschenwürdeinhalte auch auf die Zukunft festschreiben wollen, handeln zeitlich über ihre Kräfte und für eine Gesellschaft, deren Legitimation sie nicht haben."[50] Die Menschenwürde sei das „symbolische Kapital im Fluß der kulturellen Entwicklung, das immer neu investiert und verhandelt werden" müsse, stellte Jörn Ahrens auch zwei Dekaden später noch fest.[51] Dass die Menschenwürde Wert und Norm im Wandel sei, wurde vielfach konstatiert oder beschrieben.[52]

Auch die vorliegende Untersuchung konnte Veränderungen im Menschenwürdediskurs identifizieren. Den Ausgangspunkt der Analyse bildete der Wortlaut des Art. 1 Abs. 1 GG, der die Vermutung nahelegte, die Menschenwürde gälte absolut und unveränderlich, so dass sie unter keinen Umständen eingeschränkt werden dürfte.[53] Eine solche Annahme von der Absolutheit der Menschenwürde schien aber mit Annäherung an die Gegenwart zunehmend in Widerspruch zur Rechtspraxis zu stehen. Die neuen, den Embryo betreffenden medizinisch-technischen Entwicklungen stellten den Menschenwürdediskurs vor neue Herausforderungen.

Die Brisanz innerhalb des Menschenwürdediskurses entstand dabei durch die Verschiebung der sogenannten herrschenden Meinung, das Hinzutreten neuer Interpretationsvarianten sowie die entstehenden Widersprüche zwischen kategorisch zu lesendem Wortlaut und Auslegungsvarianten, die vordergründig davon abwichen. Zusätzlich entwickelte sich der Mangel an verbindlichen Aussagen über den Extensionsbereich zu einem Problem innerhalb der Embryo-Debatten. Die Extensionsfrage im Wortlaut des Art. 1 GG war und ist lediglich durch das Wort „Mensch" beschrieben, während der Text über den Zeitpunkt des einsetzenden Würdeschutzes im Zuge der menschlichen Entwicklung schweigt.

In den Verschiebungen des Menschenwürdediskurses zeigte sich zunehmend die Tendenz, das Menschenwürdeverständnis dem gewünschten oder bereits vollzogenen Ergebnis anzupassen. Während die Vertreter eines absoluten Lebensschutzes die Menschenwürde fast immer unverändert als absolutes Instrumentalisierungsverbot von Konjugation an auslegten, argumentierten diejenigen,

[50] Ebd., S. 390.

[51] Ahrens, Anthropotechnik (2006), S. 382.

[52] Vgl. Benda, Erprobung der Menschenwürde (1985), S. 26; Böckenförde, Menschenwürde unantastbar (2004), S. 1216–1227; Häberle, Menschenwürde als Grundlage der staatlichen Gemeinschaft (1987), S. 848f. und Turner, Natur des Menschen (1990). Eibach, Präimplantationsdiagnostik (2003), S. 442 beobachtete die Tendenz, „dass der Begriff ‚Menschenwürde' zunehmend mit empirischer Autonomie im Sinne einer uneingeschränkten Selbstverfügung über das Leben gleichgesetzt wird".

[53] Teifke, Prinzip Menschenwürde (2011) untersuchte in einer rechtswissenschaftlichen Strukturanalyse der Menschenwürdenorm die Frage nach ihrer Absolutheit. Das Ergebnis seiner rechtstheoretischen Analyse zeigt, dass die Menschenwürde als Rechtsbegriff nur scheinbar absolut gilt.

die in irgendeiner Weise an der Lockerung des Embryonenschutzes interessiert waren, mit Interpretationsansätzen, die die Abwägung des embryonalen Lebens mit den Grundrechtsgütern Dritter argumentativ ermöglichten.

Diese Untersuchung bestätigte die Annahme, dass die Menschenwürde sich in einem ständigen Wandlungsprozess befand. Dieser zeichnete sich jedoch nicht dadurch aus, dass eine Interpretationsvariante die andere ablöste, sondern dass neue Auslegungsmöglichkeiten zu bereits bestehenden hinzutraten, diese überlagerten oder gleichberechtigt neben ihnen standen. Die Pluralisierungstendenz der inhaltlichen Auslegung und Bewertung des Menschenwürdebegriffs und insbesondere die zunehmende Akzeptanz dieses Phänomens lassen es nicht zu, den Wandel des Menschenwürdebegriffs mit vorhandenen sozialwissenschaftlichen Thesen und Erklärungsmodellen zum Wertewandel zu erklären.[54] Vielmehr konnte herausgestellt werden, dass die Bedeutungsbestandteile der Menschenwürde sich in Abhängigkeit von den diskutierten Themenfeldern änderten, in den Hintergrund traten oder komplett aus dem Diskurs verschwanden. Ein linearer Wandel des Menschenwürdeverständnisses ließ sich demnach in dieser Arbeit nicht ausmachen. Mit diesem Ergebnis reiht sich diese Untersuchung in die bereits vorhandenen Arbeiten der historischen Wertewandelsforschung ein. Diese konnten zeigen, dass die Wertewandelsprozesse in der Moderne und Postmoderne weitaus komplexer und vielschichtiger verliefen als bislang durch die sozialwissenschaftliche Forschung angenommen worden war. Die Teilstudien der historischen Wertewandelsforschung zeigen allerdings, dass es nicht den einen Wertewandel gab, sondern dass dieser für die analysierten Werte und Untersuchungsgegenstände zeitlich und inhaltlich sehr unterschiedlich ausfiel.[55]

Abschließend lässt sich der Wertewandel im Menschenwürdediskurs mit zwei Begriffen zusammenfassen: Entmythologisierung und Pluralisierung.

Der chronologische Blick auf die Verwendung des Menschenwürdebegriffes machte deutlich, dass mehrere Faktoren eine Entmythologisierung der Menschenwürde vorantrieben.

Die im Zuge der späten Embryo-Debatten diskutierte Verdinglichung des Embryos zum Gegenstand der Forschung und die ihr vorausgegangene Enträtselung der Entwicklung menschlichen Lebens im Mutterleib durch Fortschritte in der Embryologie und die Entschlüsselung des menschlichen Genoms verstärkten und beeinflussten das Ringen um den Status des Embryos und den Menschenwürdediskurs. Zudem zeigte sich ein deutlicher Rückgang metaphysischer Erklärungsversuche der Menschenwürde. Insbesondere im Anschluss an die Stammzelldebatte wurde die Menschenwürde nur noch vereinzelt metaphysisch oder theologisch interpretiert in die Debatte eingebracht.[56] Christliche

[54] Zu den einzelnen Theorien vgl. die Ausführungen im 3. Unterkapitel der Einleitung.

[55] Vgl. Fn. 85 in der Einleitung.

[56] Diese Beobachtung machte auch Isensee, Säkulare Gesellschaft (2006), S. 173–218, der

Diskussionsteilnehmer, die traditionell die Menschenwürde mit der Gottebenbildlichkeit des Menschen erklärt hatten, zogen sich zunehmend aus der Debatte zurück. Diese Entwicklung verstärkte sich durch rückläufige Mitgliederzahlen der großen christlichen Kirchen.[57] Insbesondere mit der nachlassenden Kirchenzugehörigkeit lässt sich auch in der Breite der Bedeutungsverlust einer christlich-theologischen Interpretationsvariante der Menschenwürde erklären. Die von einigen Diskussionsteilnehmern konstant wiederholte Kritik, man solle die Menschenwürde entideologisieren und vom Ballast theologischer Interpretation befreien, scheint vor dem Hintergrund der ohnehin nachlassenden Kirchenbindung der Bevölkerung vernachlässigbar.

Ein weiterer Aspekt, der zur Entmythologisierung der Menschenwürde beitrug, war die zunehmende Tendenz, die Menschenwürde an biologische Entwicklungsstufen des menschlichen Lebens zu koppeln. Der Philosoph Dieter Birnbacher hat dieses Phänomen als „Naturalisierung" der Menschenwürde bezeichnet. Damit erklärte er ihren Bedeutungswandel von einem auf Vernunft, Rationalität und Autonomie beruhenden Konzept hin zu einer zunehmenden Biologisierung der Menschenwürde. Nicht mehr philosophische Prinzipien wären von Relevanz, so beobachtete er, sondern es erfolge eine Reduktion des Prinzips auf die menschliche Natur. In Bezug auf die bioethischen Debatten stellte er fest, dass die Zuschreibung von Menschenwürde nicht mehr nach den durch Kant eingeführten Kriterien der Autonomie und Selbstbestimmung erfolge, sondern dass der Begriff bereits auf „Phasen und Formen des Menschseins angewandt" würde, die diese Kriterien nicht erfüllten.[58] Die Tendenz, Menschenwürde an embryonale Entwicklungsstufen oder an konkrete Dinge zu knüpfen, so wie es auch eine Interpretation der Menschenwürde vom Verletzungstatbestand ausdrückt, ermöglichte es zwar, die Menschenwürde im Recht konkret und praktisch anwendbar zu machen, zeitgleich trieb sie jedoch die Entmythologisierung der Norm aus Art. 1 Abs. 1 GG voran.

Neben der Entmythologisierung der Menschenwürde ist die Pluralisierung der Deutungsvarianten kennzeichnend für den Menschenwürdediskurs des hier untersuchten Zeitraumes. Die Entwicklungen der Embryo-Debatten konnten zeigen, dass Menschenwürde nicht nur absolut, metaphysisch oder graduell, sondern auch theologisch, kantianisch, relativ, kurzum interpretationsflexibel ausgelegt werden oder sogar negiert werden konnte. Im Ergebnis lässt sich also festhalten, dass die Menschenwürde zunehmend als ein Wert unter vielen und weniger als unantastbarer Leitwert der Gesellschaft aufgefasst wurde.

von der „Säkularisierung der Menschenwürde" sprach. Einen vergleichbaren Trend belegte Moyn, Personalismus (2010), S. 90f. analog auch für die Menschenrechte.

57 Zur Mitgliederzahl der christlichen Kirchen in Deutschland vgl. Eicken/Schmitz-Veltin, Entwicklung der Kirchenmitglieder (2010), S. 589.

58 Vgl. Birnbacher, Instrumentalisierung und Menschenwürde (2001), S. 244.

Anstatt bei der Definition der Menschenwürde eine größtmögliche Konvergenz anzustreben, um von möglichst vielen Diskursteilnehmern akzeptiert zu werden, zeigten die Diskursteilnehmer mit Annäherung an die Gegenwart vielmehr eine größere Bereitschaft, die Pluralisierung des Menschenwürdediskurses zu tolerieren. Dem – zumindest in juristischen Abhandlungen über die Menschenwürde – auftauchenden Verweis auf herrschende Meinungen zum Trotz zeigt die Gesamtbetrachtung des Menschenwürdediskurses in Anwendung auf Konfliktfälle an Embryonen, dass Pluralisierung der Auslegungsvarianten und Differenzen in der Beantwortung der Extensionsfrage die Realität darstellten. Dieses Ergebnis fügt sich ein in das Bild einer allgemeinen Pluralisierungstendenz von Werten in der Gegenwart: „War zum einen bereits die gesamte Moderne vom sozialstrukturellen Basisprozess der Pluralisierung geprägt, so ist insbesondere seit dem letzten Drittel des zwanzigsten Jahrhunderts eine Veränderung ihrer sozialkulturellen Dimension, ein Wertewandel insofern zu beobachten, als die daraus resultierende Differenz zunehmend anerkannt, ja aktiv affirmiert wurde, statt als Störung zu gelten."[59] Diese Beobachtung Andreas Rödders ließ sich für die Menschenwürde als zentralen Leitwert der Gesellschaft bestätigen. Das weiterhin existierende Bekenntnis zur unantastbaren Menschenwürde ist nicht nur durch den verfassungsimmanenten Schutz der Menschenwürdenorm durch Art. 79 Abs. 3 GG erklärbar, sondern ebenso durch ihre sich in der Pluralisierung manifestierende Interpretationsflexibilität, die jedem Diskursteilnehmer die Möglichkeit eröffnet, in der Menschenwürde das zu lesen, was seiner Meinung und Weltanschauung am ehesten entspricht.

Der zunehmenden Pluralisierung und damit verbundener Kritik an der Menschenwürde zum Trotz kann abschließend mit Udo di Fabio festgestellt werden: „Die Würde des Menschen ist unbestritten Höchstwert des Verfassungsrechts, tragendes Konstitutionsprinzip, Rückfalllinie aller weiteren Grundrechte"[60]. Nicht grundlos ließ sich mit Annäherung an die Gegenwart der Bedeutungszuwachs der Menschenwürde für die Lösung bioethischer Konflikte erkennen. Immer wieder betonten Diskussionsteilnehmer die identitätsstiftende Leitfunktion der Menschenwürde.[61] Gleichzeitig ließ der Menschenwürdediskurs innerhalb der Embryo-Debatten auch an der Tauglichkeit der Norm Zweifel aufkommen. Der Menschenwürde drohte in gewisser Weise, wie es Wolfram Höfling for-

[59] Rödder, Forschungsprojekt (2014), S. 37f.

[60] Di Fabio, Grundrechte als Werteordnung (2004), S. 5.

[61] „Dass Menschen solche Würde und der daraus folgende Respekt vor ihrem Leben, ihrer Integrität und ihrer Freiheit zukommt, kann auf unterschiedliche Weise begründet werden. Dennoch – oder gerade deshalb, weil sich unterschiedliche Weltanschauungen in ihm treffen können – spielt er zu Recht die Rolle eines letzten Maßstabes der Rechtsordnung pluralistischer Gesellschaften. Man sollte aber sehr sparsam und reflektiert Gebrauch von diesem Begriff machen." Siep, Menschenwürdeargument (2009), S. 197.

muliert hatte, „die biomedizinische Auflösung“[62]. Dies wurde insbesondere in der Diskussion um den Einbezug des Embryos in den Schutzbereich der Menschenwürde erkennbar.

Tatsächlich stellt sich abschließend die Frage, wie die Menschenwürde in Anbetracht von Verständniswandel und elementaren Verschiebungen in ihrer Relevanz für die nachfolgenden Grundrechte und die Gesellschaft ein Wert von Dauer bleiben kann. Der scheinbare Konstruktionsfehler der Menschenwürdenorm, der in der mangelnden Erklärung des Schutzgutes liegt und damit vielfache Interpretationsvarianten zulässt, könnte der Norm zum Verhängnis werden. Jedoch zeigte sich in der Untersuchung der Embryo-Debatten, dass die Interpretationsflexibilität und die sich damit eröffnende Möglichkeit, die Menschenwürde überhaupt zu diskutieren, zur Aktualität und Bedeutung der Norm in einer sich wandelnden Gesellschaft beigetragen hat.

Die Menschenwürde bleibt weiterhin eine Norm und ein Wert voller Widersprüche, die durch die Differenz von Wortlaut und Auslegungsmöglichkeiten verstärkt werden. Die Antwort auf die Frage, wie das Postulat von der unantastbaren Würde mit dem Verständniswandel vereinbar ist, bleibt nach wie vor eine wichtige Herausforderung für all jene, die sich ernsthaft mit der Menschenwürde auseinandersetzen.

[62] Höfling, Rechtliche Grenzen medizinischer Innovation (2010), S. 404.

Glossar[1]

Adulte Stammzellen: Stammzellen, die nicht aus embryonalem Gewebe gewonnen werden, sondern in vielen Geweben (z. B. Knochenmark, Haut) eines erwachsenen Organismus vorkommen und sich zumeist nur zu den Geweben weiterentwickeln können, aus dem sie entnommen werden

Blastozyste: Entwicklungsstadium der befruchteten Eizelle nach der Morula mit innerer Zellmasse (Embryoblast), äußerer Zellschicht (Trophoblast) und Blastozystenhöhle

Chimäre: Organismus, der aus genetisch unterschiedlichen Zellen verschiedener Organismen künstlich zusammengesetzt ist

Diploid: mit einem zweifachen Chromosomensatz ausgestattet; entsteht bei der geschlechtlichen Fortpflanzung aus der Vereinigung der Eizelle mit einem Spermium

Embryo: frühes Entwicklungsstadium eines Lebewesens, beim Menschen von der 2.–8. Entwicklungswoche, danach Fetus

Embryoblast: Teil der Säuger-Blastozyste, aus dem u. a. der Embryo hervorgeht

Embryonale Keimzellen: Stammzellen, die aus Keimzellen von Embryonen und Föten gewonnen werden (5.–12. Entwicklungswoche); aus Keimzellen bilden sich später die Teile der Geschlechtsorgane, die Ei- oder Spermienzellen produzieren

Embryonale Stammzellen: teilungsfähige, multipotente Zellen aus der inneren Zellmasse der Säuger-Blastozyste

Embryotransfer: bezeichnet den Vorgang im In-vitro-Fertilisationsverfahren, bei dem Embryonen in die Gebärmutter übertragen werden

Ersatzmutter: Frau, die einen nicht von ihr stammenden Embryo austrägt und das Kind nach der Geburt Dritten überlässt (Synonym: Leihmutter)

Eugenik: Eingriffe in das Erbgut mit dem Ziel, es im derzeitigen Zustand zu erhalten (negative Eugenik) oder zu verbessern (positive Eugenik); das gilt sowohl für Gene von Individuen (z. B. Abtreibung, Gentherapie) als auch für den Genpool einer Population (z. B. Sterilisationsprogramme, Selektion von Samenspendern)

Fertilisation: Befruchtung; Vereinigung eines Spermiums mit einer Eizelle zu einer Zygote; im strengen Sinn: Vereinigung des haploiden Kerns eines Spermiums mit dem haploiden Kern einer Eizelle zum diploiden Zygotenkern

Fetalzeit: Zeitabschnitt in der vorgeburtlichen Entwicklung, der mit der 9. Entwicklungswoche beginnt und mit der Geburt endet

[1] Für die Zusammenstellung dieses Glossars wurden folgende Werke konsultiert: Buselmaier/Tariverdian (Hg.), Humangenetik (2006); Graw, Genetik (2010) und Müller/Hassel, Entwicklungsbiologie und Reproduktionsbiologie (2012).

https://doi.org/10.1515/9783110631630-007

Fetozid: das Töten eines oder mehrerer Föten im Mutterleib; zum Beispiel im Zuge einer Mehrlingsreduktion

Fetus: Entwicklungsstadium eines Organismus; in der menschlichen Entwicklung bezeichnet man den Menschen ab der 9. Entwicklungswoche als Fötus, vorher als Embryo

Gameten: Keimzellen; bei der Frau die Eizellen und beim Mann die Spermienzellen

Gametentransfer: Verfahren in der Reproduktionsmedizin, bei dem während eines In-vitro-Fertilisationsverfahren sowohl Spermien- als auch Eizellen in den Eileiter übertragen werden

Gen: DNA-Abschnitt, der für ein funktionelles Produkt kodiert (z. B. ein Protein)

Genom: Gesamtheit der genetischen Information einer Zelle

Genomanalyse: Analyseverfahren des Erbguts; es ermöglicht die Feststellung von Genen für spezielle Merkmale, genetisch bedingte Krankheiten oder ermöglicht Analysen über familiäre Abstammung sowie die Identifizierung von Personen (z. B. in der Forensik)

Genpool: Gesamtheit aller Gene einer Population

Gentechnologie: Teilgebiet der molekularen Genetik; Zielsetzung ist die Aneignung von Grundlagenwissen und die Durchführung von Isolierung, Analyse, Veränderung und Neukombination (Genmanipulation) von Genen und deren Einführung in einen anderen Organismus

Gentherapie: Einfügen von Genen in Zellen oder Gewebe eines Menschen, um genetisch bedingte Krankheiten oder Gendefekte zu behandeln

Haploid: mit einem einfachen Chromosomensatz ausgestattet

Hybrid: (lat. „Mischwesen“) Organismus, der durch Kreuzung zweier genetisch verschiedener Arten entstanden ist

Insemination (heterologe, homologe): Methode zur künstlichen Befruchtung, bei der die Samenflüssigkeit in den Genitaltrakt übertragen wird

In-vitro-Fertilisation (IVF): Methode zur künstlichen Befruchtung, bei der die Eizelle im Reagenzglas künstlich befruchtet und dann in den Uterus eingesetzt wird

Keimbahn: Zelllinie, die von der befruchteten Eizelle zu den Keimzellen für die nächste Generation führt

Klon: Population von Zellen oder Organismen, die von einer einzigen Zelle abstammen

Klonierung: Verfahren zur Erstellung genetisch identischer Organismen, z. B. durch Embryo-splitting oder Kerntransfer

Konjugation: Übertragung genetischer Information durch zellulären Kontakt zwischen einer Spender- und einer Empfängerzelle

Kryokonservierung: Einfrieren von Zellen und organischem Gewebe zu Aufbewahrungszwecken

künstliche Insemination: siehe Insemination
Leihmutter: siehe Ersatzmutter
Morula: Entwicklungsstadium der befruchteten Eizelle ca. drei Tage nach der Befruchtung; kugeliger Zellhaufen, der nach den ersten Teilungen aus der Zygote hervorgeht
Nasciturus: (lat. „der geboren werden wird", „Leibesfrucht"), das erzeugte aber noch nicht geborene Kind
Nidation: Einnistung der befruchteten Eizelle in die Gebärmutterschleimhaut (zwischen dem 8. und 14. Tag nach der Befruchtung)
Pluripotente Zellen: Stammzellen, die die Fähigkeit besitzen, sich in fast alle Zelltypen der drei Keimblätter differenzieren zu können (z. B. embryonale Stammzellen)
Präimplantationsdiagnostik (PID); engl. Preimplantation Genetic Diagnosis (PGD): Diagnostisches Verfahren, bei dem in vitro erzeugte Embryonen vor der Implantation in die Gebärmutter mit dem Ziel der Früherkennung schwerwiegender genetischer Erkrankungen untersucht werden
Pränataldiagnostik (PND): invasive und nicht-invasive Untersuchungsmethoden am ungeborenen Kind im Mutterleib zur Früherkennung von Krankheiten (z. B. Ultraschalluntersuchungen, Amniozentese, Triple Test)
Primitivstreifen: Bezeichnung in der Entwicklungsbiologie für einen Wulst aus Zellen, der sich in der frühen Embryogenese vorübergehend auf der Keimscheibe von Reptilien, Vögeln und Säugetieren bildet; erstes sichtbares Anzeichen für die zukünftige Embryonalachse
Reproduktionstechnologie/Reproduktionsmedizin: Teilgebiet der Medizin, das sich mit der Fortpflanzung sowie der Vorbeugung, Diagnose und Behandlung von Fertilitätsstörungen beschäftigt
Reproduktives Klonen: der Zellkern aus einer ausdifferenzierten Körperzelle wird entnommen und in eine unbefruchtete, entkernte Eizelle eingebracht; der entstandene Embryo wird (im Gegensatz zum therapeutischen Klonen) in den Uterus einer hormonell vorbereiteten Leihmutter eingebracht und bis zur Geburt ausgetragen
Stammzelllinien: in vitro aufbewahrte Zellkulturen, deren Zellen alle von einer einzigen Stammzelle abstammen, unbegrenzt erneuerbar, können sich in verschiedene Zelltypen differenzieren
Therapeutisches Klonen: Methode zur Herstellung autologer Gewebe über menschliche embryonale Stammzellen; Ziel ist die Gewinnung embryonaler Stammzellen
Totipotente Zellen/omnipotente Zellen: Stammzellen, die sich in alle Zelltypen eines Organismus differenzieren bzw. sich zu einem kompletten, lebensfähigen Organismus entwickeln können (z. B. befruchtete Eizellen)
Zygote: einzelliges Entwicklungsstadium, in dem der Chromosomensatz der weiblichen Eizelle und des männlichen Spermiums vereinigt sind

Quellen- und Literaturverzeichnis

1 Quellenverzeichnis

ALEXANDER, Robin: „Ein PID-Verbot wäre verfassungswidrig". Interview mit Peter Hintze. In: Die Welt, 22.10.2010.

ALEXANDER, Robin: Das falsche Versprechen. In: Die Welt, 07.07.2011.

ALTEMÖLLER, Ilona: Leserbrief. In: Stern, 26.04.1973.

ALTENMÜLLER, Georg H.: Behinderung der molekularbiologischen Forschung? Stellungnahme der Deutschen Forschungsgemeinschaft zum Bericht der Enquete-Kommission zur Gentechnik. In: Frankfurter Allgemeine Zeitung, 27.05.1987.

ANSELM, Reiner [u. a.]: Pluralismus als Markenzeichen. Eine Stellungnahme evangelischer Ethiker zur Debatte um die Embryonenforschung. In: Frankfurter Allgemeine Zeitung, 23.01.2002.

ARBEITSKREIS FRAUENGESUNDHEIT (AKF)/BIOSKOP – FORUM ZUR BEOBACHTUNG DER BIOWISSENSCHAFTEN E. V./BREMISCHE ZENTRALSTELLE FÜR DIE VERWIRKLICHUNG DER GLEICHBERECHTIGUNG DER FRAU: Stellungnahme von Expertinnen und Experten zur geplanten Regelung der Präimplantationsdiagnostik, Hamburg Februar 2001.

ARNDT, Adolf: k. A. In: Hamburger Abendblatt, 20.10.1962.

BAHNEN, Achim: Bis hierhin. In: Frankfurter Allgemeine Zeitung, 17.07.2001.

BAHNEN, Achim [u. a.]: „Der Mensch ist kein Produkt, sondern vorgegeben". In: Frankfurter Allgemeine Zeitung, 20.01.2002.

BAHNERS, Patrick: Nur keine Sentimentalitäten. Die PID als Testfall für die Moral der CDU. In: Frankfurter Allgemeine Zeitung, 12.04.2001.

BAHNERS, Patrick [u. a.]: „Die Notwendigkeit der Abtreibung stellt sich immer wieder neu". Gerhard Schröder im Interview. In: Frankfurter Allgemeine Zeitung, 03.05.2001.

BAHNERS, Patrick [u. a.]: Die Würde des Embryos ist unbezweifelbar. Interview mit Herta Däubler-Gmelin. In: Frankfurter Allgemeine Zeitung, 22.05.2001.

BAHNERS, Patrick: Bürger Embryo. In: Frankfurter Allgemeine Zeitung, 02.07.2001.

BAHNSEN, Ulrich: „Ein eindeutiges Ja". Der Heidelberger Humangenetiker Claus Bartram plädiert nach der britischen Entscheidung für die Zulassung des therapeutischen Klonens. In: Die Zeit, 28.12.2000.

BAHNSEN, Ulrich: Heiße Ware aus Haifa. Deutsche Neurologen wollen mit embryonalen Stammzellen aus Israel forschen und drängen auf politische Entscheidungen. In: Die Zeit, 07.06.2001.

BARTENS, Werner: Revolutionäre Zellen. In: Die Zeit, 24.08.2000.

BARTRAM, Claus: Warum auf den Ethikrat warten? Die Embryonenforscher sollen tun dürfen, was gesetzlich erlaubt ist. In: Frankfurter Allgemeine Zeitung, 29.06.2001.

BAUER, Hermann: Auch ungeborenes Leben hat ein Recht auf Schutz. Leserbrief. In: Süddeutsche Zeitung, 28.03.1973.

BAYER, Oswald: Nur ein Zellhaufen? Die personale Würde ist in Gefahr. In: Die Zeit, 28.12.2000.

https://doi.org/10.1515/9783110631630-008

Beck, Ulrich: Eugenik der Zukunft. In: Der Spiegel, 21.11.1988.

Becker, Peter v.: Ich bin ein in der Wolle gefärbter Humanist. In: Der Tagesspiegel, 08.01.2001.

Beckmann, Rainer: Die Fortpflanzungsmedizin hat ihre Grenzen. In: Deutsche Tagespost, 25.02.1988.

Beller, Fritz: Der Mißbrauch. Das ethische Dilemma bei der Reproduktion des Menschen. In: Süddeutsche Zeitung, 20.08.1983.

Benda, Ernst: Tötung als Notbremse? In: Publik, 30.10.1970.

Benda, Ernst: Der Irrweg zum gezüchteten Menschen. In: Rhein Zeitung, Koblenz, 26.01.1985.

Beyersdorff, Dietrich: 218 – Heuchelparagraph. Leserbrief. In: Die Welt, 23.06.1971.

Blair, Tony: Wir werden Europa führen. In Großbritannien wird das biotechnische Zeitalter beginnen. In: Frankfurter Allgemeine Zeitung, 08.12.2000.

Böckenförde, Ernst-Wolfgang: Die Würde des Menschen war unantastbar. Abschied von den Verfassungsvätern: Die Neukommentierung von Artikel 1 des Grundgesetzes markiert einen Epochenbruch. In: Frankfurter Allgemeine Zeitung, 03.09.2003.

Böckenförde, Ernst-Wolfgang: Einspruch im Namen der Menschenwürde. In: Frankfurter Allgemeine Zeitung, 15.03.2011.

Böckle, Franz: Kann die Frau allein entscheiden? In: Publik, 13.08.1971.

Böhmer, Maria: Auf dem Weg in die Selektionsmedizin. In: Frankfurter Allgemeine Zeitung, 15.12.2001.

Bopp, Annette: Mit Frostschutz und Hormonen ins Leben. In: Die Zeit, 27.02.1987.

Braun, Kathrin: Die Frau als Reagenzglas. Menschenwürde und Menschenproduktion / Überlegungen zur aktuellen Debatte um ein Fortpflanzungsmedizingesetz. In: Frankfurter Rundschau, 30.05.2000.

Briessmann, Ermin: Fristenregelung verfassungswidrig. Ein Appell an den Bundespräsidenten. In: Rheinischer Merkur, Koblenz, 24.05.1974.

Brüstle, Oliver: Gute Nacht Deutschland? Der Patient ist das Maß aller Dinge: Plädoyer für das Klonen. In: Frankfurter Allgemeine Zeitung, 18.08.2000.

Buchborn, Eberhard: „Für ein grundsätzliches, nicht aber absolutes Forschungsverbot". In: Die Neue Ärztliche, 08.03.1990.

Büchner, Franz: Wann entsteht der Mensch? Biologie und Pathologie der Embryonal-Entwicklung im Blick auf Fristenlösung. In: Rheinischer Merkur, Koblenz, 16.02.1973.

Büchner, Franz: Wann entsteht der Mensch. Ein Leserbrief und eine Antwort darauf. In: Rheinischer Merkur, Koblenz, 30.03.1973.

Bundesgerichtshof: Urteil vom 18.01.1983, Aktenzeichen VI ZR 114/81 ((Keine) Haftung für „wrongful life").

Bundesgerichtshof: Urteil vom 06.07.2010, Aktenzeichen 5 StR 386/09 (Präimplantationsdiagnostik).

Bundesministerium für Bildung, Wissenschaft, Forschung und Technologie: Klonierung beim Menschen. Biologische Grundlagen und ethisch-rechtliche Bewertung. Stellungnahme von Albin Eser u. a., Bonn April 1997.

Bundesrat: Entschließung des Bundesrats zur extrakorporalen Befruchtung. Drucksache 210/86. Zur Entschließung des Bundesrates, Bonn 05.05.1986.

Bundesvereinigung Lebenshilfe für Menschen mit geistiger Behinderung: Position der Bundesvereinigung Lebenshilfe für Menschen mit geistiger Behinderung e. V. zur Präimplantationsdiagnostik, Berlin 16.12.2010.

Bundesverfassungsgericht: Urteil vom 18.12.1951, BVerfGE 1, 97 (Hinterbliebenenrente I).

Bundesverfassungsgericht: Urteil vom 20.07.1954, BVerfGE 4, 7 (Investitionshilfe).

Bundesverfassungsgericht: Urteil vom 17.08.1956, BVerfGE 5, 85 (KPD-Urteil).

Bundesverfassungsgericht: Urteil vom 16.01.1957, BVerfGE 6, 32 (Elfes).

Bundesverfassungsgericht: Urteil vom 16.07.1969, BVerfGE 27, 1 (Mikrozensus).

Bundesverfassungsgericht: Urteil vom 26.05.1970, BVerfGE 28, 243 (Dienstpflichtverweigerung).

Bundesverfassungsgericht: Urteil vom 24.02.1971, BVerfGE 30, 173 (Mephisto).

Bundesverfassungsgericht: Urteil vom 19.10.1971, BVerfGE 32, 98 (Gesundbeter).

Bundesverfassungsgericht: Urteil vom 25.02.1975, BVerfGE 39, 1 (Schwangerschaftsabbruch I).

Bundesverfassungsgericht: Urteil vom 01.03.1978, BVerfGE 47, 327 (Hessisches Universitätsgesetz).

Bundesverfassungsgericht: Urteil vom 17.01.1979, BVerfGE 50, 166 (Ausweisung I).

Bundesverfassungsgericht: Urteil vom 24.04.1986, BVerfGE 72, 105 (Lebenslange Freiheitsstrafe).

Bundesverfassungsgericht: Urteil vom 20.10.1992, BVerfGE 87, 209 (Tanz der Teufel).

Bundesverfassungsgericht: Urteil vom 28.05.1993, BVerfGE 88, 203 (Schwangerschaftsabbruch II).

Bundesverfassungsgericht: Urteil vom 10.10.1995, BVerfGE 93, 266 („Soldaten sind Mörder").

Christlich Demokratische Union Deutschlands: Protokoll Bundesparteitag CDU 1988. Protokoll 36. Bundesparteitag 13.–15. Juni 1988 – Wiesbaden, Bonn 13.06.1988.

Christlich Demokratische Union Deutschlands: Werte achten. Chancen nutzen. Für einen verantwortbaren Fortschritt der Bio- und Gentechnik, Berlin 28.05.2001.

Cyran, Wolfgang: Wann ist der Embryo ein Mensch? Gynäkologen für die Erweiterung des legalen Schwangerschaftsabbruchs. In: Frankfurter Allgemeine Zeitung, 16.02.1971.

Degkwitz, Rudolf: Wenn Grundrechte des Menschen mißachtet werden. Grenzen der Forschungen an Embryonen. In: Frankfurter Allgemeine Zeitung, 01.05.1989.

Denninger, Erhard: Inflationärer Gebrauch des Begriffs „Menschenwürde". Der Embryo und das Grundgesetz oder: unter welchen Bedingungen mit menschlichem Leben geforscht werden könnte. In: Frankfurter Rundschau, 15.01.2001.

DESTATIS Statistisches Bundesamt: Schwangerschaftsabbrüche: Deutschland, Jahre. Tabelle 23311–0001, URL: https://www-genesis.destatis.de/genesis/online/data (Abruf: 07.08.2017).

Deutsche Bischofskonferenz: Zum Schutz des werdenden Lebens, Bonn 23.06.1971.

Deutsche Bischofskonferenz: Stellungnahme der Deutschen Bischofskonferenz zur Präimplantationsdiagnostik (PID), Bonn 17.03.2011.

Deutsche Forschungsgemeinschaft: DFG – Stellungnahme zur Forschung mit menschlichen Stammzellen, Bonn 03.05.2001.

Deutsche Forschungsgemeinschaft: Empfehlung der Deutschen Forschungsgemeinschaft zur Forschung mit menschlichen Stammzellen 03.05.2001.

Deutsche Forschungsgemeinschaft: Kurzfassung. Empfehlungen der Deutschen Forschungsgemeinschaft zur Forschung mit menschlichen Stammzellen, Bonn 03.05.2001.

Deutsche Forschungsgemeinschaft: DFG-Hauptausschuss verschiebt Entscheidung über den Antrag Brüstle. Bitte des Bundestages entsprochen, Berlin 07.12.2001.

Deutsche Gesellschaft für Muskelkranke e. V.: Ethische Grundsätze 2005.

Deutscher Ärztinnenbund e. V.: Stellungnahme zur Präimplantationsdiagnostik (PID/PGD), Berlin 2001.

Deutscher Ärztinnenbund e. V.: Stellungnahme zur Präimplantationsdiagnostik, Berlin 2011.

Deutscher Bundestag: Erstes Gesetz zur Reform des Strafrechts (Erstes Strafrechtsreformgesetz – 1. StrRG). Fassung vom 25.06.1969. Bundesgesetzblatt Jahrgang 1969 Teil I Nr. 52, 30.06.1969, S. 645–682.

Deutscher Bundestag: Drucksache 6/1667. Gesundheitsbericht, Bonn 18.12.1970.

Deutscher Bundestag: Plenarprotokoll 6/98. Stenographischer Bericht 98. Sitzung, Bonn 05.02.1971.

Deutscher Bundestag: Drucksache 6/1866. Kleine Anfrage des Abgeordneten Vogel und der Fraktion der CDU/ CSU. Problematik der Abtreibung, Berlin 24.02.1971.

Deutscher Bundestag: Drucksache 6/2025. Beantwortung der Kleinen Anfrage des Abgeordneten Vogel und der Fraktion der CDU/CSU – Drucksache 6/1866. Problematik der Abtreibung, Bonn 25.03.1971.

Deutscher Bundestag: Drucksache 6/3434. Entwurf eines Fünften Gesetzes zur Reform des Strafrechts (5. StrRG) (Gesetzentwurf der Bundesregierung), Bonn 09.02.1972.

Deutscher Bundestag: Drucksache 6/3137. Entwurf eines Gesetzes zur Änderung des § 218 des Strafgesetzbuches (Gesetzentwurf der Abgeordneten Dr. de With, Frau Dr. Timm, Brandt (Grolsheim), Krockert, Frau Renger, Kleinert, Frau Funcke, Frau Dr. Diemer-Nicolaus, Grüner und Genossen), Bonn 09.02.1972.

Deutscher Bundestag: Drucksache 6/3689. Bericht der Bundesregierung über die Maßnahmen zur Verbesserung der Situation der Frau, Bonn 01.08.1972.

Deutscher Bundestag: Drucksache 7/443. Gesetzentwurf der Abgeordneten Dr. Müller-Emmert, Dürr, Dr. Bardens und Genossen. Entwurf eines Fünften Gesetzes zur Reform des Strafrechts (5. StrRG), Bonn 04.03.1973.

Deutscher Bundestag: Drucksache 7/374. Antrag der Abgeordneten Frau Schlei, Frau Ellers (Bielefeld), Glombig u. a. und der Fraktionen der SPD; FDP betr. Familienberatung und -planung, Bonn 21.03.1973.

Deutscher Bundestag: Drucksache 7/375. Gesetzentwurf der Fraktionen der SPD, FDP. Entwurf eines Fünften Gesetzes zur Reform des Strafrechtes (5.StrRG), Bonn 21.03.1973.

Deutscher Bundestag: Drucksache 7/548. Antrag der Fraktion CDU/CSU betr. Enquete-Kommission, Bonn 11.05.1973.

Deutscher Bundestag: Drucksache 7/552. Antrag der Fraktion der CDU/CSU betr. Sammlung und Auswertung der Erfahrungen über die Folgen ärztlich vorgenommener Schwangerschaftsabbrüche, Bonn 11.05.1973.

Deutscher Bundestag: Drucksache 7/549. Antrag der Fraktionen der CDU/CSU betr. Familienberatung und -planung, Bonn 11.05.1973.

DEUTSCHER BUNDESTAG: Drucksache 7/554. Gesetzentwurf der Fraktion CDU/CSU. Entwurf eines Fünften Gesetzes zur Reform des Strafrechts (5. StrRG), Bonn 11.05.1973.

DEUTSCHER BUNDESTAG: Drucksache 7/561. Gesetzentwurf des Abgeordneten Dr. Heck, Köster, Dr. Unland, Dr. Becker (Mönchengladbach), Dr. Blüm, Dr. Jahn (Münster), Nordlohne, Carstens (Emstek) und Genossen. Entwurf eines Fünften Gesetzes zur Reform des Strafrechts (5. StrRG), Bonn 15.05.1973.

DEUTSCHER BUNDESTAG: Plenarprotokoll 07/33. Stenographischer Bericht 33. Sitzung, Bonn 17.05.1973.

DEUTSCHER BUNDESTAG: Plenarprotokoll 07/88. Stenographischer Bericht 88. Sitzung, Bonn 21.03.1974.

DEUTSCHER BUNDESTAG: Plenarprotokoll 07/95. Stenographischer Bericht 95. Sitzung, Bonn 25.04.1974.

DEUTSCHER BUNDESTAG: Plenarprotokoll 7/96. Stenographischer Bericht 96. Sitzung, Bonn 26.04.1974.

DEUTSCHER BUNDESTAG: Plenarprotokoll 7/104. Stenographischer Bericht 104. Sitzung, Bonn 05.06.1974.

DEUTSCHER BUNDESTAG: Fünftes Gesetz zur Reform des Strafrechts (Fünftes Strafrechtsreformgesetz – 5. StrRG). Fassung vom 18.06.1974. Bundesgesetzblatt Jahrgang 1974 Teil I Nr. 63, 21.06.1974, S. 1297–1300.

DEUTSCHER BUNDESTAG: Drucksache 7/4932. Unterrichtung durch den Vermittlungsausschuß, Bonn 26.03.1975.

DEUTSCHER BUNDESTAG: Gesetz über ergänzende Maßnahmen zum Fünften Strafrechtsreformgesetz (Strafrechtsreform-Ergänzungsgesetz – StREG). Fassung vom 28.08.1975. Bundesgesetzblatt Jahrgang 1975 Teil I Nr. 102, 30.08.1975, S. 2289–2293.

DEUTSCHER BUNDESTAG: Drucksache 7/4128. Gesetzentwurf der Fraktionen SPD, FDP. Entwurf eines Fünfzehnten Strafrechtsänderungsgesetzes, Bonn 08.10.1975.

DEUTSCHER BUNDESTAG: Drucksache 7/4211. Gesetzentwurf der Fraktion CDU/CSU. Entwurf eines Gesetzes zur Änderung des Fünften Gesetzes zur Reform des Strafrechts, Bonn 23.10.1975.

DEUTSCHER BUNDESTAG: Plenarprotokoll 7/201. Stenographischer Bericht 201. Sitzung, Bonn 07.11.1975.

DEUTSCHER BUNDESTAG: Drucksache 7/5022. Unterrichtung durch den Bundesrat, Bonn 09.04.1976.

DEUTSCHER BUNDESTAG: Plenarprotokoll 7/238. Stenographischer Bericht 238. Sitzung, Bonn 06.05.1976.

DEUTSCHER BUNDESTAG: Drucksache 10/1353. Antrag der Abgeordneten Dr. Steger, Catenhusen, Roth u. a. und der Fraktion der SPD. Einsetzung einer Enquete-Kommission „Gentechnologie“, Bonn 25.04.1984.

DEUTSCHER BUNDESTAG: Drucksache 10/1388. Antrag der Abgeordneten Frau Dr. Hückel und der Fraktion DIE GRÜNEN. Einsetzung einer Enquete-Kommission „Gen-Technik“, Bonn 02.05.1984.

DEUTSCHER BUNDESTAG: Plenarprotokoll 10/72. Stenographischer Bericht 72. Sitzung, Bonn 25.05.1984.

DEUTSCHER BUNDESTAG: Drucksache 10/6775. Bericht der Enquete-Kommission „Chancen und Risiken der Gentechnologie“. gemäß Beschlüssen des Deutschen Bundestages – Drucksache 10/1581, 10/1693 –, Bonn 06.01.1987.

Deutscher Bundestag: Plenarprotokoll 11/4. Stenographischer Bericht 4. Sitzung, Bonn 18.03.1987.

Deutscher Bundestag: Drucksache 11/747. Große Anfrage der Abgeordneten Frau Schmidt-Bott und der Fraktion DIE GRÜNEN. Ursachen, Prävention und Behandlung der Unfruchtbarkeit, Entwicklung und Auswirkungen von Fortpflanzungstechniken und Embryonenforschung, Bonn 28.08.1987.

Deutscher Bundestag: Drucksache 11/1662. Antrag der Abgeordneten Frau Dr. Däubler-Gmelin, Dreßler, Frau Schmidt (Nürnberg) u. a. und der Fraktion der SPD. Chancen und Risiken der Anwendung neuer Methoden der künstlichen Befruchtung und bei Eingriffen in menschliche Keimzellen, Bonn 18.01.1988.

Deutscher Bundestag: Drucksache 11/1856. Unterrichtung durch die Bundesregierung. Kabinettbericht zur künstlichen Befruchtung beim Menschen, Bonn 23.02.1988.

Deutscher Bundestag: Plenarprotokoll 11/62. Stenographischer Bericht 62. Sitzung, Bonn 26.02.1988.

Deutscher Bundestag: Drucksache 11/2049. Unterrichtung durch die Bundesregierung. Bundesbericht Forschung 1988, Bonn 23.03.1988.

Deutscher Bundestag: Drucksache 11/2238. Antwort der Bundesregierung auf die Große Anfrage der Abgeordneten Frau Schmidt-Bott und der Fraktion DIE GRÜNEN – Drucksache 11/747 –. Ursachen, Prävention und Behandlung der Unfruchtbarkeit, Entwicklung und Auswirkungen von Fortpflanzungstechniken und Embryonenforschung, Bonn 04.05.1988.

Deutscher Bundestag: Drucksache 11/5460. Gesetzentwurf der Bundesregierung. Entwurf eines Gesetzes zum Schutz von Embryonen (Embryonenschutzgesetz – ESchG), Bonn 25.10.1989.

Deutscher Bundestag: Plenarprotokoll 11/171. Stenographischer Bericht 171. Sitzung, Bonn 26.10.1989.

Deutscher Bundestag: Drucksache 11/5709. Gesetzentwurf der Abgeordneten Dr. Däubler-Gmelin, Bachmaier, Klein (Dieburg) u. a. und der Fraktion der SPD. Entwurf eines Siebenunddreißigsten Gesetzes zur Änderung des Grundgesetzes (Artikel 74 Nr. 19a – neu –), Bonn 16.11.1989.

Deutscher Bundestag: Drucksache 11/5710. Gesetzentwurf der Abgeordneten Dr. Däubler-Gmelin, Schmidt (Nürnberg), Bachmaier u. a. und der Fraktion der SPD. Entwurf eines Gesetzes zur Regelung von Problemen der künstlichen Befruchtung beim Menschen und bei Eingriffen in menschliche Keimzellen, Bonn 16.11.1989.

Deutscher Bundestag: Plenarprotokoll 11/183. Stenographischer Bericht 183. Sitzung, Bonn 08.12.1989.

Deutscher Bundestag: Drucksache 11/6870. Kleine Anfrage der Abgeordneten Frau Schmidt (Nürnberg) und der Fraktion DIE GRÜNEN. Embryonenschutzgesetzentwurf der Bundesregierung I, Bonn 30.03.1990.

Deutscher Bundestag: Vertrag zwischen der Bundesrepublik Deutschland und der Deutschen Demokratischen Republik über die Herstellung der Einheit Deutschlands (Einigungsvertrag) (Einigungsvertrag – EinigVtr). Fassung vom 31.08.1990. Bundesgesetzblatt Jahrgang 1990 Teil II Nr. 35, 28.09.1990, S. 889–1245.

Deutscher Bundestag: Drucksache 11/8057. Beschlußempfehlung und Bericht des Rechtsausschusses (6. Ausschuss). Zu Drucksache 11/5460, Bonn 08.10.1990.

Deutscher Bundestag: Drucksache 11/8179. Entschließungsantrag der Abgeordneten Frau Schmidt (Hamburg) und der Fraktion DIE GRÜNEN/Bündnis 90. Entwurf eines Gesetzes zum Schutz von Embryonen (Embryonenschutzgesetz – ESchG), Bonn 19.10.1990.

DEUTSCHER BUNDESTAG: Plenarprotokoll 11/230. Stenographischer Bericht 230. Sitzung, Bonn 24.10.1990.

DEUTSCHER BUNDESTAG: Gesetz zum Schutz von Embryonen (Embryonenschutzgesetz – ESchG). Fassung vom 13.12.1990. Bundesgesetzblatt Jahrgang 1990 Teil I Nr. 69, 19.12.1990, S. 2746–2748.

DEUTSCHER BUNDESTAG: Drucksache 12/2605. Entwurf eines Gesetzes zum Schutz des vorgeburtlichen/werdenden Lebens, zur Förderung einer kinderfreundlicheren Gesellschaft, für Hilfen im Schwangerschaftskonflikt und zur Regelung des Schwangerschaftsabbruchs (Schwangeren- und Familienhilfegesetz), Bonn 14.05.1992.

DEUTSCHER BUNDESTAG: 12/2875. Empfehlung und Bericht des Sonderausschusses „Schutz des ungeborenen Lebens", Bonn 22.06.1992.

DEUTSCHER BUNDESTAG: Plenarprotokoll 12/99. Stenographischer Bericht 99. Sitzung, Bonn 25.06.1992.

DEUTSCHER BUNDESTAG: Gesetzes zum Schutz des vorgeburtlichen/werdenden Lebens, zur Förderung einer kinderfreundlicheren Gesellschaft, für Hilfen im Schwangerschaftskonflikt und zur Regelung des Schwangerschaftsabbruchs (Schwangeren- und Familienhilfegesetz – SchwFamG). Fassung vom 27.07.1992. Bundesgesetzblatt Jahrgang 1992 Teil I Nr. 37, 04.08.1992, S. 1398–1404.

DEUTSCHER BUNDESTAG: Drucksache 12/7094. Bericht des Ausschusses für Forschung, Technologie und Technikfolgenabschätzung (20. Ausschuß), Bonn 16.03.1994.

DEUTSCHER BUNDESTAG: Schwangeren- und Familienhilfeänderungsgesetz (SFHÄndG). Fassung vom 21.08.1995. Bundesgesetzblatt Jahrgang 1995 Teil I Nr. 44, 25.08.1995, S. 1050–1057.

DEUTSCHER BUNDESTAG: Drucksache 14/3011. Antrag der Fraktionen der SPD, CDU/CSU, BÜNDNIS 90/DIE GRÜNEN und F. D. P. Einsetzung einer Enquete-Kommission „Recht und Ethik der modernen Medizin", Berlin 22.03.2000.

DEUTSCHER BUNDESTAG: Plenarprotokoll 14/127. Stenographischer Bericht 127. Sitzung, Berlin 26.10.2000.

DEUTSCHER BUNDESTAG: Wortprotokoll Enquete-Kommission. Wortprotokoll der 11. Sitzung der Enquete-Kommission Recht und Ethik der modernen Medizin, Berlin 13.11.2000.

DEUTSCHER BUNDESTAG: Plenarprotokoll 14/173. Stenographischer Bericht 173. Sitzung, Berlin 31.05.2001.

DEUTSCHER BUNDESTAG: Drucksache 14/6314 (neu). Antrag der Abgeordneten Dr. Maria Böhmer, Norbert Barthle, Meinrad Belle u. a. und der Fraktion der CDU/CSU. Kein Import von und keine Forschung an embryonalen Stammzellen in Deutschland bis zu einer Entscheidung des Deutschen Bundestages, Berlin 18.06.2001.

DEUTSCHER BUNDESTAG: Drucksache 14/6551. Antrag der Fraktionen der SPD und BÜNDNIS 90/DIE GRÜNEN. Für eine sorgfältige Prüfung des Imports und der Forschung mit embryonalen Stammzellen, Berlin 04.07.2001.

DEUTSCHER BUNDESTAG: Plenarprotokoll 14/182. Stenographischer Bericht 182. Sitzung, Berlin 05.07.2001.

DEUTSCHER BUNDESTAG: Drucksache 14/7415. Gesetzentwurf der Abgeordneten Detlef Parr, Sabine Leutheusser-Schnarrenberger, Dr. Edzard Schmidt-Jortzig. Entwurf eines Gesetzes zur Regelung der Präimplantationsdiagnostik (Präimplantationsdiagnostikgesetz – PräimpG), Berlin 09.11.2001.

Deutscher Bundestag: Drucksache 14/7546. Zweiter Zwischenbericht der Enquete-Kommission Recht und Ethik der modernen Medizin. Teilbericht Stammzellforschung, Berlin 21.11.2001.

Deutscher Bundestag: Plenarprotokoll 14/209. Stenographischer Bericht 209. Sitzung, Berlin 14.12.2001.

Deutscher Bundestag: Drucksache 14/8102. Antrag der Abgeordneten Dr. Maria Böhmer, Margot von Renesse, Andrea Fischer. Keine verbrauchende Embryonenforschung: Import humaner embryonaler Stammzellen grundsätzlich verbieten und nur unter engen Voraussetzungen zulassen, Berlin 29.01.2002.

Deutscher Bundestag: Drucksache 14/8101. Antrag der Abgeordneten Dr. Wolfgang Wodarg, Dr. Hermann Kues, Monika Knoche u. a. Schutz der Menschenwürde angesichts der biomedizinischen Möglichkeiten – Kein Import embryonaler Stammzellen, Berlin 29.01.2002.

Deutscher Bundestag: Drucksache 14/8103. Antrag der Abgeordneten Ulrike Flach, Katherina Reiche, Peter Hintze u. a. Verantwortungsbewusste Forschung an embryonalen Stammzellen für eine ethisch hochwertige Medizin, Berlin 29.01.2002.

Deutscher Bundestag: Plenarprotokoll 14/214. Stenographischer Bericht 214. Sitzung, Berlin 30.01.2002.

Deutscher Bundestag: Plenarprotokoll 14/233. Stenographischer Bericht 233. Sitzung, Berlin 25.04.2002.

Deutscher Bundestag: Drucksache 14/9020. Schlussbericht der Enquete-Kommission „Recht und Ethik der modernen Medizin", Berlin 14.05.2002.

Deutscher Bundestag: Gesetz zur Sicherstellung des Embryonenschutzes im Zusammenhang mit Einfuhr und Verwendung menschlicher embryonaler Stammzellen (Stammzellgesetz – StZG). Fassung vom 28.06.2002. Bundesgesetzblatt Jahrgang 2002 Teil I Nr. 42, 29.06.2002, S. 2277–2280.

Deutscher Bundestag: Drucksache 15/1234. Gesetzentwurf der Abgeordneten Detlef Parr, Ulrike Flach, Rainer Funke u. a. und der Fraktion der FDP. Entwurf eines Gesetzes zur Regelung der Präimplantationsdiagnostik (Präimplantationsdiagnostikgesetz – PräimpG), Berlin 25.06.2003.

Deutscher Bundestag: Drucksache 15/3500. Bericht des Ausschusses für Bildung, Forschung und Technikfolgenabschätzung (17. Ausschuss) gemäß § 56a der Geschäftsordnung, Berlin 30.06.2004.

Deutscher Bundestag: Plenarprotokoll 15/166. Stenographischer Bericht 166. Sitzung, Berlin 17.03.2005.

Deutscher Bundestag: Plenarprotokoll 16/155. Stenographischer Bericht 155. Sitzung, Berlin 11.04.2008.

Deutscher Bundestag: Gesetz über genetische Untersuchungen bei Menschen (Gendiagnostikgesetz – GenDG). Fassung vom 31.07.2009. Bundesgesetzblatt Jahrgang 2009 Teil I Nr. 50, 04.08.2009, 2529–2538.

Deutscher Bundestag: Drucksache 17/5210. Unterrichtung durch die Bundesregierung. Stellungnahme des Deutschen Ethikrates – Präimplantationsdiagnostik, Berlin 03.03.2011.

Deutscher Bundestag: Drucksache 17/5450. Gesetzentwurf der Abgeordneten Katrin Göring-Eckhardt, Volker Kauder, Pascal Kober u. a. Entwurf eines Gesetzes zum Verbot der Präimplantationsdiagnostik, Berlin 11.04.2011.

Deutscher Bundestag: Drucksache 17/5452. Gesetzentwurf der Abgeordneten René Röpsel, Priska Prinz (Herborn), Patrick Meinhardt u. a. Entwurf eines Gesetzes zur begrenzten Zulassung der Präimplantationsdiagnostik (Präimplantationsdiagnostikgesetz – PräimpG), Berlin 12.04.2011.

Deutscher Bundestag: Drucksache 17/5451. Gesetzentwurf der Abgeordneten Ulrike Flach, Peter Hintze, Dr. Carola Reimann u. a. Entwurf eines Gesetzes zur Regelung der Präimplantationsdiagnostik (Präimplantationsdiagnostikgesetz – PräimpG), Berlin 12.04.2011.

Deutscher Bundestag: Plenarprotokoll 17/105. Stenographischer Bericht 105. Sitzung, Berlin 14.04.2011.

Deutscher Bundestag: Plenarprotokoll 17/120. Stenographischer Bericht 120. Sitzung, Berlin 07.07.2011.

Deutscher Bundestag: Gesetz zur Regelung der Präimplantationsdiagnostik (Präimplantationsdiagnostikgesetz – PräimpG). Fassung vom 21.11.2011. Bundesgesetzblatt Jahrgang 2011 Teil I Nr. 58, 24.11.2011, S. 2228f.

Deutscher Bundestag – Ausschuss für Gesundheit: Protokoll Nr. 17/42. Wortprotokoll 42. Sitzung, Berlin 25.05.2011.

Deutscher Frauenrat: PID ist Selektionsverfahren, Berlin 29.01.2003.

Deutscher Reichstag: Gesetz zur Verhütung erbkranken Nachwuchses (Gesetz zur Verhütung erbkranken Nachwuchses). Fassung vom 26.06.1935. Bundesgesetzblatt Jahrgang 1935 Teil I Nr. 65, 27.06.1935, S. 773.

Deutsches Pressearchiv: HG 2303. Paragraph 218 vor der Reform. Die Abtreibung im Strafrecht der Bundesrepublik und anderer Staaten, Hamburg 05.05.1973.

Döpfner, Julius Kardinal: Recht auf Leben und Unversehrtheit. In: Die Tagespost, 24.04.1974.

Dreier, Horst: Diesseits der Grenze zum Menschen. Die Präimplantationsdiagnostik verstößt nicht gegen die Grundrechte der Verfassung. In: Süddeutsche Zeitung, 13.04.2011.

Echterhöfer, Werner: Auch keimendes Leben ist Leben. Leserbrief. In: Frankfurter Allgemeine Zeitung, 28.03.1969.

Eser, Albin: Embryonenforschung und „Fetozid". Neuartige Bedrohungen ungeborenen Lebens / Schutzaspekte aus rechtsvergleichender Sicht (II.). In: Süddeutsche Zeitung, 14.01.1989.

Europäische Ärzteaktion: Von A bis Z unwahr. Antwort auf die Lügen der Fristenlöser. 1975.

Evangelische Frauen in Deutschland e. V./Katholischer Deutscher Frauenbunde (KDFB)/Katholische Frauengemeinschaft Deutschlands: PID? Wir sagen Nein, Hannover u. a. 23.02.2011.

Evangelische Kirche in Deutschland: Stellungnahme der EKD zum Diskussionsentwurf eines Gesetzes zum Schutz von Embryonen (1986). In: Kirchliches Jahrbuch für die Evangelische Kirche in Deutschland, 1986, S. 338–343.

Evangelische Kirche in Deutschland: Der Schutz menschlicher Embryonen darf nicht eingeschränkt werden. Erklärung des Rates der EKD zur aktuellen bioethischen Debatte, Hannover 22.05.2001.

Evangelische Kirche in Deutschland: Stellungnahme des Rates der Evangelischen Kirche in Deutschland zur Präimplantationsdiagnostik (PID). „Deine Augen sahen mich, als ich noch nicht bereitet war…" (Psalm 139, 16), Hannover 15.02.2011.

Falke-Ischinger, Jutta: „Die Schicksalhaftigkeit der Geburt wird überwunden". Fragen an den Arzt, der sich wegen seiner Präimplantationsdiagnostik selbst angezeigt hatte. In: Frankfurter Allgemeine Zeitung, 12.07.2010.

Fischer, Andrea/Renesse, Margot v.: Niemand hat das Recht, über den Lebenswert eines Menschen zu entscheiden. In der Biopolitik müssen ethische Abwägungen mehr sein als eine lästige Pflicht. In: Frankfurter Allgemeine Zeitung, 03.03.2001.

Flöhl, Rainer: Gefahren für den Embryo und eine Frage der Ethik. In: Frankfurter Allgemeine Zeitung, 27.07.1978.

Flöhl, Rainer: Schutzlose Retortenbabys? In: Frankfurter Allgemeine Zeitung, 29.07.1978.

Flöhl, Rainer: Retortenkinder werden zur Routine. In: Frankfurter Allgemeine Zeitung, 01.04.1981.

Flöhl, Rainer: Gefährlicher Forscherdrang. In: Frankfurter Allgemeine Zeitung, 18.08.2000.

Fromme, Friedrich K.: Eine verkappte Fristenregelung. Fragen zum Koalitions-Entwurf eines Abtreibungsgesetzes. In: Frankfurter Allgemeine Zeitung, 10.10.1975.

Fromme, Friedrich K.: Kinder aus dem Reagenzglas, Eingriffe in die Erbsubstanz, Kunst-Embryonen. Ist die Zeit für den Gesetzgeber gekommen, Grenzen zu ziehen? In: Frankfurter Allgemeine Zeitung, 13.01.1986.

Furch, Wolfgang: Grenzen am Grundrecht der Menschenwürde. Leserbrief. In: Die Neue Ärztliche, 25.02.1988.

Genscher, Hans-Dietrich: Das Grundgesetz und der Abtreibungsparagraph. In: Stern, 17.10.1971.

Geyer, Christian [u. a.]: Die Heilungsversprechen sind utopisch. Ein Gespräch mit Oliver Brüstle und Otmar Wiestler. In: Frankfurter Allgemeine Zeitung, 13.06.2001.

Geyer, Christian: Normalisierung der Selektion. In: Frankfurter Allgemeine Zeitung, 08.07.2010.

Giersch, Herbert: Lieber Handeln als Händel. Zur Ökonomie der Bioethik – Eine utilitaristische Sicht. In: Frankfurter Allgemeine Zeitung, 26.01.2002.

Gierth, Matthias: Wir streiten für die Menschenwürde. Der Streit um therapeutisches Klonen Teil 1. In: Rheinischer Merkur, Koblenz, 19.01.2001.

Gierth, Matthias: Ethik gegen Ethik. Der Streit um das therapeutische Klonen (Teil 7). In: Rheinischer Merkur, Koblenz, 02.03.2001.

Glotz, Peter: Die neue Scholastik. In: Der Spiegel, 11.06.2001.

Glotz, Peter: Der Kulturkampf. In: Die Woche, 06.07.2001.

Göring-Eckhardt, Katrin: Ein bisschen PID gibt es nicht. In: Frankfurter Allgemeine Zeitung, 28.01.2011.

Gould, Stephen J.: Baers Gesetz. Der Embryo kann alles. In: Frankfurter Allgemeine Zeitung, 30.08.2001.

Graupner, Heidrun: „Das Tor zur Selektion ist geöffnet". Interview mit Ernst-Wolfgang Böckenförde. In: Süddeutsche Zeitung, 16.05.2001.

Graupner, Heidrun: Das falsche Zauberwort. In: Süddeutsche Zeitung, 29.11.2001.

Grundmann, Ekkehard: Nicht alles Machbare darf gemacht werden. Leserbrief. In: Frankfurter Allgemeine Zeitung, 05.09.1978.

GRUSS, Peter: Vergeßt die Patienten nicht. Plädoyer für die Stammzellforschung. In: Frankfurter Allgemeine Zeitung, 04.07.2001.

GÜNTHER, Joachim: Zeugung auf Probe. Die Präimplantationsdiagnostik findet vermehrt Billigung. In: Neue Züricher Zeitung, 08.02.2011.

HABERMAS, Jürgen: Sklavenherrschaft der Gene. Moralische Grenzen des Fortschritts. In: Süddeutsche Zeitung, 17.01.1998.

HABERMAS, Jürgen: Nicht die Natur verbietet das Klonen. Wir müssen selbst entscheiden. Eine Replik auf Dieter E. Zimmer. In: Die Zeit, 19.02.1998.

HABERMAS, Jürgen: Ein Paternalismus eigener Art. Wenn aus Eltern Designer und aus Kindern Programmierte werden: Zu den Folgen genmanipulierender Eingriffe für familiäre und gesellschaftliche Beziehungen. In: Frankfurter Rundschau, 19.09.2001.

HAENLE, Edeltraud: Menschliches Leben – von „Anfang" an heilig. Leserbrief. In: Die Welt, 23.06.1971.

HAFFNER, Sebastian: Der Fötus ist kein Mensch. In: Stern, 08.08.1971.

HAHN, Joachim: Auch ein Embryo ist schutzbedürftig. Forschungen an befruchteten Eizellen sind umstritten. In: Die Welt, 19.09.1985.

HAKER, Hille: Ein in jeder Hinsicht gefährliches Verfahren. Die Praxis der PID unter Abwägung aller Umstände. In: Frankfurter Allgemeine Zeitung, 26.05.2001.

HANSEN, Karl-Heinz: Objekt der Ärztejustiz. In: Vorwärts, 23.09.1971.

HANSEN, Michael: Votum für das Leben. In: Die Welt, 26.02.1975.

HEFTY, Georg P.: Die im Dunkeln. In: Frankfurter Allgemeine Zeitung, 29.01.2002.

HEIN, Martin/ALGERMISSEN, Heinz Josef: Argumente gegen die Zulassung der Präimplantationsdiagnostik. Offener Brief an die Abgeordneten des Deutschen Bundestages, Fulda/Kurhessen-Waldeck 04.03.2011.

HERTZ-EICHENRODE, Wilfried: Leben und Tod. In: Die Welt, 28.06.1971.

HERZOG, Roman: Ich warne vor absoluten Verboten. In: Die Welt, 28.05.2001.

HILL, Werner: Der Weisheit letzter Beschluß: Bestrafen! Ein Urteil, das Schaden stiftet. In: Vorwärts, 27.02.1975.

HILLGRUBER, Christian: Es gibt keine Gleichheit im Unrecht. In: Frankfurter Allgemeine Zeitung, 07.04.2011.

HOERSTER, Norbert: Nur wer die Sehnsucht kennt. Wann immer das Leben beginnen mag, das Lebensrecht beginnt erst mit der Fähigkeit, Wünsche zu haben. In: Frankfurter Allgemeine Zeitung, 24.03.2001.

HÖFFE, Otfried: Entscheiden muss der Gesetzgeber! Über die Grenzen wissenschaftlicher Beratung in Sachen Präimplantationsdiagnostik. In: Süddeutsche Zeitung, 25.01.2011.

HOFMANN, Gunter: Die Schlacht am Rubikon. Ethik gegen Ethik: Im Berliner Streit um die Biomedizin wächst die Angst vor dem moralischen Bürgerkrieg. In: Die Zeit, 23.05.2001.

HÖHLER, Getrud: ‚Baby Cotton' und die Frage nach dem Menschenrecht. In: Die Welt, 15.01.1985.

HOPPE, Jörg-Dietrich: „Ein PID-Verbot wäre unlogisch". In: Frankfurter Rundschau, 27.12.2010.

HUBER, Wolfgang: Wir stehen nicht erst am Anfang des Diskurses. Wer den Konsens über die Schutzwürdigkeit der Schwächsten aufkündigen will, braucht bessere Gründe als gute Absichten. In: Frankfurter Allgemeine Zeitung, 09.08.2001.

HUBER, Wolfgang: Die Würde in den Zeiten der Würdelosigkeit. In: Süddeutsche Zeitung, 30.10.2001.

ISLAR, Kurt: Leserbrief. In: Der Spiegel, 23.04.1973.

JAHN, Friedrich-Adolf: Menschen-Leben. Leserbrief. In: Welt am Sonntag, 14.02.1988.

JOAS, Hans: Grenzen der Verfügbarkeit. Im Streit um die Bioethik ist die Frontstellung „Religion oder Aufklärung" obsolet geworden. In: Die Zeit, 15.02.2001.

JURISTENVEREINIGUNG LEBENSRECHT E. V.: Das Wesen der PID ist Selektion. Im Wortlaut die Stellungnahme der Juristenvereinigung Lebensrecht e. V. zur Präimplantationsdiagnostik. In: Die Tagespost, 08.03.2011.

KAMMHOLZ, Karsten: „PID ist keine Selektion". Der Ratsvorsitzende der Evangelischen Kirche in Deutschland, Nikolaus Schneider, über das umstrittene Untersuchungsverfahren. In: Hamburger Abendblatt, 07.07.2011.

KEGEL, Sandra: Was will Austin Smith. Die unsterbliche Zelle: Der Embryo des Menschen als Potential. In: Frankfurter Allgemeine Zeitung, 27.05.2000.

KEGEL, Sandra/MÜLLER-JUNG, Joachim: Ich bin der erste, der offen über unsere Visionen spricht. Austin Smith ruft die Genforscher zu klaren Worten auf – Ein Gespräch über die Zukunft des menschlichen Lebens. In: Frankfurter Allgemeine Zeitung, 27.05.2000.

KERNER, Charlotte: Menschen – Klone – Sensationen. Die neuen Techniken der Fortpflanzungsmedizin: erste Schritte auf dem Weg zum Mensch nach Maß. In: Die Zeit, 22.04.1988.

KERSCHER, Helmut: Von Wert und Würde der Eingefrorenen. Juristen und Wissenschaftler, Bischöfe und Philosophen debattieren über ein „sehr reales Dilemma" der Genforschung. In: Süddeutsche Zeitung, 25.05.2001.

KIRCHHOFF, Heinz: Das werdende Leben muß geschützt werden. Die Frauenärzte nehmen zum Schwangerschaftsabbruch Stellung. In: Die Welt, 11.06.1971.

KLINGST, Martin [u. a.]: „Selektion ist nicht akzeptabel". Herta Däubler Gmelin nimmt kein Blatt vor den Mund. In: Die Zeit, 26.07.2001.

KNOCHE, Monika: Menschenwürde ist unteilbar. In: Die Welt, 26.01.2002.

KOCH, Roland: Der Maßstab Gottes muß bleiben. Die PID ist mit der Unverfügbarkeit des Menschen unvereinbar. In: Frankfurter Allgemeine Zeitung, 26.05.2001.

KOERBER, Heribert v.: Ausschaben oder absaugen? Welche Methode ist die schonendste? In: Die Zeit, 05.04.1974.

KOMMISSION GRUNDWERTE BEIM SPD-VORSTAND: Humane Grenzen des technisch Machbaren, Bonn 16.03.1981.

KROLL-SCHLÜTER, Hermann: Embryo. In: Die Welt, 06.06.1985.

KÜHNERT, Hanno: Die Strafbestimmungen über Abtreibung sind reformbedürftig. Zwei Vorschläge der „Alternativprofessoren" zur Reform der Schwangerschaftsunterbrechung. In: Frankfurter Allgemeine Zeitung, 08.04.1970.

KULKE, Ulli: „Uns geht es um unser Kind". In: Die Welt, 13.08.2001.

KUNZ, Martin [u. a.]: Geklonte Menschen. Sündenfall als Forschungsziel. In: Focus, 19.02.2001.

KÜRTEN, Ludwig: Zu scharfe Waffen des Gesetzes? Die Kritik der Deutschen Forschungsgemeinschaft am Entwurf zum Embryonenschutzgesetz. In: Die Welt, 16.04.1987.

LAPIDE, Pinchas: Mose und die neuen Erbanlagen. In: Deutsches Allgemeines Sonntagsblatt, 11.01.1987.

LEERSCH, Hans-Jürgen: „PID in engen Grenzen vertretbar". CSU-Vize Horst Seehofer widerspricht Parteichef Stoiber in Fragen der Gentechnik. In: Die Welt, 28.06.2001.

LEHMANN, Karl Kardinal: Das Recht, ein Mensch zu sein. Zur Grundfrage der gegenwärtigen bioethischen Probleme. Eröffnungsreferat von Karl Kardinal Lehmann bei der Herbst-Vollversammlung der Deutschen Bischofskonferenz in Fulda, Bonn 24.09.2001.

LIESE, Peter: Deutschland hat Vorbildfunktion. In: Frankfurter Allgemeine Zeitung, 15.11.2010.

LINDNER, Roland: „Das ist doch paradox". Fragen an Dagmar Schimpanski. In: Frankfurter Allgemeine Zeitung, 31.05.2001.

LOEWENSTERN, Enno v.: Kind um Kommerz. In: Die Welt, 27.11.1985.

LUKSCHANDERL, Leopold: Ärzte warnen vor Abtreibung. Auch der legale Schwangerschaftsabbruch ist nicht harmlos. In: Frankfurter Rundschau, 02.10.1973.

MARKL, Hubert: Die vorschnelle Gewissheit der Begriffe. Auch in der Bioethik muss zwischen Moral und Gesetz differenziert werden. In: Die Welt, 06.03.2001.

MARKL, Hubert: „Die Freiheit macht uns zu Menschen". In: Die Welt, 23.06.2001.

MARKL, Hubert: Der Mensch ist moralisch großzügig geschneidert. Und leidet an den Folgen seiner Doppelnatur: Der Irrweg von Evolutionsbiologie und Genetik zu Rassismus und Mord. In: Süddeutsche Zeitung, 31.10.2001.

MARTIN, Norbert: Soziologie der Abtreibung. In: Rhein Zeitung, Koblenz, 09.12.1971.

MEISNER, Joachim Kardinal: Die Qualität droht die Würde des Menschen zu ersetzen. Nicht Wissenschafts-Skepsis, sondern Respekt vor dem Menschen muss die Grenzen der Biotechnologie ziehen. In: Die Welt, 21.02.2001.

MEISNER, Joachim Kardinal: Ist die CDU noch christlich? In: Die Welt, 19.01.2002.

MEJIAS, Jordan: Es ist schon viel zuviel geschehen. Ein Interview mit Erwin Chargaff zur Bundestagsdebatte über Gentechnik und Biomedizin. In: Frankfurter Allgemeine Zeitung, 02.06.2001.

MENKENS, Sabine: „Du sollst nicht töten". Interview mit Hubert Hüppe. In: Die Welt, 12.11.2010.

MERKEL, Reinhard: Die Abtreibungsfalle. In: Die Zeit, 13.06.2001.

MITTELSTRASS, Jürgen: Inflationäre Menschenwürde. In der Debatte um Nida-Rümelins Klon-Thesen herrscht der politische Bauch über den informierten Sachverstand. In: Der Tagesspiegel, 26.01.2001.

MIXA, Walter Bischof: Wo sind die Dunkelmänner? In: Frankfurter Allgemeine Zeitung, 08.02.2001.

MOERSCH, Carl-Maria v.: Zweite babylonische Sprachverwirrung. Anmerkungen zur gegenwärtigen Diskussion über die Reform des Paragraphen 218 StGB. In: Deutsche Tagespost, 17.03.1972.

MONTGOMERY, Frank U.: Krieg der Ärzte. Die Regierung plant eine ethische Revolution. In: Frankfurter Allgemeine Zeitung, 22.02.2001.

MÜLLER, Gerhard: Erster Schritt zur ungehemmten Forschung. Leserbrief. In: Frankfurter Allgemeine Zeitung, 16.05.1987.

MÜLLER, Wolfgang: Die Anmaßung, über menschliches Leben zu verfügen. Leserbrief. In: Frankfurter Allgemeine Zeitung, 07.02.1986.

MÜNCH, Eva Maria v.: Kinder nach Katalog. Grenzbereiche – zur Diskussion um das medizinisch Machbare. In: Die Zeit, 28.10.1983.

Münch, Eva Maria v.: Die Bibel gibt Kim Cotton recht. In: Die Zeit, 12.04.1985.

Nahles, Andrea: Ich sage nein zur PID! In: Focus, 04.07.2011.

Neander, Joachim: Menschenwürde. In: Die Welt, 11.02.1988.

Nesković, Wolfgang: Zerbrochene Pfeile. In: Frankfurter Allgemeine Zeitung, 25.01.2011.

Netzwerk gegen Selektion durch Pränataldiagnostik: Stellungnahme des Netzwerkes gegen Selektion durch Pränataldiagnostik. Zur Diskussion um Präimplantationsdiagnostik Februar 2001.

Neubacher, Alexander/Schäfer, Ulrich: „Auch die Pille ist künstlich". Der Sozialdemokrat und evangelische Theologe Richard Schröder, 57, über ungeborenes Leben, Stammzellforschung und seinen Dissens mit den Bischöfen. In: Der Spiegel, 10.12.2001.

Nida-Rümelin, Julian: Bio-Ethik. Wo die Menschenwürde beginnt. In: Der Tagesspiegel, 02.01.2001.

Niehjahr, Elisabeth/Ross, Jan: Schockiert. Gentechnik und Bioethik – was will die Opposition? Ein Gespräch mit der CDU-Vorsitzenden Angela Merkel. In: Die Zeit, 30.11.2000.

Nüsslein-Volhard, Christiane: Wann ist ein Tier ein Tier, ein Mensch kein Mensch? Eine wunderbare Symbiose: Die Befruchtung ist nur der halbe Weg zur Entwicklung des Individuums. In: Frankfurter Allgemeine Zeitung, 02.10.2001.

o. A.: Diesseits und Jenseits. In: Der Spiegel, 18.12.1967, S. 38–58.

o. A.: Frauen über den Paragraphen 218. In: Frankfurter Allgemeine Zeitung, 31.05.1969, S. 31.

o. A.: Bundesjustizminister will den Mord freigeben. In: Passauer Bistumsblatt, 02.08.1970.

o. A.: „Manifeste des 343 salopes". In: Nouvel Observateur, 05.04.1971.

o. A.: Wir haben abgetrieben. 374 Frauen bekennen vor der Öffentlichkeit. In: Stern, 06.06.1971.

o. A.: Mehrheit gegen Abtreibungsverbot. Umfrage in der BRD / Vor allem Männer lehnen Paragraphen 218 ab. In: Frankfurter Rundschau, 07.06.1971.

o. A.: Ich habe gegen den § 218 verstoßen. In: Hamburger Morgenpost, 08.06.1971.

o. A.: Ärzte, Helfer der Frauen. In: Stern, 16.06.1971.

o. A.: Weitere 355 Frauen bekennen: „Ich habe abgetrieben. Ich bin gegen den Paragraphen 218 und für Wunschkinder.". In: Stern, 08.07.1971.

o. A.: Klares Votum für Dreimonatsfrist. 58 Prozent würde dieser Änderung des Abtreibungsparagraphen zustimmen. In: Stuttgarter Zeitung, 29.07.1971.

o. A.: Stern Umfrage. Jetzt verschanzt sich Minister Jahn hinter seinem Paragraphen. In: Stern, 07.11.1971.

o. A.: Interview mit Bischof Heinrich Tenhumberg. In: Die Bild, 11.01.1972.

o. A.: Ärzte kritisch zur Lockerung des Paragraphen 218. Erster Tag der Anhörung vor dem Strafrechts-Sonderausschuß / 160 000 Abtreibungen jährlich. In: Frankfurter Allgemeine Zeitung, 11.04.1972.

o. A.: Abtreibung. Geschäft der Nicht-Mediziner. In: Wirtschaftswoche, 13.04.1973.

o. A.: Bischof Dr. Graber: „Das Abendland stirbt, und es lacht und tanzt noch dazu". Weitere 10 000 Katholiken demonstrieren gegen die Abtreibung – Abtreibung bedeutet Tötung. In: Deutsche Tagespost, 04.05.1973.

o. A.: Abtreibung. Massenmord oder Privatsache? Leserbrief. In: Der Spiegel, 21.05.1973.

o. A.: Abtreibung: Statt Dunkelziffern hier die ersten Zahlen. In: Die Zeit, 09.11.1973.

o. A.: 329 Mediziner bezichtigen sich des Verstoßes gegen Paragraphen 218. In: Der Spiegel, 11.03.1974, S. 30.

o. A.: Fristenregelung verfassungswidrig. Karlsruhe sprach Urteil über Reform des Paragraphen 218. In: Frankfurter Rundschau, 26.02.1975.

o. A.: Fristenregelung vom Verfassungsgericht verworfen. Unvereinbar mit dem Grundrecht auf Leben. In: Frankfurter Allgemeine Zeitung, 26.02.1975.

o. A.: CDU für 218-Entwurf aller Fraktionen. Müller-Emmert (SPD) verweist auf sein Indikationsmodell und glaubt an schnelle Verabschiedung. In: Münchener Merkur, 27.02.1975.

o. A.: Vatikan: Abtreibungs-Urteil ein Akt des Mutes. In: Frankfurter Allgemeine Zeitung, 28.02.1975.

o. A.: Jeder zweite gegen das Abtreibungsurteil. Meinungsumfrage zur Ablehnung der Fristenregelung. In: Frankfurter Allgemeine Zeitung, 07.03.1976.

o. A.: Man nennt es das erste Retorten-Baby. In: Frankfurter Allgemeine Zeitung, 27.07.1978.

o. A.: Ein Schritt in Richtung Homunkulus. In: Der Spiegel, 31.07.1978.

o. A.: Erlanger Mediziner wollen jährlich 400 Frauen helfen. In: Frankfurter Allgemeine Zeitung, 21.04.1982.

o. A.: Ein Kind um jeden Preis? Versuche mit der künstlichen Zeugung finden nicht nur Zustimmung / Kritik vom Vatikan / Große Rechtsunsicherheit. In: Frankfurter Allgemeine Zeitung, 24.04.1984.

o. A.: Wir müssen das Geschäft mit der Fruchtbarkeit verhindern. Aus einer Diskussionsveranstaltung der „Fraktion Gesundheit" in der Berliner Ärztekammer zum Thema „Retorten-Baby" (Teil I). In: Frankfurter Rundschau, 09.07.1984.

o. A.: Baby Cotton oder der käufliche Nachwuchs. In: Frankfurter Rundschau, 11.01.1985.

o. A.: Justitia soll die Würde sichern. Bundeskommission untersucht Problemkreis der Leihmütter. In: General-Anzeiger, 12.01.1985.

o. A.: „Leihmütter mit Menschenwürde nicht vereinbar". In: Die Welt, 12.01.1985.

o. A.: Streit München-Bonn um Leihmutterschaft. Minister Lang: Verstoß gegen Menschenwürde. In: Münchener Merkur, 12.01.1985.

o. A.: Cola der Elternindustrie. In: Der Spiegel, 14.01.1985.

o. A.: Die „Leih-Mutter" – Prostituierte oder moderne Version der Amme? In: Frankfurter Rundschau, 25.01.1985.

o. A.: Ein Kind darf niemals eine Handelsware sein. In: Hamburger Abendblatt, 23.02.1985.

o. A.: In Australien Zwillinge „Aus der Tiefkühltruhe". In: Frankfurter Allgemeine Zeitung, 26.02.1985.

o. A.: Embryo war tiefgefroren. Geburt in England. In: Frankfurter Allgemeine Zeitung, 11.03.1985.

o. A.: „Würde des Menschen muß gewahrt bleiben". In: Die neue Bonner Depesche, 01.05.1985.

o. A.: Der Gentechnik sollen enge gesetzliche Grenzen gezogen werden. In: Frankfurter Allgemeine Zeitung, 26.11.1985.

o. A.: „Von Menschenzüchtung triebhaft fasziniert". In: Der Spiegel, 13.01.1986.

o. A.: „Mein Gott, was habe ich getan?“. In: Der Spiegel, 06.04.1987.

o. A.: Engelhard nennt Leihmutterschaft „eine Art Prostitution“. In: Frankfurter Allgemeine Zeitung, 07.10.1987.

o. A.: Wieder auf die lange Bank geschoben. In: Süddeutsche Zeitung, 11.02.1988.

o. A.: Retorten-Sprache. In: Frankfurter Rundschau, 12.08.1988.

o. A.: Unklarheiten über Embryonen-Schutzgesetz. Wissenschaftler fordern weitgehende Ausnahmen – „Keine Strafandrohung für Forscher“. In: Stuttgarter Zeitung, 10.03.1989.

o. A.: „Jetzt wird alles machbar“. In: Der Spiegel, 03.03.1997.

o. A.: „Ungeist aus der Flasche“. Molekularbiologin Regine Kollek über den Beginn des Menschseins, die Begehrlichkeiten der Fortpflanzungsmediziner und den Ethik-Streit um das therapeutische Klonen. In: Der Spiegel, 01.01.2001.

o. A.: Umfrage. In: Die Woche, 02.02.2001.

o. A.: Es gibt unterschiedliche Kriterien für Menschenwürde. Heinrich Mussinghoff, Bischof von Aachen, übt Kritik an der Haltung des Bundesministers Nida-Rümelin zum Lebensrecht. In: Die Welt, 27.02.2001.

o. A.: Der Kanzler erhofft sich vom Ethikrat Aufklärung über den Stand der Wissenschaft. In: Frankfurter Allgemeine Zeitung, 03.05.2001.

o. A.: Nationales Forum zu ethischen Fragen. In: Frankfurter Allgemeine Zeitung, 10.05.2001.

o. A.: Schröder widerspricht Rau. Regierungslager bleibt in der Gentechnik-Debatte uneins. In: Frankfurter Allgemeine Zeitung, 20.05.2001.

o. A.: SPD unentschieden in der Biopolitik-Debatte. Schröder ruft zu weiteren Diskussionen auf. Justizministerin bekräftigt „Schutzpflicht für jeden Embryo“. In: Frankfurter Allgemeine Zeitung, 22.05.2001.

o. A.: Clement verteidigt Plädoyer für die Forschung an Stammzellen. CDU und Grüne haben die Vorschläge des Ministerpräsidenten zur Forschung an importierten Stammzellen heftig kritisiert. In: Frankfurter Allgemeine Zeitung, 01.06.2001.

o. A.: Genforschung: Union will Stammzellen-Import verhindern. In: Der Tagesspiegel, 02.06.2001.

o. A.: Für und Wider Embryonenforschung. Ministerpräsident Clement verteidigt seine Position. In: epd-Wochenspiegel, 21.06.2001.

o. A.: „Verwaiste Embryonen zur Adoption freigeben“. In: Frankfurter Allgemeine Zeitung, 25.06.2001.

o. A.: Von Mäusen und Menschen. Die Nobelpreisträgerin Christiane Nüsslein-Volhard warnt vor Isolation der deutschen Forschung. In: Süddeutsche Zeitung, 13.11.2001.

o. A.: „Der Islam sollte sich europäisieren“. Volker Kauder im Interview. In: Der Spiegel, 17.01.2011.

Ollech, Horst: Die Abtreibung ist Tötung. Leserbrief. In: Frankfurter Allgemeine Zeitung, 24.04.1970.

Papst Paul VI.: Enzyklika seiner Heiligkeit Paul PP. VI. Humanae Vitae. Über die Weitergabe des Lebens. In: Servizio Internet Vaticano (1968), URL: http://www.vatican.va/holy_father/paul_vi/encyclicals/documents/hf_p-vi_enc_25071968_humanae-vitae_ge.html (Abruf: 09.06.2014).

Parlamentarischer Rat: Grundgesetz für die Bundesrepublik Deutschland (Grundgesetz – GG). Fassung vom 23.12.2014.

Parliament of the United Kingdom: The Human Fertilisation and Embryology (Research Purposes) Regulations 2001 (UK Regulation 2001/No. 188). Fassung vom 31.01.2001.

Parliament of the United Kingdom: The Human Fertilisation and Embryology Act 1990 (UK Regulation 1990/No. 37). Fassung vom 01.11.1990.

Pawlik, Michael: Der Staat hat dem Embryo alle Trümpfe genommen. Rechte, die nicht stechen, sind keine: Vor dem Gesetz gilt der Embryo nicht als Person, sondern als Gut. In: Frankfurter Allgemeine Zeitung, 27.06.2001.

Pawlik, Michael: Besser man nimmt den Mund nicht zu voll. Im Konflikt zeigt sich, was die Begründungen für das Postulat der Menschenwürde taugen. Wilfried Härle provoziert mit ihrer theologischen Herleitung. In: Frankfurter Allgemeine Zeitung, 06.01.2011.

Peter-Habermann, Inge: Ist Abtreibung Mord? Der Paragraph 218 wird wieder heftig diskutiert: Vor allem ein gesellschaftspolitisches Problem. In: Die Zeit, 30.04.1971.

Pfeiffer, Irmgard: „Ach wäre ich nie geboren!“. Leserbrief. In: Frankfurter Allgemeine Zeitung, 29.04.1970.

Pressedienst der Bundestagsfraktion der F. D.P.: Künftige Regelung des Paragraphen 218 muss Konfliktsituation in den Blickpunkt rücken, Bonn 17.08.1971.

Pressedienst der CDU: Aussortieren von Embryonen verstößt gegen die Menschenwürde, Berlin 07.07.2010.

Pressestelle der Deutschen Bischofskonferenz/Pressestelle der EKD: Kirchen schreiben an Bundestagsabgeordnete. Votum für Schutz des Menschen von Anfang an erbeten, Hannover/Bonn 17.01.2002.

Pro Familia Deutsche Gesellschaft für Sexualberatung und Familienplanung e. V. mit dem Komitee für Grundrechte und Demokratie: Pro familia sagt Nein zur Zulassung der Präimplantationsdiagnostik (PID). Pro familia-Position zur Diskussion um die Präimplantationsdiagnostik verabschiedet auf der Bundesmitgliederversammlung am 6. Mai 2001 in Berlin, Frankfurt a. M. 06.05.2001.

Pro Familia Deutsche Gesellschaft für Sexualberatung und Familienplanung e. V. mit dem Komitee für Grundrechte und Demokratie: Stellungnahme des pro familia-Bundesverbands für eine begrenzte Zulassung der Präimplantationsdiagnostik (PID), Frankfurt a. M. 15.05.2011.

Rasche, Uta: Nicht mit einer Stimme. Auch in der Frage des Stammzellimports pflegt die evangelische Kirche die Debattenkultur. In: Frankfurter Allgemeine Zeitung, 30.01.2002.

Rau, Johannes: Grußwort von Bundespräsident Johannes Rau anlässlich der Eröffnung des Jahres der Lebenswissenschaften, Berlin 31.01.2001.

Rau, Johannes: Wird alles gut? Für einen Fortschritt nach menschlichem Maß. Berliner Rede, Berlin 18.05.2001.

Rauner, Max/Sentker, Andreas: „Ich ging bis an die Grenze“. Stammzelldebatte, Forschungsskandale, Vergangenheitsbewältigung – was hat der Biologe Hubert Markl bewegt? Der Präsident der Max-Planck-Gesellschaft zieht eine erste Bilanz seiner Amtszeit. In: Die Zeit, 29.11.2001.

Reichsgericht: Urteil vom 11.03.1927, Aktenzeichen I 105/26 (RGSt 61).

Reifenrath, Roderich: Sondervotum zweier Richter. Simon und Rupp-von Brünneck gegen Urteil der Mehrheit. In: Frankfurter Rundschau, 26.02.1975.

Renesse, Margot v.: Verbieten hilft nicht. Wer die PID verhindern will, muß sich fragen lassen, welches Recht er dazu hat. In: Die Woche, 11.05.2001.

Resolution 217 A (III) der Vereinten Nationen: Allgemeine Erklärung der Menschenrechte (AEMR) (1948).

Riebsamen, Hans/Wegener, Ernst: „Microsofts der Gen-Industrie können in Deutschland entstehen". Der Leiter des deutschen Genomprojekts, Hans Lehrach, zu neuen Medikamenten gegen Krebs und die Chance der Bundesrepublik als Hochtechnologie-Standort. In: Frankfurter Allgemeine Zeitung, 21.01.2001.

Riedel, Ulrike: Wer die Ethik nicht fühlen will, muß das Recht hören. Die rechtlichen Grenzen im Umgang mit Embryonen: Die These eines abgestuften Schutzkonzeptes widerspricht unserer Verfassungslehre. In: Frankfurter Allgemeine Zeitung, 07.05.2001.

Riedel, Ulrike: Der erschlichene Embryo. In: Frankfurter Allgemeine Zeitung, 17.05.2001.

Ritschl, Dietrich: Findet sich jeder im gemeinsamen Interesse an der Menschenwürde? In: Frankfurter Rundschau, 30.11.1987.

Ritter, Henning: Die Zerreißprobe. Was man der Menschenwürde nicht zumuten darf. In: Frankfurter Allgemeine Zeitung, 30.06.2001.

Rödder, Andreas: Werte und Wertewandel in Moderne und Postmoderne, Mainz 2005.

Roellecke, Gerd: Der Embryo braucht keine Würde. In: Frankfurter Allgemeine Zeitung, 24.03.2011.

Roesler, Stephan: Das deutsche Stammzellgesetz – Spezifische Fragen der Auslegung des Gesetzes. In: Jahrbuch für Wissenschaft und Ethik, 2003, S. 283–287.

Röper, Burkhardt: „Stets der alte Adam". Theologe Friedrich Wilhelm Graf über den Beginn des Lebens und ethische Diskussionen. In: Focus, 06.08.2001.

Rüttgers, Jürgen: Im Zweifel für das Leben. Wider den biopolitischen Pragmatismus. In: Frankfurter Allgemeine Zeitung, 04.04.2001.

Sachs, Michael: Verdammt zum Abwägen. Leserbrief zu Robert Spaemann „Gezeugt nicht gemacht" (Die ZEIT Nr. 4). In: Die Zeit, 01.02.2001.

Schäfer, Barbara: Im Labor enteignet Hybris ein Stück Menschenwürde. In: Rheinischer Merkur, Koblenz, 28.10.1988.

Schäuble, Wolfgang: „Vergeßt die Mutter nicht". Mein Ja zur Embryonenforschung. In: Frankfurter Allgemeine Zeitung, 21.05.2001.

Schirrmacher, Frank: Der Bioputsch. Ein Jahr danach: Wolfgang Clement beweist Bill Joy. In: Frankfurter Allgemeine Zeitung, 06.06.2001.

Schlink, Bernhard: Die Würde in vitro. Zur Debatte des Bundestages um die Präimplantationsdiagnostik. In: Der Spiegel, 20.06.2011.

Schmalz, Peter: Menschenwürde kann nicht zugewiesen werden. In: Bayern-Kurier, 12.07.2001.

Schmitt, Peter: Mädchen aus gefrorener Eizelle. In: Süddeutsche Zeitung, 19.02.1987.

Schneider, Nikolaus: „Der Islam gehört auf andere Weise zu Deutschland". In: Die Welt, 12.10.2010.

Schockenhoff, Eberhard: Einspruch im Namen der Menschenwürde. Präimplantationsdiagnostik und therapeutisches Klonen instrumentalisieren das menschliche Leben für fremde Zwecke. In: Frankfurter Allgemeine Zeitung, 23.04.2001.

Schockenhoff, Eberhard: Selektive Willkür. In: Frankfurter Rundschau, 08.07.2010.

Schockenhoff, Eberhard: Guter Hoffnung? In: Frankfurter Allgemeine Zeitung, 16.09.2010.

SCHÖLER, Robert: „Ein Importverbot wäre konsequent". In: Frankfurter Allgemeine Zeitung, 27.01.2002.

SCHÖNE-SEIFERT, Bettina: Einhundert Zellen. Haben frühe Embryonen einen unbedingten Anspruch auf Lebensschutz? Nachfragen zur Bioethik-Debatte. In: Der Tagesspiegel, 03.02.2001.

SCHÖNE-SEIFERT, Bettina: Von Anfang an? Ein kompromissloser Lebensschutz für frühe Embryonen lässt sich auch für die Forschung nicht begründen. In: Die Zeit, 22.02.2001.

SCHRÖDER, Gerhard: Der neue Mensch. In: Die Woche, 20.12.2000.

SCHRÖDER, Gerhard: „Debatte nicht verkürzen". In: Der Spiegel, 21.05.2001, S. 17.

SCHUELER, Hans: Frauen gegen einen Paragraphen. Zur Diskussion über die Freigabe der Abtreibung. In: Die Zeit, 11.06.1971.

SCHUH, Hans: Dolly, das geklonte Schaf. In: Die Zeit, 28.02.1997.

SCHWÄGERL, Christian: „SPD von Bioethik-Debatte überfordert". Bei den Sozialdemokraten Differenzen über Embryonenschutz. In: Frankfurter Allgemeine Zeitung, 20.05.2001.

SCHWÄGERL, Christian: Der heiße Herbst der Biopolitik. In: Frankfurter Allgemeine Zeitung, 05.09.2001.

SCHWINGER, Eberhard: Ende einer Farce. Der Embryonenschutz soll Leben schützen, aber er kann Menschen schaden. In: Der Spiegel, 12.07.2010.

SENSBURG, Patrick/TAUBER, Peter: PID verletzt die Menschenwürde. Warum die vorgeburtliche Selektion verboten werden muss. In: Die Tagespost, 05.04.2011.

SENTKER, Andreas: Die Verheißung. Organzucht: Wenn Rigorismus neue Wege blockiert. In: Die Zeit, 24.08.2000.

SIEBEL, Wigand: Wehrlose Minderheit – die Ungeborenen. Die Legalisierung des Schwangerschaftsabbruchs verletzt die Menschenwürde. In: Rheinischer Merkur, Koblenz, 21.04.1972.

SOZIALDEMOKRATISCHER PRESSEDIENST: P/XXVI/115. Zur Problematik und Reform des § 218 StGB, Bonn 22.06.1971.

SOZIALDEMOKRATISCHER PRESSEDIENST: Grenzen des Umgangs mit den Genen. Die ethischen und rechtlichen Probleme der Genmanipulation 13.12.1988.

SPAEMANN, Robert: Gezeugt, nicht gemacht. In: Die Zeit, 18.01.2001.

SPIEKER, Manfred: Embryonen besser schützen. In: Die Tagespost, 10.07.2010.

STARCK, Christian: Mittel zum Zweck darf das Leben nicht werden. Verfassungsrechtliche Grenzen der Wissenschaftsfreiheit. In: Frankfurter Allgemeine Zeitung, 12.09.1988.

STARCK, Christian: Hört auf, unser Grundgesetz zerreden zu wollen. Auch im Reagenzglas gilt die Menschenwürdegarantie: Die „Unbehaustheit" des Embryos ist kein Argument für seine Vernichtung. In: Frankfurter Allgemeine Zeitung, 30.05.2001.

STARCK, Christian: Die Rechtsgrenzen der Gemeinschaft. Weltgesellschaft, Nützlichkeitsdenken: Künftige Aufgaben der Rechtsdogmatik. In: Frankfurter Allgemeine Zeitung, 04.09.2001.

STARCK, Christian: Die Rechtsgrenzen der Gemeinschaft. Weltgesellschaft, Individualismus, Nützlichkeitsdenken: Künftige Aufgaben der Rechtsdogmatik. In: Frankfurter Allgemeine Zeitung, 05.09.2001.

STARCK, Christian: Rechtsschutz wird weggeredet. In: Frankfurter Allgemeine Zeitung, 19.01.2011.

Stoll, Karlheinz: Zehn Thesen zur Gentechnologie. In: Deutsches Allgemeines Sonntagsblatt, 11.01.1987.

Stollorz, Volker/Schindele, Eva: Frauen ohne gute Hoffnung. Wie Heilen und Trösten aus der Medizin verschwindet. Ein Gespräch mit der Soziologin und Körperhistorikerin Barbara Duden. In: Die Zeit, 26.07.2001.

Strack, Christoph: Es wird verschleiert, dass es um Selektion geht. Robert Spaemann über die Befürwortung der begrenzten Zulassung der Präimplantationsdiagnostik durch die Akademie Leopoldina. In: Die Tagespost, 29.01.2011.

Taupitz, Jochen: Die Spielräume der Verfassung. In: Süddeutsche Zeitung, 17.05.2010.

Turner, George: Wer die Natur des Menschen ändert. In: Rheinischer Merkur, Koblenz, 22.06.1990.

Union in Deutschland: Chancen und Risiken der Fortpflanzungsmedizin abwägen 12.02.1987.

Voigt, Hans-Peter: Die Gentechnik begrenzen, nicht allgemein verurteilen. In: Die Neue Ärztliche, 09.03.1988.

Wagner, Christean: Ende der Gemeinsamkeit. Die Biopolitik erfordert das richtige Maß. In: Frankfurter Allgemeine Zeitung, 05.07.2001.

Warsitz, Rolf-Peter: Verdammt zum Abwägen. Leserbrief zu Robert Spaemann „Gezeugt nicht gemacht", Die ZEIT Nr. 4. In: Die Zeit, 01.02.2001.

Wassermann, Rudolf: Die Menschenrechte setzen die Markierungen. Wer darf Leben geben? Die künstliche Befruchtung – ihre Möglichkeiten und Grenzen. In: Frankfurter Rundschau, 21.01.1986.

Wehowsky, Stephan: Lebensbeginn und Manipulation. Zur Frage der Experimente mit Embryos. In: Süddeutsche Zeitung, 31.10.1987.

Wehowsky, Stephan: Revolution durch die Hintertür. In: Deutsches Allgemeines Sonntagsblatt, 09.06.1989.

Wenger, Paul W.: Die Fristenlösung ist verfassungswidrig. Nun sind die Weichen auf Indikation gestellt. In: Rheinischer Merkur, Koblenz, 28.02.1975.

Westhoff, Justin: Der schöne neue Mensch. In: Süddeutsche Zeitung, 06.09.1984.

Westhoff, Justin: Edwards, Ethik und Embryonen. Soll die Ethik stets den Erfolgen der Mediziner und Forscher hinterherhinken? In: Die Zeit, 11.10.1985.

Westphalen, Friedrich Graf von: Soll Abtreibung straffrei werden? Das Gutachten der „Alternativ-Professoren" – Streit um Ausnahmefälle. In: Rheinischer Merkur, Koblenz, 10.07.1970.

Westphalen, Friedrich Graf von: Abtreibung im Spiegel der Statistik. Übertreibung statt nüchterner Analysen. In: Rheinischer Merkur, Koblenz, 16.03.1973.

Westphalen, Friedrich Graf von: Auch der Embryo verlangt sein Recht. In: Rheinischer Merkur, Koblenz, 05.09.1986.

Westphalen, Friedrich Graf von: Forschung, die Angst macht. In: Rheinischer Merkur, Koblenz, 10.06.1988.

Wickert, Ulrich: Missbrauch der Würde. Ulrich Wickert verteidigt die Chancen der Biotechnologie gegen Fundamentalopposition angeblicher Lebensschützer. In: Die Woche, 05.10.2001.

WIELAND, Barbara: „Nicht die Wissenschaft – die Gesellschaft ist in der Pflicht". Der Bonner Neurowissenschaftler verteidigt die Forschung an embryonalen Stammzellen. In: Frankfurter Allgemeine Zeitung, 24.01.2001.

WINNACKER, Ernst-Ludwig: „Wir wollen keine Menschen züchten". In: Frankfurter Allgemeine Zeitung, 05.05.2001.

WINNACKER, Ernst-Ludwig: Die Zeit ist reif. In: Süddeutsche Zeitung, 23.11.2001.

WINTERS, Peter J.: Kampf dem Abtreibungselend – aber wie? Das Lebensrecht der Ungeborenen, die Not der Frauen und ein fragwürdiger Paragraph. In: Frankfurter Allgemeine Zeitung, 18.06.1971.

WISSENSCHAFTLICHER BEIRAT DER BUNDESÄRZTEKAMMER: Ergänzende Stellungnahme des Wissenschaftlichen Beirats der Bundesärztekammer zum Diskussionsentwurf zu einer Richtlinie zur Präimplantationsdiagnostik, Berlin 15.12.2001.

WISSER, Josef: Einzigartig und komplett. In: Frankfurter Allgemeine Zeitung, 20.07.2001.

WOLFF, Hans P.: Ein Kind mit fünf Eltern? Die Befruchtung außerhalb des Mutterleibes erfordert Richtlinien. In: Frankfurter Allgemeine Zeitung, 15.05.1985.

WOLFRUM, Rüdiger: Unser Recht auf ein Höchstmaß an Gesundheit. Wenn die Risiken in Grenzen zu halten sind, darf das Streben nach Erkenntniserweiterung nicht behindert werden. In: Frankfurter Allgemeine Zeitung, 29.05.2001.

WORMER, Holger: Die Wunschliste der Forscher. Heilung durch Zellen ist ungewiss. In: Süddeutsche Zeitung, 26.01.2002.

WUERMELING, Hans-Bernhard: Tiefkühltechnik birgt Risiken. Zur Geburt des ersten deutschen Kindes, das eingefroren war. In: Frankfurter Allgemeine Zeitung, 03.03.1986.

ZENTRALKOMITEE DER DEUTSCHEN KATHOLIKEN: Der biomedizinische Fortschritt als Herausforderung für das christliche Menschenbild. Diskussionsanstoß des kulturpolitischen Arbeitskreises des ZdK zum „Jahr der Lebenswissenschaften", Bonn 01.03.2001.

ZENTRALKOMITEE DER DEUTSCHEN KATHOLIKEN: ZdK-Präsident Glück unterstützt den Gesetzentwurf eines vollständigen PID-Verbots, Bonn 08.02.2011.

ZIEHLKE, Heinz: Bei Anzeige der Helfer soll Abtreibung straflos sein. Leserbrief. In: Frankfurter Allgemeine Zeitung, 16.04.1970.

ZYPRIES, Brigitte: Vom Zeugen zum Erzeugen? Verfassungsrechtliche und rechtspolitische Fragen der Bioethik. Rede der Bundesministerin der Justiz Brigitte Zypries beim Humboldt-Forum der Humboldt-Universität zu Berlin am 29. Oktober 2003. In: Die Zeit, 05.11.2003.

2 Literaturverzeichnis

56. DEUTSCHER JURISTENTAG: Die Beschlüsse. In: Neue juristische Wochenschrift 39 (1986), H. 49, S. 3069–3075.

ABENDROTH, Leo: Das Abtreibungsurteil des Bundesverfassungsgerichts. Leo Kofler zum 70. Geburtstag. In: Kritische Justiz 8 (1975), H. 2, S. 121–128.

ACH, Johann: Das Menschenwürde-Prinzip in der bioethischen Diskussion. In: Thies, Christian (Hg.): Der Wert der Menschenwürde, Paderborn u. a. 2009, S. 107–120.

Ahrens, Jörn: Rechtswissenschaft als Anthropotechnik: Bioethik und Menschenwürde. In: Kritische Vierteljahresschrift für Gesetzgebung und Rechtswissenschaft 89 (2006), H. 4, S. 368–383.

Ahrens, Jörn: Frühembryonale Menschen? Kulturanthropologie und ethische Effekte der Biowissenschaften, München 2008 (= Texte und Studien zu Handlung, Sprache und Lebenswelt, Bd. 55).

Anselm, Reiner: Menschenwürde als regulatives Prinzip in der Bioethik. In: Knoepffler, Nikolaus/Haniel, Anja (Hg.): Menschenwürde und medizinethische Konfliktfälle, Stuttgart 2000, S. 221–226.

Antoine, Jörg: Der Zusammenhang zwischen Menschenwürde und Lebensschutz. In: Zeitschrift für Lebensrecht 10 (2001), H. 1, S. 16–19.

Arbeitsgruppe des Bundesministers für Forschung und Technologie und des Bundesministers der Justiz (Hg.): In-vitro-Fertilisation, Genomanalyse und Gentherapie. Bericht der gemeinsamen Arbeitsgruppe des Bundesministers für Forschung und Technologie und des Bundesministers der Justiz, München 1985 (= Gentechnologie Chancen und Risiken, Bd. 6).

Arbeitskreis der Juristen der CSU: Leitsätze zur Zeugung im Reagenzglas. In: Seesing, Heinz (Hg.): Technologischer Fortschritt und menschliches Leben. Die Menschenwürde als Maßstab der Rechtspolitik. Teil 1: Rechtspolitische Grundsätze von CDU und CSU zur Fortpflanzungsmedizin, München 1987 (= Gentechnologie Chancen und Risiken, Bd. 11), S. 93f.

Arndt, Claus: Zur Problemation einer Reform § 218 StGB. In: Vierteljahrsheft für Rechts- und Verwaltungspolitik (1971), H. 3, S. 106–111.

Arndt, Claus u. a. (Hg.): Der § 218 StGB vor dem Bundesverfassungsgericht. Dokumentation zum Normenkontrollverfahren wegen verfassungsrechtlicher Prüfung des Fünften Strafrechtsreformgesetz (Fristenregelung), Heidelberg/Karlsruhe 1979 (= Motive, Texte, Materialien, Bd. 7).

Asbell, Bernhard: The Pill. A Biography of the Drug that Changed the World, New York 1995.

Auer, Alfons: Darf der Mensch, was er kann? In: Buch, Alois J./Splett, Jörg (Hg.): Wissenschaft – Technik – Humanität. Beiträge zu einer konkreten Ethik, Frankfurt a. M. 1982, S. 11–35.

Auer, Alfons: Bioethische Argumentation mit der Menschenwürde? In: Schwab, Dieter u. a. (Hg.): Staat, Kirche, Wissenschaft in einer pluralistischen Gesellschaft. Festschrift zum 65. Geburtstag von Paul Mikat, Berlin 1989, S. 13–28.

Badura, Peter: Generalprävention und Würde des Menschen. In: Juristenzeitung 19 (1964), H. 11/12, S. 337.

Baldus, Manfred: Die Kämpfe um die Menschenwürde. Die Debatten seit 1949, Frankfurt a. M. 2016 (= Suhrkamp Taschenbuch Wissenschaft, Bd. 451).

Balz, Manfred: Heterologe künstliche Samenübertragung beim Menschen. Rechtliche und politische Überlegungen zu einem Vorhaben des Europarats, Tübingen 1980 (= Recht und Staat in Geschichte und Gegenwart, Bd. 500/501).

Bänziger, Peter-Paul u. a. (Hg.): Sexuelle Revolution? Zur Geschichte der Sexualität im deutschsprachigen Raum seit den 1960er Jahren, Bielefeld 2015.

Baranzke, Heike: Menschenwürde zwischen Pflicht und Recht. Zum ethischen Gehalt eines umstrittenen Begriffs. In: Zeitschrift für Menschenrechte 4 (2010), H. 1, S. 10–24.

BARCZAY, Gyula: Revolution der Moral? Die Wandlung der Sexualnormen als Frage an die evangelische Ethik, Zürich/Stuttgart 1967.

BARTH, Hermann: Menschenwürde aus theologischer Sicht. In: Evangelische Verantwortung (2007), S. 1–10.

BAUER, Axel: Der Mensch als Produkt der Gene und die Unantastbarkeit der Würde. In: Deutsche Richterzeitung 80 (2002), H. 5, S. 163–169.

BAUER, Axel: Ethische und rechtliche „Grauzonen" des Embryonenschutzes. In: Beckmann, Rainer/Schallenberg, Peter (Hg.): Abschied vom Embryonenschutz? Der Streit um die PID in Deutschland, Köln 2011, S. 137–152.

BAUER, Axel: Normative Entgrenzung. Themen und Dilemmata der Medizin- und Bioethik in Deutschland, Wiesbaden 2017.

BAUMANN, Jürgen (Hg.): Alternativ-Entwurf eines Strafgesetzbuches. Besonderer Teil: Straftaten gegen die Person, Tübingen 1970.

BAUMANN, Jürgen (Hg.): Das Abtreibungsverbot des § 218. Eine Vorschrift, die mehr schadet als nützt, Neuwied/Berlin 1971 (= Demokratie und Rechtsstaat. Kritische Abhandlungen zur Rechtsstaatlichkeit in der Bundesrepublik, Bd. 20).

BAUMANN, Jürgen: Schutz des werdenden Lebens – notwendig, aber wie? In: Wege zum Menschen 23 (1971), S. 140–156.

BAUMANN, Jürgen: Zum angeblichen Schluß der Debatte um § 218 StGB. In: Zeitschrift für Rechtspolitik 7 (1974), H. 12, S. 283–286.

BAUMGARTNER, Hans M. u. a.: Menschenwürde und Lebensschutz. Philosophische Aspekte. In: Rager, Günter (Hg.): Beginn, Personalität und Würde des Menschen, Freiburg/München, 3. Aufl. 2009 (= Grenzfragen, Bd. 32), S. 333–441.

BAYERTZ, Kurt: Die Idee der Menschenwürde: Probleme und Paradoxien. In: Archiv für Rechts- und Sozialphilosophie 81 (1995), S. 465–481.

BAYERTZ, Kurt: Drei Thesen zum moralischen Status menschlicher Embryonen in vitro. In: Das Bundesministerium für Gesundheit (Hg.): Fortpflanzungsmedizin in Deutschland. Wissenschaftliches Symposium des Bundesministeriums für Gesundheit mit dem Robert-Koch-Institut vom 24. bis 26. Mai 2000 in Berlin, Baden-Baden 2001 (= Schriftenreihe des Bundesministeriums für Gesundheit, Bd. 132), S. 81–84.

BECKER, Walter: Der Kampf um die Abtreibung in Deutschland. In: Wege zum Menschen 23 (1971), H. 1, S. 131–139.

BECK-GERNSHEIM, Elisabeth: Technik, Markt und Moral. Über Reproduktionsmedizin und Gentechnologie, Frankfurt a. M. 1991 (= Fischer Sachbuch, Bd. 10636).

BECKMANN, Rainer: Rechtsfragen der Präimplantationsdiagnostik. In: Medizinrecht 19 (2001), H. 4, S. 169–177.

BECKMANN, Rainer: Der Embryo – ein würdeloses Wesen? In: Zeitschrift für Lebensrecht 12 (2003), H. 4.

BECKMANN, Rainer: Der menschliche Embryo als Subjekt der Menschenwürde. Zu Friedhelm Hufen JZ 2004, 313ff. In: Juristenzeitung 59 (2004), H. 20, S. 1010–1012.

BECKMANN, Rainer: Präimplantationsdiagnostik und Embryonenschutzgesetz. In: Zeitschrift für Lebensrecht 18 (2009), H. 4, S. 125–131.

BECKMANN, Rainer: Präimplantationsdiagnostik auf dem Prüfstand. In: Beckmann, Rainer/Schallenberg, Peter (Hg.): Abschied vom Embryonenschutz? Der Streit um die PID in Deutschland, Köln 2011, S. 93–136.

Behren, Dirk von: Die Geschichte des § 218, Tübingen 2004 (= Rothenburger Gespräche zur Strafrechtsgeschichte, Bd. 4).

Beier, Henning: Definition und Grenze der Totipotenz: Aspekte für die Präimplantationsdiagnostik. In: Ethik in der Medizin 11 (1999), S. 23–37.

Bemmann, Günter: Zur Frage der Strafwürdigkeit der Abtreibung. In: Zeitschrift für die gesamte Strafwissenschaft 21 (1971), H. 1, S. 81–104.

Benda, Ernst: Gefährdung der Menschenwürde, Opladen 1975 (= Rheinisch-Westfälische Akademie der Wissenschaften. Geisteswissenschaften Vorträge, Bd. G 198).

Benda, Ernst: Die Menschenwürde. In: Benda, Ernst u. a. (Hg.): Handbuch des Verfassungsrechts der Bundesrepublik Deutschland. Studienausgabe Teil 1, Berlin/New York 1984, S. 107–128.

Benda, Ernst: Der Mensch als Objekt? Rechtliche Grenzen der Gentechnologie. In: Altner, Günter u. a. (Hg.): Menschenzüchtung. Ethische Diskussion über die Gentechnik, Stuttgart 1985, S. 41–54.

Benda, Ernst: Erprobung der Menschenwürde am Beispiel der Humangenetik. In: Aus Politik und Zeitgeschichte (1985), H. 3, S. 18–36.

Benda, Ernst: Humangenetik und Recht – eine Zwischenbilanz. In: Neue juristische Wochenschrift 38 (1985), H. 30, S. 1730–1734.

Benda, Ernst: Gentechnologie und Recht – die rechtsethische Sicht. In: Gesellschaft für Rechtspolitik Trier (Hg.): Bitburger Gespräche Jahrbuch 1986/1, München 1986, S. 17–29.

Benda, Ernst: Menschenwürde und Persönlichkeitsrecht. In: Benda, Ernst u. a. (Hg.): Handbuch des Verfassungsrechts der Bundesrepublik Deutschland. Studienausgabe Teil 1, Berlin/New York, 2. Aufl. 1995, S. 161–190.

Benda, Ernst: Verständigungsversuche über die Würde des Menschen. In: Neue juristische Wochenschrift 54 (2001), H. 30, S. 2147f.

Bernard, Andreas: Kinder machen. Neue Reproduktionstechnologien und die Ordnung der Familie. Samenspender, Leihmütter und Künstliche Befruchtung, Bonn 2014.

Bernat, Erwin: Statusrechtliche Probleme im Gefolge medizinisch assistierter Zeugung. In: Medizinrecht 4 (1986), H. 5, S. 245–253.

Betta, Michela: Embryonenforschung und Familie. Zur Politik der Reproduktion in Großbritannien, Italien und der Bundesrepublik, Frankfurt a. M. u. a. 1995 (= Europäische Hochschulschriften: Reihe 31, Bd. 287).

Bielefeldt, Heiner: Studie Menschenwürde. Der Grund der Menschenrechte, Berlin 2008.

Bielefeldt, Heiner: Auslaufmodell Menschenwürde? Warum sie in Frage steht und warum wir sie verteidigen müssen, Freiburg u. a. 2011.

Biller, Nikola: Zum moralischen Status des menschlichen Embryos in der (re)produktionsmedizinischen Forschung. In: Frewer, Andreas/Winau, Rolf (Hg.): Ethische Fragen zu Beginn des menschlichen Lebens, Erlangen/Jena 1999, S. 14–39.

Birnbacher, Dieter: Gefährdet die moderne Reproduktionsmedizin die menschliche Würde? In: Braun, Volkmar u. a. (Hg.): Ethische und rechtliche Fragen der Gentechnologie und der Reproduktionsmedizin. Dokumentation eines Symposiums der Landesregierung Baden-Württemberg und des Stifterverbandes für die Deutsche Wissenschaft in Verbindung mit der Universität Tübingen vom 1.–4. September 1986 in Tübingen, München 1987 (= Gentechnologie Chancen und Risiken, Bd. 13), S. 77–88.

BIRNBACHER, Dieter: Das Dilemma des Personenbegriffs. In: Strasser, Peter (Hg.): Personsein aus bioethischer Sicht. Tagung der Österreichischen Sektion der IVR in Graz am 29. und 30. November 1996, Stuttgart 1997 (= Archiv für Rechts- und Sozialphilosophie, Bd. 73), S. 9–25.

BIRNBACHER, Dieter: Instrumentalisierung und Menschenwürde. Philosophische Anerkennung zur Debatte um Embryonen- und Stammzellforschung. In: Jahrbuch der Heinrich-Heine-Universität Düsseldorf (2001), S. 243–257.

BIRNBACHER, Dieter: Hilft der Personbegriff bei der Lösung bioethischer Fragestellungen? In: Schweidler, Walter u. a. (Hg.): Menschenleben – Menschenwürde. Interdisziplinäres Symposium zur Bioethik. Mit Beiträgen von R. Spaemann, D. Birnbacher, W. Höfling, H. M. Sass, A. Shewmon u. a., Münster 2003 (= Ethik interdisziplinär, Bd. 3), S. 31–44.

BIRNBACHER, Dieter: Menschenwürde – abwägbar oder unabwägbar? In: Kettner, Matthias (Hg.): Biomedizin und Menschenwürde, Frankfurt a. M. 2004 (= Edition Suhrkamp, Bd. 2268), S. 249–271.

BIRNBACHER, Dieter: Menschenwürde und Lebensrecht als Maßstäbe für die PGD? Ein Kommentar aus philosophischer Sicht. In: Gethmann, Friedrich (Hg.): Recht und Ethik in der Präimplantationsdiagnostik, München 2010, S. 13–33.

BLANKENAGEL, Alexander: Gentechnologie und Menschenwürde. Über die Strapazierung von juristischem Sachverstand und gesundem Menschenverstand anläßlich eines ernsten Themas. In: Kritische Justiz 20 (1987), H. 4, S. 379–393.

BLECHSCHMIDT, Erich: Das genetische Grundgesetz. In: Stimmen der Zeit 19 (1964), H. 1, S. 40–53.

BLECHSCHMIDT, Erich: Vom Ei zum Embryo. Die Gestaltungskraft des menschlichen Keims, Stuttgart 1968.

BLECHSCHMIDT, Erich: Das Mißverständnis des „entwicklungsgeschichtlichen" Denkens. In: Zeitschrift für das gesamte Familienrecht 20 (1973), H. 3, S. 114–116.

BLECHSCHMIDT, Erich: Sein und Werden. Die menschliche Frühentwicklung, Stuttgart 1982.

BLECHSCHMIDT, Erich: Wie beginnt das menschliche Leben. Vom Ei zum Embryo, Stein am Rhein, 5. völlig neu bearbeitete und erw. Aufl. 1984.

BLUMENTHAL, Hartmut v.: Zur Reform des § 218 StGB. In: Zeitschrift für Rechtspolitik 7 (1974), H. 4, S. 104.

BOCKELMANN, Paul: Strafrecht des Arztes, Stuttgart 1968.

BÖCKENFÖRDE, Ernst-Wolfgang: Abschaffung des § 218 StGB? Überlegungen zur gegenwärtigen Diskussion um das strafrechtliche Abtreibungsverbot. In: Stimmen der Zeit 25 (1971), H. 188, S. 147–167.

BÖCKENFÖRDE, Ernst-Wolfgang: Unabweisbare Konsequenz. Embryonenforschung: Wie weit reicht die Achtung vor der Würde des Menschen. In: Mut: Forum für Kultur und Geschichte (2002), H. 416, S. 10–17.

BÖCKENFÖRDE, Ernst-Wolfgang: Menschenwürde als normatives Prinzip. In: Juristenzeitung 58 (2003), H. 17, S. 809–815.

BÖCKENFÖRDE, Ernst-Wolfgang: Bleibt die Menschenwürde unantastbar? In: Blätter für deutsche und internationale Politik (2004), H. 10, S. 1216–1227.

BÖCKLE, Franz: Antikonzeption und Nidationshemmung in katholischer Sicht. In: Kepp, Richard/Koester, Helmut (Hg.): Empfängnisverhütung aus Verantwortung. Zweiter ärztlicher Fortbildungskurs der Medizinischen Fakultät der Justus Liebig-Universität Gießen über Fragen der Kontrazeption am 22./23. Juni 1968 in Verbindung mit der Pro Familia, Deutsche Gesellschaft für Familienplanung e. V., Stuttgart 1968, S. 26–34.

Böckle, Franz: Um den Beginn des menschlichen Lebens. In: Arzt und Christ 14 (1968), H. 2, S. 65–73.

Böckle, Franz: Kann die Frau allein entscheiden? Anmerkungen eines Moraltheologen zum § 218. In: Beckel, Albrecht (Hg.): Abtreibung in der Diskussion. Medizinische, psychologische, juristische, ethische und politische Aspekte der Reform des § 218, Münster 1972, S. 69–80.

Böckle, Franz: Die Schutzpflicht gegenüber dem ungeborenen Menschen. Moraltheologische Überlegungen zum Schwangerschaftsabbruch. In: Hofmann, Dietrich (Hg.): Schwangerschaftsunterbrechung. Aktuelle Überlegungen zur Reform des § 218, Frankfurt a. M. 1974 (= Suhrkamp Taschenbuch, Bd. 238), S. 179–205.

Böckle, Franz: Naturwissenschaftlich-technologischer Fortschritt und Menschenwürde. Konsequenzen für die Grundwertdiskussion. In: Schönbohm, Wulf/Braun, Günther (Hg.): CDU-Programmatik. Grundlagen und Herausforderungen, München/Wien 1981, S. 241–256.

Böckle, Franz: Genetische Eingriffe und menschliche Personalität. In: Herder-Korrespondenz 39 (1985), H. 1, S. 31–34.

Böckle, Franz: Fortpflanzung und Menschenwürde. Das Wohl des Kindes hat Vorrang. In: Die Politische Meinung 33 (1988), H. 236, S. 7–14.

Böhmer, Maria: Als wir Parlamentsgeschichte schrieben. Ein Rückblick auf die Entstehung des Stammzellgesetzes. In: Bräcklein, Susann u. a. (Hg.): Politisches Denken ist. Festschrift für Margot von Renesse, Frankfurt a. M. u. a. 2005, S. 157–168.

Böhmer, Maria: Wissenschaft, Ethik, Recht und Politik – Die Quadratur der Gentechnik in Deutschland. In: Europäische Grundrechte-Zeitschrift 32 (2005), H. 11–12, S. 297–300.

Bołoz, Wojciech: Über die Notwendigkeit einer Auseinandersetzung mit dem Utilitarismus in der Bioethik. In: Bołoz, Wojciech/Höver, Gerhard (Hg.): Utilitarismus in der Bioethik. Seine Voraussetzungen und Folgen am Beispiel der Anschauungen von Peter Singer, Münster 2002, S. 9–23.

Braun, Kathrin: Menschenwürde und Biomedizin. Zum philosophischen Diskurs der Bioethik, Frankfurt a. M./New York 2000.

Braun, Kathrin: Grenzziehungen in der Biomedizin unter Beachtung der Menschenwürde. In: Das Bundesministerium für Gesundheit (Hg.): Fortpflanzungsmedizin in Deutschland. Wissenschaftliches Symposium des Bundesministeriums für Gesundheit mit dem Robert-Koch-Institut vom 24. bis 26. Mai 2000 in Berlin, Baden-Baden 2001 (= Schriftenreihe des Bundesministeriums für Gesundheit, Bd. 132), S. 22–26.

Braun, Kathrin: Die besten Gründe für eine kategorische Auffassung der Menschenwürde. In: Kettner, Matthias (Hg.): Biomedizin und Menschenwürde, Frankfurt a. M. 2004 (= Edition Suhrkamp, Bd. 2268), S. 81–99.

Brewe, Manuela: Embryonenschutz und Stammzellgesetz. Rechtliche Aspekte der Forschung mit embryonalen Stammzellen, Berlin 2006 (= Veröffentlichungen des Instituts für Deutsches, Europäisches und Internationales Medizinrecht, Gesundheitsrecht und Bioethik der Universitäten Heidelberg und Mannheim, Bd. 27).

Brohm, Winfried: Forum: Humangenetik, Eigentum und Menschenwürde. In: Juristische Schulung 38 (1998), H. 3, S. 197–205.

Brüske, Martin: Der „therapeutische Imperativ" als ethisches und sozialethisches Problem. Zur Gefährdung der Würde des Menschen durch die Totalisierung einer „Ethik des Heilens" am Beispiel der Debatte um „therapeutisches Klonen" und verbrauchende Embryonenforschung. In: Zeitschrift für medizinische Ethik 47 (2001), S. 259–275.

Brüstle, Oliver/Wiestler, Otmar: Zellersatz aus embryonalen Stammzellen. Neue Perspektiven für die Transplantationsmedizin. In: Deutsches Ärzteblatt 97 (2000), H. 24, S. 1666.

Büchner, Franz: Die Frühentwicklung des menschlichen Embryos in der Sicht des Keimstoffwechsels. In: Zeitschrift für das gesamte Familienrecht 20 (1973), H. 3, S. 116–118.

Büchner, Franz: Der Mensch in der Sicht moderner Medizin, Freiburg u. a. 1985.

Budde, Emma/Heichel, Stephan: Von „So nicht" zu „Ja aber…". Der lange Weg zum Fristenmodell in der Regulierung des Schwangerschaftsabbruchs. In: Knill, Christoph u. a. (Hg.): Moralpolitik in Deutschland. Staatliche Regulierung gesellschaftlicher Wertekonflikte im historischen und internationalen Vergleich, Wiesbaden 2015, S. 69–87.

Bühler, Klaus u. a.: Deutsches IVF-Register. Jahrbuch 2001. In: DIR Deutsches IVF-Register (2001).

Bundesarbeitskreis Christlich-Demokratischer Juristen (BACDJ): Leitsätze zu rechtsethischen und rechtspolitischen Fragen der Fortpflanzung. In: Seesing, Heinz (Hg.): Technologischer Fortschritt und menschliches Leben. Die Menschenwürde als Maßstab der Rechtspolitik. Teil 1: Rechtspolitische Grundsätze von CDU und CSU zur Fortpflanzungsmedizin, München 1987 (= Gentechnologie Chancen und Risiken, Bd. 11), S. 90–92.

Bundesärztekammer: Richtlinien zur Durchführung von In-vitro-Fertilisation (IVF) und Embryotransfer (ET) als Behandlungsmethode der menschlichen Sterilität. In: Deutsches Ärzteblatt 82 (1985), H. 22, S. 1691–1698.

Bundesärztekammer: Richtlinien zur Forschung an frühen menschlichen Embryonen. Richtlinien des wissenschaftlichen Beirates der Bundesärztekammer. In: Deutsches Ärzteblatt 82 (1985), H. 50, S. 3757–3764.

Bundesärztekammer: 56. Deutscher Juristentag zu künstlicher Befruchtung und Sterbehilfe. Meinungsbildung im Sinne der Bundesärztekammer-Richtlinien. In: Deutsches Ärzteblatt 83 (1986), H. 47, S. 3272–3276.

Bundesärztekammer: Richtlinien zur Durchführung der In-vitro-Fertilisation mit Embryotransfer und des intratubaren Gameten- und Embryotransfers als Behandlungsmethode der menschlichen Sterilität. In: Deutsches Ärzteblatt 85 (1988), H. 50, S. 3605–3608.

Bundesärztekammer: Medizinethik in einer offenen Gesellschaft. Entschließung zum Tagesordnungspunkt II. In: Deutsches Ärzteblatt 94 (1997), H. 24, S. 1655–1657.

Bundesärztekammer: Diskussionsentwurf zu einer Richtlinie zur Präimplantationsdiagnostik. In: Deutsches Ärzteblatt 97 (2000), H. 9, S. 525–528.

Bundesärztekammer: Memorandum zur Präimplantationsdiagnostik (PID). In: Deutsches Ärzteblatt 108 (2011), H. 31/32, S. 1701–1708.

Bundesfachausschuss für Rechts- und Innenpolitik der FDP: Empfehlung des Bundesausschusses für Rechts- und Innenpolitik der F. D.P. vom 4.6.1971. In: Informationen zur Diskussion um § 218, Köln 1971, S. 17f.

Bundesminister der Justiz, Referat für Presse- und Öffentlichkeitsarbeit (Hg.): Umgang mit dem Leben. Fortpflanzungsmedizin und Recht, Bonn 1987 (= Der Bundesminister der Justiz informiert).

Bundesministerium der Justiz: Bericht der Bund-Länder-Arbeitsgruppe „Fortpflanzungsmedizin". In: Bundesanzeiger 41 (1989), H. 4a.

Bürkelin, Wilhelm u. a.: Dimensionen des Wertewandels. Eine empirische Längsschnittanalyse zur Dimensionalität und der Wandlungsdynamik gesellschaftlicher Wertorientierungen. In: Politische Vierteljahreszeitschrift 35 (1994), H. 4, S. 579–606.

Busch, Tim: Die deutsche Strafrechtsreform. Ein Rückblick auf die sechs Reformen des Deutschen Strafrechts (1969–1998), Baden-Baden 2005 (= Kieler rechtswissenschaftliche Abhandlungen, Bd. 47).

Buselmaier, Werner/Tariverdian, Gholamali (Hg.): Humangenetik für Biologen, Berlin/ Heidelberg 2006.

Caesar, Peter (Hg.): Präimplantationsdiagnostik. Thesen zu den medizinischen, rechtlichen und ethischen Problemstellungen. Bericht der Bioethik-Kommission des Landes Rheinland-Pfalz vom 20. Juni 1999, Mainz 1999.

Christlich Demokratische Union Deutschlands (Hg.): Freiheit und Sicherheit. Grundsätze für Deutschland. Grundsätze für Deutschland, Hannover 2007.

Cicero, Marcus T.: Ausgewählte Werke. Bd. I – Philosophische Schriften. Herausgegeben und übersetzt von Rainer Nickel und Olof Gigon, Düsseldorf 2008.

Classen, Claus D.: Verfassungsrechtliche Rahmenbedingungen der Forschung mit Embryonen. In: Zeitschrift für Recht und Verwaltung (1989), H. 22, S. 235–247.

Classen, Claus D.: Zur Menschenwürde aus Sicht des Verfassungsrechts. In: Beckmann, Dorothee u. a. (Hg.): Humangenetik – Segen für die Menschheit oder unkalkulierbares Risiko?, Frankfurt a. M. u. a. 1991 (= Forum interdisziplinäre Ethik, Bd. 2), S. 93–105.

Classen, Claus D.: Die Forschung mit embryonalen Stammzellen im Spiegel der Grundrechte. In: Deutsches Verwaltungsblatt 117 (2002), H. 3, S. 141–148.

Clauss, Wolfgang/Clauss, Cornelia (Hg.): Humanbiologie kompakt, Heidelberg 2009.

Coester-Waltjen, Dagmar: Befruchtungs- und Gentechnologie bei Menschen, rechtliche Probleme von morgen? In: Zeitschrift für das gesamte Familienrecht 31 (1984), H. 3, S. 230–236.

Coester-Waltjen, Dagmar: Zivilrechtliche Aspekte der Gentechnologie außerhalb der Haltungsfrage. In: Stiftung Gesellschaft für Rechtspolitik, Trier/Institut für Rechtspolitik an der Universität Trier (Hg.): Bitburger Gespräche. Jahrbuch 1986/I, München 1986, S. 93–150.

Corea, Gena: MutterMaschine. Reproduktionstechnologien – von der künstlichen Befruchtung zur künstlichen Gebärmutter, Berlin 1986.

Corea, Genoveffa: Eierdiebe. In: Arditti, Rita u. a. (Hg.): Retortenmütter. Frauen in den Labors der Menschenzüchter, Reinbek bei Hamburg 1985 (= rororo aktuell, Bd. 5538), S. 31–44.

Corveleyn, Annieke u. a. (Hg.): Preimplantation Genetic Diagnosis in Europe, Seville 2007.

Dabrock, Peter u. a.: Menschenwürde und Lebensschutz. Herausforderungen theologischer Bioethik, Gütersloh 2004.

Das Bundesministerium für Gesundheit (Hg.): Fortpflanzungsmedizin in Deutschland. Wissenschaftliches Symposium des Bundesministeriums für Gesundheit mit dem Robert-Koch-Institut vom 24. bis 26. Mai 2000 in Berlin, Baden-Baden 2001 (= Schriftenreihe des Bundesministeriums für Gesundheit, Bd. 132).

Däubler-Gmelin, Herta (Hg.): Forschungsobjekt Mensch: Zwischen Hilfe und Manipulation. Vorschläge der Sozialdemokratischen Partei Deutschlands zur Lösung von Problemen der Unfruchtbarkeit und der Anwendung gentechnologischer Methoden beim Menschen, München 1986 (= Gentechnologie Chancen und Risiken, Bd. 7).

Däubler-Gmelin, Herta: Fortpflanzung und Gentechnologie: Erprobung des Gesetzgebers. In: Vierteljahrszeitschrift für Demokratie und Recht 14 (1986), H. 2, S. 143–151.

Dederer, Hans-Georg: Menschenwürde des Embryos in vitro? Der Kristallisationspunkt der Bioethik-Debatte am Beispiel des therapeutischen Klonens. In: Archiv des öffentlichen Rechtes (2002), H. 127, S. 1–26.

Dederer, Hans-Georg: Hochrangigkeit von Forschungszielen im Lichte des Grundgesetzes. In: Jahrbuch für Wissenschaft und Ethik 8 (2003), H. 8, S. 305–311.

Dederer, Hans-Georg: Verfassungskonkretisierung im Verfassungsneuland: Das Stammzellgesetz. In: Juristenzeitung 58 (2003), H. 20, S. 986–994.

Dederer, Hans-Georg: Die Garantie der Menschenwürde (Art. 1 Abs. 1 GG). Dogmatische Grundfragen auf dem Stand der Wissenschaft. In: Jahrbuch des öffentlichen Rechts der Gegenwart (2009), H. 57, S. 89–124.

Demel, Sabine: Abtreibung zwischen Straffreiheit und Exkommunikation. Weltliches und kirchliches Strafrecht auf dem Prüfstand, Stuttgart u. a. 1996.

Denninger, Erhard: Embryo und Grundgesetz. Schutz des Lebens und der Menschenwürde vor Nidation und Geburt. In: Kritische Vierteljahresschrift für Gesetzgebung und Rechtswissenschaft 86 (2003), H. 2, S. 191–209.

Denzer, Horst: Moralphilosophie und Naturrecht bei Samuel Pufendorf. Eine geistes- und wissenschaftsgeschichtliche Untersuchung zur Geburt des Naturrechts aus der Praktischen Philosophie, München 1972 (= Münchener Studien zur Politik, Bd. 22).

Detjen, Joachim: Die Werteordnung des Grundgesetzes, Wiesbaden 2009.

Deutsch, Erwin: Der Diskussionsentwurf eines Gesetzes zum Schutz von Embryonen. In: Zeitschrift für Rechtspolitik 19 (1896), H. 9, S. 242f.

Deutsch, Erwin: Artifizielle Wege menschlicher Reproduktion: Rechtsgrundsätze Konservierung von Sperma, Eiern und Embryonen; künstliche Insemination und artifizielle Fertilisation; Embryotransfer. In: Monatsschrift für Deutsches Recht 38 (1985), H. 3, S. 177–183.

Deutsche Forschungsgemeinschaft (Hg.): DFG-Stellungnahme zum Problemkreis „Humane embryonale Stammzellen“, Bonn 1999.

Deutsche Forschungsgemeinschaft (Hg.): Forschung mit humanen embryonalen Stammzellen. Standpunkte, Bonn 2003.

Deutsche Kommission Justitia et Pax (Hg.): Menschenwürde. Impulse zum Geltungsanspruch der Menschenrechte, Bonn 2013 (= Gerechtigkeit und Frieden, Bd. 127).

Deutscher Ärztetag (Hg.): Beschlussprotokoll des 105. Deutschen Ärztetages vom 28.–31. Mai 2002 in Rostock, Berlin 2002.

Deutscher Bundestag/Presse- und Informationszentrum (Hg.): Reform des § 218. Aus der öffentlichen Anhörung des Sonderausschusses für die Strafrechtsreform des Deutschen Bundestages, Stuttgart 1972 (= Zur Sache. Themen parlamentarischer Beratung, Bd. 6/72).

Deutscher Ethikrat: Präimplantationsdiagnostik. Stellungnahme, Berlin 2011.

Deutscher Juristinnenbund: Thesen einer Arbeitsgruppe des Deutschen Juristinnenbundes zu künstlichen Befruchtungen. In: Juristenzeitung 41 (1986), H. 17, S. 777f.

Deutscher Richterbund: Menschenwürde als oberster Maßstab. Thesen des Deutschen Richterbundes zur Fortpflanzungsmedizin und zur Humangenetik – Beschluß der Bundesvertreterversammlung. In: Deutsche Richterzeitung 64 (1986), H. 6, S. 229f.

Di Fabio, Udo: Grundrechte als Werteordnung. In: Juristenzeitung 59 (2004), H. 1, S. 1–8.

Diedrich, Klaus u. a.: Präimplantationsdiagnostik in Deutschland nach dem Urteil des Bundesgerichtshofes 2010. In: Gynäkologische Endokrinologie 8 (2010), H. 4, S. 291–298.

Diedrich, Klaus u. a.: Reproduktionsmedizin. Mit 256 Abbildungen, Berlin/Heidelberg 2013.

Dietz, Bernhard u. a. (Hg.): Gab es den Wertewandel? Neue Forschungen zum gesellschaftlich-kulturellen Wandel seit den 1960er Jahren, München 2014 (= Wertewandel im 20. Jahrhundert, Bd. 1).

Dietz, Bernhard: Zur Theorie des „Wertewandels" – Ein Schlüssel für sozialen und mentalen Wandel in der Geschichte? In: Dinzelbacher, Peter/Harrer, Friedrich (Hg.): Wandlungsprozesse der Mentalitätsgeschichte, Baden-Baden 2015, S. 25–47.

Dietz, Bernhard/Neuheiser, Jörg: Diesseits und jenseits der Sozialwissenschaft. Zeitgeschichte als Geschichte normativer Konzepte und Konflikte in der Wirtschafts- und Arbeitswelt. In: Dietz, Bernhard/Neuheiser, Jörg (Hg.): Wertewandel in der Wirtschaft und Arbeitswelt. Arbeit, Leistung und Führung in den 1970er und 1980er Jahren in der Bundesrepublik, Boston/Berlin 2017 (= Wertewandel im 20. Jahrhundert, Bd. 2), S. 7–27.

Dietz, Bernhard/Neuheiser, Jörg (Hg.): Wertewandel in der Wirtschaft und Arbeitswelt. Arbeit, Leistung und Führung in den 1970er und 1980er Jahren in der Bundesrepublik, Boston/Berlin 2017 (= Wertewandel im 20. Jahrhundert, Bd. 2).

Dietz, Bernhard/Neumaier, Christopher: Vom Nutzen der Sozialwissenschaften für die Zeitgeschichte. Werte und Wertewandel als Gegenstand historischer Forschung. In: Vierteljahrshefte für Zeitgeschichte 60 (2012), H. 2, S. 293–304.

Domasch, Silke: Biomedizin als sprachliche Kontroverse. Die Thematisierung von Sprache im öffentlichen Diskurs zur Gendiagnostik, Berlin 2007 (= Sprache und Wissen, Bd. 1).

Döpfner, Julius Kardinal/Dietzfelbinger, Hermann Landesbischof (Hg.): Das Gesetz des Staates und die sittliche Ordnung. Zur öffentlichen Diskussion über die Reform des Eherechts und des Strafrechts, Trier 1970.

Döpfner, Julius Kardinal/Dietzfelbinger, Hermann Landesbischof (Hg.): Zur öffentlichen Diskussion über die Reform des Eherechts und des Strafrechts, Gütersloh 1970 (= Arbeitshilfen Sekretariat der Deutschen Bischofskonferenz, Bd. 1).

Döring, Gerhard K.: Empfängnisverhütung, Stuttgart, 4. Aufl. 1969.

Dreier, Horst: Menschenwürdegarantie und Schwangerschaftsabbruch. In: Die öffentliche Verwaltung 48 (1995), H. 24, S. 1036–1040.

Dreier, Horst (Hg.): Grundgesetz Kommentar. Band I: Artikel 1–19, Tübingen 1996.

Dreier, Horst: Lebensschutz und Menschenwürde in der bioethischen Diskussion. In: Dreier, Horst u. a. (Hg.): Bioethik und Menschenwürde. Ethik & Gesellschaft. Vorträge des Instituts für Christliche Gesellschaftswissenschaften, Münster 2002 (= Münstersche theologische Vorträge, Bd. 4), S. 9–49.

Dreier, Horst: Bedeutung und systematische Stellung der Menschenwürde im deutschen Grundgesetz. In: Seelmann, Kurt (Hg.): Menschenwürde als Rechtsbegriff. Tagung der

Internationalen Vereinigung für Rechts- und Sozialphilosophie (IVR), Schweizer Sektion Basel, 25. bis 28. Juni 2003, Stuttgart 2003 (= Archiv für Rechts- und Sozialphilosophie, Bd. 101), S. 33–48.

Dreier, Horst: Grundgesetz Kommentar. Band I: Präambel, Artikel 1–19, Tübingen, 2. Aufl. 2004.

Dreier, Horst: Bioethik. Politik und Verfassung, Tübingen 2013.

Dreier, Horst: Grundgesetz Kommentar. Band I: Präambel, Artikel 1–19, Tübingen, 3. Aufl. 2013.

Dürig, Günter: Die Menschenauffassung des Grundgesetzes. In: Juristische Rundschau (1952), H. 7, S. 259–263.

Dürig, Günter: Der Grundrechtssatz von der Menschenwürde. Entwurf eines praktikablen Wertsystems der Grundrechte aus Art. 1 Abs. I in Verbindung mit Art. 19 Abs. II des Grundgesetzes. In: Archiv des öffentlichen Rechtes (1956), H. 81, S. 117–157.

Dürig, Walter: Dignitas. In: Klauser, Theodor (Hg.): Reallexikon für Antike und Christentum. Sachwörterbuch zur Auseinandersetzung des Christentums mit der Antiken Welt, Stuttgart 1957, Sp. 1024–1035.

Dusik, Peter: Grenzprobleme der Menschenwürde (Art. 1 Abs. 1 GG). Zugleich ein Beitrag zur Sozialverpflichtung aus Menschenwürde, Würzburg 1977.

Düwell, Marcus: Die Menschenwürde in der gegenwärtigen bioethischen Debatte. In: Graumann, Sigrid (Hg.): Die Genkontroverse. Grundpositionen, Freiburg u. a. 2001 (= Herder-Spektrum, Bd. 5224), S. 80–87.

Düwell, Marcus: Menschenwürde als Grundlage der Menschenrechte. In: Zeitschrift für Menschenrechte 4 (2010), H. 1, S. 64–79.

Ebbinghaus, Julius: Das Lebensrecht des Nasciturus und das Verbot der Schwangerschaftsunterbrechung. Eine Erwiderung. In: Zeitschrift für das gesamte Familienrecht 6 (1959), H. 12, S. 93–96.

Eckel, Jan: Die Ambivalenz des Guten. Menschenrechte in der internationalen Politik seit den 1940ern, Göttingen 2014.

Ehmke, Horst: Die Fristenregelung und das Grundgesetz, Bonn-Bad Godesberg 1975.

Eibach, Ulrich: Wann und wie beginnt menschliches Leben? In: Theologische Beiträge 3 (1972), S. 152–180.

Eibach, Ulrich: Menschenwürde an den Grenzen des Lebens. Einführung in Fragen der Bioethik aus christlicher Sicht, Neukirchen-Vluyn 2000.

Eibach, Ulrich: Zeugung auf Probe? – Selektion vor der Schwangerschaft? Ethische Beurteilung der Präimplantationsdiagnostik aus christlicher Sicht. In: Zeitschrift für medizinische Ethik 46 (2000), S. 107–121.

Eibach, Ulrich: Gentechnik und Embryonenforschung. Leben als Schöpfung aus Menschenhand? Eine ethische Orientierung aus christlicher Sicht, Wuppertal 2002.

Eibach, Ulrich: Menschenwürde, Lebensbeginn und verbrauchende Embryonenforschung. Eine Beurteilung aus christlicher Sicht. In: Oduncu, Fuat u. a. (Hg.): Stammzellforschung und therapeutisches Klonen. Mit 19 Abbildungen und 9 Tabellen, Göttingen 2002 (= Medizin – Ethik – Recht, Bd. 1), S. 170–200.

Eibach, Ulrich: Präimplantationsdiagnostik (PID)? – Grundsätzliche ethische und rechtliche Probleme. In: Medizinrecht 21 (2003), H. 8, S. 441–450.

Eicken, Joachim/Schmitz-Veltin, Ansgar: Die Entwicklung der Kirchenmitglieder in Deutschland. Statistische Anmerkungen zu Umfang und Ursache des Mitgliederrückgangs in den beiden christlichen Volkskirchen. In: Wirtschaft und Statistik (2010), H. 6, S. 576–589.

Ekardt, Felix/Kornack, Daniel: „Europäische" und „deutsche" Menschenwürde und die europäische Grundrechtsinterpretation. Zugleich zur Gentechnik-Forschungsförderung und zum Verhältnis der verschiedenen EU-Grundrechtsquellen. In: Zeitschrift für europarechtliche Studien 13 (2010), H. 2, S. 111–144.

Enders, Christoph: Die Menschenwürde und ihr Schutz vor gentechnologischer Gefährdung. In: Europäische Grundrechte-Zeitschrift 13 (1986), H. 7, S. 241–252.

Enders, Christoph: Die Menschenwürde in der Verfassungsordnung. Zur Dogmatik des Art. 1 GG, Tübingen 1997 (= Jus publicum, Bd. 27).

Enders, Christoph: Würde- und Lebensschutz im Konfliktfeld von Biotechnologie und Fortpflanzungsmedizin. In: Juristische Ausbildung 25 (2003), H. 3, S. 666–674.

Erhardt, Manfred: Durch Wissen aufklären. In: Forschung und Lehre 9 (2002), H. 8, S. 406–408.

Ernst, Stephan: Wundermittel der Medizin oder Bedrohung der Menschenwürde? Theologisch-ethische Anfragen an die Biomedizin. In: Groß, Dominik (Hg.): Ethik in der Medizin in Lehre, Klinik und Forschung, Würzburg 2002, S. 71–84.

Eser, Albin: Aspekte eines Strafrechtlers zur Abtreibungsreform. In: Hofmann, Dietrich (Hg.): Schwangerschaftsunterbrechung. Aktuelle Überlegungen zur Reform des § 218, Frankfurt a. M. 1974 (= Suhrkamp Taschenbuch, Bd. 238), S. 117–177.

Eser, Albin: Recht und Humangenetik. Juristische Überlegungen zum Umgang mit menschlichem Erbgut. In: Koslowski, Peter u. a. (Hg.): Die Verführung durch das Machbare. Ethische Konflikte in der modernen Medizin und Biologie, Stuttgart 1983, S. 49–69.

Eser, Albin: Genetik, Gen-Ethik, Gen-Recht? Rechtspolitische Überlegungen zum Umgang mit menschlichem Erbgut. In: Flöhl, Rainer (Hg.): Genforschung – Fluch oder Segen? Interdisziplinäre Stellungnahme, München 1985 (= Gentechnologie Chancen und Risiken, Bd. 3), S. 248–258.

Eser, Albin: Strafrechtliche Schutzaspekte im Bereich der Humangenetik. In: Braun, Volkmar u. a. (Hg.): Ethische und rechtliche Fragen der Gentechnologie und der Reproduktionsmedizin. Dokumentation eines Symposiums der Landesregierung Baden-Württemberg und des Stifterverbandes für die Deutsche Wissenschaft in Verbindung mit der Universität Tübingen vom 1.–4. September 1986 in Tübingen, München 1987 (= Gentechnologie Chancen und Risiken, Bd. 13), S. 120–149.

Eser, Albin u. a. (Hg.): Regelungen der Fortpflanzungsmedizin und Humangenetik I. Eine internationale Dokumentation gesetzlicher und berufsständischer Rechtsquellen, Frankfurt a. M. 1990.

Eser, Albin: Rechtliche Fragen im Rahmen des Embryonenschutzgesetzes. In: Grünwaldt, Klaus/Hahn, Udo (Hg.): Was darf der Mensch? Neue Herausforderungen durch Gentechnik und Biomedizin, Hannover 2001, S. 86–107.

Eser, Albin/Koch, Hans-Georg (Hg.): Schwangerschaftsabbruch im internationalen Vergleich. Rechtliche Regelungen – soziale Rahmenbedingungen – empirische Grunddaten. Teil 1: Europa, Baden-Baden 1988 (= Rechtsvergleichende Untersuchungen zur gesamten Strafrechtswissenschaft, Bd. 21).

Ethikkommission der Bundesärztekammer: Stellungnahme der Zentralen Ethikkommission bei der Bundesärztekammer zur Stammzellforschung (23.11.2001). In: Medizinrecht 20 (2002), H. 2, S. 83.

Evangelische Kirche in Deutschland (Hg.): Von der Würde werdenden Lebens. Extrakorporale Befruchtung, Fremdschwangerschaft und genetische Beratung: Eine Handreichung der Evangelischen Kirche in Deutschland zur ethischen Urteilsbildung, Hannover 1985 (= EKD-Texte, Bd. 11).

Evangelische Kirche in Deutschland (Hg.): Zur Achtung vor dem Leben – Maßstäbe für Gentechnik und Fortpflanzungsmedizin. Kundgebung der Synode der Evangelischen Kirche in Deutschland, Berlin 1987 (= EKD Texte, Bd. 11).

Evangelische Kirche in Deutschland (Hg.): Im Geist der Liebe mit dem Leben umgehen. Argumentationshilfen für aktuelle medizin- und bioethische Fragen, Hannover 2002 (= EKD-Texte, Bd. 71).

Evangelische Kirche in Deutschland/Deutsche Bischofskonferenz (Hg.): Gott ist ein Freund des Lebens. Herausforderungen und Aufgaben beim Schutz des Lebens, Trier 1989.

Evangelische Kirche in Deutschland/Sekretariat der Deutschen Bischofskonferenz (Hg.): Wieviel Wissen tut uns gut? Chancen und Risiken der voraussagenden Medizin. Gemeinsames Wort der Deutschen Bischofskonferenz und des Rates der Evangelischen Kirche in Deutschland zur Woche für das Leben 1997, Bonn 1997 (= Gemeinsame Texte, Bd. 11).

Evangelische Kirche von Westfalen (Hg.): Ethische Überlegungen zum Umgang mit der Präimplantationsdiagnostik 2003 (= Materialien für den Dienst in der Evangelischen Kirche von Westfalen).

Ewig, Santiago: Heilungsversprechen versus Menschenwürde. Elemente einer Kritik neuer Biotechnologien. In: Zeitschrift für medizinische Ethik 47 (2001), S. 407–419.

Ewig, Santiago: Stammzellforschung. Abschied von der Menschenwürde? In: Deutsches Ärzteblatt 98 (2001), H. 49, S. 3268–3270.

Eyrich, Heinz: Recht sichert Freiheit. Eröffnungsrede zum 4. Rechtspolitischen Kongreß von CDU und CSU. In: Wehowsky, Stephan (Hg.): Lebensbeginn und menschliche Würde. Stellungnahme zur Instruktion der Kongregation für die Glaubenslehre vom 22.2.1987, Frankfurt a. M./München 1987 (= Gentechnologie Chancen und Risiken, Bd. 14), S. 19–22.

Fassbender, Kurt: Der Schutz des Embryos und die Humangenetik. Zur Verfassungsmäßigkeit des neuen Stammzellengesetzes und des Embryonenschutzgesetzes im Lichte des einschlägigen Arzthaftungsrechts. In: Medizinrecht 21 (2003), H. 5, S. 279–286.

Fechner, Erich: Menschenwürde und generative Forschung und Technik. Eine rechtstheoretische und rechtspolitische Untersuchung. In: Juristenzeitung 41 (1986), H. 14, S. 653–664.

Fechner, Erich: Nachträge zu einer Abhandlung über Menschenwürde und generative Forschung und Technik. In: Günther, Hans-Ludwig/Keller, Rolf (Hg.): Fortpflanzungsmedizin und Humangenetik – Strafrechtliche Schranken? Tübinger Beiträge zum Diskussionsentwurf eines Gesetzes zum Schutz von Embryonen, Tübingen, 2. Aufl. 1991, S. 37–59.

Felberbaum, Ricardo u. a. (Hg.): Das Deutsche IVF-Register 1996–2006. 10 Jahre Reproduktionsmedizin in Deutschland, Heidelberg 2007.

Feldkamp, Michael (Hg.): Der Parlamentarische Rat 1948–1949. Akten und Protokolle – Bd. 14: Hauptausschuß. Teilbd. 2, München 2009.

FENNER, Dagmar: Menschenwürde – eine „Leerformel"? Das Konzept „Menschenwürde" in der Bioethik. In: Allgemeine Zeitschrift für Philosophie 32 (2007), H. 2, S. 137–156.

FINK, Udo: Der Schutz des menschlichen Lebens im Grundgesetz – zugleich ein Beitrag zum Verhältnis des Lebensrechts zur Menschenwürdegarantie. In: Juristische Ausbildung 22 (2000), H. 4, S. 210–216.

FLÄMIG, Christian: Humangenetische Manipulation und ihre verfassungsrechtlichen Implikationen. In: Konrad-Adenauer-Stiftung (Hg.): Neue Entwicklungen in der Gentechnik. Eine neue Dimension der Verantwortung für den Menschen, Wesseling 1985, S. 52–70.

FLÖHL, Rainer: Genforschung – Fluch oder Segen? Eine zusammenfassende Analyse. In: Flöhl, Rainer (Hg.): Genforschung – Fluch oder Segen? Interdisziplinäre Stellungnahme, München 1985 (= Gentechnologie Chancen und Risiken, Bd. 3), S. 367–375.

FORSTER, Christoph: Geburtenregelung und Abtreibung. Ein Diskussionsbeitrag zu ihrer strafrechtlichen Abgrenzung unter Berücksichtigung neuer medizinischer Erkenntnisse, München 1968.

FROMMEL, Monika: Die Menschenwürde des Embryos in vitro. In: Kritische Justiz 35 (2002), H. 4, S. 411–426.

FRÜHWALD, Wolfgang: Der „optimierte Mensch". Über Gentechnik, Forschungsfreiheit, Menschenbild und die Zukunft der Wissenschaft. In: Forschung und Lehre (2001), H. 8, S. 402–405.

FUNCKE, Liselotte: Wider die Unmenschlichkeit des Gesetzes. Ein Plädoyer für die Fristenlösung. In: Beckel, Albrecht (Hg.): Abtreibung in der Diskussion. Medizinische, psychologische, juristische, ethische und politische Aspekte der Reform des § 218, Münster 1972, S. 81–88.

GANTE, Michael: § 218 in der Diskussion. Meinungs- und Willensbildung 1945–1976, Düsseldorf 1991 (= Forschungen und Quellen zur Zeitgeschichte, Bd. 21).

GANTE, Michael: Das 20. Jahrhundert (II). Rechtspolitik und Rechtswirklichkeit 1927–1976. In: Jütte, Robert (Hg.): Geschichte der Abtreibung. Von der Antike bis zur Gegenwart, München 1993 (= Beck'sche Reihe, Bd. 1018), S. 169–207.

GANTE, Michael: Die Haltung der Ärzte in der Abtreibungsdiskussion von 1945 bis 1976. Ein Rückblick. In: Thomas, Hans/Kluth, Winfried (Hg.): Das zumutbare Kind. Die zweite Bonner Fristenregelung vor dem Bundesverfassungsgericht, Herford u. a. 1993, S. 53–73.

GEARHART, John: New Potential for Human Embryonic Stem Cells. Perspectives: Cell Biology. In: Science 282 (1998), H. 5391, S. 1061f.

GEDDERT-STEINACHER, Tatjana: Menschenwürde als Verfassungsbegriff. Aspekte der Rechtsprechung des Bundesverfassungsgerichtes zu Art. 1 Abs. 1 Grundgesetz, Berlin 1990 (= Tübinger Schriften zum Staats- und Verwaltungsrecht, Bd. 5).

GEILEN, Gerd: Neue juristisch-medizinische Grenzprobleme. In: Juristenzeitung 23 (1968), H. 5/6, S. 145–152.

GEISMANN, Georg: Kant und ein vermeintes Recht des Embryos. In: Kant Studien 95 (2004), H. 4, S. 443–469.

GEISSLER, Heiner: Schlußvortrag. In: Stiftung Gesellschaft für Rechtspolitik, Trier/Institut für Rechtspolitik an der Universität Trier (Hg.): Bitburger Gespräche. Jahrbuch 1986/I, München 1986, S. 151–160.

Gelernter, David: The Irreducibly Religious Character of Human Dignity. In: The President's Council on Bioethics (Hg.): Human Dignity and Bioethics. Essays Commissioned by the President's Council on Bioethics, Washington D. C. 2008, S. 387–405.

Gembries, Ann-Katrin: Von der Fortpflanzungspflicht zum Recht auf Abtreibung. Werte und Wertewandel im Spiegel französischer Parlamentsdebatten über Geburtenkontrolle 1920–1974. In: Dietz, Bernhard u. a. (Hg.): Gab es den Wertewandel? Neue Forschungen zum gesellschaftlich-kulturellen Wandel seit den 1960er Jahren, München 2014 (= Wertewandel im 20. Jahrhundert, Bd. 1), S. 307–333.

Gembries, Ann-Katrin u. a. (Hg.): Children by Choice? Changing Values, Reproduction, and Family Planning in the 20th Century, Boston/Berlin 2018.

Geulen, Christian: Plädoyer für eine Geschichte der Grundbegriffe des 20. Jahrhunderts. In: Zeithistorische Forschungen (2010), H. 7, S. 79–97.

Geyer, Christian (Hg.): Biopolitik. Die Positionen, Frankfurt a. M. 2001 (= Edition Suhrkamp, Bd. 2261).

Giese, Friedrich/Schunck, Egon: Grundgesetz für die Bundesrepublik Deutschland vom 23. Mai 1949, Frankfurt a. M., 5. Aufl. 1960.

Giesen, Dieter: Biotechnologie, Verantwortung und Achtung vor dem menschlichen Leben. In: Schwab, Dieter u. a. (Hg.): Staat, Kirche, Wissenschaft in einer pluralistischen Gesellschaft. Festschrift zum 65. Geburtstag von Paul Mikat, Berlin 1989, S. 55–79.

Giwer, Elisabeth: Rechtsfragen der Präimplantationsdiagnostik. Eine Studie zum rechtlichen Status des Embryos im Zusammenhang mit Präimplantationsdiagnostik unter besonderer Berücksichtigung grundrechtlicher Schutzpflichten, Berlin 2001 (= Schriften zum öffentlichen Recht, Bd. 859).

Goldstein, Martin: Wann ‚beginnt' menschliches Leben? In: Lefringhausen, Klaus u. a. (Hg.): Das Gesetz der Moral und die staatliche Ordnung. Gegendenkschrift zur „gemeinsamen christlichen Aussage" von Julius Kardinal Döpfner, Landesbischof D. Hermann Dietzfelbinger und deren Autorenkollektiv, Wuppertal 1971, S. 49–54.

Goos, Christoph: Innere Freiheit. Eine Rekonstruktion des grundgesetzlichen Würdebegriffs, Bonn 2009.

Gordijn, Bert: Das Klonen von Menschen. Eine alte Debatte – aber immer noch in den Kinderschuhen. In: Ethik in der Medizin 11 (1999), H. 1, S. 12–34.

Gorschenek, Günter (Hg.): Grundwerte in Staat und Gesellschaft, München, 3. Aufl. 1978 (= Beck'sche Schwarze Reihe, Bd. 156).

Graf, Rüdiger/Priemel, Kim C.: Zeitgeschichte in der Welt der Sozialwissenschaften. Legitimität und Originalität einer Disziplin. In: Vierteljahrshefte für Zeitgeschichte 59 (2011), H. 4, S. 479–508.

Graumann, Sigrid: Gesellschaftliche Folgen der Präimplantationsdiagnostik. In: Das Bundesministerium für Gesundheit (Hg.): Fortpflanzungsmedizin in Deutschland. Wissenschaftliches Symposium des Bundesministeriums für Gesundheit mit dem Robert-Koch-Institut vom 24. bis 26. Mai 2000 in Berlin, Baden-Baden 2001 (= Schriftenreihe des Bundesministeriums für Gesundheit, Bd. 132), S. 215–220.

Graumann, Sigrid: Zwischen Zeugung und Erzeugung von menschlichem Leben besteht ein ethisch relevanter Unterschied. In: Graumann, Sigrid (Hg.): Die Genkontroverse. Grundpositionen, Freiburg u. a. 2001 (= Herder-Spektrum, Bd. 5224), S. 88–94.

Graumann, Sigrid: Präimplantationsdiagnostik, embryonale Stammzellforschung und das Regulativ der Menschenwürde. In: Kettner, Matthias (Hg.): Biomedizin und Menschenwürde, Frankfurt a. M. 2004 (= Edition Suhrkamp, Bd. 2268), S. 122–144.

Graw, Jochen: Genetik, Berlin/Heidelberg, 5. Aufl. 2010.

Gröner, Kerstin: Klonen, Hybrid- und Chimärenbildung unter Beteiligung totipotenter menschlicher Zellen. In: Günther, Hans-Ludwig/Keller, Rolf (Hg.): Fortpflanzungsmedizin und Humangenetik – Strafrechtliche Schranken? Tübinger Beiträge zum Diskussionsentwurf eines Gesetzes zum Schutz von Embryonen, Tübingen, 2. Aufl. 1991, S. 293–325.

Gröschner, Rolf u. a. (Hg.): Wörterbuch der Würde, München 2013.

Günther, Hans-Ludwig u. a. (Hg.): Embryonenschutzgesetz. Juristischer Kommentar mit medizinisch-naturwissenschaftlichen Einführungen, Stuttgart 2008.

Günther, Hans-Ludwig/Keller, Rolf (Hg.): Fortpflanzungsmedizin und Humangenetik – Strafrechtliche Schranken? Tübinger Beiträge zum Diskussionsentwurf eines Gesetzes zum Schutz von Embryonen, Tübingen, 2. Aufl. 1991.

Gutmann, Thomas: Rechtliche und rechtsphilosophische Fragen der Präimplantationsdiagnostik. In: Gethmann, Friedrich (Hg.): Recht und Ethik in der Präimplantationsdiagnostik, München 2010, S. 61–102.

Häberle, Peter: Die Menschenwürde als Grundlage der staatlichen Gemeinschaft. In: Isensee, Josef/Kirchhof, Paul (Hg.): Handbuch des Staatsrechts der Bundesrepublik Deutschland. Band II Demokratische Willensbildung – Die Staatsorgane des Bundes, Heidelberg 1987, S. 815–855.

Häberle, Peter: Die Menschenwürde als Grundlage der staatlichen Gemeinschaft. In: Isensee, Josef/Kirchhof, Paul (Hg.): Handbuch des Staatsrechts der Bundesrepublik Deutschland. Band II: Verfassungsstaat, Heidelberg, 3. Aufl. 2004, S. 317–367.

Häberle, Peter/Kotzur, Markus (Hg.): Europäische Verfassungslehre, Baden-Baden, 8. Aufl. 2016.

Habermas, Jürgen: Die Zukunft der menschlichen Natur. Auf dem Weg zu einer liberalen Eugenik?, Frankfurt a. M. 2001.

Habermas, Jürgen: Das Konzept der Menschenwürde und die realistische Utopie der Menschenrechte. In: Deutsche Zeitschrift für Philosophie 58 (2010), H. 3, S. 343–357.

Hahn, Daphne/Busch, Ulrike (Hg.): Abtreibung. Diskurse und Tendenzen, Bielefeld 2014.

Hamann, Andreas: Das Grundgesetz für die Bundesrepublik Deutschland vom 23. Mai 1949. Ein Kommentar für Wissenschaft und Praxis, Berlin 1956.

Hamann, Andreas: Das Grundgesetz für die Bundesrepublik Deutschland vom 23. Mai 1949. Ein Kommentar für Wissenschaft und Praxis begründet von Dr. Andreas Hamann fortgeführt von Dr. Andreas Hamann jr. und Dr. Helmut Lenz, Neuwied, 3. Aufl. 1970.

Handyside, Alan u. a.: Pregnancies from Biopsied Human Preimplantation Embryos Sexed by Y-Specific DNA Amplification. In: Nature (1990), H. 344, S. 768–770.

Handyside, Alan u. a.: Birth of a Normal Girl after In Vitro Fertilization and Preimplantation Diagnostic Testing for Cystic Fibrosis. In: The New England Journal of Medicine 327 (1992), H. 13, S. 905–909.

Harenberg, Werner (Hg.): Was glauben die Deutschen? Die Emnid-Umfrage – Ergebnisse – Kommentare, München 1968.

Häring, Bernhard: Heilender Dienst. Ethische Probleme der modernen Medizin, Mainz 1972.

Härle, Wilfried: Ethik, Berlin/New York 2011.

HARTLEB, Torsten: Grundrechtsschutz in der Petrischale. Grundrechtsträgerschaft und Vorwirkungen bei Art. 2 Abs. 2 GG und Art. 1 Abs. 1 GG, Berlin 2006 (= Schriften zum öffentlichen Recht, Bd. 1046).

HARTLIEB, Michael: Die Menschenwürde und ihre Verletzung durch extreme Armut. Eine sozialethisch-systematische Relektüre des Würdebegriffs, Paderborn u. a. 2013.

HASSEMER, Winfried: Über den argumentativen Umgang mit der Würde des Menschen. In: Europäische Grundrechte-Zeitschrift 32 (2005), H. 11/12, S. 300–304.

HASSMANN, Holger: Embryonenschutz im Spannungsfeld internationaler Menschenrechte, staatlicher Grundrechte und nationaler Regelungsmodelle zur Embryonenforschung, Berlin, Heidelberg 2003 (= Veröffentlichungen des Instituts für Deutsches, Europäisches und Internationales Medizinrecht, Gesundheitsrecht und Bioethik der Universitäten Heidelberg und Mannheim, Bd. 13).

HEISS, Herbert: Die Abortsituation in Europa und in außereuropäischen Ländern. Eine medizinisch-rechtsvergleichende Studie mit 38 Tabellen, Stuttgart 1967 (= Zeitschrift für Geburtshilfe und Gynäkologie, Bd. 166 Beilageheft).

HELDMANN, Hans H.: Plädoyer für die Abschaffung des § 218. In: Zeitschrift für Rechtspolitik 4 (1971), H. 9, S. 208–210.

HEPP, Hermann: Ärztliche Überlegungen zur Reform des § 218. In: Stimmen der Zeit 27 (1972), H. 189, S. 375.

HEPP, Hermann: Der Standpunkt des Arztes. Ein Gespräch mit dem Gynäkologen Hermann Hepp. In: Herder-Korrespondenz 27 (1973), H. 5, S. 232–238.

HEPP, Hermann: Präimplantationsdiagnostik – medizinische, ethische und rechtliche Aspekte. In: Deutsches Ärzteblatt 97 (2000), H. 18, S. 1213–1221.

HERDEGEN, Matthias: Die Erforschung des Humangenoms als Herausforderung für das Recht. In: Juristenzeitung 55 (2000), H. 13, S. 633–641.

HERDEGEN, Matthias: Die Menschenwürde im Fluß des bioethischen Diskurses. In: Juristenzeitung 56 (2001), H. 15/16, S. 773–786.

HERDEGEN, Matthias: Art. 1. In: Maunz, Theodor/Dürig, Günter (Hg.): Grundgesetz Kommentar. Bd. I Art. 1–11. 42. Ergänzungsband, München 2003, S. 1–58.

HERDEGEN, Matthias: Der Würdeanspruch des Embryo in vitro – zur bilanzierenden Gesamtbetrachtung bei Art. 1 Abs. 1 GG. In: Söllner, Alfred u. a. (Hg.): Gedächtnisschrift für Meinhard Heinze, München 2005, S. 357–366.

HERDEMERTEN, Angelika: Art. 1. In: Münch, Ingo v. (Hg.): Grundgesetz Kommentar. Band 1 (Präambel bis Art. 20), München 1974, S. 35–74.

HERZBERG, Rolf D.: Der entfesselte Prometheus. In: Flöhl, Rainer (Hg.): Genforschung – Fluch oder Segen? Interdisziplinäre Stellungnahme, München 1985 (= Gentechnologie Chancen und Risiken, Bd. 3), S. 259–265.

HERZOG, Roman: Der Verfassungsauftrag zum Schutz des ungeborenen Lebens. In: Juristische Rundschau (1969), H. 12, S. 441–445.

HERZOG, Roman: Die Menschenwürde als Maßstab der Rechtspolitik. In: Seesing, Heinz (Hg.): Technologischer Fortschritt und menschliches Leben. Die Menschenwürde als Maßstab der Rechtspolitik. Teil 1: Rechtspolitische Grundsätze von CDU und CSU zur Fortpflanzungsmedizin, München 1987 (= Gentechnologie Chancen und Risiken, Bd. 11), S. 23–32.

HEUERMANN, Paul/KRÖGER, Detlef: Die Menschenwürde und die Forschung am Embryo. In: Medizinrecht 7 (1989), H. 4, S. 168–178.

HEUN, Werner: Embryonenforschung und Verfassung – Lebensrecht und Menschenwürde des Embryos. In: Juristenzeitung 57 (2002), H. 11, S. 517–524.

HEUN, Werner: Humangenetik und Menschenwürde. Beginn und Absolutheit. In: Bahr, Petra/Heinig, Hans-Michael (Hg.): Menschenwürde in der säkularen Verfassungsordnung, Tübingen 2006 (= Religion und Aufklärung, Bd. 12), S. 197–211.

HEUN, Werner: Menschenwürde und Lebensrecht als Maßstäbe für PID? Dargestellt aus verfassungsrechtlicher Sicht. In: Gethmann, Friedrich (Hg.): Recht und Ethik in der Präimplantationsdiagnostik, München 2010, S. 103–127.

HEYER, Martin: Präimplantationsdiagnostik, Embryonenforschung und Klonen. Ein vergleichender Überblick zur Rechtslage in ausgewählten Ländern, Freiburg 2007 (= Ethik in den Biowissenschaften, Bd. 3).

HILGENDORF, Eric: Die mißbrauchte Menschenwürde. Probleme des Menschenwürdetopos am Beispiel der bioethischen Diskussion. In: Jahrbuch für Recht und Ethik (1999), H. 7, S. 137–158.

HILGENDORF, Eric: Klonverbot und Menschenwürde – Vom Homo sapiens zum Homo xerox? Überlegungen zu § 6 Embryonenschutzgesetz. In: Geis, Max-Emanuel/Lorenz, Dieter (Hg.): Staat – Kirche – Verwaltung. Festschrift für Hartmut Maurer zum 70. Geburtstag, München 2001, S. 1147–1164.

HILGENDORF, Eric: Stufungen des vorgeburtlichen Lebens- und Würdeschutzes. In: Gethmann, Friedrich (Hg.): Recht und Ethik in der Präimplantationsdiagnostik, München 2010, S. 175–188.

HILLGRUBER, Christian: Recht und Ethik vor der Herausforderung der Fortpflanzungsmedizin und „verbrauchender Embryonenforschung". In: Wall, Heinrich de/Germann, Michael (Hg.): Bürgerliche Freiheit und Christliche Verantwortung. Festschrift für Christoph Link zum siebzigsten Geburtstag, Tübingen 2003, S. 637–654.

HILLGRUBER, Christian: Art. 1. Schutz der Menschenwürde. In: Epping, Volker/Hillgruber, Christian (Hg.): Grundgesetz Kommentar, München 2009, S. 5–25.

HILLGRUBER, Christian: Die Auseinandersetzung über die Deutung der Würde. Bemerkungen zum zeitgenössischen Verfassungsverständnis. In: Böhr, Christoph (Hg.): Die Verfassung der Freiheit und das Sinnbild des Kreuzes. Das Symbol, seine Anthropologie und die Kultur des säkularen Staates, Wiesbaden 2016 (= Das Bild vom Menschen und die Ordnung der Gesellschaft), S. 87–106.

HILLGRUBER, Christian/GOOS, Christoph: Grundrechtsschutz für den menschlichen Embryo? In: Zeitschrift für Lebensrecht 17 (2008), H. 2, S. 43–49.

HILLMANN, Karl-Heinz: Zur Wertewandelsforschung: Einführung, Überblick und Ausblick. In: Oesterdiekhoff, Georg/Jegelka, Norbert (Hg.): Werte und Wertewandel in westlichen Gesellschaften. Resultate und Perspektiven der Sozialwissenschaften, Opladen 2001, S. 15–39.

HILPERT, Konrad: Die Menschenrechte. Geschichte – Theologie – Aktualität, Düsseldorf 1981.

HIRSCH, Günter: Zeugung im Reagenzglas. Der Ruf nach dem Gesetzgeber wird lauter. In: Medizinrecht 4 (1986), H. 5, S. 237–240.

HOERSTER, Norbert: Zur Bedeutung des Prinzips der Menschenwürde. In: Juristische Schulung 23 (1983), H. 2, S. 93–96.

HOERSTER, Norbert: Abtreibung im säkularen Staat. Argumente gegen den § 218, Frankfurt a. M. 1995 (= Suhrkamp Taschenbuch Wissenschaft, Bd. 929).

HOERSTER, Norbert: Neugeborene und das Recht auf Leben, Frankfurt a. M. 1995 (= Suhrkamp-Taschenbuch Wissenschaft 1215).

HOERSTER, Norbert: Ethik des Embryonenschutzes. Ein rechtsphilosophischer Essay, Stuttgart 2002 (= Reclams Universal-Bibliothek, Bd. 18186).

HOERSTER, Norbert: Die Menschenwürde und das Recht auf Leben. In: Liessmann, Paul (Hg.): Der Wert des Menschen. An den Grenzen des Humanen, Wien 2006 (= Philosophicum Lech, Bd. 9), S. 47–66.

HÖFFE, Otfried: Menschenwürde als ethisches Prinzip. In: Höffe, Otfried u. a. (Hg.): Gentechnik und Menschenwürde: an den Grenzen von Ethik und Recht, Köln 2002, S. 111–141.

HOFFMANN, Johannes: Biotechnologie, Gentechnologie und Reproduktionsbiologie in theologischer Sicht. In: Flöhl, Rainer (Hg.): Genforschung – Fluch oder Segen? Interdisziplinäre Stellungnahme, München 1985 (= Gentechnologie Chancen und Risiken, Bd. 3), S. 104–143.

HOFFMANN, Stefan-Ludwig (Hg.): Moralpolitik. Geschichte der Menschenrechte im 20. Jahrhundert, Göttingen 2010 (= Geschichte der Gegenwart, Bd. 1).

HÖFLING, Wolfram: Schutz der Menschenwürde, Menschenrechte, Grundrechtsbindung. In: Sachs, Michael (Hg.): Grundgesetz Kommentar, München, 2. Aufl. 1999, S. 120–155.

HÖFLING, Wolfram: Reprogenetik und Verfassungsrecht. Vortrag gehalten vor der Kölner Juristischen Gesellschaft am 03. Juli 2001, Köln 2001.

HÖFLING, Wolfram: Verfassungsrechtliche Aspekte der Verfügung über menschliche Embryonen und „humanbiologisches Material". Gutachten für die Enquete-Kommission des Deutschen Bundestages „Recht und Ethik der modernen Medizin", Köln 2001.

HÖFLING, Wolfram: Verfassungsrechtliche Aspekte des so genannten therapeutischen Klonens. In: Zeitschrift für medizinische Ethik 47 (2001), S. 277–284.

HÖFLING, Wolfram: Von Menschen und Personen. Verfassungsrechtliche Überlegungen zu einer bioethischen Schlüsselkategorie. In: Dörr, Dieter u. a. (Hg.): Die Macht des Geistes. Festschrift für Hartmut Schiedermair, Heidelberg 2001, S. 363–376.

HÖFLING, Wolfram: Wider die Verdinglichung. Auch ‚überzählige' Embryonen sind vom Grundgesetz geschützt. In: Geyer, Christian (Hg.): Biopolitik. Die Positionen, Frankfurt a. M. 2001 (= Edition Suhrkamp, Bd. 2261), S. 240–246.

HÖFLING, Wolfram: Das Tötungsverbot und die Grenzen seiner Einschränkbarkeit aus verfassungsrechtlicher Sicht. In: Zeitschrift für Lebensrecht 11 (2002), H. 2, S. 34–41.

HÖFLING, Wolfram: Menschenwürde und Menschenleben im Abwägungssog? Biopolitik aus rechtswissenschaftlicher Sicht. In: Forschung und Lehre 9 (2002), H. 8, S. 413f.

HÖFLING, Wolfram: Biomedizinische Auflösung der Grundrechte? In: Stiftung Gesellschaft für Rechtspolitik, Trier/Institut für Rechtspolitik an der Universität Trier (Hg.): Bitburger Gespräche. Jahrbuch 2002/II, München 2003, S. 99–115.

HÖFLING, Wolfram: Rechtliche Grenzen medizinischer Innovation: Lebensschutz – Lebensrecht. In: Schumpelick, Volker/Vogel, Bernhard (Hg.): Innovationen in Medizin und Gesundheitswesen. Beiträge des Symposiums vom 24. bis 26. September 2009 in Cadenabbia, Freiburg im Breisgau 2010, S. 403–414.

HÖFLING, Wolfram: Art. 1. In: Sachs, Michael (Hg.): Grundgesetz Kommentar, München, 7. Aufl. 2014, S. 76–111.

HOFMANN, Hasso: Biotechnik, Gentherapie, Genmanipulation – Wissenschaft im rechtsfreien Raum? In: Juristenzeitung 41 (1986), H. 6, S. 253–260.

HOFMANN, Hasso: Die Pflicht des Staates zum Schutz des menschlichen Lebens. In: Schlüchter, Ellen/Laubenthal, Klaus (Hg.): Recht und Kriminalität. Festschrift für Friedrich-Wilhelm Krause zum 70. Geburtstag, Köln u. a. 1990, S. 115–122.

HOFMANN, Hasso: Die versprochene Menschenwürde. In: Archiv des öffentlichen Rechtes (1993), H. 118, S. 353–377.

HONNEFELDER, Ludger: Die Frage nach dem moralischen Status des menschlichen Embryos. In: Höffe, Otfried u. a. (Hg.): Gentechnik und Menschenwürde: an den Grenzen von Ethik und Recht, Köln 2002, S. 79–110.

HONNEFELDER, Ludger: Menschenwürde und Transzendenzbezug. In: Zeitschrift für Philosophie 57 (2009), H. 2, S. 273–287.

HORSTMANN, Rolf-Peter: Menschenwürde. In: Ritter, Joachim/Gründer Karlfried (Hg.): Historisches Wörterbuch der Philosophie. Bd. 5: L-Mn, Basel/Stuttgart 1980, Sp. 1124–1127.

HOSSMANN, Konstantin-Alexander: Naturwissenschaftlich-medizinische Bemerkungen zu den Aspekten der Hochrangigkeit und Alternativlosigkeit bei der Forschung mit embryonalen Stammzellen. In: Jahrbuch für Wissenschaft und Ethik 8 (2003), H. 8, S. 295–303.

HUBER, Wolfgang: Das Ende der Person? Zur Spannung zwischen Ethik und Gentechnologie. In: Dreier, Horst u. a. (Hg.): Bioethik und Menschenwürde. Ethik & Gesellschaft. Vorträge des Instituts für Christliche Gesellschaftswissenschaften, Münster 2002 (= Münstersche theologische Vorträge, Bd. 4), S. 51–65.

HUBMANN, Heinrich: Das Persönlichkeitsrecht, Münster/Köln 1953 (= Beiträge zum Handels-, Wirtschafts- und Steuerrecht, Bd. 4).

HÜBNER, Marlis/PÜHLER, Wiebke: Die neuen Regelungen zur Präimplantationsdiagnostik – wesentliche Fragen bleiben offen. In: Medizinrecht 29 (2011), H. 12, S. 789–796.

HUFEN, Friedhelm: Präimplantationsdiagnostik aus verfassungsrechtlicher Sicht. In: Medizinrecht 19 (2001), H. 9, S. 440–452.

HUFEN, Friedhelm: Erosion der Menschenwürde? In: Juristenzeitung 59 (2004), H. 7, S. 313–318.

HUFEN, Friedhelm: Schlusswort. In: Juristenzeitung 59 (2004), H. 20, S. 1011f.

HUFEN, Friedhelm: Menschenwürde und Lebensschutz des Embryos aus juristischer Sicht. In: Nova Acta Leopoldina NF (2007), H. 354, S. 37–47.

HUFEN, Friedhelm: Die Menschenwürde, Art. 1 I GG. In: Juristische Schulung 50 (2010), H. 1, S. 1–10.

HUFEN, Friedhelm: Individuelle Rechte und die Zulassung der Präimplantationsdiagnostik. In: Gethmann, Friedrich (Hg.): Recht und Ethik in der Präimplantationsdiagnostik, München 2010, S. 129–153.

HÜPPE, Hubert: Mensch von Anfang an. Menschenwürde wird nicht vom Staat verliehen. In: Gesellschaftspolitische Kommentare 44 (2003), Sonderheft 3, S. 5–7.

ILIADOU, Ekaterini: Forschungsfreiheit und Embryonenschutz. Eine verfassungs- und europarechtliche Untersuchung der Forschung an Embryonen, Berlin 1999 (= Schriften zum öffentlichen Recht, Bd. 799).

INGLEHART, Ronald: The Silent Revolution. Changing Values and Political Styles among Western Publics, Princeton NJ 1977.

IPSEN, Jörn: Der „verfassungsrechtliche Status" des Embryos in vitro. Anmerkungen zu einer aktuellen Debatte. In: Juristenzeitung 56 (2001), H. 20, S. 989–996.

IPSEN, Jörn: Zur Zukunft der Embryonenforschung. In: Neue juristische Wochenschrift 57 (2004), H. 5, S. 268–270.

IPSEN, Jörn: Verfassungsrecht und Biotechnologie. In: Asada, Kazushige u. a. (Hg.): Das Recht vor den Herausforderungen neuer Technologien. Deutsch-japanisches Symposium in Tübingen vom 12. bis 18. Juli 2004, Tübingen 2006, S. 29–40.

IRRGANG, Bernhard: Einführung in die Bioethik, München 2005 (= Philosophie, Biologie, Bd. 2640).

ISENSEE, Josef: Die alten Grundrechte und die biotechnische Revolution. Verfassungsperspektiven nach der Entschlüsselung des Humangenoms. In: Bohnert, Joachim u. a. (Hg.): Verfassung – Philosophie – Kirche. Festschrift für Alexander Hollerbach zum 70. Geburtstag, Berlin 2001, S. 243–266.

ISENSEE, Josef: Der grundrechtliche Status des Embryos. In: Höffe, Otfried u. a. (Hg.): Gentechnik und Menschenwürde: an den Grenzen von Ethik und Recht, Köln 2002, S. 37–77.

ISENSEE, Josef: Menschenwürde: die säkulare Gesellschaft auf der Suche nach dem Absoluten. In: Archiv des öffentlichen Rechtes (2006), H. 131, S. 173–218.

ISENSEE, Josef: Der grundrechtliche Konnex von Menschenleben und Menschenwürde. In: Zeitschrift für Lebensrecht 18 (2009), H. 4, S. 114–124.

ISENSEE, Josef: Würde des Menschen. In: Merten, Detlef/Papier, Hans-Jürgen (Hg.): Handbuch der Grundrechte in Deutschland und Europa. Bd. IV: Grundrechte in Deutschland. Einzelgrundrechte 1, Heidelberg 2011, 3–136.

JACHERTZ, Norbert: Am Rand der schiefen Bahn. Präimplantationsdiagnostik. In: Deutsches Ärzteblatt 97 (2000), H. 9, S. 507.

JACHERTZ, Norbert/RICHTER, Eva: Die Mechanismen entschlüsseln und auf adulte Zellen anwenden. Interview mit dem Bonner Neuropathologen Prof. Dr. med. Oliver Brüstle. In: Deutsches Ärzteblatt 98 (2001), H. 24, S. 1589–1591.

JEROUSCHEK, Günter: Lebensschutz und Lebensbeginn. Die Geschichte des Abtreibungsverbotes, Tübingen, 2. Aufl. 2002 (= Rothenburger Gespräche zur Strafrechtsgeschichte, Bd. 3).

JOCHIMSEN, Luc (Hg.): § 218. Dokumentation eines 100jährigen Elends, Hamburg 1971.

JONAS, Hans: Das Prinzip Verantwortung. Versuch einer Ethik für die technologische Zivilisation, Frankfurt a. M. 1980.

JONAS, Hans: Technik, Medizin und Ethik. Zur Praxis des Prinzips Verantwortung, Frankfurt a. M. 1985.

JÜDES, Ulrich (Hg.): In-Vitro-Fertilisation und Embryotransfer (Retortenbaby). Grundlagen, Methoden, Probleme und Perspektiven, Stuttgart 1983.

JÜTTE, Robert (Hg.): Geschichte der Abtreibung. Von der Antike bis zur Gegenwart, München 1993 (= Beck'sche Reihe, Bd. 1018).

KAMINSKI, Claudia: Nachdenken über Limitierung der künstlichen Befruchtung. Leserbrief. In: Deutsches Ärzteblatt 97 (2000), H. 28–29, S. 1963f.

KANT, Immanuel: Grundlegung zur Metaphysik der Sitten. Kommentar von Christoph Horn, Corinna Mieth und Nico Scarano, Frankfurt a. M. 2007.

KATHOLISCHER ARBEITSKREIS FÜR STRAFRECHT BEIM KOMMISSARIAT DER DEUTSCHEN BISCHÖFE IN BONN (Hg.): Schwangerschaftsabbruch § 218 StGB. Zusammengestellt und mit einem Vorwort versehen von Dr. Karl Panzer, Köln 1972.

KEHLER, Egon: Kein moralischer Protest wird Fortschritt stoppen. In: Deutsches Ärzteblatt 97 (2000), H. 17, S. 1126f.

KELLER, Reiner: Diskursforschung. Eine Einführung für SozialwissenschaftlerInnen, Wiesbaden, 4. Aufl. 2011 (= Qualitative Sozialforschung, Bd. 14).

KELLER, Rolf u. a. (Hg.): Embryonenschutzgesetz. Kommentar zum Embryonenschutzgesetz, Stuttgart u. a. 1992.

KERSTEN, Jens: Das Klonen von Menschen. Eine verfassungs-, europa- und völkerrechtliche Kritik, Tübingen 2004 (= Jus publicum, Bd. 115).

KERSTEN, Jens/HEINEMANN, Thomas (Hg.): Stammzellforschung. Naturwissenschaftliche, rechtliche und ethische Aspekte, Freiburg/München 2007 (= Ethik in den Biowissenschaften, Bd. 4).

KETTNER, Matthias (Hg.): Biomedizin und Menschenwürde, Frankfurt a. M. 2004 (= Edition Suhrkamp, Bd. 2268).

KETTNER, Matthias: Über die Grenzen der Menschenwürde. In: Kettner, Matthias (Hg.): Biomedizin und Menschenwürde, Frankfurt a. M. 2004 (= Edition Suhrkamp, Bd. 2268), S. 292–323.

KIPKE, Roland: Mensch und Person. Der Begriff der Person in der Bioethik und die Frage nach dem Lebensrecht aller Menschen, Berlin 2001 (= Berliner Arbeiten zur Erziehungs- und Kulturwissenschaft, Bd. 8).

KIRCHENKANZLEI DER EVANGELISCHEN KIRCHE DEUTSCHLAND (Hg.): Denkschrift zu Fragen der Sexualethik. Erarbeitet von einer Kommission der Evangelischen Kirche, Gütersloh 1971.

KIRCHHOF, Paul: Genforschung und die Freiheit der Wissenschaft. In: Höffe, Otfried u. a. (Hg.): Gentechnik und Menschenwürde: an den Grenzen von Ethik und Recht, Köln 2002, S. 9–35.

KIRCHHOF, Paul: Menschenwürde und Freiheit. In: Rauscher, Anton (Hg.): Handbuch der Katholischen Soziallehre, Berlin 2008, S. 41–59.

KIRCHHOFF, Heinz: Der Beginn des menschlichen Lebens aus biologischer Sicht. In: Beiträge zur gerichtlichen Medizin 27 (1970), S. 3–13.

KIRCHHOFF, Heinz: Frauenarzt und sog. Fristenlösung. In: Zeitschrift für das gesamte Familienrecht 20 (1973), H. 3, S. 118–120.

KIRCHHOFF, Heinz: Der Geburtenrückgang in Deutschland aus ärztlicher Sicht. In: Archiv für Gynäkologie 219 (1975), H. 1–4, S. 23–31.

KLAGES, Helmut: Wertorientierung im Wandel. Rückblick, Gegenwartsanalyse, Prognose, Frankfurt a. M. 1984.

KLINKHAMMER, Gisela: Absage an jede Art eugenischer Zielsetzung. Bundesgesundheitsministerin Fischer möchte das Embryonenschutzgesetz durch ein neues Fortpflanzungsmedizingesetz ablösen. In: Deutsches Ärzteblatt 97 (2000), H. 22, S. 1503f.

KLINKHAMMER, Gisela: Wartburgtagung: Vom Umgang mit der Menschenwürde. In: Deutsches Ärzteblatt (2004), H. 31/32, S. 2168f.

KLINKHAMMER, Gisela/JACHERTZ, Norbert: „Mit Präimplantationsdiagnostik würde eine Grenze überschritten". Interview mit Erzbischof Robert Zollitsch. In: Deutsches Ärzteblatt 108 (2011), H. 15, S. 824f.

KLOEPFER, Michael: Leben und Würde des Menschen. In: Badura, Peter/Dreier, Horst (Hg.): Festschrift 50 Jahre Bundesverfassungsgericht. Zweiter Band: Klärung und Fortbildung des Verfassungsrechtes, Tübingen 2001, S. 77–104.

KLOEPFER, Michael: Humangentechnik als Verfassungsfrage. In: Juristenzeitung 57 (2002), H. 9, S. 417–428.

KLUCKHOHN, Clyde: Values and Value-Orientation in the Theory of Action. An Exploration in Definition and Classification. In: Parsons, Talcott/Shils Edward Albert (Hg.): Toward a General Theory of Action, Cambridge MA 1967, S. 388–433.

KLUXEN, Wolfgang: Manipulierte Menschwerdung. In: Flöhl, Rainer (Hg.): Genforschung – Fluch oder Segen? Interdisziplinäre Stellungnahme, München 1985 (= Gentechnologie Chancen und Risiken, Bd. 3), S. 16–29.

KLUXEN, Wolfgang: Fortpflanzungstechnologien und Menschenwürde. In: Allgemeine Zeitschrift für Philosophie 11 (1986), H. 1, S. 1–15.

KNOEPFFLER, Nikolaus: Forschung an menschlichen Embryonen. Was ist verantwortbar?, Stuttgart/Leipzig 1999.

KNOEPFFLER, Nikolaus: Menschenwürde in der Bioethik, Berlin 2004.

KNOEPFFLER, Nikolaus u. a. (Hg.): Facetten der Menschenwürde, Freiburg 2011.

KNOEPFFLER, Nikolaus: Der Beginn der menschlichen Person und bioethische Konfliktfälle. Anfragen an das Lehramt, Freiburg u. a. 2012 (= Quaestiones Disputatae, Bd. 251).

KÖBL, Ursula: Gentechnologie zu eugenischen Zwecken – Niedergang oder Steigerung der Menschenwürde? In: Forkel, Hans/Kraft, Alfons (Hg.): Beiträge zum Schutz der Persönlichkeit und ihrer schöpferischen Leistungen. Festschrift für Heinrich Hubmann zum 70. Geburtstag, Frankfurt a. M. 1985, S. 161–192.

KOCK, Manfred: Aktuelle Probleme der Bioethik. In: Deutsche Richterzeitung 80 (2002), H. 5, S. 199–208.

KOESTER, Helmut: Zum Beginn der Schwangerschaft und des embryonalen Lebens. In: Kepp, Richard/Koester, Helmut (Hg.): Empfängnisverhütung aus Verantwortung. Zweiter ärztlicher Fortbildungskurs der Medizinischen Fakultät der Justus Liebig-Universität Gießen über Fragen der Kontrazeption am 22./23. Juni 1968 in Verbindung mit der Pro Familia, Deutsche Gesellschaft für Familienplanung e. V., Stuttgart 1968, S. 14–25.

KOHL, Helmut: Ethische Grundsätze und Maßstäbe für Forschung und Technologie. Rede des Bundeskanzlers vor der Max-Planck-Gesellschaft in Bremen. In: Seesing, Heinz (Hg.): Technologischer Fortschritt und menschliches Leben. Die Menschenwürde als Maßstab der Rechtspolitik. Teil 1: Rechtspolitische Grundsätze von CDU und CSU zur Fortpflanzungsmedizin, München 1987 (= Gentechnologie Chancen und Risiken, Bd. 11), S. 3–11.

KOHL, Helmut: Neurowissenschaften und Ethik. Ansprache des Bundeskanzlers zur Eröffnung der internationalen Wissenschaftler-Konferenz in Bonn. In: Seesing, Heinz (Hg.): Technologischer Fortschritt und menschliches Leben. Die Menschenwürde als Maßstab der Rechtspolitik. Teil 1: Rechtspolitische Grundsätze von CDU und CSU zur Fortpflanzungsmedizin, München 1987 (= Gentechnologie Chancen und Risiken, Bd. 11), S. 12–15.

KOLLEK, Regine: Vom Schwangerschaftsabbruch zur Embryonenselektion? Expansionstendenzen reproduktionsmedizinischer und genetischer Leistungsangebote. In: Ethik in der Medizin (1999), H. 11, S. 121–124.

KOLLEK, Regine: Der moralische Status des Embryos. Eine interdisziplinäre Perspektive. In: Das Bundesministerium für Gesundheit (Hg.): Fortpflanzungsmedizin in Deutschland. Wissenschaftliches Symposium des Bundesministeriums für Gesundheit mit dem Robert-Koch-Institut vom 24. bis 26. Mai 2000 in Berlin, Baden-Baden 2001 (= Schriftenreihe des Bundesministeriums für Gesundheit, Bd. 132), S. 47–51.

Kollek, Regine: Präimplantationsdiagnostik. Embryonenselektion, weibliche Autonomie und Recht, Tübingen, 2. Aufl. 2002 (= Ethik in den Wissenschaften, Bd. 11).

Kommission für Öffentlichkeitsarbeit und ethische Fragen der Gesellschaft für Humangenetik e. V./Berufsverband Medizinische Genetik e. V.: Stellungnahme zur Präimplantationsdiagnostik. In: Medizinische Genetik (2001), H. 7, S. 46.

Kondylis, Panajotis/Pöschl, Viktor: Würde. In: Brunner, Otto u. a. (Hg.): Geschichtliche Grundbegriffe: Historisches Lexikon zur poltisch-sozialen Sprache in Deutschland. Teil 7. (Verw–Z), Stuttgart 2004, S. 637–677.

Kongregation für die Glaubenslehre (Hg.): Erklärung über den Schwangerschaftsabbruch. Lateinisch-deutsch, Trier 1975 (= Nachkonziliare Dokumentation, Bd. 48).

Körner, Uwe: Die Menschenwürde des Embryo. Fortpflanzungsmedizin und menschlicher Lebensbeginn, Dortmund 1999 (= Berliner Medizinethische Schriften, Bd. 33).

Körtner, Ulrich H. J.: Unverfügbarkeit des Lebens? Grundfragen der Bioethik und der medizinischen Ethik, Neukirchen-Vluyn 2001.

Koschorke, Martin: Legalisierung der Abtreibung – ja oder nein? Sozialethische Überlegungen. In: Wege zum Menschen 23 (1971), S. 156–177.

Kress, Hartmut: Menschenwürde im modernen Pluralismus. Wertedebatte, Ethik in der Medizin, Nachhaltigkeit, Hannover 1999 (= Menschen – Natur – Technik, Bd. 10).

Kress, Hartmut: Menschenwürde vor der Geburt. Grundsatzfragen und gegenwärtige Entscheidungsprobleme (Präimplantationsdiagnostik; Nutzung von Stammzellen). In: Kreß, Hartmut/Kaatsch, Hans-Jürgen (Hg.): Menschenwürde, Medizin und Bioethik. Heutige Fragen medizinischer und ökologischer Ethik, Münster 2000 (= Ethik interdisziplinär, Bd. 1), S. 11–37.

Kress, Hartmut: Präimplantationsdiagnostik, der Status von Embryonen und embryonalen Stammzellen. Ein Plädoyer der Güterabwägung. In: Zeitschrift für evangelische Ethik 45 (2001), S. 242–247.

Kress, Hartmut: Medizinische Ethik. Kulturelle Grundlagen und ethische Wertkonflikte heutiger Medizin, Stuttgart 2003 (= Ethik – Grundlagen und Handlungsfelder, Bd. 2).

Kress, Hartmut: Der ontologische und moralische Status des Embryos als der Sicht der protestantischen Ethik. In: Oduncu, Fuat u. a. (Hg.): Der Zugriff auf den Embryo. Ethische, rechtliche und kulturvergleichende Aspekte der Reproduktionsmedizin, Göttingen 2005 (= Medizin-Ethik-Recht, Bd. 5), S. 75–93.

Kress, Hartmut: Medizinische Ethik. Gesundheitsschutz – Selbstbestimmungsrechte – heutige Wertkonflikte, Stuttgart, 2. Aufl. 2005 (= Ethik – Grundlagen und Handlungsfelder, Bd. 2).

Kress, Hartmut: Menschenwürde, Embryonenschutz und gesundheitsorientierte Forschungsperspektiven in ethisch-rechtlicher Abwägung. Reformbedarf zum Stammzellgesetz. In: Zeitschrift für Rechtspolitik 39 (2006), H. 7, S. 219–223.

Kress, Hartmut: Etwas oder jemand? Warum das Embryonenschutzgesetz der Gesundheit schadet. In: Zeitzeichen: Evangelische Kommentare zu Religion und Gesellschaft 8 (2007), H. 1, S. 44–46.

Kress, Hartmut/Küpker, Wolfgang: Die Reproduktionsmediziner im Spannungsfeld zwischen ethischer Verantwortung und medizinischer Notwendigkeit. In: Felberbaum, Ricardo u. a. (Hg.): Das Deutsche IVF-Register 1996–2006. 10 Jahre Reproduktionsmedizin in Deutschland, Heidelberg 2007, S. 191–200.

KRIELE, Martin: Freiheit und Gleichheit. In: Benda, Ernst u. a. (Hg.): Handbuch des Verfassungsrechts der Bundesrepublik Deutschland. Studienausgabe Teil 1, Berlin/New York 1984, S. 129–168.

KÜBLER, Klaus: Über Wesen und Begriff der Grundrechte. Versuch einer Systematik an Hand des Grundgesetzes der Bundesrepublik Deutschland, Tübingen 1966.

KUHLMANN, Andreas: Politik des Lebens – Politik des Sterbens. Biomedizin in der liberalen Demokratie, Berlin 2001.

KUHLMANN, Andreas: Wunschkinder aus dem Labor? Selektive Fortpflanzung und das Instrumentalisierungsverbot. In: Kettner, Matthias (Hg.): Biomedizin und Menschenwürde, Frankfurt a. M. 2004 (= Edition Suhrkamp, Bd. 2268), S. 171–187.

KUMMER, Christian: Läßt sich ein Zeitpunkt für den Beginn des personalen Menschseins angeben? In: Oduncu, Fuat u. a. (Hg.): Stammzellforschung und therapeutisches Klonen. Mit 19 Abbildungen und 9 Tabellen, Göttingen 2002 (= Medizin – Ethik – Recht, Bd. 1), S. 148–162.

KUNIG, Philip: Art. 1. In: Kunig, Philip (Hg.): Grundgesetz-Kommentar. Bd. 1 (Präambel bis Art. 20), München, 4. Aufl. 1992, S. 77–141.

KUNIG, Philip: Art. 1. In: Kunig, Philip (Hg.): Grundgesetz-Kommentar. Bd. 1 (Präambel bis Art. 19), München, 5. Aufl. 2000, S. 65–121.

KUNIG, Philip: Art. 1. In: Kunig, Philip (Hg.): Grundgesetz-Kommentar. Bd. 1: Präambel bis Art. 69, München, 6. Aufl. 2012, S. 56–120.

KUNZMANN, Peter: Die „Menschheit in deiner Person" und die Sprachspiele der Menschenwürde. In: Knoepffler, Nikolaus u. a. (Hg.): Facetten der Menschenwürde, Freiburg 2011, S. 31–48.

LACKNER, Karl/MAASSEN, Hermann (Hg.): Strafgesetzbuch mit Erläuterungen, München, 6. Aufl. 1970.

LACKNER, Karl/MAASSEN, Hermann: Strafgesetzbuch mit Erläuterungen, München, 8. Aufl. 1974.

LANDWEHR, Charlotte: Rechtsfragen der Präimplantationsdiagnostik, Berlin 2017 (= Kölner Schriften zum Medizinrecht, Bd. 21).

LANG-HINRICHSEN, Dietrich: Betrachtungen zur sogen. ethischen Indikation der Schwangerschaftsunterbrechung. In: Juristenzeitung 18 (1963), H. 23/24, S. 721–733.

LANG-HINRICHSEN, Dietrich: Zum strafrechtlichen Rechtsschutz des Lebens vor der Geburt. In: Juristische Rundschau (1970), H. 10, S. 365–370.

LANG-HINRICHSEN, Dietrich: Zur Frage der Verfassungsmäßigkeit der „Fristenlösung" beim Schwangerschaftsabbruch. In: Zeitschrift für das gesamte Familienrecht 21 (1974), H. 10, S. 497–508.

LANZ-ZUMSTEIN, Moni (Hg.): Embryonenschutz und Befruchtungstechnik. Seminarbericht und Stellungnahmen der Arbeitsgruppe „Gentechnologie des Deutsche Juristinnenbundes", München 1986 (= Gentechnologie Chancen und Risiken, Bd. 9).

LAUFF, Werner/ARNOLD, Matthias: Der Gesetzgeber und das „Retortenbaby": Rechtspolitische Probleme der In-Vitro-Fertilisation. In: Zeitschrift für Rechtspolitik 17 (1984), H. 10, S. 279–283.

LAUFHÜTTE, Heinrich/WILKITZKI, Peter: Zur Reform der Strafvorschriften über den Schwangerschaftsabbruch. Das Fünfzehnte Strafrechtsänderungsgesetz. In: Juristenzeitung 31 (1976), H. 11/12.

LAUFS, Adolf: Die künstliche Befruchtung beim Menschen – Zulässigkeit und zivilrechtliche Folgen. In: Juristenzeitung 41 (1986), H. 17, S. 769–777.

LAUFS, Adolf: Die deutsche Rechtslage: zur Präimplantationdiagnostik. In: Ethik in der Medizin 11 (1999), S. 55–61.

LAUFS, Adolf: Fortpflanzungsmedizin und Menschenwürde. In: Neue juristische Wochenschrift 53 (2000), H. 37, S. 2716–2718.

LAY, Hans W.: Zum Begriff der Leibesfrucht in § 218 StGB. In: Juristenzeitung 25 (1970), H. 15/16, S. 465–470.

LEHMANN, Karl Kardinal: Die Würde der Weitergabe menschlichen Lebens wahren. In: Wehowsky, Stephan (Hg.): Lebensbeginn und menschliche Würde. Stellungnahme zur Instruktion der Kongregation für die Glaubenslehre vom 22.2.1987, Frankfurt a. M./München 1987 (= Gentechnologie Chancen und Risiken, Bd. 14), S. 32–40.

LEIST, Anton: Das Verhältnis von Menschenwürde und Lebensrecht. In: Klein, Eckart/Menke, Christoph (Hg.): Menschenrechte und Bioethik, Berlin 2004 (= Menschenrechtszentrum der Universität Potsdam, Bd. 21), S. 65–87.

LEOPOLDINA – DEUTSCHE AKADEMIE DER NATURFORSCHER U. A. (Hg.): Ad-hoc-Stellungnahme. Präimplantationsdiagnostik (PID) – Auswirkungen einer begrenzten Zulassung in Deutschland, Berlin 2011.

LERCHE, Peter: Verfassungsrechtliche Aspekte der Gentechnologie. In: Lukes, Rudolf/Scholz, Rupert (Hg.): Rechtsfragen der Gentechnologie. Vorträge anläßlich eines Kolloquiums Recht und Technik – Rechtsfragen der Gentechnologie. In der Tagungsstätte der Max-Planck-Gesellschaft „Schloß Ringberg“ am 18./19./20. November 1985, Köln u. a. 1986 (= Recht – Technik – Wirtschaft, Bd. 43), S. 89–111.

LIERS, Dorothee: Familienpolitik, Gen- und Reproduktionstechnologie. In: Die GRÜNEN, AK Frauenpolitik und Sozialwissenschaftliche Forschung und Praxis für Frauen e. V. (Hg.) 1986 – Frauen gegen Gentechnik und Reproduktionsmedizin, S. 81–88.

LINK, Günther: Kinderlosigkeit: Zumutbares Schicksal. Leserbrief. In: Deutsches Ärzteblatt 97 (2000), H. 28/29, S. 1963.

LISSEK, Vincens: Es gibt kein Recht auf Abtreibung. Zur Änderung des § 218 und zum Weigerungsrecht. In: Kirche und Gesellschaft (1977), H. 44.

LISSKE, Michael: Abtreibungsregelungen in den U. S. A. und der Bundesrepublik. Der politische Prozeß im Vergleich, Freiburg 1989.

LLOMPART, José: Menschenwürde als Auslegungsprinzip für das geltende Recht? Inhalte der Menschenwürde und Grund, sie zu respektieren. In: Schreiber, Hans-Ludwig u. a. (Hg.): Globalisierung der Biopolitik, des Biorechts und der Bioethik? Das Leben an seinem Anfang und an seinem Ende, Frankfurt a. M. 2007 (= Recht und Medizin, Bd. 83), S. 99–108.

LOHMANN, Georg: „Menschenwürde“ – Leerformel oder Neuentwurf der Menschenrechte? In: Ammer, Christian u. a. (Hg.): Herausforderung Menschenwürde. Beiträge zum interdisziplinären Gespräch, Neukirchen-Vluyn 2010 (= Evangelische Impulse, Bd. 2), S. 101–128.

LOHMANN, Georg: Menschenwürde als „soziale Imagination“. Über den geschichtlichen Sinn der Deklaration der Menschenrechte und Menschenwürde nach 1945. In: Knoepffler, Nikolaus u. a. (Hg.): Facetten der Menschenwürde, Freiburg 2011, S. 54–74.

LOHMANN, Georg: Nicht affektive Ergriffenheit, sondern öffentlicher Diskurs. Sakralisierte Person oder säkulare Menschenwürde als Basis der Menschenrechte? In: Große Kracht,

Hermann-Josef (Hg.): Der moderne Glaube an die Menschenwürde. Philosophie, Soziologie und Theologie im Gespräch mit Hans Joas, Bielefeld 2014, S. 13–27.

LOHNER, Alexander: Personalität und Menschenwürde. Eine theologische Auseinandersetzung mit den Thesen der „neuen Bioethiker", Regensburg 2000 (= Studien zur Geschichte der katholischen Moraltheologie, Bd. 37).

LOHNER, Alexander: Kein Lebensrecht für ungeborene Kinder? Eine Auseinandersetzung mit dem Bioethiker Peter Singer. Anmerkungen zu dem ideengeschichtlichen Hintergrund seiner Thesen. In: Bołoz, Wojciech/Höver, Gerhard (Hg.): Utilitarismus in der Bioethik. Seine Voraussetzungen und Folgen am Beispiel der Anschauungen von Peter Singer, Münster 2002, S. 43–83.

LORENZ, Dieter: Die verfassungsrechtliche Garantie der Menschenwürde und ihre Bedeutung für den Schutz menschlichen Lebens vor der Geburt. In: Zeitschrift für Lebensrecht 10 (2001), H. 2, S. 38–49.

LOSCH, Bernhard: Lebensschutz am Lebensbeginn: Verfassungsrechtliche Probleme des Embryonenschutzes. In: Neue juristische Wochenschrift 45 (1992), H. 46, S. 2926–2932.

LOVELL-BADGE, Robin: The Regulation of Human Embryo and Stem-Cell Research in the United Kingdom. In: Nature Reviews Molecular Cell Biology 9 (2008), S. 998–1003.

LÖW, Konrad: Ist die Würde des Menschen im Grundgesetz eine Anspruchsgrundlage? In: Die öffentliche Verwaltung 11 (1958), S. 516–520.

LÖW, Konrad: Menschenwürde, Freiheit, Gleichheit. Die Bedeutung der Grundrechte in unserer Verfassung, München 1970.

LÖW, Reinhard: Grenzen der Retorte. Warum der Idealmensch nicht gezüchtet werden darf. In: Die Politische Meinung 26 (1981), H. 195, S. 19–25.

LÖW, Reinhard: Genmanipulation. Die geklonte Natur, Rastatt 1987 (= Moewig Heute, Bd. 3239).

LÜBBE, Weyma: Das Problem der Behindertenselektion bei der pränatalen Diagnostik und der Präimplantationsdiagnostik. In: Ethik in der Medizin 15 (2003), H. 3, S. 203–220.

LUDWIG, Michael/DIEDRICH, Klaus: Die Sicht der Präimplantationsdiagnostik aus der Perspektive der Reproduktionsmedizin. In: Ethik in der Medizin (1999), H. 11, S. 38–44.

LUF, Gerhard: Menschenwürde in der Biomedizin. In: Fischer, Michael (Hg.): Der Begriff der Menschenwürde. Definition, Belastbarkeit und Grenzen, Frankfurt a. M. u. a., 2. Aufl. 2005 (= Rechts-, Sozial- und Wirtschaftsphilosophie, Bd. 19), S. 247–265.

LUHMANN, Niklas: Grundrechte als Institution. Ein Beitrag zur politischen Soziologie, Berlin 1965 (= Schriften zum öffentlichen Recht, Bd. 24).

LUNGSTRAS, Anne B.: Der Umgang mit dem Embryo in vitro. Eine Analyse der Überzeugungsstrategien in der verfassungsrechtlichen Debatte um die embryonale Stammzellforschung und die Präimplantationsdiagnostik, Baden-Baden 2008 (= Nomos Universitätsschriften Recht, Bd. 562).

LUNGSTRAS, Barbara: Die Debatte um die Präimplantationsdiagnostik: Ein Blick auf typische Argumentationsmuster und rhetorische Stilmittel als Bestandteile der Überzeugungsstrategien. In: Gethmann, Friedrich (Hg.): Recht und Ethik in der Präimplantationsdiagnostik, München 2010, S. 231–251.

MAIO, Giovanni: Das Klonen im öffentlichen Diskurs. Über den Beitrag der Massenmedien zur Bioethikdiskussion. In: Zeitschrift für medizinische Ethik 47 (2001), S. 33–52.

Maio, Giovanni: Welchen Respekt schulden wir dem Embryo? Die embryonale Stammzellforschung in medizinethischer Perspektive. In: Ethik in der Medizin 127 (2002), H. 4, S. 160–163.

Mangoldt, Hermann v.: Die Grundrechte. In: Die öffentliche Verwaltung 2 (1949), H. 14/15, S. 261–263.

Mangoldt, Hermann von (Hg.): Das Bonner Grundgesetz, Berlin/Frankfurt a. M. 1953.

Mangoldt, Hermann von/Klein, Friedrich (Hg.): Das Bonner Grundgesetz. Erläutert von Dr. Hermann von Mangoldt, Berlin/Frankfurt a. M., 2. Aufl. 1957.

Mantei, Simone: Nein und Ja zur Abtreibung. Die evangelische Kirche in der Reformdebatte um § 218 StGB (1970–1976), Göttingen 2004 (= Arbeiten zur kirchlichen Zeitgeschichte. Reihe B, Darstellungen, Bd. 38).

Martin, Norbert: Von der Reform zur Deform des § 218. Soziologische Randbemerkungen zu einem aktuellen Thema. In: Hofmann, Dietrich (Hg.): Schwangerschaftsunterbrechung. Aktuelle Überlegungen zur Reform des § 218, Frankfurt a. M. 1974 (= Suhrkamp Taschenbuch, Bd. 238), S. 207–249.

Mastronardi, Philippe: Menschenwürde und kulturelle Bedingtheit des Rechts. In: Marauhn, Thilo (Hg.): Die Rechtstellung des Menschen im Völkerrecht. Entwicklung und Perspektiven, Tübingen 2003, S. 55–81.

Maunz, Theodor: Deutsches Staatsrecht. Ein Studienbuch, München/Berlin 1951.

Maunz, Theodor: Deutsches Staatsrecht. Ein Studienbuch, München/Berlin, 11. Aufl. 1962.

Maunz, Theodor/Dürig, Günter (Hg.): Grundgesetz Kommentar. Bd. I Art. 1–11. 42. Ergänzungsband, München 2003.

Maunz, Theodor/Dürig, Günter (Hg.): Grundgesetz Sonderdruck. Kommentierung der Artikel 1 und 2 Grundgesetz von Günter Dürig, München 2003.

Maunz, Theodor/Zippelius, Reinhold: Deutsches Staatsrecht. Ein Studienbuch, München, 28. Aufl. 1991 (= Juristische Kurzlehrbücher).

Maurach, Reinhart u. a. (Hg.): Strafrecht Besonderer Teil. Teil 1: Straftaten gegen Persönlichkeits- und Vermögenswerte, Heidelberg u. a., 10. Aufl. 2009.

Max-Planck-Gesellschaft (Hg.): Respekt vor dem werdenden Leben. Ein Presseseminar der Max-Planck-Gesellschaft zum Thema Embryonenforschung Schloß Ringberg/Tegernsee 22. bis 24. Juni 1988, München 1989 (= Berichte und Mitteilungen, Bd. 4).

Meisner, Joachim Kardinal: Präimplantationsdiagnostik. Mensch von Anfang an. In: Deutsches Ärzteblatt 97 (2000), H. 14, S. 888–890.

Merkel, Reinhard: Grundrechte für frühe Embryonen. In: Britz, Guido u. a. (Hg.): Grundfragen staatlichen Strafens. Festschrift für Heinz Müller-Dietz zum 70. Geburtstag, München 2001, S. 493–521.

Merkel, Reinhard: Forschungsobjekt Embryo. Verfassungsrechtliche und ethische Grundlagen der Forschung an menschlichen embryonalen Stammzellen, München 2002.

Merkel, Reinhard: Grundrechte für frühe Embryonen? Normative Grundlagen der Präimplantationsdiagnostik und der Forschung an embryonalen Stammzellen. In: Bockenheimer-Lucius, Gisela (Hg.): Forschung an embryonalen Stammzellen. Ethische und rechtliche Aspekte, Köln 2002 (= Medizin-Ethik, Bd. 14), S. 41–61.

Merkel, Reinhard: Grundrechtsschutz für den menschlichen Embryo? In: Zeitschrift für Lebensrecht 17 (2008), H. 2, S. 38–43.

MESSNER, Johannes: Die Idee der Menschenwürde im Rechtsstaat der pluralistischen Gesellschaft. In: Leibholz, Gerhard u. a. (Hg.): Menschenwürde und freiheitliche Rechtsordnung. Festschrift für Willi Geiger zum 65. Geburtstag, Tübingen 1974, S. 221–241.

MIDDEL, Annette: Rechtliche Aspekte der Präimplantationsdiagnostik. In: Steinke, Verena u. a. (Hg.): Präimplantationsdiagnostik. Medizinisch-naturwissenschaftliche Aspekte, Freiburg/München 2009 (= Ethik in den Biowissenschaften, Bd. 10), S. 52–123.

MIETH, Dietmar: Präimplantationsdiagnostik im gesellschaftlichen Kontext – eine sozialethische Perspektive. In: Ethik in der Medizin 11 (1999), H. 1, S. 77–86.

MIETH, Dietmar: Genetische Frühselektion. In welcher Gesellschaft wollen wir leben? In: Stimmen der Zeit (2010), H. 10, S. 663–672.

MIETH, Dietmar/DIEDRICH, Klaus: Forschung an Embryonen? Pro und Contra. In: Forschung und Lehre (2001), H. 6, S. 300f.

MINISTERIUM DER JUSTIZ RHEINLAND-PFALZ (Hg.): Fortpflanzungsmedizin und Embryonenschutz. Medizinische, ethische und rechtliche Gesichtspunkte zum Revisionsbedarf von Embryonenschutz- und Stammzellgesetz. Bericht der Bioethik-Kommission des Landes Rheinland-Pfalz vom 12. Dezember 2005, Mainz 2005.

MOHR, Georg: Ein „Wert, der keine Preis hat" – Philosophigeschichtliche Grundlagen der Menschenwürde bei Kant und Fichte. In: Sandkühler, Jörg (Hg.): Menschenwürde. Philosophische, theologische und juristische Analysen, Frankfurt a. M. u. a. 2007, S. 13–39.

MONTGOMERY, Frank U.: Schöne neue Welt. Muss man alles machen, was man kann? In: Deutsches Ärzteblatt 97 (2000), H. 18, S. 1198–1200.

MONTGOMERY, Frank U.: Motivsuche. In: Deutsches Ärzteblatt 98 (2001), H. 15, S. 958.

MOYN, Samuel: Personalismus, Gemeinschaft und die Ursprünge der Menschenrechte. In: Hoffmann, Stefan-Ludwig (Hg.): Moralpolitik. Geschichte der Menschenrechte im 20. Jahrhundert, Göttingen 2010 (= Geschichte der Gegenwart, Bd. 1), S. 63–91.

MOYN, Samuel: The Last Utopia. Human Rights in History, Cambridge 2012.

MOYN, Samuel: Christian Human Rights. Intellectual History of the Modern Age, Pennsylvania 2015.

MOYN, Samuel: Human Rights and the Uses of History, New York, 2. Aufl. 2017.

MÜLLER, Ernst/SCHMIEDER, Falko: Begriffsgeschichte und historische Semantik. Ein kritisches Kompendium, Berlin 2016 (= Suhrkamp Taschenbuch Wissenschaft, Bd. 2117).

MÜLLER, Gerhard: Zur Frage nach dem Leben in theologischer Sicht. In: Lübbe, Hermann u. a. (Hg.): Anfang und Ende des Lebens als normatives Problem, Mainz 1988, S. 51–57.

MÜLLER, Werner A./HASSEL, Monika: Entwicklungsbiologie und Reproduktionsbiologie des Menschen und bedeutender Modellorganismen, Berlin u. a., 5. Aufl. 2012 (= Springer-Lehrbuch).

MÜLLER-TERPITZ, Ralf: Die neue Empfehlung der DFG zur Forschung mit menschlichen Stammzellen. Ein Weg aus dem bioethischen und verfassungsrechtlichen Dilemma? In: Wissenschaftsrecht (2001), H. 34, S. 271–286.

MÜLLER-TERPITZ, Ralf: Der Schutz des pränatalen Lebens. Eine verfassungs-, völker- und gemeinschaftsrechtliche Statusbetrachtung an der Schwelle zum biomedizinischen Zeitalter, Tübingen 2007 (= Jus publicum, Bd. 165).

MÜNCH, Fritz: Die Menschenwürde als Grundforderung unserer Verfassung. Akademische Antrittsvorlesung, gehalten am 19. Nov. 1951 in der Rheinischen Friedrich-Wilhelm-Universität zu Bonn, Bonn 1951.

MÜNCH, Ingo von (Hg.): Abtreibung – Reform des § 218. Zusammengestellt von Dr. Friedrich-Christian Schroeder, Berlin, New York 1972.

NATIONALER ETHIKRAT: Zum Import menschlicher embryonaler Stammzellen. Stellungnahme, Berlin 2001.

NATIONALER ETHIKRAT: Genetische Diagnostik vor und während der Schwangerschaft. Stellungnahme, Berlin 2003.

NEBEL, Kerstin: Embryonale Stammzellforschung. Schneller Kompromiss trotz starker Polarisierung. In: Knill, Christoph u. a. (Hg.): Moralpolitik in Deutschland. Staatliche Regulierung gesellschaftlicher Wertekonflikte im historischen und internationalen Vergleich, Wiesbaden 2015, S. 89–106.

NEIDERT, Rudolf: Brauchen wir ein Fortpflanzungsmedizingesetz? In: Medizinrecht 16 (1998), H. 8, S. 347–353.

NEIDERT, Rudolf: Zunehmendes Lebensrecht. Genetische Untersuchungen am Embryo in vitro im medizinischen und juristischen Kontext. In: Deutsches Ärzteblatt 97 (2000), H. 51/52, S. 3483–3486.

NEIDERT, Rudolf: Zunehmendes Lebensrecht: Schlusswort. In: Deutsches Ärzteblatt 98 (2001), H. 14, S. 903.

NEIDERT, Rudolf: Das überschätzte Embryonenschutzgesetz – was es verbietet und nicht verbietet. In: Zeitschrift für Rechtspolitik 35 (2002), H. 11, S. 467–471.

NETTESHEIM, Martin: Die Garantie der Menschenwürde zwischen metaphysischer Überhöhung und bloßem Abwägungstopos. In: Archiv des öffentlichen Rechtes (2005), H. 130, S. 71–113.

NEUMANN, Ulfrid: Die „Würde des Menschen" in der Diskussion um Gentechnologie und Befruchtungstechnologien. In: Klug, Ulrich/Kriele, Martin (Hg.): Menschen- und Bürgerrechte. Vorträge aus der Tagung der Deutschen Sektion der internationalen Vereinigung für Rechts- und Sozialphilosophie (IVR) in der Bundesrepublik Deutschland vom 9.–12. Oktober 1986 in Köln, Stuttgart 1988 (= Archiv für Rechts- und Sozialphilosophie, Beiheft 33), S. 139–152.

NEUMANN, Ulfrid: Die Tyrannei der Würde. Argumentationstheoretische Erwägungen zum Menschenwürdeprinzip. In: Archiv für Rechts- und Sozialphilosophie 84 (1998), S. 153–166.

NEUMANN, Ulfrid: Die Menschenwürde als Menschenbürde – oder wie man ein Recht gegen den Berechtigten wendet. In: Kettner, Matthias (Hg.): Biomedizin und Menschenwürde, Frankfurt a. M. 2004 (= Edition Suhrkamp, Bd. 2268), S. 42–62.

NIETHAMMER, Lutz/SATJUKOW, Silke (Hg.): „Wenn die Chemie stimmt". Geschlechterbeziehungen und Geburtenkontrolle im Zeitalter der „Pille"/Gender Relations and Birth Control in the Age of the „Pill", Göttingen 2016.

NILSSON, Lennart: Ein Kind entsteht. Bilddokumentation über die Entwicklung des Lebens im Mutterleib, Gütersloh 1967.

NIPPERDEY, Hans Carl: Die Würde des Menschen. In: Neumann, Franz u. a. (Hg.): Die Grundrechte. Handbuch der Theorie und Praxis der Grundrechte (Bd. 2), Berlin 1954, S. 1–50.

NIPPERT, Irmgard: Gutachten im Auftrag der Friedrich-Ebert-Stiftung. Präimplantationsdiagnostik – ein Ländervergleich. Die aktuelle Situation hinsichtlich der gesetzlichen Reglung, der Anwendung und der gesellschaftlichen Diskussion in Belgien, Frankreich und Großbritannien, Bonn 2006.

Noelle-Neumann, Elisabeth: Werden wir alle Proletarier? Wertewandel in unserer Gesellschaft, Zürich, 2. Aufl. 1979.

Noelle-Neumann, Elisabeth/Koecher, Renate (Hg.): Die verletzte Nation. Über den Versuch der Deutschen, ihren Charakter zu ändern, Stuttgart, 2. Aufl. 1988.

Nüsslein-Volhard, Christiane: Das Werden des Lebens. Wie Gene die Entwicklung steuern, München 2004.

O'Malley, Martin: A Performative Definition of Human Dignity. In: Knoepffler, Nikolaus u. a. (Hg.): Facetten der Menschenwürde, Freiburg 2011, S. 75–101.

Oehmichen, Manfred: Votum der Ethikkommission der Medizinischen Universität zu Lübeck zur Präimplantationsdiagnostik. In: Ethik in der Medizin 11 (1999), S. 16–22.

Ostendorf, Heribert: Juristische Aspekte der extrakorporalen Befruchtung und des Embryotransfers beim Menschen. In: Jüdes, Ulrich (Hg.): In-Vitro-Fertilisation und Embryotransfer (Retortenbaby). Grundlagen, Methoden, Probleme und Perspektiven, Stuttgart 1983, S. 177–198.

Ostendorf, Heribert: Experimente mit dem „Retortenbaby" auf dem rechtlichen Prüfstand. In: Juristenzeitung 39 (1984), H. 13, S. 595–600.

Pap, Michael: Die Würde des werdenden Lebens in vitro. Verfassungsrechtliche Grenzen der extrakorporalen Befruchtung. In: Medizinrecht 4 (1986), H. 5, S. 229–236.

Pap, Michael: Extrakorporale Befruchtung und Embryotransfer aus arztrechtlicher Sicht. Insbesondere der Schutz des werdenden Lebens „in vitro", Frankfurt a. M. u. a. 1987.

Parteivorstand der SPD: Politische Grundsatzerklärung der SPD. Sozialdemokratische Lösungsvorschläge zur Lösung von Problemen der Unfruchtbarkeit und der Anwendung gentechnologischer Methoden beim Menschen. Beschluß des Parteitages der SPD vom 7. Oktober 1985; Vorlage der Kommission Innen- und Rechtspolitik beim Parteivorstand. In: Däubler-Gmelin, Herta (Hg.): Forschungsobjekt Mensch: Zwischen Hilfe und Manipulation. Vorschläge der Sozialdemokratischen Partei Deutschlands zur Lösung von Problemen der Unfruchtbarkeit und der Anwendung gentechnologischer Methoden beim Menschen, München 1986 (= Gentechnologie Chancen und Risiken, Bd. 7), S. 1–16.

Pascal, Blaise: Gedanken. Aus dem Französischen übertragen von Ulrich Kunzmann. Kommentar von Eduard Zwierlein, Berlin 2012 (= Suhrkamp Studienbibliothek, Bd. 20).

Paul, Gregor: Menschenwürde: ein ‚asiatisches' Konzept von bleibender Relevanz. Eine Stellungnahme. In: Ammer, Christian u. a. (Hg.): Herausforderung Menschenwürde. Beiträge zum interdisziplinären Gespräch, Neukirchen-Vluyn 2010 (= Evangelische Impulse, Bd. 2), S. 129–140.

Philipps, Karl (Hg.): Dokumentation zur Reform des § 218. Ergänzungsheft, Bielefeld 1973 (= Materialien für den Dienst in der Evangelischen Kirche von Westfalen Reihe D Öffentlichkeitsarbeit, Bd. 2).

Picker, Eduard: Schadensersatz für das unerwünschte eigene Leben. „Wrongful Life", Tübingen 1995 (= Tübinger Rechtswissenschaftliche Abhandlungen, Bd. 80).

Picker, Eduard: Menschenwürde und Menschenleben. Das Auseinanderdriften zweier fundamentaler Werte als Ausdruck der wachsenden Relativierung des Menschen. Mit einem Vorwort von Robert Spaemann, Stuttgart 2002.

Picker, Eduard: Menschenwürde und Lebensrecht – eine zweckorientierte Betrachtung. In: Beckmann, Rainer/Löhr, Mechthild (Hg.): Der Status des Embryos. Medizin – Ethik – Recht, Würzburg, 1. Aufl. 2003, S. 157–169.

Pieroth, Bodo u. a. (Hg.): Grundrechte. Staatsrechte II, Heidelberg, 30. Aufl. 2014.

Pikart, Eberhard/Werner, Wolfram (Hg.): Der Parlamentarische Rat 1948–1949. Akten und Protokolle – Bd. 5/I Ausschuß für Grundsatzfragen, Boppard am Rhein 1994 (= Der parlamentarische Rat, Bd. 1).

Pollmann, Arnd: Menschenwürde nach der Barbarei. Zu den Folgen eines gewaltsamen Umbruchs in der Geschichte der Menschenrechte. In: Zeitschrift für Menschenrechte 4 (2010), H. 1, S. 26–45.

Preiser, Friedrich: § 218 ist nicht verfassungswidrig. In: Deutsche Richterzeitung 50 (1972), H. 5, S. 170f.

Pross, Helge: Abtreibung. Motive und Bedenken. Mit einem Exkurs über Abtreibung in der DDR von Dieter Voigt, Stuttgart u. a. 1971 (= Kohlhammer-Urban-Taschenbücher, Bd. 823).

Quante, Michael: Menschenwürde und personale Autonomie. Demokratische Werte im Kontext der Lebenswissenschaften, Hamburg 2010.

Quante, Michael: Menschenwürde, Pluralismus und der moralische Status des beginnenden menschlichen Lebens im Kontext der Fortpflanzungsmedizin. In: Gethmann, Friedrich (Hg.): Recht und Ethik in der Präimplantationsdiagnostik, München 2010, S. 35–60.

Rehder, Stefan: Der Embryo als Wirtschaftsgut. In: Beckmann, Rainer/Löhr, Mechthild (Hg.): Der Status des Embryos. Medizin – Ethik – Recht, Würzburg, 1. Aufl. 2003, S. 251–267.

Reiter, Johannes: Ethische Aspekte der Genforschung und Gentechnologie. In: Reiter, Johannes/Theile, Ursel (Hg.): Genetik und Moral. Beiträge zu einer Ethik des Ungeborenen, Mainz 1985, S. 146–161.

Reiter, Johannes: Künstliche Zeugung als ethisches Problem. In: Herder-Korrespondenz 39 (1985), H. 1, S. 34–39.

Reiter, Johannes: Menschenwürde und Gentechnologie. In: Seesing, Heinz (Hg.): Technologischer Fortschritt und menschliches Leben. Die Menschenwürde als Maßstab der Rechtspolitik. Teil 2 Rechtspolitische Grundsätze von CDU und CSU zur Gentechnik am Menschen, München 1988 (= Gentechnologie Chancen und Risiken, Bd. 17), S. 16–34.

Reiter, Johannes: Menschliche Würde und christliche Verantwortung. Be-denkliches zu Technik, Ethik, Politik, Kevelaer 1989.

Reiter, Johannes: Ethische Aspekte der Humangenetik und Embryonenforschung. In: Aus Politik und Zeitgeschichte 17 (1991), H. 6, S. 25–31.

Reiter, Johannes: Die Probe aufs Humanum – Über die Ethik der Menschenwürde. In: Graumann, Sigrid (Hg.): Die Genkontroverse. Grundpositionen, Freiburg u. a. 2001 (= Herder-Spektrum, Bd. 5224), S. 67–79.

Reiter, Johannes: Über die Ethik der Menschenwürde. In: Raffelt, Albert (Hg.): Weg und Weite. Festschrift für Karl Lehmann. Unter Mitwirkung von Barbara Nichtweiß, Freiburg u. a. 2001, S. 443–454.

Reiter, Johannes: Menschenwürde als Maßstab. In: Aus Politik und Zeitgeschichte (2004), H. 23/24, S. 6–13.

Rendtorff, Trutz: Jenseits der Menschenwürde? Zum ethischen Diskurs über humane embryonale Stammzellen. Ein Kommentar. In: Jahrbuch für Recht und Ethik (2000), H. 5, S. 183–195.

Rendtorff, Trutz: Humane embryonale Stammzellen. Theologisch-ethischer Standpunkt. In: Das Bundesministerium für Gesundheit (Hg.): Fortpflanzungsmedizin in Deutschland.

Wissenschaftliches Symposium des Bundesministeriums für Gesundheit mit dem Robert-Koch-Institut vom 24. bis 26. Mai 2000 in Berlin, Baden-Baden 2001 (= Schriftenreihe des Bundesministeriums für Gesundheit, Bd. 132), S. 243–247.

Renesse, Margot v.: Der Import embryonaler Stammzellen. In: Beer, Wolfgang u. a. (Hg.): Was wissen wir vom Leben? Aktuelle Herausforderungen der Ethik durch die neuen Biowissenschaften, Schwalbach Taunus 2003, S. 296–301.

Rensmann, Thilo: Die Menschenwürde als universaler Begriff. In: Thies, Christian (Hg.): Der Wert der Menschenwürde, Paderborn u. a. 2009, S. 75–92.

Riedel, Eibe: Gentechnologie und Embryonenschutz als Verfassungs- und Regelungsproblem. In: Europäische Grundrechte-Zeitschrift 13 (1986), H. 16, S. 469–478.

Riedel, Ulrike: Plädoyer für eine offene, unvoreingenommene Debatte. Präimplantationsdiagnostik. In: Deutsches Ärzteblatt 97 (2000), H. 10, S. 586f.

Riedel, Ulrike: „Kind als Schaden". Die höchstrichterliche Rechtsprechung zur Arzthaftung für den Kindesunterhalt bei unerwünschter Geburt eines gesunden, kranken oder behinderten Kindes, Frankfurt a. M. 2003.

Ritschl, Dietrich: Menschenwürde als Fluchtpunkt ethischer Entscheidungen in der Reproduktionsmedizin und Gentechnologie. In: Schroeder-Kurth, Traute (Hg.): Das Leben achten: Maßstäbe für Gentechnik und Fortpflanzungsmedizin. Beitrag aus der Synode der Evangelischen Kirche in Deutschland, Gütersloh 1988 (= Gütersloher Taschenbücher Siebenstern, Bd. 581), S. 96–117.

Rixen, Stephan: Menschenwürde oder „Biomasse"? Zum verfassungsrechtlichen Status des Embryos am Beispiel der Präimplantationsdiagnostik. In: Beer, Wolfgang u. a. (Hg.): Was wissen wir vom Leben? Aktuelle Herausforderungen der Ethik durch die neuen Biowissenschaften, Schwalbach Taunus 2003, S. 264–282.

Rödder, Andreas: Wertewandel in historischer Perspektive. Ein Forschungsprojekt. In: Dietz, Bernhard u. a. (Hg.): Gab es den Wertewandel? Neue Forschungen zum gesellschaftlich-kulturellen Wandel seit den 1960er Jahren, München 2014 (= Wertewandel im 20. Jahrhundert, Bd. 1), S. 17–39.

Rödder, Andreas/Elz, Wolfgang (Hg.): Alte Werte – neue Werte. Schlaglichter des Wertewandels, Göttingen 2008.

Roellecke, Gerd: Grundrechte und Abtreibungsverbot. In: Baumann, Jürgen (Hg.): Das Abtreibungsverbot des § 218. Eine Vorschrift, die mehr schadet als nützt, Neuwied/Berlin 1971 (= Demokratie und Rechtsstaat. Kritische Abhandlungen zur Rechtsstaatlichkeit in der Bundesrepublik, Bd. 20), S. 39–45.

Roellecke, Gerd: Leben zwischen Religion und Recht. In: Juristenzeitung 60 (2005), H. 9, S. 421–424.

Röger, Ralf: Verfassungsrechtliche Grenzen der Präimplantationsdiagnostik. In: Schriftenreihe der Juristen-Vereinigung Lebensrecht e. V. zu Köln (2000), H. 17, S. 55–80.

Röger, Ralf: Hochrangigkeit, Alternativlosigkeit und ethische Vertretbarkeit der Forschung mit humanen embryonalen Stammzellen aus verfassungsrechtlicher Sicht. In: Jahrbuch für Wissenschaft und Ethik 8 (2003), S. 313–333.

Rosenau, Henning (Hg.): Ein zeitgemäßes Fortpflanzungsmedizingesetz für Deutschland, Baden-Baden 2013.

Rothhaar, Markus: Die Menschenwürde als Prinzip des Rechts. Eine rechtsphilosophische Rekonstruktion, Tübingen 2015.

Rudolphi, Hans-Joachim: Straftaten gegen das werdende Leben. In: Zeitschrift für die gesamte Strafwissenschaft 21 (1971), H. 1, S. 105–139.

Ruff, Wilfried: Das embryonale Werden des Menschen. In: Stimmen der Zeit 23 (1968), H. 5, S. 107–119.

Rüpke, Giselher: Persönlichkeitsrecht und Schwangerschaftsunterbrechung. Erwiderung auf Robert Spaemann „Am Ende der Debatte um § 218" (ZRP 1974, 49ff.). In: Zeitschrift für Rechtspolitik 7 (1974), H. 4, S. 73–77.

Rüpke, Giselher: Schwangerschaftsabbruch und Grundgesetz. Eine Antwort auf das in der Entscheidung des Bundesverfassungsgerichts vom 25.2.1975 ungelöste Verfassungsproblem, Frankfurt a. M. 1975.

Sacksofsky, Ute: Der verfassungsrechtliche Status des Embryos in vitro. Gutachten für die Enquete-Kommission des Deutschen Bundestages „Recht und Ethik der modernen Medizin", Frankfurt a. M. 2001.

Sacksofsky, Ute: Präimplantationsdiagnostik und Grundgesetz. In: Kritische Justiz 36 (2003), H. 3, S. 274–292.

Sacksofsky, Ute: Anforderungen an ein Fortpflanzungsmedizingesetz – Verfassungsrechtliche Rahmenbedingungen. In: Oduncu, Fuat u. a. (Hg.): Der Zugriff auf den Embryo. Ethische, rechtliche und kulturvergleichende Aspekte der Reproduktionsmedizin, Göttingen 2005 (= Medizin-Ethik-Recht, Bd. 5), S. 52–71.

Sandkühler, Jörg: Menschenwürde und die Transformation moralischer Rechte in positives Recht. In: Sandkühler, Jörg (Hg.): Menschenwürde. Philosophische, theologische und juristische Analysen, Frankfurt a. M. u. a. 2007, S. 57–86.

Sass, Hans-Martin: Extrakorporale Fertilisation und Embryotransfer. Zukünftige Möglichkeiten und ihre ethische Bewertung. In: Flöhl, Rainer (Hg.): Genforschung – Fluch oder Segen? Interdisziplinäre Stellungnahme, München 1985 (= Gentechnologie Chancen und Risiken, Bd. 3), S. 30–58.

Schaber, Peter: Menschenwürde, Stuttgart 2012 (= Reclam-Taschenbuch, Bd. 20338).

Schächinger, Michael: Menschenwürde und Menschheitswürde. Zweck, Konsistenz und Berechtigung strafrechtlichen Embryonenschutzes, Berlin 2014 (= Schriften zum öffentlichen Recht, Bd. 1276).

Scheunemann, Renate: Plädoyer für die Straffreiheit des Schwangerschaftsabbruchs. In: Wege zum Menschen 23 (1971), S. 154–156.

Schick, Rupert (Hg.): Der Parlamentarische Rat: 1948–1949. Akten und Protokolle. Bd. 5. Ausschuß für Grundsatzfragen, Boppard am Rhein 1993.

Schlink, Bernhard: Aktuelle Fragen des pränatalen Lebensschutzes. Überarbeitete Fassung eines Vortrags gehalten vor der Juristischen Gesellschaft zu Berlin am 19. Dezember 2001, Berlin 2002 (= Schriftenreihe der Juristischen Gesellschaft zu Berlin, Bd. 172).

Schlink, Bernhard: Die überforderte Menschenwürde. Welche Gewissheit kann Artikel 1 des Grundgesetzes geben? In: Der Spiegel (2003), H. 51.

Schlosser, Horst Dieter/Grabka, Marion (Hg.): Medizin und Sprache im technischen Wandel. In-Vitro-Fertilisation zwischen Zeugungshilfe und Reproduktionstechnik, Frankfurt a. M. 1990.

Schmid, Rolf D.: Taschenatlas der Biotechnologie und Gentechnik. Mit 171 Farbtafeln von Ruth Hammelehle, Weinheim, 3. Aufl. 2016.

SCHMIDT-JORTZIG, Edzard: Systematische Bedingungen der Garantie unbedingten Schutzes der Menschenwürde in Art. 1 GG. Unter besonderer Berücksichtigung der Probleme am Anfang des menschlichen Lebens. In: Die öffentliche Verwaltung 54 (2001), H. 22, S. 925–932.

SCHMIDT-PREUSS, Matthias: Menschenwürde und „Menschenbild" des Grundgesetzes. In: Wall, Heinrich de/Germann, Michael (Hg.): Bürgerliche Freiheit und Christliche Verantwortung. Festschrift für Christoph Link zum siebzigsten Geburtstag, Tübingen 2003, S. 921–942.

SCHOCKENHOFF, Eberhard: Die Ethik des Heilens und die Menschenwürde. Moralische Argumente für und wider die embryonale Stammzellenforschung. In: Zeitschrift für medizinische Ethik 47 (2001), S. 235–257.

SCHOCKENHOFF, Eberhard: Pro Speziesargument: Zum moralischen und ontologischen Status des Embryos. In: Damschen, Gregor/Schönecker, Dieter (Hg.): Der moralische Status menschlicher Embryonen. Pro und contra Spezies-, Kontinuums-, Identitäts- und Potentialitätsargument, Berlin/New York 2003, S. 11–33.

SCHOCKENHOFF, Eberhard: Der Wert des Menschen. Die Idee der Menschenwürde in der Bioethik. In: Liessmann, Paul (Hg.): Der Wert des Menschen. An den Grenzen des Humanen, Wien 2006 (= Philosophicum Lech, Bd. 9), S. 67–93.

SCHOCKENHOFF, Eberhard: Die Achtung der Menschenwürde in der technisch-wissenschaftlichen Zivilisation. In: Rauscher, Anton (Hg.): Handbuch der Katholischen Soziallehre, Berlin 2008, S. 61–76.

SCHOLZ, Rupert: Instrumentale Beherrschung der Biotechnologie durch die Rechtsordnung. In: Stiftung Gesellschaft für Rechtspolitik, Trier/Institut für Rechtspolitik an der Universität Trier (Hg.): Bitburger Gespräche. Jahrbuch 1986/I, München 1986, S. 59–91.

SCHOLZ, Rupert: Verfassungsfragen zur Fortpflanzungsmedizin und Gentechnologie. In: Leßmann, Herbert u. a. (Hg.): Festschrift für Rudolf Lukes. Zum 65. Geburtstag, Köln u. a. 1989, S. 203–235.

SCHÖNE-SEIFERT, Bettina: Abtreibung ja – Forschung nein? Hat der Embryo in-utero einen anderen moralischen Status als in-vitro? In: Bockenheimer-Lucius, Gisela (Hg.): Forschung an embryonalen Stammzellen. Ethische und rechtliche Aspekte, Köln 2002 (= Medizin-Ethik, Bd. 14), S. 95–105.

SCHÖNE-SEIFERT, Bettina: Contra Potentialitätsargument: Probleme einer traditionellen Begründung für den embryonalen Lebensschutz. In: Damschen, Gregor/Schönecker, Dieter (Hg.): Der moralische Status menschlicher Embryonen. Pro und contra Spezies-, Kontinuums-, Identitäts- und Potentialitätsargument, Berlin/New York 2003, S. 169–185.

SCHRAMME, Thomas: Bioethik. In: Pollmann, Arnd/Lohmann, Georg (Hg.): Menschenrechte. Ein interdisziplinäres Handbuch, Stuttgart 2012, S. 448–453.

SCHREIBER, Hans-Ludwig: Die Würde des Menschen eine rechtliche Fiktion? In: Medizinrecht 21 (2003), H. 7, S. 367–372.

SCHRÖDER, Meinhard: Die Institutionalisierung des Nationalen Ethikrates: Ein bedenklicher Regierungsakt? In: Neue juristische Wochenschrift 54 (2001), H. 30, S. 2144–2146.

SCHROTH, Jörg: Utliltarismus. In: Gröschner, Rolf u. a. (Hg.): Wörterbuch der Würde, München 2013, S. 114–116.

SCHROTH, Ulrich: Forschung mit embryonalen Stammzellen und Präimplantationsdiagnostik im Lichte des Rechts. In: Juristenzeitung 57 (2002), H. 4, S. 170–179.

Schwalm, Georg: Über den Beginn des menschlichen Lebens aus der Sicht des Juristen. In: Monatsschrift für Deutsches Recht 22 (1968), H. 4, S. 277–280.

Schwarke, Christian: Die Kultur der Gene. Eine theologische Hermeneutik der Gentechnik, Stuttgart 2000.

Schwarz, Kyrill-Alexander: „Therapeutisches Klonen" – ein Angriff auf Lebensrecht und Menschenwürde des Embryos? In: Kritische Vierteljahresschrift für Gesetzgebung und Rechtswissenschaft 84 (2001), H. 2, S. 182–210.

Schwarz, Michael: Die Menschenwürde als Ende der europäischen Wertegemeinschaft? Eine realistische Perspektive auf das Schutzdefizit nach Art. 1 der Grundrechtecharta. In: Der Staat 50 (2011), H. 4, S. 533–566.

Schwarzburg, Katrin: Die Menschenwürde im Recht der Europäischen Union, Baden-Baden 2012 (= Schriftenreihe Europäisches Recht, Politik und Wirtschaft, Bd. 354).

Schwarzer, Alice (Hg.): Frauen gegen den § 218. 18 Protokolle, aufgezeichnet von Alice Schwarzer, Frankfurt a. M. 1971.

Schweidler, Walter: Das Unantastbare. Beiträge zur Philosophie der Menschenwürde, Münster 2001 (= Philosophie: Forschung und Wissenschaft, Bd. 5).

Seelmann, Kurt: Haben Embryonen Menschenwürde? Überlegungen aus juristischer Sicht. In: Kettner, Matthias (Hg.): Biomedizin und Menschenwürde, Frankfurt a. M. 2004 (= Edition Suhrkamp, Bd. 2268), S. 63–80.

Seesing, Heinz: Gentechnologie und Leben. Ethische Anmerkungen. In: Seiters, Rudolf u. a. (Hg.): Chancen und Risiken der Gentechnologie. CDU/CSU Fraktion im Deutschen Bundestag, Bonn 1985, S. 5–10.

Seesing, Heinz (Hg.): Technologischer Fortschritt und menschliches Leben. Die Menschenwürde als Maßstab der Rechtspolitik. Teil 1: Rechtspolitische Grundsätze von CDU und CSU zur Fortpflanzungsmedizin, München 1987 (= Gentechnologie Chancen und Risiken, Bd. 11).

Seifert, Josef: Menschenwürde und unbedingte Achtung menschlichen Lebens: Einige Fragen der Bioethik und die Grundlagen der Moral. In: Essener Gespräche zum Thema Staat und Kirche 22 (1988), S. 57–78.

Seifert, Josef: Dimensionen und Quellen der Menschenwürde. In: Schweidler, Walter u. a. (Hg.): Menschenleben – Menschenwürde. Interdisziplinäres Symposium zur Bioethik. Mit Beiträgen von R. Spaemann, D. Birnbacher, W. Höfling, H. M. Sass, A. Shewmon u. a., Münster 2003 (= Ethik interdisziplinär, Bd. 3), S. 51–92.

Sekretariat der Deutschen Bischofskonferenz (Hg.): Erklärung der Deutschen Bischofskonferenz zur gesellschaftspolitischen Entwicklung in der Bundesrepublik. Fulda, 21. September 1972, München 1972 (= Die deutschen Bischöfe – Hirtenschreiben und Erklärungen, Bd. 4).

Sekretariat der Deutschen Bischofskonferenz (Hg.): Hirtenschreiben der deutschen Bischöfe zum Schutz des ungeborenen Lebens. 25. April 1973, München 1973 (= Die deutschen Bischöfe – Hirtenschreiben und Erklärungen, Bd. 6).

Sekretariat der Deutschen Bischofskonferenz (Hg.): Gesellschaftliche Grundwerte und menschliches Glück. 7. Mai 1976, Bonn 1976 (= Die deutschen Bischöfe – Hirtenschreiben und Erklärungen, Bd. 9).

Sekretariat der Deutschen Bischofskonferenz (Hg.): Zur Neuregelung des § 218. 26. Januar 1976, Bonn 1976 (= Die deutschen Bischöfe – Hirtenschreiben und Erklärungen, Bd. 6).

Sekretariat der Deutschen Bischofskonferenz (Hg.): Zur Novellierung des § 218. Pastorales Wort. Empfehlungen für Ärzte und medizinische Fachkräfte in Krankenhäusern, Bonn 1976 (= Die deutschen Bischöfe – Hirtenschreiben und Erklärungen, Bd. 7).

Sekretariat der Deutschen Bischofskonferenz (Hg.): Für das Leben. Pastorales Wort zum Schutz der ungeborenen Kinder 24. November 1986, Bonn 1986 (= Die deutschen Bischöfe – Hirtenschreiben und Erklärungen, Bd. 38).

Sekretariat der Deutschen Bischofskonferenz (Hg.): Instruktion der Kongregation für die Glaubenslehre über die Achtung vor dem beginnenden menschlichen Leben und die Würde der Fortpflanzung. Antworten auf einige aktuelle Fragen. 10. März 1987, Bonn 1987 (= Verlautbarungen des Apostolischen Stuhls, Bd. 74).

Sekretariat der Deutschen Bischofskonferenz (Hg.): Menschenwürde und Menschenrechte von allem Anfang an. Zur ethischen Beurteilung der Abtreibung 26. September 1996, Bonn 1996 (= Die deutschen Bischöfe – Hirtenschreiben und Erklärungen, Bd. 57).

Sekretariat der Deutschen Bischofskonferenz (Hg.): Der Mensch: sein eigener Schöpfer? Zu Fragen von Gentechnik und Biomedizin. 7. März 2001, Bonn 2001 (= Die deutschen Bischöfe – Hirtenschreiben und Erklärungen, Bd. 69).

Sekretariat der Deutschen Bischofskonferenz (Hg.): UnBehindert Leben und Glauben teilen. Wort der deutschen Bischöfe zur Situation der Menschen mit Behinderungen 12. März 2003, Bonn 2003 (= Die deutschen Bischöfe – Hirtenschreiben und Erklärungen, Bd. 70).

Sekretariat der Deutschen Bischofskonferenz (Hg.): Kongregation für die Glaubenslehre. Instruktion Dignitas Personae über einige Fragen der Bioethik, Bonn 2008 (= Verlautbarungen des Apostolischen Stuhls, Bd. 183).

Sekretariat der Deutschen Bischofskonferenz: Enzyklika Evangelium Vitae von Papst Johannes Paul II. An die Bischöfe, Priester und Diakonen, die Ordensleute und Laien sowie an alle Menschen guten Willens über den Wert und die Unantastbarkeit des menschlichen Lebens, Bonn, 6. Aufl. 2009 (= Verlautbarungen des Apostolischen Stuhls, Bd. 120).

Sendler, Horst: Menschenwürde, PID und Schwangerschaftsabbruch. In: Neue juristische Wochenschrift 54 (2001), H. 30, S. 2148–2150.

Siebel, Wigand u. a. (Hg.): Soziologie der Abtreibung. Empirische Forschung und theoretische Analyse. 8 Abbildungen und 78 Tabellen, Stuttgart 1971.

Siep, Ludwig: Zur ethischen Problematik des Klonens. In: Jahrbuch für Wissenschaft und Ethik 3 (1998), H. 1, S. 5–14.

Siep, Ludwig: Das Menschenwürdeargument in der ethischen Debatte über die Stammzellforschung. In: Hilpert, Konrad (Hg.): Forschung contra Lebensschutz? Der Streit um die Stammzellforschung, Freiburg u. a. 2009 (= Questiones Disputatae, Bd. 233), S. 182–199.

Silies, Eva-Maria: Liebe, Lust und Last. Die Pille als weibliche Generationserfahrung in der Bundesrepublik 1960–1980, Göttingen 2010.

Silies, Eva-Maria: Zwischen medizinischer Notwendigkeit und moralischem Urteil. Die bundesdeutsche Ärzteschaft, die BGGF und die Durchsetzung der Pille in den 1960er Jahren. In: Dietl, Johannes u. a. (Hg.): Herausforderungen. 100 Jahre Bayerische Gesellschaft für Geburtshilfe und Frauenheilkunde, Stuttgart/New York 2012, S. 217–226.

Simon, Jürgen: Rechtliche Aspekte der Präimplantationsdiagnostik. In: Ethik in der Medizin 11 (1999), S. 62–69.

Singer, Peter: Praktische Ethik, Stuttgart 1984.

SINGER, Peter: Embryo Experimentation. Ethical, Legal and Social Issues, Cambridge 1993.

SINGER, Peter: Die Ethik der Embryonenforschung. In: Aufklärung und Kritik 2 (1995), H. 1, S. 83–87.

SOZIALDEMOKRATISCHE PARTEI DEUTSCHLANDS (Hg.): Grundsatzprogramm der Sozialdemokratischen Partei Deutschlands. Beschlossen vom Außerordentlichen Parteitag der Sozialdemokratischen Partei Deutschlands in Bad Godesberg vom 13. bis 15. November 1959, Bonn 1959.

SPAEMANN, Robert: Am Ende der Debatte um § 218 StGB. In: Zeitschrift für Rechtspolitik 7 (1974), H. 3, S. 49–53.

SPAEMANN, Robert: Haben Ungeborene ein Recht auf Leben? Replik auf Giselher Rüpke, Persönlichkeitsrecht und Schwangerschaftsunterbrechung, ZPR 1974, 73ff. In: Zeitschrift für Rechtspolitik 7 (1974), H. 5, S. 114–118.

SPAEMANN, Robert: Kein Recht auf Leben? Argumente zur Grundsatzdiskussion um die Reform des § 218. In: Kirche und Gesellschaft (1974), H. 12.

SPAEMANN, Robert: Über den Begriff der Menschenwürde. In: Böckenförde, Ernst-Wolfgang/Spaemann, Robert (Hg.): Menschenrechte und Menschenwürde. Historische Voraussetzungen – säkulare Gestalt – christliches Verständnis, Stuttgart 1987, S. 295–313.

SPAEMANN, Robert: Verantwortung für die Ungeborenen (1988). In: Spaemann, Robert (Hg.): Grenzen. Zur ethischen Dimension des Handelns, Stuttgart 2001, S. 367–382.

SPAEMANN, Robert: Wer jemand ist, ist es immer. Es sind nicht die Gesetze, die den Beginn eines Menschenlebens bestimmen. In: Geyer, Christian (Hg.): Biopolitik. Die Positionen, Frankfurt a. M. 2001 (= Edition Suhrkamp, Bd. 2261), S. 73–81.

SPIEKER, Manfred: Der Schein. Zum Konflikt um die kirchliche Mitwirkung an der Schwangerschaftskonfliktberatung. In: Westphalen, Johanna Gräfin von (Hg.): Offensive für das Lebensrecht, Krefeld 1999, S. 87–124.

SPIEKER, Manfred: Kirche und Abtreibung in Deutschland. Ursachen und Verlauf eines Konfliktes, Paderborn, 2. Aufl. 2008.

SPIEKER, Manfred (Hg.): Biopolitik. Probleme des Lebensschutzes in der Demokratie, Paderborn 2009.

SPIEKER, Manfred: „Gemacht, nicht gezeugt". Selektion und Demokratie: Zu den blinden Flecken der Diskussion um die Präimplantationsdiagnostik. In: Die Politische Meinung 56 (2011), H. 498, S. 70–74.

SPIEKER, Manfred: Legalisierte Eugenik – vom gezeigten Geschöpf zum bestellten Produkt. In: Spieker, Manfred u. a. (Hg.): Die Würde des Embryos. Ethische und rechtliche Probleme der Präimplantationsdiagnostik und der embryonalen Stammzellforschung, Bd. 1, Paderborn 2012, S. 9–56.

SPIEKER, Michael: Konkrete Menschenwürde. Über Idee, Schutz und Bildung menschlicher Würde, Schwalbach Taunus 2012 (= Tutzinger Schriften zur politischen Bildung, Bd. 7).

SPIEKERKÖTTER, Jörg: Verfassungsfragen der Humangenetik. Insbesondere Überlegungen zur Zulässigkeit der Genmanipulation sowie der Forschung an menschlichen Embryonen, Frankfurt a. M. 1989 (= Gentechnologie Chancen und Risiken, Bd. 19).

SPRANGER, Tade: Gestaffeltes Schutzkonzept. In: Deutsches Ärzteblatt 98 (2001), H. 21, S. 1377.

STARCK, Christian: Menschenwürde als Verfassungsgarantie im modernen Staat. In: Juristenzeitung 36 (1981), H. 14, S. 457–464.

Starck, Christian: Das Bonner Grundgesetz. Kommentar. Bd. 1: Präambel, Artikel 1 bis 5, München, 3. Aufl. 1985.

Starck, Christian: Die künstliche Befruchtung beim Menschen: Zulässigkeit und zivilrechtliche Folgen. 1. Teilgutachten: Verfassungsrechtliche Probleme. Gutachten für den 56. Deutschen Juristentag, München 1986 (= Verhandlungen des 56. Deutschen Juristentag, Bd. 1).

Starck, Christian: Verfassungsrechtliche Grenzen der Wissenschaftsfreiheit am Beispiel der Genomanalyse, Gentherapie und In-vitro-Fertilisation beim Menschen. In: Schlegel, Hans G. (Hg.): Gentechnologie und In-vitro-Fertilisation. Kolloquium der Akademie der Wissenschaften zu Göttingen veranstaltet am 23. Januar 1987, Göttingen 1988 (= Nachrichten der Akademie der Wissenschaften in Göttingen II. Mathematisch-Physikalische Klasse, Bd. 2), S. 22–30.

Starck, Christian: Der verfassungsrechtliche Schutz des ungeborenen menschlichen Lebens. Zum zweiten Abtreibungsurteil des BVerfG. In: Juristenzeitung 48 (1993), H. 17, S. 816–822.

Starck, Christian: Das Bonner Grundgesetz. Kommentar. Bd. 1: Präambel, Artikel 1 bis 19, München, 4. Aufl. 1999.

Starck, Christian: Verfassungsrechtliche Grenzen der Biowissenschaft und Fortpflanzungsmedizin. In: Juristenzeitung 57 (2002), H. 22, S. 1065–1072.

Starck, Christian: Das Bonner Grundgesetz. Kommentar. Bd. 1: Präambel Art. 1 bis Art. 19, München, 5. Aufl. 2005.

Starck, Christian (Hg.): Kommentar zum Grundgesetz. Bd. 1: Präambel, Artikel 1 bis 19, München 2005.

Starck, Christian: Kommentar zum Grundgesetz. Bd. 1: Präambel, Art. 1–19, München, 6. Aufl. 2010.

Starck, Dietrich: Embryologie. Ein Lehrbuch auf allgemein biologischer Grundlage, Stuttgart, 3. Aufl. 1975.

Stark, Carsten: Kontingenz und Ambivalenz. Der bioethische Diskurs zur Stammzellenforschung, Wiesbaden 2014.

Staube, Gisela (Hg.): Unter anderen Umständen. Zur Geschichte der Abtreibung. Katalog zur gleichnamigen Ausstellung des Deutschen Hygiene-Museums Dresden, Berlin 1993.

Steiner, Udo: Der Schutz des Lebens durch das Grundgesetz. Erweiterte Fassung eines Vortrags gehalten vor der Juristischen Gesellschaft zu Berlin am 26. Juni 1991, Berlin/New York 1992 (= Schriftenreihe der Juristischen Gesellschaft zu Berlin, Bd. 125).

Steinmetz, Willibald: Neue Wege einer historischen Semantik des Politischen. In: Steinmetz, Willibald (Hg.): „Politik". Situationen eines Wortgebrauchs im Europa der Neuzeit, Frankfurt a. M./New York 2007 (= Historische Politikforschung, Bd. 14), S. 9–40.

Steinmetz, Willibald: Vierzig Jahre Begriffsgeschichte – The State of the Art. In: Kämper, Heidrun/Eichinger, Ludwig (Hg.): Sprache – Kognition – Kultur. Sprache zwischen mentaler Struktur und kultureller Prägung, Berlin/New York 2008, S. 174–197.

Stern, Klaus: Menschenwürde als Wurzel der Menschen- und Grundrechte. In: Achterberg, Norbert u. a. (Hg.): Recht und Staat im sozialen Wandel. Festschrift für Hans Ulrich Scupin zum 80. Geburtstag, Berlin 1983, S. 627–642.

Stöcker, Hans: § 218 ist verfassungswidrig! In: Deutsche Richterzeitung 50 (1972), H. 5, S. 168f.

Stöcker, Hans: Nochmals: § 218 StGB verfassungswidrig! In: Deutsche Richterzeitung 50 (1972), H. 11, S. 392f.

Stoecker, Ralf: Die Würde des Embryos. In: Groß, Dominik (Hg.): Ethik in der Medizin in Lehre, Klinik und Forschung, Würzburg 2002, S. 53–70.

Süssmuth, Rita: Die politische Relevanz der Instruktion. In: Wehowsky, Stephan (Hg.): Lebensbeginn und menschliche Würde. Stellungnahme zur Instruktion der Kongregation für die Glaubenslehre vom 22.2.1987, Frankfurt a. M./München 1987 (= Gentechnologie Chancen und Risiken, Bd. 14), S. 133–139.

Tallen, Hermann: Die Auseinandersetzung zwischen der katholischen Kirche und der Sozialdemokratischen Partei Deutschlands über die Reform des § 218 StGB. Inaugural-Dissertation zur Erlangung des Doktorgrades der Philosophischen Fakultät der Westfälischen Wilhelms-Universität zu Münster (Westf.), Münster 1975.

Tanner, Klaus: Menschenwürde im Dauertest. In: Zeitschrift für evangelische Ethik 45 (2001), H. 1, S. 3–7.

Taupitz, Jochen: Der rechtliche Rahmen des Klonens zu therapeutischen Zwecken. In: Neue juristische Wochenschrift 54 (2001), H. 47, S. 3433–3440.

Taupitz, Jochen (Hg.): Das Menschenrechtsübereinkommen zur Biomedizin des Europarates. Taugliches Vorbild für eine weltweit geltende Regelung?, Heidelberg 2002 (= Veröffentlichungen des Instituts für Deutsches, Europäisches und Internationales Medizinrecht, Gesundheitsrecht und Bioethik der Universitäten Heidelberg und Mannheim, Bd. 7).

Taupitz, Jochen: Import embryonaler Stammzellen: Konsequenzen des Bundestagsbeschlusses vom 31.1.2001. In: Zeitschrift für Rechtspolitik 35 (2002), H. 3, S. 111–115.

Taupitz, Jochen: Alternativlosigkeit als Voraussetzung der Forschung mit embryonalen Stammzellen. In: Jahrbuch für Wissenschaft und Ethik 8 (2003), S. 335–351.

Taupitz, Jochen: Rechtliche Regelung der Embryonenforschung im internationalen Vergleich, Berlin 2003 (= Veröffentlichungen des Instituts für Deutsches, Europäisches und Internationales Medizinrecht, Gesundheitsrecht und Bioethik der Universitäten Heidelberg und Mannheim, Bd. 12).

Taupitz, Jochen: Der Status des Embryos, insbesondere die Produktion und Verwendung von Embryonen zur Forschung. In: Schreiber, Hans-Ludwig u. a. (Hg.): Recht und Ethik im Zeitalter der Gentechnik. Deutsche und japanische Beiträge zu Biorecht und Bioethik, Göttingen 2004, S. 96–107.

Taupitz, Jochen: Der Embryobegriff des Embryonenschutzgesetzes. In: Jahrbuch für Wissenschaft und Ethik 13 (2008), H. 1, S. 108–151.

Teifke, Nils: Das Prinzip Menschenwürde. Zur Abwägungsfähigkeit des Höchstrangigen, Tübingen 2011 (= Studien und Beiträge zum Öffentlichen Recht, Bd. 8).

The President's Council on Bioethics (Hg.): Human Cloning and Human Dignity. An Ethical Inquiry, Washington D. C. 2002.

Thomaschke, Dirk: „Eigenverantwortliche Reproduktion" – Individualisierung und Selbstbestimmung in der Humangenetik zwischen den 1950er und 1980er Jahren in der BRD. In: Dietz, Bernhard u. a. (Hg.): Gab es den Wertewandel? Neue Forschungen zum gesellschaftlich-kulturellen Wandel seit den 1960er Jahren, München 2014 (= Wertewandel im 20. Jahrhundert, Bd. 1), S. 363–388.

Thome, Helmut: Wertewandel in der Politik. Eine Auseinandersetzung mit Ingleharts Thesen zum Postmaterialismus, Berlin 1985.

THOME, Helmut: Wertewandelsforschung aus Sicht der empirischen Sozialforschung. In: Joas, Hans/Wiegandt, Klaus (Hg.): Die kulturellen Werte Europas, Frankfurt a. M. 2005, S. 386–443.

THOME, Helmut: Wandel gesellschaftlicher Wertvorstellungen aus der Sicht der empirischen Sozialforschung. In: Dietz, Bernhard u. a. (Hg.): Gab es den Wertewandel? Neue Forschungen zum gesellschaftlich-kulturellen Wandel seit den 1960er Jahren, München 2014 (= Wertewandel im 20. Jahrhundert, Bd. 1), S. 41–69.

THOMSON, James u. a.: Embryonic Stem Cell Lines Derived from Human Blastocysts. In: Science 282 (1998), H. 5391, S. 1145–1147.

TIEDEMANN, Paul: Der Begriff der Menschenwürde. Eine Anfrage an die Sozialphilosophie (2006).

TIEDEMANN, Paul: Was ist Menschenwürde? Eine Einführung, Darmstadt 2006.

TIEDEMANN, Paul: Menschenwürde als Rechtsbegriff. Eine philosophische Klärung, Berlin 2007 (= Menschenrechtszentrum der Universität Potsdam, Bd. 29).

TIEDEMANN, Paul: Rechtsdokumente. In: Gröschner, Rolf u. a. (Hg.): Wörterbuch der Würde, München 2013, S. 338f.

TSCHERNOSTER, Katharina: Strafbarkeit der Präimplantationsdiagnostik. In: Medizinrecht 28 (2010), H. 1, S. 36–41.

TYLER MAY, Elaine: America and the Pill: A History of Promise, Peril, and Liberation, New York 2010.

VAN DEN DAELE, WOLFGANG: Genetische Rationalisierung und Grundrechtsschutz. Verfassungspolitische Aspekte der Anwendung der Genetik auf den Menschen. In: Steger, Ulrich (Hg.): Die Herstellung der Natur. Chancen und Risiken der Gentechnologie. Mit einem Geleitwort von Hans-Jochen Vogel, Bonn 1985, S. 135–149.

VERBAND DER NIEDERGELASSENEN ÄRZTE DEUTSCHLANDS (NAV): Abtreibung ist Vernichtung von Leben. Europ. ärztlicher Informationsdienst vom 24.6.1971. In: Informationen zur Diskussion um § 218, Köln 1971, S. 25.

VEREINIGTE EVANGELISCHE-LUTHERISCHE KIRCHE DEUTSCHLANDS (Hg.): „Du hast mich gebildet im Mutterleib". Biotechnologie als Herausforderung an die Verantwortung des Menschen. Arbeitsergebnisse der Klausurtagung der Bischofskonferenz auf dem Hessenkopf (März 1986), Hessenkopf 1986 (= Texte aus der VELKD, Bd. 32).

VEREINIGTE EVANGELISCHE-LUTHERISCHE KIRCHE DEUTSCHLANDS: Stellungnahme der Bischofskonferenz der VELKD zu Fragen der Bioethik. In: Grünwaldt, Klaus/Hahn, Udo (Hg.): Was darf der Mensch? Neue Herausforderungen durch Gentechnik und Biomedizin, Hannover 2001, S. 150–158.

VITZTHUM, Wolfgang G.: Die Menschenwürde als Verfassungsbegriff. In: Juristenzeitung 40 (1985), H. 5, S. 201–209.

VITZTHUM, Wolfgang G.: Gentechnologie und Menschenwürde. In: Medizinrecht 3 (1985), H. 6, S. 249–257.

VITZTHUM, Wolfgang G.: Eher Kant als Klon. Zu Biotechnologie und Verfassungsrecht in Deutschland. In: Asada, Kazushige u. a. (Hg.): Das Recht vor den Herausforderungen neuer Technologien. Deutsch-japanisches Symposium in Tübingen vom 12. bis 18. Juli 2004, Tübingen 2006, S. 41–58.

VODOPIVEC, Miran/SAUSER, Gustav: Mediko-theologische Anmerkungen zur Humanontogenese. In: Metz, Johann B. u. a. (Hg.): Gott in Welt: Festgabe für Karl Rahner zum 60. Geburtstag am 5. März 1964. Zur Theologie von Christus und Kirche – Zum Problem der Religionen und Konfessionen – Philosophisch-theologische Grenzprobleme der Geisteswissenschaften – Philosophisch-theologische Grenzprobleme der Naturwissenschaften, Freiburg 1964, S. 857–872.

Vogel, Friedrich: Wirksamer Schutz für das werdende Leben. Ein Plädoyer für eine enge Indikationenlösung. In: Beckel, Albrecht (Hg.): Abtreibung in der Diskussion. Medizinische, psychologische, juristische, ethische und politische Aspekte der Reform des § 218, Münster 1972, S. 89–97.

Vogel, Gretchen/Holden, Constance: Capturing the Promise of Youth. In: Science 286 (1999), H. 5448, S. 2238–2243.

Volp, Ulrich: Die Würde des Menschen. Ein Beitrag zur Anthropologie in der alten Kirchen, Leiden 2006 (= Vigiliae Christianae: Supplements to Vigiliae Christianae, Bd. 81).

von der Pfordten, Dietmar: Menschenwürde, München 2016 (= C. H. Beck Wissen, Bd. 2856).

Vorstand der Sozialdemokratischen Partei Deutschlands Abteilung Öffentlichkeitsarbeit (Hg.): § 218. Diskussion und Beschluß zur Reform der Strafbestimmungen über den Schwangerschaftsabbruch. Außerordentlicher Parteitag ’71, Bonn 1971.

Vorstand der SPD (Hg.): § 218. Argumente zur Reform, Bonn 1974 (= Das Argument, Bd. 1).

Wehowsky, Stephan: Grenzüberschreitungen. Zur Zukunft einer Gesellschaft aus dem Labor. In: Schroeder-Kurth, Traute/Wehowsky, Stephan (Hg.): Das manipulierte Schicksal. Künstliche Befruchtung, Embryotransfer und Pränatale Diagnostik. Mit 24 Abbildungen, Frankfurt a. M./München 1988, S. 47–116.

Weiske, Katja: Geschichte und Ethik der Präimplantationsdiagnostik (PID), Fredersdorf, 1. Aufl. 2013.

Wendehorst, Christiane: Rechtliche Anforderungen an ein künftiges Fortpflanzungsmedizingesetz. In: Oduncu, Fuat u. a. (Hg.): Der Zugriff auf den Embryo. Ethische, rechtliche und kulturvergleichende Aspekte der Reproduktionsmedizin, Göttingen 2005 (= Medizin-Ethik-Recht, Bd. 5), S. 35–51.

Wernicke, Kurt G.: Artikel 1. In: Dolzer, Rudolf u. a. (Hg.): Bonner Kommentar zum Grundgesetz. (Bonner Kommentar), Hamburg 1956, S. 1–6.

Wertenbruch, Wilhelm: Grundgesetz und Menschenwürde. Ein kritischer Beitrag zur Verfassungswirklichkeit, Köln/Berlin 1958.

Weschka, Anna: Präimplantationsdiagnostik, Stammzellforschung und therapeutisches Klonen. Status und Schutz des menschlichen Embryos vor den Herausforderungen der modernen Biomedizin, Berlin 2010.

Weth, Rudolf: Menschenbild und Menschenwürde in der Kontroverse mit der Bioethik aus diakonisch-theologischer Sicht. In: Baldermann, Ingo u. a. (Hg.): Jahrbuch für Biblische Theologie. JBTh 15, Neukirchen-Vluyn 2000, S. 293–310.

Wetz, Franz J.: Die Würde des Menschen ist antastbar. Eine Provokation, Stuttgart 1998.

Wetz, Franz J.: Menschenwürde als Opium fürs Volk. Der Wertstatus des Embryos. In: Kettner, Matthias (Hg.): Biomedizin und Menschenwürde, Frankfurt a. M. 2004 (= Edition Suhrkamp, Bd. 2268), S. 221–248.

Wetz, Franz J.: Illusion Menschenwürde. Aufstieg und Fall eines Grundwerts, Stuttgart 2005.

Wetz, Franz J.: Menschenwürde – eine Illusion? In: Härle, Wilfried/Vogel, Bernhard (Hg.): Begründung von Menschenwürde und Menschenrechten, Bonn 2008, S. 27–48.

Wetz, Franz J.: Texte zur Menschenwürde, Stuttgart 2011 (= Reclams Universal-Bibliotheken, Bd. 18907).

Wieland, Wolfgang: Pro Potentialitätsargument: Moralfähigkeit als Grundlage von Würde und Lebensschutz. In: Damschen, Gregor/Schönecker, Dieter (Hg.): Der moralische Status menschlicher Embryonen. Pro und contra Spezies-, Kontinuums-, Identitäts- und Potentialitätsargument, Berlin/New York 2003, S. 149–168.

Wiesing, Urban: Ungeborenes Leben. Widersprüchliche Regelungen. In: Deutsches Ärzteblatt 96 (1999), H. 49, S. 3163–3166.

Wilkens, Erwin: § 218. Dokumente und Meinungen zur Frage des Schwangerschaftsabbruchs, Gütersloh 1973.

Wilmut, Ian u. a.: Viable Offspring Derived from Fetal and Adult Mammalian Cells. In: Nature 385 (1997), H. 6619, S. 810–813.

Winnacker, Ernst-Ludwig: Chancen und Risiken der Gentechnologie. In: Flöhl, Rainer (Hg.): Genforschung – Fluch oder Segen? Interdisziplinäre Stellungnahme, München 1985 (= Gentechnologie Chancen und Risiken, Bd. 3), S. 339–345.

Wintrich, Josef M.: Zur Problematik der Grundrechte, Köln 1957.

Wissenschaftlicher Beirat der Bundesärztekammer: Präimplantationsdiagnostik als Verantwortung. In: Deutsches Ärzteblatt 97 (2000), H. 17, S. 1137.

Wodarg, Wolfgang: Diesseits des Rubikons? Politische Standortbestimmung im Streit um die rechtliche und moralische Auslegung der Menschenwürde. In: Kettner, Matthias (Hg.): Biomedizin und Menschenwürde, Frankfurt a. M. 2004 (= Edition Suhrkamp, Bd. 2268), S. 15–41.

Wolf, Ernst/Naujoks, Hans (Hg.): Anfang und Ende der Rechtsfähigkeit des Menschen, Frankfurt a. M. 1955 (= Frankfurter wissenschaftliche Beiträge: Rechts- und wirtschaftswissenschaftliche Reihe, Bd. 11).

Wolff, Ulrich: Schwangerschaftsabbruch aus medizinischer Sicht. 40 Tabellen, 19 Graphiken und 2 Abbildungen, Berlin/New York 1973 (= Sammlung Göschen, Bd. 8001).

Wolfrum, Rüdiger: Forschung an humanen Stammzellen: ethische und juristische Grenzen. In: Aus Politik und Zeitgeschichte (27), H. 2001, S. 3–6.

Zentrale Ethikkommission bei der Bundesärztekammer: Stellungnahme der Zentralen Ethikkommission zur Stammzellforschung. In: Deutsches Ärzteblatt 98 (2001), H. 49, S. 3249.

Zimmer, Fritz: Beginn des Lebens aus biologischer Sicht. In: Deutsches Ärzteblatt 68 (1968), S. 449–453.

Zimmermann, Mirjam/Zimmermann, Ruben: Gibt es das Recht auf ein gesundes Kind? Eine ethische Anfrage zum „Diskussionsentwurf zu einer Richtlinie zur Präimplantationsdiagnostik" der Bundesärztekammer. In: Deutsches Ärzteblatt 97 (2000), H. 51/52, S. 3487–3489.

Zipfel, Gaby: Reproduktionsmedizin. Die Enteignung der weiblichen Natur, Hamburg 1987.

Zippelius, Reinhold: Eingriffe in das beginnende Leben als juristisches Problem. In: Berg, Dietrich u. a. (Hg.): Würde, Recht und Anspruch des Ungeborenen. Klausur- und Arbeitstagung Kloster Banz, 8.–12. Mai 1992, München 1992, S. 57–65.

Zippelius, Reinhold/Würtenberger, Thomas (Hg.): Deutsches Staatsrecht. Ein Studienbuch, München, 31. Aufl. 2005.

Zippelius, Reinhold/Würtenberger, Thomas: Deutsches Staatsrecht. Ein Studienbuch, München, 32. Aufl. 2008.

Zordo, Silvia de u. a. (Hg.): A Fragmented Landscape. Abortion Governance and Protest Logics in Europe, New York 2016.

Personenregister

https://doi.org/10.1515/9783110631630-009

www.ingramcontent.com/pod-product-compliance
Ingram Content Group UK Ltd.
Pitfield, Milton Keynes, MK11 3LW, UK
UKHW041823031026
15587UKWH00002B/519

9 783110 627596